复旦博学 · 物理学系列

大学物理简明教程习题详解

梁励芬　蒋　平◎编　著

復旦大學出版社

内容提要

本书是在综合各种大学物理教程的基础上，根据电子工程、生物医药、化学化工及工科院校各专业学生学习大学物理的需要编写而成的.全书分17章，围绕力学、热学、电磁学、光学、近代物理学的核心概念，配备大量例题和习题解答.题例的选取力求凸现物理概念和典型方法，以使读者能够举一反三、触类旁通.

本书可供非物理类各专业的大学生及中学教师作为学习参考书，也可用作硕士研究生入学考试用书.

第二版前言

本书原名《大学物理核心概念和题例详解》，是与编者所编写的《大学物理简明教程》（复旦大学出版社出版）配套发行的教学参考书，自2003年初版面市以来，受到广大读者的欢迎．同时，使用本书的师生也提出了不少宝贵的意见和建议．据此，在本书再版之际，编者对初版内容作了修订，并增加了一些例题，以使本书更加适合读者的需要，并与《大学物理简明教程》（第三版）同步发行．

借此机会，编者对关心、支持本书的读者致以衷心的谢意．

编　者

2010年10月

前　言

本书以例题和习题解答为主，这是在《大学物理简明教程》(复旦大学出版社 2002 年 9 月版)的基础上，根据广大读者学习、复习考试的需要，综合各种大学物理教材和考试要求之后编写而成的.

本书各章的章名与顺序都与《大学物理简明教程》(以下称《简明教程》)一致.每章首先扼要总结《简明教程》中的主要内容及学习要点以便读者把握学习重点，然后列举一些《简明教程》中未予列入的例题作为示范，以利读者应用相关的物理概念、原理和规律求解实际问题.众所周知，物理学解题的一个关键性的基础是透彻理解物理学的基本概念和基本原理.解答相关的非计算性思考题有助于奠定并巩固这一基础，这便是几乎所有的大学物理基础教材每章都附有思考题的原因.然而，目前已经面市的与教材配套的习题集都鲜有包括思考题的解答在内者.为了适应这一方面的需要，我们在本书中对《简明教程》各章所列的思考题也一一列出参考性答案，希望给读者以更多的方便和帮助.

大学物理是一门涉及专业、系科相当广泛的基础课，而使用相应教材的读者数量也相当巨大.即使是已经毕业的学生，在择业、报考研究生以及日后的工作中不少人也希望有一本合适的大学物理学习指导书.为了适应过去不使用《简明教程》或相近教材读者的需要，我们在例题与习题中均增加了部分深度与广度比《简明教程》的要求更进一步的内容，并在相应的习题上标以星号 *.

编　者

2003 年 1 月

目　　录

第一章　运动学…………………………………………………………………… 1
第二章　动力学 …………………………………………………………………… 31
第三章　功与能,机械能守恒定律…………………………………………………… 69
第四章　狭义相对论基础…………………………………………………………… 105
第五章　流体力学…………………………………………………………………… 120
第六章　气体分子运动论…………………………………………………………… 133
第七章　热力学……………………………………………………………………… 152
第八章　静电场……………………………………………………………………… 172
第九章　磁场………………………………………………………………………… 206
第十章　电磁感应…………………………………………………………………… 225
第十一章　物质中的电场和磁场…………………………………………………… 245
第十二章　电磁场和电磁波………………………………………………………… 265
第十三章　振动与波………………………………………………………………… 277
第十四章　光的衍射与干涉………………………………………………………… 306
第十五章　光的偏振………………………………………………………………… 327
第十六章　量子物理基础…………………………………………………………… 342
第十七章　原子与分子……………………………………………………………… 355

第一章　运　动　学

一、内容提要

(一) 质点运动学

1. 位矢　$\boldsymbol{r}=x\boldsymbol{i}+y\boldsymbol{j}+z\boldsymbol{k}$;

位移　$\Delta\boldsymbol{r}=\boldsymbol{r}(t+\Delta t)-\boldsymbol{r}(t)$;

位移的大小　$|\Delta\boldsymbol{r}|=\sqrt{(\Delta x)^2+(\Delta y)^2+(\Delta z)^2}$.

2. 速度　$\boldsymbol{v}=\dfrac{\mathrm{d}\boldsymbol{r}}{\mathrm{d}t}$, 沿质点运动轨道的切向,

速率　$v=|\boldsymbol{v}|=\dfrac{\mathrm{d}s}{\mathrm{d}t}$;

直角坐标系中, $\boldsymbol{v}=\dfrac{\mathrm{d}x}{\mathrm{d}t}\boldsymbol{i}+\dfrac{\mathrm{d}y}{\mathrm{d}t}\boldsymbol{j}+\dfrac{\mathrm{d}z}{\mathrm{d}t}\boldsymbol{k}$.

3. 加速度　$\boldsymbol{a}=\dfrac{\mathrm{d}\boldsymbol{v}}{\mathrm{d}t}=\dfrac{\mathrm{d}^2\boldsymbol{r}}{\mathrm{d}t^2}$;

直角坐标系中　$\boldsymbol{a}=\dfrac{\mathrm{d}^2x}{\mathrm{d}t^2}\boldsymbol{i}+\dfrac{\mathrm{d}^2y}{\mathrm{d}t^2}\boldsymbol{j}+\dfrac{\mathrm{d}^2z}{\mathrm{d}t^2}\boldsymbol{k}$;

对曲线运动还可表示为　$\boldsymbol{a}=\boldsymbol{a}_\tau+\boldsymbol{a}_n=\dfrac{\mathrm{d}v}{\mathrm{d}t}\boldsymbol{\tau}+\dfrac{v^2}{\rho}\boldsymbol{n}$,

$\boldsymbol{\tau}$ 与 $\boldsymbol{n}$ 分别为沿轨道切线与法线(指向凹边)的单位矢量.

4. 已知加速度,则　$\boldsymbol{v}(t)=\boldsymbol{v}_0+\int_{t_0}^{t}\boldsymbol{a}\mathrm{d}t$, $\boldsymbol{r}(t)=\boldsymbol{r}_0+\int_{t_0}^{t}\boldsymbol{v}(t)\mathrm{d}t$.

5. 特例:匀加速运动　$\boldsymbol{v}(t)=\boldsymbol{v}_0+\boldsymbol{a}t$, $\boldsymbol{r}(t)=\boldsymbol{r}_0+\boldsymbol{v}_0t+\dfrac{1}{2}\boldsymbol{a}t^2$,

$\boldsymbol{v}_0$ 与 $\boldsymbol{r}_0$ 分别为 $t=0$ 时刻的速度与位矢.

6. 抛体运动的求解常用两种运动叠加的方法:

设抛射初速为$\boldsymbol{v}_0$,与水平方向夹角为 θ.

(1) 将抛体运动看成是速度为$\boldsymbol{v}_0$的匀速直线运动和沿竖直方向的自由下落运动的叠加:

$$\boldsymbol{r}=\boldsymbol{v}_0t+\frac{1}{2}\boldsymbol{g}t^2.$$

(2) 将抛体运动看成是沿 x 方向的速度为 $v_0\cos\theta$ 的匀速直线运动和沿 y 方向的初速为 $v_0\sin\theta$、加速度为 $-g$ 的匀变速直线运动的叠加:

$$\boldsymbol{r}=(v_0\cos\theta\cdot t)\boldsymbol{i}+\left(v_0\sin\theta\cdot t-\frac{1}{2}gt^2\right)\boldsymbol{j}.$$

7. 质点系的质心位矢　$\boldsymbol{r}_c=\dfrac{\sum_i m_i\boldsymbol{r}_i}{\sum_i m_i}$, $\boldsymbol{r}_i$ 为质量为 m_i 的质点的位矢. 质心速度　$\boldsymbol{v}_c=$

$\frac{\mathrm{d}\boldsymbol{r}_c}{\mathrm{d}t}$，质心加速度　$\boldsymbol{a}_c = \frac{\mathrm{d}^2\boldsymbol{r}_c}{\mathrm{d}t^2}$.

对质量连续分布的物体，质心坐标可表示为

$$x_c = \frac{\int x\mathrm{d}m}{\int \mathrm{d}m},\ y_c = \frac{\int y\mathrm{d}m}{\int \mathrm{d}m},\ z_c = \frac{\int z\mathrm{d}m}{\int \mathrm{d}m}.$$

(二) 质点的圆周运动和刚体绕固定轴的转动

(1) 角速度　$\boldsymbol{\omega} = \frac{\mathrm{d}\boldsymbol{\theta}}{\mathrm{d}t}$，角加速度　$\boldsymbol{\beta} = \frac{\mathrm{d}\boldsymbol{\omega}}{\mathrm{d}t}$.

(2) 角量和线量的关系

$$\boldsymbol{v} = \boldsymbol{\omega} \times \boldsymbol{R},\ \boldsymbol{a}_\tau = \boldsymbol{\beta} \times \boldsymbol{R},\ \boldsymbol{a}_n = \omega^2 R\boldsymbol{n}.$$

(三) 相对运动

动参照系 S' 相对于静参照系 S 作平动时，有下列关系

$$\boldsymbol{r} = \boldsymbol{r}' + \boldsymbol{R},\ \boldsymbol{v} = \boldsymbol{v}' + \boldsymbol{u},\ \boldsymbol{a} = \boldsymbol{a}' + \boldsymbol{a}_0.$$

式中 $\boldsymbol{R}$ 为 S' 的坐标原点相对于 S 的位矢，$\boldsymbol{u}$ 和 $\boldsymbol{a}_0$ 分别为 S' 相对于 S 的速度和加速度.

二、自学指导和例题解析

本章的要点是掌握描述运动的方法.

描写运动的物理量如位移、速度、加速度和角位移、角速度、角加速度等都具有矢量性、瞬时性和相对性.在学习中要特别注意以下几点：

(1) 矢量式中的所有加减号都应理解为几何相加减，即满足平行四边形法则；一般而言，这和代数的相加减是两码事.在讨论具体问题时，常用矢量的分量式进行运算，即在参照系中选择一个合适的坐标系，把矢量投影到各坐标轴上，再进行相应的代数运算.

(2) 在一段时间 Δt 内质点的平均速度的方向和这段时间内质点位移的方向相同；而瞬时速度的方向总是沿着轨道的切向.一般而言，平均速度的大小不等于平均速率，而瞬时速度的大小等于瞬时速率.因为平均速率 $\bar{v} = \frac{\Delta s}{\Delta t}$，而平均速度 $\bar{\boldsymbol{v}} = \frac{\Delta \boldsymbol{r}}{\Delta t}$，而一般 $|\Delta \boldsymbol{r}| \neq \Delta s$，所以 $|\bar{\boldsymbol{v}}| \neq \bar{v}$，但当 $\Delta t \to 0$ 时，$\mathrm{d}s = |\mathrm{d}\boldsymbol{r}|$，所以 $v = |\boldsymbol{v}|$.

(3) 质点速度的大小和方向的变化都导致加速度.利用切向加速度和法向加速度可以更清楚地说明这一点.因为速度沿轨道切向，$\boldsymbol{v} = v\boldsymbol{\tau}$，$\boldsymbol{\tau}$ 为切向的单位矢量，则

$$\boldsymbol{a} = \frac{\mathrm{d}\boldsymbol{v}}{\mathrm{d}t} = \frac{\mathrm{d}}{\mathrm{d}t}(v\boldsymbol{\tau}) = \frac{\mathrm{d}v}{\mathrm{d}t}\boldsymbol{\tau} + v\frac{\mathrm{d}\boldsymbol{\tau}}{\mathrm{d}t}.$$

等式右边第一项表示速度大小发生变化而方向不变所引起的加速度，为切向加速度；第二项是速度大小不变而方向随时间变化所引起的加速度，可证明该项即是法向加速度.

本章的难点是如何运用微积分解决物理问题，以及如何选择正确的参照系描写运动.

例题

例 1-1 一质点在 xOy 平面内运动. 已知其位置和时间的关系为: $x=5t+2$, $y=t^2+4t-3$(式中 x、y 单位为 m, t 的单位为 s). 求:

(1) 质点位置的矢量表达式;

(2) $t=1$ s 和 $t=2$ s 时的位置矢量,并计算这一秒内质点的位移;

(3) $t=1$ s 到 $t=2$ s 内的平均速度和 $t=2$ s 时的瞬时速度;

(4) 质点运动的加速度.

解: (1) 由题设可写出质点位置矢量表达式为

$$\boldsymbol{r}=(5t+2)\boldsymbol{i}+(t^2+4t-3)\boldsymbol{j}.$$

(2) 当 $t=1$ s 时 $\boldsymbol{r}_1=7\boldsymbol{i}+2\boldsymbol{j}$;

$t=2$ s 时 $\boldsymbol{r}_2=12\boldsymbol{i}+9\boldsymbol{j}$;

这一秒内的位移为

$$\Delta\boldsymbol{r}=\boldsymbol{r}_2-\boldsymbol{r}_1=\Delta x\,\boldsymbol{i}+\Delta y\,\boldsymbol{j}=5\boldsymbol{i}+7\boldsymbol{j}.$$

位移的大小为

$$|\Delta\boldsymbol{r}|=\sqrt{5^2+7^2}=8.6(\mathrm{m}).$$

位移的方向与 x 轴夹角为

$$\theta_1=\arctan\frac{\Delta y}{\Delta x}=\arctan\frac{7}{5}=54.5^\circ.$$

(3) $t=1$ s 到 2 s 内的平均速度为

$$\bar{\boldsymbol{v}}=\frac{\Delta\boldsymbol{r}}{\Delta t}=\frac{\boldsymbol{r}_2-\boldsymbol{r}_1}{t_2-t_1}=\frac{5\boldsymbol{i}+7\boldsymbol{j}}{2-1}=5\boldsymbol{i}+7\boldsymbol{j};$$

平均速度的大小为

$$|\bar{\boldsymbol{v}}|=\sqrt{5^2+7^2}=8.6(\mathrm{m\cdot s^{-1}});$$

瞬时速度表达式为

$$\boldsymbol{v}=\frac{\mathrm{d}\boldsymbol{r}}{\mathrm{d}t}=\frac{\mathrm{d}}{\mathrm{d}t}[(5t+2)\boldsymbol{i}+(t^2+4t-3)\boldsymbol{j}]$$
$$=5\boldsymbol{i}+(2t+4)\boldsymbol{j};$$

$t=2$ s 时

$$\boldsymbol{v}_2=5\boldsymbol{i}+8\boldsymbol{j};$$

瞬时速度的大小为

$$|v_2|=\sqrt{5^2+8^2}=9.4(\mathrm{m\cdot s^{-1}});$$

速度的方向与 x 轴的夹角为

$$\theta_2 = \arctan \frac{8}{5} = 58°.$$

(4) 质点运动的加速度为

$$\boldsymbol{a} = \frac{\mathrm{d}\boldsymbol{v}}{\mathrm{d}t} = 2\,\boldsymbol{j}.$$

加速度大小为 $2\ \mathrm{m \cdot s^{-2}}$,沿 y 轴正方向.

例 1-2 质点沿 x 轴运动,其加速度和位置的关系为 $a = 3 + 7x$, a 的单位是 $\mathrm{m \cdot s^{-2}}$, x 的单位是 m. 已知质点在 $x = 0$ 处的速度为 $8\ \mathrm{m \cdot s^{-1}}$,求质点的速度和位置的关系.

解: 加速度和速度的关系式中包含时间变量 t,而已知条件中只知加速度和位移的关系,所以应把所有表达式中的对时间的关系式变换成对坐标的关系:

$$a = \frac{\mathrm{d}v}{\mathrm{d}t} = \frac{\mathrm{d}v}{\mathrm{d}x} \cdot \frac{\mathrm{d}x}{\mathrm{d}t} = v\frac{\mathrm{d}v}{\mathrm{d}x}.$$

注意到上式中 $\frac{\mathrm{d}x}{\mathrm{d}t} = v$, 所以可化成不显含时间的变量. 把 $a = 3 + 7x$ 代入上式,并作变量分离,使等式两边只与单一的变量相关,得

$$v\mathrm{d}v = (3 + 7x)\mathrm{d}x.$$

上式两边积分,由已知初始条件定出上、下限,得

$$\int_8^v v\mathrm{d}v = \int_0^x (3 + 7x)\mathrm{d}x.$$

解得

$$v = \sqrt{7x^2 + 6x + 64}.$$

例 1-3 一条河宽度为 L,水的流速与离岸的距离成正比,河中心流速最大为 v_0,两岸处流速为零. 一船以恒定的相对于水的速率 u 垂直于水流从一岸驶向另一岸,当船驶至河宽的 $\frac{1}{3}$ 处时有事又返回本岸,求船驶向对岸的轨迹和返回本岸的地点.

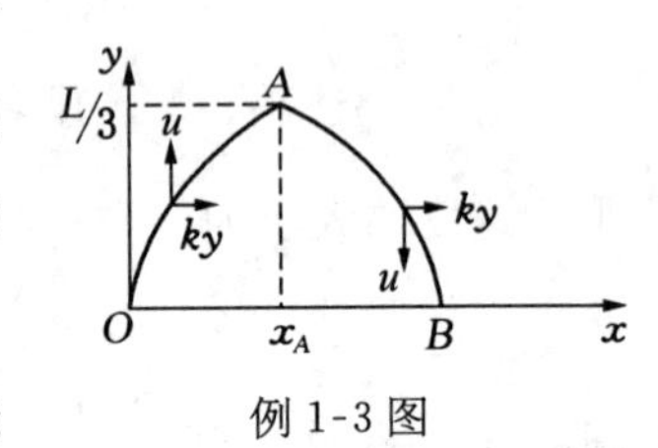

例 1-3 图

解: 设 x 轴沿河水流动方向,y 轴指向对岸,出发点 O 为坐标原点,如图所示. 船向对岸行驶过程中,船对岸的速度为

$$\boldsymbol{v} = \boldsymbol{v}_{船对水} + \boldsymbol{v}_{水对岸} = u\boldsymbol{j} + ky\boldsymbol{i}. \ (k\ 为常数)$$

$$v_x = \frac{\mathrm{d}x}{\mathrm{d}t} = ky; \quad ①$$

$$v_y = \frac{\mathrm{d}y}{\mathrm{d}t} = u. \quad ②$$

由题意, $y = \frac{L}{2}$ 时, $v_x = v_0$ 为最大流速,代入①式,得

$$v_0 = k \cdot \frac{L}{2},\ k = \frac{2v_0}{L}. \quad ③$$

既然知道了小船在各个瞬时的速度,运用积分法就可知道小船在各瞬时的位置,但方程①中包含着未知的 $y(t)$,不能直接积分,因此可以先对②式积分,并从出发时开始计时,求得 $y = ut$,代入①式,并计及③式,得

$$v_x = \frac{2v_0}{L} \cdot ut,$$

即
$$\frac{\mathrm{d}x}{\mathrm{d}t} = \frac{2v_0 u}{L}t,\ \int_0^x \mathrm{d}x = \int_0^t \frac{2v_0 u}{L}t\,\mathrm{d}t.$$

得
$$x = \frac{v_0 u}{L}t^2;$$

以 $t = \frac{y}{u}$ 代入上式,得轨迹方程为

$$x = \frac{v_0}{Lu}y^2. \tag{④}$$

此为一抛物线方程. 当船到达$\frac{L}{3}$处时,坐标为(该处设为 A 点)

$$y_A = \frac{L}{3};$$

$$x_A = \frac{v_0}{Lu}\left(\frac{L}{3}\right)^2 = \frac{v_0 L}{9u}. \tag{⑤}$$

船在返回本岸过程中,改以船位于 A 点时为计时起点,船对岸的速度分量为

$$v_x = \frac{\mathrm{d}x}{\mathrm{d}t} = ky = \frac{2v_0}{L}\left(\frac{L}{3} - ut\right) = \frac{2v_0}{3} - \frac{2v_0 u}{L}t, \tag{⑥}$$

$$v_y = \frac{\mathrm{d}y}{\mathrm{d}t} = -u; \tag{⑦}$$

两式分别积分,由⑥式得

$$\int_{x_A}^x \mathrm{d}x = \int_0^t \left(\frac{2}{3}v_0 - \frac{2v_0 u}{L}t\right)\mathrm{d}t.$$

解得

$$x = x_A + \frac{2}{3}v_0 t - \frac{v_0 u}{L}t^2. \tag{⑧}$$

由⑦式得

$$\int_{y_A}^y \mathrm{d}y = \int_0^t -u\mathrm{d}t;$$

得

$$y = y_A - ut. \tag{⑨}$$

船返回本岸到达 B 点,$y_B = 0$,代入⑨式,得

$$t = \frac{y_A}{u}.$$

代入⑧式得

$$x_B=\frac{v_0L}{9u}+\frac{2}{3}v_0\ \frac{y_A}{u}-\frac{v_0u}{L}\left(\frac{y_A}{u}\right)^2=\frac{v_0L}{9u}+\frac{2v_0}{3u}\left(\frac{L}{3}\right)-\frac{v_0}{Lu}\left(\frac{L}{3}\right)^2=\frac{2v_0L}{9u}.$$

实际上,小船返回的轨迹根据对称性也可以得出,因此,可很容易得到

$$x_B=2x_A=\frac{2v_0L}{9u}.$$

例 1-4 已知质点在竖直平面内运动,位矢为 $\boldsymbol{r}=3t\boldsymbol{i}+(4t-3t^2)\boldsymbol{j}$,求 $t=1\ \mathrm{s}$ 时的法向加速度、切向加速度和轨迹的曲率半径.

解: 由位矢可求得速度和速率

$$\boldsymbol{v}=\frac{\mathrm{d}\boldsymbol{r}}{\mathrm{d}t}=3\boldsymbol{i}+(4-6t)\boldsymbol{j},$$

$$v=\sqrt{v_x^2+v_y^2}=\sqrt{3^2+(4-6t)^2};$$

加速度为

$$\boldsymbol{a}=\frac{\mathrm{d}\boldsymbol{v}}{\mathrm{d}t}=-6\boldsymbol{j}.$$

切向加速度为

$$a_\tau=\frac{\mathrm{d}v}{\mathrm{d}t}=\frac{24(3t-2)}{2\sqrt{3^2+(4-6t)^2}}=\frac{12(3t-2)}{\sqrt{3^2+(4-6t)^2}};$$

$t=1\ \mathrm{s}$ 时,得

$$a_\tau=\frac{12}{\sqrt{13}}=3.3(\mathrm{m\cdot s^{-2}}).$$

法向加速度为

$$a_n=\sqrt{a^2-a_\tau^2}=\sqrt{6^2-\left(\frac{12}{\sqrt{13}}\right)^2}=\frac{18}{\sqrt{13}}=5.0(\mathrm{m\cdot s^{-2}}).$$

曲率半径为

$$\rho=\frac{v^2}{a_n}=\frac{3^2+(4-6)^2}{5.0}=2.6(\mathrm{m}).$$

从上面计算过程可见,速度$\boldsymbol{v}$对时间的导数和速率 v 对时间的导数是完全不同的.

例 1-5 如图所示,有两个半径都是 $R=0.5\ \mathrm{m}$ 的圆环,右边圆环 O_2 静止,左边圆环 O_1 沿两环的连心线 O_1O_2 平动.已知两圆环从相切到圆心重合这段时间内上部交点 A 的速率随时间 t 按 $v_A=0.4t\ \mathrm{m/s}$ 关系变化.试求该段时间内左边圆环中心 O_1 的速度和加速度与 t 的函数关系.

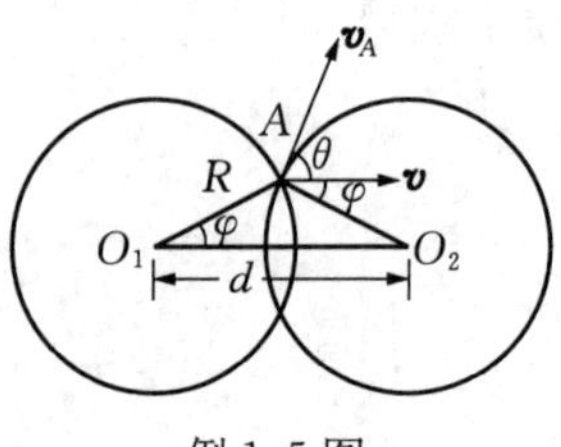

例 1-5 图

解: 左边圆环沿连心线 O_1O_2 作一维运动,由对称性关系,两圆交点 A 的速度$\boldsymbol{v}_A$的水平分量应等于 O_1 平动速率 v 的一半,即

$$v_A\sin\varphi=\frac{v}{2};\qquad ①$$

式中 φ 为 O_1O_2 与 O_2A 之间的夹角. 设 A 点沿圆环 O_2 转动的角速度为 ω,则 $v_A=\omega R$, $\dfrac{d\varphi}{dt}=\omega$ 化为积分式

$$\int_0^{\varphi}d\varphi=\int_0^t\omega\,dt=\int_0^t\frac{v_A}{R}dt=\int_0^t\frac{0.4t}{0.5}dt,$$

得

$$\varphi=0.4t^2. \qquad ②$$

由①式可得 O_1 的速度

$$v=2v_A\sin\varphi=0.8t\sin(0.4t^2). \qquad ③$$

由于 O_1 作一维运动,其加速度为

$$a=\frac{dv}{dt}=0.8\sin(0.4t^2)+0.64t^2\cos(0.4t^2).$$

例 1-6 如图(a)所示,有一斜面固定在升降机内的底板上,其倾角为 $\alpha=30°$. 当升降机以加速度 $a_0=2t^2\ \mathrm{m/s^2}$ 上升时,物体相对斜面以加速度 $a'=2\ \mathrm{m/s^2}$ 沿斜面向下运动. 设 $t=0$ 时,地面参照系 xOy 和升降机参照系 $x'O'y'$ 重合,物体在坐标原点由静止开始运动. 试求:

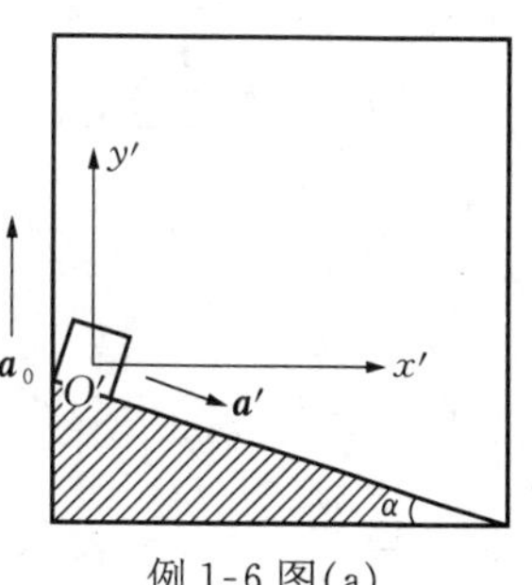

例 1-6 图(a)

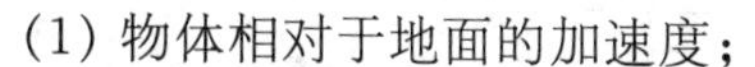

(1) 物体相对于地面的加速度;

(2) 物体在升降机参照系中的轨迹方程;

(3) 物体在地面参照系中的轨迹方程.

解: (1) 图(b)所示为某时刻物体加速度的矢量图. 设物体相对地面的加速度为 $\boldsymbol{a}$,由相对运动关系:

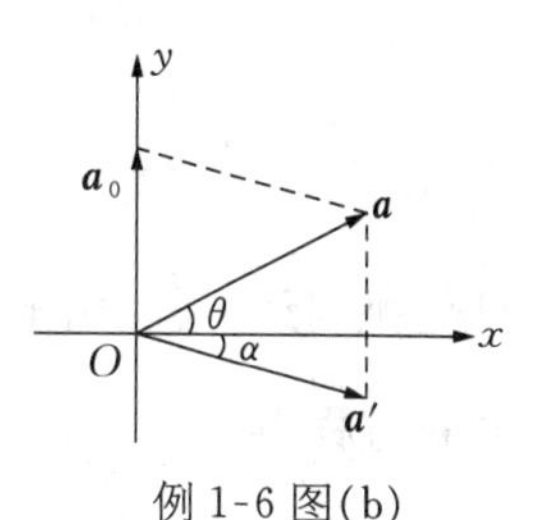

例 1-6 图(b)

$$\boldsymbol{a}=\boldsymbol{a}_0+\boldsymbol{a}'.$$

加速度沿 x, y 方向的分量分别为

$$a_x=a'\cos\alpha=2\times\frac{\sqrt{3}}{2}=\sqrt{3},$$

$$a_y=a_0-a'\sin\alpha=2t^2-2\times\frac{1}{2}$$

$$=2t^2-1,$$

$$a=\sqrt{a_x^2+a_y^2}=\sqrt{3+(2t^2-1)^2}=2\sqrt{t^4-t^2+1}.$$

加速度 $\boldsymbol{a}$ 的方向和 x 轴的夹角为

$$\theta=\arctan\left(\frac{a_y}{a_x}\right)=\arctan\left(\frac{2t^2-1}{\sqrt{3}}\right).$$

(2) 在升降机参照系中,物体运动加速度的两个分量为

$$a'_x=a'\cos\alpha=2\times\frac{\sqrt{3}}{2}=\sqrt{3},$$

$$a'_y=-a'\sin\alpha=-2\times\frac{1}{2}=-1,$$

$t=0$ 时，$x'=y'=0$，$v'_x=v'_y=0$，x'，y' 方向都是匀加速运动，所以

$$x'=\frac{1}{2}a'_x t^2=\frac{\sqrt{3}}{2}t^2,$$

$$y'=\frac{1}{2}a'_y t^2=-\frac{1}{2}t^2;$$

由以上两式得到物体运动的轨迹方程为

$$y'=-\frac{\sqrt{3}}{3}x',$$

此为直线运动.

(3) 在地面参照系中，x 方向为匀加速运动：

$$x=\frac{1}{2}a_x t^2=\frac{\sqrt{3}}{2}t^2;$$

y 方向为变加速运动，可由积分求得 v_y 和 y.

$$v_y=\int_0^t a_y\mathrm{d}t=\int_0^t(2t^2-1)\mathrm{d}t=\frac{2}{3}t^3-t;$$

$$y=\int_0^t v_y\mathrm{d}t=\int_0^t\left(\frac{2}{3}t^3-t\right)\mathrm{d}t=\frac{1}{6}t^4-\frac{1}{2}t^2;$$

以 $t^2=\frac{2x}{\sqrt{3}}$ 代入 y 表示式中，得物体运动轨迹方程为

$$y=\frac{2}{9}x^2-\frac{\sqrt{3}}{3}x;$$

此为抛物线方程. 由上式可求出抛物线顶点的位置，得 $x=\frac{3\sqrt{3}}{4}$，代入轨迹方程得

$$y=-\frac{3}{8}.$$

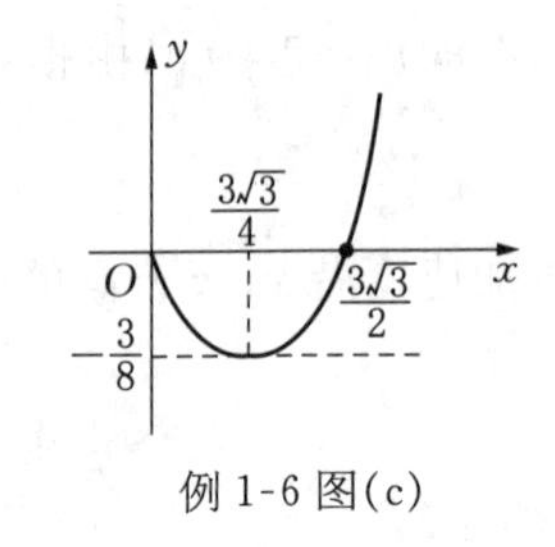

例 1-6 图(c)

该抛物线如图(c)所示.

由以上计算可知，在不同的参照系中观察同一物体的运动，其轨迹是不同的.

例 1-7 如图(a)所示，质点 A 和 B 同时从 A、B 两点出发，分别以速度 $\boldsymbol{v}_1$ 沿 AB 和以速度 $\boldsymbol{v}_2$ 沿 BC 作匀速直线运动，BC 和 BA 的夹角为 α，开始时质点 A 和质点 B 相距为 l，试求两质点之间的最短距离.

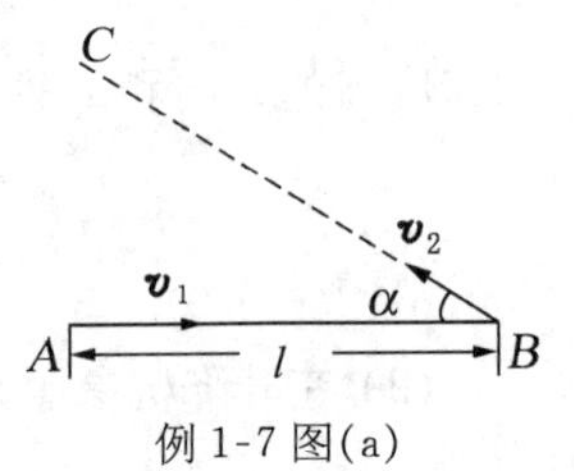

例 1-7 图(a)

解法一： 以地面为参照系，以 A 点为坐标原点，取 x 轴沿 AB 连线，在任意时刻 t，两质点的位矢分别为 $\boldsymbol{r}_1$ 和 $\boldsymbol{r}_2$，两质点之间的距离为 $r=|\boldsymbol{r}_2-\boldsymbol{r}_1|$，因 $\boldsymbol{r}_1$ 和 $\boldsymbol{r}_2$ 都随时间变化，所以 r 也是时间的函数. 如图(b)所示，两质点的位矢分别为

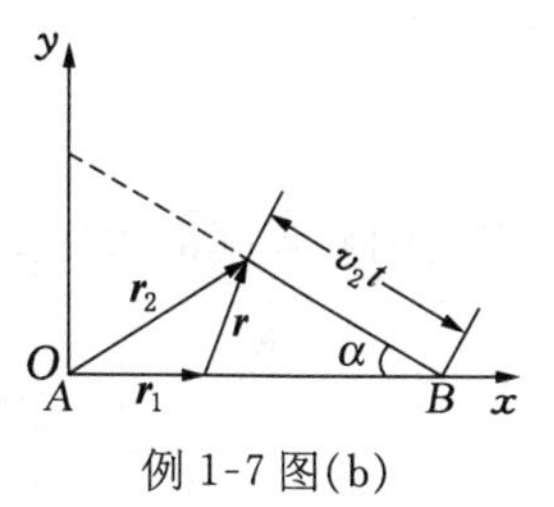

例 1-7 图(b)

$$\boldsymbol{r}_1 = v_1 t\boldsymbol{i},$$

$$\boldsymbol{r}_2 = (l - v_2 t\cos\alpha)\boldsymbol{i} + v_2 t\sin\alpha\boldsymbol{j},$$

$$r = |\boldsymbol{r}_2 - \boldsymbol{r}_1| = |[l - (v_2\cos\alpha + v_1)t]\boldsymbol{i} + v_2 t\sin\alpha\boldsymbol{j}|;$$

$$r = r(t) = \sqrt{[l - (v_2\cos\alpha + v_1)t]^2 + (v_2 t\sin\alpha)^2}.$$

求 r 的极小值,只要求根号内函数的极小值即可,令

$$f(t) = [l - (v_2\cos\alpha + v_1)t]^2 + (v_2 t\sin\alpha)^2,$$

$$\frac{\mathrm{d}f(t)}{\mathrm{d}t} = 2[l - (v_2\cos\alpha + v_1)t][-(v_2\cos\alpha + v_1)] + 2v_2^2 t\sin^2\alpha.$$

极小值满足 $\frac{\mathrm{d}f(t)}{\mathrm{d}t} = 0$,由此得

$$t = \frac{(v_2\cos\alpha + v_1)l}{(v_2\cos\alpha + v_1)^2 + (v_2\sin\alpha)^2}.$$

把 t 值代入 $r(t)$ 表示式中得

$$r_{\min} = \frac{v_2 l\sin\alpha}{\sqrt{v_1^2 + v_2^2 + 2v_1 v_2\cos\alpha}}.$$

严格说来,要判断这样求得的极值是极大还是极小,还需要根据 $\frac{\mathrm{d}^2 f(t)}{\mathrm{d}t^2}$ 是大于还是小于零,但从物理上分析,r 不可能有极大值,或者说极大值是无限大,所以所求得的结果只可能是极小值.

解法二:利用相对运动关系求解:如图(c)所示,因 A、B 两质点均作匀速直线运动,故一质点相对另一质点的运动必定也是匀速直线运动. 以质点 A 为参照系,在此参照系中 A 是静止的,质点 B 则以相对速度 $\boldsymbol{v}_2'$ 沿直线 BC' 作匀速直线运动,BC' 与 AB 的夹角为 α',$\boldsymbol{v}_2'$ 和 α' 均可用简单的几何方法求得,于是在 A 静止的参照系中,从 A 到直线 BC' 的垂直距离即为所求的最短距离,图(d)表示 $\boldsymbol{v}_1$、$\boldsymbol{v}_2$ 和 $\boldsymbol{v}_2'$ 三者的矢量关系.

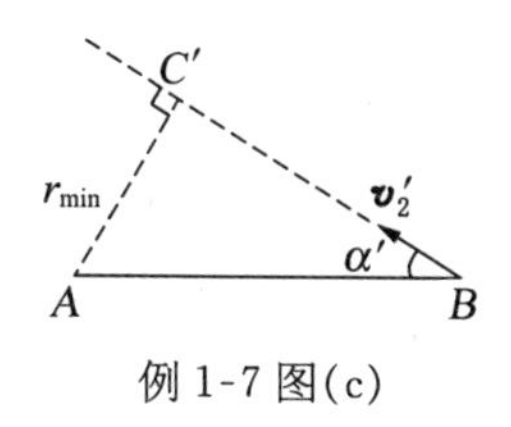

例 1-7 图(c)

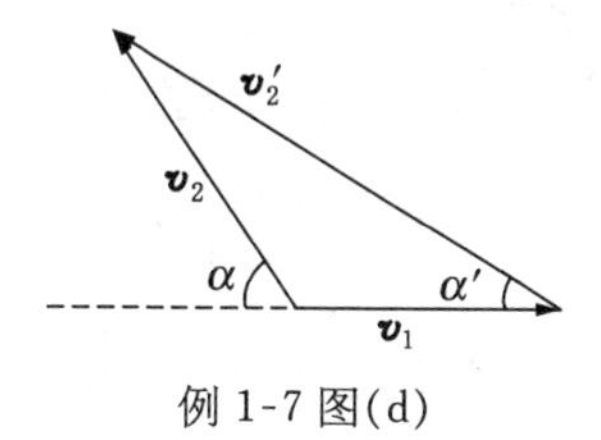

例 1-7 图(d)

$$\boldsymbol{v}_2' = \boldsymbol{v}_2 - \boldsymbol{v}_1.$$

由余弦定理得

$$v_2'^2 = v_2^2 + v_1^2 + 2v_1 v_2\cos\alpha.$$

由正弦定理得

$$\frac{v_2}{\sin\alpha'} = \frac{v_2'}{\sin(\pi - \alpha)} = \frac{v_2'}{\sin\alpha};$$

由上式得

$$\sin\alpha' = \frac{v_2}{v_2'}\sin\alpha.$$

因而两质点间最短距离为

$$r_{\min} = l\sin\alpha' = l\frac{v_2}{v_2'}\sin\alpha = \frac{v_2 l\sin\alpha}{\sqrt{v_1^2+v_2^2+2v_1v_2\cos\alpha}}.$$

由上述两种解法可以看出,若选 A 在其中为静止的动参照系,解题很方便,避免了烦琐的运算,解得极值也不必判断到底是极大还是极小.

三、习题解答

1-1. 一质点沿 x 轴运动,其坐标随时间的变化关系为 $x=10t^2$,式中 x 和 t 的单位分别是 m 和 s,试计算该质点在 3 s 到 4 s 内的平均速度以及 $t=3$ s 时的速度和加速度.

解: 由平均速度的定义,质点在 3~4 s 内的平均速度为

$$\overline{v} = \frac{\Delta x}{\Delta t} = \frac{x_2-x_1}{t_2-t_1} = \frac{10(t_2^2-t_1^2)}{t_2-t_1} = 10(t_2+t_1) = 10(4+3) = 70(\mathrm{m\cdot s^{-1}}).$$

速度为 $v=\frac{\mathrm{d}x}{\mathrm{d}t}=20t$, $t=3$ s 时, $v=20\times3=60(\mathrm{m\cdot s^{-1}})$.

加速度为 $a=\frac{\mathrm{d}v}{\mathrm{d}t}=20(\mathrm{m\cdot s^{-2}})$,与时间无关,说明质点作匀加速运动.

1-2. 一质点沿 x 轴运动,其速度随时间的变化关系为 $v=4t-8$,式中 v 和 t 的单位分别是 $\mathrm{m\cdot s^{-1}}$ 和 s,当 $t=1$ s 时,质点在原点左边 2 m 处,试求:

(1) 质点的位置及加速度随时间变化的表示式;

(2) 质点的初速度;

(3) 质点到达坐标原点左边的最远位置;

(4) 质点何时经过坐标原点?此时速度多大?

解: 已知 $v=4t-8$, $t=1$ s 时, $x=-2$ m,

由 $v=\frac{\mathrm{d}x}{\mathrm{d}t}$, $\mathrm{d}x=v\mathrm{d}t$ 两边积分 $\int_{-2}^{x}\mathrm{d}x=\int_1^t v\mathrm{d}t$; $x+2=\int_1^t(4t-8)\mathrm{d}t$.

得 (1) $x=(2t^2-8t+4)(\mathrm{m})$, $a=\frac{\mathrm{d}v}{\mathrm{d}t}=\frac{\mathrm{d}}{\mathrm{d}t}(4t-8)=4(\mathrm{m\cdot s^{-2}})$.

(2) $t=0$ 时, $v_0=-8(\mathrm{m\cdot s^{-1}})$.

(3) $t=0$ 时, $x=4$, $v_0=-8$, $a=4$,质点开始时向 x 负方向作减速运动,到 $v=0$ 时到达原点左边的最远位置,由此可得到达此位置的时间:

$$0=4t-8;\ t=2(\mathrm{s}).$$

代入 x 的表示式,得到质点离原点左边的最远位置 x_1:

$$x_1=2\times2^2-8\times2+4=-4(\mathrm{m}).$$

(4) 由 $x=0$ 得 $\quad 0=2t^2-8t+4$, $t=(2\pm\sqrt{2})(\mathrm{s})$.

相应的速度为 $v = 4t - 8 = 4(2 \pm \sqrt{2}) - 8 = \pm 4\sqrt{2}\ \mathrm{m \cdot s^{-1}}$,即质点两次经过坐标原点.

1-3. 已知质点沿 x 轴运动的加速度为 $a = 6t$, 式中 a 和 t 的单位分别是 $\mathrm{m \cdot s^{-2}}$ 和 s,当 $t = 2\ \mathrm{s}$ 时,质点以 $v = 12\ \mathrm{m \cdot s^{-1}}$ 的速度通过坐标原点,试求:

(1) 质点的速度及位置随时间变化的表示式;

(2) 质点的初始位置及初速度.

解: (1) 已知 $a = \dfrac{\mathrm{d}v}{\mathrm{d}t} = 6t$, $t = 2\ \mathrm{s}$ 时 $v = 12\ \mathrm{m \cdot s^{-1}}$, $x = 0$.

将上式积分: $\int_{12}^{v} \mathrm{d}v = \int_{2}^{t} 6t\,\mathrm{d}t$, 得 $v - 12 = 3t^2 - 12$, 所以 $v = 3t^2$.

同理,由 $v = \dfrac{\mathrm{d}x}{\mathrm{d}t} = 3t^2$, $\int_{0}^{x} \mathrm{d}x = \int_{2}^{t} 3t^2\,\mathrm{d}t$, 解得 $x = t^3 - 8$.

(2) $t = 0$ 代入 v 和 x 的表示式得

$$v_0 = 0 \text{ 及 } x_0 = -8(\mathrm{m}).$$

1-4. 一列以速率 v_1 沿直线行驶着的客车,司机意外发现前面与他相距 d 处有另一列货车在同一轨道上以速率 v_2($v_2 < v_1$)沿相同方向行驶,于是他立刻刹车,使客车以加速度 a 作匀减速运动,问 a 应满足什么条件才能使两车不相撞?

解: 设客车速率从 v_1 减到 v_2 所行驶的距离为 s,则

$$v_2^2 - v_1^2 = -2as. \qquad ①$$

货车以 v_2 前进,在与客车减速到 v_2 所花的相同时间内行驶距离为 $s_0 = v_2 t$, $t = (v_1 - v_2)/a$,如图所示,要使两车不相撞应有 $s \leqslant d + s_0$, 将此条件及 $v_2 = v_1 - at$ 代入①式得

$$v_1^2 - v_2^2 \leqslant 2a\left(d + v_2 \cdot \frac{v_1 - v_2}{a}\right).$$

化为

$$v_1^2 - 2v_1 v_2 + v_2^2 \leqslant 2ad,$$

得

$$a \geqslant \frac{(v_1 - v_2)^2}{2d}.$$

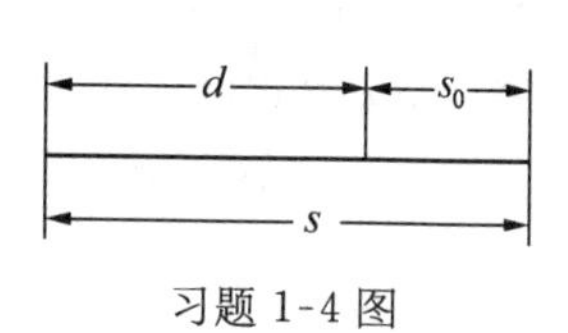

习题 1-4 图

1-5. 竖直上抛一小球,测量得小球上升时经过 A 点到下落时经过 A 点的时间间隔为 T_A,上升时经过 B 点到下落时经过 B 点的时间间隔为 T_B, $T_A > T_B$, 如果 A 点与 B 点的高度差为 h,求证重力加速度 g 可表示为 $g = \dfrac{8h}{T_A^2 - T_B^2}$.

解: 小球从 A 点到最高点所费时间为 $T_A/2$,则从 A 到最高处的高度为

$$h_A = \frac{1}{2}g\left(\frac{T_A}{2}\right)^2.$$

同理有

$$h_B = \frac{1}{2}g\left(\frac{T_B}{2}\right)^2;$$

则

$$h = h_A - h_B = \frac{g}{8}(T_A^2 - T_B^2),$$

得

$$g = \frac{8h}{T_A^2 - T_B^2}.$$

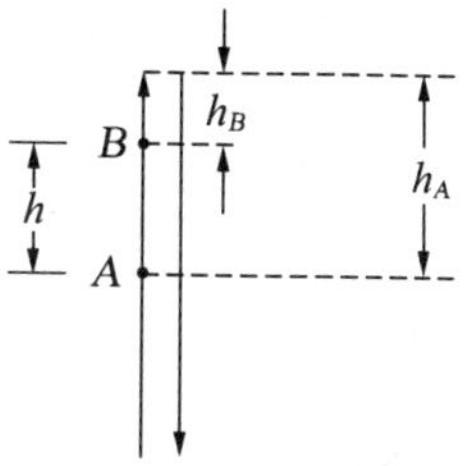

习题 1-5 图

1-6. 在离地面高为 h 处，一小球以初速 v_0 作斜抛运动，如图(a)所示，试问当球的抛射角 θ 为多大时，才能获得最大的水平射程？并求出此最大水平射程 L_{max}.

解法一： 将小球的运动分解为沿水平的 x 方向和垂直的 y 方向，取坐标原点为抛出点，则

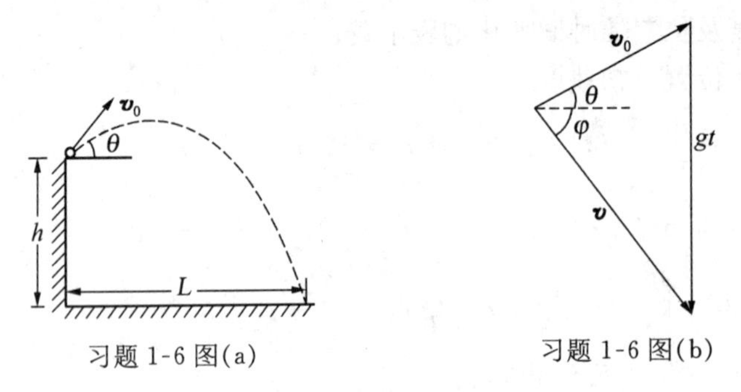

习题 1-6 图(a)　　习题 1-6 图(b)

$$v_x = v_0 \cos\theta; \tag{1}$$

$$v_y = v_0 \sin\theta - gt. \tag{2}$$

小球落地时，

$$-h = v_0 \sin\theta\, t - \frac{1}{2}gt^2, \tag{3}$$

$$L = v_0 \cos\theta\, t. \tag{4}$$

由②、③两式消去 t，得

$$v_y^2 - (v_0 \sin\theta)^2 = 2gh. \tag{5}$$

球落地时，$v^2 = v_x^2 + v_y^2$.

将①、⑤两式代入上式，得

$$v^2 = (v_0 \cos\theta)^2 + (v_0 \sin\theta)^2 + 2gh = v_0^2 + 2hg,$$

即
$$v = \sqrt{v_0^2 + 2gh}. \tag{6}$$

小球速度 $\boldsymbol{v}$ 和 $\boldsymbol{v}_0$ 之间的矢量关系为 $\boldsymbol{v} = \boldsymbol{v}_0 + \boldsymbol{g}t$，如图(b)所示，矢量三角形面积为

$$S = \frac{1}{2}v_0 \cos\theta \cdot gt.$$

水平射程
$$L = v_0 \cos\theta \cdot t.$$

由此两式得
$$S = \frac{1}{2}gL. \tag{7}$$

可见要 L 最大，S 必须取最大值，由三角形面积公式，有

$$S = \frac{1}{2}v_0 v \cdot \sin(\theta + \varphi).$$

因 v_0、v 恒定，只有当 $\theta + \varphi = \frac{\pi}{2}$ 时，三角形有最大面积，也即要求 $\boldsymbol{v}_0$ 和 $\boldsymbol{v}$ 互相垂直. 由图(b)可知

$$v_0 \cos\theta = v\cos\varphi = v\cos\left(\frac{\pi}{2} - \theta\right) = v\sin\theta,$$

得抛射角 $$\theta=\arctan\frac{v_0}{v}=\arctan\frac{v_0}{\sqrt{v_0^2+2gh}}.$$

由⑦式 $$L_{\max}=\frac{2S_{\max}}{g}=\frac{2}{g}\cdot\frac{1}{2}v_0v=\frac{v_0}{g}\sqrt{v_0^2+2gh}.$$

解法二：将小球的运动分解为 x 和 y 方向. 取坐标原点为抛出点. 小球落地时，

y 方向： $$-h=v_0\sin\theta\cdot t-\frac{1}{2}gt^2; \qquad ①$$

x 方向： $$L=v_0\cos\theta\cdot t; \qquad ②$$

由②式知，水平射程与 θ 和 t 有关. ②式对 θ 求导：

$$\frac{\mathrm{d}L}{\mathrm{d}\theta}=-v_0\sin\theta\cdot t+v_0\cos\theta\frac{\mathrm{d}t}{\mathrm{d}\theta}; \qquad ③$$

将①式两边对 t 求导，

$$0=v_0\sin\theta+v_0t\cos\theta\frac{\mathrm{d}\theta}{\mathrm{d}t}-gt,$$

得 $$\frac{\mathrm{d}t}{\mathrm{d}\theta}=\frac{v_0t\cos\theta}{gt-v_0\sin\theta}. \qquad ④$$

④式代入③式，并令 $\frac{\mathrm{d}L}{\mathrm{d}\theta}=0$：

$$\frac{\mathrm{d}L}{\mathrm{d}\theta}=-v_0\sin\theta\cdot t+v_0\cos\theta\cdot\frac{v_0t\cos\theta}{gt-v_0\sin\theta}=0.$$

解得最大水平射程时的 θ 和 t 的函数关系

$$t=\frac{v_0}{g\sin\theta}. \qquad ⑤$$

⑤式代入②式，得

$$L_{\max}=\frac{v_0^2\cos\theta}{g\sin\theta}. \qquad ⑥$$

⑤式代入①式

$$-h=\frac{v_0^2}{g}-\frac{v_0^2}{2g\sin^2\theta},$$

得

$$\sin\theta=\sqrt{\frac{v_0^2}{2v_0^2+2gh}},\ \cos\theta=\sqrt{\frac{v_0^2+2gh}{2v_0^2+2gh}}.$$

以上结果代入⑥式，得最大射程为

$$L_{\max}=\frac{v_0}{g}\sqrt{v_0^2+2gh};$$

抛射角为 $$\theta=\arctan\frac{v_0}{\sqrt{v_0^2+2gh}};$$

1-7. 一物体以初速 $v_0 = 20\ \mathrm{m\cdot s^{-1}}$ 被抛出,抛射角(仰角)为 $\alpha = 60°$,略去空气阻力,试问:

(1) 物体开始运动后的 1.5 s 末,运动方向与水平面的交角 θ 是多少?

(2) 物体抛出后经过多少时间,其运动方向与水平面成 45°仰角,这时物体所在高度是多少?

(3) 在物体轨迹最高点处和落地点处,轨迹的曲率半径各为多大?

解: (1) $\tan\theta = \dfrac{v_y}{v_x} = \dfrac{v_0\sin\alpha - gt}{v_0\cos\alpha} = \dfrac{20\times\frac{\sqrt{3}}{2} - 9.8\times 1.5}{20\times\frac{1}{2}} = 0.26$, $\theta = 14.57°$.

(2) 由(1)可推出 $t = \dfrac{v_0\sin\alpha - v_0\cos\alpha\cdot\tan\theta}{g}$,当 $\theta = 45°$ 时

$$t = \frac{v_0(\sin\alpha - \cos\alpha)}{g} = \frac{20\left(\frac{\sqrt{3}}{2} - \frac{1}{2}\right)}{9.8} = 0.75(\mathrm{s}).$$

$$h = v_0\sin\alpha\cdot t - \frac{1}{2}gt^2 = 20\times\frac{\sqrt{3}}{2}\times 0.75 - \frac{1}{2}\times 9.8\times 0.75^2 = 10.2(\mathrm{m}).$$

(3) 由 $\rho = \dfrac{v^2}{a_n}$,在最高点处,$v = v_0\cos\alpha$,如图所示,法向加速度 $a_n = g$.

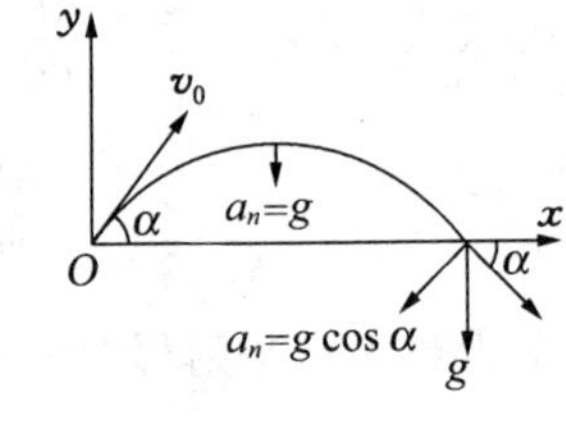

习题 1-7 图

$$\rho_1 = \frac{v_0^2\cos^2\alpha}{g} = \frac{20^2\times\frac{1}{4}}{9.8} = 10.2(\mathrm{m}).$$

在落地处法向加速度与垂直方向交角为 α,$v = v_0$,$a_n = g\cos\alpha$,所以

$$\rho_2 = \frac{v_0^2}{g\cos\alpha} = \frac{20^2}{9.8\times\frac{1}{2}} = 81.5(\mathrm{m}).$$

1-8. 北京正负电子对撞机的储存环的周长 L 为 240 m,电子沿环以非常接近光速的速率运动,问:这些电子运动的向心加速度是重力加速度的几倍?

解: 电子运动加速度为

$$a = \omega^2 R = \left(\frac{2\pi}{T}\right)^2\cdot\frac{L}{2\pi} = \left(\frac{2\pi}{L/v}\right)^2\cdot\frac{L}{2\pi},\ 取\ v\approx c = 3\times 10^8\ \mathrm{m\cdot s^{-1}},$$

$$a = \frac{2\pi}{L}\cdot v^2 = \frac{2\times 3.14}{240}\times(3\times 10^8)^2 = 2.36\times 10^{15}(\mathrm{m\cdot s^{-2}});$$

$$\frac{a}{g} = 2.36\times\frac{10^{15}}{9.8} = 2.5\times 10^{14}.$$

1-9. 已知一质点沿半径为 R 的圆周运动,角速度 $\omega = bt$ (b 为常量),试用直角坐标写出质点的位置矢量和速度与时间的关系式.

解: 取 xOy 平面为质点轨道平面,原点 O 为圆心. 设质点在 $t = 0$ 时角位置 $\theta = 0$,则由 $\omega = \dfrac{\mathrm{d}\theta}{\mathrm{d}t}$ 有

$$\mathrm{d}\theta = \omega \mathrm{d}t.$$

两边积分

$$\int_0^\theta \mathrm{d}\theta = \int_0^t \omega \mathrm{d}t = \int_0^t bt\,\mathrm{d}t,$$

得
$$\theta = \frac{1}{2}bt^2.$$

所以

$$\boldsymbol{r} = R\cos\theta\boldsymbol{i} + R\sin\theta\boldsymbol{j} = R\cos\left(\frac{1}{2}bt^2\right)\boldsymbol{i} + R\sin\left(\frac{1}{2}bt^2\right)\boldsymbol{j},$$

$$\boldsymbol{v} = \frac{\mathrm{d}\boldsymbol{r}}{\mathrm{d}t} = -Rbt\sin\left(\frac{1}{2}bt^2\right)\boldsymbol{i} + Rbt\cos\left(\frac{1}{2}bt^2\right)\boldsymbol{j}.$$

1-10. 直线 AB 以恒定速度 v_0 在图示平面内沿 y 方向平动,在此平面内有一半径为 r 的固定的圆,求直线与此圆周的交点 P 的位置变化引起的速度和加速度与 θ 的函数关系.

解法一: 如图所示,因 P 点是圆周上的一点,所以该点的速度方向为圆上 P 点的切线方向,同时 P 点又是直线 AB 上的一点,因此其位置必受直线 AB 运动的制约,即其速度$\boldsymbol{v}_P$的 y 方向分量应与直线 AB 的速度 v_0 相同,故有

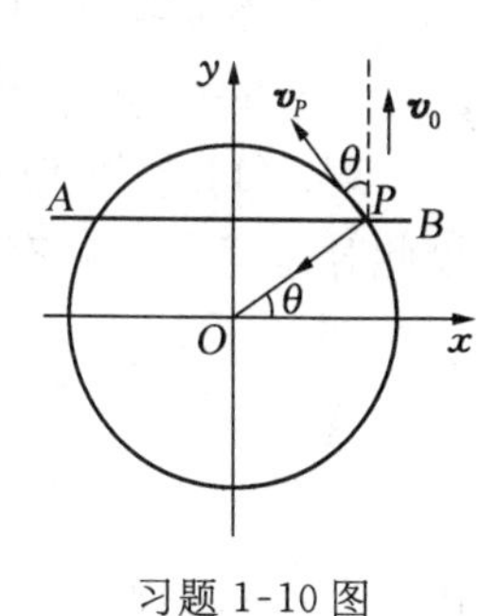

习题 1-10 图

$$v_{Py} = v_P\cos\theta = v_0,$$

得
$$v_P = \frac{v_0}{\cos\theta}.$$

由于
$$\boldsymbol{a}_P = \boldsymbol{a}_n + \boldsymbol{a}_\tau,$$

$$a_n = \frac{v_P^2}{r} = \frac{v_0^2}{r\cos^2\theta}.$$

由题意,P 点沿 y 方向加速度为零,所以 $a_{Py} = a_\tau\cos\theta - a_n\sin\theta = 0$. 即

$$a_n\sin\theta = a_\tau\cos\theta;$$

得
$$a_\tau = \frac{a_n\sin\theta}{\cos\theta} = \frac{v_0^2\sin\theta}{r\cos^3\theta}.$$

由此可得 P 点的加速度为

$$a_P = \sqrt{a_n^2 + a_\tau^2} = \sqrt{\left(\frac{v_0^2}{r\cos^2\theta}\right)^2 + \left(\frac{v_0^2\sin\theta}{r\cos^3\theta}\right)^2} = \frac{v_0^2}{r\cos^3\theta}.$$

由于 y 方向无加速度,故 a_P 的方向为 x 负方向(曲线运动加速度的方向总指向凹边).

解法二: 把 P 点的运动分解为 x、y 方向,则

$$y = r\sin\theta,\ x = r\cos\theta,\ \text{又知}\ \frac{\mathrm{d}\theta}{\mathrm{d}t} = \omega\ \text{及}\ \omega r = v_P;$$

得
$$v_y = \frac{\mathrm{d}y}{\mathrm{d}t} = r\cos\theta\cdot\omega = v_P\cos\theta.$$

由 $$v_y = v_0\text{，得 } v_P = \frac{v_0}{\cos\theta},$$

$$v_x = \frac{dx}{dt} = -r\sin\theta\cdot\omega = -v_P\sin\theta = -\frac{v_0}{\cos\theta}\cdot\sin\theta = -v_0\tan\theta.$$

已知 $a_y = 0$，（y 方向匀速），只有沿 x 方向的加速度为

$$a_x = \frac{dv_x}{dt} = \frac{d}{dt}(-v_0\tan\theta) = -v_0\sec^2\theta\cdot\frac{d\theta}{dt}$$

$$= -v_0\cdot\sec^2\theta\cdot\frac{v_P}{r} = -\frac{v_0^2}{r\cos^3\theta},$$

P 点的加速度即 a_x：$a = a_x = -\dfrac{v_0^2}{r\cos^3\theta}$.

1-11. 如图所示，一物体从静止出发沿半径为 $R = 3.0\,\text{m}$ 的圆周运动，切向加速度为 $a_\tau = 3.0\,\text{m}\cdot\text{s}^{-2}$. 试问：

(1) 经过多少时间它的总加速度 $\boldsymbol{a}$ 恰与半径成 45°角？

(2) 在上述时间内物体所通过的路程 s 等于多少？

解：(1) 总加速度与半径成 45°时，切向加速度等于法向加速度，即 $a_n = a_\tau = 3.0\,\text{m}\cdot\text{s}^{-2}$. 设此时速度为$\boldsymbol{v}$，则有

$$a_n = \frac{v^2}{R},\ v^2 = a_n R = 3.0\times3.0 = 9.0(\text{m}^2\cdot\text{s}^{-2});$$

$$v = 3.0(\text{m}\cdot\text{s}^{-1}).$$

由 $a_\tau\cdot t = v$，得

$$t = \frac{v}{a_\tau} = \frac{3.0}{3.0} = 1(\text{s}).$$

(2) $s = \dfrac{1}{2}a_\tau\cdot t^2 = \dfrac{1}{2}\times3\times1^2 = 1.5(\text{m})$.

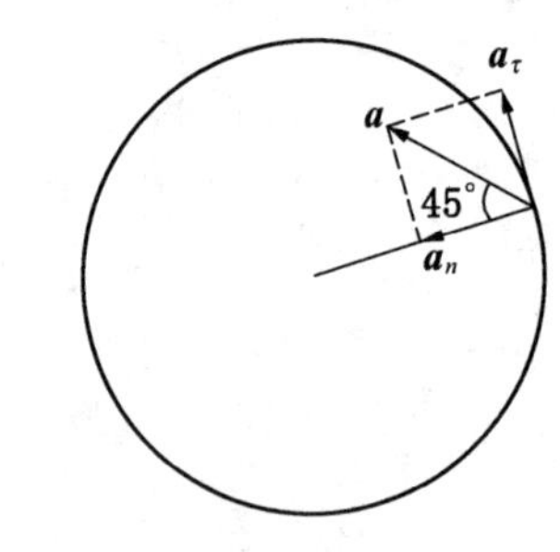

习题 1-11 图

1-12. 一质点以初速度 v_0 作直线运动，所受阻力与其速度的三次方成正比，试求质点速度随时间的变化规律及速度随位置的变化规律.

解：已知 $f_{阻} = ma \propto -v^3$，或 $a \propto -\dfrac{v^3}{m}$.

写成 $a = -kv^3$，式中 k 为比例系数，上式化为 $a = \dfrac{dv}{dt} = -kv^3$.

又知 $t = 0$ 时，$v = v_0$，将上式积分：

$$\int_{v_0}^{v(t)}\frac{dv}{-v^3} = \int_0^t k\,dt;\ \frac{1}{2v(t)^2} - \frac{1}{2v_0^2} = kt;$$

得 $$v(t) = v_0\left(\frac{1}{1+2kv_0^2t}\right)^{\frac{1}{2}}.$$

上式为任一时刻 t 的速度表达式. 设 $t = 0$ 时质点位于 $x = 0$ 处.

$$a = \frac{dv}{dt} = \frac{dv}{dx}\cdot\frac{dx}{dt} = \frac{v\,dv}{dx} = -kv^3,$$

改写为
$$\frac{dv}{-v^2}=kdx,$$
两边积分
$$\int_{v_0}^{v(t)}\frac{dv}{-v^2}=\int_0^x kdx,\text{ 得 } v(x)^{-1}-v_0^{-1}=kx.$$
得任一位置 x 处的速度为
$$v(x)=\frac{v_0}{1+kv_0x}.$$

1-13. 一人欲横渡 500 m 宽的江面，他的划行速率(相对于水)为 3 000 m·h^{-1}，江水以 2 000 m·h^{-1}的速率流动着，此人若在岸上步行，速率为 5 000 m·h^{-1}，求：

(1) 此人应取什么路径(划行和步行结合)，才可以使从出发点到达正对岸一点所用的时间最短？

(2) 此人通过这条路径需用多少时间？

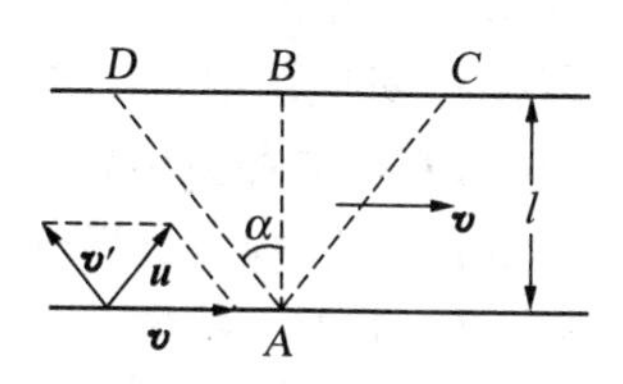

习题 1-13 图

解： (1) 如图所示，设 $\boldsymbol{v}'$ 为船相对水的速度，$\boldsymbol{v}$ 为水对地面的速度，$\boldsymbol{u}$ 为船对地面的速度，$\boldsymbol{V}$ 为步行速度，设船头沿着与正对岸成 α 角的方向，即沿着 AD 方向划行. 由于水流向右，故船实际对地的方向是沿 AC 方向，设划行时间为 t_1，然后人从 C 走到 B 处，所花时间为 t_2，则有：

$$AB=l=v'\cos\alpha\cdot t_1, \qquad ①$$
$$CB=CD-BD=vt_1-v'\sin\alpha\cdot t_1; \qquad ②$$
$$CB=Vt_2, \qquad ③$$
$$T=t_1+t_2. \qquad ④$$

由①式 $t_1=\frac{l}{v'\cos\alpha}$；由②、③两式，$t_2=\frac{1}{V}(v-v'\sin\alpha)t_1$.

$$T=t_1+t_2=\frac{l}{v'\cos\alpha}\left[1+\frac{1}{V}(v-v'\sin\alpha)\right]=\frac{\left(1+\frac{v}{V}\right)l}{v'\cos\alpha}-\frac{l}{V}\tan\alpha.$$

求最短时间：上式对 α 求导数，并令 $\frac{dT}{d\alpha}=0$，得
$$\left(1+\frac{v}{V}\right)\frac{l\sin\alpha}{v'\cos^2\alpha}-\frac{l}{V\cos^2\alpha}=0.$$

上式中 $\alpha\neq\frac{\pi}{2}$，所以 $\cos\alpha\neq0$，α 若为$\frac{\pi}{2}$，则人划船的方向与河岸平行，永远不可能到达对岸.
$$\sin\alpha=\frac{v'}{V+v}=\frac{3\,000}{5\,000+2\,000}=\frac{3}{7},\ \alpha=25.4^\circ.$$

即沿 $\alpha=25.4^\circ$ 方向划船时所花时间最短. $\alpha>0$，说明所设方向是船划行的真实方向.

(2) $T=t_1+t_2=\frac{l}{v'\cos\alpha}\left[1+\frac{1}{V}(v-v'\sin\alpha)\right]$
$$=\frac{500}{3\,000\cos25.4^\circ}\left[1+\frac{1}{5\,000}(2\,000-3\,000\sin25.4^\circ)\right]$$

$= 0.21(\mathrm{h})$.

1-14. 在空气中以相同的速率 v_0 由足够高的同一点向各个方向把若干小球同时抛出.试证明如略去空气的阻力,在任意时刻 t 所有小球都位于一个球面上,这球面的中心则作自由落体运动,其半径等于 v_0t.

证: 设第 i 个小球的初速为$\boldsymbol{v}_{i0}$,时刻 t 的速度为$\boldsymbol{v}_{it}$,则有

$$\boldsymbol{v}_{it} = \boldsymbol{v}_{i0} + \boldsymbol{g}t, \quad ①$$

各矢量$\boldsymbol{v}_{i0}$均从同一点 O'出发,在以加速度 $\boldsymbol{g}$ 相对地面作初速为零的运动参照系 O'中,任一小球的速度$\boldsymbol{v}'_i$可写成

$$\boldsymbol{v}_{it} = \boldsymbol{v}'_{it} + \boldsymbol{u},\ \boldsymbol{u} = \boldsymbol{g}t. \quad ②$$

由①、②式得

$$\boldsymbol{v}'_{it} = \boldsymbol{v}_{it} - \boldsymbol{g}t = \boldsymbol{v}_{i0}.$$

即在 O'参照系中,各小球都作匀速直线运动.因为各小球的初速度的大小均为 v_0,即 $|\boldsymbol{v}_{i0}| = v_0$,故在此参照系中各小球离原点 O'等距离,数值为 v_0t,所以这些小球在同一球面上.球半径为 v_0t,球的中心相对于地面参照系的速度为 $\boldsymbol{u} = \boldsymbol{g}t$,加速度为 $\boldsymbol{g}$,即作自由落体运动.

1-15. 有一汽车的顶篷只能盖到 A 处(如图(a)),乘客可坐到车尾 B 处,AB 联线与竖直方向成 $\varphi = 30°$ 角,汽车正在平直的公路上冒雨行驶,当其速率为 $u_1 = 6\ \mathrm{km\cdot h^{-1}}$ 时,C 点刚好不被雨点打着;若其速率为 $u_2 = 18\ \mathrm{km\cdot h^{-1}}$ 时,B 点刚好不被雨点打着,求雨点的速度$\boldsymbol{v}$.

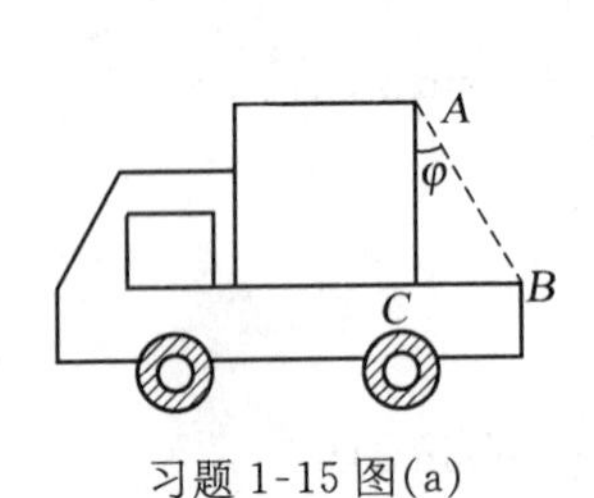

习题 1-15 图(a)

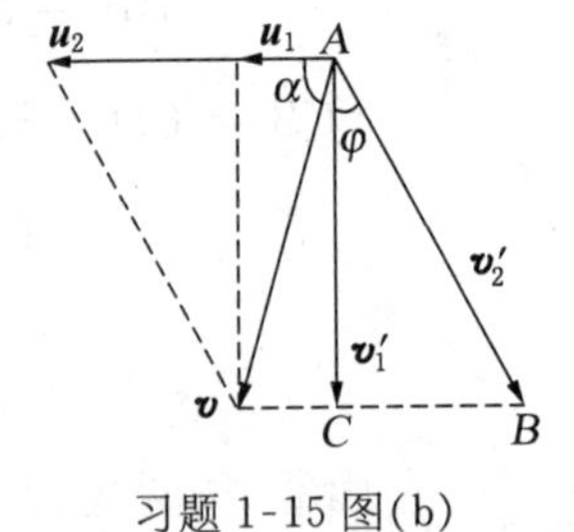

习题 1-15 图(b)

解: 如图(b)所示,设 $\boldsymbol{u}$ 为汽车对地的速度,$\boldsymbol{v}$ 为雨点对地的速度,$\boldsymbol{v}'$为雨点对车的速度,则由相对运动的速度关系,有

$$\boldsymbol{v} = \boldsymbol{v}' + \boldsymbol{u}.$$

用直角坐标表示两次车速不同时雨点的速度:

$$\begin{cases} \boldsymbol{v}_1 = -u_1\boldsymbol{i} - v'_1\boldsymbol{j}, & ① \\ \boldsymbol{v}_2 = (-u_2 + v'_2\sin\varphi)\boldsymbol{i} - (v'_2\cos\varphi)\boldsymbol{j}. & ② \end{cases}$$

但 $\boldsymbol{v}_1 = \boldsymbol{v}_2 = \boldsymbol{v}$,由上面两式可得

$$\begin{cases} -u_1 = -u_2 + v'_2\sin 30°, & ③ \\ -v'_1 = -v'_2\cos 30°. & ④ \end{cases}$$

由③式得

$$v'_2 = \frac{u_2 - u_1}{\sin 30°}, \quad ⑤$$

代入④式得 $v'_1 = v'_2\cos 30° = (u_2 - u_1)\cot 30° = (18-6)\times\sqrt{3} = 12\sqrt{3}$.

将上述数据代入①式,得 $\boldsymbol{v}_1 = -u_1\boldsymbol{i} - v'_1\boldsymbol{j} = -6\boldsymbol{i} - 12\sqrt{3}\boldsymbol{j}$.

雨点的速率为 $|\boldsymbol{v}_1| = \sqrt{6^2 + 12^2\times 3} = 21.6(\mathrm{km\cdot h^{-1}})$.

其速度方向与水平方向的夹角为 $\alpha = \arctan\dfrac{v'_1}{u_1} = \arctan\dfrac{12\sqrt{3}}{6} = 73.9°$.

1-16. 一轮胎在水平地面上沿着一直线无滑动地滚动(这种情况下,轮胎边缘一点相对于轮胎中心的线速度等于轮胎中心对地面的速率),轮胎中心以恒定的速率 v_0 向前移动,轮胎的半径为 R,在 $t=0$ 时,轮胎边缘上的一点 A 正好和地面上的一点 O 接触.试以 O 为坐标原点写出轮胎上 A 点的位矢、速度、加速度和时间的关系式.

解: 如图所示,以轮胎中心 O' 为原点建立动参照系 $x'O'y'$,以 $t=0$ 时刻 A 点与地面的接触点为静坐标系的原点 O,x'、y' 分别与 x、y 平行,$t=0$ 时 y' 和 y 轴重合.动参照系是作匀速直线运动的平动参照系,在此参照系中,A 点作匀速圆周运动,线速度 $v=v_0=\omega R$,故 $\omega=\frac{v_0}{R}$.在时刻 t,A 点相对于 y' 轴的负方向转过的角度 $\theta=\omega t$,由相对运动位矢之间的关系,有

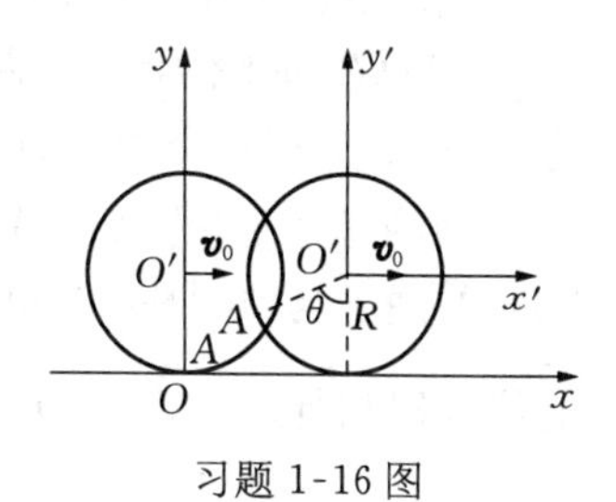

习题 1-16 图

$$\boldsymbol{r}=\boldsymbol{r}'+\boldsymbol{OO}'.$$

式中 $\boldsymbol{r}$、$\boldsymbol{r}'$ 分别是 A 点在静参照系和动参照系中的位矢,$\boldsymbol{OO}'$ 是动参照系坐标原点相对于静参照系的位矢.上式化为分量式:

$$x=x'+v_0t,$$
$$y=y'+R.$$

在动参照系中,A 点坐标为

$$x'=-R\sin\omega t,$$
$$y'=-R\cos\omega t,$$

代入上式,得

$$x=v_0t-R\sin\left(\frac{v_0}{R}t\right),$$

$$y=R\left[1-\cos\left(\frac{v_0}{R}t\right)\right];$$

$$v_x=\frac{\mathrm{d}x}{\mathrm{d}t}=v_0-v_0\cos\left(\frac{v_0}{R}t\right),$$

$$v_y=\frac{\mathrm{d}y}{\mathrm{d}t}=v_0\sin\left(\frac{v_0}{R}t\right);$$

$$a_x=\frac{\mathrm{d}v_x}{\mathrm{d}t}=\frac{v_0^2}{R}\sin\left(\frac{v_0}{R}t\right),$$

$$a_y=\frac{\mathrm{d}v_y}{\mathrm{d}t}=\frac{v_0^2}{R}\cos\left(\frac{v_0}{R}t\right).$$

所以 A 点的位矢、速度和加速度与时间的关系式如下:

$$\boldsymbol{r}=\left[v_0t-R\sin\left(\frac{v_0}{R}t\right)\right]\boldsymbol{i}+R\left[1-\cos\left(\frac{v_0}{R}t\right)\right]\boldsymbol{j},$$

$$\boldsymbol{v}=v_0\left[1-\cos\left(\frac{v_0}{R}t\right)\right]\boldsymbol{i}+v_0\sin\left(\frac{v_0}{R}t\right)\boldsymbol{j},$$

$$\boldsymbol{a}=\frac{v_0^2}{R}\left[\sin\left(\frac{v_0}{R}t\right)\boldsymbol{i}+\cos\left(\frac{v_0}{R}t\right)\boldsymbol{j}\right].$$

由 $\boldsymbol{a}$ 的表示式,可知 $|\boldsymbol{a}|=\sqrt{a_x^2+a_y^2}=\dfrac{v_0^2}{R}$.

在动参照系中 A 点作匀速圆周运动,只有向心加速度 $a=\dfrac{v_0^2}{R}$,所以在地面参照系中和在动参照系中加速度大小一样,这是由于动参照系相对于静参照系作匀速平动的缘故.

*1-17. 如图所示,有两条位于同一竖直平面的水平轨道,相距为 L,轨道上有两个物体 A 和 B,它们通过一根绕过定滑轮 O 的不可伸长的轻绳相连接.物体 A 在下面的轨道上,以匀速率 v 运动,在轨道间的绳子与轨道成 45°角的瞬间,绳上 P 点处有一与绳子相对静止的小泥巴与绳子分离,已知该瞬时 $\overline{OP}=\dfrac{1}{3}\overline{OB}$,滑轮直径可以忽略不计,求:

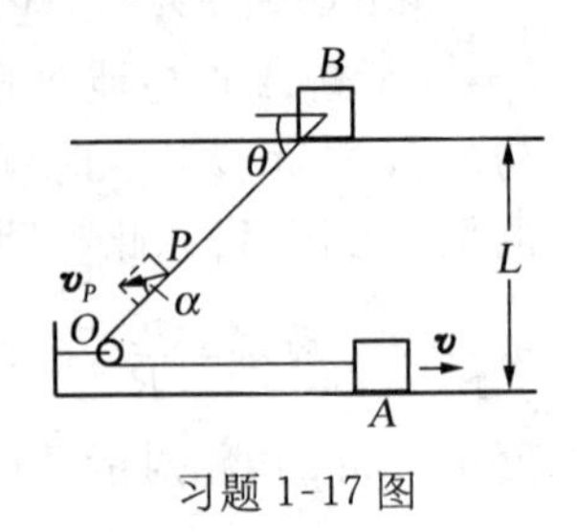

习题 1-17 图

(1) 小泥巴离开绳子时速度的大小和方向.

(2) 小泥巴离开绳子落到下面轨道所需的时间.

解: (1) 物体 B 和小泥巴的运动都可分解为沿绳的方向和垂直于绳的方向.垂直于绳的速度可以看成是绳子绕 O 点转动的速度,设转动角速度为 ω,则对物体 B 和小泥巴 P,分别有

$$v_{B/\!/}=v,\ v_{B\perp}=v\tan\theta,\ \omega=v_{B\perp}/\overline{BO},$$

$$v_{P/\!/}=v,\ v_{P\perp}=\omega\cdot\overline{OP}=v_{B\perp}\cdot\overline{OP}/\overline{BO}=\frac{1}{3}v_{B\perp};$$

即
$$v_{P\perp}=\frac{1}{3}v\tan\theta.\ (\theta=45^\circ)$$

由此可得

$$v_P=\sqrt{v_{P\perp}^2+v_{P/\!/}^2}=\sqrt{\left(\frac{1}{3}v\tan\theta\right)^2+v^2}=1.05v.$$

$\boldsymbol{v}_P$ 与 $\overline{BO}$ 的夹角为 α:

$$\alpha=\arctan\left(\frac{v_{P\perp}}{v_{P/\!/}}\right)=\arctan\left(\frac{\frac{1}{3}v}{v}\right)=18.4^\circ.$$

(2) 由上面计算可得出小泥巴作斜向左下方的抛体运动,$\boldsymbol{v}_P$ 与水平面的夹角为

$$\beta=45^\circ-18.4^\circ=26.6^\circ.$$

它在竖直方向的分运动初速为 v_{Py0},加速度为 g,

$$v_{Py0}=v\sin\theta-v_{P\perp}\cos\theta=v\left(\sin\theta-\frac{1}{3}\cos\theta\right)=v\cdot\frac{\sqrt{2}}{2}\left(1-\frac{1}{3}\right)=\frac{\sqrt{2}}{3}v.$$

由几何关系可知,P 点到下轨道的距离是 $\dfrac{1}{3}L$,由此,

$$\frac{L}{3}=v_{Py0}t+\frac{1}{2}gt^2=\frac{\sqrt{2}}{3}vt+\frac{1}{2}gt^2.$$

解得

$$t=\frac{\sqrt{2}}{3g}(\sqrt{v^2+3gL}-v).$$

*1-18. 在距离河岸 500 m 处有一灯塔，它发出的光束每分钟匀速转动一周，试求当光束与岸边成 60°角时，光束沿岸边滑动的速度和加速度.

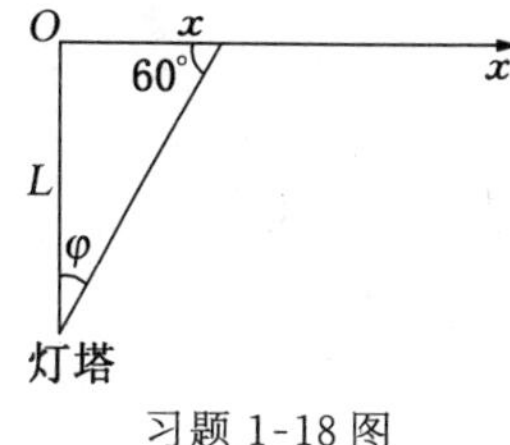

习题 1-18 图

解: 如图所示，取岸边为 x 轴，灯塔到岸边的垂线和岸的交点为原点 O，灯塔到岸边的距离为 L，则

$$x=L\tan\varphi,$$

$$\varphi=\omega t;$$

上式中 x 为任意时刻光束和岸边的交点位置. 光束沿岸边滑动的速度即 v_x：

$$v_x=\frac{\mathrm{d}x}{\mathrm{d}t}=\frac{\mathrm{d}}{\mathrm{d}t}(L\tan\varphi)=L\sec^2\varphi\cdot\frac{\mathrm{d}\varphi}{\mathrm{d}t}=L\omega\sec^2\varphi.$$

当光束与岸边成 60°角时，$\varphi=\frac{\pi}{2}-\frac{\pi}{3}=\frac{\pi}{6}$. 因此得

$$v_x=L\omega\sec^2 30^\circ=5\times10^2\times\frac{2\pi}{60}\times\sec^2 30^\circ=69.8(\mathrm{m\cdot s^{-1}}),$$

$$a_x=\frac{\mathrm{d}v_x}{\mathrm{d}t}=\frac{\mathrm{d}}{\mathrm{d}t}[L\omega\sec^2(\omega t)]=2L\omega^2\sec^2\varphi\tan\varphi$$

$$=2\times5\times10^2\times\left(\frac{2\pi}{60}\right)^2\cdot\sec^2 30^\circ\tan 30^\circ=8.4(\mathrm{m\cdot s^{-2}}).$$

*1-19. 有一人站在楼顶的平台上以初速 $\boldsymbol{v}_0$ 水平地射出一发子弹.

(1) 取枪口为原点，$\boldsymbol{v}_0$ 方向为 x 轴，竖直向下为 y 轴，并取发射时为 $t=0$ 时刻. 试求子弹在任一时刻 t 的坐标和子弹的轨迹方程.

(2) 试求子弹在 t 时刻的速率、切向加速度及法向加速度.

解: (1) 子弹作平抛运动，任一时刻 t 的坐标为

$$x=v_0t, \quad ①$$

$$y=\frac{1}{2}gt^2. \quad ②$$

由①、②式消去 t，得子弹的轨迹方程为

$$y=\frac{g}{2v_0^2}x^2.$$

(2) $v_x=\frac{\mathrm{d}x}{\mathrm{d}t}=v_0$，$v_y=\frac{\mathrm{d}y}{\mathrm{d}t}=gt$；

$$v=\sqrt{v_x^2+v_y^2}=\sqrt{v_0^2+g^2t^2}.$$

$\boldsymbol{v}$ 与 x 轴的夹角为

$$\theta = \arctan\left(\frac{v_y}{v_x}\right) = \arctan\left(\frac{gt}{v_0}\right).$$

切向加速度为

$$a_\tau = \frac{dv}{dt} = \frac{g^2 t}{\sqrt{v_0^2 + g^2 t^2}},$$

法向加速度为

$$a_n = g\cos\theta = g\frac{v_0}{v} = \frac{gv_0}{\sqrt{v_0^2 + g^2 t^2}}.$$

或
$$a_n = \sqrt{g^2 - a_\tau^2} = \sqrt{g^2 - \frac{g^4 t^2}{v_0^2 + g^2 t^2}} = \frac{gv_0}{\sqrt{v_0^2 + g^2 t^2}}.$$

***1-20.** 如图所示,有两个质点 A 和 B,它们在 xOy 坐标系中均以角速度 ω 作半径为 R 的圆周运动,且在 $t=0$ 时刻都从 O 出发,B 质点和 A 质点都作逆时针方向转动,试问在相对于 A 为静止的参照系中观察,B 质点的运动规律如何?速度和加速度是多少?

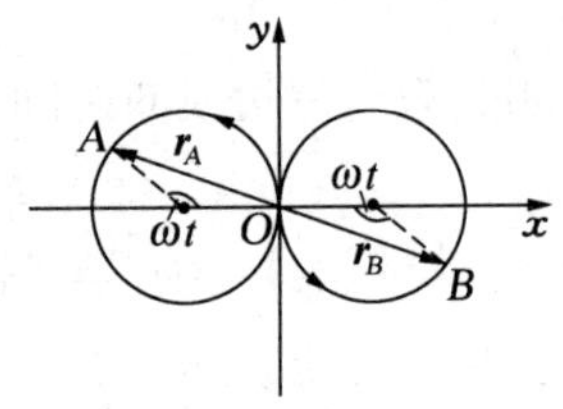

习题 1-20 图

解: 在直角坐标系中,

$$x_A = -R + R\cos\omega t;$$
$$y_A = R\sin\omega t,$$
$$x_B = R - R\cos\omega t,$$
$$y_B = -R\sin\omega t.$$

B 相对于 A 的坐标分量为

$$x_{BA} = x_B - x_A = 2R(1-\cos\omega t), \quad ①$$

$$y_{BA} = -2R\sin\omega t. \quad ②$$

由①、②两式消去 ωt,得

$$\frac{y_{BA}^2}{4R^2} + \frac{(2R - x_{BA})^2}{4R^2} = 1. \quad ③$$

此即圆周运动的轨迹方程,圆半径为 $2R$.

$$v_{BAx} = \frac{dx_{BA}}{dt} = 2R\omega\sin\omega t,$$

$$v_{BAy} = \frac{dy_{BA}}{dt} = -2R\omega\cos\omega t,$$

$$v_{BA} = \sqrt{v_{BAx}^2 + v_{BAy}^2} = 2R\omega;$$

$$a_{BAx} = \frac{dv_{BAx}}{dt} = 2R\omega^2\cos\omega t,$$

$$a_{BAy} = \frac{\mathrm{d}v_{BAy}}{\mathrm{d}t} = 2R\omega^2 \sin \omega t,$$

$$a_{BA} = \sqrt{a_{BAx}^2 + a_{BAy}^2} = 2R\omega^2.$$

由以上计算可知,质点 B 相对于 A 作匀速率圆周运动,半径为 $2R$,角速度为 ω,速率为 $2R\omega$,切向加速度为零,法向加速度为 $2R\omega^2$.

***1-21.** 有人坐在车内观察雨点的运动,试说明在下列各种情况下雨点的轨迹.设雨点相对于地面是匀速垂直下落的,速度是 $\boldsymbol{V}$.以竖直平面为 xOy 平面.

(1) 车以恒定速度 $\boldsymbol{v}$ 沿 x 正方向运动;

(2) 车以恒定加速度 $\boldsymbol{a}$ 沿 x 正方向运动.

解: (1) 设雨点相对车的速度为 $\boldsymbol{u}$,雨点相对车的加速度为 $\boldsymbol{a}_r$,则有

$$\boldsymbol{u} = \boldsymbol{V} - \boldsymbol{v},\ u_x = -v,$$

$$u_y = -V;\ \boldsymbol{a}_r = \frac{\mathrm{d}\boldsymbol{u}}{\mathrm{d}t} = 0.$$

用 x'、y' 表示在车内观察雨点的坐标,并设 $t=0$ 时,$x'=0$,$y'=y_0$,则

$$x' = -vt,\ y' = y_0 - Vt.$$

由此可得雨点的轨迹方程为

$$y' = y_0 + \frac{V}{v}x'.$$

这是直线方程,如图(a)所示.

(2) $a_{rx} = -a$,$a_{ry} = 0$,设 $t=0$ 时车速 $v = v_0$,任一时刻 t,

$$v = v_0 + at.$$

$$\mathrm{d}x' = v'_x \mathrm{d}t = -(v_0 + at)\mathrm{d}t,$$

两边积分,得

$$x' = -v_0 t - \frac{1}{2}at^2,$$

$$y' = y_0 + u_y t = y_0 - Vt.$$

由以上两式可得轨迹方程为

$$x' = -\frac{v_0}{V}(y_0 - y') - \frac{1}{2}a\left(\frac{y_0 - y'}{V}\right)^2.$$

这是抛物线方程,如图(b)所示.

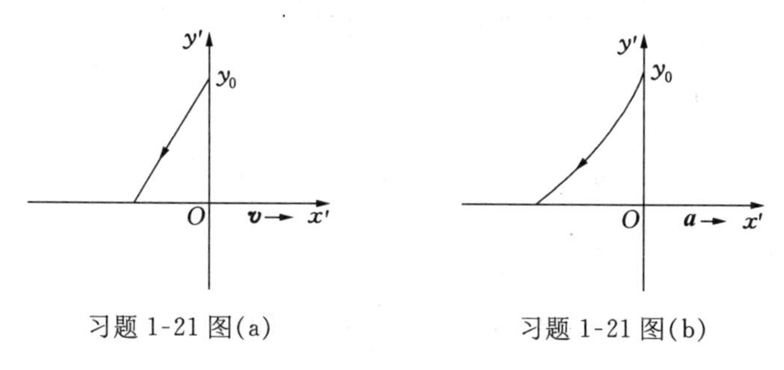

习题 1-21 图(a)　　习题 1-21 图(b)

*1-22. 质点在 xOy 平面内运动,坐标为

$$x = 3t,\ y = 20 - 2t^2,$$

式中 x、y 以 m 计,t 以 s 计.

(1) 写出质点的运动轨迹方程.

(2) 写出 $t = 1$ s 时刻和 $t = 2$ s 时刻质点的位矢,并计算这一秒内质点的平均速度.

(3) 计算 1 s 末和 2 s 末质点的速度和加速度.

(4) 在什么时刻,质点离原点最近,此最短距离为几 m?

(5) 写出质点的切向加速度的表示式,并计算 $t = 1$ s 时质点的切向加速度和法向加速度的大小.

解: (1) 由 $x=3t$ 和 $y=20-2t^2$ 消去 t,得轨迹方程

$$y = 20 - \frac{2}{9}x^2.$$

(2) $\boldsymbol{r}(t)=3t\boldsymbol{i}+(20-2t^2)\boldsymbol{j}$, $t=1$ s 和 2s 时,位矢分别为

$$\boldsymbol{r}_1 = 3\boldsymbol{i} + 18\boldsymbol{j},\ \boldsymbol{r}_2 = 6\boldsymbol{i} + 12\boldsymbol{j}.$$

这一秒内质点的平均速度为

$$\overline{\boldsymbol{v}} = \frac{\boldsymbol{r}_2 - \boldsymbol{r}_1}{\Delta t} = 3\boldsymbol{i} - 6\boldsymbol{j},$$

其数值为

$$|\overline{\boldsymbol{v}}| = \sqrt{3^2 + 6^2} = 6.7(\mathrm{m \cdot s^{-1}}).$$

平均速度与 x 轴的夹角为

$$\theta_1 = \arctan\left(\frac{-6}{3}\right) = -63.4°.$$

(3) $\boldsymbol{v} = \frac{\mathrm{d}x}{\mathrm{d}t}\boldsymbol{i} + \frac{\mathrm{d}y}{\mathrm{d}t}\boldsymbol{j} = 3\boldsymbol{i} - 4t\boldsymbol{j}.$

$$t = 1\ \text{s 时},\ \boldsymbol{v}_1 = 3\boldsymbol{i} - 4\boldsymbol{j},$$

$$|\boldsymbol{v}_1| = \sqrt{3^2 + 4^2} = 5(\mathrm{m \cdot s^{-1}}).$$

$\boldsymbol{v}_1$ 与 x 轴的夹角为

$$\theta_2 = \arctan\left(-\frac{4}{3}\right) = -53.1°.$$

$t = 2$ s 时, $\boldsymbol{v}_2 = 3\boldsymbol{i} - 8\boldsymbol{j}$,

$$|\boldsymbol{v}_2| = \sqrt{3^2 + 8^2} = 8.54(\mathrm{m \cdot s^{-1}}).$$

$\boldsymbol{v}_2$ 与 x 轴的夹角为

$$\theta_3 = \arctan\left(-\frac{8}{3}\right) = -69.4°.$$

$$\boldsymbol{a}(t)=\frac{\mathrm{d}\boldsymbol{v}}{\mathrm{d}t}=-4\boldsymbol{j};\ |\boldsymbol{a}(t)|=4(\mathrm{m}\cdot\mathrm{s}^{-2})$$，沿 y 轴负方向.

(4) $r=\sqrt{x^2+y^2}=\sqrt{9t^2+(20-2t^2)^2}$. 令 $\frac{\mathrm{d}r}{\mathrm{d}t}=0$，得

$$t(-71+8t^2)=0,$$

$$t_1=0(\text{舍去}),\ t_2=-2.98(\mathrm{s})\ (\text{舍去}).$$

将 $t_3=2.98(\mathrm{s})$ 代入 r 的表示式，得：

$$r_{\min}=\sqrt{9\times(2.98)^2+(20-2\times2.98^2)^2}=9.22(\mathrm{m}).$$

(5) $a_\tau=\frac{\mathrm{d}v}{\mathrm{d}t}=\frac{\mathrm{d}}{\mathrm{d}t}(\sqrt{3^2+(4t)^2})=\frac{16t}{\sqrt{9+16t^2}}$. $t=1\ \mathrm{s}$ 时，由上式得

$$a_\tau=3.2(\mathrm{m}\cdot\mathrm{s}^{-2}),$$

$$a_n=\sqrt{a^2-a_\tau^2}=\sqrt{4^2-3.2^2}=2.4(\mathrm{m}\cdot\mathrm{s}^{-2}).$$

***1-23.** 一架飞机在无风时以匀速 v 相对地面飞行，能飞出的最远距离为 L(包括飞出和飞回). 现在飞机在风速为 $\boldsymbol{u}$、方向为北偏东 α 度的风中飞行，而飞行的实际航向为北偏东 β 度，求在这种情况下飞机能飞出的最远距离是多少(设燃油消耗的速率不变)？

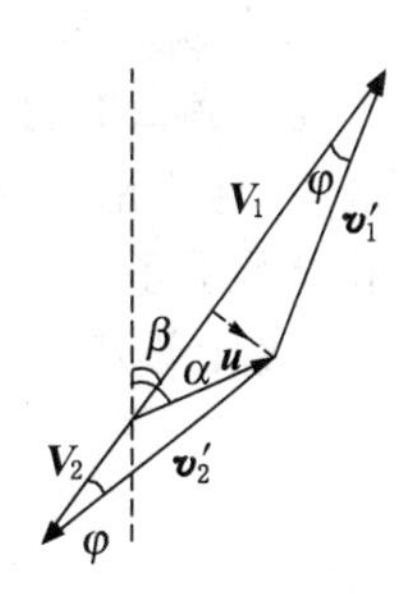

习题 1-23 图

解： 飞出去和飞回来飞机对地面的速度方向应在一条直线上，设速度分别为 $\boldsymbol{V}_1$ 和 $\boldsymbol{V}_2$，无论来回，飞机相对风的速度(设为 $\boldsymbol{v}_1'$ 和 $\boldsymbol{v}_2'$)的大小应不变，因此，

$$|\boldsymbol{v}_1'|=|\boldsymbol{v}_2'|=v.$$

风对地面的速度不变，为 $\boldsymbol{u}$，根据已知条件，$\boldsymbol{u}$ 和正北方向成 α 角，设 $\boldsymbol{V}_1$ 与正北方向成 β 角，设 $\boldsymbol{V}_1$ 和 $\boldsymbol{v}_1'$ 夹角为 φ，则 $\boldsymbol{V}_2$ 和 $\boldsymbol{v}_2'$ 的夹角也是 φ(等腰三角形)，图示为飞机来回的速度矢量图. 由图可得

$$V_1=u\cos(\alpha-\beta)+v\cos\varphi, \quad ①$$

$$V_2=v\cos\varphi-u\cos(\alpha-\beta). \quad ②$$

无风时，飞机能飞出的最远距离为 L，所费时间为

$$t_{\max}=\frac{2L}{v}; \quad ③$$

设有风时能飞出去的最远距离为 S，所费时间为 t：

$$t=t_1+t_2=\frac{S}{V_1}+\frac{S}{V_2}. \quad ④$$

两种情况下时间应相同

$$t=t_{\max}. \quad ⑤$$

利用三角形的正弦定理：

$$\frac{u}{\sin\varphi}=\frac{v}{\sin(\alpha-\beta)},$$

化为
$$v^2(1-\cos^2\varphi)=u^2\sin^2(\alpha-\beta).$$

得
$$v\cos\varphi=\sqrt{v^2-u^2\sin^2(\alpha-\beta)},$$

代入①、②两式,解①～⑤式,即得所求最大距离 S:

$$\begin{aligned}\frac{2L}{v}&=S\left(\frac{1}{V_1}+\frac{1}{V_2}\right)\\&=S\left[\frac{1}{u\cos(\alpha-\beta)+\sqrt{v^2-u^2\sin^2(\alpha-\beta)}}+\frac{1}{-u\cos(\alpha-\beta)+\sqrt{v^2-u^2\sin^2(\alpha-\beta)}}\right],\end{aligned}$$

$$S=\frac{(v^2-u^2)L}{v\sqrt{v^2-u^2\sin^2(\alpha-\beta)}}.$$

*1-24. 一条快船沿平行于海岸线的直线航行,速率为 V,离岸边距离为 L.一小艇速率为 $v(v<V)$,从一港口 O 出发企图与快船相遇,如图所示,小艇必须在快船驶过海岸线的某点 P 之前出发才能达到目的,如略去水速,试求小艇航向如何才能使 $\overline{PO}$ 的距离 S 最短.与此相应,小艇出发后经过多少时间才能追上快船,这时小艇航行了多少距离?

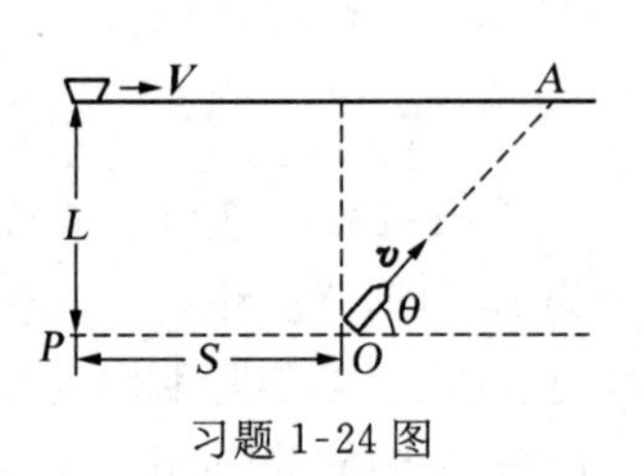

习题 1-24 图

解: 设小艇航向与海岸线成 θ 角,经时间 t 和快船相遇,对船:

$$Vt=S+v\cos\theta\cdot t; \qquad ①$$

对艇:

$$L=v\sin\theta\cdot t. \qquad ②$$

由以上两式解得

$$S=\frac{VL}{v\sin\theta}-\frac{L\cos\theta}{\sin\theta}. \qquad ③$$

令 $\frac{\mathrm{d}S}{\mathrm{d}\theta}=0$,可求 S 的最小值:

$$\frac{\mathrm{d}S}{\mathrm{d}\theta}=\frac{LV}{v}\cdot\frac{(-\cos\theta)}{\sin^2\theta}-L\frac{(-\sin^2\theta-\cos^2\theta)}{\sin^2\theta}=0.$$

得

$$\cos\theta=\frac{v}{V}.$$

代回③式,得

$$S_{\min}=\frac{L}{v}\sqrt{V^2-v^2}.$$

此情况下,由②式得

$$t=\frac{L}{v\sin\theta}=\frac{LV}{v\sqrt{V^2-v^2}}.$$

小艇航行的距离

$$\overline{OA}=vt=\frac{LV}{\sqrt{V^2-v^2}}.$$

四、思考题解答

1-1. 设质点二维运动的坐标为 $x=x(t)$，$y=y(t)$，有人先求出位矢的大小 $r=\sqrt{x^2+y^2}$，然后根据 $v=\frac{\mathrm{d}r}{\mathrm{d}t}$，$a=\frac{\mathrm{d}^2r}{\mathrm{d}t^2}$ 求得它的速度和加速度；另外，有人先计算速度及加速度的分量，再将它们合成，得出质点的速度及加速度分别是 $v=\sqrt{\left(\frac{\mathrm{d}x}{\mathrm{d}t}\right)^2+\left(\frac{\mathrm{d}y}{\mathrm{d}t}\right)^2}$，$a=\sqrt{\left(\frac{\mathrm{d}^2x}{\mathrm{d}t^2}\right)^2+\left(\frac{\mathrm{d}^2y}{\mathrm{d}t^2}\right)^2}$，试问这两种结果在什么情况下是一致的？在什么情况下不一致？一般情况下哪一种正确，为什么？

答： 因为一般曲线运动位矢的方向是随时间变化的，所以后一种方法正确. 当已知位矢时，可用求导的方法得出速度和加速度：

$$\boldsymbol{r}=x\boldsymbol{i}+y\boldsymbol{j}\text{，}\boldsymbol{v}=\frac{\mathrm{d}\boldsymbol{r}}{\mathrm{d}t}=\frac{\mathrm{d}x}{\mathrm{d}t}\boldsymbol{i}+\frac{\mathrm{d}y}{\mathrm{d}t}\boldsymbol{j}\text{，}\boldsymbol{a}=\frac{\mathrm{d}\boldsymbol{v}}{\mathrm{d}t}=\frac{\mathrm{d}^2x}{\mathrm{d}t^2}\boldsymbol{i}+\frac{\mathrm{d}^2y}{\mathrm{d}t^2}\boldsymbol{j}.$$

所以 $v=\sqrt{\left(\frac{\mathrm{d}x}{\mathrm{d}t}\right)^2+\left(\frac{\mathrm{d}y}{\mathrm{d}t}\right)^2}$，$a=\sqrt{\left(\frac{\mathrm{d}^2x}{\mathrm{d}t^2}\right)^2+\left(\frac{\mathrm{d}^2y}{\mathrm{d}t^2}\right)^2}$ 是正确的. 只有在直线运动中，并且坐标原点取在此直线上这两种结果才一致.

1-2. 下列问题中，哪些说法是正确的？哪些说法是错误的？

(1) 物体具有恒定的速度，则其速率必为常数.

(2) 质点沿某一方向的加速度减少时，该方向的速度也随之减少.

(3) 在直线运动中，物体的加速度愈大，其速度也愈大.

(4) 质点作匀速运动，则它的运动轨迹一定是一条直线.

(5) 质点具有恒定不变的加速度，则它的运动轨迹是一条直线.

答： (1) 正确. 因为恒定的速度即大小和方向都不变，因此其速率必为常数.

(2) 错误. 若加速度方向和速度方向一致，则质点的加速度减少时，该方向的速度仍是增加的，只是增加得慢些. 若加速度的方向和速度方向相反，只要加速度方向不变，则无论加速度数值增加或减少，其速度总是减小的.

(3) 错误. 加速度是速度随时间的变化率，反映了速度变化的快慢，与速度的大小无简单的对应关系.

(4) 错误. 通常匀速运动是指速率恒定的运动，因此匀速运动可以是曲线运动，如匀速圆周运动就是一例.

(5) 错误. 如抛体运动，物体具有恒定的重力加速度，但运动轨迹是抛物线.

1-3. 试判断下列情况是否可能：

(1) 物体具有零速度，但仍处于加速运动中.

(2) 物体的速率在不断地增加，而加速度的值则不断地减小；

(3) 物体的速率在不断地减小,而加速度的值则不断地增加.

答: (1) 可能. 如自由落体运动. 开始下落的瞬时速度为零,但有重力加速度;或者竖直上抛运动到最高点的瞬时,速度为零,但仍处于加速运动中.

(2) 可能. 加速度的值不断地减小,但只要保持方向不变,则在运动方向和加速度方向一致时速率仍不断增加.

(3) 可能. 当物体运动速度的方向和加速度方向相反时,加速度的值不断增加,物体的速率则不断地减小.

1-4. 如果物体在空气中运动,受到空气阻力作用所获得的加速度与物体的速度大小成正比而方向相反,试分析该物体以一定的初速度由地面开始竖直上抛,直到重新落回地面的过程中速度及加速度的变化情况(重力加速度 g 视为常数).

答: 设初速度为 v_0,以向上为正方向,阻力为 $f=-kv$, 则上升时有

$$-mg-kv=m\frac{dv}{dt}; \qquad ①$$

上式分离变量,得 $\dfrac{dv}{v+\dfrac{mg}{k}}=-\dfrac{k}{m}dt$, 两边积分,得

$$\int_{v_0}^{v_{1t}}\frac{dv}{v+mg/k}=-\frac{k}{m}\int_0^t dt.$$

解得

$$v_{1t}=\left(v_0+\frac{mg}{k}\right)e^{-\frac{k}{m}t}-\frac{mg}{k}. \qquad ②$$

当 $v_{1t}=0$ 时,物体达到最高点,代入②式,得出达到最高点所花的时间为

$$t_1=\frac{m}{k}\ln\left(1+\frac{kv_0}{mg}\right),$$

由②式求导,得加速度

$$a_{1t}=\frac{dv_{1t}}{dt}=-\left(\frac{kv_0}{m}+g\right)e^{-\frac{k}{m}t}.$$

当 $t=t_1$ 时,物体只受重力作用,$a_1=-g$. 将 t_1 的表示式代入 a_{1t}式中,亦得此结果. 当物体下降时,设向下为正方向,

$$mg-kv=m\frac{dv}{dt},$$

分离变量后积分:

$$\int_0^{v_{2t}}\frac{dv}{v-mg/k}=-\frac{k}{m}\int_0^t dt,$$

得

$$v_{2t}=\frac{mg}{k}(1-e^{-\frac{k}{m}t}).$$

加速度为 $a_{2t}=\dfrac{dv_{2t}}{dt}=ge^{-\frac{k}{m}t}$.

若高度足够大，则随着下落时间的增大，速率将趋近于$\frac{mg}{k}$，这时 $a_{2t}\to 0$，即重力和阻力相抵，跳伞即为一例.

1-5. 你能否找到一种加速度等于零的曲线运动？你能否找到一种加速度等于常矢量的曲线运动？

答： 作曲线运动一定有法向加速度，故不可能有加速度为零的曲线运动. 加速度为常矢量的曲线运动有抛体运动或其他初速度和加速度的方向有夹角 θ 的运动.

$\boldsymbol{v}=\boldsymbol{v}_0+\boldsymbol{a}t$，$\boldsymbol{v}_0$ 和 $\boldsymbol{a}$ 有夹角 θ，则 $\boldsymbol{v}$、$\boldsymbol{v}_0$ 和 $\boldsymbol{a}t$ 组成矢量三角形，$\boldsymbol{v}$ 的方向随时间变化，所以是曲线运动.

1-6. 判断下列说法是否正确：

(1) 质点作圆周运动的加速度指向圆心.

(2) 匀速圆周运动的加速度为常矢量.

(3) 只有法向加速度的运动一定是圆周运动.

(4) 只有切向加速度的运动一定是直线运动.

答： (1) 若质点作变速圆周运动，则有切向加速度，总加速度不会指向圆心. 只有作匀速圆周运动时加速度才指向圆心.

(2) 匀速圆周运动的加速度方向一直在改变，不等于恒矢量.

(3) 只要作匀速率的曲线运动，都只有法向加速度，不一定是圆周运动.

(4) 说法正确. 因为没有法向加速度的运动不会改变运动方向，故一定是直线运动.

1-7. 在斜抛运动中忽略空气阻力，试问：

(1) 哪一点的切向加速度最大，哪一点最小？

(2) 法向加速度如何变化？

(3) 轨迹各点的曲率半径如何变化？

答： (1) 斜抛运动的加速度为 $\boldsymbol{g}$，切向加速度 a_τ 为 $g\sin\theta$，θ 为抛物线上任一点的切线和水平方向的夹角，在抛出点和落地点 θ 最大，故在抛出点和落地点的切向加速度最大. 达最高点处 $\theta=0$，所以 $a_\tau=0$.

(2) 法向加速度为 $g\cos\theta$，由上面可知，在抛出点和落地点 θ 最大，法向加速度最小，在最高点法向加速度最大，$a_n=g$.

(3) 曲率半径 $\rho=\frac{v^2}{a_n}$，设抛出时 $\boldsymbol{v}_0$ 和水平方向成 θ_0 角，$v^2=(v_x)^2+(v_y)^2=(v_0\cos\theta_0)^2+(v_0\sin\theta_0-gt)^2$ 代入上式，得 $\rho=\frac{(v_0\cos\theta_0)^2+(v_0\sin\theta_0-gt)^2}{g\cos\theta}$. 随着时间增加，分子变小，直到最高点，$v$ 最小，而同时分母则逐渐增加，故在抛出点 ρ 最大，以后逐渐减小，到最高点时 ρ 最小，以后又逐渐变大，直到落地点达最大. 也可以利用上面(2)的结果，在抛出点和落地点 a_n 最小，而 $v=v_0$ 最大，故 ρ 最大. 在最高点 a_n 最大而 $v=v_0\cos\theta_0$ 最小，故 ρ 最小.

1-8. 矢量导数的绝对值与矢量绝对值的导数是否相等？$\left|\frac{\mathrm{d}\boldsymbol{v}}{\mathrm{d}t}\right|=0$ 和 $\frac{\mathrm{d}|\boldsymbol{v}|}{\mathrm{d}t}=0$ 各代表什么样的运动？两者有无区别？

答： 矢量 $\boldsymbol{A}$ 的导数的绝对值为 $\left|\frac{\mathrm{d}\boldsymbol{A}}{\mathrm{d}t}\right|$，这里设 $\boldsymbol{A}$ 是 t 的函数. 而其绝对值的导数为 $\frac{\mathrm{d}}{\mathrm{d}t}|\boldsymbol{A}|$，系指其值的大小随 t 的变化率. 两者一般是不相等的. $\left|\frac{\mathrm{d}\boldsymbol{v}}{\mathrm{d}t}\right|=0$ 表示加速度为零，因而是匀速

直线运动,而 $\frac{\mathrm{d}|\boldsymbol{v}|}{\mathrm{d}t}=0$ 即 $\frac{\mathrm{d}v}{\mathrm{d}t}=0$, 或 $a_\tau=0$, 代表匀速率运动,可以是匀速率曲线运动. 两者不同,前者表示总加速度为零.

1-9. 一个作平面运动的质点,它的运动学表达式是 $\boldsymbol{r}=\boldsymbol{r}(t)$, $\boldsymbol{v}=\boldsymbol{v}(t)$, 如果(1) $\frac{\mathrm{d}r}{\mathrm{d}t}=0$, $\frac{\mathrm{d}\boldsymbol{r}}{\mathrm{d}t}\neq\boldsymbol{0}$, 质点作什么运动? (2) $\frac{\mathrm{d}v}{\mathrm{d}t}=0$, $\frac{\mathrm{d}\boldsymbol{v}}{\mathrm{d}t}\neq\boldsymbol{0}$, 质点作什么运动?

答: (1) $\frac{\mathrm{d}r}{\mathrm{d}t}=0$ 表示位矢的数值不变,而 $\frac{\mathrm{d}\boldsymbol{r}}{\mathrm{d}t}\neq\boldsymbol{0}$ 表示速度 $\boldsymbol{v}\neq\boldsymbol{0}$, 故质点作圆周运动.

(2) $\frac{\mathrm{d}v}{\mathrm{d}t}=0$ 即 $a_\tau=0$, 速率不变, $\frac{\mathrm{d}\boldsymbol{v}}{\mathrm{d}t}\neq\boldsymbol{0}$ 即 $\boldsymbol{a}\neq\boldsymbol{0}$, 故质点作匀速率曲线运动,有法向加速度.

1-10. 一斜抛物体的水平初速度是 v_0,它的轨迹的最高点处的曲率半径是多大?

答: 最高点处 $a_n=g$, 只有水平方向速度 v_0,故 $\rho=\frac{v_0^2}{g}$.

1-11. 圆周运动中质点的加速度是否一定和速度方向垂直? 任意曲线运动的加速度是否一定不与速度方向垂直?

答: 当质点作变速圆周运动时,有切向加速度,也有法向加速度,总加速度和速度方向不垂直. 任意曲线运动的加速度有可能与速度方向垂直,即在匀速率运动的情况下只有法向加速度,与速度方向垂直.

第二章　动　力　学

一、内容提要

1. 牛顿三定律：

(1) 第一定律　$\boldsymbol{F}=\boldsymbol{0}$ 时 $\boldsymbol{v}=$ 恒量.

(2) 第二定律　$\boldsymbol{F}=m\boldsymbol{a}$.

(3) 第三定律　$\boldsymbol{F}=-\boldsymbol{F}'$.

2. 摩擦定律：$f_k=\mu_k N$，$0\leqslant f_s\leqslant \mu_s N$.

3. 非惯性系中的惯性力：

(1) 平动加速参照系中的惯性力 $\boldsymbol{f}^*=-m\boldsymbol{a}_0$.

(2) 匀速转动参照系中的惯性离心力 $\boldsymbol{f}^*=m\omega^2 r\boldsymbol{r}^0$.

4. 动量、冲量、动量守恒定律：

(1) 动量 $\boldsymbol{P}=m\boldsymbol{v}$，冲量 $\boldsymbol{I}=\int_{t_0}^{t}\boldsymbol{F}\mathrm{d}t$.

(2) 动量定理 $\boldsymbol{F}=\dfrac{\mathrm{d}}{\mathrm{d}t}\boldsymbol{P}$，$\boldsymbol{I}=\boldsymbol{P}-\boldsymbol{P}_0=\Delta\boldsymbol{P}$.

对质点来说：在一段时间内质点所受合力的冲量等于这段时间内质点动量的增量. 对质点系来说：质点系动量的增量等于外力冲量之矢量和，内力的冲量不会改变质点系的总动量.

(3) 动量守恒定律：$\sum\boldsymbol{F}_{外}=\boldsymbol{0}$ 时，$\boldsymbol{P}=\sum\limits_i m_i\boldsymbol{v}_i=$ 常矢量.

5. 角动量和角动量守恒定律：

(1) 角动量：质点相对于某一参考点的角动量 $\boldsymbol{L}=\boldsymbol{r}\times m\boldsymbol{v}$，刚体绕 z 轴转动的角动量：

$$L_z=I_z\omega,$$

式中 $I_z=\int R^2\mathrm{d}m$ 是刚体绕 z 轴转动的转动惯量.

(2) 平行轴定理：$I=I_c+Md^2$.

(3) 力矩：$\boldsymbol{M}=\boldsymbol{r}\times\boldsymbol{F}$.

(4) 角动量定理：$\boldsymbol{M}=\dfrac{\mathrm{d}}{\mathrm{d}t}\boldsymbol{L}$ 或 $\int_{t_0}^{t}\boldsymbol{M}\mathrm{d}t=\boldsymbol{L}(t)-\boldsymbol{L}(t_0)$.

对刚体还可写成 $M_z=I\beta$（绕定轴转动的转动定律）.

(5) 角动量守恒定律：

对质点，当 $\boldsymbol{M}=\boldsymbol{0}$ 时，$\boldsymbol{L}=\boldsymbol{r}\times m\boldsymbol{v}=$ 常矢量.

对绕定轴转动的刚体，$M_z=0$ 时，$L_z=I_z\omega=$ 常量.

二、自学指导和例题解析

本章要求深入理解牛顿三定律的基本内容和适用条件；掌握用隔离法分析物体的受力情

况并列式求解；初步掌握在非惯性系中求解力学问题的方法. 理解动量、冲量的概念，熟练运用动量定理和动量守恒定律解题；掌握角动量、角动量定理和角动量守恒定律. 在学习中应注意以下几点：

(1) 在用隔离法分析物体的受力情况时，除了万有引力(包括重力)和电磁力等远程力之外，一般只要考察该物体与哪些物体接触就可以了解其受力情形.

(2) 弹簧弹性力的大小取决于弹簧的形变(一般为伸长或压缩)，不是取决于物体的坐标，如坐标原点 $x=0$ 不是取弹簧为自然伸长时物体的位置，则弹性力不可以表示为 $-kx$，应作相应修改.

(3) 静摩擦力的大小与指向都取决于相对滑动的趋势，在各种具体问题中，为了判断静摩擦力的方向，应当先设想如两物体之间不存在静摩擦，考察接触面的相对滑动的方向，这就是相对滑动趋势的方向. 两物体相互间有静摩擦力作用时，其方向分别与各物体在接触面上的相对滑动趋势的方向相反. 一般情况下静摩擦力 $f\leqslant f_{\max}=\mu N$，$\mu$ 为静摩擦系数. 具体数值应根据"物体之间并不真正发生相对滑动"的条件去确定求解，而不能直接用 $f=\mu N$ 计算.

(4) 对于非惯性运动参照系，应当掌握绝对加速度和相对加速度之间的关系，并计入惯性力.

(5) 在研究冲力作用对质点运动的影响时，由于冲力出现于极短的时间内，质点的位置几乎没有什么改变，但是质点的动量则从冲击开始时的 $m\boldsymbol{v}_1$ 变为冲击作用结束时的 $m\boldsymbol{v}_2$，动量的增量 $m\boldsymbol{v}_2-m\boldsymbol{v}_1$ 与冲量 $\boldsymbol{I}$ 相等.

(6) 如果质点所受的力 $\boldsymbol{F}\neq\boldsymbol{0}$，但 $\boldsymbol{F}$ 的某个分量如 $F_x=0$，则动量的相应分量 mv_x 应守恒.

(7) 讨论角动量、力矩、角动量定理和角动量守恒定律时，角动量与力矩均应相对于同一固定点或固定轴.

例题

例 2-1 竖直上抛的物体，至少应具有多大的初速度 v_0 才不再回到地球？

解： 抛射体在运动过程中所受到的唯一的力是重力，方向指向地心，由于物体不再回到地球，其所在高度一定是很大的，重力应按照与地心距离的平方成反比的规律变化. 以地球为参照系，在发射时，物体位于地面，初速为 v_0，取 x 轴通过物体发射处竖直向上，原点在地心，物体在万有引力作用下作加速运动：

$$-G\frac{Mm}{x^2}=m\frac{\mathrm{d}^2x}{\mathrm{d}t^2}, \qquad ①$$

$$\frac{\mathrm{d}^2x}{\mathrm{d}t^2}=\frac{\mathrm{d}v}{\mathrm{d}t}=\frac{\mathrm{d}v}{\mathrm{d}x}\cdot\frac{\mathrm{d}x}{\mathrm{d}t}=v\frac{\mathrm{d}v}{\mathrm{d}x},$$

所以

$$-G\frac{Mm}{x^2}=mv\frac{\mathrm{d}v}{\mathrm{d}x}.$$

分离变量，两边积分，并代入初始条件，得

$$\int_{v_0}^{v}v\mathrm{d}v=-\int_R^x\frac{GM}{x^2}\mathrm{d}x, \qquad ②$$

其中 R 为地球半径. 解得

$$v^2 = v_0^2 - \frac{2GM}{R} + \frac{2GM}{x}. \tag{③}$$

由于地面上物体的重力加速度为 g，即 $\frac{GMm}{R^2} = mg$，得

$$GM = gR^2,$$

代入③式，得

$$v=\sqrt{v_0^2-2gR+\frac{2R^2g}{x}}. \tag{④}$$

由上式可见，如物体上升到高度为

$$x=\frac{2gR^2}{2gR-v_0^2}$$

时，$v = 0$，物体当于此折回而向地面降落. 若

$$x>\frac{2gR^2}{2gR-v_0^2},$$

则 v 为虚数，无意义，表明物体不可能上升到高于 $\frac{2gR^2}{2gR-v_0^2}$ 处. 若 $v_0^2 \geqslant 2gR$，则由③式知 v 永不为零，物体不再回到地球，所以 v_0 最小应是

$$v_0=\sqrt{2gR}.$$

以具体数值 $R \approx 6.4 \times 10^6$ m，$g = 9.8\ \mathrm{m \cdot s^{-2}}$ 代入上式，得

$$v_0 = \sqrt{2gR} = \sqrt{2 \times 9.8 \times 6.4 \times 10^6} = 11.2 \times 10^3\ (\mathrm{m \cdot s^{-1}}).$$

此即第二宇宙速度，即物体以 v_0 发射后永不回地球的速度. 上面未计入空气的阻力，只是粗略结果. 事实上，空气阻力所引起的摩擦发热会使任何以此发射速度上升的物体烧毁，所以一般总使物体以较低的速度上升，上升过程中加速，当物体上升到空气极稀薄时才使其达到满足第二宇宙速度的要求，用火箭发射航天器就是这种情况.

例 2-2 如图(a)所示，静止的圆锥体竖直放置，顶角为 α，质量为 m 且均匀分布的链条环水平地套在圆锥体上，忽略链条与圆锥体间的摩擦力，试求链条中的张力.

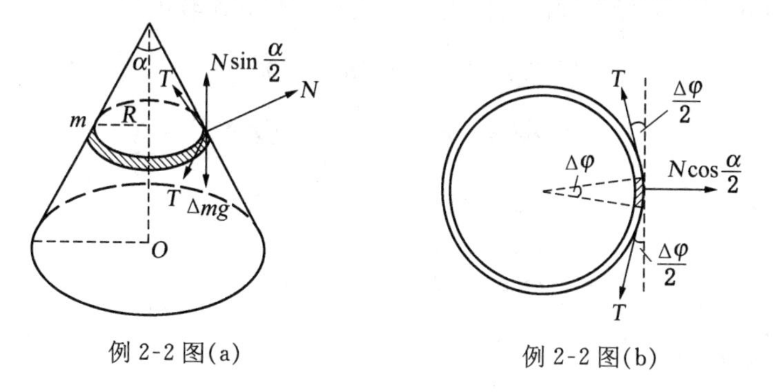

例 2-2 图(a)　　例 2-2 图(b)

解： 如图(a)所示，设链条环的半径为 R，在链条环中任取一小段 Δl，其质量为 Δm，这小段链条受到的作用力为：圆锥对它的支持力 N，方向垂直于锥面；重力 Δmg，竖直向下；Δl 两端的张力，方向与链条相切，如图(b)所示，链条平衡时合力为零. 分别列出竖直方向和水平方向

的合力

$$\Delta mg - N\sin\frac{\alpha}{2} = 0, \quad ①$$

$$2T\sin\frac{\Delta\varphi}{2} - N\cos\frac{\alpha}{2} = 0. \quad ②$$

因 $\Delta\varphi$ 很小，$\sin\frac{\Delta\varphi}{2}\approx\frac{\Delta\varphi}{2}$，代入②式得

$$T\Delta\varphi = N\cos\frac{\alpha}{2}. \quad ③$$

由①、③两式解得

$$\tan\frac{\alpha}{2} = \frac{\Delta m}{T\Delta\varphi}g, \quad ④$$

其中

$$\Delta m = \frac{m}{2\pi R}\cdot\Delta l = \frac{m\Delta\varphi}{2\pi}. \quad ⑤$$

⑤式代入④式，得

$$T = \frac{mg}{2\pi\tan\frac{\alpha}{2}}.$$

例 2-3 有一飞机在竖直平面内以匀速率 v m·s^{-1} 作圆周运动，圆的半径为 R m，飞机驾驶员体重为 m kg，在飞机中他的"视重"多大？

解："视重"是指表观体重，即飞行员施于坐垫的压力. 由于研究驾驶员的运动较为方便，可先求出坐垫支持驾驶员的力，其反作用力即为所求. 将驾驶员隔离出来，如图所示. 驾驶员受重力 mg 作用，竖直向下. 驾驶员受坐垫的支持力 N 的大小和方向都未知，设 N 和半径所夹角为 φ，半径和竖直方向夹角为 θ. 作用于驾驶员的所有力的合力应当就是他作圆周运动的向心力. 以地面为参照系，用自然坐标系列出切向与法向运动方程式比较方便.

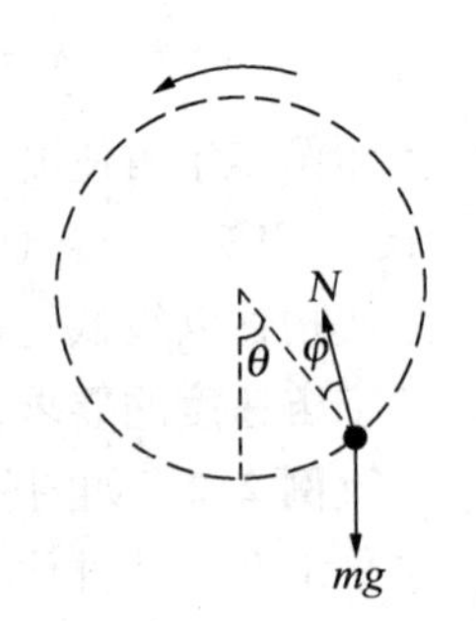

例 2-3 图

$$N\sin\varphi - mg\sin\theta = 0, \quad ①$$

$$N\cos\varphi - mg\cos\theta = mv^2/R. \quad ②$$

由①式和②式消去 φ，得

$$N = \sqrt{m^2g^2 + 2m^2\frac{v^2}{R}g\cos\theta + m^2\frac{v^4}{R^2}}. \quad ③$$

由①和②式消去 N 可得

$$\varphi = \arctan\left(\frac{g\sin\theta}{g\cos\theta + v^2/R}\right). \quad ④$$

由于角度 θ 不同，视重 N 可以大于真实体重(称为超重)或小于真实体重(称为失重). 由③式

可知,视重最大的情况发生于 $\theta = 0$, 即在圆周的最下端,这时

$$N = mg + mv^2/R.$$

因为在 $\theta = 0$ 时,坐垫不仅要支持驾驶员的体重,还要提供所必需的向心力 mv^2/R.

视重最小的情况发生于 $\theta = \pi$, 即在轨道的最顶端,这时

$$N = mv^2/R - mg.$$

因为这种情况下坐垫的支持力和重力 mg 同向,两者之和提供向心力.

若飞机速度太小,使 $mv^2/R - mg < 0$, 则在最高点或不到最高点,驾驶员就不能稳坐在坐垫上继续圆周运动,而要从坐垫上滑落.

例 2-4 如图(a)所示,质量为 m 的小球用细绳系在天花板上,使小球在水平面内作半径为 R 的匀速圆周运动,速率为 v. 试求小球从 a 点绕行 $\frac{1}{4}$ 圆周到 b 点的过程中绳子张力的冲量 $\boldsymbol{I}_T$.

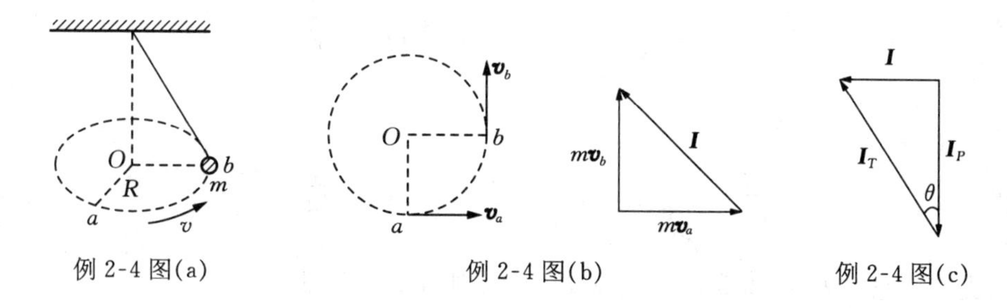

例 2-4 图(a)　　例 2-4 图(b)　　例 2-4 图(c)

解: 小球受重力 mg 和绳子张力 $\boldsymbol{T}$ 的作用,合力的冲量等于重力 $\boldsymbol{P}$ 和张力 $\boldsymbol{T}$ 的冲量之矢量和.

$$\boldsymbol{I} = \boldsymbol{I}_P + \boldsymbol{I}_T.$$

重力的冲量为

$$I_P = mg \cdot \frac{T}{4} = mg \cdot \frac{1}{4} \cdot \frac{2\pi R}{v} = \frac{\pi R m g}{2v},$$

方向向下.

合力的冲量等于小球动量的增量,如图(b)所示:

$$\boldsymbol{I} = m\boldsymbol{v}_b - m\boldsymbol{v}_a,$$

$$|\boldsymbol{v}_a| = |\boldsymbol{v}_b| = v,$$

$$I = \sqrt{(mv_a)^2 + (mv_b)^2} = \sqrt{2}mv.$$

$\boldsymbol{I}$ 在水平面内. 冲量之间的关系如图(c)所示.

$$I_T = \sqrt{I^2 + I_P^2} = \sqrt{2m^2v^2 + \left(\frac{\pi R m g}{2v}\right)^2} = mv\sqrt{2 + \frac{(\pi R g)^2}{4v^4}},$$

张力冲量与竖直方向的夹角为

$$\theta = \arctan\left(\frac{I}{I_P}\right) = \arctan\left(\frac{2\sqrt{2}v^2}{\pi Rg}\right).$$

例 2-5 长为 l,质量为 m 的柔软绳索的两端 A、B 并在一起悬挂在支点 A 上,现让 B 端脱离支点自由下落,如图所示,求 B 端下落了 x 时支点上所受的力 T.

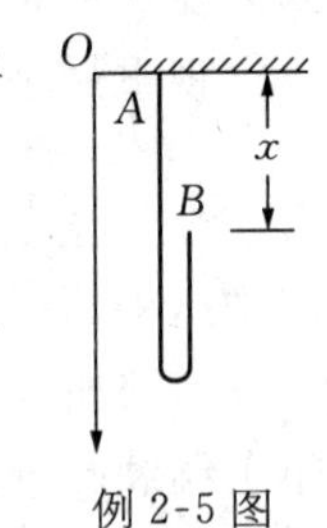

例 2-5 图

解法一: 用动量定理求解.

选支点为坐标原点,向下为 x 轴正方向,绳索的右半部分作自由落体运动,当 B 端下落了 x 时,其运动速度为

$$v = \sqrt{2gx}.$$

以整条绳为体系,体系的动量就是右半部分绳索的动量 $\boldsymbol{P}$,当 B 端下落了 x 时,右边绳索的长度为

$$l_{右} = \frac{1}{2}(l+x) - x = \frac{1}{2}(l-x).$$

动量为

$$P = m_{右} \cdot v = \frac{m}{l} \cdot \frac{1}{2}(l-x) \cdot \sqrt{2gx}. \quad ①$$

绳索受到支点给它的力 T' 和重力 mg,设 T' 向下,则由动量定理得

$$T' + mg = \frac{\mathrm{d}P}{\mathrm{d}t}. \quad ②$$

由①式,可得

$$\frac{\mathrm{d}P}{\mathrm{d}t} = \frac{\mathrm{d}P}{\mathrm{d}x} \cdot \frac{\mathrm{d}x}{\mathrm{d}t} = v\frac{\mathrm{d}P}{\mathrm{d}x} = \sqrt{2gx}\frac{\mathrm{d}P}{\mathrm{d}x}$$
$$= \sqrt{2gx} \cdot \frac{m}{2l}\left[-\sqrt{2gx} + (l-x)\frac{2g}{2\sqrt{2gx}}\right] = \frac{mg}{2l}(l-3x). \quad ③$$

③式代入②式得

$$T' = -mg + \frac{mg}{2l}(l-3x) = -mg\left(\frac{1}{2} + \frac{3x}{2l}\right).$$

负号表明 T' 的方向向上. 绳索作用于支点的力为

$$T = -T' = \frac{l+3x}{2l}mg,$$

方向向下.

解法二: 用质心运动定理求解.

整条绳索的质心 x_c 可由左、右两部分绳的质心求得.

$$x_c = \frac{m_1 x_{c_1} + m_2 x_{c_2}}{m}. \quad ①$$

当 B 端下落 x 时,上式中各量如下:

$$\text{左边}: m_1 = \frac{m}{l} \cdot \frac{l+x}{2}, \qquad x_{c_1} = \frac{l+x}{4},$$

$$\text{右边}: m_2 = \frac{m}{l} \cdot \frac{l-x}{2}, \qquad x_{c_2} = x + \frac{l-x}{4},$$

代入①式,得

$$x_c = \frac{l^2 + 2lx - x^2}{4l}. \tag{②}$$

质心速度和加速度分别为

$$v_c = \frac{dx_c}{dt} = \frac{dx_c}{dx} \cdot \frac{dx}{dt} = \frac{l-x}{2l} \cdot v = \frac{l-x}{2l}\sqrt{2gx}; \tag{③}$$

$$\begin{aligned} a_c &= \frac{dv_c}{dt} = \frac{dv_c}{dx} \cdot \frac{dx}{dt} = v \cdot \frac{dv_c}{dx} \\ &= \sqrt{2gx}\left(\frac{1}{2}\sqrt{2g} \cdot \frac{1}{2}x^{-\frac{1}{2}} - \frac{\sqrt{2g}}{2l} \cdot \frac{3}{2}x^{\frac{1}{2}}\right) \\ &= \left(\frac{1}{2} - \frac{3x}{2l}\right)g. \end{aligned} \tag{④}$$

由质心运动定理,作用于绳上的力为重力 mg 和支点对绳的作用力 T',

$$mg + T' = ma_c. \tag{⑤}$$

将④式代入⑤式,得

$$T' = -mg\left(\frac{l+3x}{2l}\right);$$

所以绳作用于支点的力为

$$T = -T' = \frac{l+3x}{2l}mg,$$

方向向下.

例 2-6 有一均匀的扁麦秆,长为 l,中心被细铁钉支撑着,使麦秆可以在垂直平面内绕中心自由转动,如图(a)所示. 开始时麦秆处于水平位置,有一蜘蛛以速度 v_0 垂直落下到麦秆上离中心为 $\frac{l}{4}$ 处,已知蜘蛛的质量和麦秆的质量相等. 当蜘蛛落下后,立刻沿麦秆爬动,使麦秆的转动角速度不变. 试求蜘蛛能爬到麦秆端点的情况下 v_0 的最大值. 假定麦秆转到垂直位置时,蜘蛛正好离开麦秆落下,试求出蜘蛛在空间的爬行轨迹.

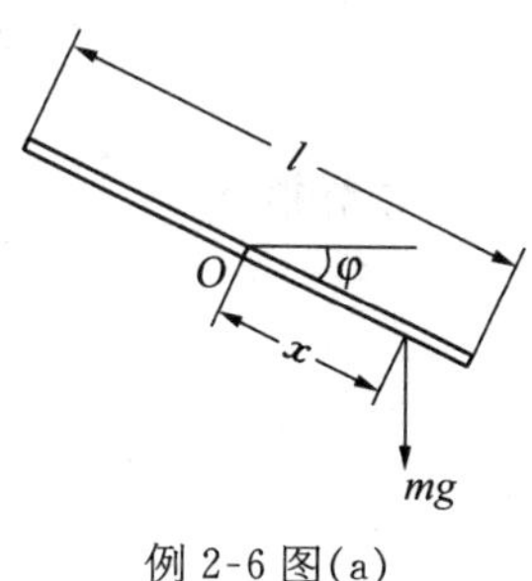

例 2-6 图(a)

解: 设麦秆和蜘蛛的质量都是 m,麦秆的角速度为 ω,设蜘蛛离开麦秆中心的距离用 x 表示,当蜘蛛落到麦秆上时,$t = 0$, $x = \frac{l}{4}$,由蜘蛛和麦秆组成的体系在两者碰撞的瞬间可以认为不受外力矩作用,因此对麦秆中心的角动量守恒,碰撞前蜘蛛对 O 点的角动量为

$$L_1 = mv_0 \cdot \frac{l}{4}.$$

碰后瞬间,两者的角动量为

$$L_2 = I\omega = \left[\frac{1}{12}ml^2 + m\left(\frac{l}{4}\right)^2\right]\omega.$$

根据角动量守恒定律

$$L_1 = L_2,$$

即

$$mv_0 \cdot \frac{l}{4} = \left[\frac{1}{12}ml^2 + m\left(\frac{l}{4}\right)^2\right]\omega; \quad ①$$

解得

$$\omega = \frac{12v_0}{7l}. \quad ②$$

当蜘蛛爬到离杆中心为 x 长度时,蜘蛛的重力对转轴 O 的力矩为

$$M = mgx\cos\varphi, \quad ③$$

其中 $\varphi = \omega t$. 由题意,转动角速度是常量,ω 不变,由角动量定理得

$$M = \frac{\mathrm{d}L}{\mathrm{d}t} = \omega\frac{\mathrm{d}I}{\mathrm{d}t}, \quad ④$$

式中 I 为体系在该时刻的转动惯量:

$$I = \frac{1}{12}ml^2 + mx^2;$$

$$\frac{\mathrm{d}I}{\mathrm{d}t} = 2mx \cdot \frac{\mathrm{d}x}{\mathrm{d}t}. \quad ⑤$$

由③~⑤式,得

$$g\cos\omega t = 2\omega\frac{\mathrm{d}x}{\mathrm{d}t},$$

改为积分形式

$$\int \mathrm{d}x = \frac{g}{2\omega}\int\cos\omega t\,\mathrm{d}t,$$

得

$$x = \frac{g}{2\omega^2}\sin\omega t + C. \quad ⑥$$

由已知条件,$t = 0$ 时,$x = \frac{l}{4}$,代入⑥式,得

$$C = \frac{l}{4}. \quad ⑦$$

将②和⑦式代入⑥式，得

$$x=\frac{49gl^2}{288v_0^2}\cdot\sin\left(\frac{12v_0t}{7l}\right)+\frac{l}{4}.\qquad ⑧$$

如果蜘蛛能爬到端点，必须满足 $x\geqslant\frac{l}{2}$，且因

$$\sin\left(\frac{12v_0t}{7l}\right)=\sin\varphi\leqslant 1.$$

因此由⑧式有

$$\frac{49gl^2}{288v_0^2}\geqslant\frac{l}{4},$$

得

$$v_0\leqslant\frac{7}{6}\sqrt{\frac{gl}{2}}.$$

当 $x=\frac{l}{2}$，$\varphi=\frac{\pi}{2}$ 时，蜘蛛刚好落下，因此应有

$$v_0=\frac{7}{6}\sqrt{\frac{gl}{2}}.$$

于是⑧式变为

$$x=\frac{l}{4}\sin\left(\frac{12v_0}{7l}t\right)+\frac{l}{4}=\frac{l}{4}\left[\sin\left(\sqrt{\frac{2g}{l}}t\right)+1\right].$$

蜘蛛爬行的路径可用下列函数描述：

$$\begin{cases}x=\dfrac{l}{4}(\sin\varphi+1),\\ \varphi=\sqrt{\dfrac{2g}{l}}t;\end{cases}$$

如图(b)所示.

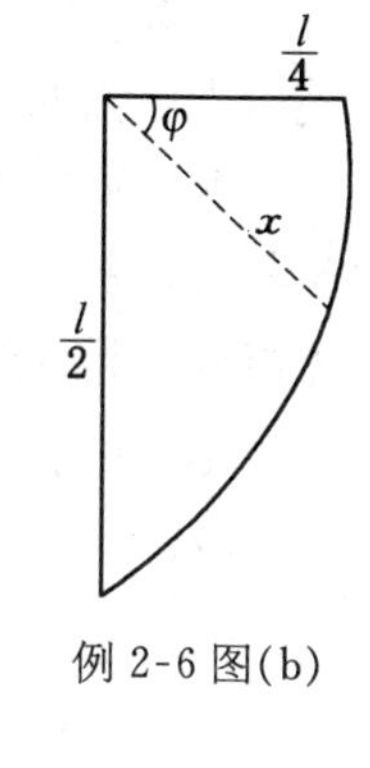

例 2-6 图(b)

三、习 题 解 答

2-1. 为了演示木块与水平桌面间的摩擦力，可以利用如图所示的装置. 开始时木块静止不动，逐步增加 A 处吊着的盘子中的砝码，直到木块开始在水平桌面上滑动. 经过一段时间 t，木块在水平桌面上滑过一段距离 s. 如果木块质量为 M，盘子和砝码的总质量为 m，绳子和滑轮的质量可以略去不计，滑轮轴承处光滑，试求木块和桌面的静摩擦系数 μ_0 和动摩擦系数 μ.

解: 静摩擦系数可由木块开始启动时所受的绳的张力与摩擦力相等而求得,由 $T = mg$, $T = f$ 及 $f = \mu_0 Mg$, 得

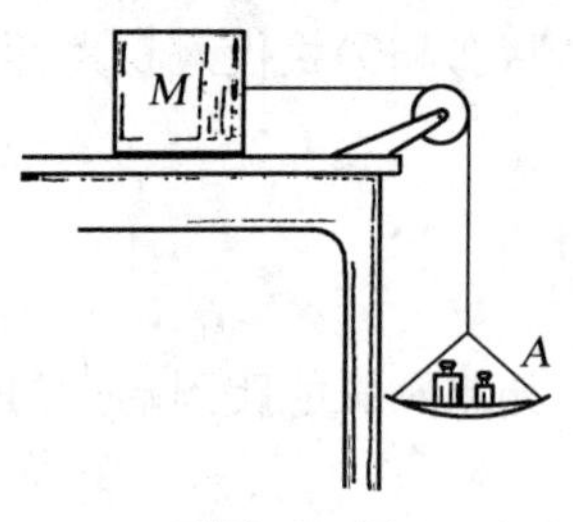

习题 2-1 图

$$mg = \mu_0 Mg,\ \mu_0 = \frac{m}{M}.$$

为求动摩擦系数,可先求得体系运动的加速度,由

$$s=\frac{1}{2}at^2 \qquad 得 \quad a=\frac{2s}{t^2}.$$

设绳子的张力为 T, M 受到的摩擦力为 $f_\mu=\mu Mg$,对两个物体分别列出运动方程为

$$mg - T = ma, \qquad ①$$

$$T - \mu Mg = Ma. \qquad ②$$

①式+②式,得

$$mg - \mu Mg = (M+m)a.$$

解得

$$\mu=\frac{m}{M}-\frac{(M+m)a}{Mg}=\frac{m}{M}-\left(1+\frac{m}{M}\right)\frac{2s}{gt^2}.$$

2-2. 一甲虫在一半球形碗内向上爬,已知球面半径为 R,甲虫和碗的内表面的摩擦系数为 $\mu = 0.25$,问它可以爬多高?

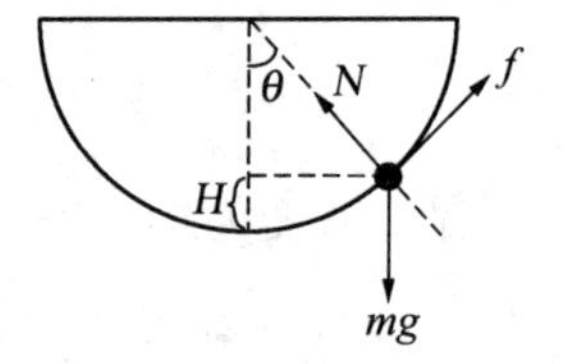

习题 2-2 图

解: 如图,甲虫受三个力作用:重力、摩擦力和碗对它的支承力 **N**, **N** 的方向指向球心,摩擦力方向和碗相切,并且甲虫正是依靠摩擦力才能向上爬. 把三个力分别分解为切向和法向,当虫爬到最高点时三力平衡,列出切向和法向运动方程:

$$mg\sin\theta - f = 0, \qquad ①$$

$$mg\cos\theta - N = 0, \qquad ②$$

$$f = \mu N; \qquad ③$$

解得

$$\tan\theta = \mu.$$

利用三角公式得

$$\cos\theta=\sqrt{\frac{1}{1+\mu^2}}=\sqrt{\frac{1}{1+\left(\frac{1}{4}\right)^2}}=\frac{4}{\sqrt{17}}.$$

设甲虫最高爬到高度 H,则

$$H=R(1-\cos\theta)=R\left(1-\frac{4}{\sqrt{17}}\right).$$

2-3. 如图(a)所示,质量为 m_A 的物体 A 静止放在质量为 m_B 的物体 B 上,物体 B 放在光

滑的水平桌面上，A、B 之间的静摩擦系数为 μ_0. 若要在 A、B 之间不发生相对运动的条件下，使它们沿水平方向作加速运动，试问：

(1) 当水平外力作用在物体 A 上时，允许施加的最大外力是多少？

(2) 当水平外力作用在物体 B 上时，允许施加的最大外力是多少？

(3) 如果 $m_A = 4\ \text{kg}$, $m_B = 5\ \text{kg}$, 并且当对 B 施加 27 N 的水平外力时，A、B 两物体刚刚开始发生相对滑动，那么，如果把水平力施于 A 上，使它们不致发生相对运动的最大水平力是多少？

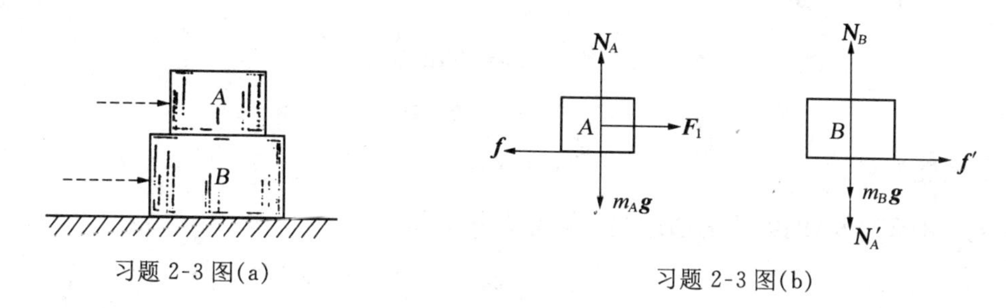

习题 2-3 图(a)　　习题 2-3 图(b)

解：(1) 如图(b)所示，分别作两物体的受力图，然后分别对两物体列出运动方程式（摩擦力 $f = f'$）：

$$F_1 - f = m_A a\,,\ f = m_B a\,,\ f = \mu_0 N_A\,,\ N_A = m_A g.$$

解以上四个方程，得

$$F_1 = \frac{(m_A + m_B)m_A}{m_B} \cdot \mu_0 g. \qquad ①$$

(2) 当水平外力作用在 B 上时，类似的分析可得

$$F_2 - f = m_B a\,,\ f = m_A a\,,\ f = \mu_0 N_A\,,\ N_A = m_A g.$$

解得

$$F_2 = \mu_0 (m_A + m_B) g. \qquad ②$$

(3) 由②式求得 μ_0：

$$\mu_0 = \frac{F_2}{(m_A + m_B)g}.$$

代入①式，得

$$F_1 = \frac{(m_A + m_B)m_A}{m_B} \cdot \mu_0 g = \frac{m_A F_2}{m_B} = \frac{4 \times 27}{5} = 21.6(\text{N}).$$

2-4. 质量为 M_1 和 M_2 的物体用绳子和滑轮连接成如图(a)所示的系统，若绳子的质量可以忽略且不能伸长，滑轮的质量和轴上的摩擦力也略去不计，求 M_1 的加速度.

解：对两个物体及动滑轮分别作隔离受力图，如图(b)所示，设 M_1 以加速度 a_1 向下运动，M_2 以加速度 a_2 向上运动，分别列出运动方程：

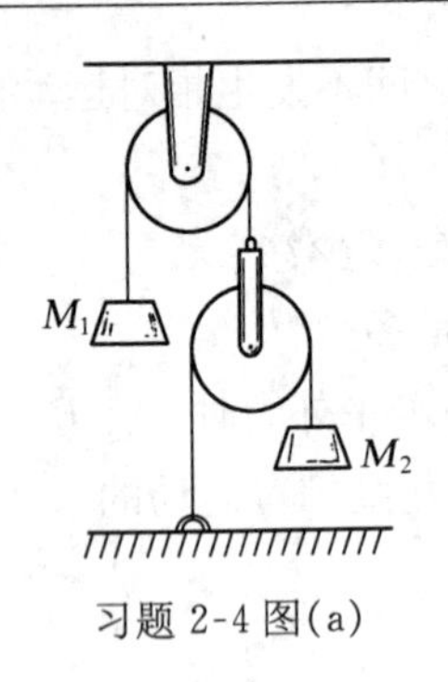

习题 2-4 图(a)

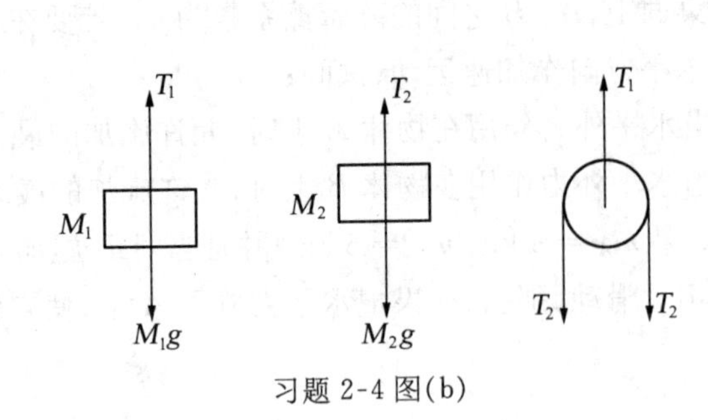

习题 2-4 图(b)

$$M_1 g - T_1 = M_1 a_1, \quad ①$$

$$T_2 - M_2 g = M_2 a_2. \quad ②$$

由于不计滑轮质量，$$T_1 = 2T_2.$$

又由于绳子不会伸长，两物体的加速度之间有约束关系：

$$a_2 = 2a_1.$$

这些条件代入两运动方程解得

$$a_1 = \frac{M_1 - 2M_2}{M_1 + 4M_2} g.$$

当 $M_1 > 2M_2$ 时，M_1 向下运动；$M_1 < 2M_2$ 时，M_1 向上运动；$M_1 = 2M_2$ 时，两物体静止.

2-5. 用引力定律证明开普勒第三定律：按圆周轨道运行的各行星公转周期的平方和它们的轨道半径的立方成正比. 又已知火星的公转周期为 1.88 地球年，地球公转轨道半径 $r_1 = 1.5 \times 10^{11}$ m，试求火星轨道的半径 r_2.

解： 以 r 表示某一行星公转轨道的半径，T 为其公转周期，按匀速圆周运动计算，该行星的法向加速度为

$$a_n = \omega^2 r = 4\pi^2 r / T^2.$$

以 M 表示太阳的质量，m 表示行星的质量，并忽略其他行星的影响，由引力定律和牛顿第二定律可得

$$G\frac{Mm}{r^2} = ma_n = m\frac{4\pi^2 r}{T^2};$$

由此得

$$\frac{T^2}{r^3} = \frac{4\pi^2}{GM}.$$

上式右边是常量，所以此结果说明行星公转周期的平方和它的轨道半径的立方成正比.

以 r_1、T_1 表示地球的轨道半径和公转周期，以 r_2、T_2 表示火星的轨道半径和公转周期，则

$$\frac{r_2^3}{r_1^3} = \frac{T_2^2}{T_1^2},\ T_2 = 1.88 T_1.$$

由此得

$$r_2 = r_1\left(\frac{T_2}{T_1}\right)^{2/3} = r_1(1.88)^{2/3} = 1.5\times10^{11}\times1.88^{2/3} = 2.28\times10^{11}(\text{m}).$$

2-6. 如图所示,质量为 m 的小球系于长为 R 的细绳一端,绳另一端固定于 O 点,小球在竖直平面内绕 O 点作半径为 R 的圆周运动,已知小球在最低点时的速率为 v_0,求在任意位置时,小球的速率和绳中的张力.

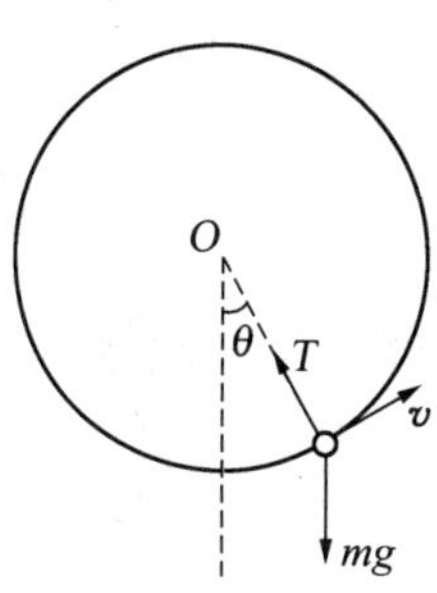

习题 2-6 图

解: 以地面为参照系,以细绳与铅垂线的夹角 θ 表示小球的位置,并规定逆时针转动时 $d\theta>0$,小球受重力 mg 和绳中张力 T 的作用,二者提供小球作圆周运动的向心力和切向力.运动方程的切向和法向分量式:

$$-mg\sin\theta = ma_\tau = m\frac{dv}{dt}, \qquad ①$$

$$T - mg\cos\theta = ma_n = m\frac{v^2}{R}. \qquad ②$$

为求 v 与 θ 的函数关系,①式中作变量代换:

$$\frac{dv}{dt} = \frac{dv}{d\theta}\cdot\frac{d\theta}{dt} = \frac{dv}{d\theta}\cdot\omega = \frac{dv}{d\theta}\cdot\frac{v}{R},$$

即得

$$-mg\sin\theta = m\frac{dv}{d\theta}\cdot\frac{v}{R};$$

改为

$$\int_{v_0}^{v} v\,dv = \int_0^{\theta} -Rg\sin\theta\,d\theta.$$

解得小球在任意位置时的速率:

$$v = \sqrt{v_0^2 + 2Rg(\cos\theta - 1)}. \qquad ③$$

将③式代入②式,得小球的张力与 θ 的关系:

$$T = m\frac{v_0^2}{R} + (3\cos\theta - 2)mg. \qquad ④$$

讨论:(1) 小球位于最低点($\theta = 0$)时,绳中张力最大,

$$T_{\max} = m\frac{v_0^2}{R} + mg.$$

(2) 小球在最高点($\theta = \pi$)时,绳中张力最小,

$$T_{\min} = m\frac{v_0^2}{R} - 5mg. \qquad ⑤$$

因绳中张力不能小于零,否则绳子要松弛,故要小球作圆周运动,初速 v_0 的最小值应满足⑤式中 $T=0$ 的条件,即

$$m\frac{v_0^2}{R} - 5mg = 0.$$

得

$$v_0 = \sqrt{5gR}.$$

2-7. 如图(a)所示,一不会伸长的轻绳跨过定滑轮将放置在两边斜面上的物体 A 和 B 连

接起来,物体 A 和 B 的质量分别为 m_A 和 m_B,物体和斜面之间的静摩擦系数为 μ,两个斜面的倾角分别为 α 和 β,设 A、B 的初速度为零,试求 $\frac{m_A}{m_B}$ 在什么范围内体系处于平衡状态.

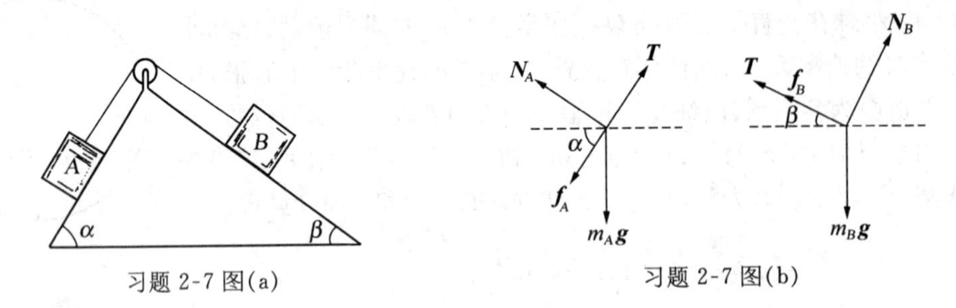

习题 2-7 图(a)　　习题 2-7 图(b)

解: 以地球为参照系,A 和 B 都在作一维运动,把两者的运动分别分解为沿斜面的分量和垂直于斜面的分量.

(1) 先假设 B 有向下滑动趋势,则 A 有向上滑动趋势,A 和 B 的隔离受力图如(b)所示,列出各自方程:

$$N_A - m_A g\cos\alpha = 0, \quad ①$$

$$N_B - m_B g\cos\beta = 0, \quad ②$$

$$T - m_A g\sin\alpha - f_A = 0, \quad ③$$

$$m_B g\sin\beta - T - f_B = 0, \quad ④$$

$$f \leqslant \mu N. \quad ⑤$$

①、②、⑤式代入③式和④式,得

$$T - m_A g\sin\alpha = f_A \leqslant \mu m_A g\cos\alpha, \quad ⑥$$

$$m_B g\sin\beta - T = f_B \leqslant \mu m_B g\cos\beta. \quad ⑦$$

解之,得

$$\frac{m_A}{m_B} \geqslant \frac{\sin\beta - \mu\cos\beta}{\sin\alpha + \mu\cos\alpha}.$$

(2) 若 A 有向下滑动趋势,则 B 有向上滑动趋势,两者受力图中摩擦力反向,可得

$$m_A g\sin\alpha - T - f_A = 0, \quad ⑧$$

$$T - m_B g\sin\beta - f_B = 0. \quad ⑨$$

①、②、⑤式代入⑧、⑨两式,得

$$m_A g\sin\alpha - T \leqslant \mu m_A g\cos\alpha, \quad ⑩$$

$$T - m_B g\sin\beta \leqslant \mu m_B g\cos\beta. \quad ⑪$$

解⑩、⑪两式,得

$$\frac{m_A}{m_B} \leqslant \frac{\sin\beta + \mu\cos\beta}{\sin\alpha - \mu\cos\alpha}.$$

综合①、②两种情况，得体系平衡时满足的条件是

$$\frac{\sin\beta-\mu\cos\beta}{\sin\alpha+\mu\cos\alpha}\leqslant\frac{m_A}{m_B}\leqslant\frac{\sin\beta+\mu\cos\beta}{\sin\alpha-\mu\cos\alpha}.$$

2-8. 如图(a)所示，一辆玩具车从一个半径为 R 的半球形的冰堆顶端自由滑下，初速度很小可略去不计，试问：如果忽略摩擦力，则玩具车在离地面多高处离开球面？

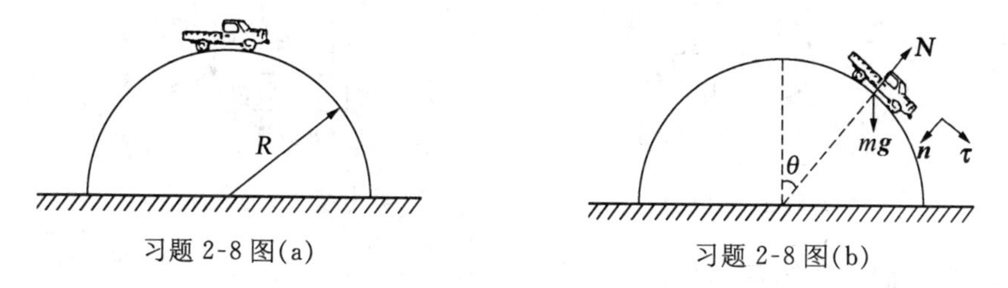

习题 2-8 图(a)　　　习题 2-8 图(b)

解： 如图(b)所示，小车在离开球面以前受力 $\boldsymbol{N}$ 和 $m\boldsymbol{g}$，两者的合力提供其向心力，把运动分解为切向和法向，列出方程：

$$mg\cos\theta-N=m\frac{v^2}{R},\qquad ①$$

$$mg\sin\theta=m\frac{\mathrm{d}v}{\mathrm{d}t}.\qquad ②$$

由②式得

$$g\sin\theta=\frac{\mathrm{d}v}{\mathrm{d}t}=\frac{\mathrm{d}v}{\mathrm{d}\theta}\cdot\frac{\mathrm{d}\theta}{\mathrm{d}t}=\frac{\mathrm{d}v}{\mathrm{d}\theta}\cdot\frac{v}{R},$$

化为

$$v\mathrm{d}v=Rg\sin\theta\mathrm{d}\theta,$$

两边积分

$$\int_0^v v\mathrm{d}v=\int_0^\theta Rg\sin\theta\mathrm{d}\theta,$$

得

$$v^2=2Rg(1-\cos\theta).\qquad ③$$

当车离开球面时，$N=0$，①式变为

$$mg\cos\theta=m\frac{v^2}{R}.\qquad ④$$

③式代入④式，得

$$g\cos\theta=2g(1-\cos\theta),$$

$$\cos\theta=\frac{2}{3}.$$

车离地的高度为

$$H=R\cos\theta=\frac{2}{3}R.$$

2-9. 如图(a)所示，设 $m_1=500\,\mathrm{g}$，$m_2=200\,\mathrm{g}$，$m_3=300\,\mathrm{g}$，滑轮和绳子的质量可略去不计，试问：m_1 是否有加速度？如果有加速度，m_1 以多大加速度、向什么方向运动？(滑轮轴承

处都是光滑的,绳子不会伸长.)

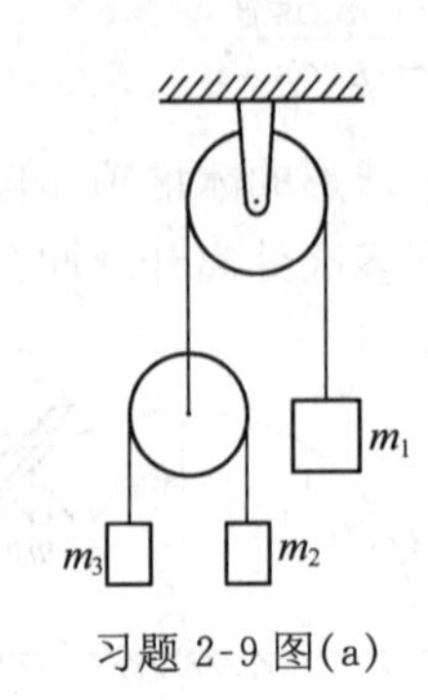

习题 2-9 图(a)

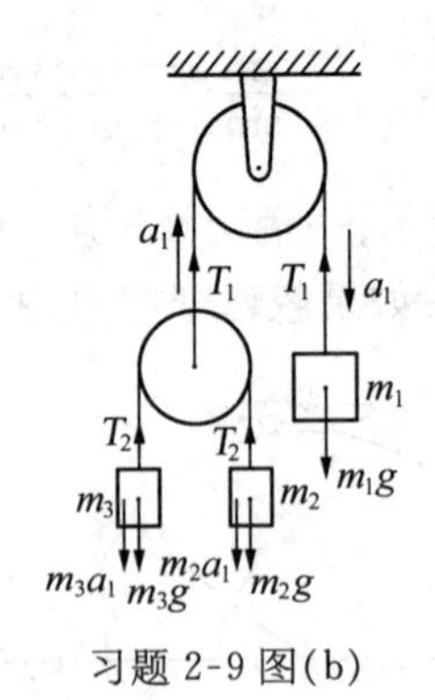

习题 2-9 图(b)

解: (1) 以地面为参照系.

m_1 一定有加速度,因为 m_2 和 m_3 相对动滑轮有加速运动,所以吊系动滑轮绳子上的张力不等于 m_2 和 m_3 重力之和,m_1 和 m_2、m_3 不可能静止平衡. 如图(b)所示,设 m_1 以加速度 $\boldsymbol{a}_1$ 向下运动,m_2、m_3 的加速度分别为 $\boldsymbol{a}_2$ 和 $\boldsymbol{a}_3$,列出运动方程为

$$m_1 g - T_1 = m_1 a_1, \quad ①$$

$$T_2 - m_2 g = m_2 a_2, \quad ②$$

$$m_3 g - T_2 = m_3 a_3, \quad ③$$

$$T_1 = 2T_2. \quad ④$$

各物体的加速度间有如下关系:

$$\boldsymbol{a}_2 = \boldsymbol{a}'_{2对1} + \boldsymbol{a}_1,\ \boldsymbol{a}_3 = \boldsymbol{a}'_{3对1} + \boldsymbol{a}_1.$$

化为标量式:

$$a_2 = a' + a_1, \quad ⑤$$

$$-a_3 = -a' + a_1. \quad ⑥$$

解①~⑥式,得

$$a_1 = \frac{m_1 m_2 + m_1 m_3 - 4m_2 m_3}{m_1 m_2 + m_1 m_3 + 4m_2 m_3} g = \frac{500\times200+300\times500-4\times200\times300}{500\times200+500\times300+4\times200\times300} g$$

$$= \frac{1}{49} g = 0.2(\mathrm{m}\cdot\mathrm{s}^{-2}).$$

a_1 为正,说明 m_1 向下运动的假设正确.

(2) 以动滑轮为非惯性参照系,对 m_3 和 m_2 作受力图(图(b)),这里的力除了真实力以外还要画出惯性力. 设 a' 为 m_2 和 m_3 相对于动滑轮的加速度的大小,按图列出运动方程:

$$m_1 g - T_1 = m_1 a_1, \quad ①$$

$$m_3 g - T_2 + m_3 a_1 = m_3 a', \quad ②$$

$$T_2 - m_2 g - m_2 a_1 = m_2 a', \quad ③$$

$$T_1 = 2T_2. \qquad ④$$

解之,亦得 $a_1 = \dfrac{m_1m_2 + m_1m_3 - 4m_2m_3}{m_1m_2 + m_1m_3 + 4m_2m_3}g = \dfrac{1}{49}g = 0.2(\mathrm{m\cdot s^{-2}})$.

2-10. 如图(a)所示,在光滑的桌面上有一光滑的劈形物体,它的质量是 M,斜面的倾角为 α,在斜面上放一质量为 m 的小物体,试问:

(1) 劈形物体 M 必须相对于桌面有多大的水平加速度,才能保持 m 相对于 M 静止不动?

(2) 对此系统必须施加多大的水平力,才能获得(1)所述的结果?

(3) 如果没有外力作用,求 m 相对于 M 的加速度,以及 m 和 M 相对于地的加速度.

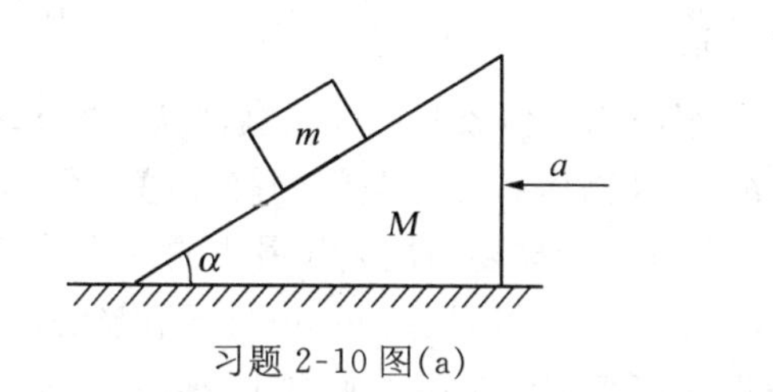

习题 2-10 图(a)

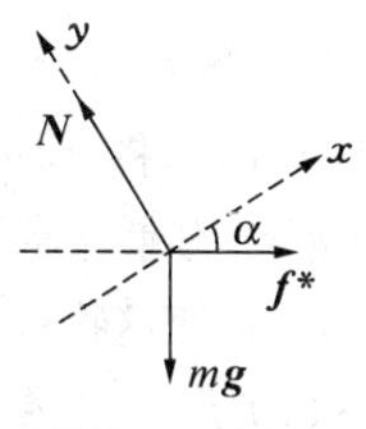

习题 2-10 图(b)

解: (1) 以斜面为非惯性参照系,m 的受力如图(b)所示,当 M 以加速度 $\boldsymbol{a}$ 向左运动时,m 所受真实力是重力 $m\boldsymbol{g}$ 和斜面对它的支承力 $\boldsymbol{N}$,而惯性力 $\boldsymbol{f}^* = -m\boldsymbol{a}$ 指向右边,m 相对于 M 不动,则三力平衡,由图列出方程:

$$N - mg\cos\alpha - f^*\sin\alpha = 0,\ f^*\cos\alpha - mg\sin\alpha = 0,\ f^* = ma.$$

由以上三式解得

$$a = g\tan\alpha.$$

(2) m 与 M 一起运动,可看作一个物体,

$$F = (M+m)a = (M+m)g\tan\alpha.$$

(3) 无外力 $\boldsymbol{F}$ 时,设 $\boldsymbol{a}$ 为 M 对地的加速度,$\boldsymbol{a}'$ 为 m 相对 M 的加速度,$\boldsymbol{a}_m$ 为 m 对地的加速度. 由于斜面在 m 的正压力作用下有向右的水平分力,所以 M 向右加速运动,以斜面为参照系,m 受到向左的惯性力作用,受力如图(c)所示,由图列出方程,对m,有:

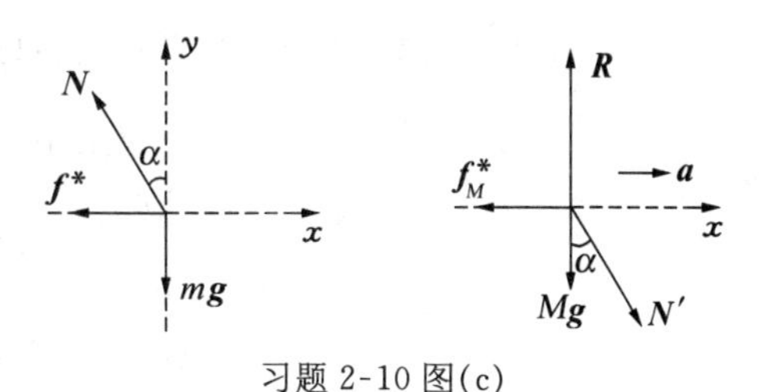

习题 2-10 图(c)

$$-f^* - N\sin\alpha = ma'\cos\alpha, \qquad ①$$

$$-mg + N\cos\alpha = ma'\sin\alpha, \qquad ②$$

$$f^* = ma. \qquad ③$$

对 M,有:

$$N\sin\alpha - f_M^* = 0, \qquad ④$$

$$f_M^* = Ma. \qquad ⑤$$

由①～⑤式解得

$$a = \frac{m\sin\alpha\cos\alpha}{M+m\sin^2\alpha}g\ (向右),\ a' = -\frac{(M+m)\sin\alpha}{M+m\sin^2\alpha}g\ (沿斜面向下).$$

$$\boldsymbol{a}_m = \boldsymbol{a}' + \boldsymbol{a} = (a'\cos\alpha + a)\boldsymbol{i} + a'\sin\alpha\boldsymbol{j},$$

$$a_m = \frac{g\sin\alpha}{M + m\sin^2\alpha}\sqrt{M^2 + m^2\sin^2\alpha + 2Mm\sin^2\alpha}.$$

$\boldsymbol{a}_m$ 和地面的夹角为 θ，

$$\tan\theta = \frac{a_{my}}{a_{mx}} = \frac{a'\sin\alpha}{a'\cos\alpha + a} = \frac{(M+m)\sin\alpha}{M\cos\alpha} = \left(1 + \frac{m}{M}\right)\tan\alpha,$$

得

$$\theta = \arctan\left[\left(1 + \frac{m}{M}\right)\tan\alpha\right].$$

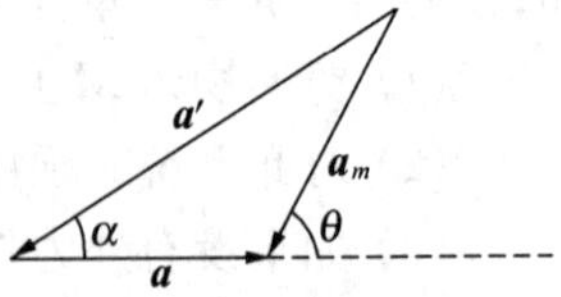

习题 2-10 图(d)

$\boldsymbol{a}$, $\boldsymbol{a}'$, $\boldsymbol{a}_m$ 三者之间的矢量关系如图(d)所示.

2-11. 如图(a)所示，将一质量为 m 的很小的物体放在一绕竖直轴以每秒 n 转的恒定角速度转动的漏斗中，漏斗的壁与水平面成 θ 角，设物体和漏斗壁间的静摩擦系数为 μ，物体离开转轴的距离为 r，试问：使这物体相对于漏斗静止所需要的最大和最小的 n 值是多少？

解：(1) 如图(b)所示，以漏斗为参照系，为一非惯性系. 设 m 有下滑趋势，摩擦力沿壁向上，惯性力 $\boldsymbol{f}^* = m\omega^2\boldsymbol{r}$，沿径向指向外侧，$m$ 所受壁的正压力垂直于壁指向里面，把 m 受力分解为水平方向和竖直方向分量，列出平衡方程为

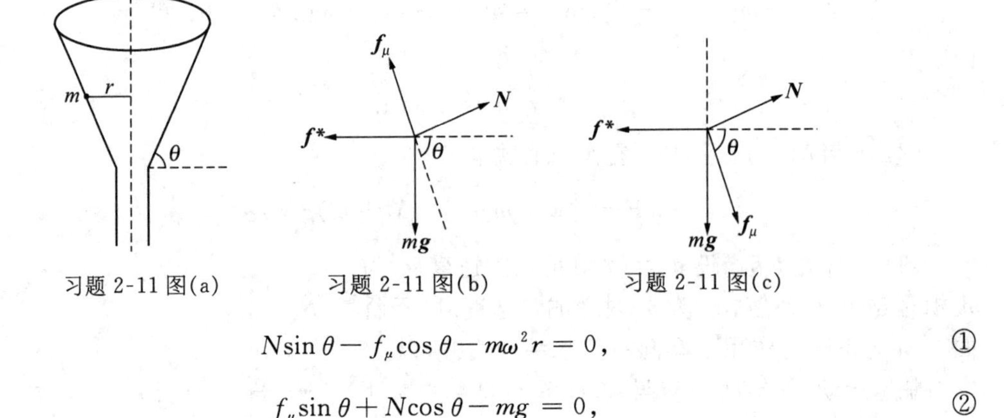

习题 2-11 图(a)　　习题 2-11 图(b)　　习题 2-11 图(c)

$$N\sin\theta - f_\mu\cos\theta - m\omega^2 r = 0, \quad ①$$

$$f_\mu\sin\theta + N\cos\theta - mg = 0, \quad ②$$

$$f_\mu \leqslant \mu N, \quad \omega = 2\pi n. \quad ③$$

解之，得

$$n_{\min} = \sqrt{\frac{g(\sin\theta - \mu\cos\theta)}{4\pi^2 r(\mu\sin\theta + \cos\theta)}}.$$

(2) 当 m 有上滑趋势时，摩擦力指向反方向，如图(c)所示，列出方程式为

$$N\sin\theta + f_\mu\cos\theta - m\omega^2 r = 0, \quad ④$$

$$N\cos\theta - f_\mu\sin\theta - mg = 0, \quad ⑤$$

$$f_\mu \leqslant \mu N, \ \omega = 2\pi n. \quad ⑥$$

解得
$$n_{\max}=\sqrt{\frac{g(\sin\theta+\mu\cos\theta)}{4\pi^2 r(\cos\theta-\mu\sin\theta)}}.$$

2-12. 如图(a)所示，升降机里的水平桌面上有一质量为 m 的物体 A，它通过一根跨过桌边定滑轮的细线与另一质量为 $2m$ 的物体 B 相连，升降机以加速度 $a=\frac{g}{2}$ 向下加速运动，设 A 与桌面间的摩擦系数为 μ，略去滑轮轴承处的摩擦及绳的质量，且绳不能伸长，求出 A、B 两物体相对地面的加速度.

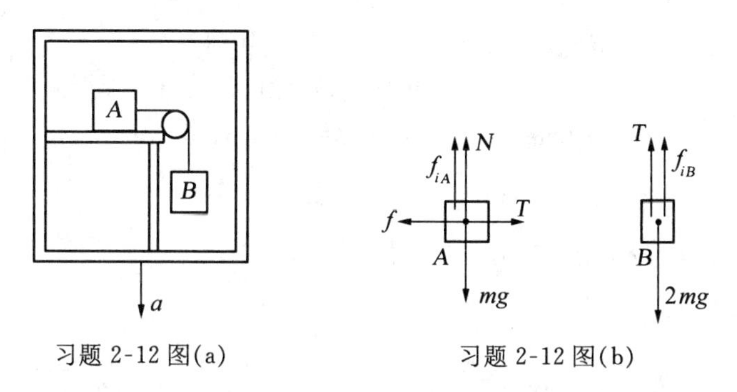

习题 2-12 图(a)　　习题 2-12 图(b)

解： 以升降机为参照系，分别隔离 A、B 两物体，图(b)为两物体的隔离受力图，其中 $f_{iA}=ma$，$f_{iB}=2ma$ 分别为 A、B 两物体在此非惯性系中所受的惯性力. A 沿桌面和垂直于桌面两方向的运动方程分别为

$$T-f=T-\mu N=ma', \tag{①}$$

$$N+ma-mg=0. \tag{②}$$

B 的运动方程为

$$2mg-T-2ma=2ma'. \tag{③}$$

式中 a' 为两物体相对于升降机的加速度的大小. 由①、②、③三式及 $a=\frac{g}{2}$，可解得

$$a'=\frac{2-\mu}{6}g.$$

设 A、B 两物相对于地面的加速度分别为 $\boldsymbol{a}_A$ 和 $\boldsymbol{a}_B$，相对于升降机的加速度分别为 $\boldsymbol{a}'_A$ 和 $\boldsymbol{a}'_B$，由相对运动公式：

$$\boldsymbol{a}_A=\boldsymbol{a}'_A+\boldsymbol{a},$$

$$\boldsymbol{a}_B=\boldsymbol{a}'_B+\boldsymbol{a}.$$

由图(c)可得

$$a_A=\sqrt{a_A'^2+a^2}=\sqrt{a'^2+a^2}=\sqrt{\left(\frac{2-\mu}{6}g\right)^2+\left(\frac{g}{2}\right)^2}$$

$$=\frac{g}{6}\sqrt{13-4\mu+\mu^2}.$$

习题 2-12 图(c)

$\boldsymbol{a}_A$ 的方向与竖直线成 θ 角，

$$\theta = \arctan\frac{a'_A}{a} = \arctan\left(\frac{2-\mu}{3}\right),$$

$$a_B = a'_B + a = a' + a = \frac{5-\mu}{6}g,\ \text{方向向下}.$$

2-13. 质量为 m 的小球与光滑的墙壁相碰,假设球在碰撞前、后的速率 v 不变,并且入射角 α 等于反射角 β,试求该球在碰撞中动量的改变,并求作用在球上的冲量.

若 $m = 0.2\,\text{kg}$, $v = 5\,\text{m}\cdot\text{s}^{-1}$, $\alpha = \beta = 60°$, 结果如何?

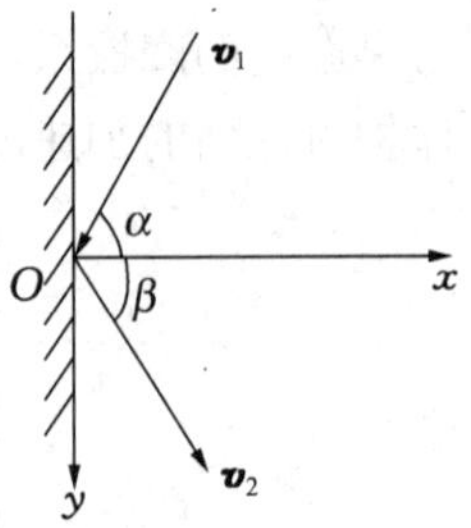

习题 2-13 图

解: 如图所示,已知 $\alpha = \beta$, $v_1 = v_2 = v$, 小球碰撞前后在 y 方向上速度分量为 $v_{1y} = v_1 \sin\alpha = v\sin\alpha$, $v_{2y} = v_2\sin\beta = v\sin\alpha$, 得

$$v_{2y} = v_{1y},\ \Delta P_y = mv_{2y} - mv_{1y} = 0.$$

又 $v_{1x} = -v\cos\alpha$, $v_{2x} = v\cos\beta = v\cos\alpha$.

水平方向动量改变量为

$$\Delta P_x = m(v_{2x} - v_{1x}) = mv(\cos\alpha + \cos\alpha) = 2mv\cos\alpha.$$

当 $\alpha = 60°$ 时, $\Delta P_x = 2\times 0.2\times 5\times\cos 60° = 1\,\text{kg}\cdot\text{m}\cdot\text{s}^{-1}$, 因为只有在 x 方向有动量的改变,所以冲量为 $I = I_x = \Delta P_x = 1\,\text{kg}\cdot\text{m}\cdot\text{s}^{-1}$, 沿 x 正向.

2-14. 如图所示,一质量为 m 的物体与绳连接,起先绳子是松弛的,用手托住物体 m,以后手移开,m 在自由下落 s 距离后将细绳拉紧,并开始举起系在细绳另一端的一较重的物体 M,设绳和滑轮的质量可略去不计,滑轮轴承处的摩擦力也可忽略,细绳不会伸长,求物体 M 能够上升多少高度.

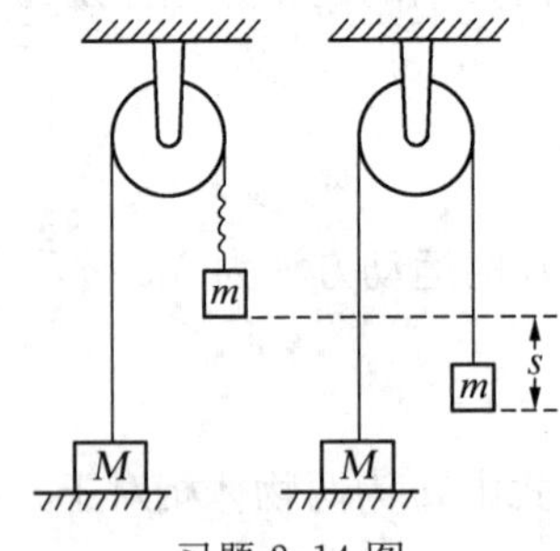

习题 2-14 图

解: m 下落 s 后绳拉紧,这时 m 的速度为 $v = \sqrt{2gs}$. 以后,m、M 受重力和绳的冲力作用,经 Δt 时间后以相等的速率 V 运动,由动量定理,两物体的运动方程分别为

$$(T - mg)\Delta t = -mV - (-mv), \tag{①}$$

$$(T - Mg)\Delta t = MV - 0. \tag{②}$$

由于此时 mg 和 Mg 比冲力 T 小得多,可忽略,方程①、②改为

$$T\Delta t = -mV + mv, \tag{③}$$

$$T\Delta t = MV. \tag{④}$$

由③、④两式消去 T,得

$$V = \frac{m}{M+m}v = \frac{m\sqrt{2gs}}{M+m},\ M\text{向上运动}.$$

以后,绳子的张力变为 T',列出运动方程为

$$Mg - T' = Ma, \tag{⑤}$$

$$T' - mg = ma. \tag{⑥}$$

解得

$$a = \frac{M-m}{M+m}g.$$

M 的加速度向下,所以是作减速运动. 上升的最大高度为

$$h = \frac{V^2}{2a} = \frac{(m^2 \cdot 2gs)/(M+m)^2}{2\times\dfrac{M-m}{M+m}g} = \frac{m^2}{M^2-m^2}s.$$

2-15. 如图所示,黄沙从料斗垂直下落在水平传送带上,传送带以速率 $v = 1.5\ \mathrm{m \cdot s^{-1}}$ 向右运动,如果每秒钟落下黄沙 20 kg,试问要维持传送带以恒定速率 v 运动,需要多大的功率?

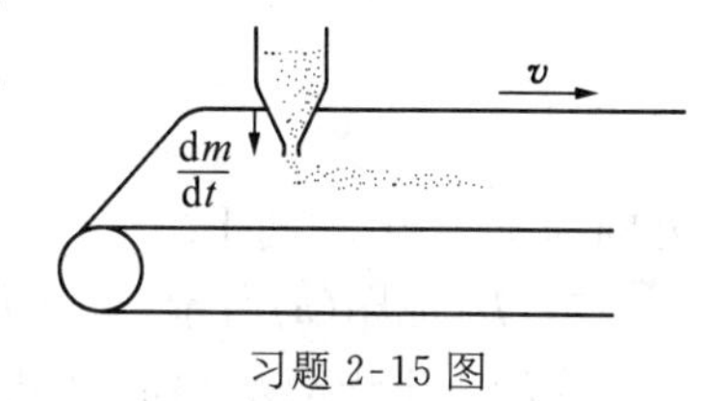

习题 2-15 图

解: 落下的黄沙在水平方向上的速度由 $0\to v$,传送带作用力为

$$F = \frac{\mathrm{d}P}{\mathrm{d}t} = \frac{\mathrm{d}(mv)}{\mathrm{d}t} = v\frac{\mathrm{d}m}{\mathrm{d}t},$$

功率为
$$N = Fv = v^2\frac{\mathrm{d}m}{\mathrm{d}t} = 1.5^2\times 20 = 45(\mathrm{W}).$$

讨论: 黄沙每秒能获得 22.5 J 的动能,还有一半功率消耗在克服摩擦上.

2-16. 如图(a)所示,将一根质量为 M、长度为 L 的匀质链条用手提着,使其另一端恰好碰到桌面,然后突然放手,链条自由下落,假如每节链环与桌面撞击后就静止在桌面上,试问当链条的上端下落的距离为 l 时,链条作用在桌面上的力为多大?

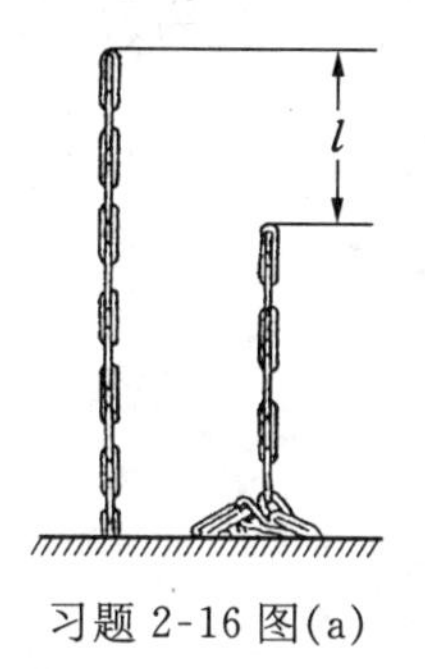

习题 2-16 图(a)

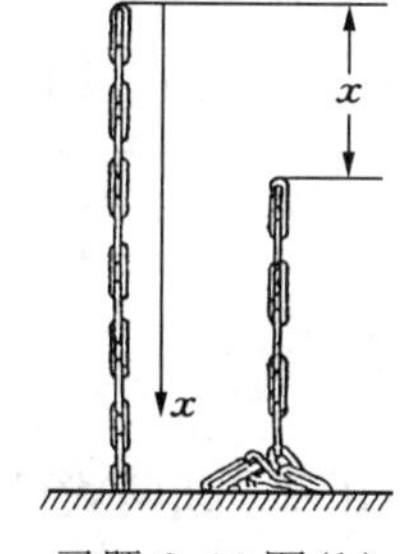

习题 2-16 图(b)

解: 取如图(b)的坐标,任一时刻桌面对链条的冲力都使这时落到桌面上的一小段链条 $\mathrm{d}m$ 的速度由 $v\to 0$. 由于链条下落到桌面前的瞬时,每点的速率都相同,都等于链条顶端速度,$v=\sqrt{2gx}$, x 为链条下落的距离. 桌面给链条的冲力向上,即沿 x 轴负方向. 设链条受的冲力为 F,则

$$F = \frac{\mathrm{d}P}{\mathrm{d}t} = \frac{\mathrm{d}m(0-v)}{\mathrm{d}t} = -\frac{\mathrm{d}m\cdot v}{\mathrm{d}t},$$

式中 $\mathrm{d}m = \lambda\mathrm{d}x$, $\lambda = \dfrac{M}{L}$ 为质量线密度,而 $\dfrac{\mathrm{d}x}{\mathrm{d}t} = v$, 上式化为

$$F = -\frac{\lambda\mathrm{d}x\cdot v}{\mathrm{d}t} = -\lambda v^2 = -\lambda\cdot 2gx = -\frac{2Mgx}{L}.$$

设 F' 为桌面对链条的作用力，G 为桌面对链条的支承力，$G=-\frac{Mg}{L}x$，则

$$F'=F+G=-\frac{3Mg}{L}x.$$

由作用力和反作用力大小相等，方向相反，可得桌面所受链条的作用力 F_1 为

$$F_1=-F'=\frac{3Mgx}{L},$$

方向向下. 当链条下落长度为 l 时，用 l 代替 x，得

$$F_1=\frac{3Mgl}{L},$$

方向为 x 正向，即向下.

2-17. 如图(a)所示，质量为 M，半径为 R 的四分之一圆弧形滑槽原来静止于光滑水平地面上，质量为 m 的小物体由静止开始沿滑槽从槽顶滑到槽底. 求这段时间内滑槽移动的距离 l.

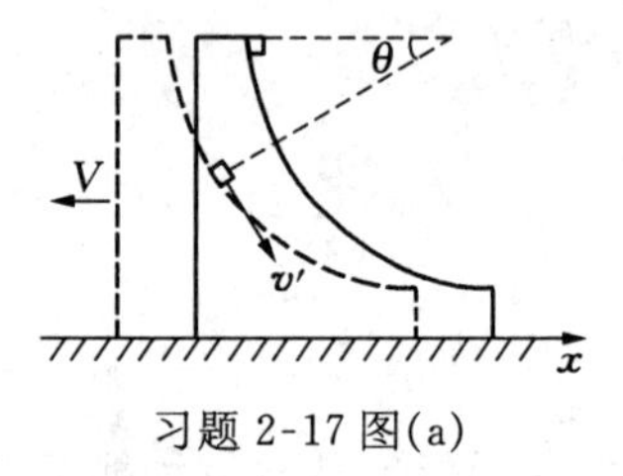

习题 2-17 图(a)

解： 选地面为参照系，坐标轴如图所示，小物体滑下这段时间内，小物体和滑槽组成的体系水平方向不受外力作用，该方向动量守恒，以 v' 和 V 分别表示小物体滑下过程中任一时刻小物体相对于滑槽的速率和滑槽对地面的速率，则有

$$m(v'\sin\theta-V)-MV=0, \tag{①}$$

式中 $v'\sin\theta$ 是小物体相对于槽的水平方向速度分量，$v'\sin\theta-V$ 是其相对地面速度的水平分量，小物体从槽顶滑到下端的时间内，相对于滑槽移动的水平距离为

$$\int_0^t v'\sin\theta\mathrm{d}t=R, \tag{②}$$

滑槽对地移动距离为

$$\int_0^t V\mathrm{d}t=l. \tag{③}$$

将①式对时间积分，并利用②、③两式可得

$$l=\frac{mR}{M+m}.$$

解法二： 用质心概念和质心运动定律求解.

选地面坐标系如图(b)所示，小物体滑下过程中，小球和滑槽体系水平方向不受外力，质点系质心加速度的水平分量为零，又因开始时体系静止，质心位置的水平分量 x_c 始终不变.

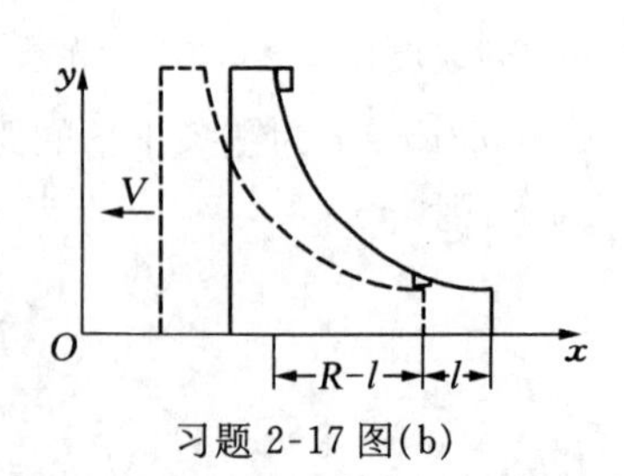

习题 2-17 图(b)

设刚开始滑动时小物体和滑槽质心的 x 坐标分别为 x_{10} 和 x_{20}，小物体滑到槽底时两坐标分别为 x_1 和 x_2，那么，质点系质心的 x 坐标为

$$x_c=\frac{mx_{10}+Mx_{20}}{M+m}=\frac{mx_1+Mx_2}{M+m}.$$

设槽的质心向左移动的距离为 l

$$l = x_{20} - x_2.$$

小物体向右移动的水平距离为

$$x_1 - x_{10} = R - l.$$

由上面三式得
$$l = \frac{mR}{m+M}.$$

2-18. 如图(a)所示,一半径为 R 的光滑球,质量为 M,静止放在光滑的水平桌面上,在球顶点上有一质量为 m 的质点,m 沿 M 球下滑,开始时速度非常小,可略去不计,求 m 离开 M 以前的轨迹.

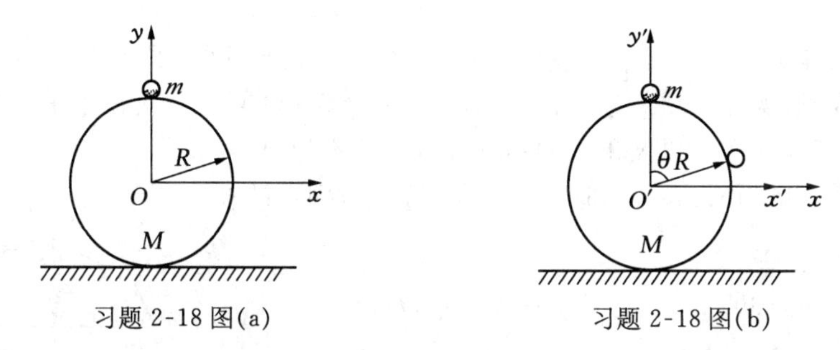

习题 2-18 图(a)　　习题 2-18 图(b)

解: 如图(b)所示,以大球的球心 O' 为非惯性系坐标原点,m 的运动在此参照系中为

$$x' = R\sin\theta, \qquad y' = R\cos\theta,$$

得
$$x'^2 + y'^2 = R^2. \tag{①}$$

m 相对静止参照系 xOy 的位置 x、y 为

$$x = x' + X, \tag{②}$$

$$y = y'. \tag{③}$$

式中 X 为大球相对于地面的水平位移,m 和大球组成的体系在水平方向不受外力,故水平方向动量守恒:

$$mv_x + MV = 0.$$

改写为
$$m\frac{\mathrm{d}x}{\mathrm{d}t} + M\frac{\mathrm{d}X}{\mathrm{d}t} = 0.$$

积分得
$$mx + MX = 0,$$

$$X = -\frac{m}{M}x. \tag{④}$$

②～④式代入①式,得

$$(x - X)^2 + y^2 = R^2,$$

$$\left(x + \frac{m}{M}x\right)^2 + y^2 = R^2,$$

即
$$\left(1+\frac{m}{M}\right)^2 x^2 + y^2 = R^2.$$

此即小球运动轨迹,这是一个椭圆方程.

前面的④式也可以用下面方法得到:当 m 静止在大球顶上时,两球在 x 方向上的质心重合.

$$x_c = 0.$$

m 滑动以后,水平方向不受力,且开始时静止,质心 x_c 应静止不动.

$$x_c' = \frac{mx + MX}{M+m} = x_c = 0,\text{亦得 } mx + MX = 0.$$

以下步骤同前.

2-19. 一炮弹从炮口以 $400\ \text{m}\cdot\text{s}^{-1}$的速度与水平方向成60°夹角射出,在达到最高点时炸成相等质量的两块,其中一块的速率为零,因而垂直下落,试问另一块在水平方向前进多少距离后着地?(假设空气阻力以及炮口的高度都可忽略不计.)

解: 设炮弹质量为 m,m 飞出时,在水平和竖直方向上的初速度分量为

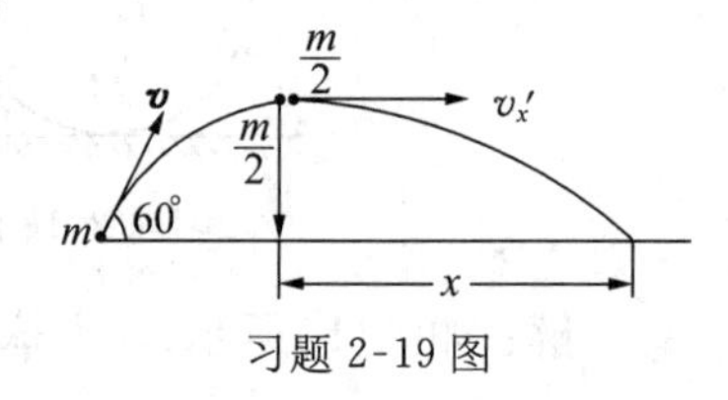

习题 2-19 图

$$v_x = v\cos 60^\circ, \qquad v_y = v\sin 60^\circ.$$

m 达最高点时所花时间为

$$t = \frac{v_y}{g}.$$

这时只有水平方向速度 v_x,m 分成两块后,一块速度为零,另一块水平方向速度为 v_x',在水平方向体系不受外力作用,动量守恒:

$$mv_x = \frac{m}{2}v_x',\ v_x' = 2v_x = 2v\cos 60^\circ = v.$$

这块碎片落地所花时间与上升到此高度所花时间相等,故落地水平距离为

$$x = v_x' t = v\cdot\frac{v_y}{g} = v\cdot\frac{v\sin 60^\circ}{g} = \frac{\frac{\sqrt{3}}{2}v^2}{g} = \frac{\frac{\sqrt{3}}{2}\times 400^2}{9.8} = 1.41\times 10^4\,(\text{m}).$$

2-20. 假设在氢原子中,电子在半径约为 5.3×10^{-11} m 的圆周上绕氢核作匀速转动,已知电子的角动量为 $h/2\pi$(h 为普朗克常数,等于 $6.63\times 10^{-34}\ \text{J}\cdot\text{s}$),质量为 9.11×10^{-31} kg, 试求其角速度.

解: 角动量 $\boldsymbol{L} = \boldsymbol{r}\times m\boldsymbol{v}$,因电子作圆周运动,$\boldsymbol{r}$ 与$\boldsymbol{v}$ 垂直,化为标量

$$L = mvr = mr\cdot\omega r = mr^2\omega,$$

角速度为 $\omega = \dfrac{L}{mr^2} = \dfrac{h/2\pi}{mr^2} = \dfrac{6.63\times 10^{-34}/(2\times 3.14)}{9.11\times 10^{-31}\times(5.3\times 10^{-11})^2} = 4.13\times 10^{16}\,(\text{rad}\cdot\text{s}^{-1}).$

2-21. 一个形状为实圆柱体的飞轮,半径 r 为 0.5 m,质量 m 为 1 200 kg,以 $150\ \text{rad}\cdot\text{s}^{-1}$ 的角速率在轴承上自由转动(轴承的摩擦力可略去不计),在制动过程中,用制动片压住飞轮边

缘使它因摩擦而停止转动,设制动片的压力为 392 N,制动片和飞轮间的摩擦系数 μ 为 0.4,并假设摩擦系数与两表面的相对速率无关.

(1) 求从开始制动时起飞轮转过多少角度后停止转动?

(2) 飞轮达到静止需要多少时间?

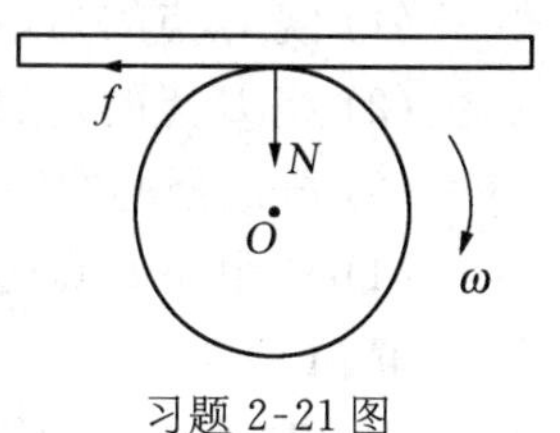

习题 2-21 图

解: (1) 如图所示,正压力和制动片垂直,摩擦力沿着制动片的切向, $f_\mu = \mu N$, 由转动定理及力矩的定义:

$$\beta = \frac{M}{I} = \frac{r\mu N}{I}.$$

飞轮在制动力作用下作匀减速转动,因此角速度 $\omega^2 = 2\beta\theta$,

$$\theta = \frac{\omega^2}{2\beta} = \frac{I\omega^2}{2r\mu N},$$

圆柱体的转动惯量为 $I = \frac{1}{2}mr^2$, 代入上式得:

$$\theta = \frac{\frac{1}{2}mr^2\omega^2}{2r\mu N} = \frac{mr\omega^2}{4\mu N} = \frac{1\,200 \times 0.5 \times 150^2}{4 \times 0.4 \times 392} = 21\,524(\text{rad}).$$

(2) $t = \frac{\omega}{\beta} = \frac{I\omega}{r\mu N} = \frac{mr\omega}{2\mu N} = \frac{1\,200 \times 0.5 \times 150}{2 \times 0.4 \times 392} = 287(\text{s}).$

2-22. 一个质量 M 为 2.0 kg,半径为 4.0 cm 的实圆盘只能绕其自身的轴转动,该轴是光滑的,并水平地搁置着. 有一根不会伸长的轻绳缠绕在它上面,绳的一端固定在圆盘上,另一端自由下垂并挂有一质量 m 为 0.15 kg 的物体,如图所示,求:

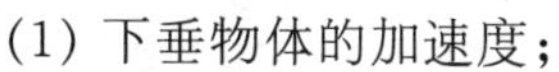

(1) 下垂物体的加速度;

(2) 圆盘的角加速度;

(3) 绳子的张力;

(4) 支持圆盘的轴所需的竖直向上的力.

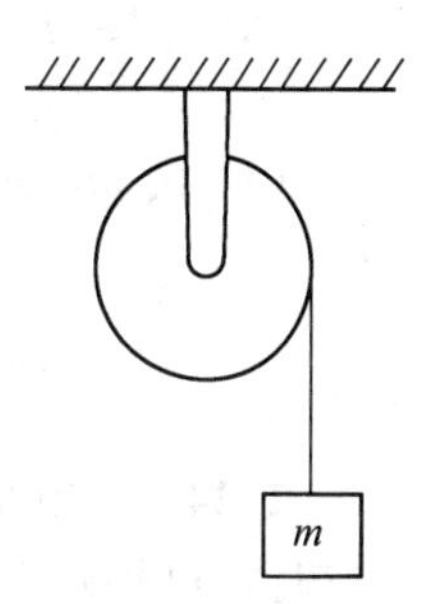

习题 2-22 图

解: (1) 对 m 和圆盘列出运动方程,分别为

$$mg - T = ma, \qquad ①$$

$$TR = I\beta = \frac{1}{2}MR^2 \times \frac{a}{R} = \frac{1}{2}MaR,$$

即

$$T = \frac{1}{2}Ma. \qquad ②$$

②式代入①式,得 $a = \frac{m}{m + \frac{1}{2}M}g = \frac{0.15 \times 9.8}{0.15 + \frac{1}{2} \times 2} = 1.28(\text{m} \cdot \text{s}^{-2}).$

(2) $\beta = \frac{a}{R} = \frac{1.28}{4 \times 10^{-2}} = 32(\text{rad} \cdot \text{s}^{-2}).$

(3) $T = \frac{1}{2}Ma = \frac{1}{2} \times 2 \times 1.28 = 1.28(\text{N}).$

(4) $F = Mg + T = 2 \times 9.8 + 1.28 = 20.9(\text{N}).$

2-23. 如图所示,一根质量为 m,长度为 l 的均匀细杆,其一端 B 水平地搁在桌子边沿上,另一端 A 用手托住,问在突然撤手的瞬时,

(1) 绕 B 点的力矩是多少?

(2) 绕 B 点的角加速度是多少?

(3) 杆的质心的铅直加速度是多少?

(4) 作用在 B 点的铅直力是多少?

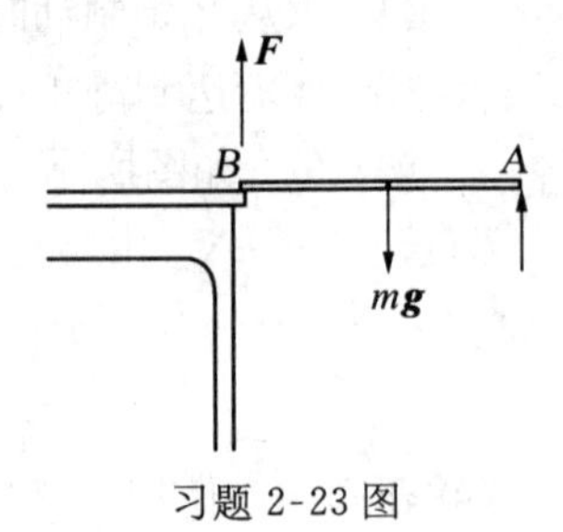

习题 2-23 图

解: (1) 桌面上的支承力 F 通过 B 点,无力矩,手撤去时,只有杆的重力对 B 点的力矩,

$$\boldsymbol{M} = \boldsymbol{r} \times m\boldsymbol{g}.$$

式中 $\boldsymbol{r}$ 为 B 点到杆的质心的位矢,$r = \frac{1}{2}l$,上式化为标量式,$M = \frac{1}{2}mgl$,力矩垂直于纸面向里.

(2) 由转动定律得

$$\beta = \frac{M}{I} = \frac{\frac{1}{2}mgl}{\frac{1}{3}ml^2} = \frac{3g}{2l}.$$

(3) $a_c = \beta \cdot \frac{l}{2} = \frac{3g}{2l} \cdot \frac{l}{2} = \frac{3}{4}g.$

(4) 由 $mg - F = ma_c = \frac{3}{4}mg$,得

$$F = \frac{1}{4}mg.$$

2-24. 利用角动量守恒定律证明有关行星运动的开普勒第二定律:行星相对于太阳的矢径在单位时间内扫过的面积(面积速度)是常量.

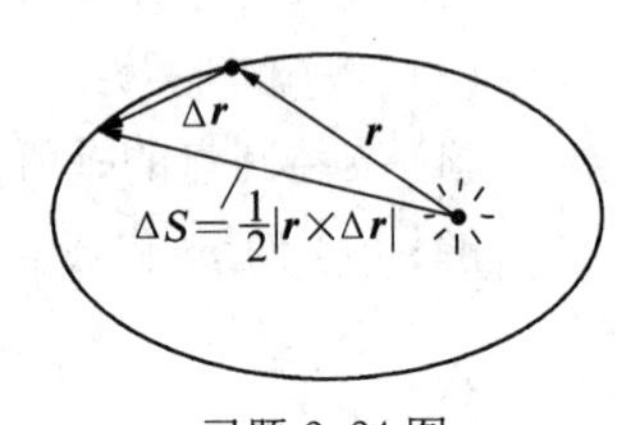

习题 2-24 图

解: 如图所示,行星在太阳引力作用下沿椭圆形轨道运动,在时间间隔 Δt 内,行星矢径扫过的面积为 ΔS,Δt 很小时,ΔS 可近似认为等于图中三角形的面积,即 $\Delta S = \frac{1}{2}|\boldsymbol{r} \times \Delta\boldsymbol{r}|$,面积速度为

$$\frac{\mathrm{d}S}{\mathrm{d}t} = \lim_{\Delta t \to 0}\frac{\Delta S}{\Delta t} = \lim_{\Delta t \to 0}\frac{1}{2}\frac{|\boldsymbol{r} \times \Delta\boldsymbol{r}|}{\Delta t} = \frac{1}{2}\left|\boldsymbol{r} \times \frac{\mathrm{d}\boldsymbol{r}}{\mathrm{d}t}\right|$$
$$= \frac{1}{2}|\boldsymbol{r} \times \boldsymbol{v}| = \frac{1}{2m}|\boldsymbol{r} \times m\boldsymbol{v}| = \frac{L}{2m}.$$

由于行星只受通过中心的万有引力作用,对中心无力矩,角动量守恒,即 $L =$ 恒量,所以面积速度 $\frac{\mathrm{d}S}{\mathrm{d}t} =$ 恒量.

2-25. 质量为 m,线长为 l 的单摆,可绕点 O 在竖直平面内摆动. 如图所示,初始时刻摆线被拉至水平,然后自由放下,试求:

(1) 摆线与水平线成 θ 角时摆球所受到的对点 O 的力矩及摆球的角动量;

(2) 摆球到达点 B 时角速度的大小.

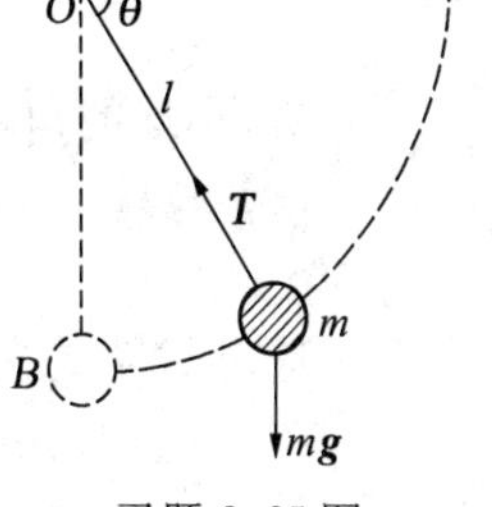

习题 2-25 图

解: (1) 摆球受力如图所示,张力对 O 点的力矩为零,仅重力 $m\boldsymbol{g}$ 对点 O 产生力矩:

$$M = mgl\cos\theta. \quad ①$$

重力矩 $\boldsymbol{M}$ 的方向垂直于纸面向里,大小随 θ 角而变,由角动量定理得

$$\frac{\mathrm{d}L}{\mathrm{d}t} = mgl\cos\theta, \quad ②$$

$$\frac{\mathrm{d}L}{\mathrm{d}t} = \frac{\mathrm{d}L}{\mathrm{d}\theta}\cdot\frac{\mathrm{d}\theta}{\mathrm{d}t} = \frac{\mathrm{d}L}{\mathrm{d}\theta}\cdot\omega.$$

又由于任一瞬时角动量 $L = ml^2\omega$, 故 $\frac{\mathrm{d}L}{\mathrm{d}t} = \frac{\mathrm{d}L}{\mathrm{d}\theta}\cdot\frac{L}{ml^2}$, 代入②式,整理得

$$L\mathrm{d}L = m^2gl^3\cos\theta\mathrm{d}\theta.$$

两边积分 $$\int_0^L L\mathrm{d}L = \int_0^\theta m^2gl^3\cos\theta\mathrm{d}\theta.$$

得摆球角动量为

$$L = \sqrt{2m^2gl^3\sin\theta}. \quad ③$$

(2) 当摆球到达点 B 时, $\theta = \frac{\pi}{2}$, 代入③式得

$$L = \sqrt{2m^2gl^3} = ml^2\sqrt{\frac{2g}{l}}.$$

角速度为

$$\omega = \frac{L}{ml^2} = \sqrt{\frac{2g}{l}}.$$

解法二:

(1) $M = I\beta$, 由①式可得

$$\beta = \frac{M}{I} = \frac{mgl\cos\theta}{ml^2} = \frac{g}{l}\cos\theta. \quad ④$$

而 $$\beta = \frac{\mathrm{d}\omega}{\mathrm{d}t} = \frac{\mathrm{d}\omega}{\mathrm{d}\theta}\cdot\frac{\mathrm{d}\theta}{\mathrm{d}t} = \frac{\omega\mathrm{d}\omega}{\mathrm{d}\theta},$$

化为 $$\int_0^\omega \omega\,\mathrm{d}\omega = \int_0^\theta \beta\mathrm{d}\theta = \int_0^\theta \frac{g}{l}\cos\theta\mathrm{d}\theta,$$

得 $$\omega = \sqrt{\frac{2g}{l}\sin\theta}, \quad ⑤$$

$$L = ml^2\omega = \sqrt{2gm^2l^3\sin\theta}. \quad ⑥$$

(2) $\theta = \frac{\pi}{2}$ 代入⑤式,得

$$\omega=\sqrt{\frac{2g}{l}}.$$

其实,小球的角动量亦可用更简单的方法得到,当小球下落到 θ 角时,速度为

$$v=\sqrt{2gh}=\sqrt{2gl\sin\theta}.$$

小球对 O 点的角动量为

$$L=mlv=\sqrt{2m^2gl^3\sin\theta}.$$

* **2-26.** 如图(a)所示,在铁钉 A 上悬一根细线,线的另一端系一个重量为 P 的小球 B,球 B 放在光滑的固定大球面上,球心为 O. 已知线长 $AB=l$, 大球半径为 r,钉与球面的距离为 $AC=d$, 而且 AO 沿竖直方向, $\angle ABO\neq\frac{\pi}{2}$. 试求线中的张力及小球对固定大球面的压力.

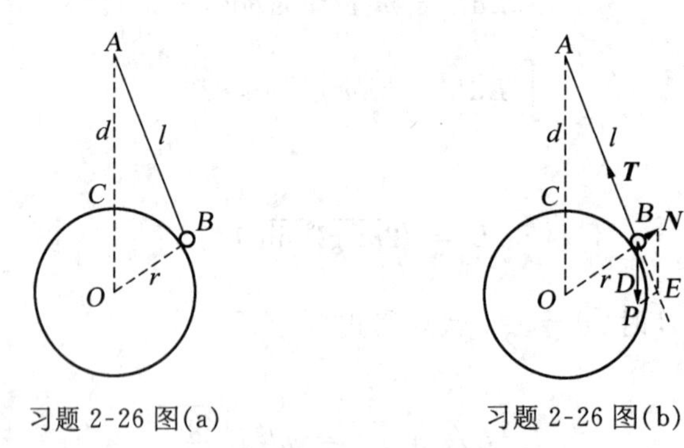

习题 2-26 图(a)　　习题 2-26 图(b)

解: 如图(b)所示,小球受绳的拉力 $\boldsymbol{T}$,重力 $\boldsymbol{P}$,大球面的支承力 $\boldsymbol{N}$ 三力作用处于平衡状态.

$$\boldsymbol{P}+\boldsymbol{N}+\boldsymbol{T}=\boldsymbol{0},$$

取

$$\boldsymbol{P}+\boldsymbol{N}=-\boldsymbol{T}.$$

由于三角形 AOB 与三角形 BDE 相似:

$$\frac{BE}{AB}=\frac{BD}{AO}=\frac{ED}{BO},$$

所以

$$\frac{T}{l}=\frac{P}{d+r}=\frac{N}{r}.$$

由此可得

$$T=\frac{l}{d+r}P,$$

$$N=\frac{r}{d+r}P.$$

* **2-27.** 如图所示,一根长为 l 的细棒,可绕其端点在竖直平面内运动,棒的一端有质量为 m 的质点固定其上,试求:

(1) 在顶点 A 处质点速率取何值才能使棒对它的作用力为零?

(2) 已知 $m = 0.5\,\text{kg}$, $l = 0.5\,\text{m}$, 质点以匀速率 $v = 0.4\,\text{m}\cdot\text{s}^{-1}$ 运动,求它在 B 点时棒对它的切向作用力和法向作用力.

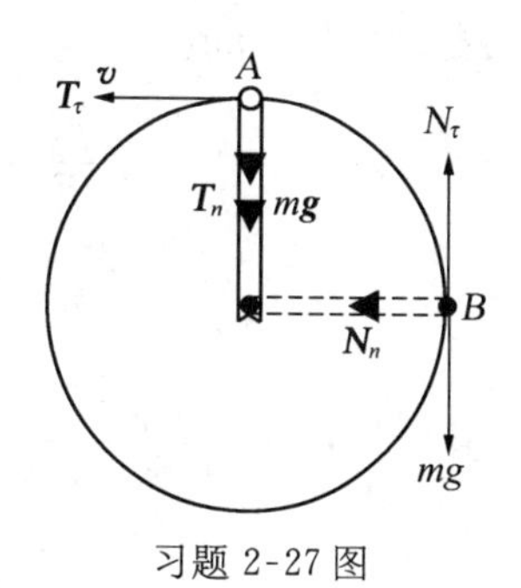

习题 2-27 图

解: (1) 在顶点 A 处,棒对质点的作用力 T 分解为切向 T_τ 和法向 T_n,则

$$T_n + mg = m\frac{v^2}{l}, \tag{①}$$

$$T_\tau = m\frac{\mathrm{d}v}{\mathrm{d}t}. \tag{②}$$

由已知条件

$$T_\tau = T_n = 0, \tag{③}$$

由①式即可解得

$$v = \sqrt{gl}.$$

(2) 因质点为匀速率运动,得在 B 点

$$N_\tau - mg = m\frac{\mathrm{d}v}{\mathrm{d}t} = 0, \tag{④}$$

$$N_n = m\frac{v^2}{l}. \tag{⑤}$$

所以由④式和⑤式可得棒对质点的切向和法向作用力:

$$N_\tau = mg = 0.5 \times 9.8 = 4.9(\text{N}),$$

$$N_n = m\frac{v^2}{l} = 0.5 \times \frac{0.4^2}{0.5} = 0.16(\text{N}).$$

* **2-28.** 已知地球半径为 R,自转角速度为 ω,在北极处的重力加速度为 g_0,试求重力加速度 g 随纬度 φ 变化的近似规律.

解: 如图所示,在地球纬度 φ 处,物体所受地球引力 $\boldsymbol{F}$ 指向地心 O. 以地球为参照系,地球以角速度 ω 转动,物体受惯性离心力 $\boldsymbol{f}^* = m\omega^2 r\boldsymbol{r}^0$ 作用,r 是物体圆周轨道的半径:

$$r = R\cos\varphi.$$

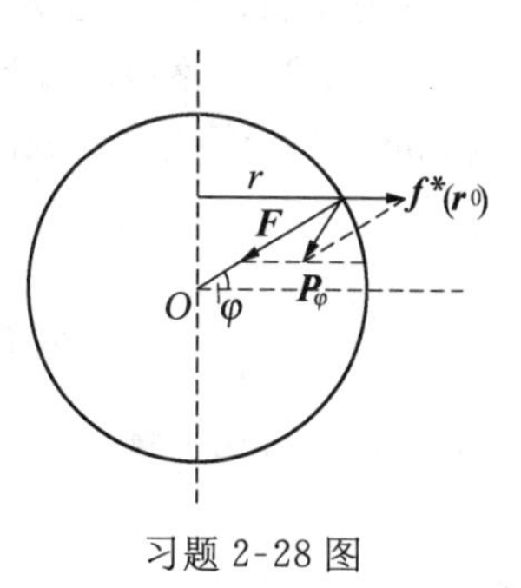

习题 2-28 图

$\boldsymbol{r}^0$ 是沿着物体运动的圆周半径 r 指向外侧的单位矢量,与地球的轴线垂直. 物体的重力 $\boldsymbol{P}_\varphi$ 就是 $\boldsymbol{f}^*$ 和 $\boldsymbol{F}$ 的合力:

$$\boldsymbol{P}_\varphi = \boldsymbol{F} + \boldsymbol{f}^*.$$

应用余弦定理:

$$P_\varphi^2 = F^2 + f^{*2} - 2Ff^*\cos\varphi,$$

$$P_\varphi = F\sqrt{1 + \left(\frac{f^*}{F}\right)^2 - 2\left(\frac{f^*}{F}\right)\cos\varphi}.$$

先估计$\dfrac{f^*}{F}$的大小,已知北极处的重力加速度为 g_0,也即 g_0 为不受地球转动影响的重力加速

度，则 $\boldsymbol{F} = m\boldsymbol{g}_0$，

$$\frac{f^*}{F} = \frac{m\omega^2 R\cos\varphi}{mg_0} = \frac{R\omega^2\cos\varphi}{g_0}$$
$$= \frac{6.4\times10^6\times(0.73\times10^{-4})^2}{9.8}\cos\varphi = 3.5\times10^{-3}\cos\varphi,$$

其中 $\omega = \dfrac{2\pi}{60\times60\times24} = 0.73\times10^{-4}\mathrm{s}^{-1}$，可见 f^*/F 很小，可略去 $(f^*/F)^2$ 项. 于是，

$$P_\varphi \approx F\sqrt{1-2\frac{f^*}{F}\cos\varphi}.$$

应用二项式定理：

$$P_\varphi \approx F\left(1-\frac{f^*}{F}\cos\varphi\right) = F - f^*\cos\varphi,$$

即
$$mg = mg_0 - mR\omega^2\cos^2\varphi,$$

得
$$g = g_0 - R\omega^2\cos^2\varphi.$$

g 即为物体在纬度 φ 处的重力加速度.

***2-29.** 在一体积为 V，质量为 M 的铁盒中置有一阿特伍德机，已知两物体的质量分别是 m_1 和 m_2，现将铁盒放入密度为 ρ 的液体中，试求铁盒在下沉过程中的加速度. 已知铁盒下沉时受到的阻力 $f = -kV$，k 为常数.（如图(a)所示）

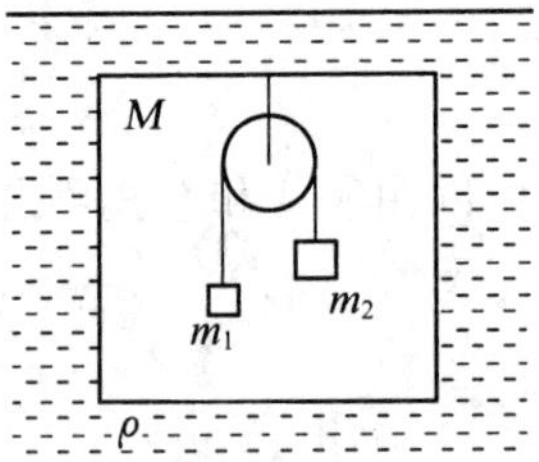

习题 2-29 图(a)

解： 设盒有向下的加速度 a，将盒隔离，盒受液体浮力 $f_浮$，阻力 f，盒的重力 Mg 和滑轮对盒的向下的作用力 $2T$ 的作用，如图(b)所示，运动方程为

$$Mg + 2T - kV - \rho Vg = Ma, \qquad ①$$

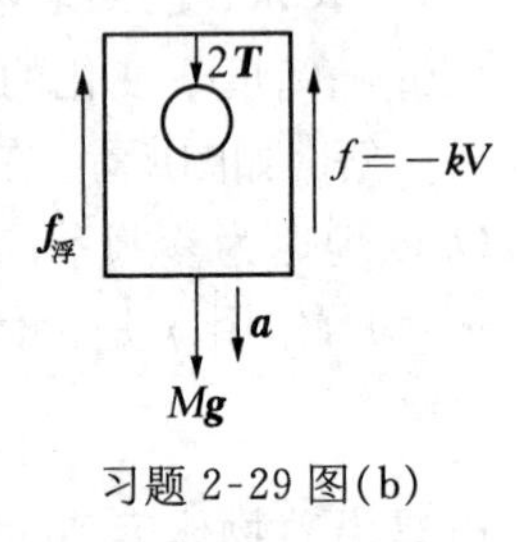

习题 2-29 图(b)

盒内阿特伍德机的运动可以盒为参照系讨论. 设物体相对盒运动的加速度是 a'，则 m_1 和 m_2 除受重力和绳的张力 T 外，还受惯性力作用，对 m_1 和 m_2，惯性力分别为 m_1a 和 m_2a，向上，如图(c)所示，列出运动方程：

$$m_1g - T - m_1a = m_1a', \qquad ②$$

$$T + m_2a - m_2g = m_2a'. \qquad ③$$

由②、③两式可解得

$$a' = \frac{m_1 - m_2}{m_1 + m_2}(g - a),$$

$$T = \frac{2m_1m_2}{m_1 + m_2}(g - a).$$

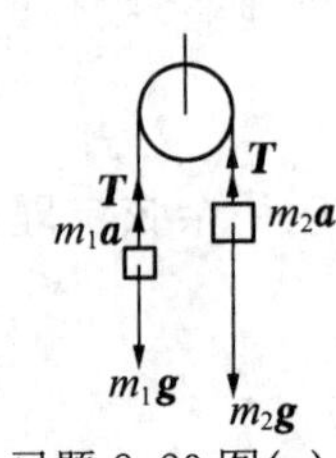

习题 2-29 图(c)

代入①式，即可得

$$a = g - \frac{(m_1 + m_2)(k + \rho g)V}{M(m_1 + m_2) + 4m_1m_2}.$$

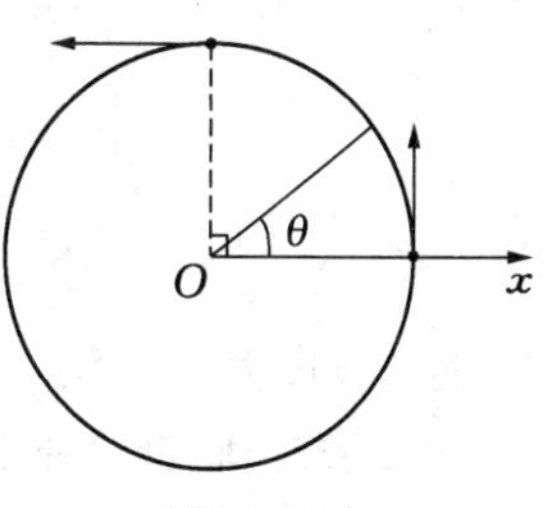

习题 2-30 图

* **2-30.** 在光滑的平面上，质量为 m 的质点以角速度 ω 沿半径为 R 的圆周作匀速运动，以圆心 O 为坐标原点，作 x 轴，质点的位矢与 x 轴的夹角为 θ，如图所示. 质点运动过程中 θ 从 0 变到 $\frac{\pi}{2}$，求此过程中合力对质点的冲量.

解法一： 质点作匀速圆周运动的向心力即为其所受的合力：

$$\boldsymbol{F}=-m\omega^2\boldsymbol{R},\ \boldsymbol{R}=R\cos\theta\boldsymbol{i}+R\sin\theta\boldsymbol{j},$$

根据定义，θ 从 0 变到 $\frac{\pi}{2}$ 的过程中，合力的冲量为

$$\boldsymbol{I}=\int\boldsymbol{F}\mathrm{d}t=\int_{\theta}^{\frac{\pi}{2}}(-m\omega^2R)\cdot(\cos\theta\boldsymbol{i}+\sin\theta\boldsymbol{j})\mathrm{d}t.$$

由 $\mathrm{d}\theta=\omega\mathrm{d}t$ 得 $\mathrm{d}t=\mathrm{d}\theta/\omega$，代入上式，得

$$\boldsymbol{I}=\int_0^{\frac{\pi}{2}}(-m\omega R)(\cos\theta\boldsymbol{i}+\sin\theta\boldsymbol{j})\mathrm{d}\theta=(-m\omega R)(\sin\theta\boldsymbol{i}-\cos\theta\boldsymbol{j})\Big|_0^{\frac{\pi}{2}}$$
$$=(-m\omega R)(\boldsymbol{i}+\boldsymbol{j}).$$

其大小为

$$|\boldsymbol{I}|=m\omega R\sqrt{1^2+1^2}=\sqrt{2}m\omega R.$$

计及 I_x 与 I_y 均为负，可得 $\boldsymbol{I}$ 和 x 轴的夹角为

$$\alpha=\arctan\left(\frac{I_y}{I_x}\right)=\arctan 1=\frac{5\pi}{4}.$$

解法二： 按动量定理求合力的冲量，即得

$$\boldsymbol{I}=m(\boldsymbol{v}_{\frac{\pi}{2}}-\boldsymbol{v}_0)=m(-v\boldsymbol{i}-v\boldsymbol{j})=-m\omega R(\boldsymbol{i}+\boldsymbol{j}).$$

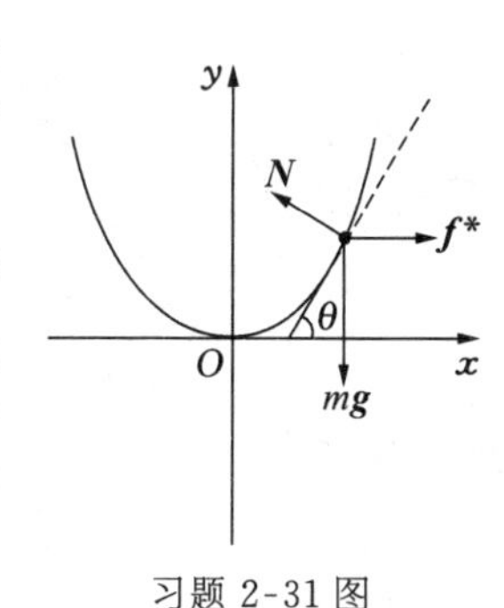

习题 2-31 图

* **2-31.** 光滑钢丝弯成一定形状，如图所示，钢丝以匀角速度 ω 绕 y 轴旋转，在钢丝上套一小环可在任何位置上相对钢丝静止，求钢丝弯成的曲线的方程.

解： 若能知道曲线上任一点的切线方向，也就可以知道曲线的形状. 设钢丝上某点的切线与 x 轴的夹角为 θ，以钢丝为参照系，小环受三个力：重力 mg；钢丝对小环的支持力 N，与钢丝的切线垂直；惯性力 $f^*=m\omega^2x$，垂直于 y 轴指向外侧. 若小环静止，则在切线方向上合力必为零，所以有

$$mg\sin\theta=m\omega^2x\cos\theta,$$

得
$$\tan\theta=\frac{\omega^2}{g}x. \quad ①$$

又因为
$$\tan\theta=\frac{\mathrm{d}y}{\mathrm{d}x}, \quad ②$$

①式代入②式，分离变量并两边积分，

$$\int_0^y \mathrm{d}y = \int_0^x \frac{\omega^2}{g} x \mathrm{d}x,$$

得
$$y = \frac{\omega^2}{2g} x^2.$$

即钢丝弯成抛物线状.

* **2-32.** 质量分别为 m_1 和 m_2 的两个小球,分别系于一根细绳中的一点和一端,如图所示,细绳的另一端悬挂于固定点 O,已知上、下两段绳的长度分别为 a 和 b,开始时,两球静止,细绳处于竖直位置,现给小球 m_1 一打击,使它突然在水平方向获得一速度,试求小球 m_1 获得速度前后的瞬时,上、下两段绳子张力的改变量的比值. 设小球获得速度后的瞬时,绳仍处于竖直位置.

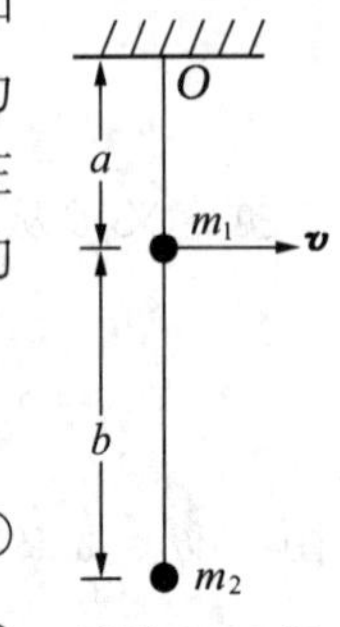

习题 2-32 图

解: 在小球 m_1 获得速度前,上、下两段绳的张力分别为

$$T_{a0} = (m_1 + m_2) g, \quad ①$$

$$T_{b0} = m_2 g. \quad ②$$

设小球获得速度为 v,则小球 m_1 在获得速度后瞬时的运动状态是:以 O 为圆心,a 为半径,速率为 v 的圆周运动,设该时刻上、下两段绳的张力分别为 T_a 和 T_b,则有

$$T_a - T_b - m_1 g = m_1 \frac{v^2}{a}. \quad ③$$

m_2 只受 $\boldsymbol{T_b}$ 和 $m_2\boldsymbol{g}$ 作用,其相对地面的加速度 $\boldsymbol{a} = \boldsymbol{a}' + \boldsymbol{a}_0$, $\boldsymbol{a}'$为相对于 m_1 的加速度,在 m_1 静止的参照系中,m_2 的速度为 v,

$$a' = \frac{v^2}{b}.$$

$\boldsymbol{a}_0$ 为牵连加速度
$$a_0 = \frac{v^2}{a},$$

$$T_b - m_2 g = m_2 a = m_2 \left(\frac{v^2}{b} + \frac{v^2}{a}\right). \quad ④$$

④式代入③式得

$$T_a = (m_1 + m_2) g + m_1 \frac{v^2}{a} + m_2 \left(\frac{v^2}{a} + \frac{v^2}{b}\right), \quad ⑤$$

由此可得

$$\frac{\Delta T_a}{\Delta T_b} = \frac{T_a - T_{a0}}{T_b - T_{b0}} = 1 + \frac{m_1}{m_2} \cdot \frac{b}{a+b}.$$

* **2-33.** 一均质球以初角速度 ω_0 绕通过球心 O 的铅垂轴转动,如图(a)所示,用制动杆 AB 制动此球. 已知球的质量为 m,半径为 R,B 处的滑动摩擦系数为 μ,OB 与水平方向夹角为 φ,A 点的作用力为 P,如支点 C 摩擦力不计,求制动所需的时间.

解: 制动杆对球有摩擦力作用和正压力作用,研究正压力的作用可以 AB 杆为研究对象,如图(b)所示,在竖直平面内,杆受到球的正压力 $\boldsymbol{N}$(B 点)和 A 点的作用力 $\boldsymbol{P}$,此两力对支点 C 的合力矩应为 $\mathbf{0}$.

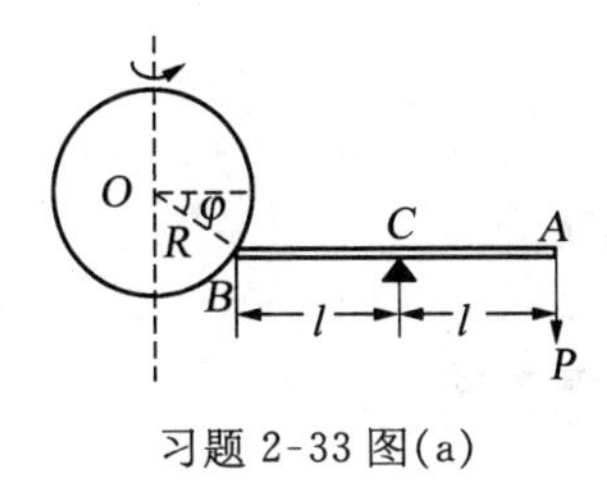

习题 2-33 图(a)

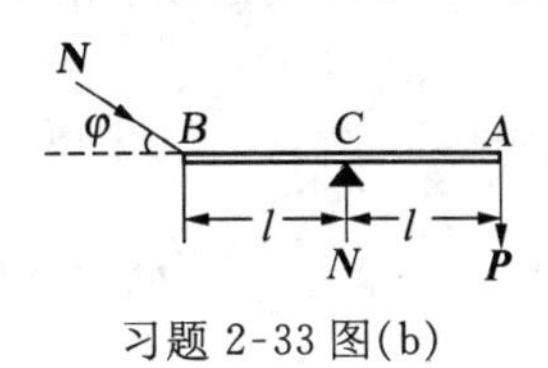

习题 2-33 图(b)

$$Pl - Nl\sin\varphi = 0.$$

由上式得

$$N = \frac{P}{\sin\varphi}.$$

以球为研究对象,球与杆在 B 点相接触,球受摩擦力为

$$f = \mu N = \mu\frac{P}{\sin\varphi}.$$

此力和球面相切,垂直于纸面向外.摩擦力对球作用的制动力矩(对 O 点)为

$$M = -fR\cos\varphi = -\frac{\mu P}{\sin\varphi}R\cos\varphi.$$

应用转动定律 $M = I\beta$, 其中球的转动惯量 $I = \frac{2}{5}mR^2$,

$$-\frac{\mu P}{\sin\varphi}R\cos\varphi = \frac{2}{5}mR^2\beta = \frac{2}{5}mR^2\frac{d\omega}{dt}.$$

分离变量并积分

$$\int_{\omega_0}^{0} d\omega = \int_0^t -\frac{5\mu P\cos\varphi}{2mR\sin\varphi}dt,$$

得

$$\omega_0 = \frac{5\mu P\cot\varphi}{2mR}t.$$

由此可得

$$t = \frac{2mR\omega_0\tan\varphi}{5\mu P}.$$

*2-34. 如图所示,长为 l 的均匀细杆水平地放置在桌面上,质心离桌边缘的距离为 b,从静止下落,已知杆与桌边缘之间的摩擦系数为 μ,试求杆开始滑动时的角度 θ_c.

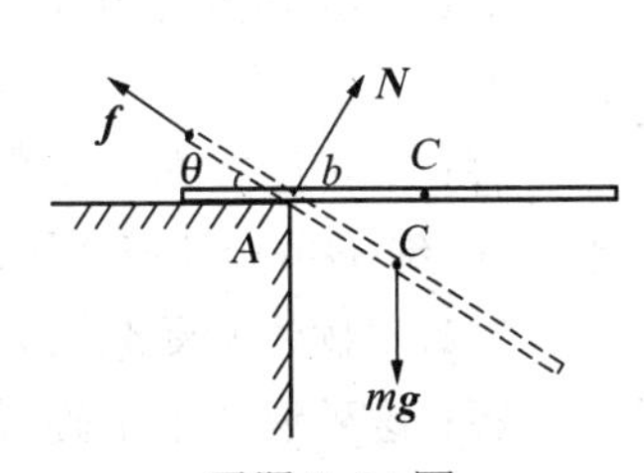

习题 2-34 图

解:杆受重力 mg,桌面的支持力 **N** 和摩擦力 **f** 作用,当杆无滑动时,细杆绕桌边 A 轴转动,由转动定理得

$$mgb\cos\theta = (I_c + mb^2)\beta. \quad ①$$

$I_c = \frac{1}{12}ml^2$，质心 C 作圆周运动，由质心运动定理

$$f - mg\sin\theta = m\omega^2 b, \qquad ②$$

$$mg\cos\theta - N = m\frac{\mathrm{d}v_c}{\mathrm{d}t} = mb\beta. \qquad ③$$

由①式得

$$\beta = \frac{\mathrm{d}\omega}{\mathrm{d}t} = \frac{b}{I_c + mb^2}mg\cos\theta,$$

因 $\frac{\mathrm{d}\omega}{\mathrm{d}t} = \frac{\mathrm{d}\omega}{\mathrm{d}\theta}\cdot\frac{\mathrm{d}\theta}{\mathrm{d}t} = \omega\frac{\mathrm{d}\omega}{\mathrm{d}\theta}$，代入上式，分离变量并积分：

$$\int_0^\omega \omega\mathrm{d}\omega = \int_0^\theta \frac{b}{I_c + mb^2}mg\cos\theta\mathrm{d}\theta,$$

得

$$\omega^2 = \frac{2b}{I_c + mb^2}mg\sin\theta.$$

代入②式，整理得

$$f = mg\sin\theta\left(1 + \frac{2mb^2}{I_c + mb^2}\right). \qquad ④$$

棒开始滑动的临界条件为

$$f = \mu N. \qquad ⑤$$

由①式和③式得

$$N = \frac{I_c}{I_c + mb^2}mg\cos\theta. \qquad ⑥$$

④式和⑥式代入⑤式，可得开始滑动的临界角 θ_c

$$\theta_c = \arctan\left(\frac{\mu l^2}{l^2 + 36b^2}\right).$$

四、思考题解答

2-1. 如图所示，用两根长度为 L 的轻绳将重物 W 吊起，试问你能否将绳子拉成水平，为什么？

答： 不可能将绳子拉成水平，因为竖直方向必有力的平衡，即绳应提供向上的分力与重物平衡，故绳不可能拉成水平.

2-2. “物体所受摩擦力的方向总是和它的运动方向相反”，这种说法是否正确？

答： 这种说法不正确. 例如，有两块木块叠放在一起，如图所示，当用外力 $\boldsymbol{F}$ 向右拉下面的木板 M 时，由于上面的小木板和下面的大木板之间有摩擦力作用，摩擦力 $\boldsymbol{f}$ 拉着 m 也向右运动，$\boldsymbol{f}$ 的方向与 m 运动的方向一致. 应该说，摩擦力的方向总是阻止两物体的相对滑动.

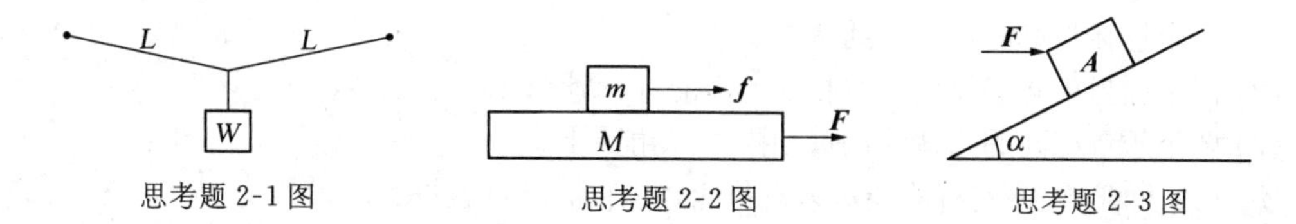

思考题 2-1 图　　　　思考题 2-2 图　　　　思考题 2-3 图

2-3. 在一与水平面成 α 角的光滑斜面上放置一质量为 m 的物体 A，有一水平力 $\boldsymbol{F}$ 作用于物体 A 上，求物体 A 对斜面作用力的大小和方向.

答: m 在垂直于斜面的方向上没有运动，把 m 所受的作用力分解为斜面方向和垂直于斜面方向，则有

$$N = mg\cos\alpha + F\sin\alpha.$$

斜面受到物体 A 的作用力大小即为 N，方向为垂直于斜面向下.

2-4. 在加速运动着的升降机中，用天平和用弹簧秤称同一物体的重量是否相等？为什么？

答: 天平测量的是质量，与参照系无关. 弹簧秤称的是弹簧的弹性力，应为地球引力(真正的重力)与惯性力之和. 因而二者并不一致.

2-5. 试判断下列说法是否正确？

(1) 如果物体具有很大的速度，则其所受的合外力一定很大.

(2) 如果物体同时受到几个力的作用，它的速度一定要发生变化.

(3) 物体所受合外力的方向与其运动方向相同.

答: (1) 不正确. 合外力大，则物体的加速度大，与速度无关.

(2) 不正确. 若物体同时受到的几个力的合力为零，则无加速度，速度也就不会发生变化.

(3) 不正确. 物体所受合外力的方向可与其运动方向相反，这种情况下物体作减速运动，合外力的方向也可与运动方向成任意角度. 如抛体受重力作用，而其速度方向时刻在变.

2-6. 人拉车，车也拉人，根据牛顿第三定律，两者的相互作用力大小相等，方向相反，为什么车能被人拉走而人不被车拉走？

答: 车和人是否移动决定于和地面间的摩擦力 f 与拉力 T 之间的比较，如 $T>f$ 则会被拉走. 由于人与车受到的地面摩擦力不同，故通常车被人拉走.

2-7. 如图所示，用一根轻绳将质量为 m 的小球悬挂起来，并使小球以匀速率 v 沿一水平圆周运动，这时绳与竖直方向的夹角 θ 不变，有人求竖直方向的合力，得到

$$T\cos\theta - mg = 0.$$

另有人沿绳子拉力 $\boldsymbol{T}$ 的方向求合力，得到

$$T - mg\cos\theta = 0.$$

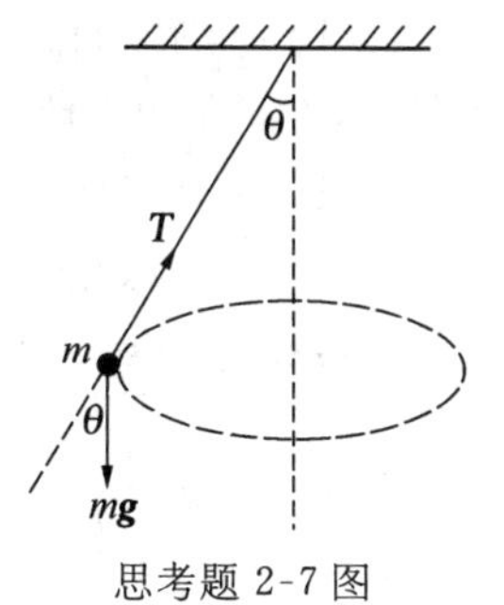

思考题 2-7 图

显然，两者不能同时成立. 试问哪个式子是错误的，为什么？

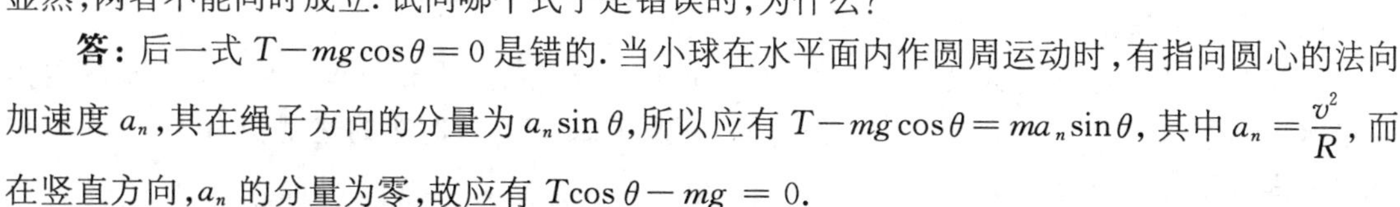

答: 后一式 $T - mg\cos\theta = 0$ 是错的. 当小球在水平面内作圆周运动时，有指向圆心的法向加速度 a_n，其在绳子方向的分量为 $a_n\sin\theta$，所以应有 $T - mg\cos\theta = ma_n\sin\theta$，其中 $a_n = \dfrac{v^2}{R}$，而在竖直方向，a_n 的分量为零，故应有 $T\cos\theta - mg = 0$.

2-8. 下述情况是否可能，试说明之:

(1) 一个物体具有能量而无动量.

(2) 两个质量相同的物体具有相同的动能,但动量不同.

(3) 两个质量相同的物体的动量相同,而动能不同.

答: (1) 可能.物体具有的能量只有势能,没有动能时,就没有动量.

(2) 可能.两个相同质量的物体具有相同的动能,说明两者的速率相同,但方向可以不同,因而动量就不同.

(3) 不可能.两个质量相同的物体的动量相同,则速度相同,故动能一定相同.

2-9. 一个物体的动量与参考系的选择有关吗?力的冲量与参考系的选择有关吗?在不同的惯性参考系中,动量定理是否都成立?为什么?

答: 由于物体的速度与参考系的选择有关,因此动量也与参考系的选择有关.在牛顿力学范围中,力和时间都与参考系的选择无关,故力的冲量与参考系的选择无关.在不同的惯性系中,动量定理都成立,因为力的冲量等于动量的增量,动量的增量在不同惯性系中是相同的.例如在地面参照系 S 中,$\Delta(m\boldsymbol{v}) = m\boldsymbol{v}_2 - m\boldsymbol{v}_1$,在相对地面作匀速运动(速度为 $\boldsymbol{u}$)的参考系 S' 中,动量的增量为 $\Delta(m\boldsymbol{v})' = m(\boldsymbol{v}_2 - \boldsymbol{u}) - m(\boldsymbol{v}_1 - \boldsymbol{u}) = m\boldsymbol{v}_2 - m\boldsymbol{v}_1$,在 S 和 S' 系中两者相同.

2-10. 如图示,用一根线 c 将质量为 m 的物体悬挂起来,再用另一根相同的线 d 系在这物体的下面,试解释如下事实:如果突然用力向下拉 d,d 就断;如果慢慢向下拉 d,c 就断.

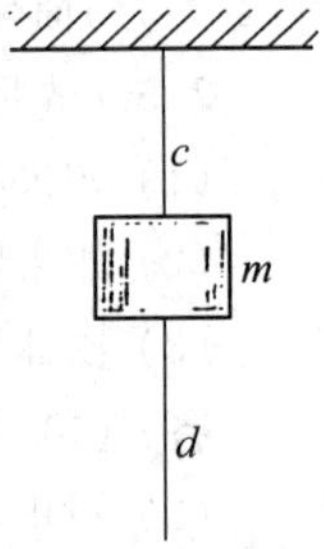

答: 力的传递需要时间.如果突然用力拉 d,由于作用力很大而作用时间很短,力来不及传到物体上面,故 d 先断.若慢慢向下拉 d,则有足够的时间传递力,下面受到的力为 F,而上面的 c 处受到的力为 $F + mg$,故 c 先断.

c
m
d

思考题 2-10 图

2-11. 质心与几何中心这两个概念有无关系?在什么情况下两者重合?什么情况下不重合?试举例说明.

答: 质心是质量的中心,与质量的分布有关,几何中心与物体形状有关,两者不同.对形状规则的物体,当物体的密度处处相同时,质心与几何中心重合.当物体密度不均匀时,两者不同.例如一根尺,若密度处处相同,质心和几何中心都在 1/2 长度处,若尺的一半用木头、一半用铁制成,则几何中心仍在 1/2 长度处,而质心则在铁制的这一半.

2-12. 判断下述各过程中体系的动量是否守恒?

(1) 一细绳的一端固定,另一端系着一质量为 m 的小球,小球在光滑的水平面上作匀速圆周运动,把绳和小球作为一个体系.

(2) 一小球与光滑的墙壁相碰后,以同样的速率被弹回来,以小球为体系.

(3) 两个球在桌上相碰,以两小球作为一个体系,小球和桌面间无摩擦力.

答: (1) 体系动量不守恒,小球作匀速圆周运动时速度方向不断改变,绳受到固定端作用力.

(2) 小球被弹回,改变了运动方向,动量发生了变化,动量不守恒,因为它受到墙的作用力.

(3) 两个小球相碰,不受外力作用,体系动量守恒.

2-13. 一质量为 m 的人站在质量为 M 的小车上,开始时,人和小车一起以速度 $\boldsymbol{v}$ 沿着光滑的水平轨道运动,然后人在车上以相对于车的速度 $\boldsymbol{u}$ 跑动,这时车的速度变为 $\boldsymbol{v}'$,有人根据水平方向动量守恒,得到

(1) $M\boldsymbol{v} = m\boldsymbol{u}$;

(2) $M\boldsymbol{v}=M\boldsymbol{v}'+m\boldsymbol{u}$；

(3) $(M+m)\boldsymbol{v}=M\boldsymbol{v}'+m(\boldsymbol{u}+\boldsymbol{v})$；

(4) $(M+m)\boldsymbol{v}=M\boldsymbol{v}'+m(\boldsymbol{u}+\boldsymbol{v}')$.

试判断哪个式子是对的,或者全不对?

答:由人和车组成的体系开始时的动量为$(M+m)\boldsymbol{v}$,人相对于车以速度$\boldsymbol{u}$跑动的同时,车速为$\boldsymbol{v}'$,而$\boldsymbol{u}$是相对于$\boldsymbol{v}'$而言的,所以总动量为$M\boldsymbol{v}'+m(\boldsymbol{u}+\boldsymbol{v}')$,(4)式对.

2-14. 讨论一个质点或物体在外力作用下的运动:

(1) 如果它所受的合外力为零时,合外力矩是否一定为零?

(2) 如果它所受的合外力矩为零时,合外力是否一定为零?

答:(1) 如果质点所受的合外力为零,则对任一固定点的合外力矩一定是零.如果有限大小的物体所受外力的矢量和为零,则应看力的作用点是否同一点,或力的作用线是否交于同一点,即是否为共点力,若为共点力,则合外力矩为零,若不是共点力,可以有力矩,如一对力偶产生力偶矩.

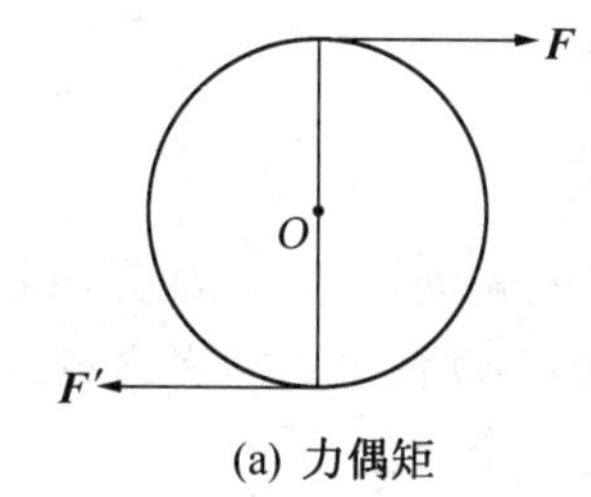

(a) 力偶矩

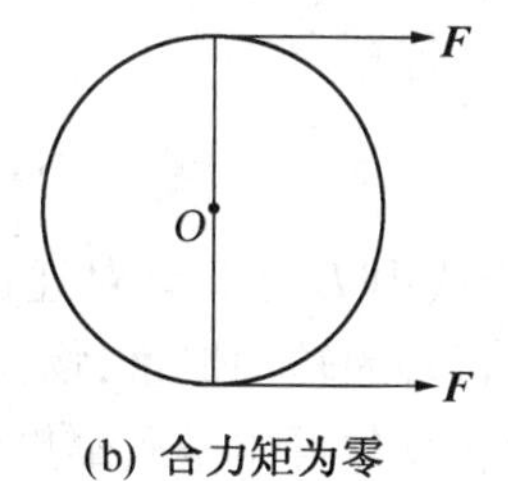

(b) 合力矩为零

思考题 2-14

(2) 若质点所受的合外力矩为零,则合外力一定是零,而有限大小的物体所受合外力矩为零时,合外力不一定为零,例如用一根绳绕过一圆柱体,两端都用同方向同大小的力拉圆柱向前,则合力矩为零而合力为此二力之和.

2-15. 我们已学过许多物理量都是矢量,如位置矢量、位移矢量、速度、加速度、力、动量、力矩、角位移、角速度、角加速度、角动量等,哪些矢量的定义与参考点(原点)的选择有关,哪些与参考点的选择无关?

答:与参考点有关的矢量为:位矢、力矩、角位移、角速度、角加速度、角动量,其余为与参考点无关的量.

2-16. 试证明:

(1) 如果一个质点系的总动量为零,则此体系对于任意参考点的角动量都相同.

(2) 如果一个质点系所受的外力的矢量和为零,则该体系所受的合外力矩对于所有参考点都相同.

答:(1) 已知:$\sum_i m_i\boldsymbol{v}_i=\boldsymbol{0}$,则有质心的动量$\boldsymbol{P}_c=M\boldsymbol{v}_c=\boldsymbol{0}$,$M=\sum_i m_i$.

$$\begin{aligned}\boldsymbol{L}&=\sum_i(\boldsymbol{r}_i\times m_i\boldsymbol{v}_i)=\sum_i[(\boldsymbol{r}_c+\boldsymbol{r}_{ic})\times m_i\boldsymbol{v}_i]\\&=\boldsymbol{r}_c\times\sum_i(m_i\boldsymbol{v}_i)+\sum_i(\boldsymbol{r}_{ic}\times m_i\boldsymbol{v}_i)=\sum_i(\boldsymbol{r}_{ic}\times m_i\boldsymbol{v}_i)\\&=\sum_i[\boldsymbol{r}_{ic}\times m_i(\boldsymbol{v}_c+\boldsymbol{v}_{ic})]=\sum_i(\boldsymbol{r}_{ic}\times m_i\boldsymbol{v}_{ic}).\end{aligned}$$

式中 $\boldsymbol{r}_c$、$\boldsymbol{v}_c$ 分别为质心位矢和速度，$\boldsymbol{r}_{ic}$、$\boldsymbol{v}_{ic}$ 分别为质点相对于质心的位矢和速度，最后的结果表明，此体系总动量为零时，对于任意参考点的角动量都可写成相对于质心的角动量之总和，而此值与参考点无关.

(2) 已知 $\sum_i \boldsymbol{F}_i = \boldsymbol{0}$，则

$$\begin{aligned}\boldsymbol{M} &= \sum_i (\boldsymbol{r}_i \times \boldsymbol{F}_i) = \sum_i [(\boldsymbol{r}_c + \boldsymbol{r}_{ic}) \times \boldsymbol{F}_i] \\ &= \sum_i (\boldsymbol{r}_c \times \boldsymbol{F}_i) + \sum_i (\boldsymbol{r}_{ic} \times \boldsymbol{F}_i) = \boldsymbol{r}_c \times \sum_i \boldsymbol{F}_i + \sum_i (\boldsymbol{r}_{ic} \times \boldsymbol{F}_i) \\ &= \sum_i (\boldsymbol{r}_{ic} \times \boldsymbol{F}_i).\end{aligned}$$

此结果表明当质点系所受外力的矢量和为零时，体系所受合外力矩等于以质心为参考点的合外力矩，与参考点的位置无关.

2-17. 在计算物体的转动惯量时，可否将物体的质量看作集中在其质心处？

答：物体的转动惯量和质量分布有关，故不能把物体的质量看作集中在其质心处. 如对于过质心的转轴及其平行轴，有

$$I = I_c + Md^2,$$

此即平行轴定理. 上式中 I_c 是物体对通过质心的轴的转动惯量，Md^2 是将物体质量看作集中在其质心处时对平行轴的转动惯量，物体对平行轴的转动惯量为两者之和. 由于 $I_c \neq 0$，故计算转动惯量时不能将物体看作是质量集中于质心的一个质点.

2-18. 将一根直尺竖立在光滑的冰面上，如果它倒下来的话，其质心将经过怎样一条轨迹.

答：由于水平方向不受外力，故其质心在水平方向应保持不变，质心将竖直向下运动.

第三章　功与能，机械能守恒定律

一、内容提要

1. 功和功率：

(1) 力的功和功率分别为 $W=\int \boldsymbol{F}\cdot \mathrm{d}\boldsymbol{r}$, $P=\boldsymbol{F}\cdot \boldsymbol{v}$.

力矩的功和功率(在绕固定轴转动的情况下)分别为

$$W=\int M\mathrm{d}\varphi,\ P=M\omega.$$

2. 保守力的功的特点：$\oint \boldsymbol{F}_c\cdot \mathrm{d}\boldsymbol{r}=0$.

3. 几种保守力的功及相应的势能函数：

(1) 弹性力

$$W=\int_{x_A}^{x_B}(-kx)\mathrm{d}x=\frac{1}{2}kx_A^2-\frac{1}{2}kx_B^2.$$

$$E_p=\frac{1}{2}kx^2\ (\text{以处于自然长度的弹簧的端点为势能零点}).$$

(2) 重力

$$W=\int_{y_A}^{y_B}(-mg)\mathrm{d}y=mg(y_A-y_B).$$

$$E_p=mgy\ (\text{以地面为势能零点}).$$

(3) 万有引力

$$W=\int_{r_A}^{r_B}\left(-G\frac{Mm}{r^2}\right)\mathrm{d}r=GMm\left(\frac{1}{r_B}-\frac{1}{r_A}\right),$$

$$E_p=-G\frac{Mm}{r}\ (\text{以相距无穷远为势能零点}).$$

4. 动能定理：

(1) 质点的动能定理　$W=\frac{1}{2}mv^2-\frac{1}{2}mv_0^2$.

(2) 刚体绕固定轴转动的动能定理　$W=\frac{1}{2}I\omega^2-\frac{1}{2}I\omega_0^2$.

5. (1) 功能原理：$W_{外}+W_{非}=E-E_0$.

(2) 机械能守恒定律 $W_{外}+W_{非}=0$，则 $E=E_0$.

6. 参照系的影响：

(1) 一对内力做功之和与参照系无关.

(2) 刚体的所有内力的总功为零.

(3) 外力做的功与参照系有关,不同的参照系功的数值不同.

(4) 任何惯性参照系中动能定理、功能原理和机械能守恒定律的形式相同.

7. 刚体的平面运动可分解为质心的运动和绕通过质心的轴的转动,$\boldsymbol{F}=m\boldsymbol{a}_c$ 和 $M_c=I_c\beta$ 为相应的运动方程.

8. 刚体作纯滚动的特点:

(1) $v_c=\omega R$.

(2) 摩擦力是静摩擦力,机械能守恒.

9. (1) 弹性对心碰撞的情况,动量守恒和机械能守恒,碰撞后:

$$v_1=\frac{(m_1-m_2)v_{10}+2m_2v_{20}}{m_1+m_2},\ v_2=\frac{(m_2-m_1)v_{20}+2m_1v_{10}}{m_1+m_2}.$$

(2) 完全非弹性碰撞,动量守恒 $\boldsymbol{v}=\dfrac{m_1\boldsymbol{v}_{10}+m_2\boldsymbol{v}_{20}}{m_1+m_2}$.

二、自学指导和例题解析

本章涉及三部分内容,第一部分要求掌握机械功与机械能的关系,并应用相关的定理、定律(动能定理、功能原理或机械能守恒定律)去解决具体问题.关键在于正确分析作用于物体的力所做的功和体系的机械能.第二部分讨论刚体的平面运动,应着重了解纯滚动的特点,特别是其中摩擦力的作用.而对第三部分的碰撞问题,特别要注意碰撞的性质和与之相应的守恒定律.在学习本章时须注意以下几点:

(1) 只有以保守力相互作用的物体系才具有势能,保守力所做的功等于体系势能的负增量,这里着重的只是势能的差值,而非势能本身的数值.

(2) 功的定义式 $W=\int\boldsymbol{F}\cdot\mathrm{d}\boldsymbol{r}$ 中,$\mathrm{d}\boldsymbol{r}$ 是力的作用点的位移,有时也说成是物体的位移,要弄清这两种说法的异同与适用性,可就几个具体事例作如下讨论.

(a) 如果物体是一个质点,力的作用点的位移即质点的位移.

(b) 如果物体是一个刚体,力在刚体上又是固定地作用在一个点上,刚体只发生平移,这种情况下力的作用点的位移和物体的位移也是一样的.

(c) 在对圆筒上绕一根绳子的情形,如图 3.0 所示,当用力 $\boldsymbol{F}$ 水平地去拉绳子时,圆筒从静止开始在平面上滚动,圆筒滚过一周,其质心移动的距离是 $2\pi R$(R 为圆筒的半径).由于圆筒上的绳子在此过程中还要释放一个周长,因此力的作用点的位移是 $2\times2\pi R=4\pi R$,力所做的功当为 $4\pi RF$.这一结论粗看难以接受,却可用动能定理验证,圆筒在此过程中获得的动能为

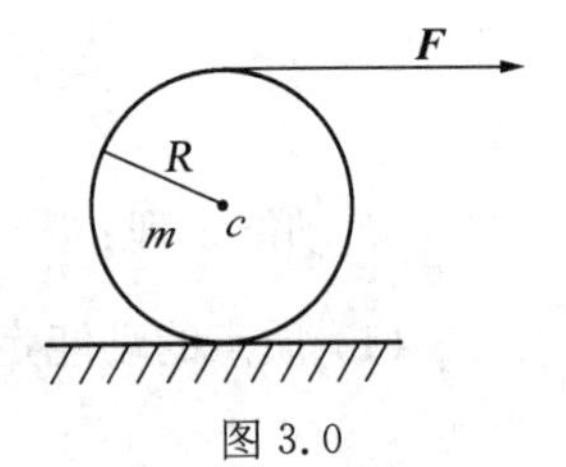

图 3.0

$$E=\frac{1}{2}mv_c^2+\frac{1}{2}I\omega^2.$$

其中 v_c 为质心速度,$v_c^2=2a_cS=2a_c\cdot2\pi R$.

$$a_c=\frac{F-f}{m},\ \omega^2=2\beta\theta=4\pi\beta,$$

$$\beta = \frac{(F+f)R}{I},\ f = \frac{I\beta}{R} - F.$$

上面各关系式代入动能表达式,得

$$E = 4\pi RF.$$

这正是力对圆筒所做功的数值. 由此可见,这种情况下必须把 d$\boldsymbol{r}$ 理解为力的作用点的位移,而不是物体的位移.

(d) 讨论滑动摩擦力做功时,摩擦力是两个物体相互接触的不平整表面间许多微小的切向作用力的总和,这一合力可认为作用于物体上的某一点,而这一点的位移与该物体的位移相同. 在发生滑动摩擦时,系统损失的机械能等于摩擦力乘以表面间的相对位移. 但这时,相互接触的每一个物体机械能的变化可以通过摩擦力对该物体所做的功计算出来. 综上所述,在任何情形,d$\boldsymbol{r}$ 均可理解为力的作用点的位移.

(3) 当质点和有固定转轴的刚体发生碰撞时,由于刚体受到固定轴的冲力作用,质点和刚体这一体系的动量一般不守恒,但这时体系对转轴的角动量仍守恒.

例题

例 3-1 已知一质量为 m 的质点作平面曲线运动,其位矢为 $\boldsymbol{r} = R(\omega t - \sin\omega t)\boldsymbol{i} + R(1 - \cos\omega t)\boldsymbol{j}$,试求在 $t = 0$ 到 $t = \frac{\pi}{4\omega}$ 时间内外力对质点所做的功.

解法一: 由功的定义 $W = \int \boldsymbol{F}\cdot \mathrm{d}\boldsymbol{r}$ 出发求解:

$$W = \int \boldsymbol{F}\cdot \mathrm{d}\boldsymbol{r} = \int F_x \mathrm{d}x + \int F_y \mathrm{d}y = W_x + W_y.$$

由题设知

$$x = R(\omega t - \sin\omega t),\ y = R(1 - \cos\omega t),$$

$$v_x = \frac{\mathrm{d}x}{\mathrm{d}t} = R\omega(1 - \cos\omega t),\ a_x = \frac{\mathrm{d}v_x}{\mathrm{d}t} = R\omega^2 \sin\omega t,$$

$$v_y = \frac{\mathrm{d}y}{\mathrm{d}t} = R\omega\sin\omega t,\ a_y = \frac{\mathrm{d}v_y}{\mathrm{d}t} = R\omega^2\cos\omega t.$$

由 $F_x = ma_x$, $\mathrm{d}x = v_x\mathrm{d}t$,得

$$W_x = \int F_x\mathrm{d}x = \int_0^{\frac{\pi}{4\omega}} ma_x\cdot v_x\mathrm{d}t = \int_0^{\frac{\pi}{4\omega}} mR^2\omega^3\sin\omega t(1 - \cos\omega t)\mathrm{d}t$$

$$= -mR^2\omega^2\left(\cos\omega t - \frac{1}{2}\cos^2\omega t\right)\Bigg|_0^{\frac{\pi}{4\omega}} = mR^2\omega^2\left(\frac{3}{4} - \frac{\sqrt{2}}{2}\right).$$

同理

$$W_y = \int F_y\mathrm{d}y = \int_0^{\frac{\pi}{4\omega}} ma_y\cdot v_y\mathrm{d}t = \int_0^{\frac{\pi}{4\omega}} mR^2\omega^3\cos\omega t\sin\omega t\,\mathrm{d}t$$

$$= \frac{1}{2}mR^2\omega^3\sin^2\omega t\Bigg|_0^{\frac{\pi}{4\omega}} = \frac{1}{4}mR^2\omega^2.$$

总功为

$$W = W_x + W_y = mR^2\omega^2\left(1-\frac{\sqrt{2}}{2}\right) \approx 0.3mR^2\omega^2.$$

解法二：由动能定理.外力的功等于质点动能的增量.

$$v^2 = v_x^2 + v_y^2 = 2R^2\omega^2(1-\cos\omega t),$$

$$t=0,\ v_0^2=0;\ t=\frac{\pi}{4\omega},\ v^2 = 2R^2\omega^2\left(1-\frac{\sqrt{2}}{2}\right).$$

总功为

$$W = \frac{1}{2}mv^2 - \frac{1}{2}mv_0^2 = mR^2\omega^2\left(1-\frac{\sqrt{2}}{2}\right) \approx 0.3mR^2\omega^2.$$

例 3-2 (1) 一质量为 m 的人造地球卫星，在环绕地球的圆形轨道上飞行.轨道半径为 r_0，地球质量为 M_e，求卫星的总机械能.

(2) 现假定卫星在地球大气的最上层运动，它在那里因受到一恒定的微弱摩擦阻力 f 而减速，卫星将缓慢地沿一螺旋形轨道朝向地球飞行.因为摩擦力是微弱的，所以半径的变化非常缓慢.因此，我们可以假定：在任一瞬间，卫星实际上仍在一平均半径为 r 的圆轨道上.求卫星每旋转一周，半径的近似改变值 Δr.

(3) 求每转一周卫星动能的近似变化值 ΔE_k.

解：(1) 卫星在半径为 r_0 的圆周上运动，地球的引力就是向心力，因此

$$GM_em/r_0^2 = mv^2/r_0.$$

卫星的动能 $$E_k = \frac{1}{2}mv^2 = GM_em/2r_0.$$

卫星的势能 $$E_p = -GM_em/r_0.$$

卫星的总机械能 $$E = E_k + E_p = -GM_em/2r_0.$$

(2) 根据功能原理，卫星机械能的变化量等于摩擦阻力 f 做的功，在半径为 r 的圆周上，机械能为 $-GM_em/2r$，

$$\Delta E = \Delta(-GM_em/2r) = (GM_em/2r^2)\cdot\Delta r = -2\pi rf. \quad ①$$

卫星半径的近似改变量为

$$\Delta r = \frac{-4\pi fr^3}{GM_em}, \quad ②$$

负号表示半径减小.

(3) 由(1)题知卫星在半径为 r 的圆周上的动能为

$$E_k = \frac{1}{2}mv^2 = GM_em/2r. \quad ③$$

上式两边微分，得

$$\Delta E_k = mv\Delta v = (-GM_em/2r^2)\cdot\Delta r. \quad ④$$

②式代入④式，得

$$\Delta E_k = 2\pi fr. \tag{⑤}$$

上式并非表示摩擦阻力导致动能增加，只是表明动能增加的数量与摩擦力数值的关系，动能增加的原因是引力做功．事实上，如设卫星每转一圈的时间为 Δt，则

$$v\Delta t = 2\pi r,$$

结合④式，得

$$m\frac{\Delta v}{\Delta t} = \frac{2\pi rf}{v\cdot\Delta t} = \frac{2\pi rf}{2\pi r} = f.$$

由上式可知，卫星速率的增加与它所受的阻力的大小成正比．阻力把卫星轨道从圆变成朝里的螺线，阻力成为中介物，使引力对卫星做正功，此功的一半用来增加卫星的动能，另一半用来克服摩擦阻力做功．因此，卫星在阻力作用下势能减少而动能增加．

例 3-3 如图(a)所示，长为 L 的细杆顶端固定一小重球，竖直倒置在粗糙的水平地面上，小球处于不稳定的平衡状态，稍有扰动，小球将从静止开始向下跌落，假设细杆很轻，其质量可略，试求小球碰地时速度的水平分量和竖直分量．

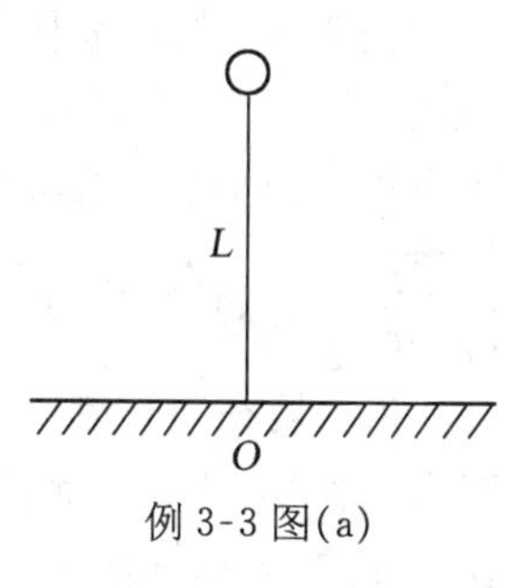

例 3-3 图(a)

解： 因地面粗糙，小球下跌过程的最初阶段可认为细杆下端 O 点与地面间无相对滑动，小球沿着以 O 为圆心，L 为半径的圆周下落，其向心力由小球的重力和细杆对小球的支持力 $\boldsymbol{N}$ 沿细杆的分量提供，N 的大小随小球的位置变化．当 $N=0$ 时，细杆下端将脱离地面，设此时小球的速度为 $\boldsymbol{v}_0$，小球脱离地面约束后，以 $\boldsymbol{v}_0$ 为初速作抛体运动．设小球质量为 m，当小球受地面约束作圆周运动时，其位置用细杆与竖直方向 y 轴的夹角 θ 表示，如图(b)所示．设当 $\theta=\theta_0$，小球速率 $v=v_0$ 时细杆脱离地面，$N=0$，此时小球的法向加速度 $a_n=v_0^2/L$，这就是重力加速度沿细杆方向的分量，即

$$g\cos\theta_0 = v_0^2/L. \tag{①}$$

取小球、细杆与地球为体系，在小球作圆周运动时，O 点处细杆端点无位移，摩擦力不做功，体系机械能守恒，因此有

$$\frac{1}{2}mv_0^2 = mgL(1-\cos\theta_0). \tag{②}$$

例 3-3 图(b)

由①式和②两式，解得

$$\cos\theta_0 = \frac{2}{3},$$

$$v_0 = \sqrt{\frac{2}{3}gL}.$$

小球脱离地面约束后，$\boldsymbol{v}_0$ 的 x 分量为

$$v_{0x} = v_0\cos\theta_0 = \sqrt{\frac{2}{3}gL}\cdot\frac{2}{3}.$$

设小球碰地时的速度为 v_1，由机械能守恒定律，取小球从静止开始运动为初态，碰地时为终态，则有

$$mgL=\frac{1}{2}mv_1^2,$$

得
$$v_1=\sqrt{2gL}.$$

小球作抛体运动过程中，速度的水平分量不变，

$$v_x=v_{0x}=\frac{2}{3}\sqrt{\frac{2}{3}gL}.$$

碰地时速度的竖直分量为

$$v_y=-\sqrt{v_1^2-v_x^2}=-\sqrt{2gL-\frac{8}{27}gL}=-\sqrt{\frac{46}{27}gL}.$$

例 3-4 将一根长为 l 的带子紧紧地盘成一个圆饼状(见图)，带的一端固定在斜面的上端，斜面与水平面成 θ 角，带子在重力作用下可沿斜面完全展开. 试证明带子完全展开所需的时间为 $t=\sqrt{\frac{3l}{g\sin\theta}}$，并讨论这一结论的合理性.

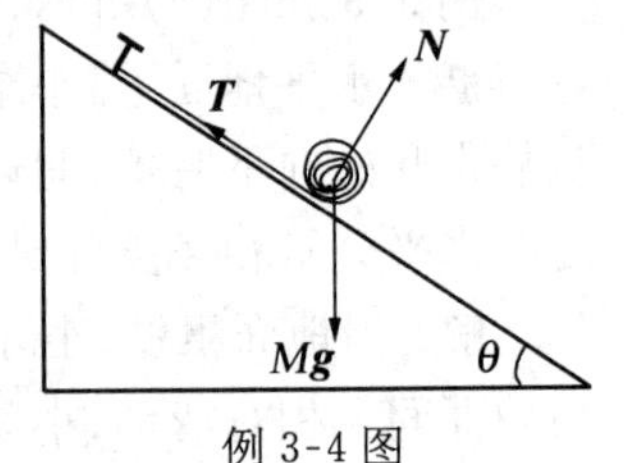

例 3-4 图

解： 设在某时刻 t，带子未展开部分的质量为 M，这部分带子受三个力作用：重力 $M\boldsymbol{g}$，斜面对它的支承力 $\boldsymbol{N}$，已展开的带子对它的拉力 $\boldsymbol{T}$. 对未展开部分，应用转动定律及质心运动定律，得

$$TR=I_c\cdot\beta, \quad ①$$

$$Mg\sin\theta-T=Ma_c. \quad ②$$

式中 R 为未展开部分的半径，β、I_c 分别为其转动角加速度和转动惯量，$I_c=\frac{1}{2}MR^2$，a_c 为质心沿斜面下滑的线加速度. 由于卷曲部分与斜面接触处无滑动，且带子很薄，可以认为 $\beta=\frac{a_c}{R}$ 的关系仍然成立. 将此关系代入①和②两式，可解得

$$a_c=\frac{Mg\sin\theta}{M+I_c/R^2}=\frac{2}{3}g\sin\theta. \quad ③$$

由此可见，未展开部分的下滑加速度与质量无关，是一个匀加速运动，因此可用下式求出带子全部展开所需的时间 t：

$$l=\frac{1}{2}a_ct^2,$$

得
$$t=\sqrt{\frac{3l}{g\sin\theta}}.$$

讨论： 本题的答案是否可靠，关键在于未展开部分变得很细的时候，带子的厚度不得不予考虑，这时未展开部分是一个螺旋盘状物，而不是圆盘；质量中心的位置、边缘的线速度等皆有所变化，因而前面的一些公式不再严格成立. 但由于越到后面，展开所费的时间越少，换言之，

这一不严格性所涉及的时间仅占总展开时间的一小部分,答案的误差不大.

例 3-5　如图所示,三块质量都是 m 的小滑块,放在光滑的水平桌面上,沿一直线排列;另一质量为 m'($m'>m$)的滑块以速度 $\boldsymbol{v}$ 对准射向小滑块,并发生碰撞,假定所有的碰撞都是完全弹性的正碰,求各滑块的最终速度.

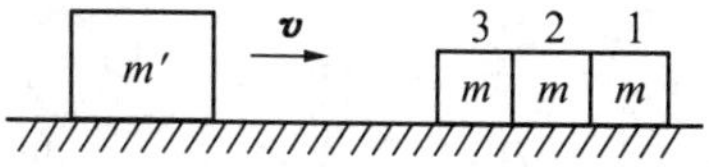

例 3-5 图

解: 虽然小滑块挨紧排列,但实际上各小滑块之间总有一微小的缝隙. 当 m' 与 3 号小滑块发生碰撞时,由此两滑块组成的体系的动量守恒,机械能也守恒. 设碰后 m' 和 3 号小滑块的速度各为 v_1' 和 v_1,由动量守恒定律和机械能守恒定律可得

$$m'v = m'v_1' + mv_1, \quad ①$$

$$\frac{1}{2}m'v^2 = \frac{1}{2}m'v_1'^2 + \frac{1}{2}mv_1^2. \quad ②$$

由①和②两式可得

$$v_1' = \frac{m'-m}{m'+m}v, \quad ③$$

$$v_1 = \frac{2m'}{m'+m}v. \quad ④$$

即发生第一次碰撞后,m' 以 $v_1'<v_1$ 的速度继续前进,3 号小滑块以 v_1 的速度向 x 方向运动,这时 3 号小滑块又与 2 号小滑块发生完全弹性碰撞,结果 3 号滑块静止,2 号滑块以 v_1 前进,并与 1 号滑块碰撞. 结果 2 号滑块静止,1 号滑块以 v_1 前进.

当 3 号滑块静止后,大滑块与之发生第二次碰撞,碰撞后大、小滑块的速度分别为

$$v_2' = \frac{m'-m}{m'+m}v_1' = \left(\frac{m'-m}{m'+m}\right)^2 v,$$

$$v_2 = \frac{2m'}{m'+m}v_1' = \frac{2m'}{m'+m}\cdot\frac{m'-m}{m'+m}v.$$

接着 3 号滑块又与 2 号滑块碰撞,最后 2 号滑块以速度 v_2 前进,因 $v_2<v_1$,所以 2 号滑块不再与 1 号滑块发生碰撞,3 号滑块静止,于是大滑块又与 3 号滑块发生第三次碰撞,碰撞后,大滑块和 3 号滑块的速度分别为

$$v_3' = \frac{m'-m}{m'+m}v_2' = \left(\frac{m'-m}{m'+m}\right)^3 v,$$

$$v_3 = \frac{2m'}{m'+m}v_2' = \frac{2m'}{m'+m}\cdot\left(\frac{m'-m}{m'+m}\right)^2 v.$$

由于 $v_3<v_2$,3 号滑块不再与 2 号滑块发生碰撞,各滑块的最终速度 $v_3'<v_3<v_2<v_1$.

讨论:(1) 若有 N 个相同质量的小滑块沿 Ox 轴排成一直线,当大滑块的质量 $m'>m$ 时,经过一系列碰撞后,各滑块的速度分别为

$$v_N' = \left(\frac{m'-m}{m'+m}\right)^N v,$$

$$v_N = \frac{2m'}{m'+m}\cdot\left(\frac{m'-m}{m'+m}\right)^{N-1} v,$$

$$v_{N-1}=\frac{2m'}{m'+m}\cdot\left(\frac{m'-m}{m'+m}\right)^{N-2}v,$$

$$\cdots\cdots$$

$$v_3=\frac{2m'}{m'+m}\cdot\left(\frac{m'-m}{m'+m}\right)^{2}v,$$

$$v_2=\frac{2m'}{m'+m}\cdot\left(\frac{m'-m}{m'+m}\right)v,$$

$$v_1=\frac{2m'}{m'+m}v.$$

只要 N 不趋向无限大,大滑块的速度不为零.例如,在 $N=3$ 的情况下,若大滑块的质量 $m'=2m$,则经过碰撞后,各滑块的最终速度由上面各速度表示式可求得为

$$v_3'=\frac{v}{27},\ v_3=\frac{4v}{27},\ v_2=\frac{4v}{9},\ v_1=\frac{4v}{3}.$$

(2) 如果大滑块被切开成质量为 m 的两个滑块,这两个滑块相互紧挨着,都以速度 v 运动并射向小滑块,和小滑块发生完全弹性碰撞,则经过一系列碰撞后,各滑块的速度与上面求得的结果完全不同.因为大滑块的右半部分是一质量为 m,速度为 v 的滑块,它与 3 号滑块发生碰撞后,动能全部传给 3 号小滑块,自己静止,之后,发生大滑块的左半部分与右半部分之间的碰撞,碰撞后大滑块的左半部分静止,右半部分再以速度 v 前进,经过一系列碰撞,最后大滑块和 3 号小滑块都处于静止状态,而 2 号和 1 号小滑块都以速度 v 向右运动,即

$$v_3'=v_3=0,\ v_2=v_1=v.$$

例 3-6 如图所示,质量为 m_3 的木块平放在地面上,通过劲度系数为 k 的竖直弹簧与质量为 m_2 的木块相连,达到平衡,质量为 m_1 的小球从距 m_2 为 h 的高处静止下落,与 m_2 作完全非弹性碰撞.试问:为使 m_2 向上反弹时能带动 m_3 刚好离开地面,h 应为多少?

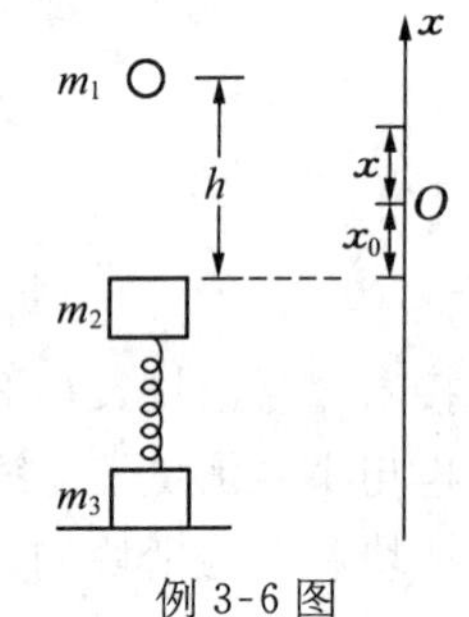

例 3-6 图

解: 如图所示,取 x 轴为竖直方向,向上为正,以弹簧为原长时其上端位置为坐标原点 O, $x=-x_0$ 为 m_2 的平衡位置,即 m_1 和 m_2 碰撞前 m_2 的位置,并取此位置为重力势能的零点,m_1 和 m_2 相碰后粘在一起,设速度为 v,两者碰撞过程中动量守恒,则

$$m_1v_0=(m_1+m_2)v,$$

其中

$$v_0=\sqrt{2gh}$$

为 m_1 碰撞前的速度.解得

$$v=\frac{m_1}{m_2+m_1}\sqrt{2gh}. \qquad ①$$

在弹簧压缩并反弹的过程中,由 m_1、m_2、m_3、弹簧和地球组成的体系机械能守恒.取初态为 m_1 和 m_2 碰后粘住的瞬间,则动能为 $\frac{1}{2}(m_1+m_2)v^2$,弹性势能为 $\frac{1}{2}kx_0^2$,终态取 m_1 和 m_2 上升到最高点 x,动能为零,弹性势能为 $\frac{1}{2}kx^2$,重力势能为 $(m_1+m_2)g(x_0+x)$,由机械能守恒

定律：

$$\frac{1}{2}(m_1+m_2)v^2+\frac{1}{2}kx_0^2=\frac{1}{2}kx^2+(m_1+m_2)g(x_0+x).\qquad ②$$

m_2 的平衡位置$(-x_0)$满足上式：

$$kx_0=m_2g,$$

即
$$x_0=\frac{m_2}{k}g.\qquad ③$$

当 m_1 和 m_2 一起反弹达最高点时，为了将 m_3 刚好拉离地面，要求

$$m_3g=kx,$$

即
$$x=\frac{m_3g}{k}.\qquad ④$$

由①～④式联立求解，得

$$h=\frac{(m_1+m_2)(m_2+m_3)(2m_1+m_2+m_3)}{2km_1^2}g.$$

三、习题解答

3-1. 如图所示，一人用力将 60 kg 的物体以恒定速率水平地沿地面向前移动了 60 m，力的方向向下，与水平面成 45°角，设物体与地面的摩擦系数 μ 为 0.20，问：(1)人对物体做了多少功？(2)摩擦力做了多少功？

解：(1) 物体以恒定速度运动，则物体在水平方向所受合力为零，m 所受各力如图所示，设人施于物体的力为 $\boldsymbol{F}$.

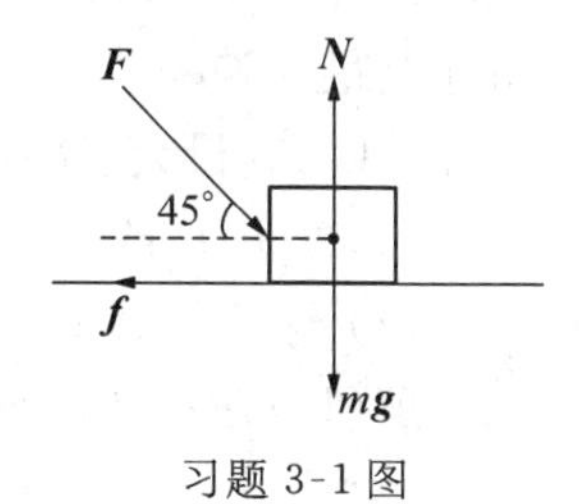

习题 3-1 图

物体所受的垂直方向和水平方向的力分别平衡，即

$$N=F\sin 45^\circ+mg,$$

$$f=F\cos 45^\circ \text{ 及 } f=\mu N.$$

解上面三式，得

$$F\cos 45^\circ=\frac{\mu}{1-\mu}mg.$$

人对物体做功为

$$W_{人}=\boldsymbol{F}\cdot\boldsymbol{S}=F\cos 45^\circ\cdot S=\frac{\mu}{1-\mu}mg\cdot S$$
$$=\frac{0.20\times 60\times 9.8\times 60}{1-0.20}=8.82\times 10^3(\mathrm{J}).$$

(2) 摩擦力做功为

$$W_f=\boldsymbol{f}\cdot\boldsymbol{S}=-F\cos 45^\circ\cdot S=-8.82\times 10^3(\mathrm{J}).$$

3-2. 一质量为 1 kg 的物体，在外力作用下沿 x 轴运动的规律是 $x=3t^2$，物体在运动过

程中所受的阻力与其速度的平方成正比，$f=-\frac{1}{12}v^2$（x 以 m 为单位，f 以 N 为单位），试求物体由 $x_1=1.0\ \mathrm{m}$ 运动到 $x_2=2.0\ \mathrm{m}$ 的过程中，外力和阻力做的功各为多少？

解：由 $x=3t^2$ 得 $v=\frac{\mathrm{d}x}{\mathrm{d}t}=6t$，$a=\frac{\mathrm{d}v}{\mathrm{d}t}=6$，

$$f=-\frac{1}{12}v^2=-3t^2=-x,$$

$$W_f=\int_1^2 f\mathrm{d}x=\int_1^2(-x)\mathrm{d}x=-\frac{3}{2}(\mathrm{J}).$$

由牛顿第二定律得

$$F+f=ma=6m,\quad F=-f+6m=x+6.$$

外力做的功为 $W_{外}=\int_1^2 F\mathrm{d}x=\int_1^2(x+6)\mathrm{d}x=\frac{15}{2}(\mathrm{J}).$

3-3. 如图所示，一根长为 l、质量为 m 的均匀链条，其长度的 2/5 悬挂在桌边，其余部分放在光滑的水平桌面上，若将悬挂部分拉回桌面，问至少需要做多少功？

解：如图所示，取桌面处为坐标原点，当链条下垂部分长度为 $|x|$ 时，其重力为 $\frac{|x|}{l}mg$，故向上的拉力至少为 $F=-\frac{x}{l}mg$，拉力所做的功为

$$W=\int F\mathrm{d}x=\int_{-\frac{2}{5}l}^{0}\left(-\frac{x}{l}mg\right)\mathrm{d}x=-\frac{mg}{2l}x^2\Big|_{-\frac{2}{5}l}^{0}=\frac{2}{25}mgl.$$

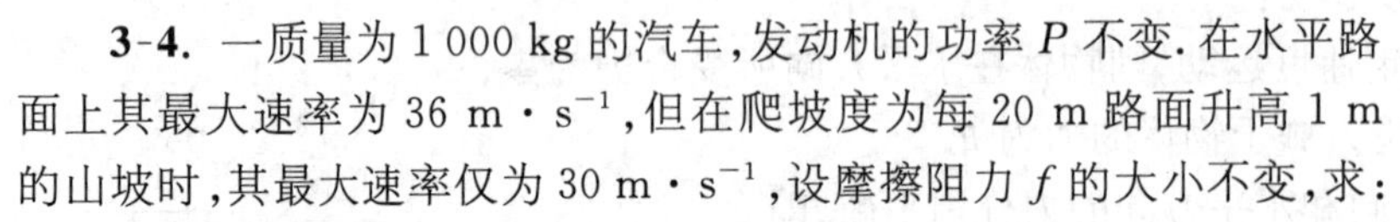

习题 3-3 图

3-4. 一质量为 1 000 kg 的汽车，发动机的功率 P 不变. 在水平路面上其最大速率为 36 $\mathrm{m\cdot s^{-1}}$，但在爬坡度为每 20 m 路面升高 1 m 的山坡时，其最大速率仅为 30 $\mathrm{m\cdot s^{-1}}$，设摩擦阻力 f 的大小不变，求：

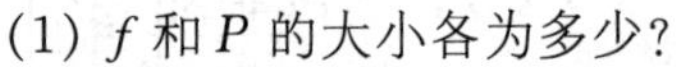

(1) f 和 P 的大小各为多少？

(2) 这车子沿原路下山时的最大速率为多少？

解(1)：在水平路面上，牵引力 $F_1=f$ 时车子速率达最大；爬坡时，还要克服重力的分力.

$$F_2=f+mg\sin\alpha,$$

式中 α 为山坡和地面的夹角，因功率 P 不变，$P=F_1v_1=F_2v_2$，得

$$\frac{F_1}{F_2}=\frac{v_2}{v_1},\qquad 即\qquad \frac{f}{f+mg\sin\alpha}=\frac{v_2}{v_1}.$$

把 $\sin\alpha=\frac{1}{20}$，及 m_1、v_1、v_2 代入上式，得

$$\frac{f}{f+10^3\times9.8\times\frac{1}{20}}=\frac{30}{36},\quad f=2.45\times10^3(\mathrm{N}).$$

$$P=F_1v_1=fv_1=2.45\times10^3\times36=8.82\times10^4(\mathrm{W}).$$

(2) 车沿原路下山，仍为达最大速率时合力为零，

$$F_3+mg\sin\alpha=f.$$

由 $P = F_3 v_3 = F_1 v_1$,得

$$\frac{F_1}{F_3} = \frac{v_3}{v_1}, \quad 即 \frac{f}{f - mg\sin\alpha} = \frac{v_3}{v_1},$$

$$v_3 = \frac{2.45 \times 10^3 \times 36}{2.45 \times 10^3 - 10^3 \times 9.8 \times \frac{1}{20}} = 45(\mathrm{m \cdot s^{-1}}).$$

3-5. 如图,一倔强系数为 k 的弹簧,一端固定在 A 点,另一端连一质量为 m 的物体并靠在一光滑的柱体表面上,柱体上半部是一半径为 a 的半个圆柱,弹簧原长为 AB. 在变力 $\boldsymbol{F}$ 作用下,物体匀速地沿柱体表面从位置 B 移到 C,求力 $\boldsymbol{F}$ 所做的功.

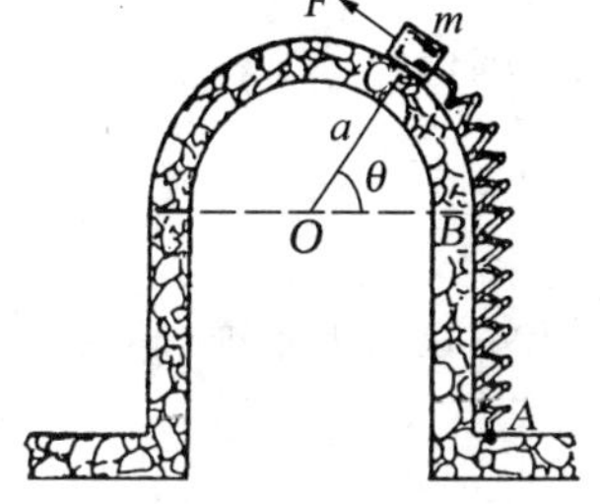

习题 3-5 图

解法一:物体匀速移动,切向合力为零,力 $\boldsymbol{F}$ 应与弹力和重力在切向的分量之和相等,即

$$F = ka\theta + mg\cos\theta,$$

$$W = \int F \mathrm{d}l = \int_0^\theta (ka\theta + mg\cos\theta) \cdot a\mathrm{d}\theta = \frac{1}{2}ka^2\theta^2 + mga\sin\theta.$$

解法二:外力所做的功等于体系势能的增量.

$$W = \Delta E_p = \frac{1}{2}k(a\theta)^2 + mga\sin\theta.$$

3-6. 一机车的功率为 1.5×10^6 W. 不计摩擦,在满功率情况下,于 3 min 内将列车的速率由 $10\ \mathrm{m\cdot s^{-1}}$ 加速到 $20\ \mathrm{m\cdot s^{-1}}$,试求:

(1) 列车的质量;

(2) 列车的速率与时间的关系;

(3) 加速列车的力与时间的关系;

(4) 列车经过的路程.

解:(1) 由动能定理,机车牵引力所做的功等于列车动能的增量

$$W = Pt = \frac{1}{2}mv_2^2 - \frac{1}{2}mv_1^2,$$

得

$$m = \frac{2Pt}{v_2^2 - v_1^2} = \frac{2\times1.5\times10^6\times3\times60}{20^2 - 10^2} = 1.8\times10^6(\mathrm{kg}).$$

(2) 设任一时刻 t 列车的速率为 v,由上式有

$$v = \sqrt{\frac{2Pt}{m} + v_1^2} = \sqrt{\frac{2\times1.5\times10^6 t}{1.8\times10^6} + 10^2} = \sqrt{\frac{5}{3}t + 100}.$$

(3) $F = \dfrac{P}{v} = \dfrac{1.5\times10^6}{\sqrt{\frac{5}{3}t + 100}}$.

(4) $T = 3\times60 = 180(\mathrm{s})$. 列车经过的路程为

$$S = \int_0^{180} v\mathrm{d}t = \int_0^{180}\sqrt{\frac{5}{3}t + 100}\,\mathrm{d}t = \frac{2}{5}\left(\frac{5}{3}t + 100\right)^{\frac{3}{2}}\Bigg|_0^{180}$$

$$= \frac{2}{5}\left[\left(\frac{5}{3}\times 180+100\right)^{\frac{3}{2}}-100^{\frac{3}{2}}\right]=2.8(\text{km}).$$

3-7. 一总质量为 M 的火车在平直轨道上匀速前进时，最后一节质量为 m 的车厢突然脱落，这节车厢在走了 l 长的路程后停下来，假设机车的牵引力及列车与轨道间的摩擦系数都不变，问当脱落的那节车厢停止时，列车距此车厢有多远？

解： 设车厢脱离机车时速度为 v_0，因摩擦力做负功，车厢走了 l 长的路程后停下，由动能定理得

$$f_1 \cdot l = \frac{1}{2}mv_0^2, \qquad \text{即} \qquad \mu mgl = \frac{1}{2}mv_0^2. \tag{①}$$

由于牵引力不变，原来匀速前进时牵引力等于摩擦力：

$$F = \mu Mg.$$

车厢脱离后，列车的摩擦力 $f_2 = \mu(M-m)g$. 列车所受的合力为

$$\sum F = F - f_2 = \mu Mg - \mu(M-m)g = \mu mg.$$

在此合力作用下，列车走了 S 距离后车厢正好停下，设这时列车速度为 v_1，由动能定理得

$$\mu mgS = \frac{1}{2}(M-m)(v_1^2 - v_0^2). \tag{②}$$

对车厢和列车体系，牵引力不变，在车厢停下以前，摩擦力也没变，$\sum \boldsymbol{F} = \boldsymbol{0}$，体系在水平方向动量守恒. 在车厢即将停下时，速度已趋于零，此时

$$Mv_0 = (M-m)v_1, \tag{③}$$

由①、②、③三式，解得 $$S = \frac{Ml}{M-m} + l.$$

列车与车厢的距离为 $$\Delta S = S - l = \frac{Ml}{M-m}.$$

解法二： 对列车和车厢分别运用动能定理，同前面解法，①、②两式不变，即

车厢： $$\mu mgl = \frac{1}{2}mv_0^2. \tag{①}$$

列车： $$\mu mgS = \frac{1}{2}(M-m)(v_1^2 - v_0^2). \tag{②}$$

车厢脱离后受力为摩擦力，$a_1 = \frac{f}{m} = \frac{\mu mg}{m} = \mu g$.

从脱离车头到静止共花时间 $$t = \frac{v_0}{a_1} = \frac{v_0}{\mu g}.$$

由①式有 $v_0 = \sqrt{2\mu gl}$，代入上式，得

$$t = \frac{\sqrt{2\mu gl}}{\mu g}. \tag{③}$$

在这段时间内，列车的加速度为 $a_2=\dfrac{F-f}{M-m}=\dfrac{\mu Mg-\mu(M-m)g}{M-m}=\dfrac{\mu mg}{M-m}$，

速度由 v_0 变为 v_1，

$$v_1=v_0+a_2t=\sqrt{2\mu gl}+\frac{\mu mg}{M-m}\cdot\frac{\sqrt{2\mu gl}}{\mu g}=\frac{M}{M-m}\sqrt{2\mu gl}.$$

代入②式，得车头运动的距离 S：

$$S=\frac{M-m}{2\mu mg}(v_1^2-v_0^2)=\frac{M-m}{2\mu mg}\left[\left(\frac{M}{M-m}\sqrt{2\mu gl}\right)^2-2\mu gl\right]=\frac{2M-m}{M-m}l.$$

列车与车厢的距离为

$$\Delta S=S-l=\frac{2M-m}{M-m}l-l=\frac{Ml}{M-m}.$$

3-8. 有两个观察者，一个站在地面上，另一个站在以恒定速度 $\boldsymbol{u}$ 运动着的火车上，火车上有一质量为 m 的质点，开始时相对于车厢静止不动，然后在恒定外力 $\boldsymbol{F}$ 作用下作加速运动. 试分别讨论上述两个观察者所看到的：

(1) 质点的加速度是多少？

(2) 在 t 秒钟内，力 $\boldsymbol{F}$ 所做的功为多少？

(3) t 秒钟内，质点动能的增量是多少？

根据你所得的结果，证明动能定理对于任何惯性参考系都是正确的.

解：(1) 因为火车作匀速运动，是惯性参照系，所以在火车上和地面上的人看 m 的加速度相同，均为

$$\boldsymbol{a}=\frac{\boldsymbol{F}}{m}.$$

(2) 从地上面看，力所做的功为

$$W_{地}=\boldsymbol{F}\cdot\boldsymbol{S}_1=\boldsymbol{F}\cdot\left(\boldsymbol{u}t+\frac{1}{2}\boldsymbol{a}t^2\right)=\boldsymbol{F}\cdot\left(\boldsymbol{u}t+\frac{1}{2}\frac{\boldsymbol{F}}{m}t^2\right)=\boldsymbol{F}\cdot\boldsymbol{u}t+\frac{F^2t^2}{2m}.$$

从火车上看，力所做的功为

$$W_{车}=\boldsymbol{F}\cdot\boldsymbol{S}_2=\boldsymbol{F}\cdot\left(\frac{1}{2}\boldsymbol{a}t^2\right)=\frac{F^2t^2}{2m}.$$

(3) 从地面上看质点动能的增量为

$$\Delta E_{k1}=\frac{1}{2}mv^2-\frac{1}{2}mu^2=\frac{1}{2}m\left(\boldsymbol{u}+\frac{\boldsymbol{F}}{m}t\right)^2-\frac{1}{2}mu^2=\boldsymbol{F}\cdot\boldsymbol{u}t+\frac{F^2t^2}{2m}=W_{地}.$$

从火车上看质点动能的增量为

$$\Delta E_{k2}=\frac{1}{2}m\left(\frac{\boldsymbol{F}}{m}t\right)^2=\frac{F^2t^2}{2m}=W_{车}.$$

从以上结果可见，动能定理对任何惯性参考系都成立.

3-9. 一根质量为 m，总长为 l 的均匀细链条，开始时长为 a 的一段从桌面边缘下垂，另一部分放在光滑的水平桌面上，并用手拉住 A 端使整个链条静止不动，如图所示，然后放手，链

条开始下滑,求链条刚好全部离开桌面时的速率.

解: 用机械能守恒关系解. 在桌面上的链条势能不变,只有下垂部分势能变化,用这部分的质心表示其势能. 开始时体系势能(以桌面为势能零点):

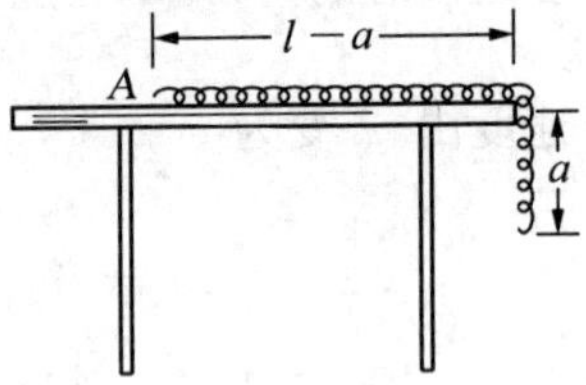

$$E_{p1}=-\left(\frac{a}{l}mg\right)\cdot\frac{a}{2}.$$

习题 3-9 图

链条刚离开桌面时的动能和势能分别为

$$E_{k2}=\frac{1}{2}mv^2,\ E_{p2}=-mg\cdot\frac{l}{2}.$$

体系所受的桌面支承力 **N** 和位移垂直,不做功,只有重力做功,机械能守恒.

$$E_{p1}=E_{k2}+E_{p2},$$

即
$$-\left(\frac{a}{l}mg\right)\cdot\frac{a}{2}=\frac{1}{2}mv^2-\frac{1}{2}mgl,$$

得
$$v=\sqrt{\frac{g}{l}(l^2-a^2)}.$$

3-10. 上题中若链条与桌面之间的摩擦系数为 μ,问:

(1) 下垂长度 a 为多大时,链条开始下滑?

(2) 若链条以(1)所求得的下垂长度开始下滑,则链条全部离开桌面时的速率为多大?

解: (1) 链条开始下滑时,下垂部分的重力等于桌面上链条所受到的最大静摩擦力:

$$f=\mu N=\mu\frac{l-a}{l}mg.$$

下垂部分重力为$\frac{a}{l}mg$,故

$$\mu\frac{l-a}{l}mg=\frac{a}{l}mg,$$

得

$$a=\frac{\mu}{1+\mu}l.$$

(2) 先计算摩擦力做的功,链条下滑了 x 时,摩擦力的元功为

$$\mathrm{d}W_f=-f_\mu\mathrm{d}x=-\mu\frac{m}{l}(l-a-x)g\mathrm{d}x.$$

总功为
$$W_f=\int_0^{l-a}\mathrm{d}W_f=\int_0^{l-a}-\mu\frac{m}{l}(l-a-x)g\mathrm{d}x=-\frac{1}{2}\frac{m}{l}g\mu(l-a)^2.$$

下滑开始时体系的势能为(以桌面为势能零点)

$$E_{p0}=-\frac{a}{l}mg\cdot\frac{a}{2}=-\frac{a^2}{2l}mg.$$

链条全部离开桌面时体系的势能和动能分别为

$$E_p = -mg \cdot \frac{l}{2},\ E_k = \frac{1}{2}mv^2.$$

由功能原理

$$W_f = E_p + E_k - E_{p0},$$

$$-\frac{m}{2l}g\mu(l-a)^2 = -\frac{m}{2}gl + \frac{1}{2}mv^2 + \frac{a^2}{2l}mg.$$

解得

$$v = \sqrt{\frac{g}{l}[(l^2-a^2) - \mu(l-a)^2]}.$$

把 $a = \frac{\mu}{1+\mu}l$ 代入，得

$$v = \sqrt{\frac{gl}{1+\mu}}.$$

3-11. 如图所示，一倔强系数为 k 的轻弹簧一端拴在墙上，另一端拴住质量为 m 的木块，m 与水平桌面间的摩擦系数为 μ，开始时 m 不动，弹簧处自然长度，然后以恒力 $\boldsymbol{F}$ 向右拉 m，则 m 自平衡位置开始向右运动，试求：

(1) m 达到的最大速度.

(2) 体系弹性势能所能达到的最大值.

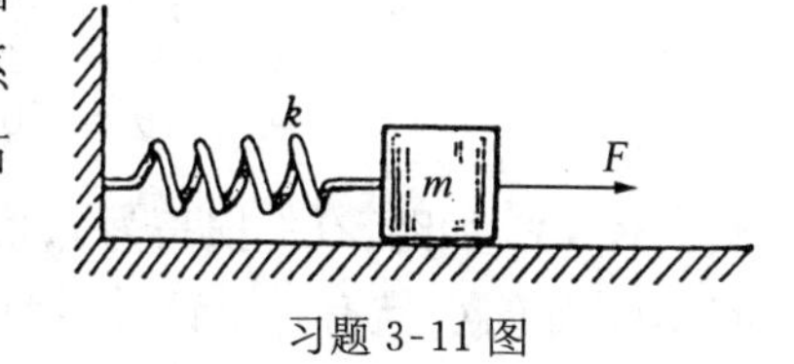

习题 3-11 图

解：(1) 当 m 所受合力为零时，v 达到最大值.

$$F_{合} = kx + \mu mg - F = 0,$$

得

$$x = \frac{F - \mu mg}{k}. \quad ①$$

由功能原理，外力和非保守内力的总功等于体系机械能的增量：

$$Fx - \mu mgx = \frac{1}{2}mv^2 + \frac{1}{2}kx^2. \quad ②$$

①式代入②式，得

$$v = \frac{F - \mu mg}{\sqrt{km}}.$$

(2) 由静止开始，m 在 F、弹性力与摩擦力共同作用下向右运动，始为加速，继而减速，至速度为零时开始调头，此时位移 x 最大，即当动能为零时势能最大.

$$Fx - \mu mgx = \frac{1}{2}kx^2.$$

解得

$$x = \frac{2(F - \mu mg)}{k}.$$

势能最大值为

$$E_p = \frac{1}{2}kx^2 = \frac{2(F - \mu mg)^2}{k}.$$

3-12. 一根线所能承受的最大张力为 11.8 N,现使线的一端固定,另一端系一质量为 600 g 的物体,将物体拉开使线与铅直方向成一定角度 θ,如图所示.然后放手,让物体自由摆动,试问:欲使此线不致断掉,允许 θ 角最大等于多少?

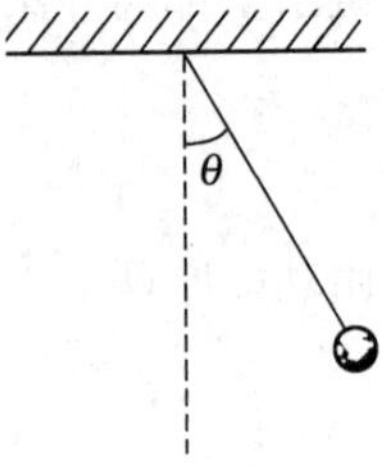

习题 3-12 图

解: 当物体自由摆动时,处在最低点的张力最大,

$$T = mg + \frac{mv^2}{l}. \quad ①$$

物体在运动过程中绳的张力始终和运动方向垂直,不做功,只有重力做功,机械能守恒,以最低点处($\theta = 0$ 处)为势能零点,θ 为所能上升的最大角度,则有

$$mgl(1-\cos\theta) = \frac{1}{2}mv^2. \quad ②$$

由①、②两式解得

$$\cos\theta = \frac{3mg - T}{2mg} = \frac{3\times 0.6\times 9.8 - 11.8}{2\times 0.6\times 9.8} = 0.5,$$

$$\theta = 60°.$$

3-13. 如图,有一摆长为 l,摆锤质量为 m 的单摆,在铅垂线上距悬点 O 为 x 处的 C 点有一小钉,开始时,摆线与铅垂线的夹角为 θ,当摆线运动到铅垂位置后便绕 C 点运动,问 x 至少等于多少,才能使摆以 C 为中心作完整的圆周运动?

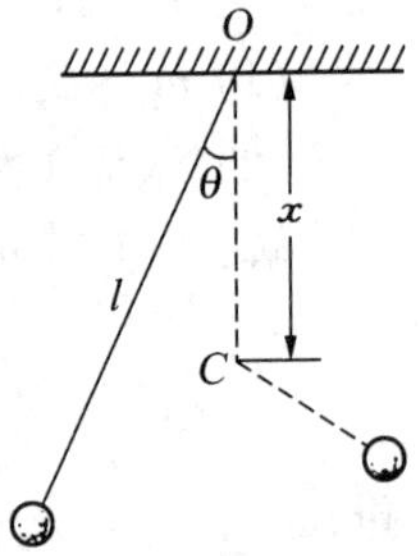

习题 3-13 图

解: 以 O 点为势能零点,摆锤在运动过程中张力不做功,只有重力做功,机械能守恒.摆锤作圆周运动(绕 C 点)的半径为 $R = l - x$,在达最高点时,距 O 点为

$$x - (l - x) = 2x - l.$$

由机械能守恒定律得

$$-mgl\cos\theta = -mg(2x - l) + \frac{1}{2}mv^2. \quad ①$$

在最高点,全部摆锤重力是提供它作圆周运动的向心力:

$$mg = m\frac{v^2}{R} = m\frac{v^2}{l - x}. \quad ②$$

解①、②两式,得

$$x = \frac{1}{5}(3l + 2l\cos\theta).$$

3-14. 如图所示,一倔强系数为 9 N·m^{-1}的弹簧下端,悬挂着 $m_1 = 1$ kg, $m_2 = 300$ g 的两物体,开始时它们都处于静止状态,若突然把 m_1 和 m_2 的连线割断,试求:m_1 的最大速度.

解: 设连线割断以前,弹簧伸长 x_0,

$$kx_0 = (m_1 + m_2)g,\ x_0 = \frac{m_1 + m_2}{k}g. \quad ①$$

连线割断后,设平衡位置为 x,

$$kx = m_1 g, \qquad x = \frac{m_1}{k}g. \tag{②}$$

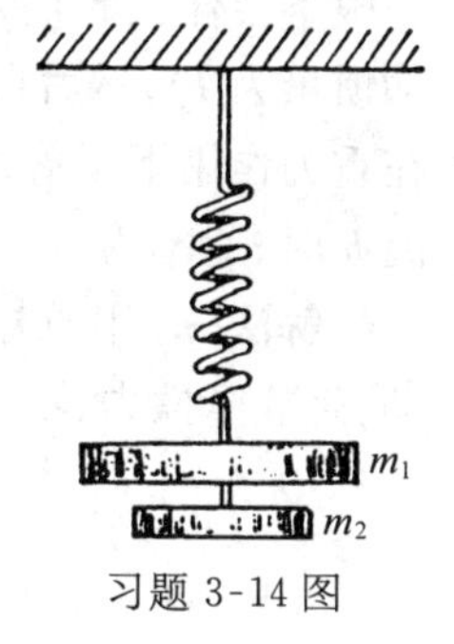

习题 3-14 图

m_1 只受弹性力和重力作用,机械能守恒,以弹簧的自然长度处为坐标原点和势能零点,m_1 在平衡位置处有最大速度,

$$\frac{1}{2}kx_0^2 - m_1 g x_0 = \frac{1}{2}m_1 v^2 - m_1 g x + \frac{1}{2}kx^2, \tag{③}$$

解①、②、③三式,得

$$v^2 = \frac{g^2 m_2^2}{km_1} = \frac{9.8^2 \times 0.3^2}{9 \times 1} = 0.98^2,$$

$$v^2 = 0.98(\mathrm{m \cdot s^{-1}}).$$

3-15. 如图(a)所示,质量分别为 m_A 和 m_B 的两物体 A、B,固定在倔强系数为 k 的弹簧两端,竖直地放在水平桌面上,用一力 $\boldsymbol{F}$ 垂直地压在物体 A 上,并使其静止不动,然后突然撤去 $\boldsymbol{F}$,问欲使物体 B 离开桌面,$\boldsymbol{F}$ 至少应为多大?(弹簧的质量可忽略.)

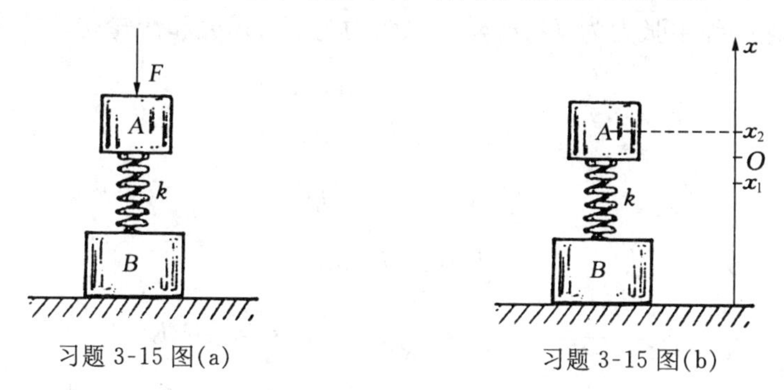

习题 3-15 图(a)　　习题 3-15 图(b)

解: 如图(b)所示,取弹簧自由长度的端点位置为坐标原点 O,x_1 为加了外力 $\boldsymbol{F}$ 和 m_A 以后体系的平衡位置,x_2 为撤去外力后,m_B 刚好离开地面的条件下 m_A 的位置,提起 m_B 时,桌面支承力 $N = 0$, 故有

$$kx_2 \geqslant m_B g, \tag{①}$$

$$F + m_A g = kx_1. \tag{②}$$

体系在撤去外力后受支承力 N 和重力的作用,力 N 的作用点无位移,不做功,只有重力做功,机械能守恒.

$$\frac{1}{2}kx_2^2 + m_A g x_2 = \frac{1}{2}kx_1^2 - m_A g x_1. \tag{③}$$

①、②两式代入③式,解得

$$F \geqslant (m_A + m_B)g.$$

3-16. 一均匀薄球壳质量为 M,半径为 R,可绕装在光滑轴承上的竖直轴转动,如图所示,一根不会伸长的轻绳绕在球壳赤道上，又跨过一滑轮(半径为 r，转动惯量为 I)，然后自由下垂并系住一质量为 m 的小物体，此小物体在重力作用下下落，绳与滑轮之间无滑动，试问当它从静止下落距离 h 时，速率为多大？

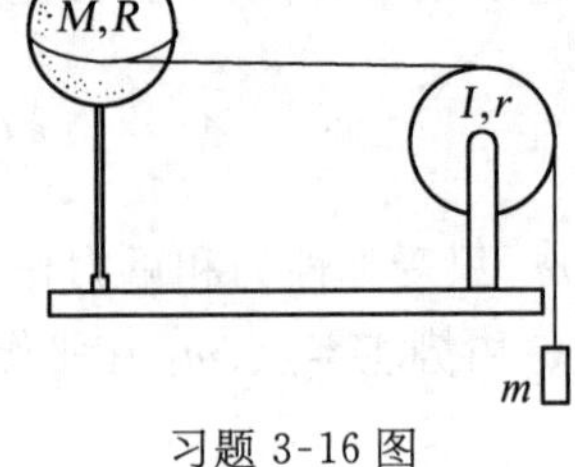

习题 3-16 图

解法一：用机械能守恒定律解，球壳、滑轮和绳之间无相对滑动，是静摩擦力，不做功，只有重力做功，机械能守恒.

$$\frac{1}{2}mV^2+\frac{1}{2}I_{球}\,\omega_{球}^2+\frac{1}{2}I\omega^2=mgh, \quad ①$$

$$I_{球}=\frac{2}{3}MR^2,\ \omega_{球}=\frac{V}{R},\omega=\frac{V}{r}. \quad ②$$

②式代入①式，解得

$$V=\sqrt{\frac{2mgr^2h}{I+\frac{2}{3}Mr^2+mr^2}}.$$

解法二：用牛顿定律和转动定律解.

设与球壳相连的绳中张力为 T_2，m 受到绳张力为 T_1，球壳和滑轮转动的角加速度分别为 β_2 和 β_1，则

$$mg-T_1=ma, \quad ①$$

$$(T_1-T_2)r=I\beta_1, \quad ②$$

$$T_2R=I_{球}\,\beta_2. \quad ③$$

$$\beta_1=\frac{a}{r},\qquad \beta_2=\frac{a}{R},\qquad I_{球}=\frac{2}{3}MR^2. \quad ④$$

由①～④式解得

$$a=\frac{mgr^2}{I+\frac{2}{3}Mr^2+mr^2}.$$

a 为常量，　$v^2=2ah$，

$$v=\sqrt{2ah}=\sqrt{\frac{2mgr^2h}{I+\frac{2}{3}Mr^2+mr^2}}.$$

3-17. 如图所示，一根长为 $l=1\text{ m}$，质量为 $M=2\text{ kg}$ 的均匀细杆可绕通过其一端 O 的水平轴自由摆动，当杆静止时被一质量为 20 g 的子弹在离 O 点 70 cm 处击中，子弹即埋在杆内，杆的最大偏转角度是 60°，问：子弹的初速度是多大？

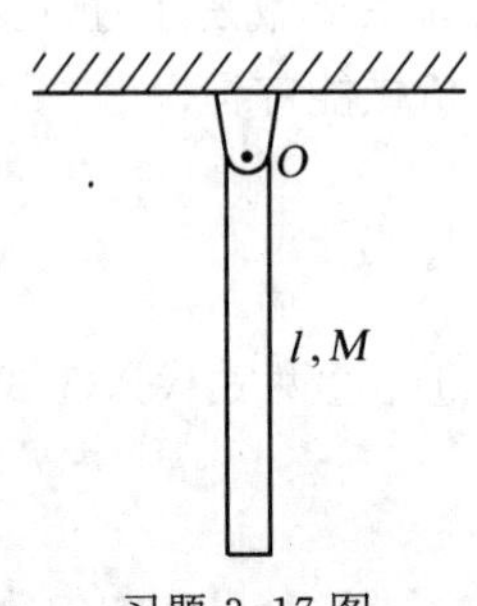

习题 3-17 图

解：当子弹击中杆时，子弹和杆组成的体系受重力和轴的支承力作用，这两个力均通过转轴 O，无力矩，角动量守恒，设 l_1 为子弹离 O 点的距离，得

$$mvl_1=\left(\frac{1}{3}Ml^2+ml_1^2\right)\omega. \quad ①$$

子弹埋在杆中后,与杆一起摆动,这过程机械能守恒,设 h 为 M 的质心上升的高度,h_1 为子弹上升的高度,则

$$mgh_1+Mgh=\frac{1}{2}\left(\frac{1}{3}Ml^2+ml_1^2\right)\omega^2, \quad ②$$

$$h=\frac{l}{2}(1-\cos 60°)=\frac{l}{4}, \quad ③$$

$$h_1=l_1(1-\cos 60°)=\frac{l_1}{2}. \quad ④$$

③、④两式代入②式,得

$$\omega^2=\frac{\left(ml_1+M\cdot\frac{l}{2}\right)g}{\frac{1}{3}Ml^2+ml_1^2}=\frac{\left(20\times 0.7\times 10^{-3}+2\times\frac{1}{2}\right)\times 9.8}{\frac{1}{3}\times 2\times 1^2+20\times 10^{-3}\times 0.7^2},$$

$$\omega=3.83(\mathrm{rad\cdot s^{-1}}).$$

由①式得

$$v=\frac{\left(\frac{1}{3}Ml^2+ml_1^2\right)\omega}{ml_1}=\frac{\left(\frac{1}{3}\times 2\times 1^2+20\times 10^{-3}\times 0.7^2\right)\times 3.83}{20\times 10^{-3}\times 0.7}$$
$$=185(\mathrm{m\cdot s^{-1}}).$$

3-18. 如图所示,一根长为 L,质量为 M 的均匀细棒,可绕通过其一端的水平光滑轴 O 自由转动,今棒从水平位置由静止开始落下,当它转到竖直位置时,正好与另一边飞来的质量为 m 的小物体相碰,碰后两者正好都停下来,并知这时轴不受侧向力作用,试求:

(1) 小物体 m 的速度 v;

(2) 小物体 m 在棒上的碰撞位置 x.

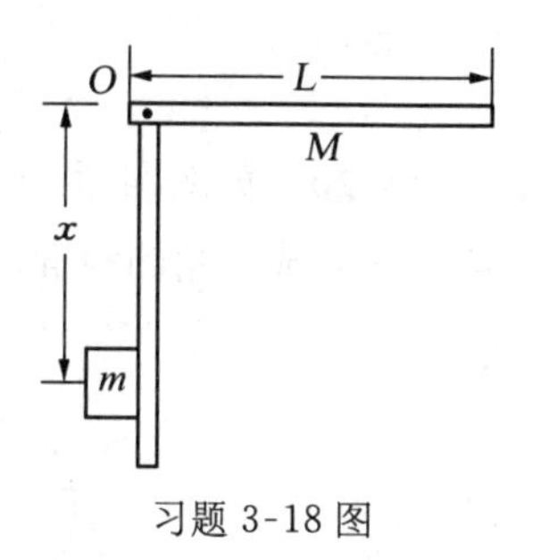

习题 3-18 图

解: (1) 棒从水平位置下落转到竖直位置过程中只有重力做功,机械能守恒.

$$Mg\cdot\frac{L}{2}=\frac{1}{2}I\omega^2=\frac{1}{2}\left(\frac{1}{3}ML^2\right)\omega^2,$$

得

$$\omega=\sqrt{\frac{3g}{L}}. \quad ①$$

由于 m 和杆碰撞时杆上的轴不受侧向力作用,且此时重力通过转轴,无力矩作用,体系水平方向动量守恒和对 O 轴的角动量守恒,即

$$mv=Mv_C=M\cdot\omega\cdot\frac{L}{2}, \quad ②$$

$$mvx=I\omega=\frac{1}{3}ML^2\cdot\omega. \quad ③$$

由①、②两式,得

$$v=\frac{M\sqrt{3gL}}{2m}.$$

(2) 由③式得

$$x=\frac{I\omega}{mv}=\frac{2}{3}L.$$

3-19. 如图所示,一长为 l,质量为 M 的均匀直尺,放在光滑的水平桌面上,它可以在桌面上自由运动,一质量为 m 的橡皮小球以速率 v 向着直尺运动,设球与尺的碰撞是弹性碰撞.问:为使球在碰撞后静止下来,它的质量 m 应多大?

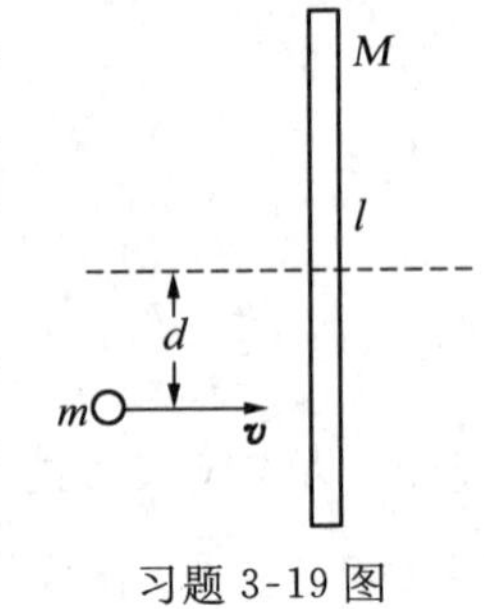

习题 3-19 图

解: 球和杆体系所受重力和桌面支承力大小相等,方向相反,合力为零,对任意点合力矩为零,碰撞中体系动量守恒,角动量守恒,机械能守恒,列出三个守恒式为

$$mv=Mv_C,\quad v_C=\frac{m}{M}v, \tag{①}$$

$$mvd=I_C\omega=\frac{Ml^2}{12}\omega,\quad \omega=\frac{12mvd}{Ml^2}; \tag{②}$$

$$\frac{1}{2}mv^2=\frac{1}{2}Mv_C^2+\frac{1}{2}I_C\omega^2=\frac{1}{2}Mv_C^2+\frac{1}{2}\times\frac{Ml^2}{12}\omega^2. \tag{③}$$

①、②两式代入③式,解得

$$m=\frac{M}{1+12\left(\frac{d}{l}\right)^2}.$$

3-20 如图(a)所示,半径为 R 的圆筒以某一速度 $\boldsymbol{v}_0$ 在水平面上沿 AB 作纯滚动. BC 是与水平面成 θ 角的斜面.试问:当 v_0 为何值时圆筒能从水平面无脱离地滚到斜面上.

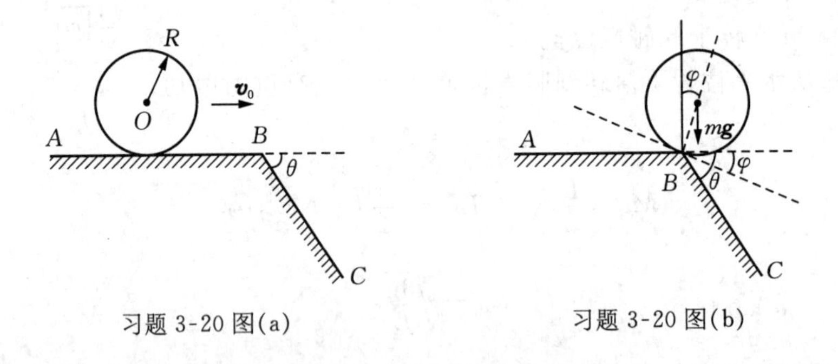

习题 3-20 图(a)　　　习题 3-20 图(b)

解: 由于圆筒作纯滚动,当滚到平面的边缘时圆筒的轴绕 B 点转动,如图(b)所示.如脱离 B 点,圆筒对平面的压力和摩擦力都等于零;此即圆筒是否脱离平面的判据.

设圆筒绕 B 点转过角度 φ 时恰好脱离水平面,则重力的法向分量全部用作向心力,即有

$$mg\cos\varphi=mv^2/R, \tag{①}$$

式中 v 为该时刻圆筒质心的速度. 根据机械能守恒定律，

$$\frac{1}{2}mv_0^2 + \frac{1}{2}I\omega_0^2 = \frac{1}{2}mv^2 + \frac{1}{2}I\omega^2 - mgR(1-\cos\varphi).$$

圆筒转动惯量 $I = mR^2$. 纯滚动时 $v_0 = \omega_0 R$，$v = \omega R$. 因此得

$$\frac{1}{2}mv_0^2 + \frac{1}{2}mR^2 v_0^2/R^2 = \frac{1}{2}mv^2 + \frac{1}{2}mR^2 v^2/R^2 - mgR(1-\cos\varphi),$$

即
$$v_0^2 = v^2 - gR(1-\cos\varphi). \quad ②$$

当 $\varphi < \theta$ 时，如图(b)所示，圆筒将脱离平面. 因此，圆筒从水平面无脱离地滚到斜面的条件是

$$\varphi \geqslant \theta,$$

即
$$\cos\varphi \leqslant \cos\theta. \quad ③$$

①、③式代入②式，得

$$\begin{aligned} v_0^2 &= gR\cos\varphi - gR(1-\cos\varphi) = gR(2\cos\varphi - 1) \\ &\leqslant gR(2\cos\theta - 1), \\ v_0 &\leqslant \sqrt{gR(2\cos\theta - 1)}. \end{aligned}$$

如果 $2\cos\theta - 1 \leqslant 0$，即 $\theta \geqslant 60°$，则不论速度 v_0 为何值都要发生脱离. 所以圆筒能从水平面无脱离地滚到斜面上应满足以下条件

$$v_0 \leqslant \sqrt{gR(2\cos\theta - 1)},\ 0 < \theta < 60°.$$

3-21. 一个速率为 v_0、质量为 m 的运动粒子，与一质量为 am 的静止靶粒子作完全弹性对心碰撞，问 a 的值为多大时，靶粒子所获得的动能最大？

解： 完全弹性碰撞时体系动量和动能守恒.

$$mv_0 = mv_1 + amv_2, \quad ①$$

$$\frac{1}{2}mv_0^2 = \frac{1}{2}mv_1^2 + \frac{1}{2}amv_2^2. \quad ②$$

由①、②两式得
$$v_2 = \frac{2v_0}{a+1}.$$

靶粒子动能为
$$E_k = \frac{1}{2}amv_2^2 = \frac{2amv_0^2}{(a+1)^2}.$$

当 $\frac{dE_k}{da} = 0$ 时，E_k 有极值.

$$\frac{dE_k}{da} = 2mv_0^2\left[\frac{(a+1)^2 - 2a(a+1)}{(a+1)^4}\right] = 0, \qquad (a+1)(-a+1) = 0,$$

$a = -1$ 无意义，$a = 1$ 时 E_k 最大，$E_k = \frac{1}{2}mv_0^2$.

3-22. 两个弹性小球 A 和 B，A 的质量为 0.05 kg，B 的质量为 0.1 kg，B 球静止在光滑的

水平面上，A 球以 0.5 m·s^{-1}的速率与 B 球作对心碰撞，在碰撞过程中，A 球的速率逐渐减少，B 球的速率逐渐增大，试问在两球的速率相等时，它们的动量之和是多少？动能之和是多少？弹性势能是多少？

解： 两球碰撞动量守恒，动量之和不变，即

$$P = m_A v_A = 0.05 \times 0.5 = 2.5 \times 10^{-2}\ (\text{kg} \cdot \text{m} \cdot \text{s}^{-1}).$$

当两者速率相同时，由动量守恒有

$$m_A v_A = (m_A + m_B) v'_A, \qquad v'_A = \frac{m_A v_A}{m_A + m_B}.$$

二球动量之和仍为 $m_A v_A$，动能之和为

$$E_k = \frac{1}{2}(m_A + m_B) v'^2_A = \frac{1}{2} \frac{(m_A v_A)^2}{(m_A + m_B)} = \frac{1}{2} \times \frac{(0.05 \times 0.5)^2}{0.05 + 0.1} = 2.1 \times 10^{-3}(\text{J}).$$

由机械能守恒得弹性势能为

$$E_p = \frac{1}{2} m_A v_A^2 - E_k = \frac{1}{2} \times 0.05 \times 0.5^2 - 2.1 \times 10^{-3} = 4.2 \times 10^{-3}(\text{J}).$$

3-23. 质量分别是 m_1 及 m_2($m_2 = 2m_1$)的两个小球，用两根长为 $l = 1$ m 的轻线悬挂起来. 现将 m_1 拉到水平位置，如图所示，然后放手任其落下，并与 m_2 作完全弹性对心碰撞，求此后 m_1 与 m_2 各弹多高?

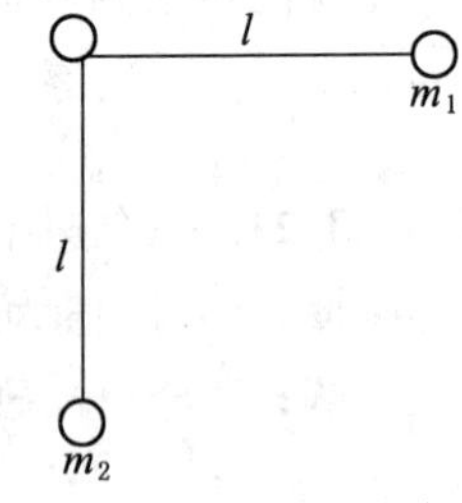

习题 3-23 图

解： m_1 下落到垂直位置时，速度为

$$v_1 = \sqrt{2gl}. \qquad ①$$

两球碰撞时水平方向无外力作用，动量守恒.

$$m_1 v_1 = m_1 v_1' + m_2 v_2'.$$

$m_2 = 2m_1$ 代入，得

$$v_1 = v_1' + 2v_2'. \qquad ②$$

弹性碰撞前后，体系动能不变，

$$\frac{1}{2} m_1 v_1^2 = \frac{1}{2} m_1 v_1'^2 + \frac{1}{2} m_2 v_2'^2,$$

即

$$v_1^2 = v_1'^2 + 2v_2'^2. \qquad ③$$

解①～③式，得

$$v_1' = -\frac{1}{3} v_1 = -\frac{1}{3}\sqrt{2gl},$$

$$v_2' = \frac{2}{3} v_1 = \frac{2}{3}\sqrt{2gl}.$$

碰后两球向相反方向运动.

两球上升高度分别为

$$h_1 = \frac{v'^2_1}{2g} = \frac{2gl}{2g \times 9} = \frac{l}{9} = \frac{1}{9}(\text{m}),$$

$$h_2=\frac{v_2'^2}{2g}=\frac{4\times 2gl}{2g\times 9}=\frac{4l}{9}=\frac{4}{9}(\mathrm{m}).$$

3-24. 如图所示，质量为 m 的木块放在一质量为 M 的楔的斜面上，楔放在一水平桌面上，开始时，木块和楔都处于静止状态，当木块沿斜面下滑时，楔将沿水平桌面运动，设所有的表面都是光滑的.

木块从离桌面 h 高度处开始下滑，试求：当它碰到桌面时，楔的速度为多大？

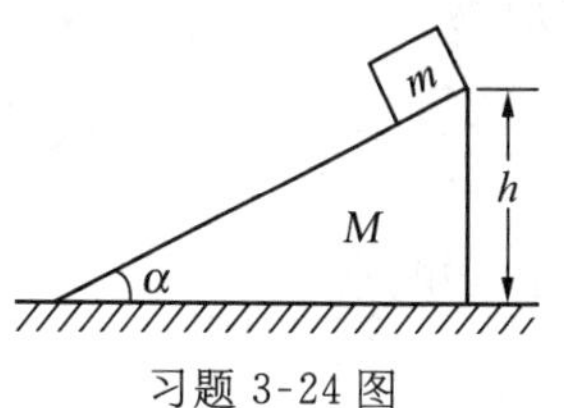

习题 3-24 图

解： 木块和楔除受重力作用外，M 所受地面的支承力不做功，所以体系机械能守恒；体系水平方向不受外力，因而动量守恒. 列出两个守恒式为

$$mgh=\frac{1}{2}mv^2+\frac{1}{2}MV^2, \quad ①$$

$$-mv_x=MV. \quad ②$$

设 m 相对于 M 以速率 v' 运动，则

$$-v'\cos\alpha+V=v_x, \quad ③$$

$$-v'\sin\alpha=v_y, \quad ④$$

且有

$$v_x^2+v_y^2=v^2. \quad ⑤$$

由②～⑤式解得

$$v^2=V^2\left[\frac{\left(\frac{M}{m}+1\right)^2}{\cos^2 a}-1-\frac{2M}{m}\right].$$

代入①式，得

$$V=\sqrt{\frac{2m^2gh\cos^2\alpha}{(M+m)(M+m\sin^2\alpha)}}.$$

* **3-25.** 一质量为 M 的木块从倾角为 θ 的斜面顶端由静止开始滑下，如图所示，取斜面顶端为坐标轴原点，沿斜面为 x 轴，木块和斜面间的摩擦系数 $\mu=\mu_0x$，求木块下降高度 h 后的速率 v.

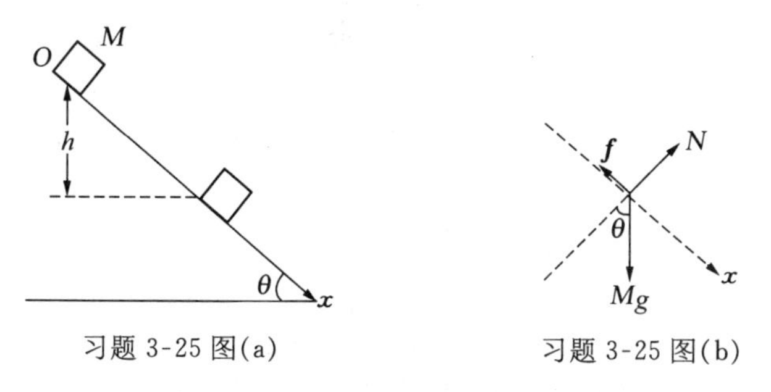

习题 3-25 图(a)　　习题 3-25 图(b)

解： 设下降高度为 h 时木块沿斜面滑下 x_0，摩擦力做功为

$$W=\int_0^{x_0}\boldsymbol{f}\cdot\mathrm{d}x\boldsymbol{i}=-\int_0^{x_0}\mu Mg\cos\theta\mathrm{d}x=-\int_0^{x_0}\mu_0xMg\cos\theta\mathrm{d}x=-\frac{\mu_0}{2}Mg\cos\theta\cdot x_0^2$$

$$x_0 = \frac{h}{\sin\theta}.$$

所以

$$W = -\frac{\mu_0 Mg\cos\theta \cdot h^2}{2\sin^2\theta}.$$

由功能原理有

$$E_2 - E_1 = W.$$

取斜面顶端木块势能为零, $E_1 = 0$, 即得

$$\frac{1}{2}Mv^2 - Mgh = -\frac{\mu_0 Mg\cos\theta \cdot h^2}{2\sin^2\theta}.$$

由上式可解得速率 v:

$$v = \left[2gh - \frac{\mu_0 g\cos\theta \cdot h^2}{\sin^2\theta}\right]^{1/2}.$$

* **3-26.** 以铁锤将一铁钉击入木板,设木板对铁钉的阻力与铁钉进入木板的深度成正比,即 $f = -kh$, 在铁锤击第一次时能将钉击入板内 1 cm,问击第二次时,能击入多深? 假定两次击钉时铁钉获得的速度 $\boldsymbol{v}$ 相同.

解: 取坐标如图所示,在钉进入板的过程中有阻力做功,钉的速度从 $\boldsymbol{v}$ 变到零,应用动能定理并略去铁钉的重力.

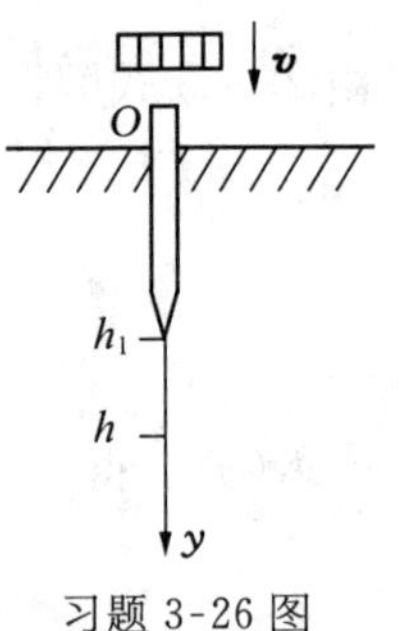

习题 3-26 图

$$\int_{S_1}^{S_2} \boldsymbol{f} \cdot d\boldsymbol{s} = \Delta E_k,$$

则第一次击钉,有

$$\int_0^1 -ky\,dy = \Delta E_{k1}.$$

第二次击钉,有

$$\int_1^h -ky\,dy = \Delta E_{k2}.$$

由于两次击钉时速度相同,击钉后又都变为零,所以

$$\Delta E_{k1} = \Delta E_{k2},$$

$$\int_0^1 -ky\,dy = \int_1^h -ky\,dy,$$

$$y^2\Big|_0^1 = y^2\Big|_1^h.$$

得

$$h = \sqrt{2},$$

$$\Delta h = h - h_1 = \sqrt{2} - 1 \approx 0.41(\text{cm}).$$

* **3-27.** 质量为 m 的物体从静止开始在竖直平面内沿着四分之一的圆周从 A 滑到 B,如图(a)所示. 在 B 处时,速率为 v. 已知圆半径为 R,用功的定义 $W = \int \boldsymbol{F} \cdot d\boldsymbol{r}$ 求物体从 A 到 B 过

程中摩擦力所做的功.

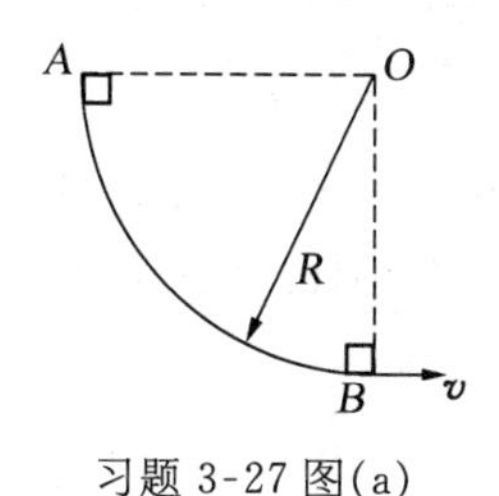

习题 3-27 图(a)

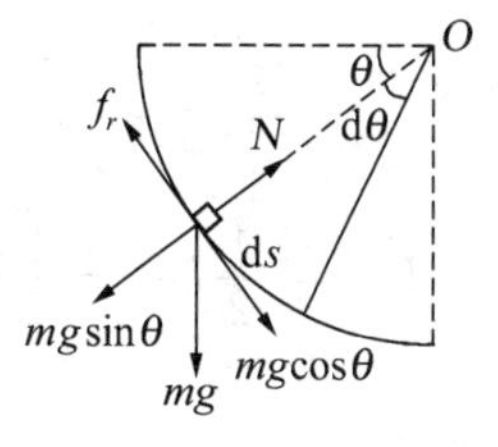

习题 3-27 图(b)

解: 物体在任一位置时(以 θ 表示)受力如图(b)所示,由牛顿第二定律,沿切向有

$$mg\cos\theta - f_r = m\frac{\mathrm{d}v}{\mathrm{d}t},$$

即

$$f_r = mg\cos\theta - m\frac{\mathrm{d}v}{\mathrm{d}t}.$$

物体经过位移元 $\mathrm{d}s$ 时,摩擦力所做的元功为

$$\mathrm{d}W = -f_r\mathrm{d}s = -\left(mg\cos\theta - m\frac{\mathrm{d}v}{\mathrm{d}t}\right)\mathrm{d}s,$$

将 $\mathrm{d}s = R\mathrm{d}\theta$, $\frac{\mathrm{d}s}{\mathrm{d}t} = v$ 分别代入上式后积分,得总功为

$$W = -mgR\int_0^{\pi/2}\cos\theta\mathrm{d}\theta + m\int_0^v v\mathrm{d}v = -mgR + \frac{1}{2}mv^2.$$

*3-28. 半径为 a,质量为 M 的均质薄圆盘的中心轴水平放置,圆盘和轴间无摩擦,圆盘开始处在静止状态,一个质量也是 M 的飞虫沿着圆盘平面上的一条水平线飞行,如图所示. 在时刻 $t=0$, 飞虫落在圆盘周界线的最低点,在这以后,飞虫随着圆盘一起转动,在停止前,圆盘旋转了半圈. 试求:

(1) 飞虫刚着落时系统的角速度 ω_0.

(2) 当飞虫随盘从最低点转过 60°时所费的时间 t.

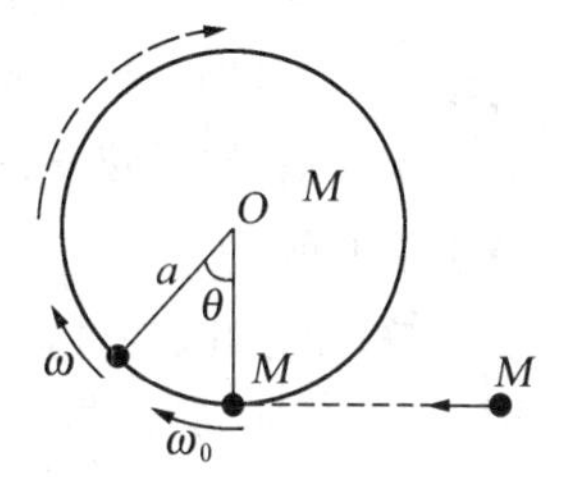

习题 3-28 图

解: (1) 飞虫落在圆盘上后,系统的动能为$\frac{1}{2}I\omega_0^2$,I 是飞虫和圆盘的转动惯量之和:

$$I = Ma^2 + \frac{1}{2}Ma^2 = \frac{3}{2}Ma^2.$$

飞虫和圆盘系统受到轴的作用力 N,该力不做功,系统机械能守恒.

$$\frac{1}{2}I\omega_0^2 = 2Mga. \quad ①$$

由以上两式可解得

$$\omega_0 = \left(\frac{8g}{3a}\right)^{1/2}.$$

(2) 设飞虫所在位置和转轴连线与竖直方向成 θ 角时,圆盘角速度为 ω,由机械能守恒得

$$\frac{1}{2}I\omega^2 + Mga(1-\cos\theta) = \frac{1}{2}I\omega_0^2. \qquad ②$$

①式代入②式，得

$$\frac{1}{2}I\omega^2 = \frac{1}{2}I\omega_0^2 - \frac{1}{4}I\omega_0^2(1-\cos\theta) = \frac{1}{4}I\omega_0^2(1+\cos\theta).$$

将 $\omega = \frac{d\theta}{dt}$ 代入上式，得

$$\frac{d\theta}{dt} = \omega_0 \cos\frac{\theta}{2}.$$

上式分离变量并积分：

$$\int_0^{\frac{\pi}{3}} \frac{d\theta}{\omega_0\cos\frac{\theta}{2}} = \int_0^t dt,$$

$$t = \frac{2}{\omega_0}\int_0^{\frac{\pi}{3}} \frac{d\left(\frac{\theta}{2}\right)}{\cos\left(\frac{\theta}{2}\right)} = \frac{2}{\omega_0}\ln\tan\left(\frac{\theta}{4}+\frac{\pi}{4}\right)\Big|_0^{\frac{\pi}{3}} = \frac{2}{\omega_0}\left[\ln\tan\left(\frac{\pi}{12}+\frac{\pi}{4}\right) - \ln\tan\frac{\pi}{4}\right]$$

$$= \frac{2}{\omega_0}\left[\ln\sqrt{3} - \ln 1\right] = \frac{2}{\omega_0}\ln\sqrt{3} = 2\left(\frac{3a}{8g}\right)^{1/2}\ln\sqrt{3} \approx 0.21\sqrt{a}.$$

* **3-29.** 如图(a)所示，实心圆柱体的半径为 $R = 7.6$ cm，质量为 $M = 23$ kg，一根轻而薄的带子绕在圆柱体上面，圆柱体放在倾斜角为 $\theta = 30^\circ$ 的斜面上，带子跨过滑轮后系在质量为 $m = 4.5$ kg 的重物上。假设柱体只有滚动而无滑动，试求：圆柱体沿斜面向下滚动的加速度和带子中的张力。

解： 已知圆柱体向下作纯滚动，所以摩擦力 f 方向沿斜面向上，图(b)为 M 和 m 的受力图，其中 $T = T'$。要注意，圆柱体向下滚的质心加速度 a_C 和重物上升的加速度 a 不相同。

解法一： 对 M 列出质心运动方程和对质心的转动方程：

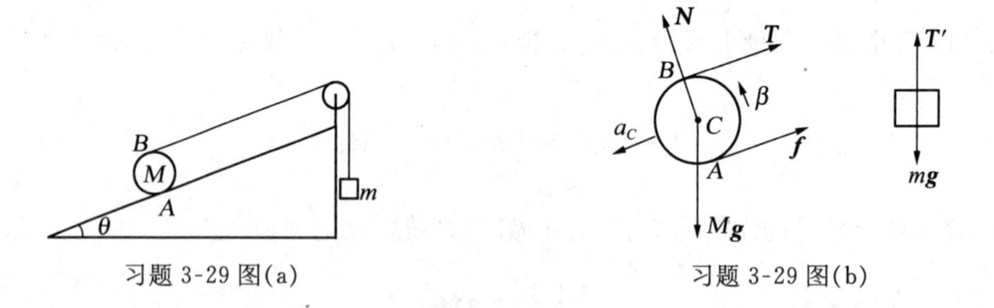

习题 3-29 图(a) 习题 3-29 图(b)

$$Mg\sin\theta - T - f = Ma_C, \qquad ①$$

$$fR - TR = I_C\beta. \qquad ②$$

对 m 列出运动方程：

$$T - mg = ma. \qquad ③$$

纯滚动条件为

$$a_C = R\beta. \quad ④$$

因带子是绕在圆柱体上的，故重物上升的加速度与柱体上 B 点的切向加速度是相同的. 所以

$$a = a_B = a_C + R\beta = 2a_C. \quad ⑤$$

由①～⑤式可得

$$a_C = \frac{2Mg\sin\theta - 4mg}{3M + 8m} = 0.467(\mathrm{m/s^2}),$$

$$T = \frac{(3 + 4\sin\theta)Mm}{3M + 8m}g = 48.3(\mathrm{N}),$$

$$f = \frac{M\sin\theta + m + 4m\sin\theta}{3M + 8m}mg = 53.7(\mathrm{N}).$$

解法二：整个过程无摩擦力做功(静摩擦力不耗散能量)，系统的机械能守恒. 注意当圆柱体作纯滚动时，相对斜面而言，A 点速率为 0，轴线 C 的速率为 v_C，而 B 点速率为 $2v_C$，因此圆柱质心滚下 x_C 的距离，重物将上升 $2x_C$，系统的势能减少了 $Mg\sin\theta\cdot x_C - 2mgx_C$. 圆柱体的动能 $E_{k1} = \frac{1}{2}Mv_C{}^2 + \frac{1}{2}I_C\omega^2$，其中 $v_C = R\omega$，$I_C = \frac{1}{2}MR^2$，所以

$$E_{k1} = \frac{3}{4}Mv_C^2.$$

重物的动能为

$$E_{k2} = \frac{1}{2}mv^2 = \frac{1}{2}m(2v_C)^2 = 2mv_C^2.$$

根据机械能守恒定律得

$$Mg\sin\theta\cdot x_C - 2mgx_C = \frac{3}{4}Mv_C^2 + 2mv_C^2.$$

将上式对时间求导，考虑到 $\frac{\mathrm{d}x_C}{\mathrm{d}t} = v_C$，　$\frac{\mathrm{d}v_C}{\mathrm{d}t} = a_C$，则得

$$Mg\sin\theta\cdot v_C - 2mgv_C = \frac{3}{2}Mv_C\cdot a_C + 4mv_C\cdot a_C.$$

约去 v_C，可解出 a_C，T，f：

$$a_C = \frac{2Mg\sin\theta - 4mg}{3M + 8m} = 0.467(\mathrm{m\cdot s^{-2}}).$$

由⑤式　$$a = 2a_C,$$

由③式　$$T = m(g + a) = m(g + 2a_C),$$

由①式　$$f = Mg\sin\theta - T - Ma_C.$$

结果同“解法一”.

*3-30. 在一竖直放置的半径为 R 的固定光滑圆环上，穿有一质量为 m 的小环，小环通过

一根原长为1.5R、倔强系数为k的弹簧与圆环的最高点A相连，如图所示. 若小环从与A点相距为1.5R的B点由静止开始下滑，试求小环在以后运动过程中所获得的最大速度v_m以及此时对圆环的作用力N.

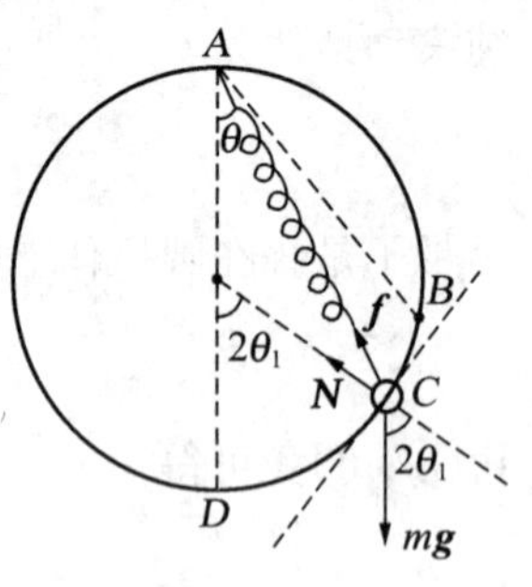

习题 3-30 图

解: 小环受三个力作用：$\boldsymbol{mg}$，$\boldsymbol{N}$，$\boldsymbol{f}$；$\boldsymbol{N}$和$\boldsymbol{f}$分别为圆环对小环的正压力和弹簧的弹力. 沿圆环的切向分量的作用力为

$$F_t = mg\sin 2\theta - f\sin\theta,$$

$$f = k(2R\cos\theta - 1.5R).$$

由以上两式得

$$F_t = (mg - kR)\sin 2\theta + \frac{3}{2}kR\sin\theta. \quad ①$$

由题设条件知，B点是弹簧为原长时小环的位置，相应的$\theta = \theta_0$可由几何关系求得：

$$1.5R = 2R\cos\theta_0.$$

$$\theta_0 = \arccos\left(\frac{3}{4}\right) = 41.4°. \quad ②$$

这时 $f = 0$，$F_t = mg\sin 2\theta_0 = 2mg\sin\theta_0\cos\theta_0 = \frac{3\sqrt{7}}{8}mg.$

所以小环以$\frac{3\sqrt{7}}{8}g$的切向加速度开始沿圆环下滑，只要$F_t>0$，小环始终在加速. 设当小环滑到图示C点（相应的$\theta = \theta_1$）时，$F_t = 0$，此时小环的速率达最大值. ①式中令$F_t = 0$可解得

$$\theta_1 = \arccos\left[\frac{1.5kR}{2(kR - mg)}\right], \qquad \theta_2 = 0. \quad ③$$

在本题中 $0 \leqslant \theta_1 \leqslant \theta_0$，由于

$$\cos\theta_1 = \frac{1.5kR}{2(kR - mg)} \leqslant 1$$

要求 $kR \geqslant 4mg.$

有两个可能的位置θ_1和θ_2可使$F_t = 0$.

圆环、小环、弹簧和地球组成的体系机械能守恒，由B和C两点的机械能守恒可得

$$-mg\cdot 1.5R\cos\theta_0 = -2mgR\cos^2\theta_1 + \frac{1}{2}k(2R\cos\theta_1 - 1.5R)^2 + \frac{1}{2}mv_C{}^2. \quad ④$$

上式中以A点（顶点）为势能零点. 解得

$$v_C = \frac{3g}{2}\sqrt{\frac{mR}{kR - mg}}. \quad ⑤$$

小环在C点的法向运动方程为

$$N + k(2R\cos\theta_1 - 1.5R)\cos\theta_1 - mg\cos 2\theta_1 = m\frac{v_C^2}{R}, \quad ⑥$$

解得
$$N=N_C=\frac{mg(13mg-4kR)}{4(kR-mg)}. \qquad ⑦$$

由于 $kR\geqslant 4mg$，因此 $N_C<0$，说明 N 的方向应背向圆心. 在 $\theta_2=0$（D 点）位置，用 θ_2 代换④中的 θ_1，可得
$$v_D=\frac{1}{2}\sqrt{\left(\frac{7mg-kR}{m}\right)R}. \qquad ⑧$$

比较⑤式和⑧式，知 $v_C>v_D$，因此 θ_1 为最大速度的位置. 若 $kR<4mg$，则小环运动到 $\theta_2=0$ 时速度达最大，
$$v_D=\frac{1}{2}\sqrt{\left(\frac{7mg-kR}{m}\right)R}. \qquad ⑨$$

在 D 处小环法向运动方程为
$$N-mg+k(2R-1.5R)=\frac{mv_D{}^2}{R}. \qquad ⑩$$

由⑨、⑩两式可得
$$N=\frac{11mg-3kR}{4}. \qquad ⑪$$

由 $kR<4mg$ 和⑪式可得：

当　$\frac{11}{3}mg<kR<4mg$，

有　$N<0$，　N 的方向应背向圆心.

当　$kR<\frac{11}{3}mg$，

则 $N>0$，　N 的方向指向圆心. 以上结果可归纳为

$kR\geqslant 4mg$ 时　　$v_m=v_C=\frac{3g}{2}\sqrt{\frac{mR}{kR-mg}}$.

相应的角　$\theta=\theta_1=\arccos\left[\frac{3kR}{4(kR-mg)}\right]$.

$N_C=\frac{mg(13mg-4kR)}{4(kR-mg)}$，背向圆心.

$kR<4mg$　　$v_m=v_D=\frac{1}{2}\sqrt{\left(\frac{7mg-kR}{m}\right)R}$，

相应的角　$\theta=\theta_2=0$.　此时，如 $\frac{11}{3}mg<kR<4mg$，$N<0$，背向圆心；

$kR<\frac{11}{3}mg$，则 $N>0$，指向圆心.

***3-31.** 排球质量为 m，半径为 R，在地面上作无滑动滚动，已知球心速度为 $\boldsymbol{v}_0$. 如图所示，球向左运动，与光滑墙壁作完全弹性碰撞，问以后球如何运动？

解： 以水平方向为 x 轴，向右为正方向，设球逆时针转动的角速度为正. 开始时球作无滑动滚动，质心速度沿 $(-x)$ 方向，转动角速度为 $\omega_0=v_0/R>0$. 碰撞过程中，除摩擦力而外，小

球所受的所有作用力均通过质心,相对质心的力矩为零;同时碰撞时间极短,亦可略去摩擦力矩的动力学效果,因此可以认为碰撞过程中小球对质心的角动量守恒,所以球碰撞后角速度仍为 ω_0. 因墙不动,所以碰撞后球心速度 $v_{C0}=v_0$,设此时 $t=0$,此时球和地面的接触点 P 的速度为

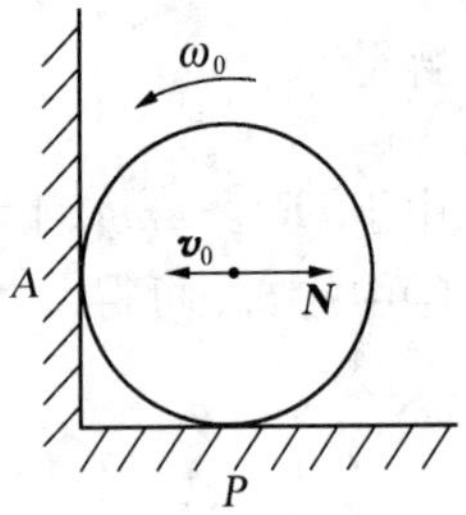

$$v_{P0}=v_0+R\omega_0=2v_0.$$

习题 3-31 图

$v_{P0}\neq 0$,因此球又滚又滑,摩擦力方向为 $(-x)$ 方向:

$$f=-\mu mg.$$

列出排球质心运动方程和绕质心的转动方程:

$$-\mu mg=ma_C,\quad a_C=-\mu g; \quad ①$$

$$-\mu mgR=I_C\beta=\frac{2}{3}mR^2\beta,\ \beta=-\frac{3}{2R}\mu g. \quad ②$$

碰撞后任一时刻 t,质心速度和转动角速度分别为

$$v_C=v_0-\mu gt,$$

$$\omega=\omega_0-\frac{3}{2R}\mu gt.$$

由以上两式可知,当 $t=\dfrac{v_0}{\mu g}$ 时,$v_C=0$;当 $t=\dfrac{2v_0}{3\mu g}$ 时,$\omega=0$. 可见球优先达到转动角速度为零,此时球仍有滑动,$v_C>0$,当 $t=\dfrac{2v_0}{3\mu g}$ 时,在摩擦力矩作用下,小球改作顺时针转动,$\omega<0$. 当球和地面的接触点 P 的速度为零时,球只滚不滑,设此时 $t=t_2$,则

$$v_P=R\left(\omega_0-\frac{3\mu g}{2R}t_2\right)+(v_0-\mu gt_2)=0,$$

得
$$t_2=\frac{4v_0}{5\mu g}.$$

这时,
$$v_C=v_0-\mu gt_2=\frac{1}{5}v_0,$$

$$\omega=\frac{v_0}{R}-\frac{3\mu g}{2R}t_2=-\frac{v_0}{5R}.$$

球向 x 方向作纯滚动,以后 v_C 和 ω 保持不变.

* **3-32.** 一质量为 m 的粘性小球,用长为 l 的细绳挂在一与木块固定在一起的小立柱上,如图所示,木块和立柱的总质量为 M,放在水平桌面上,木块与桌面间的摩擦系数为 μ,今把小球拉到水平位置后由静止释放,与小立柱发生完全非弹性碰撞.

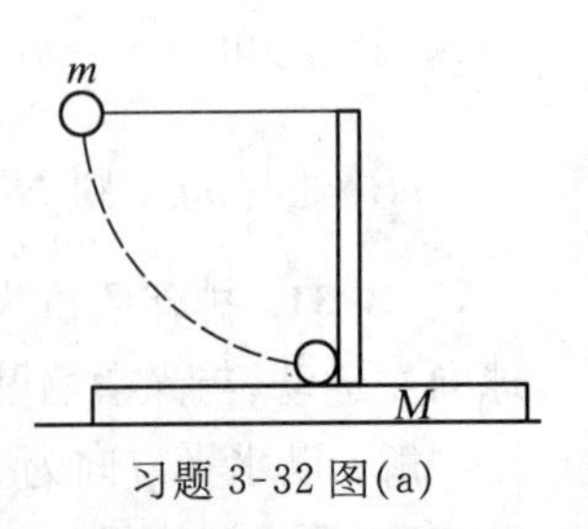

习题 3-32 图(a)

(1) 设小球在下摆过程中木块不移动,求碰撞后小球和立柱木块系统移动多远才停下来?

(2) 在小球下摆过程中,要使木块不移动,摩擦系数 μ 的最小值

应为多大?

解:(1) 小球和小立柱碰撞前的速度为 $v=\sqrt{2gl}$,碰撞时水平方向体系的动量守恒.

$$mv=(m+M)v'.$$

由上式可得碰后系统的速度为

$$v'=\frac{m}{m+M}\sqrt{2gl}. \qquad ①$$

设系统的最大位移为 $x_{\max}$,由动能定理得

$$-fx_{\max}=0-\frac{1}{2}(m+M)v'^2. \qquad ②$$

上式中 f 为摩擦力:

$$f=\mu(m+M)g. \qquad ③$$

由①~③式解得

$$x_{\max}=\frac{m^2 l}{\mu(m+M)^2}.$$

(2) 当小球摆动到任意位置时,细绳与水平方向的夹角为 θ,如图(b)所示,设此时小球速率为 v,小球与地球系统的机械能守恒:

$$mgl\sin\theta=\frac{1}{2}mv^2. \qquad ④$$

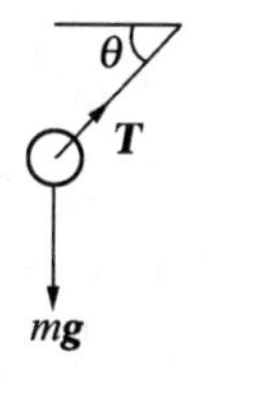

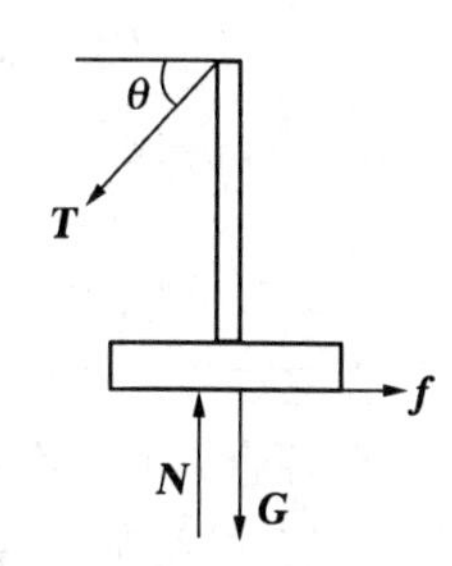

习题 3-32 图(b)

小球与立柱木块的受力情况如图(b)所示,对小球和木块分别列出运动方程:

$$T-mg\sin\theta=mv^2/l, \qquad ⑤$$

$$f-T\cos\theta=0, \qquad ⑥$$

$$N-T\sin\theta-Mg=0. \qquad ⑦$$

木块不移动,必有

$$f\leqslant\mu N. \qquad ⑧$$

由④~⑧式解得

$$\mu\geqslant\frac{3m\sin\theta\cos\theta}{M+3m\sin^2\theta}=\frac{\sin 2\theta}{\frac{2M}{3m}+2\sin^2\theta}. \qquad ⑨$$

令　$A=\frac{2M}{3m}$,并设 $f(\theta)=\frac{\sin 2\theta}{A+2\sin^2\theta}$. 求 $f(\theta)$的极大值即可得出 μ 的最小值:

$$\frac{\mathrm{d}f(\theta)}{\mathrm{d}\theta}=\frac{2\cos 2\theta(A+2\sin^2\theta)-\sin 2\theta(4\sin\theta\cos\theta)}{(A+2\sin^2\theta)^2}.$$

利用三角公式 $\cos 2\theta = 2\cos^2\theta - 1 = 1 - 2\sin^2\theta$, 上式化简为

$$\frac{\mathrm{d}f(\theta)}{\mathrm{d}\theta} = \frac{2A - 4(A+1)\sin^2\theta}{(A+2\sin^2\theta)^2}.$$

令 $\frac{\mathrm{d}f(\theta)}{\mathrm{d}\theta} = 0$, 得 $f(\theta)$取极值的条件为

$$\sin^2\theta = \frac{A}{2(A+1)},$$

$$\sin 2\theta = \frac{\sqrt{A(A+2)}}{A+1}.$$

代入 $f(\theta)$表达式中,化简为

$$f(\theta) = \frac{3m}{2\sqrt{M^2+3mM}}.$$

此即 $f(\theta)$的最大值.由⑨式可得最小摩擦系数为

$$\mu_{\min} = \frac{3m}{2\sqrt{M^2+3mM}}.$$

四、思考题解答

3-1. 用一根绳子系在重物 m 上,并拉动绳子使重物 m 沿粗糙的斜面匀速向上运动,试分析在这过程中哪些力做正功?哪些力做负功?哪些力不做功?并讨论作用在重物上的合力的功与各分力的功有什么关系?

答:拉绳的力做正功,重力和摩擦力做负功,斜面对重物的支承力 N 垂直于位移,不做功,把重物看成一个质点,作用在重物上的合力的功等于各分力的功之总和.

3-2. 以两个相同的力 $\boldsymbol{F}$ 分别作用在两个物体 A 和 B 上,使它们从静止开始沿同一方向移动相同的距离 S,假如:

(1) 物体 A 和 B 的质量相同,但分别放在光滑的和粗糙的水平面上;

(2) 物体 A 的质量比物体 B 的质量大一倍,它们都放在光滑的水平面上.

试问:在上述情况下,作用在 A 和 B 上的力 $\boldsymbol{F}$ 所做的功是否相同?物体 A 和 B 的运动状态是否相同?

答:(1) 功 $W=\boldsymbol{F}\cdot\boldsymbol{S}$,当 $\boldsymbol{F}$ 和 $\boldsymbol{S}$ 都相同时,作用在两物体上的力所做的功相同.但 A 和 B 的运动状态不同,在光滑和粗糙的水平面上所获得的动能不同,后者要克服摩擦力做功,故只有一部分功是用以增加物体动能的.

(2) 力所做的功相同,但 A 和 B 所获得的加速度不同,由 $\boldsymbol{F}=m\boldsymbol{a}$,$A$ 的加速度小,$v=\sqrt{2aS}$,经过一段距离后速度也小,但两者得到的动能一样.

3-3. 试判断关于摩擦力的功的下列几种说法中,哪些正确,哪些不正确,为什么?

(1) 摩擦力总是做负功,因为摩擦力总是与物体运动方向相反.

(2) 摩擦力总是阻止物体之间的相对运动,所以任何摩擦力的功永远为负值.

(3) 单个摩擦力所做的功可以为负值或零,也可以为正值,但一对摩擦力(作用力和反作

用力)所做的总功不可能为正值.

答:(1) 该说法不对.单个摩擦力可以做正功,摩擦力可以与物体的运动方向相同,如图 3-3. 当 m 和 M 之间有摩擦力时,拉下面的 M 运动时,m 和 M 之间的摩擦力 $\boldsymbol{f}$ 拉着 m 向右运动,此力做正功,且与物体 m 运动方向一致.

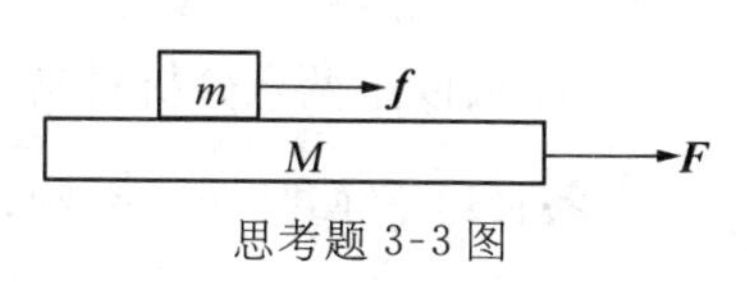

思考题 3-3 图

(2) 摩擦力总是阻止物体之间的相对运动或相对运动趋势,因此在静摩擦的情况下摩擦力(一对力)不做功,在动摩擦的情况下,一对摩擦力所做的总功为负值.而单个摩擦力可做正功或负功或不做功,所以前面的说法对,后面不对.

(3) 单个摩擦力所做的功可为正、负或零,且与参考系有关.一对摩擦力的总功则不可能为正值,且一对摩擦力的功与参照系无关.

3-4. 试讨论下列说法是否正确,并说明为什么?

(1) 人推小车匀速前进的过程中,小车的运动状态没有发生变化,故人对小车的推力不做功.

(2) 若某力对物体不做功,则它对物体的运动状态将没有影响.

(3) 物体动能的变化量等于合外力的功,因此任一个分力的功不可能大于物体动能的变化量.

答:(1) 说法不正确,小车的运动状态的改变是由所有的外力的功之总和决定的,人对小车的推力做的功为 $\boldsymbol{F}\cdot\boldsymbol{S}$,由于小车做匀速运动,故必有摩擦力或其他力作用.

(2) 说法不正确,如绳子系住一物体在水平面上转动,绳的张力与物体运动方向垂直,不做功,但此力改变物体的速度方向,对其运动状态有影响.

(3) 说法不正确,存在某分力所做的正功很大,而其他力所做的负功绝对值也很大,其总功并不大的情况,这时分力的功就大于动能的变化量.

3-5. 有人把动能定理推广到由若干物体所组成的体系,他说:“由于体系内各物体之间的相互作用力(内力)总是成对出现,并且两力大小相等、方向相反,因此所有内力的功相互抵消,体系总动能的增量等于作用在体系上所有外力的功的代数和”.试问,这种说法的错误在哪里?

答:因为功决定于力与位移两个因素,体系内相互作用的两个物体位移并不保持一致,故内力的功并不相互抵消,例如,一对万有引力做功,每个物体的位移都和所受的力方向一致,总功应是两者之和.

3-6. 一个竖直悬挂着的轻弹簧,它的下端在 $y=0$ 位置,如果将一质量为 m 的物体连接在弹簧末端,然后让 m 自 $y=0$ 处由静止下落,弹簧因而伸长.

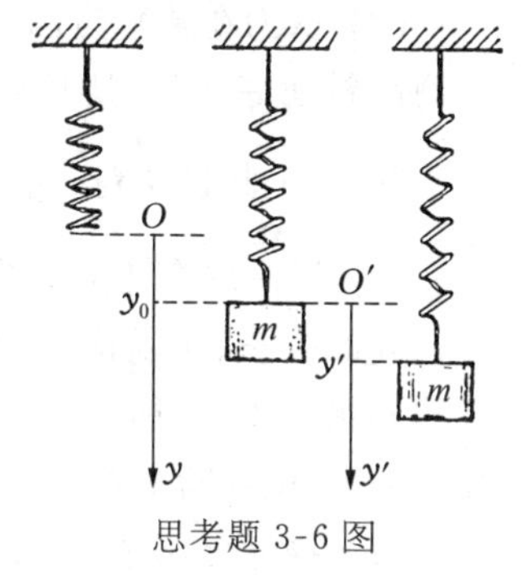

思考题 3-6 图

(1) 设弹簧伸长 y_0 时,体系达到新的平衡位置,此时体系的重力势能减少了 mgy_0,但得到相同数量的弹性势能,所以

$$mgy_0=\frac{1}{2}ky_0^2,$$

则平衡时弹簧伸长

$$y_0=\frac{2mg}{k};$$

(2) 如果以体系平衡时 m 的位置 O' 为坐标原点,则当 m 离开 O' 的距离为 y' 时,体系的弹

性势能等于$\frac{1}{2}ky'^2$.

试问:以上两点分析对吗?若不对,错在哪里?

答:(1) 平衡时 $mg=ky$,两边乘以$\frac{1}{2}y_0$,则 $\frac{1}{2}mgy_0=\frac{1}{2}ky_0^2$,即重力势能的一半转化为弹性势能,还有一部分转化为其他能量.例如让物体下落到伸长为 y_0 时,物体还具有动能,若用手托住物体缓缓下降,则重力势能化为对手的托力做功.

(2) 如以 O'为坐标原点和势能的零点,当 m 的坐标为 y'时,

$$U=\int_{y'}^{0}-k(y'+y_0)\mathrm{d}y'=-\frac{1}{2}k(y'+y_0)^2\Big|_{y'}^{0}=\frac{1}{2}k(y'+y_0)^2-\frac{1}{2}ky_0^2.$$

即体系的弹性势能为 $\frac{1}{2}k(y'+y_0)^2-\frac{1}{2}ky_0^2$.

若以 O'为坐标原点,弹簧自由伸长的位置$(-y_0)$为势能零点,则

$$U=-\int_{y'}^{-y_0}k(y'+y_0)\mathrm{d}y'=\frac{1}{2}k(y'+y_0)^2.$$

3-7. 三个质量都是 m 的小木块,分别自三个光滑的形状不同的斜面顶端由静止开始滑下(如图),斜面顶点的高度都是 h,由于斜面是光滑的,斜面对木块的作用力永远垂直于木块运动的方向,不做功,因此,在木块沿斜面滑下的过程中,只有重力对木块做功.试问:下列两种说法是否正确,为什么?

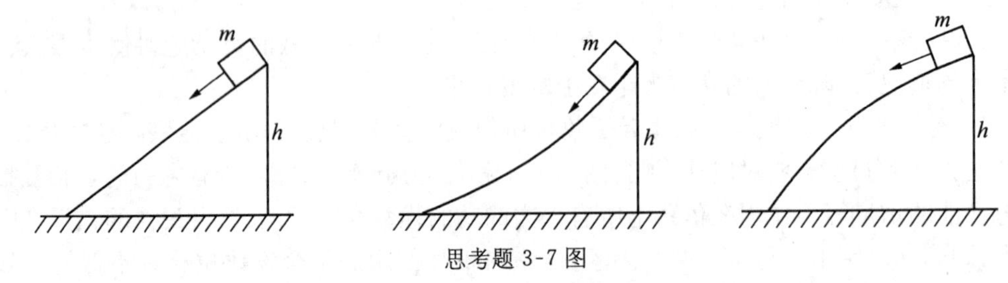

思考题 3-7 图

(1) 重力是保守力,它所做的功只与木块始、末位置的高度差有关,而与木块所经过的路径的形状无关,所以三木块到达斜面底部时具有相同的速率;

(2) 重力在竖直方向上,它只能改变木块在竖直方向的速度,所以三个木块在下滑同样高度到达斜面底部时,其竖直方向的速度分量相同.

答:(1) 此说法对,这三种情况机械能都守恒,$mgh=\frac{1}{2}mv^2$,故速率相同.

(2) 三木块在不同斜面上运动,竖直方向不仅受到重力作用,斜面对其支承力 N 亦有竖直方向的分量,所以这些力也应考虑进去,而斜面形状不同,$\boldsymbol{N}$ 的大小、方向不同,其在竖直方向的分量也不同,所以三种情况下到达斜面底部时其竖直方向的速度分量不同.

3-8. 试判断下述各体系机械能是否守恒?

(1) 物体自由下落,以物体和地球为体系,不计空气阻力;

(2) 物块沿固定于地面的斜面下滑,以物块和地球为体系,分别考虑有摩擦和无摩擦两种情况;

(3) 小球沿固定于地面的斜面作无滑动滚动,以小球和地球为体系.

答:(1) 体系中只有重力做功,是保守力做功,机械能守恒.

(2) 无摩擦情况体系中只有重力做功,斜面支承力不做功,机械能守恒,有摩擦时机械能不守恒.

(3) 小球作无滑动滚动时的摩擦力为静摩擦力,不做功,体系机械能守恒.

3-9. 一个质点系的总动量与各质点相对于体系质心的运动无关,试问:质点系的总动能是否也与各质点相对于体系质心的运动无关?

答:质点系的总动能与各质点相对于体系质心的运动有关,设$\boldsymbol{v}_{iC}$为第i个质点相对于质心的速度,则

$$E_k = \sum_i \left(\frac{1}{2}m_i v_i^2\right) = \frac{1}{2}\sum_i [m_i(\boldsymbol{v}_C + \boldsymbol{v}_{iC})^2]$$

$$= \frac{1}{2}\sum_i m_i v_C^2 + \frac{1}{2}\sum_i m_i v_{iC}^2 + \frac{1}{2}\times 2\sum_i m_i \boldsymbol{v}_C \cdot \boldsymbol{v}_{iC}.$$

式中第三项为$\boldsymbol{v}_C \sum_i m_i \boldsymbol{v}_{iC}$,因为$\boldsymbol{r}_C = \dfrac{\sum_i m_i \boldsymbol{r}_i}{M}$,在质心系中,质心的位矢$\boldsymbol{r}_C = \dfrac{\sum_i m_i \boldsymbol{r}_{iC}}{M} = \boldsymbol{0}$,所以$\sum_i m_i \boldsymbol{v}_{iC} = \sum_i m_i \dfrac{\mathrm{d}\boldsymbol{r}_{iC}}{\mathrm{d}t} = \dfrac{\mathrm{d}}{\mathrm{d}t}\sum_i m_i \boldsymbol{r}_{iC} = \boldsymbol{0}$.

从上式也极易得出质点系的总动量$\boldsymbol{P} = M\boldsymbol{v}_C$,与各质点相对于质心的运动无关. $E_k = \dfrac{1}{2}v_C^2 \cdot \sum_i m_i + \dfrac{1}{2}\sum_i m_i v_{iC}^2 = \dfrac{1}{2}Mv_C^2 + \dfrac{1}{2}\sum_i m_i v_{iC}^2$,即总动能等于体系质心的动能与各质点相对于体系质心的动能之和. 例如一个圆柱体在滚动时,$E_k = \dfrac{1}{2}Mv_C^2 + \dfrac{1}{2}I_C\omega^2$,这后一项即$\dfrac{1}{2}\sum_i m_i r_i^2 \cdot \omega^2 = \dfrac{1}{2}\sum_i m_i v_{iC}^2$.

3-10. 在水平桌面上放着一块木板B,在木板上的一端放着木块A,木块A在恒力$\boldsymbol{F}$作用下沿木板运动,如图所示,问在下列两种情况下,木块A从木板一端移到另一端的过程中,因摩擦而放出的热量及力$\boldsymbol{F}$所做的功是否相同?

(1) 木板固定在桌面上不动;

(2) 木板在桌面上无摩擦地滑动.

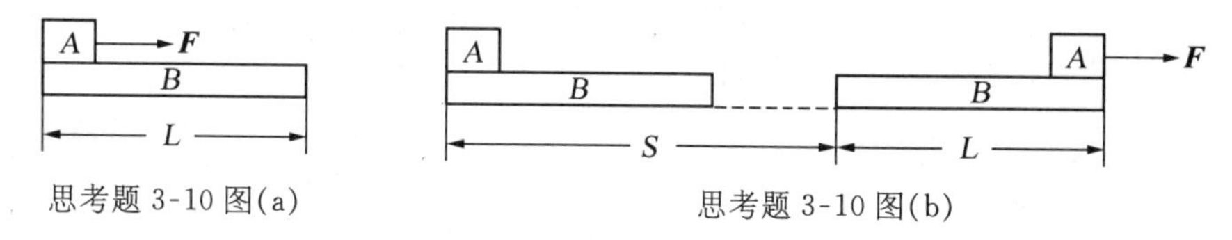

思考题 3-10 图(a)　　思考题 3-10 图(b)

答:(1) 木板B固定在桌面上不动. A从一端到另一端,摩擦力(一对力)做功为$-fL$,L为木板长度. A匀速运动时,$F = f$, $W_f = FL = fL$,外力做的功和因摩擦而放出的热量等值. 若A作加速运动,$F - f = ma$,则$F > f$, $FL > fL$,外力做的功大于摩擦力的功,使A的动能增加,即外力的功大于摩擦产生的热量.

(2) 木块在桌面上无摩擦地滑动. 若木板滑动了S距离,摩擦力对A做功为$W_1 = -f(S+L)$. 对B做正功,$W_2 = fS$. 一对摩擦力的总功为$W_f = W_1 + W_2 = -fL$. 这就是转化为热量的耗散功. 同上面类似,$F \geqslant f$,所以$W_F = F(L+S) > W_f$. 因为这种情况下B只受摩擦力

作用,总是有加速度,最终有动能的增加,而 A 的状态在匀速时不变,加速时动能增加,体系的总动能一定增加,所以外力 $\boldsymbol{F}$ 的功大于摩擦力的总功,即大于放出的热量.

3-11. 一个物体系在参照系 S 中观察,其机械能守恒,在参照系 S' 中观察,其机械能不守恒,下列几条理由中,哪些可以解释这一点?

(1) 因为在两参照系看来,外力对体系所做的功不同;

(2) 因为在两参照系看来,保守内力对体系所做的功不同;

(3) 因为在两参照系看来,非保守内力对体系所做的功不同.

答: 体系中每对内力的总功都与参照系无关,因而内力的总功与参照系无关,若体系在 S 中机械能守恒,而在 S' 系中看机械能不守恒,则是因为在两参照系中看来,外力对体系所做的功不同. 所以(1)可以解释观察结果.

3-12. 一个有固定轴的刚体,受两个力的作用,当这两个力的合力为零时,它们对轴的合力矩也一定是零吗? 当这两个力对轴的合力矩为零时,它们的矢量和也一定是零吗? 举例说明之.

答: 当两个力到转轴的力臂不同时,若两个力的合力为零,则合力矩定不为零. 即使力臂相同,由于力相对于参考点的方位不同,合力矩也不一定为零. 例如一对力偶作用于圆盘边缘,可使其转动. 当两力对轴的合力矩为零时,其矢量和也不一定为零,如对于过质心的转轴,若两个同方向的力作用在圆盘直径两端,则合力矩为零而其矢量和不为零.

3-13. 为什么在碰撞、爆炸、打击等过程中,可近似应用动量守恒定律?

答: 在碰撞、爆炸、打击时,内力比外力(如重力)大得多,故外力的冲量可忽略不计,因此能近似应用动量守恒定律.

第四章　狭义相对论基础

一、内 容 提 要

1. 爱因斯坦的两个基本假设:

(1) 相对性原理,(2) 光速不变原理.

2. 洛仑兹变换,令 $\beta=\frac{v}{c}$, $\gamma=\frac{1}{\sqrt{1-\beta^2}}$, 则

$$x'=\gamma(x-vt),\ t'=\gamma\left(t-\frac{v}{c^2}x\right).$$

逆变换: $x=\gamma(x'+vt')$, $t=\gamma\left(t'+\frac{v}{c^2}x'\right)$.

3. 狭义相对论的时空性质(对惯性系而言):

(1) "同时"的相对性. S 系中不同地点发生的两个"同时"的事件,在 S' 系中是不同时的. 只有在 S 系中同时同地发生的事件,在其他惯性系中才"同时".

(2) 时间延缓. 在某惯性系中两事件发生于同一地点,两事件的时间间隔 Δt_0 最短,称为"原时",在其他惯性系中测这两事件的时间间隔 $\Delta t=\gamma\Delta t_0$.

(3) 长度收缩. 与杆相对静止的参照系中测得杆的长度 l_0 最长,称为"固有长度"或"静长",在相对于杆运动的参照系中,杆沿着运动方向的长度收缩. $l=l_0/\gamma$.

(4) 两个事件的时空间隔 Δs 在所有的惯性系中都相同.

$$\Delta s^2=c^2\Delta t^2-(\Delta x^2+\Delta y^2+\Delta z^2),$$

两事件前因后果的时间顺序在任何惯性系中相同.

4. 相对论速度变换:

$$u'_x=\frac{u_x-v}{1-\frac{v}{c^2}u_x},\ u'_y=\frac{u_y/\gamma}{1-\frac{v}{c^2}u_x},\ u'_z=\frac{u_z/\gamma}{1-\frac{v}{c^2}u_x}.$$

逆变换:

$$u_x=\frac{u'_x+v}{1+\frac{v}{c^2}u'_x},\ u_y=\frac{u'_y/\gamma}{1+\frac{v}{c^2}u'_x},\ u_z=\frac{u'_z/\gamma}{1+\frac{v}{c^2}u'_x}.$$

5. 相对论质量　$m=\gamma m_0$ (也称为质速关系).

相对论动量　$\boldsymbol{P}=\gamma m_0\boldsymbol{v}$.

相对论能量:

(1) 静能　$E_0=m_0c^2$; (2) 总能量　$E=mc^2$ (质能关系);

(3) 动能　$E_k=E-E_0$.

6. 相对论的能量和动量关系：

$$E^2 = P^2c^2 + m_0^2c^4.$$

对于静质量为零的粒子(如光子) $E = Pc$.

二、自学指导和例题解析

本章要点是了解相对论的时空观，正确理解和应用洛仑兹坐标变换公式和速度变换公式；正确应用长度缩短和时间膨胀公式；掌握相对论的质能关系和质速关系. 在学习本章内容时应注意以下几点：

(1) 常见的错误推论：

设在 S 系中沿 x 轴放一静止的杆，杆两端的坐标分别是 x_1 和 x_2，杆长为 $l_0 = x_2 - x_1$；设 S' 系相对于 S 系以速度 $\boldsymbol{v}$ 沿 x 轴正方向运动，则在 S' 系中测杆长度时采用洛仑兹变换公式：

$$x'_1 = \frac{x_1 - vt}{\sqrt{1 - v^2/c^2}},\ x'_2 = \frac{x_2 - vt}{\sqrt{1 - v^2/c^2}},$$

$$l' = x'_2 - x'_1 = \frac{x_2 - x_1}{\sqrt{1 - v^2/c^2}} = \frac{l_0}{\sqrt{1 - v^2/c^2}};$$

于是得出运动着的杆看来变长了的结论. 错误发生在测量运动参照系中的杆长时没有按定义在同一时刻测量杆两端点的位置. 在上面的变换式中，在 S 系中测量长度是选在同样的时刻 t，则在 S' 系的测量必然不是同时的，这就是“同时”的相对性. 正确的做法是 t' 应相同. 用下面的变换式：

$$x_1 = \frac{x'_1 + vt'}{\sqrt{1 - v^2/c^2}},\ x_2 = \frac{x'_2 + vt'}{\sqrt{1 - v^2/c^2}},$$

则可得 $l' = x'_2 - x'_1 = l_0\sqrt{1 - (v/c)^2}$.

(2) 狭义相对论假设了一切惯性系都是等效的，而非惯性系之间不存在等效性. 著名的“孪生子佯谬”问题就是一个关于惯性系和非惯性系间物理差异的例证. 此佯谬叙述如下：有两个孪生兄弟 A 和 B，B 出发作宇宙航行，A 留在家里，A 看到 B 的时钟变慢，因此当 B 回到家里时 B 比 A 年轻；但是，若从 B 的观点来看，A 相对于 B 向反方向飞行，因此 A 的时钟变慢，当 A、B 相见时应是 A 年轻；两者之中到底哪一个年轻. 事实是，两人的情况是不等效的，A 的系统始终是惯性系，而 B 在出发时要加速，为了回到出发点则必须在某时刻改变其速度，因此有某些时间段是处在非惯性系中，所以 A 和 B 的情况不等效，严格的计算要用广义相对论，最终应是 B 年轻些.

(3) 相对论的质能关系是 $E = mc^2$，在相对论中，一切形式的能量都是等同的，总能量守恒是相对论的重要结论. 例如，两个全同的粒子以量值相等而方向相反的速度相互碰撞，并粘在一起，设碰前每个粒子的静质量为 M_{0i}，碰后为 M_{0f}，总能量不变，则

$$\frac{2M_{0i}c^2}{\sqrt{1 - v^2/c^2}} = 2M_{0f}c^2,$$

得
$$M_{0f}=\frac{M_{0i}}{\sqrt{1-v^2/c^2}}.$$
碰撞后粒子的静质量大于碰撞前的静止质量.由此可见,根据相对论,在考虑碰撞时不能假定静止质量不变.在非弹性碰撞中,存在着动能到质量的转换.

例题

例 4-1 两艘固有长度都等于 100 m 的宇宙飞船,从相反的方向彼此擦过,如果位于一艘飞船前端的一位飞行员测得另一艘飞船经过他所需的时间间隔为 2.50×10^{-6} s,试求:

(1) 飞船间的相对速度是多少?

(2) 在第一艘飞船上测出的第二艘飞船的前端从第一艘飞船的前端飞到后端所需的时间间隔等于多少?

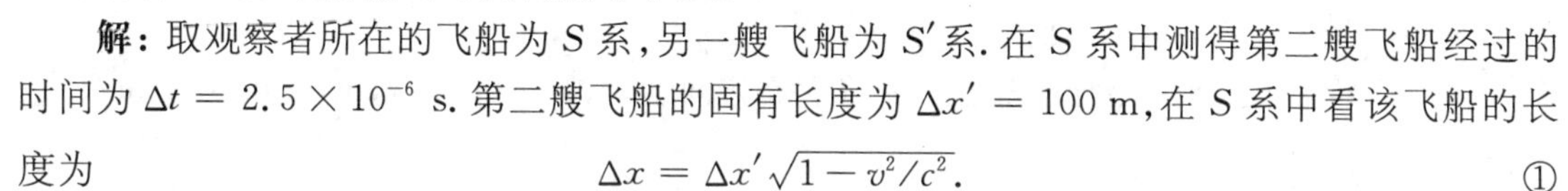

例 4-1 图

解: 取观察者所在的飞船为 S 系,另一艘飞船为 S'系.在 S 系中测得第二艘飞船经过的时间为 $\Delta t=2.5\times10^{-6}$ s.第二艘飞船的固有长度为 $\Delta x'=100$ m,在 S 系中看该飞船的长度为
$$\Delta x=\Delta x'\sqrt{1-v^2/c^2}. \qquad ①$$
第二艘飞船相对于第一艘飞船的速度应是
$$v=\frac{\Delta x}{\Delta t}=\frac{\Delta x'}{\Delta t}\sqrt{1-\frac{v^2}{c^2}},$$
上式化为
$$v^2=\frac{(\Delta x'/\Delta t)^2\cdot c^2}{(\Delta x'/\Delta t)^2+c^2}. \qquad ②$$
$$\frac{\Delta x'}{\Delta t}=\frac{100}{2.5\times10^{-6}}=4\times10^7(\mathrm{m\cdot s^{-1}}).$$
代入②式,得
$$v^2=\frac{(4\times10^7)^2\cdot(3\times10^8)^2}{(4\times10^7)^2+(3\times10^8)^2};$$
得
$$v=3.96\times10^7(\mathrm{m\cdot s^{-1}}).$$

(2) **解法一:** 可认为在第二艘飞船的船头上坐一人,看第一艘飞船的头和尾经过的时间 $\Delta t'=2.5\times10^{-6}$ s,此"两事件"发生在 $x'_1=x'_2=0$ 处,因此,求 S 系中的 Δt 即可:
$$\Delta t=\frac{\Delta t'}{\sqrt{1-\frac{v^2}{c^2}}}=\frac{2.50\times10^{-6}}{\sqrt{1-\left(\frac{3.96\times10^7}{3\times10^8}\right)^2}}=2.52\times10^{-6}(\mathrm{s}).$$

解法二: 在第一艘飞船上的人看自身的飞船长 100 m,看第二艘飞船的速度为 v,因此第二艘飞船从第一艘飞船的前端飞到后端所需的时间为
$$\Delta t=\frac{\Delta x}{v}=\frac{100}{3.96\times10^7}=2.52\times10^{-6}(\mathrm{s}).$$

例 4-2 真空中,S'系相对于 S 系沿 xx'轴正方向以速率 $v(v=0.5c)$ 运动,当 $t=t'=0$ 时,S'系与 S 系重合.

(1) $t=0$ 时,从原点发出一闪光,相对于 S 系沿 x 轴正方向运动,利用洛仑兹速度变换求该闪光在 S'系中的速度.

(2) 若该闪光相对于 S 系沿与 x 轴正向夹角为 θ 的方向运动, $\theta=45°$, 在 S'系内该闪光速度又如何?

解: (1) 闪光相对于 S 系沿 x 轴正方向运动, $u_x=c$, $u_y=0$. 根据洛仑兹速度变换公式,闪光在 S'系内的速度为

$$u'_x=\frac{u_x-v}{1-\frac{vu_x}{c^2}}=\frac{c-v}{1-\frac{vc}{c^2}}=c,$$

$$u'_y=\frac{u_y}{1-\frac{vu_x}{c^2}}\sqrt{1-v^2/c^2}=0.$$

故在 S'系内光速仍为 c,沿 x'轴正方向.

(2) 闪光相对于 S 系沿与 x 轴正向夹角为 θ 方向运动,则 $u_x=c\cos\theta$, $u_y=c\sin\theta$.

根据洛仑兹速度变换得

$$u'_x=\frac{u_x-v}{1-\frac{vu_x}{c^2}}=\frac{c\cos\theta-v}{1-\frac{v}{c^2}c\cos\theta}=\frac{c(c\cos\theta-v)}{c-v\cos\theta},$$

$$u'_y=\frac{u_y}{1-\frac{v}{c^2}u_x}\sqrt{1-v^2/c^2}=\frac{c^2\sin\theta}{c-v\cos\theta}\sqrt{1-v^2/c^2}.$$

合速度大小为

$$u'=\sqrt{u'^2_x+u'^2_y}=\left\{\left[\frac{c(c\cos\theta-v)}{c-v\cos\theta}\right]^2+\left[\frac{c^2\sin\theta}{c-v\cos\theta}\sqrt{1-v^2/c^2}\right]^2\right\}^{1/2}=c.$$

合速度的方向由速度与 x'的夹角 θ'表示:

$$\theta'=\arctan\left(\frac{u'_y}{u'_x}\right)=\arctan\left[\frac{c\sin\theta}{c\cos\theta-v}\sqrt{1-v^2/c^2}\right].$$

代入数据 $\theta=45°$, $v=0.5c$,

$$\theta'=\arctan\left[\frac{c\cdot\frac{\sqrt{2}}{2}}{c\cdot\frac{\sqrt{2}}{2}-\frac{1}{2}c}\cdot\frac{\sqrt{3}}{2}\right]=71.3°.$$

可见,对任何惯性系,在真空中的光速相同,但光速与给定方向的夹角可不同,光束传播方向与坐标系间的相对运动有关,也与 θ 角有关.

例 4-3 一隧道长为 L,宽为 d,高为 h,拱顶为半圆,设想一列车以极高的速度 v 沿隧道长度方向通过隧道,若从列车上观察,则

(1) 隧道的尺寸如何?

(2) 设列车的长度为 l_0,它全部通过隧道的时间是多少?

解: (1) 根据相对论效应,从列车上观察,隧道长度缩短,其他尺寸不变,长度变为

$$L' = L\sqrt{1 - v^2/c^2}.$$

(2) 从列车上观察,隧道以 v 经过列车,全部通过所需时间为

$$\Delta t' = \frac{L' + l_0}{v} = \frac{L\sqrt{1 - v^2/c^2} + l_0}{v}.$$

例 4-4 一质量为 m_0 的静止粒子,受到一能量为 E 的光子的撞击,粒子将光子的能量全部吸收,求此合并系统的速度及其静止质量. 一静止质量为 m'_0 的静止粒子,发出一能量为 E 的光子,求发射光子后的粒子的静止质量.

解: 设合并系统的质量为 m',对应的静止质量为 m'_0,在吸收光子的过程中,能量守恒:

$$m_0 c^2 + E = m' c^2.$$

能量为 E 的光子的动量为 E/c,在吸收光子的过程中系统的动量守恒:

$$E/c = m' u,$$

u 为合并系统的速度. 解以上两方程,得

$$u = \frac{Ec}{m_0 c^2 + E},$$

$$m' = m_0 + E/c^2.$$

由能量动量关系,合并系统的能量为

$$(m' c^2)^2 = c^2 (m' u)^2 + m'^2_0 c^4 = E^2 + m'^2_0 c^4.$$

将 $m' c^2 = m_0 c^2 + E$ 代入上式,得

$$m'_0 = m_0 \sqrt{1 + \frac{2E}{m_0 c^2}},$$

即吸收光子后,合并系统的质量增大.

在发射光子的过程中,能量也守恒,设粒子发射光子后的质量为 m,对应的静止质量为 m_0,则有

$$m'_0 c^2 = mc^2 + E,$$

设粒子发射光子后的速度为 u,则由动量守恒定律得

$$mu = E/c.$$

由动量能量关系得

$$(mc^2)^2 = c^2 (mu)^2 + m_0^2 c^4 = E^2 + m_0^2 c^4;$$

或

$$(m'_0 c^2 - E)^2 = E^2 + m_0^2 c^4.$$

解得

$$m_0 = m'_0 \sqrt{1 - \frac{2E}{m'_0 c^2}}.$$

讨论: 若令 E_0 代表粒子在发射光子前后静能量之差,即

$$m'_0c^2 = m_0c^2 + E_0,$$

则由上式可得

$$E = E_0\left(1 - \frac{E_0}{2m'_0c^2}\right),$$

即发射出的光子的能量 E 比粒子处在初态和末态之间的静能差小.这是由于在发射光子后，粒子因反冲而获得动量,即具有速度;粒子原来具有的静能除一部分变成光子的能量外,还有一部分变成粒子自身的动能.

三、习题解答

4-1. S'系相对 S 系运动的速率 $v = 0.6c$,时钟调节得使 $x = x' = 0$ 处,$t = t' = 0$. 现在 S 系中发生两件事:事件 1 发生于 $x_1 = 10\,\text{m}$, $t_1 = 2\times10^{-7}$ s; 事件 2 发生于 $x_2 = 50\,\text{m}$, $t_2 = 3\times10^{-7}$ s. 求:在 S'系中测得此两事件的空间间隔是多少? 时间间隔又是多少?

解: 由洛仑兹变换式可得 S'系中两事件的 $\Delta x'$和 $\Delta t'$:

$$\begin{aligned}\Delta x' &= \gamma(\Delta x - v\Delta t) = \frac{1}{\sqrt{1-v^2/c^2}}[(x_2 - x_1) - 0.6c(t_2 - t_1)]\\ &= \frac{1}{\sqrt{1-(0.6)^2}}[(50-10) - 0.6c(3-2)\times10^{-7}] = 27.5(\text{m});\\ \Delta t' &= \gamma\left(\Delta t - \frac{v}{c^2}\Delta x\right) = \frac{1}{\sqrt{1-v^2/c^2}}\left[(t_2 - t_1) - \frac{v}{c^2}(x_2 - x_1)\right]\\ &= \frac{1}{\sqrt{1-(0.6)^2}}\left[(3-2)\times10^{-7} - \frac{0.6c}{c^2}(50-10)\right]\\ &= 2.5\times10^{-8}(\text{s}).\end{aligned}$$

4-2. 在惯性系 S 的同一地点发生 A、B 两事件,B 晚于 A 4 s,在另一惯性系 S'中观测到 B 晚于 A 5 s,求:

(1) 这两个参考系的相对速率是多少?

(2) 在 S'系中这两个事件发生的地点间的距离是多少?

解: 在 S 系中 $x_A = x_B$,即两事件同一地点发生,$t_B - t_A = 4$ s; 在 S'系中,$t'_B - t'_A = 5$ s.

(1) 在 S'系中两事件的时间间隔为 $\Delta t'$,则由洛仑兹变换,得

$$\Delta t' = \gamma\left(\Delta t - \frac{v}{c^2}\Delta x\right),$$

即

$$t'_B - t'_A = \frac{1}{\sqrt{1-\left(\frac{v}{c}\right)^2}}\left[(t_B - t_A) - \frac{v}{c^2}(x_B - x_A)\right] = \frac{1}{\sqrt{1-\left(\frac{v}{c}\right)^2}}(t_B - t_A);$$

代入数值:

$$5=\frac{4}{\sqrt{1-\left(\frac{v}{c}\right)^2}},$$

得 $$\frac{v}{c}=\frac{3}{5},\ v=\frac{3}{5}c=1.8\times10^8(\mathrm{m\cdot s^{-1}}).$$

(2) $\Delta x'=\gamma(\Delta x-v\Delta t)$，而 $\Delta x=x_B-x_A=0$，故

$$\Delta x'=-\gamma\cdot v\Delta t,\ |\Delta x'|=|x'_B-x'_A|$$

为 S' 系中两事件发生地之间的距离：

$$x'_B-x'_A=-\frac{1}{\sqrt{1-\left(\frac{v}{c}\right)^2}}\times0.6c\times(t_B-t_A)$$

$$=\frac{-1}{\sqrt{1-(0.6)^2}}\times0.6c\times4=-3c=-9.0\times10^8(\mathrm{m}).$$

所以，$|\Delta x'|=9.0\times10^8(\mathrm{m})$ 为所求之距离.

4-3. 有一航天员乘速率为 1 000 $\mathrm{km\cdot s^{-1}}$ 的火箭由地球前往火星，航天员测得他经过 40 h到达火星，求地面上观测者测得的时间与航天员测得的时间差.

解： 设航天员在 S' 系上为静止状态，地面参考系为 S 系，航天员测得的时间为

$$\Delta t'=40\ \mathrm{h}.$$

航天员所在的 S' 系相对于 S 系的速度为 $v=1000\ \mathrm{km\cdot s^{-1}}$，而他始终在 S' 系上同一地点，$\Delta x'=0$，则在地面 S 系中测得航天员飞行时间为

$$\Delta t=\gamma\left(\Delta t'+\frac{v}{c^2}\Delta x'\right)=\gamma\Delta t'=\frac{40}{\sqrt{1-\left(\frac{v}{c}\right)^2}}(\mathrm{h}).$$

地面观测者测得的时间与航天员测得的时间差为

$$\Delta t-\Delta t'=40\left[\frac{1}{1-\left(\frac{v}{c}\right)^2}-1\right].$$

因 $v=10^6\ \mathrm{m\cdot s^{-1}}\ll c$，所以

$$\left[1-\left(\frac{v}{c}\right)^2\right]^{-\frac{1}{2}}\approx1+\frac{1}{2}\left(\frac{v}{c}\right)^2.$$

故 $$\Delta t-\Delta t'=40\times\frac{1}{2}\left(\frac{v}{c}\right)^2=20\times\left(\frac{10^6}{3\times10^8}\right)^2\times3\,600=0.8(\mathrm{s}).$$

4-4. 一空间飞船以 $0.5c$ 的速率从地球发射，在飞行中飞船又向前方相对自己以 $0.5c$ 的速率发射一火箭，问地球上的观测者测得火箭的速率是多少？

解： 设飞船为 S' 系，地面为 S 系，则火箭相对于 S' 系的速率为 $0.5c$，即 $v'_x=0.5c$，由速度合成法则有

$$v_x=\frac{v'_x+v}{1+\frac{vv'_x}{c^2}}=\frac{0.5c+0.5c}{1+\frac{0.5c\times0.5c}{c^2}}=0.8c=2.4\times10^8(\mathrm{m\cdot s^{-1}}).$$

4-5. 原长为L_0的棒静止在惯性系S'中，S'系相对于S系以匀速v沿公共x轴运动，棒在S'系中与x'轴的倾角为θ'，问棒在S系中多长？它与x轴的倾角为多少？

解： L_0在S'系中分解为x'和y'方向：

$$L'_x = L_0\cos\theta',\ L'_y = L_0\sin\theta'.$$

在S系中长度缩短(沿x方向)：

$$L_x = L'_x\sqrt{1-v^2/c^2} = L_0\cos\theta'\sqrt{1-v^2/c^2}.$$

y方向长度不变，$L_y = L'_y = L_0\sin\theta'$. 故在$S$系中长度和与$x$轴的夹角分别为

$$L = \sqrt{L_x^2+L_y^2} = L_0\left[\cos^2\theta'(1-v^2/c^2)+\sin^2\theta'\right]^{1/2}.$$

$$\theta = \arctan\frac{L_y}{L_x} = \arctan\left(\frac{\sin\theta'}{\cos\theta'\sqrt{1-v^2/c^2}}\right) = \arctan\left(\frac{\tan\theta'}{\sqrt{1-v^2/c^2}}\right).$$

4-6. 甲乙两人所乘飞行器沿x轴作相对运动，甲测得两个事件的时空坐标为$x_1 = 6\times 10^4$ m，$y_1 = z_1 = 0$，$t_1 = 2\times 10^{-4}$ s；$x_2 = 12\times 10^4$ m，$y_2 = z_2 = 0$，$t_2 = 1\times 10^{-4}$ s. 如果乙测得这两个事件同时发生于t'时刻，问：

(1) 乙对于甲的运动速度是多少？

(2) 乙所测得的两个事件的空间间隔是多少？

解： (1) 设乙相对于甲的运动速度为v，由洛仑兹变换，可得乙测得这两个事件的时间间隔为

$$t'_2 - t'_1 = \frac{(t_2-t_1)-\dfrac{v}{c^2}(x_2-x_1)}{\sqrt{1-v^2/c^2}}.$$

按题意，$t'_2 - t'_1 = 0$，代入已知数据得

$$(t_2-t_1)-\frac{v}{c^2}(x_2-x_1) = 0,$$

$$(1\times 10^{-4}-2\times 10^{-4})-\frac{v}{c^2}(12\times 10^4-6\times 10^4) = 0.$$

解得
$$v = -\frac{c}{2} = -1.5\times 10^8(\mathrm{m\cdot s^{-1}}).$$

(2) 乙所测得这两个事件的空间间隔为

$$\begin{aligned} x'_2 - x'_1 &= \frac{(x_2-x_1)-v(t_2-t_1)}{\sqrt{1-v^2/c^2}} \\ &= \frac{(12\times 10^4-6\times 10^4)+1.5\times 10^8(1\times 10^{-4}-2\times 10^{-4})}{\sqrt{1-0.5^2}} \\ &= 5.2\times 10^4(\mathrm{m}). \end{aligned}$$

4-7. 一支火箭在实验室坐标系S中匀速运动，在S中测出火箭沿运动方向的长度为原长的一半，问火箭相对实验室坐标系运动的速度是多少？

解： 已知$L' = \dfrac{1}{2}L$，由长度收缩效应

$$L' = L_0\sqrt{1 - v^2/c^2},$$

得
$$v = \frac{\sqrt{3}}{2}c = 0.866c;$$

或
$$v = 2.6 \times 10^8 (\mathrm{m \cdot s^{-1}}).$$

4-8. 原长 60 m 的火箭直接从地球以匀速起飞，一束光(或雷达)脉冲由地球发出，并在火箭的尾部和头部的镜上反射. 如果第一束光(或雷达)脉冲发射后 200 s 在基地回收到，而第二束脉冲在此后 1.74 μs 收到，计算：

(1) 当第一束光到达火箭尾部时，火箭离地球的距离；

(2) 火箭相对地球的速度.

解：(1) 光束来回一次共 200 s，则单程为其一半时间，由此可知火箭离地球的距离为

$$S = ct = 3 \times 10^8 \times 200/2 = 3 \times 10^{10} (\mathrm{m}).$$

(2) 地球上测得火箭长为 L，火箭相对地球的速度为 v，则

$$L = L_0\sqrt{1 - v^2/c^2},$$

测得火箭头和尾的反射光束在时间上的差 $\Delta t = t_2 - t_1$，经 $2L$ 长度，

$$\Delta t = \frac{2L}{c - v} = \frac{2L_0}{c - v}\sqrt{1 - v^2/c^2},$$

代入数值
$$1.74 \times 10^{-6} = \frac{2 \times 60}{c - v}\sqrt{1 - v^2/c^2},$$

解得火箭相对地球的速度为

$$v = 0.9c = 2.7 \times 10^8 (\mathrm{m \cdot s^{-1}}).$$

4-9. 如果静止时 μ 介子的平均寿命是 2.2×10^{-6} s，计算它在真空中衰变前走过的平均距离，假如 μ 介子相对于观测者的运动速度是(1)$0.9c$；(2)$0.99c$；(3)$0.999c$.

解：由时间膨胀效应，观测者测得 μ 介子的寿命延长，

$$\tau = \frac{\tau_0}{\sqrt{1 - \left(\frac{v}{c}\right)^2}};$$

它在真空中衰变前走过的平均距离为

$$S = v\tau = \frac{v\tau_0}{\sqrt{1 - \left(\frac{v}{c}\right)^2}}.$$

代入有关数值，可得

(1) $S = \dfrac{0.9c \times 2.2 \times 10^{-6}}{\sqrt{1 - (0.9c/c)^2}} = 1.36(\mathrm{km})$,

(2) $S = \dfrac{0.99c \times 2.2 \times 10^{-6}}{\sqrt{1 - (0.99c/c)^2}} = 4.60(\mathrm{km})$,

(3) $S=\dfrac{0.999c\times 2.2\times 10^{-6}}{\sqrt{1-(0.999c/c)^2}}=14.70(\mathrm{km})$.

4-10. 一事件在 $t_1=0$ 时发生在惯性系 S 的原点，第二个事件相对于 S 系在 $t_2=4\,\mathrm{s}$ 时发生在点 $x_2=1.5\times 10^9\,\mathrm{m}$，$y=z=0$，求另一惯性系 S' 相对于 S 系的速度，如果在 S' 系中，

(1) 两事件同时发生；

(2) 事件 1 比事件 2 早 1 s.

解：(1) 两事件同时发生于 S' 系，则 $\Delta t'=0$，由洛仑兹变换可求得 S' 系相对于 S 系的速度 v：

$$\Delta t'=\gamma\left(\Delta t-\frac{v}{c^2}\Delta x\right)=0,$$

得
$$\Delta t-\frac{v}{c^2}\Delta x=0,\ v=c^2\cdot\frac{\Delta t}{\Delta x}=c^2\cdot\frac{t_2-t_1}{x_2-x_1};$$

$$v=c^2\times\frac{4}{1.5\times 10^9}=0.8c=2.4\times 10^8(\mathrm{m\cdot s^{-1}}).$$

(2) 已知条件为 $\Delta t'=t_2'-t_1'=1(\mathrm{s})\quad x_2-x_1=1.5\times 10^9\,\mathrm{m}$，由洛仑兹变换得

$$\Delta t'=\frac{\Delta t-\frac{v}{c^2}\Delta x}{\sqrt{1-v^2/c^2}}=\frac{(t_2-t_1)-\frac{v}{c^2}(x_2-x_1)}{\sqrt{1-v^2/c^2}},$$

$$1=\frac{4-v/c^2\times 1.5\times 10^9}{\sqrt{1-v^2/c^2}},$$

整理得
$$26\left(\frac{v}{c}\right)^2-40\left(\frac{v}{c}\right)+15=0.$$

解得

$$v=0.89c,\quad (\text{对应于 } t_2'-t_1'=-1)\text{舍去};$$
$$v=0.65c,\quad (\text{对应于 } t_2'-t_1'=1).$$

4-11. 一事件在 $t=0$ 时发生在惯性系 S 的原点，另一事件相对于 S 系在 $t=5\,\mathrm{s}$ 时发生在 $x=1.2\times 10^9\,\mathrm{m}$，$y=z=0$ 处.

(1) 在 S' 中两事件发生在空间的同一点，试求惯性系 S' 相对于 S 系的速度；

(2) 在 S' 系中两事件的时间间隔是多少？

解：(1) 在 S 系中两事件的时空坐标分别为

$$t_1=0,\ x_1=0,\ t_2=5,\ x_2=1.2\times 10^9\,\mathrm{m}.$$

两事件发生在 S' 系中的空间同一点，$\Delta x'=0$. 由洛仑兹变换得

$$\Delta x'=\gamma(\Delta x-v\Delta t)=0,$$

则
$$\Delta x=v\Delta t,\ v=\frac{\Delta x}{\Delta t}=\frac{x_2-x_1}{t_2-t_1}=\frac{1.2\times 10^9}{5}=0.8c.$$

(2) $$\Delta t'=\frac{\Delta t-\frac{v}{c^2}\Delta x}{\sqrt{1-v^2/c^2}}=\frac{5-\frac{0.8c}{c^2}\times 1.2\times 10^9}{\sqrt{1-(0.8)^2}}=3(\mathrm{s}).$$

4-12. 在 S'系中静止，但在 S 系中沿 x 轴以 $c/4$ 速度运动的放射性核放射出一个 β 粒子，其速度相对于 S'为 $0.8c$，并与 S'系的 x'轴成 45°角，β 粒子相对于 S 系的观察者的速度是多少？

解： 在 S'系中，放射性核放射的 β 粒子在 x、y 方向的速度分量为

$$v'_x = 0.8c \times \cos 45° = 0.564c,$$

$$v'_y = 0.8c \times \sin 45° = 0.564c.$$

由速度合成法则，可得 β 粒子相对于 S 系的速度分量为

$$v_x = \frac{v'_x + v}{1 + \frac{vv'_x}{c^2}} = \frac{0.564c + 0.25c}{1 + 0.564 \times 0.25} = 0.71c,$$

$$v_y = \frac{v'_y\sqrt{1 - \left(\frac{v}{c}\right)^2}}{1 + \frac{v'_x v}{c^2}} = \frac{0.564c\sqrt{1 - 0.25^2}}{1 + 0.25 \times 0.564} = 0.48c.$$

总的速度为

$$v = \sqrt{v_x^2 + v_y^2} = \sqrt{(0.71c)^2 + (0.48c)^2} = 0.857c \simeq 0.86c.$$

v 与 x 轴的夹角 θ 为

$$\theta = \arctan\frac{v_y}{v_x} = \arctan\frac{0.48c}{0.71c} = 34.1°.$$

4-13. 在参考系 S 中，有两个静质量都是 m_0 的粒子 A、B 分别以速度 $\boldsymbol{v}_A = v\boldsymbol{i}$，$\boldsymbol{v}_B = -v\boldsymbol{i}$ 运动，相撞后合在一起成为一个静质量为 M_0 的粒子，求 M_0.

解： 以 M 表示合成粒子的质量，速度为$\boldsymbol{v}$，根据动量守恒定律得

$$m_A\boldsymbol{v}_A + m_B\boldsymbol{v}_B = M\boldsymbol{v},$$

由于 $m_A = m_B$，$\boldsymbol{v}_A = -\boldsymbol{v}_B$，故上式为$\boldsymbol{v} = 0$. 即得到的合成粒子是静止的，即

$$M = M_0.$$

由能量守恒定律得

$$M_0c^2 = m_Ac^2 + m_Bc^2,$$

$$M_0 = m_A + m_B = 2m_A = \frac{2m_0}{\sqrt{1 - v^2/c^2}}.$$

4-14. 大麦哲仑云中超新星 1987 A 爆发时发出大量中微子，以 m_ν 表示中微子的静质量，以 E 表示其能量（$E \gg m_\nu c^2$）. 已知大麦哲仑云离地球的距离为 d，求中微子发出后到达地球所用的时间.

解： 由质能关系

$$E = mc^2 = \frac{m_\nu c^2}{\sqrt{1 - v^2/c^2}},$$

得 $$v = c\left[1-\left(\frac{m_\nu c^2}{E}\right)^2\right]^{1/2}.$$

由 $E \gg m_\nu c^2$，可得

$$v \approx c\left[1-\frac{(m_\nu c^2)^2}{2E^2}\right], \text{而 } t = \frac{d}{v}.$$

由此得所求时间为 $$t = \frac{d}{c}\left[1-\frac{(m_\nu c^2)^2}{2E^2}\right]^{-1} \approx \frac{d}{c}\left[1+\frac{(m_\nu c^2)^2}{2E^2}\right].$$

* **4-15**. 试求静止质量为 m_0 的质点在恒力 $\boldsymbol{F}$ 作用下从静止开始的运动速度和位移.

解：以质点静止时为计时零点，在恒力 F 作用下，由

$$\boldsymbol{F} = \frac{\mathrm{d}\boldsymbol{P}}{\mathrm{d}t} = \frac{\mathrm{d}}{\mathrm{d}t}\left(\frac{m_0\boldsymbol{v}}{\sqrt{1-v^2/c^2}}\right),$$

得 $$\frac{m_0 v}{\sqrt{1-v^2/c^2}} = Ft.$$

解得

$$v = \frac{Ftc}{\sqrt{m_0^2c^2+F^2t^2}}.$$

质点的位移

$$x = \int_0^t v\,\mathrm{d}t = \int_0^t \frac{Ftc}{\sqrt{m_0^2c^2+F^2t^2}}\mathrm{d}t = \frac{c}{F}\left(\sqrt{m_0^2c^2+F^2t^2}-m_0c\right).$$

* **4-16**. 一艘装有无线电发射和接收装置的飞船，正以速度 $u = 0.6c$ 飞离地球，航天员发射一个无线电信号经地球反射，40 s 后飞船才收到返回信号，试求：

(1) 当信号被地球反射时刻，从飞船上测量地球离飞船多远？

(2) 当飞船接收到地球反射信号时，从地球上测量，飞船离地球有多远？

解：(1) 设飞船为 S' 系，在地球反射信号时，地球离飞船的距离为 $\Delta x_1'$，则在 S' 系中测量有

$$2\times\frac{\Delta x_1'}{c} = 40.$$

解得 $$\Delta x_1' = 6.0\times10^9\,(\mathrm{m}).$$

(2) 在 S' 系中测量，信号从地球反射回到飞船的时间为

$$\Delta t' = \frac{\Delta x_1'}{c} = 20(\mathrm{s}).$$

在这段时间内地球飞离飞船的距离为 $u\Delta t'$，所以在飞船收到信号时，从飞船上测出同一时刻地球与飞船的距离为

$$\Delta x' = c\Delta t' + u\Delta t'.$$

在地球上测量飞船离地球的距离为

$$\Delta x=\frac{\Delta x'}{\sqrt{1-\left(\frac{u}{c}\right)^2}}=\frac{(c+u)\Delta t'}{\sqrt{1-\left(\frac{u}{c}\right)^2}}=\frac{(c+0.6c)\cdot 20}{\sqrt{1-\left(\frac{0.6c}{c}\right)^2}}=1.2\times 10^{10}(\mathrm{m}).$$

* **4-17.** 两个静质量均为 m_0 的质点进行相对论性碰撞. 碰撞前,一个质点具有能量 E_{10},另一个质点是静止的;碰撞后,两个质点具有相同的能量 E,并具有数值相同的偏角 θ.

(1) 试用 E_{10} 表示碰撞后每个质点的相对论性动量;

(2) 试导出以下关系式: $\sin\theta=\sqrt{\frac{2m_0c^2}{E_{10}+3m_0c^2}}$.

解: (1) 利用 $E^2=P^2c^2+m_0^2c^4$, 碰撞前后两个质点的能量守恒关系为

$$E_{10}+m_0c^2=2E.$$

由上面两式可得

$$P=\frac{1}{c}\sqrt{E^2-m_0^2c^4}=\frac{1}{c}\sqrt{\frac{(E_{10}+m_0c^2)^2}{4}-m_0^2c^4}=\frac{1}{2c}\sqrt{E_{10}^2+2m_0E_{10}c^2-3m_0^2c^4}.$$

(2) 设碰撞前运动质点的动量为 P_0,碰撞前后两个质点的动量守恒.

$$P_0=2P\cos\theta.$$

由动量能量关系有

$$P_0=\frac{1}{c}\sqrt{E_{10}^2-m_0^2c^4}.$$

利用(1)题结果和上面两式,可以得到

$$\frac{1}{c}\sqrt{E_{10}^2-m_0^2c^4}=\frac{1}{c}\sqrt{E_{10}^2+2m_0E_{10}c^2-3{m_0}^2c^4}\cos\theta,$$

$$\cos\theta=\sqrt{\frac{E_{10}^2-m_0^2c^4}{E_{10}^2+2m_0E_{10}c^2-3m_0^2c^4}}.$$

由此得

$$\sin\theta=\sqrt{1-\cos^2\theta}=\sqrt{\frac{2m_0c^2}{E_{10}+3m_0c^2}}.$$

* **4-18.** 观察者 A 以 $3c/5$ 的速度(c 为真空中光速)相对于静止的观察者 B 运动,若 A 携带一长度为 L、截面积为 S、质量为 m 的棒,这根棒安放在运动方向上,试问:

(1) A 测得此棒的密度为多少?

(2) B 测得此棒的密度为多少?

解: (1) 棒相对于观察者 A 静止,A 测得此棒的密度为

$$\rho=\frac{m}{LS}.$$

(2) 根据相对论效应,B 测得棒的长度缩短.

$$L'=\sqrt{1-v^2/c^2}\cdot L.$$

棒的质量为

$$m' = \frac{m}{\sqrt{1 - v^2/c^2}}.$$

所以 B 测得棒的密度为

$$\rho' = \frac{m'}{L'S} = \frac{m}{LS(1 - v^2/c^2)} = \frac{1}{1 - \left(\frac{3}{5}\right)^2} \cdot \frac{m}{LS} = \frac{25}{16} \cdot \frac{m}{LS}.$$

* **4-19.** 在 S 系中有一原长为 l_0 的棒沿 x 轴放置,此棒以速率 u 沿 x 轴运动,若有一 S' 系以速率 v 相对 S 系沿 x 轴运动,试问从 S' 系测得此棒的长度为多少?

解: 设棒相对 S' 系的速率为 u',由洛仑兹速度变换关系得

$$u' = \frac{u - v}{1 - \frac{uv}{c^2}}. \qquad ①$$

由长度收缩效应,在 S' 系中棒长为

$$l' = l_0\sqrt{1 - \left(\frac{u'}{c}\right)^2}. \qquad ②$$

由①、②两式可得

$$l' = \frac{l_0}{c^2 - uv}\sqrt{(c^2 - u^2)(c^2 - v^2)}.$$

四、思考题解答

4-1. 有一火箭以接近光速的速度相对于地球飞行,在地球上的观察者将测得火箭上的物体长度缩短,过程的时间延长,有人因此得出结论说:火箭上观察者将测得地球上的物体比火箭上同类物体更长,而同一过程的时间缩短,这个结论对吗?

答: 在火箭上的观察者看,地球上的物体长度缩短,因为地球上的物体相对于火箭作高速飞行,因而长度有收缩效应,时间延缓.

4-2. 两个事件在一个惯性系中同地同时,在另一个惯性系中是否同地同时?

答: 由洛仑兹变换:若在 S 系中 $\Delta x = 0$, $\Delta t = 0$, 则在 S' 系中 $\Delta x' = \gamma(\Delta x - v\Delta t) = 0$, $\Delta t' = \gamma\left(\Delta t - \frac{v}{c^2}\Delta x\right) = 0$, 即在另一个惯性系中也同时同地.

4-3. 什么是静长? 什么是原时?

答: 与物体相对静止的参照系中测得物体的长度为静长. 在某惯性系中发生于同一地点的两事件的时间间隔称为原时. 对其他惯性系来说,"静长"最长,"原时"最短.

4-4. 长度的测量和同时性有什么关系? 为什么长度的量度会和参考系有关? 长度收缩效应是否因为棒的长度受到了实际的压缩?

答: 在和物体(如杆)相对静止的参照系中测杆长,可以在不同时刻测杆两端的坐标,而在相对于杆运动的参照系中必须同时读出杆两端的坐标,否则由于坐标随时间变化,测得的就不

是杆的长度.由狭义相对论的两个基本假设推出长度收缩效应,并非由于棒受到实际的压缩,而是测量的同时性的结果.

4-5. 在相对论中,垂直于两个参考系的相对速度方向的长度的量度与参考系无关,为什么在这方向上的速度分量却和参考系有关?

答:当两个参照系在 x 方向有相对运动时 y 和 z 方向的速度为$\frac{\mathrm{d}y}{\mathrm{d}t}$和$\frac{\mathrm{d}z}{\mathrm{d}t}$,由于时间的测量和参考系有关,故 y、z 方向上的速度分量与参考系有关.

4-6. 相对论动能公式与经典力学的动能公式有何区别和联系?

答:相对论动能 $E_k = E - E_0 = (m - m_0)c^2$,经典力学中 $E_k = \frac{1}{2}mv^2$,只有当质点的速度 $v \ll c$ 时,两者才一致.

4-7. 什么叫质量亏损?它和原子能的释放有何关系?

答:在核反应中,反应后粒子的总的静质量的减小称为质量亏损.这时有一定的能量释放出来,$\Delta E = \Delta mc^2$,ΔE 对应于质量亏损,原子弹和氢弹就是根据这一原理制造的,轻的原子核发生聚变反应或重原子核的裂变反应中都有质量亏损,因而放出大量能量.

4-8. 对于不同的惯性系,两事件的时间顺序相同吗?

答:两事件前因后果的时间顺序在任何惯性系中相同.设在 S 系中"因"事件 A 和"果"事件 B 之间的信号传播速度为 u,在以速度 v 相对于 S 系作 x 方向运动的 S' 系中,此因果事件的时间间隔为

$$t'_B - t'_A = \gamma\left[(t_B - t_A) - \frac{v}{c^2}(x_B - x_A)\right] = \left(1 - \frac{vu}{c^2}\right)\frac{t_B - t_A}{\sqrt{1 - v^2/c^2}},$$

v,u 均小于 c,故 $\Delta t'_{BA}$ 和 Δt_{BA} 永远同号,保证了两事件在 S 和 S' 系中的因果时序相同.

第五章　流 体 力 学

一、内 容 提 要

1. 定常流动的连续性方程为

$$\rho S v = 常量.$$

式中 ρ 为流体的密度，S 和 v 分别表示流管中任一横截面的面积和此处的流速. 上式又可称为质量流量守恒定律.

在不可压缩的流体中，ρ 为常量，上式写成

$$Sv = 常量.$$

此式亦称体积流量守恒定律.

2. 伯努利方程：

$$p + \frac{1}{2}\rho v^2 + \rho g h = 常量.$$

上式表示作定常流动的理想流体中，同一流管中任一截面的压强、流速和高度所满足的关系.

3. 伯努利方程的应用：

(1) 液柱下方小孔流速　　$v_d = \sqrt{2gh}.$

(2) 驻点压强　　$p_A = p_0 + \frac{1}{2}\rho v_0^2.$

4. 粘滞流体的能量方程：

$$p_1 + \frac{1}{2}\rho v_1^2 + \rho g h_1 = p_2 + \frac{1}{2}\rho v_2^2 + \rho g h_2 + w.$$

式中 1 为上游，2 为下游，w 为单位体积的流体从上游流至下游时流体克服阻力所做的功.

5. 雷诺数　$R_e = \frac{\rho v r}{\eta}$，$R_e < 1\,000$，流体为层流流动；$R_e > 1\,500$ 为湍流，式中 r 为圆管半径，η 为流体的粘度.

6. 泊肃叶定律　　$Q = \frac{\pi(p_1 - p_2)R^4}{8l\eta}$，

式中 l、R 分别为圆管长度和半径，p_1 和 p_2 分别为圆管两端的压强.

上式又可写成　$Q = \frac{\Delta p}{Z}$，$Z = \frac{8\eta l}{\pi R^4}$ 称为流阻.

流阻串联时，总流阻 $Z = Z_1 + Z_2 + \cdots + Z_n$；

流阻并联时，总流阻 $Z = \left(\frac{1}{Z_1} + \frac{1}{Z_2} + \cdots + \frac{1}{Z_n}\right)^{-1}$.

二、自学指导和例题解析

本章主要讨论理想流体的定常流动和粘滞流体的层流流动.要求熟练地应用定常流动的连续性方程和伯努利方程,掌握粘滞流体的能量方程和泊肃叶定律.在学习本章内容时要注意以下几点:

(1) 伯努利方程是作定常流动的不可压缩理想流体中截面足够小的同一流管中任一小段流体两端的压强、流速和高度所满足的关系,是流体运动中的功能关系式.若在流体中存在引起不稳定流动的因素,则方程不再成立,如习题*5-12 题即为一例.

(2) 相对于不同的参照系,描述同一流体运动的流线形状及其分布是不同的.特别是,在某个参照系看来,流体作定常流动,在另一参照系看来未必作定常流动,反之亦然.例如,在流体中有一块木板相对地面参照系运动,如观察者与板一起运动时画出的流线为定常流,则当观察者站在地面上观察时,木板周围的流体运动当属非定常流,除非流速既与时间无关,也与坐标无关;因为经过 Δt 时间后,木板向前移动一段距离,木板周围的流体在空间各点的流动情况与 Δt 时间前不同.

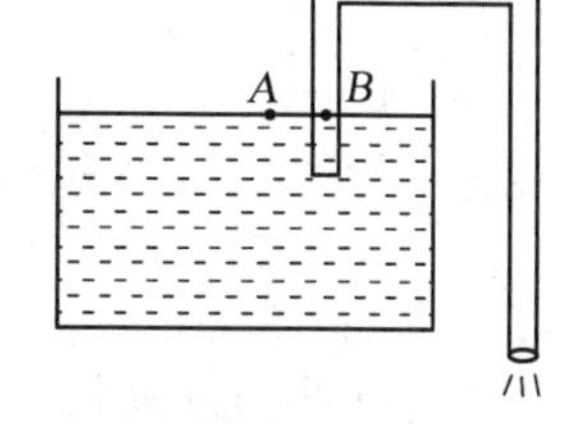

图 5.1

(3) 在静止流体中,等高处压强相等,而在流体运动时,等高处压强不一定相等,要由伯努利方程决定,例如在贮水池里插一根虹吸管,管内 B 点与水面上等高处的 A 点压强是不同的(如图 5.1 所示).

$$p_A \approx p_B + \frac{1}{2}\rho v_B^2.$$

例题

例 5-1 一个宽大的玻璃容器的底部有一根水平的细玻璃管,内直径为 $d = 0.1\,\text{cm}$,长 $l = 10\,\text{cm}$,容器内盛有深 $h = 5\,\text{cm}$ 的硫酸,其密度 $\rho = 1.9\times10^3\ \text{kg}\cdot\text{m}^{-3}$,测得 1 min 由细管流出的硫酸的质量为 $m = 0.66\times10^{-3}\ \text{kg}$,试求硫酸的粘滞系数 η.

例 5-1 图

解: 将泊肃叶公式应用于细管两端

$$Q = \frac{\pi r^4}{8l\eta}(p_1 - p_2), \tag{①}$$

所以

$$\eta = \frac{1}{Q}\cdot\frac{\pi r^4}{8l}(p_1 - p_2). \tag{②}$$

上式中

$$Q = \frac{m}{\rho\Delta t}, \tag{③}$$

$$p_1 - p_2 = \rho g h. \tag{④}$$

③和④两式代入②式,得

$$\eta = \frac{\rho\Delta t}{m}\cdot\frac{\pi r^4}{8l}\cdot\rho g h = \frac{\rho^2 g h\pi r^4\cdot\Delta t}{8ml}.$$

代入数值,得

$$\eta=\frac{(1.9\times10^{3})^{2}\times9.8\times0.05\times3.14\times\left(\frac{0.1}{2}\times10^{-2}\right)^{4}\times60}{8\times0.66\times10^{-3}\times0.1}=0.04(\mathrm{Pa\cdot s}).$$

例 5-2 如图所示,有一水壶的表面形状是旋转对称的,其对称轴沿竖直方向,壶底开有一半径为 r 的小孔,为使液体从底部小孔流出的过程中壶中液面下降的速率保持不变,壶的形状应怎样?

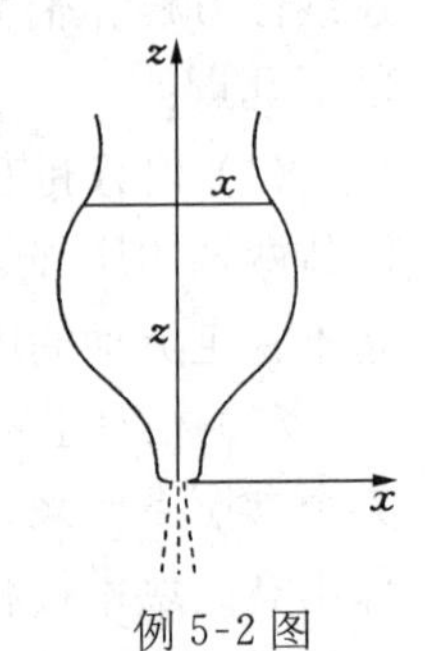

例 5-2 图

解: 取如图所示坐标系,竖直方向为 z 轴,水平方向为 x 轴,小孔中心处为坐标原点,水壶的形状由壶的水平截面半径与 z 的关系决定. 设当液面离底面高度为 z 时,液面的圆半径为 x,此时液体从小孔中流出的速率为 v,液面以恒定速率 u 下降,由伯努利方程,有

$$\frac{1}{2}\rho v^{2}=\frac{1}{2}\rho u^{2}+\rho gz. \qquad ①$$

由连续性方程,u 与 v 间有关系:

$$u\cdot\pi x^{2}=v\cdot\pi r^{2}. \qquad ②$$

由①和②两式可解得

$$u^{2}\left(\frac{x^{4}}{r^{4}}-1\right)=2gz.$$

当 u 为常量时,由上式即得 z 与 x 的关系为

$$z=\frac{u^{2}(x^{4}-r^{4})}{2gr^{4}}.$$

当 z 不太小时,可取 $r\ll x$,上式又可化简为

$$z=\frac{u^{2}x^{4}}{2gr^{4}}.$$

古代用于计时的漏壶的形状即大体如此.

例 5-3 在一横截面积恒定的水平油管中,相隔 300 m 的两点压强下降 1.5×10^{4} Pa,问每 $\mathrm{m^{3}}$ 的油流过长度为 1 m 时能量损失为多少?

解: 设油管横截面积为 A,则油管中长为 $l=300$ m 的一段油流过 1 m 时能量损失为

$$W=(p_{1}-p_{2})Al_{0}.$$

上式中 $l_{0}=1$ m, 为油流过的距离. 由此得每 $\mathrm{m^{3}}$ 油流过 1 m 时能量损失为

$$w=\frac{W}{Al}=\frac{(p_{1}-p_{2})l_{0}}{l}=\frac{1.5\times10^{4}\times1}{300}=50(\mathrm{J\cdot m^{-3}}).$$

三、习题解答

5-1. 将内半径为 1.0×10^{-2} m 的软管连接到草坪洒水器上,洒水器上装了一个有 24 个小

孔的莲蓬头,每个小孔的半径均为 0.6×10^{-3} m,如果水在软管中的速率为 $0.9\ \mathrm{m\cdot s^{-1}}$,试问洒水管各小孔喷出的水的速率为多大?

解: 设软管和莲蓬头小孔的半径分别为 R 和 r,水在其中的流速分别为 v_1 和 v_2,根据连续性方程,

$$\pi R^2 v_1 = 24\times\pi r^2 v_2,$$

得

$$v_2=\frac{1}{24}\left(\frac{R}{r}\right)^2 v_1=\frac{1}{24}\times\left(\frac{1.0\times10^{-2}}{0.6\times10^{-3}}\right)^2\times0.9=10.4\ (\mathrm{m\cdot s^{-1}}).$$

5-2. 从受淹的地下室中以 $5\ \mathrm{m\cdot s^{-1}}$的速率通过半径为 1.0×10^{-2} m 的均匀软管把水不断地抽出,且软管要从比水面高 3.0 m 的窗口穿过,试问水泵所供给的功率为多大?

解: 水泵每秒钟抽出水的质量为

$$m=\rho\pi R^2 v,$$

每秒钟水的机械能的增量为

$$E=\frac{1}{2}mv^2+mgh=\rho\pi R^2 v\left(\frac{1}{2}v^2+gh\right).$$

根据功能原理,水泵供给的功率等于单位时间内水的机械能的增量,即

$$\begin{aligned}P=E&=\rho\pi R^2 v\left(\frac{1}{2}v^2+gh\right)\\&=1.0\times10^3\times3.14\times(1.0\times10^{-2})^2\times5\times\left(\frac{1}{2}\times5^2+9.8\times3.0\right)\\&=66.0(\mathrm{W}).\end{aligned}$$

5-3. 在有水流动着的水平圆管内用鱼雷模型进行试验,设管道的内半径为 0.15 m,顺着管道中心轴放置的鱼雷模型的半径为 0.03 m,现用速率为 $2.44\ \mathrm{m\cdot s^{-1}}$的水流流过,试问:

(1) 在管道内鱼雷模型两侧的水流平均速率是多大?

(2) 在管道内放鱼雷模型的两侧和未放鱼雷模型的地方的压强差是多少?(忽略粘滞阻力)

解: (1) 设圆管半径为 R,水流速率为 v_1;鱼雷模型半径为 r,其两侧水流平均速率为 v_2,根据连续性方程得

$$S_1 v_1=(S_1-S_2)v_2,$$

即

$$\pi R^2 v_1=\pi(R^2-r^2)v_2,$$

得

$$v_2=\frac{R^2}{R^2-r^2}v_1=\frac{0.15^2}{0.15^2-0.03^2}\times2.44=2.54\ (\mathrm{m\cdot s^{-1}}).$$

(2) 水平管内两处等高,由伯努利方程:

$$\frac{1}{2}\rho v_1^2+p_1=\frac{1}{2}\rho v_2^2+p_2,$$

得

$$p_2-p_1=\frac{1}{2}\rho(v_1^2-v_2^2)=\frac{1}{2}\times10^3\times(2.44^2-2.54^2)=-249\ (\mathrm{Pa}).$$

负号表明放鱼雷模型的两侧压强小于未放鱼雷模型处的压强.

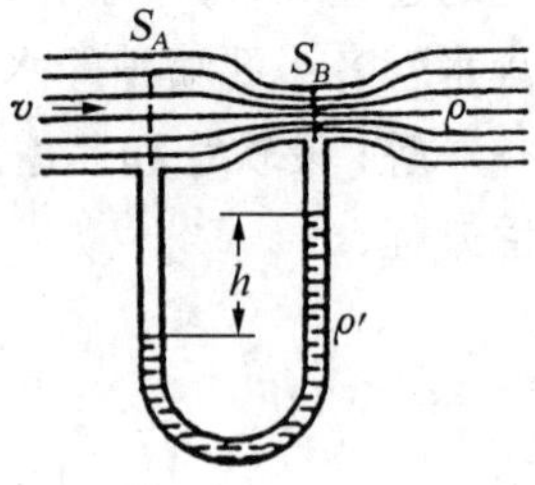

5-4. 如图所示，一水平管下面装有一 U 形管，管内装有密度为 ρ' 的液体，水平管中有密度为 $\rho(\rho<\rho')$ 的液体流过，已知水平管中粗、细两处的横截面积分别为 S_A 和 S_B，水流作定常流动，测得 U 型管中液面的高度差为 h，求水流在粗管中的流速 v.

习题 5-4 图

解： 在同一水平流线上取粗管 A 处和细管 B 处两点，应用伯努利方程

$$p_A+\frac{1}{2}\rho v_A^2=p_B+\frac{1}{2}\rho v_B^2,\text{其中 } v_A=v.$$

又由连续性方程得

$$S_A\cdot v=S_Bv_B\quad\text{或}\quad v_B=\frac{S_A}{S_B}\cdot v.$$

上式代入伯努利方程，得

$$p_A-p_B=\frac{1}{2}\rho v^2\left[\left(\frac{S_A}{S_B}\right)^2-1\right]. \qquad ①$$

U 形管两边细管中的压强关系为

$$p_A+\rho gh_A=p_B+\rho gh_B+\rho' gh,$$

式中 h_A、h_B 分别为 A、B 两处的管中心到 U 形管两边液面的高度. 因此

$$p_A-p_B=\rho g(h_B-h_A)+\rho' gh=-\rho gh+\rho' gh=(\rho'-\rho)gh. \qquad ②$$

由①、②两式解得

$$\frac{1}{2}\rho v^2\left[\left(\frac{S_A}{S_B}\right)^2-1\right]=(\rho'-\rho)gh,$$

$$v=S_B\sqrt{\frac{2(\rho'-\rho)gh}{\rho(S_A^2-S_B^2)}}.$$

5-5. 液体在一水平管道中流动，如图所示，A 和 B 处的横截面积分别为 S_A 和 S_B，管口 B 和大气相通，压强为 p_0，已知管中液体的体积流量为 Q，若在 A 处用一细管与容器相通，问当 h 为何值时能将下面容器中的同种液体吸上来？

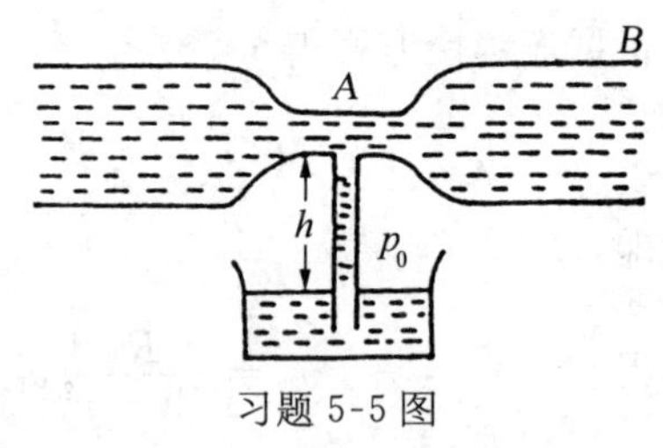

习题 5-5 图

解： 连续性方程和伯努利方程用于 A、B 两处，得

$$S_Av_A=S_Bv_B, \qquad ①$$

$$\frac{1}{2}\rho v_A^2+p_A=\frac{1}{2}\rho v_B^2+p_B, \qquad ②$$

由题知

$$p_B=p_0. \qquad ③$$

由①、②、③三式得

$$p_0-p_A=\frac{1}{2}\rho v_B^2\left[\left(\frac{S_B}{S_A}\right)^2-1\right]. \qquad ④$$

下面容器内管外液面压强为 p_0，它和 A 点压强之间如满足如下关系：

$$p_0 - p_A \geqslant \rho g h, \quad ⑤$$

则可吸出容器中液体. 流量与流速关系为

$$Q = S_B v_B. \quad ⑥$$

⑤、⑥两式代入④式，得

$$h \leqslant \frac{Q^2}{2g}\left(\frac{1}{S_A^2} - \frac{1}{S_B^2}\right).$$

5-6. 利用一根跨过水坝的粗细均匀的虹吸管，从水库里取水，如图所示，已知水库的水深 $h_A = 2.00\ \text{m}$，虹吸管出水口的高度 $h_B = 1.00\ \text{m}$，坝高 $h_C = 2.50\ \text{m}$，设水在虹吸管内作定常流动.

(1) 求 A、B、C 三个位置处管内的压强；

(2) 若虹吸管的截面积为 $7.00 \times 10^{-4}\ \text{m}^2$，求水从虹吸管流出的体积流量.

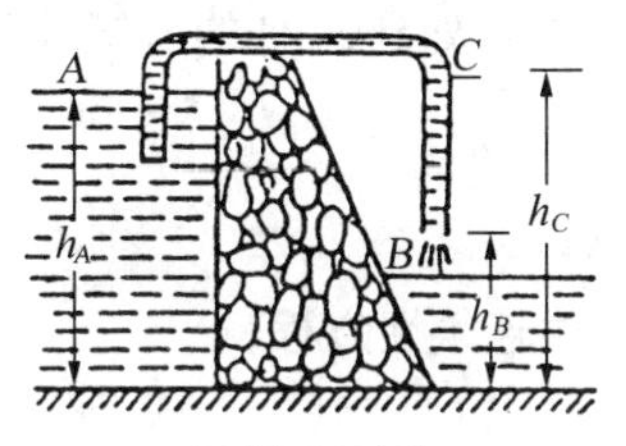

习题 5-6 图

解： (1) 取虹吸管为流管，由伯努利方程，得

$$p_A + \rho g h_A + \frac{1}{2}\rho v_A^2 = p_B + \rho g h_B + \frac{1}{2}\rho v_B^2 = p_C + \rho g h_C + \frac{1}{2}\rho v_C^2. \quad ①$$

注意式中 p_A 为管内压强，由于管子粗细均匀，由连续性方程，有

$$v_A = v_B = v_C. \quad ②$$

B 点在管口，

$$p_B = p_0. \quad ③$$

由上面三式联立，得

$$\begin{aligned} p_A &= p_B - \rho g(h_A - h_B) = p_0 - \rho g(h_A - h_B) \\ &= 1.013 \times 10^5 - 10^3 \times 9.8(2-1) = 9.15 \times 10^4\ (\text{Pa}), \end{aligned}$$

$$\begin{aligned} p_C &= p_0 - \rho g(h_C - h_B) = 1.013 \times 10^5 - 10^3 \times 9.8(2.5-1) \\ &= 8.66 \times 10^4\ (\text{Pa}), \end{aligned}$$

$$p_B = p_0 = 1.013 \times 10^5\ (\text{Pa}).$$

(2) 取一条流管流经水库液面和管内等高处的 A 点，由于高度均为 h_A，液面处 $v = 0$，$p = p_0$，应用伯努利方程得

$$p_0 = p_A + \frac{1}{2}\rho v_A^2,$$

即

$$v_A^2 = 2(p_0 - p_A)/\rho = 2(1.013 \times 10^5 - 9.15 \times 10^4)/10^3,$$

得

$$v_A = 4.43\ \text{m} \cdot \text{s}^{-1}.$$

流量为

$$Q = S v_A = 7.00 \times 10^{-4} \times 4.43 = 3.1 \times 10^{-3}\ \text{m}^3 \cdot \text{s}^{-1}.$$

5-7. 如图所示为一封闭贮槽，液体经 A 管流出，贮槽壁有一细管 B 与大气相通，使贮槽

内与 B 管相接处的压强保持为一个大气压. 设贮槽直径 $D_1 = 0.8\,\text{m}$, A 管直径 $D_2 = 0.025\,\text{m}$, 贮槽内开始时液面离 A 管的高度 $H = 1\,400\,\text{mm}$, B 管和 A 管相距 $h = 300\,\text{mm}$, 试求:

(1) 液面离 A 管的高度大于 h 时,液体从 A 管流出的速度;

(2) 液面离 A 管的高度从 H 下降到 h 所需的时间;

(3) 如果贮槽是开口的,则情况又如何?

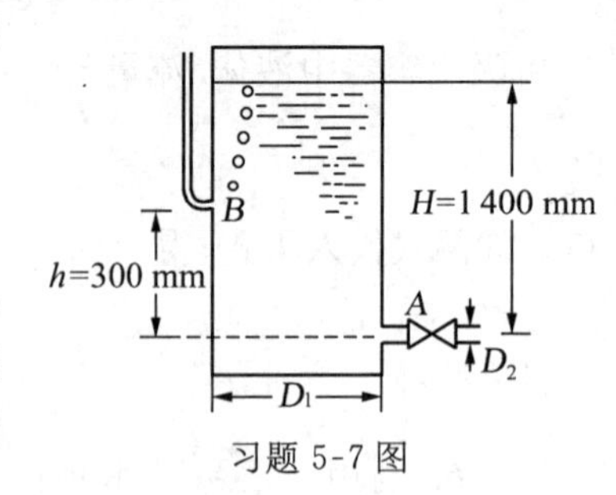

习题 5-7 图

解: (1) 由题意,与 B 管相接处的压强保持大气压, $p_B = p_0 = 1\,\text{atm}$. 在液面离 A 管的高度大于 h 时,由于 B 处维持在大气压强,A 处流速不变,因而 B 处的流速不变,找一根由 B 处到 A 处的流管计算,则由伯努利方程有

$$p_0 + \rho g h + \frac{1}{2}\rho v_B^2 = p_0 + \frac{1}{2}\rho v_A^2, \qquad ①$$

由连续性方程,

$$v_B \cdot S_B = v_A S_A,$$

即

$$v_B \cdot \pi\left(\frac{D_1}{2}\right)^2 = v_A \cdot \pi\left(\frac{D_2}{2}\right)^2,$$

$$v_B = \frac{D_2^2}{D_1^2} v_A. \qquad ②$$

两式联立,解得

$$v_A = D_1^2\sqrt{\frac{2gh}{D_1^4 - D_2^4}} = 0.8^2\sqrt{\frac{2\times 9.8\times 0.3}{0.8^4 - 0.025^4}} = 2.42\ (\text{m}\cdot\text{s}^{-1}).$$

(2)

$$v_B = \frac{D_2^2}{D_1^2} v_A = \frac{0.025^2}{0.8^2}\times 2.42 = 2.36\times 10^{-3}\ (\text{m}\cdot\text{s}^{-1}).$$

$$t = \frac{H-h}{v_B} = \frac{1.4 - 0.3}{2.36\times 10^{-3}} = 4.66\times 10^2\ (\text{s}).$$

(3) 贮槽开口,设液面处为 E,则 E 处为大气压 p_0,以 A 处为坐标原点,向上为 y 轴正方向,当液面处在 y 位置时,由伯努利方程,有

$$p_0 + \rho g y + \frac{1}{2}\rho v_E^2 = p_0 + \frac{1}{2}\rho v_A^2, \qquad ③$$

由连续性方程得

$$v_E \cdot \pi\left(\frac{D_1}{2}\right)^2 = v_A \pi\left(\frac{D_2}{2}\right)^2. \qquad ④$$

由③、④两式,解得

$$v_E = D_2^2\sqrt{\frac{2gy}{D_1^4 - D_2^4}}.$$

而 $v_E = -\dfrac{\mathrm{d}y}{\mathrm{d}t}$, 代入上式,得

$$-\frac{dy}{dt}=D_2^2\sqrt{\frac{2gy}{D_1^4-D_2^4}}.$$

化为积分式：

$$\int_0^t dt=-\frac{\sqrt{D_1^4-D_2^4}}{D_2^2\sqrt{2g}}\int_H^h\frac{dy}{\sqrt{y}},$$

得
$$t=\frac{2\sqrt{D_1^4-D_2^4}}{D_2^2\sqrt{2g}}(\sqrt{H}-\sqrt{h})\approx\sqrt{\frac{2}{g}}\cdot\frac{D_1^2}{D_2^2}(\sqrt{H}-\sqrt{h})$$
$$=\sqrt{\frac{2}{9.8}}\times\frac{0.8^2}{0.025^2}(\sqrt{1.4}-\sqrt{0.3})=294(\mathrm{s}).$$

5-8. 一注射器水平放置，其活塞的横截面积为 $S_1=1.2\,\mathrm{cm}^2$，喷口的面积为 $S_2=0.1\,\mathrm{mm}^2$，如用 $F=4.9\,\mathrm{N}$ 的力推活塞，使活塞移动 $l=4.0\,\mathrm{cm}$，则注射器中的液体流尽，问液体从注射器中流尽所需的时间是多少？（略去活塞与管壁的摩擦，设流体密度为 $\rho=10^3\,\mathrm{kg\cdot m^{-3}}$）

解：设活塞移动速度为 v_1，喷口出射速度为 v_2，由连续性方程得

$$v_1S_1=v_2S_2, \quad ①$$

由伯努利方程，得
$$p_0+\frac{F}{S_1}+\frac{1}{2}\rho v_1^2=p_0+\frac{1}{2}\rho v_2^2. \quad ②$$

两式联立，解得

$$v_1=\sqrt{\frac{2FS_2^2}{\rho S_1(S_1^2-S_2^2)}}.$$

如液体为水，则流尽所花时间为

$$t=\frac{l}{v_1}=\frac{l}{S_2}\sqrt{\frac{\rho S_1(S_1^2-S_2^2)}{2F}}\approx\frac{lS_1}{S_2}\sqrt{\frac{\rho S_1}{2F}}$$
$$=\frac{4\times10^{-2}\times1.2\times10^{-4}}{0.1\times10^{-6}}\sqrt{\frac{10^3\times1.2\times10^{-4}}{2\times4.9}}=5.3(\mathrm{s}).$$

5-9. 血液是粘滞流体，为维持血液的流动，心脏必须做功. 已知主动脉中的平均血压为 100 mmHg，平均血流速度为 $0.4\,\mathrm{m\cdot s^{-1}}$，心脏每分钟输出的血量为 5 000 mL，求心脏每分钟在体循环过程中所做的功.（体循环中，血液由左心室流出，经动脉、毛细管、静脉回到心脏的右心房.）

解：由实际流体的运动方程，单位体积的血液由左心室流到右心房的过程中因粘滞作用而消耗的机械能 w 为

$$w=(p_1+\rho gh_1+\frac{1}{2}\rho v_1^2)-(p_2+\rho gh_2+\frac{1}{2}\rho v_2^2),$$

式中 w 应等于心脏对单位体积血液所做的功，位置 1 和 2 分别代表左心室和右心房，因这两个位置高度相差无几，可认为 $h_1\approx h_2$，又由于血液到达静脉时速度已很小，可认为血液回到右心房时 $v_2\approx0$，同时，在右心房处，血压 $p_2\approx0$，于是，上式简化为

$$w \approx p_1 + \frac{1}{2}\rho v_1^2.$$

以 $p_1 = 100\ \text{mmHg} = 1.33 \times 10^4\ \text{Pa}$, $\rho \approx 10^3\ \text{kg} \cdot \text{m}^{-3}$ 及 $v_1 = 0.4\ \text{m} \cdot \text{s}^{-1}$ 代入上式,得

$$w = 1.33 \times 10^4 + \frac{1}{2} \times 10^3 \times 0.4^2 = 1.34 \times 10^4 (\text{J} \cdot \text{m}^{-3}).$$

心脏每分钟输出的血量为 5 000 mL $= 5 \times 10^{-3}\ \text{m}^3$,所以心脏每分钟做功为

$$W = 5 \times 10^{-3} \times 1.34 \times 10^4 = 67(\text{J}).$$

5-10. 一半径为 3.0 mm 的小动脉血管内出现一硬斑块,此处的有效半径为 2.0 mm,平均血流速度为 0.5 m/s,求:

(1) 小动脉血管内未变窄处的平均血流速度;

(2) 变狭窄处会不会发生湍流? 已知血液的粘度 $\eta = 3.0 \times 10^{-3}\ \text{Pa} \cdot \text{s}$, 密度 $\rho = 1.05 \times 10^3\ \text{kg} \cdot \text{m}^{-3}$.

(3) 血管狭窄处血流的动压强.

解: (1) 由连续性方程

$$v_1 S_1 = v_2 S_2,$$

式中 v_1、v_2 分别表示未变窄处和变窄处的动脉血管中的流速,S_1、S_2 分别表示它们的横截面积,由上式得

$$v_1 = \frac{S_2}{S_1} v_2 = \frac{\pi \times 2.0^2}{\pi \times 3.0^2} \times 0.5 = 0.22(\text{m} \cdot \text{s}^{-1}).$$

(2) 雷诺数

$$R_e = \frac{\rho v_2 r_2}{\eta} = \frac{1.05 \times 10^3 \times 0.5 \times 2 \times 10^{-3}}{3.0 \times 10^{-3}} = 350,$$

$R_e < 1\,000$, 故不会发生湍流.

(3) 血流的动压强

$$p_{动} = \frac{1}{2}\rho v_2^2 = \frac{1}{2} \times 1.05 \times 10^3 \times 0.5^2 = 131.3(\text{Pa}).$$

***5-11.** 如图所示,一泵在 A 处抽水,水平稳地流动,在 B 处的流速是 $20\ \text{cm} \cdot \text{s}^{-1}$, B 处截面积是 $6\ \text{cm}^2$, C 处截面积是 $1.0\ \text{cm}^2$,求流体压力计中水银柱高度 h.

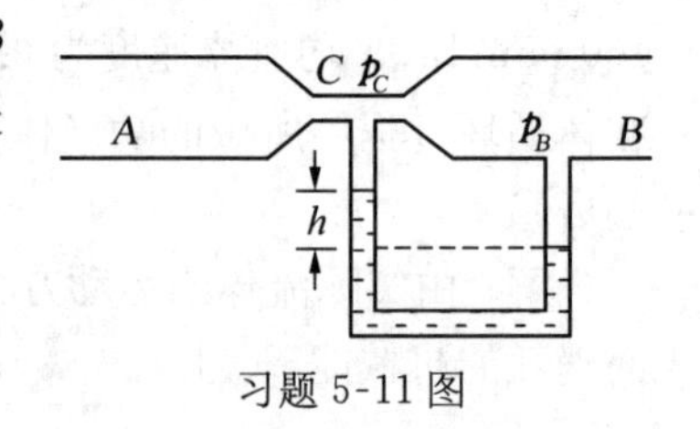

习题 5-11 图

解: 水管是水平的,所以无势能变化,由连续性方程得

$$v_C S_C = v_B S_B,$$

即

$$v_C = \frac{S_B}{S_C} v_B.$$

由伯努利方程得

$$p_B - p_C = \frac{1}{2}\rho v_C{}^2 - \frac{1}{2}\rho v_B{}^2,$$

压力计中水银高度和压强的关系为

$$p_B - p_C = (\rho_{水银} - \rho)gh.$$

由以上三式可解得

$$h = \frac{\rho v_B{}^2\left[\left(\frac{S_B}{S_C}\right)^2 - 1\right]}{2g(\rho_{水银} - \rho)} = \frac{10^3 \times (0.2)^2\left[\left(\frac{6}{1}\right)^2 - 1\right]}{2 \times 9.8(13.6 - 1) \times 10^3} \approx 5.7(\text{mm}).$$

*5-12. 如图所示,设有一均匀的 U 形管,在其底部有一隔膜,两个管内盛有不同高度的相同液体.现在设想在隔膜上穿一小孔,使流体从左管流向右管.

(1) 试证将伯努利方程应用到点“1”和点“3”处将得到与事实矛盾的结果;

(2) 试说明为什么伯努利方程在这里不适用.

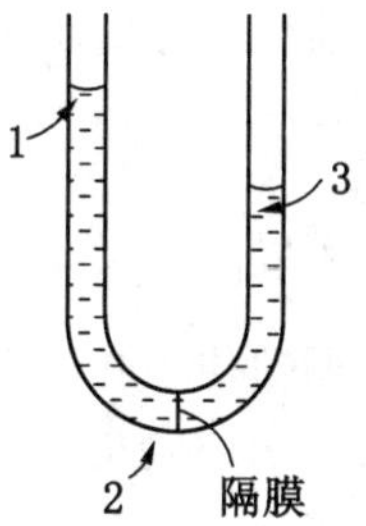

习题 5-12 图

解: (1) 过 1, 2, 3 点作一流线,对 1 和 3 点列伯努利方程:

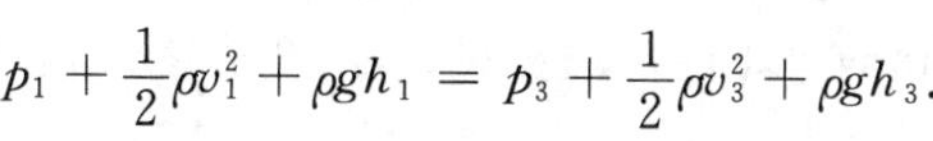

$$p_1 + \frac{1}{2}\rho v_1^2 + \rho g h_1 = p_3 + \frac{1}{2}\rho v_3^2 + \rho g h_3.$$

因为 $p_1 = p_3 = p_0$ (大气压).又根据连续性方程,得

$$v_1 = v_3.$$

由以上关系式得

$$h_1 = h_3.$$

这与题意 $h_1 > h_3$ 矛盾.

(2) 因为液体通过隔膜 2 的小孔时,产生流速不稳定的非定常流流动,与伯努利方程成立的条件之一——稳定流动相违背,因此在这里不能应用伯努利方程.

*5-13. 如图所示,水流过 A 管后分成两支流 B 和 C,已知三管的截面积分别为 $S_A = 100\ \text{cm}^2$, $S_B = 40\ \text{cm}^2$, $S_C = 80\ \text{cm}^2$; A、B 两管的流速分别为 $v_A = 40\ \text{cm}\cdot\text{s}^{-1}$ 和 $v_B = 30\ \text{cm}\cdot\text{s}^{-1}$, 试求 C 管中的流速 v_C.

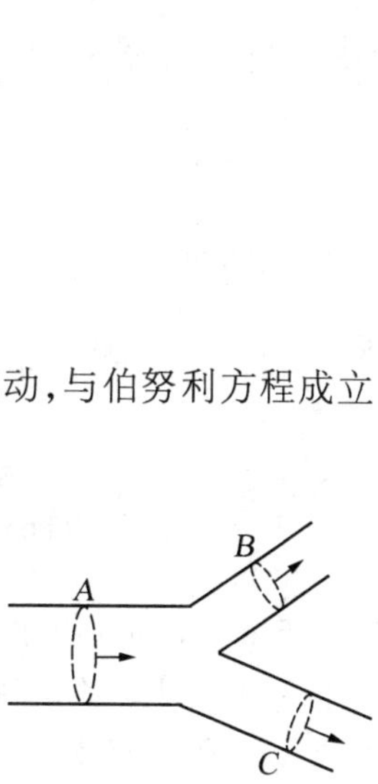

习题 5-13 图

解: 根据连续性方程应有

$$S_A v_A = S_B v_B + S_C v_C$$

$$v_C = \frac{S_A v_A - S_B v_B}{S_C} = \frac{(100\times 40 - 40\times 30)\times 10^{-6}}{80\times 10^{-4}} = 0.35(\text{m}\cdot\text{s}^{-1}).$$

*5-14. 某水手想用木板抵住船舱中一个正在漏水的孔,但力气不足,水总是把板冲开.后来在另一水手的帮助下,共同把板紧压住漏水的孔以后,他就可以一个人抵住木板了,试解释为什么两种情况需要的力不同?

解: 由伯努利方程可知,小孔喷出的水的速度为 $v = \sqrt{2gh}$, 未盖木板时,在 Δt 时间内小孔流出的水的质量为

$$\Delta m = \rho S v \Delta t.$$

式中 S 为小孔面积,这些水具有的动量为 $\Delta P_{动}$,

$$\Delta P_{动} = v\Delta m = \rho S v^2 \Delta t.$$

从而板要挡住水流须受力:

$$F = \frac{\Delta P_{动}}{\Delta t} = \rho S v^2 = 2\rho g h S.$$

盖住小孔后木板仅须承受流体静压力,

$$F' = PS = \rho g h S.$$

所以

$$F' = F/2.$$

即盖住小孔后顶紧木板所需的力小了.

*__5-15.__ 匀速地将水注入一容器,注入的流量为 $Q = 150\ \text{cm}^3 \cdot \text{s}^{-1}$;容器底有一面积为 $S = 0.5\ \text{cm}^2$ 的小孔,使水不断流出.求达稳定状态时,容器中水的深度.

解: 根据连续性方程,注入的流量应等于流出的流量,设小孔流速为 v_2,则

$$Q = Sv_2. \qquad ①$$

对容器底部小孔处和容器的水面应用伯努利方程,设水深为 h,水面流速 $v_1 \approx 0$,则

$$p_0 + \rho g h = p_0 + \frac{1}{2}\rho v_2^2. \qquad ②$$

由①和②两式可解得

$$h = \frac{Q^2}{2gS^2} = \frac{(150 \times 10^{-6})^2}{2 \times 9.8 \times (0.5)^2 \times 10^{-8}} = 0.46\ (\text{m}).$$

四、思考题解答

5-1. 试简要叙述下列各种名词所代表的物理意义:

(1) 可压缩流体与不可压缩流体;

(2) 理想流体与粘滞流体;

(3) 定常流动与不定常流动;

(4) 层流与湍流.

答: (1) 流体的密度保持不变的称为不可压缩流体,一般液体可看作是不可压缩流体.密度可变的则称为可压缩流体,如气体是可压缩流体,但考虑气体流动的许多问题却可视为不可压缩.

(2) 无内摩擦力或无粘滞性的流体为理想流体,有内摩擦力的称为粘滞流体.

(3) 如果空间各点的速度$\boldsymbol{v}$不随时间变化,则称这种流体的运动为定常流动.在定常流动中,各点压强和密度等物理量也不随时间变化.反之,流体在流动时空间各点的速度随时间变化,则称为不定常流动.

(4) 流体分层流动,各层互不混杂,只作相对滑动,这种分层流动称层流.当流速增大时,层流状态被破坏,流体就作不规则流动,各点速度有横向分量,这样的流动称湍流.

5-2. 伯努利方程的适用条件是什么？

答： 伯努利方程适用于不可压缩的理想流体作定常流动的情况.

5-3. 若两只船平行前进时靠得较近，为什么它们极易碰撞？

答： 由连续性方程 $Sv=$ 常量，河道窄处流速 v 大，又由伯努利方程，$\frac{1}{2}\rho v^2+p=$ 常量，即 v 大处 p 小，当两船平行靠近时，当中水道甚窄，v 较大，p 较小，故外侧压强大于内侧压强，使两船吸拢，极易相撞.

5-4. 如图所示为一喷雾器，从 D 管吹气，气体经小口 B 喷出时，便将容器中的液体由 A 管吸出，并吹成雾状飞散，试说明其原理.

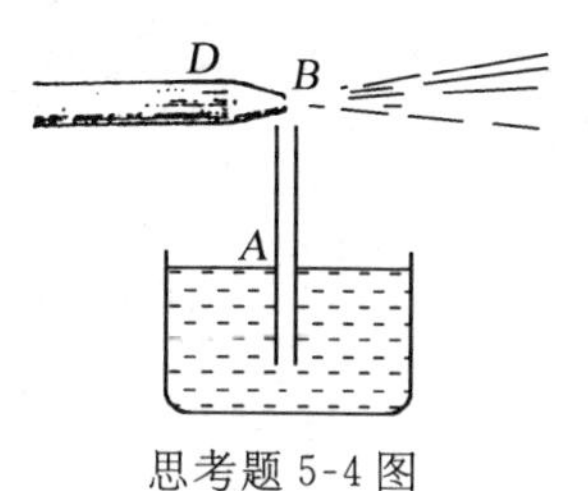

思考题 5-4 图

答： 由 $Sv=$ 常量，B 处 v 大，又由 $\frac{1}{2}\rho v^2+p=$ 常量知 B 处 p 小于 D 处，只要此处 p 足够小，便可使 A 管中液体上升流出，并被气流吹成雾状.

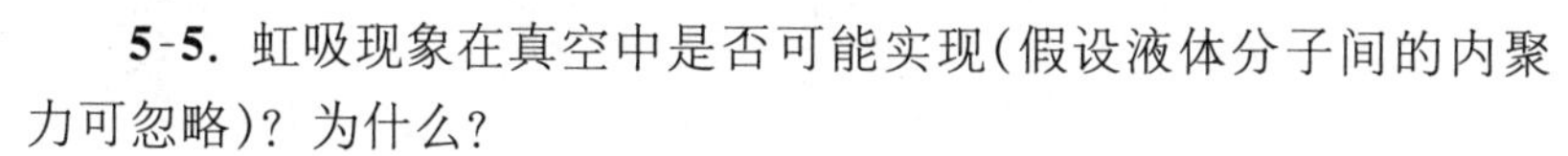

5-5. 虹吸现象在真空中是否可能实现（假设液体分子间的内聚力可忽略）？为什么？

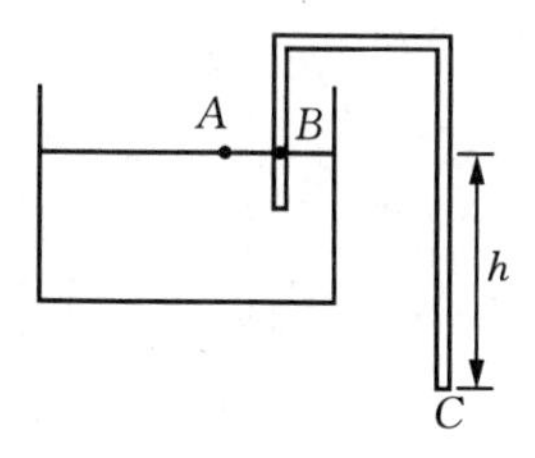

思考题 5-5 图

答： 在真空中不可能存在虹吸现象. 如图所示，设液面面积很大，液面流体的流速可视为零.

在液面上取一点 A，管中与 A 点等高处取一点 B，若存在虹吸现象，则应满足伯努利方程：

$$p_A=p_B+\frac{1}{2}\rho v_B^2$$

真空中 $p_A=0$，通常条件下 $p_B\geqslant 0$，因此应有 $v_B=0$，即管内不可能有流体流动.

5-6. 如图(a)所示，虹吸管的 AB 段中水由低处向高处流，其动力是什么？如果 B 处为虹吸管的出水口（见图(b)），水能否到达 B 处？

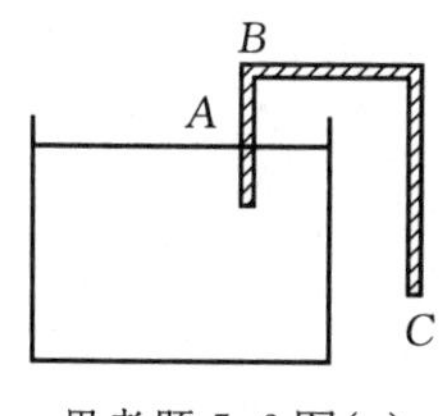

思考题 5-6 图(a)

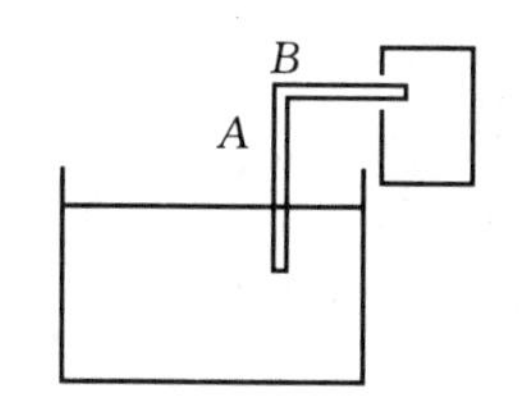

思考题 5-6 图(b)

答： 虹吸管的 AB 段中水由低处向高处流，其动力即 A、B 两点的压强差，因为 A 处压强为大气压，而按照伯努利方程，当虹吸管正常运行时，B 处压强小于大气压. 而在思考题 5-6 图(b)情形，A、B 两处压强均为大气压，应用伯努利方程，由于 B 处高度大于 A 处，会得到流速为虚数的不合理结果. 事实上此时由于 B 处势能高于 A 处，而压强又相等，无法形成向上的水流.

5-7. 在定常流动中，空间任一确定点流体的速度矢量 $\boldsymbol{v}$ 是恒定不变的，那么，流体质元是否可能有加速度？

答： 流体质元可以有加速度，因为空间不同位置处的 $\boldsymbol{v}$ 不同，质元必须经过加速才会变到另一个速度.

5-8. 如图所示,有三根竖直的管子连在一等截面的水平管道上,水平管道中流动着不可压缩的液体,但三根竖直管中的液面高度却表明压强沿着管道逐步下降,试说明之.

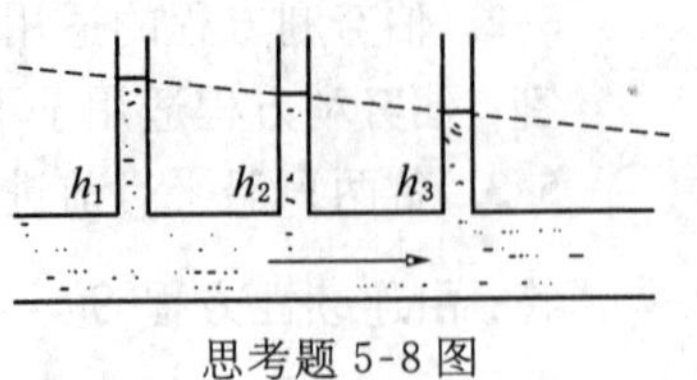

思考题 5-8 图

答: 实际流体有粘滞性,要维持其流动必须有压强差,由于水平管道中 S 相同,v 相同,$\frac{1}{2}\rho v^2$ 相同,由粘滞流体能量方程,$p_1 = p_2 + w$. 因此 $p_1 > p_2$, $h_1 > h_2$. 从而三根竖管中液面应逐步下降.

第六章　气体分子运动论

一、内容提要

1. 理想气体状态方程　$pV=\frac{M}{\mu}RT$,

$$R=8.31\ \mathrm{J\cdot mol^{-1}\cdot K^{-1}}.$$

2. 理想气体压强公式　$p=\frac{2}{3}n\bar{\varepsilon}_K,\ \bar{\varepsilon}_K=\frac{1}{2}m\overline{v^2}.$

压强和温度的关系为　$p=nkT,\ k=1.38\times10^{-23}\ \mathrm{J\cdot K^{-1}}.$

3. 温度的统计意义　$\bar{\varepsilon}_K=\frac{3}{2}kT.$

4. 麦克斯韦速率分布律

$$\frac{\mathrm{d}N}{N}=f(v)\mathrm{d}v=4\pi\left(\frac{m}{2\pi kT}\right)^{3/2}\mathrm{e}^{\frac{-mv^2}{2kT}}\cdot v^2\mathrm{d}v.$$

麦克斯韦速率分布函数

$$f(v)=4\pi\left(\frac{m}{2\pi kT}\right)^{3/2}\mathrm{e}^{\frac{-mv^2}{2kT}}\cdot v^2.$$

分布函数的归一化条件为$\int_0^\infty f(v)\mathrm{d}v=1.$

5. 三种速率

最概然速率　$v_p=\sqrt{\frac{2kT}{m}}=\sqrt{\frac{2RT}{\mu}},$

平均速率　$\bar{v}=\sqrt{\frac{8kT}{\pi m}}=\sqrt{\frac{8RT}{\pi\mu}},$

方均根速率　$\sqrt{\overline{v^2}}=\sqrt{\frac{3kT}{m}}=\sqrt{\frac{3RT}{\mu}}.$

6. 重力场中的玻耳兹曼分布律　$n=n_0\mathrm{e}^{-mgh/kT}.$

大气压随高度的变化　$p=p_0\mathrm{e}^{-mgh/kT}.$

7. 麦克斯韦-玻耳兹曼分布律

$$\mathrm{d}N=n_0\left(\frac{m}{2\pi kT}\right)^{3/2}\mathrm{e}^{-(\varepsilon_K+\varepsilon_P)/kT}\cdot\mathrm{d}v_x\mathrm{d}v_y\mathrm{d}v_z\mathrm{d}x\mathrm{d}y\mathrm{d}z.$$

8. 能量按自由度均分定理:在温度为 T 的平衡态物质中,分子的每一个自由度都具有相同的平均动能$\frac{1}{2}kT$.

每个分子的平均总能量为 $\bar{\varepsilon}=\dfrac{1}{2}(t+r+2s)kT$，

t，r，s 分别为平动、转动与振动自由度.

对单原子分子，$t=3$，$s=r=0$，$\bar{\varepsilon}=\dfrac{3}{2}kT$；

对双原子分子，$t=3$，$r=2$，$s=1$，$\bar{\varepsilon}=\dfrac{7}{2}kT$ (高温下).

9. 一摩尔理想气体的内能为 $U=\dfrac{1}{2}(t+r+2s)RT$，

定容摩尔热容量 $C_v=\dfrac{1}{2}(t+r+2s)R$.

10. 分子的平均碰撞频率 $\bar{Z}=\sqrt{2}\pi d^2 n\bar{v}$，

分子的平均自由程 $\bar{\lambda}=\dfrac{1}{\sqrt{2}\pi d^2 n}=\dfrac{kT}{\sqrt{2}\pi d^2 p}$.

N_0 个分子中自由程大于 l 的分子数 $N=N_0 e^{-\frac{l}{\lambda}}$.

11. 粘滞—动量输运 $dP=-\dfrac{1}{3}\rho\bar{v}\bar{\lambda}\left(\dfrac{du}{dz}\right)\cdot dSdt$.

12. 扩散—质量输运 $dM=-\dfrac{1}{3}\bar{v}\bar{\lambda}\left(\dfrac{d\rho}{dz}\right)dSdt$.

13. 热传导—能量输运 $dQ=-\dfrac{1}{3}\rho c_v\bar{v}\bar{\lambda}\left(\dfrac{dT}{dz}\right)dSdt$.

二、自学指导和例题解析

本章要求掌握理想气体的微观模型，熟悉统计平均的概念和掌握求统计平均值的方法；要理解气体压强的统计意义和温度的微观解释；理解单个分子运动所服从的力学规律和大量分子的运动所服从的统计规律性之间的关系，了解统计规律必然伴随着涨落现象；学会用麦克斯韦速率分布函数求与分子热运动有关的物理量的平均值；掌握玻耳兹曼分布律和粒子在重力场中按高度的分布；掌握能量均分定理等. 在学习本章内容时，应注意以下几点：

(1) 为使统计平均值稳定，观测分子运动时所取的体积元 dV 必须是宏观小而微观大，观测时间 dt 必须是宏观短而微观长. 所取的小体积从宏观上看足够小，能使求出的宏观量准确地反映该处的宏观性质，从微观上说，小体积要足够大，里面有足够多的分子，这样，对统计平均值的涨落才可忽略；宏观上观察时间足够短才能充分表现宏观量在任意时刻的数值，而微观上观测的时间足够长才可使微观上随时间的变化情形在宏观上不显示出来. 例如，在小体积 dV 中，从微观上看，在任何短的时间内均有许多分子出入于 dV 内，因而 dV 内的分子数是涨落不定的，但从宏观上看，在宏观短的时间内进入 dV 的分子数与离开 dV 的分子数相等，因而 dV 内的分子数是恒定的.

(2) 温度是标志物体内部分子无规则热运动激烈程度的一个物理量，由 $\bar{\varepsilon}=\dfrac{3}{2}kT$ 可知，温度是大量分子热运动的宏观表现，具有统计的意义，个别分子的运动不适用温度的概念.

(3) 当宏观条件确定以后，系统的微观状态并没有完全确定，各种可能的微观状态很多，它们各以一定的概率出现，从而导致了统计规律性.

（4）平衡态与稳定态是不同的，例如一根金属杆的两端分别放在两个不同温度的大热源中，虽然杆上各处有不同的温度，但对于某一确定点来说，其温度是确定的，这时，杆处在一个宏观性质不随时间变化的稳定状态，但不能说是平衡态．只有不受外界影响的稳定态才是平衡态，这时必定不存在能量传递和物质交流，即平衡态中不存在输运．

（5）麦克斯韦速率分布函数 $f(v)$ 的物理意义是表示分布在速率 v 附近单位速率间隔内的分子数占总分子数的比率，若用 N 表示一定量气体的总分子数，$\mathrm{d}N$ 表示速率分布在 $v \to v+\mathrm{d}v$ 区间内的分子数，则 $f(v)$ 可表示为

$$f(v)=\frac{\mathrm{d}N}{N\mathrm{d}v}.$$

必须理解以下各式的物理意义：

a. $f(v)\mathrm{d}v$ 表示分布在速率 v 附近 $\mathrm{d}v$ 间隔内的分子数占总分子数的比率．

b. $Nf(v)\mathrm{d}v$ 表示分布在速率 v 附近 $\mathrm{d}v$ 间隔内的分子数．

c. $\int_{v_1}^{v_2} f(v)\mathrm{d}v$ 表示分布在速率 $v_1 \to v_2$ 区间里的分子数占总分子数的比率．

d. $\int_{v_1}^{v_2} Nf(v)\mathrm{d}v$ 表示分布在速率 $v_1 \to v_2$ 区间里的分子数．

e. $\int_{v_1}^{v_2} vf(v)\mathrm{d}v$ 表示分布在速率 $v_1 \to v_2$ 区间里的分子的速率总和与总分子数的比．

f. $\int_{v_1}^{v_2} Nvf(v)\mathrm{d}v$ 表示分布在速率 $v_1 \to v_2$ 区间里的分子速率的总和．

g. $\dfrac{\int_{v_1}^{v_2} vf(v)\mathrm{d}v}{\int_{v_1}^{v_2} f(v)\mathrm{d}v}=\dfrac{N\int_{v_1}^{v_2} vf(v)\mathrm{d}v}{N\int_{v_1}^{v_2} f(v)\mathrm{d}v}$，

上式右边的分母表示 v_1 到 v_2 间的分子总数，分数的分子表示同一速率区间内的所有分子的速率之和，所以上式表示速率在 v_1 到 v_2 区间内的分子速率的平均值．

例题

例 6-1　用麦克斯韦速率分布证明，速率和平均能量的涨落分别为

$$\overline{(v-\bar{v})^2}=\frac{kT}{m}\left(3-\frac{8}{\pi}\right),\ \overline{(\varepsilon-\bar{\varepsilon})^2}=\frac{3}{2}(kT)^2.$$

在证明过程中，可以利用以下的递推公式和积分公式：

$$I_n=\int_0^{\infty}\mathrm{e}^{-\alpha x^2}x^n\mathrm{d}x=\frac{n-1}{2\alpha}I_{n-2},$$

$$I_0=\int_0^{\infty}\mathrm{e}^{-\alpha x^2}\mathrm{d}x=\frac{1}{2}\sqrt{\frac{\pi}{\alpha}},$$

$$I_1=\int_0^{\infty}\mathrm{e}^{-\alpha x^2}x\mathrm{d}x=\frac{1}{2\alpha}.$$

证： 利用

$$\bar{v}=\int_0^{\infty}vf(v)\mathrm{d}v=\sqrt{\frac{8kT}{\pi m}},$$

$$\overline{v^2} = \int_0^\infty v^2 f(v)\mathrm{d}v = \frac{3kT}{m},$$

可得

$$\overline{(v-\overline{v})^2} = \overline{(v^2 - 2v\overline{v} + \overline{v}^2)} = \overline{v^2} - \overline{v}^2 = \frac{3kT}{m} - \frac{8kT}{\pi m} = \frac{kT}{m}\left(3 - \frac{8}{\pi}\right);$$

而

$$\overline{\varepsilon} = \frac{1}{2}m\overline{v^2} = \frac{3}{2}kT,$$

$$\overline{\varepsilon^2} = \overline{\left(\frac{1}{2}mv^2\right)^2} = \frac{1}{4}m^2\,\overline{v^4} = \frac{1}{4}m^2\int_0^\infty v^4 f(v)\mathrm{d}v = \frac{1}{4}m^2\int_0^\infty 4\pi\left(\frac{m}{2\pi kT}\right)^{3/2}\mathrm{e}^{\frac{-mv^2}{2kT}}v^2\cdot v^4\mathrm{d}v.$$

设 $\alpha = \dfrac{m}{2kT}$，上式化为

$$\overline{\varepsilon^2} = \frac{m^2\alpha^{3/2}}{\sqrt{\pi}}\int_0^\infty \mathrm{e}^{-\alpha x^2}x^6\mathrm{d}x,$$

$$I_6 = \int_0^\infty \mathrm{e}^{-\alpha x^2}x^6\mathrm{d}x = \frac{6-1}{2\alpha}\cdot I_4 = \frac{5}{2\alpha}\cdot\frac{3}{2\alpha}I_2 = \frac{5\times 3}{(2\alpha)^2}\cdot\frac{1}{2\alpha}I_0 = \frac{15}{(2\alpha)^3}\cdot\frac{1}{2}\sqrt{\frac{\pi}{\alpha}}.$$

代入得

$$\overline{\varepsilon^2} = \frac{m^2\alpha^{3/2}}{\sqrt{\pi}}\cdot\frac{15}{16\alpha^3}\sqrt{\frac{\pi}{\alpha}} = \frac{15}{4}(kT)^2.$$

因此

$$\overline{(\varepsilon-\overline{\varepsilon})^2} = \overline{(\varepsilon^2 - 2\varepsilon\overline{\varepsilon} + \overline{\varepsilon}^2)} = \overline{\varepsilon^2} - \overline{\varepsilon}^2 = \frac{15}{4}(kT)^2 - \left(\frac{3}{2}kT\right)^2 = \frac{3}{2}(kT)^2.$$

例 6-2 一容器被一隔板分隔成两部分，其中气体的压强分别为 p_1 和 p_2，而温度都是 T，摩尔质量都是 μ，隔板上开有一面积为 S 的小孔，若小孔是如此之小，以致于分子从小孔射出或射入对每部分气体平衡态的扰动都可以忽略，试证每秒通过小孔的气体质量为

$$M = \sqrt{\frac{\mu}{2\pi RT}}(p_1 - p_2)S.$$

证： 由题意，小孔很小，分子从小孔出入不影响气体的平衡状态，这样，每一部分气体在单位时间内通过小孔射出的分子数就等于未曾有孔时在小孔面积上碰撞的分子数，已知每秒钟能与面积为 S 的器壁相碰的分子数为 $\frac{1}{4}n\overline{v}S$（见本章习题 6-11 解答），若气体分子的质量为 m，则这些分子的总质量为 $\frac{1}{4}n\overline{v}Sm$. 设隔板两边气体分子的数密度分别为 n_1 和 n_2，并假定隔板两边到达小孔的分子都能通过小孔，则每秒钟通过小孔的气体质量等于两侧气体通过小孔的分子质量之差，即

$$M = \frac{1}{4}n_1\overline{v}Sm - \frac{1}{4}n_2\overline{v}Sm = \frac{1}{4}S\cdot\frac{\mu}{N_A}\sqrt{\frac{8kT}{\pi m}}\left(\frac{p_1}{kT} - \frac{p_2}{kT}\right)$$

$$= \sqrt{\frac{\mu}{2\pi RT}}(p_1 - p_2)S.$$

例 6-3　试估算地球大气总质量是多少？如果认为大气的密度按地表海平面的密度（$\rho(0)=1.29\ \mathrm{kg/m^3}$）均匀分布，大气层的等效高度约为多少？已知 $T=300\ \mathrm{K}$，空气的平均摩尔质量为 $2.9\times10^{-2}\ \mathrm{kg\cdot mol^{-1}}$，地球半径为 $6.4\times10^{6}\ \mathrm{m}$.

解： 按玻耳兹曼分布，大气密度按高度 z 的分布为

$$\rho(z)=\rho(0)\mathrm{e}^{-mgz/kT},$$

式中 m、k 分别为分子质量和玻耳兹曼常量，T 为大气绝对温度，假设温度处处相同. 密度分布具有球对称性，取半径 $r=R_{地}+z$、厚度为 $\mathrm{d}r$ 的球壳作为体积元 $\mathrm{d}V$，该体积元中的质量为

$$\mathrm{d}M=\rho(z)\mathrm{d}V=\rho(0)\mathrm{e}^{-mgz/kT}\cdot4\pi r^2\mathrm{d}r=4\pi\rho(0)\mathrm{e}^{-mgz/kT}(R_{地}+z)^2\mathrm{d}(R_{地}+z).$$

上式中 $R_{地}$ 为地球半径，对上式积分可得大气总质量：

$$\begin{aligned}M&=\int_0^M\mathrm{d}M=\int_0^\infty4\pi\rho(0)\mathrm{e}^{-mgz/kT}(R_{地}+z)^2\mathrm{d}z\\&=4\pi\rho(0)R_{地}^3\left[\frac{kT}{mgR_{地}}+2\left(\frac{kT}{mgR_{地}}\right)^2+2\left(\frac{kT}{mgR_{地}}\right)^3\right].\end{aligned}$$

由于

$$\frac{kT}{mgR_{地}}=\frac{1.38\times10^{-23}\times300}{\dfrac{2.9\times10^{-2}}{6.02\times10^{23}}\times9.8\times6.4\times10^6}\approx0.0014\ll1,$$

上式保留第一项，得

$$M=4\pi\rho(0)R_{地}^3\cdot\frac{kT}{mgR_{地}}=4\pi\times1.29\times(6.4\times10^6)^3\times0.0014=5.9\times10^{18}(\mathrm{kg}).$$

由题意，若大气密度均匀分布，则等效高度为 h，得

$$M=\rho(0)\int_{R_{地}}^{R_{地}+h}4\pi r^2\mathrm{d}r=\frac{4\pi}{3}\rho(0)\cdot[(R_{地}+h)^3-R_{地}^3]=\frac{4\pi}{3}\rho(0)[3R_{地}^2h+3R_{地}h^2+h^3].$$

因为一般情形下 $R_{地}\gg h$，所以上式括号中保留第一项：

$$M\approx4\pi R_{地}^2\rho(0)h,$$

$$h\approx\frac{M}{4\pi R_{地}^2\rho(0)}=\frac{5.9\times10^{18}}{4\pi\times(6.4\times10^6)^2\times1.29}\approx8.9(\mathrm{km}).$$

例 6-4　湖面上的空气处于稳定的温度 $t_1=-1\ ℃$，已知湖水的温度 $t_0=0\ ℃$，为了能在湖面上安全地滑冰，要求冰的厚度 $D=10\ \mathrm{cm}$，问经过多少时间以后才可以安全地进行滑冰？设冰的熔解热 $\lambda=3.35\times10^5\ \mathrm{J\cdot kg^{-1}}$，冰的密度 $\rho=9.2\times10^2\ \mathrm{kg\cdot m^{-3}}$，冰的导热系数 $\kappa=2.09\ \mathrm{W\cdot m^{-1}\cdot K^{-1}}$.

解： 当冰的厚度为 x 时，冰层上、下表面间的温度差 $\Delta T=1\ \mathrm{K}$，因此温度梯度为 $\dfrac{\mathrm{d}T}{\mathrm{d}x}=\dfrac{1}{x}$，$\mathrm{d}t$ 时间内通过 $\mathrm{d}S$ 面传递的热量为

$$\mathrm{d}Q_1=-\kappa\left(\frac{\mathrm{d}T}{\mathrm{d}x}\right)\mathrm{d}S\mathrm{d}t.$$

则 $\mathrm{d}t$ 时间内通过整个冰面面积 S 传递的热量为

$$\mathrm{d}Q=-\kappa\left(\frac{\mathrm{d}T}{\mathrm{d}x}\right)S\mathrm{d}t=-\kappa\left(\frac{1}{x}\right)S\mathrm{d}t. \qquad ①$$

这些热量由冰面散发到大气中.

若在 $\mathrm{d}t$ 时间内所散发的热量能使冰层的厚度增加 $\mathrm{d}x$,则必有

$$\mathrm{d}Q=\lambda\rho\mathrm{d}V=\lambda\rho S\mathrm{d}x. \qquad ②$$

由①、②两式得

$$\kappa\mathrm{d}t=\lambda\rho x\,\mathrm{d}x.$$

将上式两边积分

$$\int_0^t\kappa\mathrm{d}t=\int_0^D\lambda\rho x\,\mathrm{d}x,$$

即得

$$\kappa t=\frac{1}{2}\rho\lambda D^2,$$

$$t=\frac{\rho\lambda D^2}{2\kappa}=\frac{9.2\times10^2\times3.35\times10^5\times0.01}{2\times2.09}=7.37\times10^5(\mathrm{s})\approx8.5(\mathrm{d}).$$

例 6-5 设地球大气层是等温的,$T=300\ \mathrm{K}$,一氢气球自地面上升,当其体积变为在地面的 1.5 倍时,它所处的高度 h 是多少?假设在上升过程中氢气球内外的压强时时相等,空气的平均摩尔质量为 $28.9\times10^{-3}\ \mathrm{kg/mol}$.

解: 设地面压强为 p_0,气球体积为 V_0,在高度 h 处压强和体积为 p 和 V. 由等温过程

$$p_0V_0=pV; \qquad ①$$

由等温气压公式

$$p=p_0\mathrm{e}^{\frac{-\mu gh}{RT}}, \qquad ②$$

即

$$h=\frac{RT}{\mu g}\ln\frac{p_0}{p}.$$

将①式代入,得

$$h=\frac{RT}{\mu g}\ln\frac{V}{V_0}=\frac{8.31\times300}{28.9\times10^{-3}\times9.8}\ln\frac{1.5V_0}{V_0}=3.57\times10^3(\mathrm{m}).$$

例 6-6 使银原子淀积到玻璃基板上. 已知银原子具有动能 $E=10^{-15}\ \mathrm{J}$,冲击玻璃基板时产生的压强为 0.1 Pa. 试问在单位时间内玻璃基板上的银原子层增厚多少?银原子的摩尔质量为 0.108 kg/mol,密度为 $\rho=1.05\times10^4\ \mathrm{kg/m^3}$,并设每个冲击基板的银原子都沉积其上而不反弹.

解: 设 N 为单位时间淀积在玻璃基板单位面积上的银原子数,$\mathrm{d}t$ 时间淀积在 $\mathrm{d}S$ 面积上的银原子质量为

$$M=mN\mathrm{d}t\mathrm{d}S=\rho\mathrm{d}S\cdot\tau\mathrm{d}t,$$

式中 τ 为单位时间内银原子层增长的厚度. 由上式得

$$\tau = \frac{mN}{\rho}. \qquad ①$$

这些原子的动量为

$$P_{动} = mvN\,\mathrm{d}t\mathrm{d}S;$$

银原子淀积后动量变为零,因此给玻璃基板的冲量为

$$\overline{F}\mathrm{d}t = P_{动} = mvN\,\mathrm{d}t\mathrm{d}S;$$

从而得银原子对玻璃基板的压强为

$$P = \frac{\overline{F}}{\mathrm{d}S} = mvN. \qquad ②$$

由

$$E = \frac{1}{2}mv^2,$$

得

$$v = \sqrt{\frac{2E}{m}} = \sqrt{\frac{2EN_A}{\mu}}. \qquad ③$$

由①～③式得

$$\tau = \frac{P}{\rho}\sqrt{\frac{\mu}{2EN_A}} = \frac{0.1}{1.05\times10^4}\sqrt{\frac{0.108}{2\times10^{-15}\times6\times10^{23}}}$$
$$= 0.9(\mu\mathrm{m/s}).$$

三、习题解答

6-1. 某实验室的真空室中可获得的最低压强是 1.01×10^{-8} Pa,试问:在此压强和 300 K 温度下,1 cm^3 体积内有多少个分子?

解: 由压强方程

$$pV = nkT,$$

得

$$n = \frac{pV}{kT} = \frac{1.01\times10^{-8}\times10^{-6}}{1.38\times10^{-23}\times300} = 2.43\times10^6\ (个).$$

6-2. 有一容积为 V 的容器,中间用隔板分成体积相等的两部分,每部分分别有质量为 m 的分子 N_1 和 N_2 个,它们的方均根速率都是 v_0,求:

(1) 两者的密度和压强各为多少?

(2) 取走隔板,平衡后最终的密度、压强是多少?

解: (1) 按密度定义 $\rho = \dfrac{M}{V}$,

$$\rho_1 = \frac{mN_1}{\frac{1}{2}V} = \frac{2mN_1}{V},\ 同理\ \rho_2 = \frac{2mN_2}{V}.$$

$$pV = NkT = N\cdot\frac{2}{3}\cdot\frac{1}{2}m\overline{v^2} = \frac{1}{3}Nm\overline{v^2}.$$

$$p_1 = \frac{1}{3}N_1 mv_0^2 \Big/ \frac{V}{2} = \frac{2N_1 mv_0^2}{3V}, \text{同理 } p_2 = \frac{2N_2 mv_0^2}{3V}.$$

(2) 取走隔板
$$\rho = \frac{m(N_1 + N_2)}{V},$$

$$p = \frac{1}{3V}(N_1 + N_2)mv_0^2.$$

6-3. 上题中,若两边分子的方均根速率不同,各为 v_1 和 v_2,则情况如何?

解: (1) 同上题类似,$\rho_1 = \frac{2mN_1}{V}$, $\rho_2 = \frac{2mN_2}{V}$.

$$p_1 = \frac{2N_1 mv_1^2}{3V}, \ p_2 = \frac{2N_2 mv_2^2}{3V}.$$

(2) $\rho = \frac{m(N_1 + N_2)}{V}$,两边分子混合后,

$$\overline{v^2} = \frac{N_1 v_1^2 + N_2 v_2^2}{N_1 + N_2},$$

$$p = \frac{1}{3} \cdot nm\,\overline{v^2} = \frac{1}{3}\,\frac{N_1 + N_2}{V} \cdot m \cdot \frac{N_1 v_1^2 + N_2 v_2^2}{N_1 + N_2} = \frac{m(N_1 v_1^2 + N_2 v_2^2)}{3V}.$$

6-4. 在标准条件下氢的方均根速率为 $1.30 \times 10^3\ \mathrm{m \cdot s^{-1}}$,求这时氢的密度是多少?

解: 由状态方程 $pV = \frac{M}{\mu}RT$ 和 $\sqrt{\overline{v^2}} = \sqrt{\frac{3RT}{\mu}}$,得

$$\frac{RT}{\mu} = \frac{1}{3}\overline{v^2};$$

$$\rho = \frac{M}{V} = p \cdot \frac{\mu}{RT} = p \cdot \frac{3}{\overline{v^2}} = \frac{3 \times 1.013 \times 10^5}{(1.30 \times 10^3)^2} = 0.180(\mathrm{kg \cdot m^{-3}}).$$

6-5. 求在什么高度上大气压强是地面处的 75%,设空气温度 $t = 0\ ℃$ 且不随高度变化,空气的 $\mu = 2.89 \times 10^{-2}\mathrm{kg \cdot mol^{-1}}$

解: 由 $p = p_0 \mathrm{e}^{-mgh/kT} = p_0 \mathrm{e}^{-\mu gh/RT}$,得

$$h = \frac{RT}{\mu g}\ln\frac{p_0}{p} = \frac{8.31 \times 273}{2.89 \times 10^{-2} \times 9.8}\ln\frac{100}{75} = 2.3 \times 10^3(\mathrm{m}).$$

6-6. 求分子速率倒数的平均值 $\overline{v^{-1}}$(用 kT 表示).

解: $\overline{v^{-1}} = \int_0^\infty \frac{1}{v}f(v)\mathrm{d}v = 4\pi\left(\frac{m}{2\pi kT}\right)^{3/2}\int_0^\infty \frac{1}{v} \cdot v^2 \mathrm{e}^{\frac{-mv^2}{2kT}}\mathrm{d}v$

$$= 4\pi\left(\frac{m}{2\pi kT}\right)^{3/2} \cdot \frac{1}{2}\left(-\frac{2kT}{m}\right)(\mathrm{e}^{-mv^2/2kT})\Big|_0^\infty$$

$$= \sqrt{\frac{2m}{\pi kT}}.$$

6-7. 设氢气的温度为 300 ℃,求速率在 $3\,000\ \mathrm{m \cdot s^{-1}}$ 到 $3\,010\ \mathrm{m \cdot s^{-1}}$ 之间的分子数 ΔN_1 与速率在最概然速率 v_p 到 $v_p + 10\mathrm{m \cdot s^{-1}}$ 之间的分子数 ΔN_2 之比.

解: $\Delta N_1 = Nf(v)\Delta v \quad v = 3\,000\ \mathrm{m \cdot s^{-1}}, \ \Delta v = 10\mathrm{m \cdot s^{-1}}$;

$$\Delta N_2 = Nf(v_p)\Delta v_p \quad v_p = \sqrt{\frac{2RT}{\mu}},\ \Delta v = 10\ \mathrm{m \cdot s^{-1}};$$

$$f(v) = 4\pi\left(\frac{m}{2\pi kT}\right)^{3/2} v^2 e^{-mv^2/2kT} \quad T = 273 + 300 = 573.$$

两者之比 $\dfrac{\Delta N_1}{\Delta N_2} = e^{m(v_p^2 - v^2)/2kT} \cdot \dfrac{v^2}{v_p^2} = e^{m\left(\frac{2kT}{m} - v^2\right)/2kT} \cdot \dfrac{v^2\mu}{2RT} = e^{\left(1 - \frac{\mu v^2}{2RT}\right)} \cdot \dfrac{v^2\mu}{2RT}$

$$= e^{\left(1 - \frac{2\times10^{-3}\times9\times10^6}{2\times8.31\times573}\right)} \times \frac{9\times10^6\times2\times10^{-3}}{2\times8.31\times573} = e^{-0.89}\times1.89 = 0.78.$$

6-8. 试求速率在与最概然速率 v_p 相差 $0.01v_p$ 范围内的分子数占总分子数的百分比.

解: $\Delta N = Nf(v_p)\Delta v_p,\ v_p = \sqrt{\dfrac{2RT}{\mu}},\ \Delta v_p = 0.02v_p;$

$$\frac{\Delta N}{N} = f(v_p)\Delta v_p = 4\pi\left(\frac{\mu}{2\pi RT}\right)^{3/2} v_p^2 e^{\frac{-\mu v_p^2}{2RT}} \times 0.02 \cdot v_p = \frac{4\times0.02}{\sqrt{\pi}e} = 1.66\%.$$

6-9. 设一体系的速率分布函数为 $f(v)$,已知

$$\begin{cases} Nf(v) = (5\times10^{20})\sin\dfrac{\pi v}{10^3}\ \mathrm{m^{-1}\cdot s},\ 0\leqslant v\leqslant 10^3; \\ Nf(v) = 0, \qquad\qquad\qquad\qquad v > 10^3. \end{cases}$$

试求:(1) 体系的粒子总数;

(2) 平均速率;

(3) 方均根速率.

解: (1) $N = \displaystyle\int_0^\infty Nf(v)\mathrm{d}v = \int_0^{10^3} 5\times10^{20}\sin\frac{\pi v}{10^3}\mathrm{d}v$

$$= \frac{5\times10^{23}}{\pi}\left(-\cos\frac{\pi v}{10^3}\right)\Bigg|_0^{10^3} = 2\times\frac{5}{\pi}\times10^{23} = 3.18\times10^{23}.$$

(2) $\bar{v} = \dfrac{1}{N}\displaystyle\int_0^{10^3} vNf(v)\mathrm{d}v = \frac{1}{N}\int_0^{10^3} v\times5\times10^{20}\sin\frac{\pi v}{10^3}\mathrm{d}v$

$$= -\frac{5\times10^{23}}{N\pi}\left[\left(v\cos\frac{\pi v}{10^3}\right)\Bigg|_0^{10^3} - \int_0^{10^3}\cos\frac{\pi v}{10^3}\mathrm{d}v\right]$$

$$= -\frac{5\times10^{23}}{N\pi}\left[-10^3 - \frac{10^3}{\pi}\sin\frac{\pi v}{10^3}\Bigg|_0^{10^3}\right] = \frac{5\times10^{26}}{N\pi}$$

$$= \frac{5\times10^{26}}{3.18\times10^{23}\pi} = 500(\mathrm{m\cdot s^{-1}}).$$

(3) $\overline{v^2} = \dfrac{1}{N}\displaystyle\int_0^{10^3} v^2\times5\times10^{20}\sin\frac{\pi v}{10^3}\mathrm{d}v$

$$= \frac{-5\times10^{23}}{N\pi}\left[v^2\cos\frac{\pi v}{10^3}\Bigg|_0^{10^3} - \int_0^{10^3}\cos\frac{\pi v}{10^3}\mathrm{d}v^2\right]$$

$$= \frac{5\times10^{23}}{N\pi}\left\{10^6 + \frac{2\times10^3}{\pi}\left[\left(v\sin\frac{\pi v}{10^3}\right)\Bigg|_0^{10^3} - \int_0^{10^3}\sin\frac{\pi v}{10^3}\mathrm{d}v\right]\right\}$$

$$= \frac{5\times10^{23}}{N\pi}\left[10^6 + \frac{2\times10^3}{\pi}\cdot\frac{10^3}{\pi}\cos\frac{\pi v}{10^3}\Bigg|_0^{10^3}\right] = 3.0\times10^5.$$

$$\sqrt{\overline{v^2}} = \sqrt{3.0\times10^5} = 548(\mathrm{m\cdot s^{-1}}).$$

6-10. 导体中自由电子的运动可看作类似于气体中分子的运动，设导体中共有 N 个自由电子，其中电子的最大速率为 v_m，电子在 $v \sim v+\mathrm{d}v$ 之间的概率为

$$\frac{\mathrm{d}N}{N}=\begin{cases}Av^2\mathrm{d}v & (v_m \geqslant v \geqslant 0);\\ 0 & (v > v_m).\end{cases}$$

式中 A 为常量.

(1) 画出电子速率分布函数图；

(2) 用 v_m 定出常量 A；

(3) 求导体中 N 个电子的平均速率.

解：(1) 根据已知条件，电子速率分布函数如图所示.

(2) 根据速率分布函数的归一化条件得

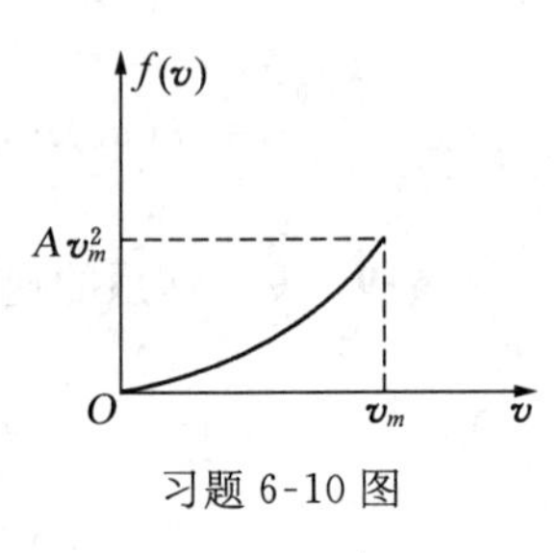

习题 6-10 图

$$\int_0^N \frac{\mathrm{d}N}{N}=\int_0^\infty f(v)\mathrm{d}v=\int_0^{v_m}Av^2\mathrm{d}v+\int_{v_m}^\infty 0\cdot\mathrm{d}v=\frac{A}{3}v_m^3=1,$$

得 $$A=\frac{3}{v_m^3}.$$

(3) $$\bar{v}=\frac{\int v\mathrm{d}N}{N}=\int_0^\infty vf(v)\mathrm{d}v=\int_0^{v_m}v\cdot Av^2\mathrm{d}v=\frac{1}{4}Av_m^4$$

$$=\frac{1}{4}\times\frac{3}{v_m^3}\times v_m^4=\frac{3}{4}v_m.$$

6-11. 试由麦克斯韦速度分布律求证每秒和单位面积器壁相碰的分子数是 $\frac{1}{4}n\bar{v}$（式中 n 是容器单位体积内的分子数，$\bar{v}$ 是分子运动的平均速率）.

解：单位体积中，速率在 $v_x \sim v_x+\mathrm{d}v_x$ 之间的分子数为 $nf(v_x)\mathrm{d}v_x$，在 $\mathrm{d}t$ 时间中能与 $\mathrm{d}S$ 面积相碰的分子数是位于以 $\mathrm{d}S$ 为底、$v_x\cdot\mathrm{d}t$ 为高的柱体内的分子，这些分子中速率在 $v_x \sim v_x+\mathrm{d}v_x$ 之间的分子数为

$$nf(v_x)\mathrm{d}v_x\cdot(v_x\mathrm{d}t\mathrm{d}S).$$

单位时间碰到单位器壁上的分子数为上式除以 $\mathrm{d}t\mathrm{d}S$，得

$$\mathrm{d}N=nf(v_x)\cdot v_x\mathrm{d}v_x=n\left(\frac{m}{2\pi kT}\right)^{1/2}v_x\mathrm{e}^{-\frac{mv_x^2}{2kT}}\mathrm{d}v_x.$$

由于 $v_x<0$ 的分子不可能与 $\mathrm{d}S$ 相碰，故上式从 0 到 ∞ 对 v_x 积分，即得每秒碰到单位器壁面上的分子数为

$$N=\int_0^\infty\mathrm{d}N=\int_0^\infty n\left(\frac{m}{2\pi kT}\right)^{1/2}\mathrm{e}^{-\frac{mv_x^2}{2kT}}v_x\mathrm{d}v_x=n\left(\frac{m}{2\pi kT}\right)^{1/2}\left(\frac{-kT}{m}\right)\mathrm{e}^{\frac{-mv_x^2}{2kT}}\Big|_0^\infty$$

$$=n\left(\frac{m}{2\pi kT}\right)^{1/2}\left(\frac{kT}{m}\right)=n\left(\frac{kT}{2\pi m}\right)^{1/2}=\frac{1}{4}n\bar{v}.$$

6-12. 已知大气温度为 27 ℃且处处相同，求海拔 3 600 m 高处的氧气分子数密度 n 与海平面处氧气分子数密度 n_0 之比为多少？

解：重力场中粒子按高度的分布为

$$n = n_0 e^{-mgh/kT} = n_0 e^{-\mu gh/RT},$$

所以 $\dfrac{n}{n_0} = e^{-\mu gh/RT} = e^{-32\times10^{-3}\times9.8\times3\,600/(8.31\times300)} = 0.64.$

6-13. 已知单位时间内气体分子对单位面积器壁的碰壁数为 $\nu = \dfrac{dN}{dtdS} = \dfrac{1}{4}n\bar{v}$，若一宇宙飞船的体积为 $V = 27\ m^3$，舱内压强为 $p_0 = 1\ atm$，温度为与 $\bar{v} = 300\ m\cdot s^{-1}$ 相应的值，在飞行中被一陨石击中而在壁上形成一面积为 $1\ cm^2$ 的孔，以致舱内空气逸出．问需经多久舱内压强降到 $p = \dfrac{1}{e}p_0$？假定该过程中温度不变．

解： 由已知条件，单位时间从单位面积的孔中跑出去的分子数为 $\nu = \dfrac{1}{4}n\bar{v}$，则在面积为 S 的孔中 dt 时间内跑出去的分子数为舱内减少的分子数：

$$dN = -\frac{1}{4}n\bar{v}\cdot Sdt, \qquad ①$$

由 $$p = nkT = \frac{N}{V}kT,\ 得\ \frac{p}{p_0} = \frac{N}{N_0} = \frac{1}{e}, \qquad ②$$

N，N_0 分别是压强为 p 和 p_0 时舱内的分子数．①式改写为

$$dN = -\frac{1}{4}\frac{N}{V}\bar{v}S\,dt,$$

$$\frac{dN}{N} = -\frac{1}{4V}\bar{v}S\,dt,$$

两边积分 $$\int_{N_0}^{N}\frac{dN}{N} = -\frac{\bar{v}S}{4V}\int_0^t dt,$$

得 $$\ln\frac{N}{N_0} = -\frac{\bar{v}S}{4V}t.$$

用②式代入上式得 $t = \dfrac{\ln N/N_0}{-\bar{v}S/4V} = \dfrac{\ln e^{-1}}{-\bar{v}S}\cdot 4V = \dfrac{4V}{\bar{v}S} = \dfrac{4\times27}{300\times10^{-4}} = 3\,600(s)(=1\ h).$

6-14. 热水瓶胆的两壁间距为 $W = 5\ mm$，中间是 $t = 27\ °C$ 的氮气，氮分子有效直径 $d = 3.1\times10^{-10}\ m$，问瓶胆两壁间的压强应为多大才能起到较好的保温作用？

解： 当瓶胆中的分子平均自由程大于双壁间的距离时，热导率随压强降低而变得很小，可保证其隔热作用．即

$$W < \bar{\lambda} = \frac{kT}{\sqrt{2}\pi d^2 p},\ T = 273+27 = 300(K).$$

$$\therefore p < \frac{kT}{\sqrt{2}\pi d^2 W} = \frac{1.38\times10^{-23}\times300}{\sqrt{2}\pi(3.1\times10^{-10})^2\times5\times10^{-3}} = 1.94(Pa).$$

$$或\ p < \frac{1.94}{1.013\times10^5}\times760(mmHg) = 1.5\times10^{-2}(mmHg).$$

6-15. 一容积为 $10\ cm^3$ 的电子管，管内空气压强约为 $6.67\times10^{-4}\ Pa$，温度为 $300\ K$，试计算管内全部空气分子的平均平动动能的总和、平均转动动能的总和及平均动能的总和各为多少？

解： 设管内总分子数为 N，由

$$p = nkT = \frac{N}{V}kT,$$

得
$$N = \frac{pV}{kT} = \frac{6.67 \times 10^{-4} \times 10^{-5}}{1.38 \times 10^{-23} \times 300} = 1.61 \times 10^{12}(\text{个}).$$

空气分子可看成是双原子分子,常温(300 K)下平动自由度为3,转动自由度为2,总自由度为5,根据能量按自由度均分定理,可得分子的平均平动动能之总和为

$$\bar{\varepsilon}_{\text{平}} = \frac{3}{2}NkT = \frac{3}{2} \times 1.61 \times 10^{12} \times 1.38 \times 10^{-23} \times 300 = 10^{-8}(\text{J}).$$

分子的平均转动动能之总和为

$$\bar{\varepsilon}_{\text{转}} = \frac{2}{2}NkT = 1.61 \times 10^{12} \times 300 \times 1.38 \times 10^{-23} = 0.67 \times 10^{-8}(\text{J}).$$

分子的平均动能之总和为

$$\bar{\varepsilon}_k = \frac{5}{2}NkT = \frac{5}{2} \times 1.61 \times 10^{12} \times 1.38 \times 10^{-23} \times 300 = 1.67 \times 10^{-8}(\text{J}).$$

6-16. 设体积为V的容器内盛有质量为M_1和M_2的两种不同单原子理想气体,此混合气体处于平衡态时两种气体的内能相等,均为E,试求两种分子的平均速率$\overline{v_1}$和$\overline{v_2}$的比以及混合气体的压强.

解: M_1、M_2的平均速率及比值分别为

$$\overline{v_1} = \sqrt{\frac{8RT}{\pi\mu_1}},\ \overline{v_2} = \sqrt{\frac{8RT}{\pi\mu_2}},$$

$$\frac{\overline{v_1}}{\overline{v_2}} = \sqrt{\frac{\mu_2}{\mu_1}}. \quad ①$$

已知两种不同气体的内能相等,即

$$U = \frac{M_1}{\mu_1} \cdot \frac{3}{2}RT = \frac{M_2}{\mu_2} \cdot \frac{3}{2}RT = E,$$

得
$$\frac{\mu_2}{\mu_1} = \frac{M_2}{M_1}. \quad ②$$

代入①式得
$$\frac{\overline{v_1}}{\overline{v_2}} = \sqrt{\frac{\mu_2}{\mu_1}} = \sqrt{\frac{M_2}{M_1}}.$$

由状态方程及内能公式:

$$p_1V = \frac{M_1}{\mu_1}RT,\ E = \frac{3}{2}\frac{M_1}{\mu_1}RT,$$

得
$$E = \frac{3}{2}p_1V,\ p_1 = \frac{2E}{3V}.$$

同理,对M_2有
$$p_2 = \frac{2E}{3V}.$$

混合气体的压强为

$$p = p_1 + p_2 = \frac{4E}{3V}.$$

***6-17.** 导体中自由电子的运动可看作类似气体分子的运动(故称电子气). 设导体中共有 N 个自由电子,其中电子的最大速率为 u_F(称为费米速率). 电子速率在 $u \to u + \mathrm{d}u$ 之间的概率为

$$\frac{\mathrm{d}N}{N} = \begin{cases} \dfrac{4\pi A}{N}u^2\mathrm{d}u & (0 \leqslant u \leqslant u_F), \\ 0 & (u > u_F). \end{cases}$$

(1) 用 N 和 u_F 定出常量 A;

(2) 求电子气中电子的平均平动动能 $\overline{\varepsilon_k}$. 已知电子质量为 m.

解: (1) 由归一化条件

$$\int_0^\infty f(u)\mathrm{d}u = \int_0^{u_F} \frac{4\pi A}{N}u^2\mathrm{d}u = \frac{4\pi A u_F^3}{3N} = 1,$$

得

$$A = \frac{3N}{4\pi u_F^3}.$$

(2) $\overline{\varepsilon_k} = \dfrac{1}{2}m\overline{u^2} = \dfrac{1}{2}m\displaystyle\int_0^\infty u^2 f(u)\mathrm{d}u = \dfrac{1}{2}m\int_0^{u_F} u^2 \cdot \dfrac{4\pi A}{N}u^2\mathrm{d}u = \dfrac{3}{10}mu_F^2 = \dfrac{3}{5}E_F.$

这里 $E_F = \dfrac{1}{2}mu_F^2$ 为费米能量.

***6-18.** 有 N 个粒子,其速率分布曲线如图所示. 当 $v > 2v_0$ 时, $f(v) = 0$.

(1) 求常数 a;

(2) 求速率大于 v_0 和小于 v_0 的粒子数;

(3) 求粒子的平均速率.

解: (1) 由归一化条件

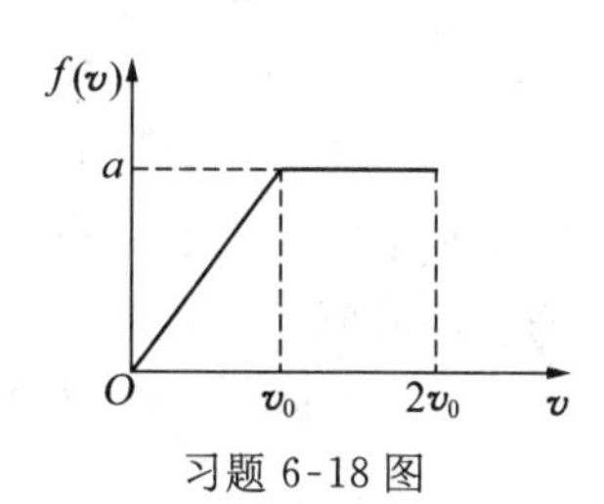

习题 6-18 图

$$\int_0^\infty f(v)\mathrm{d}v = \int_0^{2v_0} f(v)\mathrm{d}v = \int_0^{v_0} \frac{a}{v_0}\cdot v\mathrm{d}v + \int_{v_0}^{2v_0} a\mathrm{d}v$$

$$= \frac{a}{2}v_0 + av_0 = 1,$$

得

$$a = \frac{2}{3v_0}.$$

(2) 速率分布函数为

$$f(v) = \begin{cases} \dfrac{a}{v_0}v = \dfrac{2v}{3v_0^2} & (0 \leqslant v \leqslant v_0), \\ a = \dfrac{2}{3v_0} & (v_0 \leqslant v \leqslant 2v_0), \\ 0. \end{cases}$$

速率大于 v_0 的粒子数为

$$N_1 = \int_{v_0}^{2v_0} Nf(v)\mathrm{d}v = \int_{v_0}^{2v_0} N \cdot \frac{2}{3v_0}\mathrm{d}v = \frac{2}{3}N.$$

速率小于 v_0 的粒子数为

$$N_2=\int_0^{v_0}Nf(v)\mathrm{d}v=\int_0^{v_0}N\cdot\frac{2}{3v_0^2}v\mathrm{d}v=\frac{N}{3}.$$

$$(3)\ \overline{v}=\int_0^{\infty}vf(v)\mathrm{d}v=\int_0^{v_0}v\cdot\frac{2v}{3v_0^2}\cdot\mathrm{d}v+\int_{v_0}^{2v_0}v\cdot\frac{2}{3v_0}\mathrm{d}v$$

$$=\frac{2}{9}v_0+v_0=\frac{11}{9}v_0.$$

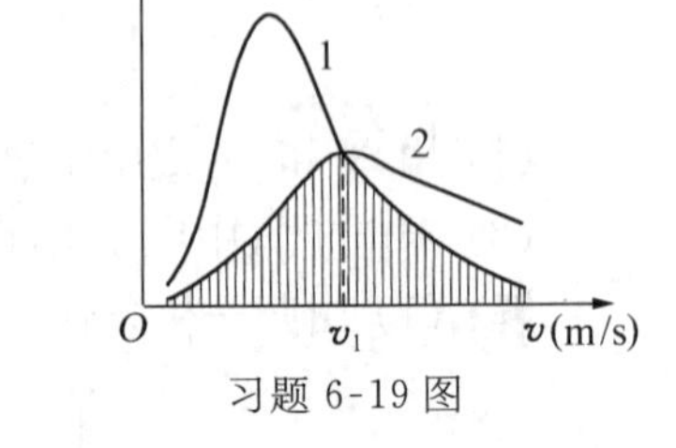

习题 6-19 图

* **6-19.** 图所示的两条曲线 1 和 2 分别表示同种理想气体分子在温度 T_1、T_2 时的麦克斯韦速率分布曲线.已知 $T_1<T_2$，曲线 2 的峰值恰在两曲线的交点,对应于 $v=v_1$，阴影部分的面积为 S_0,求曲线 1 对应的最概然速率为多少？温度分别为 T_1 和 T_2 时,分子速率小于 v_1 的分子百分数之差为多少？

解： 由图知曲线 2 的最概然速率为

$$v_{p2}=v_1=\sqrt{\frac{2RT_2}{\mu}}.$$

曲线 1 的最概然速率为

$$v_{p1}=\sqrt{\frac{2RT_1}{\mu}}=v_1\sqrt{\frac{T_1}{T_2}}.$$

温度分别为 T_1、T_2 时,分子速率小于 v_1 的分子百分数之差等于 v_1 左边曲线 1 和 2 所夹的面积.由 $f(v)$的归一化条件 $\int_0^{\infty}f(v)\mathrm{d}v=1$，可知该无阴影区面积为 $(1-S_0)$，所以分子速率小于 v_1 的分子百分数之差：

$$\frac{\Delta N_1}{N}-\frac{\Delta N_2}{N}=1-S_0.$$

* **6-20.** 由温度为 T 的炽热灯丝发射出的电子,形成密度为 n 的电子气,这些电子通过一狭缝形成定向的射线束,狭缝的截面积为 S,如果让这一射线通过一电势差为 V 的减速电场,使一部分电子停止下来,试求：

(1) 单位时间能够通过这个减速电场的电子数；

(2) 通过减速电场的电子的方均根速率.

解： (1) 电子的速率分布也遵循麦克斯韦速率分布律,即

$$f(v)=4\pi\left(\frac{m}{2\pi kT}\right)^{3/2}\mathrm{e}^{-mv^2/2kT}v^2,$$

式中 m 为电子的质量.由前面例 6.2 已知,单位时间打到单位面积器壁上的电子数为

$$N'=\frac{1}{4}n\overline{v}=\frac{1}{4}n\int_0^{\infty}vf(v)\mathrm{d}v=\int_0^{N'}\mathrm{d}N',$$

得
$$\mathrm{d}N'=\frac{1}{4}nvf(v)\mathrm{d}v.$$

$\mathrm{d}N'$表示速率介于 $v\to v+\mathrm{d}v$ 之间的电子在单位时间打到单位面积器壁上的电子数.当器壁上有面积为 S 的狭缝时,单位时间通过该狭缝的速率介于 $v\to v+\mathrm{d}v$ 之间的电子数为

$$dN = \frac{1}{4}nvf(v)dv \cdot S = n\pi S\left(\frac{m}{2\pi kT}\right)^{3/2} e^{\frac{-mv^2}{2kT}} v^3 dv. \quad ①$$

电子射线束通过电势差为 V 的减速电场时，只有那些速率大于临界速率 v_0 的电子才能通过，v_0 可由下式得出：

$$\frac{1}{2}mv_0^2 = eV.$$

得

$$v_0 = \sqrt{\frac{2eV}{m}}.$$

因此，单位时间能通过减速电场的电子总数为

$$N = n\pi S\left(\frac{m}{2\pi kT}\right)^{3/2}\int_{v_0}^{\infty} e^{\frac{-mv^2}{2kT}} \cdot v^3 dv.$$

设 $\frac{mv^2}{2kT} = x$，上式化为

$$N = \frac{nS}{2\sqrt{\pi}}\left(\frac{2kT}{m}\right)^{1/2}\int_{\frac{mv_0^2}{2kT}}^{\infty} e^{-x} \cdot x dx = \frac{1}{2}nS\sqrt{\frac{2kT}{\pi m}}\left[-(x+1)e^{-x}\right]\Big|_{\frac{mv_0^2}{2kT}}^{\infty}$$

$$= \frac{1}{2}nS\sqrt{\frac{2kT}{\pi m}}\left(1+\frac{mv_0^2}{2kT}\right)e^{-mv_0^2/2kT}.$$

将 $v_0 = \sqrt{\frac{2eV}{m}}$ 代入上式，得

$$N = \frac{1}{2}nS\sqrt{\frac{2kT}{\pi m}}\left(\frac{eV}{kT}+1\right)e^{-\frac{eV}{kT}}.$$

(2) 通过减速电场的电子的速率平方的平均值为

$$\overline{v^2} = \frac{\int_{v_0}^{\infty} n\pi S\left(\frac{m}{2\pi kT}\right)^{3/2} e^{-mv^2/2kT} \cdot v^5 dv}{N}.$$

设 $\frac{mv^2}{2kT} = x$，并在计算结果中代入 $v_0 = \sqrt{\frac{2eV}{m}}$，得

$$\overline{v^2} = \frac{nS}{2N\pi}\left(\frac{2kT}{m}\right)^{3/2}\int_{\frac{mv_0^2}{2kT}}^{\infty} e^{-x} \cdot x^2 dx = \frac{nS}{2N\pi}\left(\frac{2kT}{m}\right)^{3/2} e^{-\frac{eV}{kT}}\left[\left(\frac{eV}{kT}+1\right)^2+1\right].$$

把 N 的表示式代入上式，得

$$\overline{v^2} = \frac{2kT}{m}\left[\left(\frac{eV}{kT}+1\right)+\frac{1}{\left(\frac{eV}{kT}+1\right)}\right].$$

由此可得通过减速电场的电子的方均根速率为

$$\sqrt{\overline{v^2}} = \sqrt{\frac{2kT}{m}}\left[\left(\frac{eV}{kT}+1\right)+\left(\frac{eV}{kT}+1\right)^{-1}\right]^{1/2}.$$

* **6-21.** 在阴极射线管中，即使管内真空度很高，也总有一些残余的空气分子存在，因此，

从阴极射出的高速电子在通过管腔时，有一部分电子因与空气分子相碰撞而不能直接射到荧光屏上. 设阴极射线管工作时，管腔内的温度为 27 °C，管腔的长度为 20 cm，为了保证有 90% 的电子能够不经碰撞直接击中荧屏，试问管腔需抽到多高的真空度(用管腔内空气的压强表示). 已知空气分子的有效直径为 3.0×10^{-10} m.

解：要求 90%的电子直接射到屏上，即 $N=0.9N_0$ (N_0 为全部电子数)个电子的自由程至少应为管长 $x=20$ cm，由

$$N=N_0e^{-x/\bar{\lambda}},$$

可得 N_0 个电子在管腔中的平均自由程为

$$\bar{\lambda}=-\frac{x}{\ln\frac{N}{N_0}}=-\frac{0.2}{\ln0.9}=1.9\ (\mathrm{m}).$$

电子与空气的平均碰撞频率为 $\bar{Z}$，则

$$\bar{\lambda}=\frac{\bar{v}}{\bar{Z}}.$$

由于电子速率远大于空气分子的热运动速率，可近似认为空气分子静止不动；又因电子的有效直径远小于空气分子的有效直径，电子的大小可忽略不计，则

$$\bar{\lambda}=\frac{\bar{v}}{n\pi r^2\cdot\bar{v}}=\frac{1}{n\pi r^2},$$

上式中 n 为单位体积的空气分子数，r 为空气分子有效半径. 因管内空气稀薄，可看成是理想气体，$n=\frac{p}{kT}$，式中 p 和 T 分别为管内空气的压强和温度. 由以上两式得

$$\bar{\lambda}=\frac{kT}{\pi r^2p},$$

$$p=\frac{kT}{\pi r^2\bar{\lambda}}.$$

将 $T=300$ K，$r=1.5\times10^{-10}$ m，$\bar{\lambda}=1.9$ m 及 k 的数值代入上式，可得

$$p=3.1\times10^{-2}\ (\mathrm{Pa}).$$

* **6-22.** 气缸中有一质量为 m 的单原子分子以速率 v_0 垂直于活塞作往复弹跳运动，开始时，活塞与气缸底相距为 x_0，活塞正以速度 $V(V\ll v_0)$ 向前推进.

(1) 证明：若碰撞是完全弹性的，则乘积 vx 是常量，其中 x 是活塞与气缸底之间的距离，v 是分子运动速率；

(2) 证明施于任一器壁上的平均力为 $F=mv_0^2x_0^2/x^3$；

(3) 试求出在绝热条件下，活塞从 x_0 运动到 x 时，气体温度的增量 ΔT.

解：(1) 分子垂直于活塞往复运动一次经历时间 $\Delta t=\frac{2x}{v}$，分子与气缸底碰撞不改变速率，但由于活塞运动，分子与活塞碰撞将改变速率. 设活塞向右运动，分子以速率 v 向左运动，碰到活塞后速度变为 v_1，因 $m\ll M$ (M 为活塞质量)，利用弹性碰撞动量、动能守恒，可得

$$v_1 = -v_{10} + 2v_{20} = -(-v) + 2V = v + 2V.$$

可见,分子与活塞每碰撞一次,速率净增 $2V$,则分子在气缸中来回运动速率的时间变化率为

$$\frac{dv}{dt} = \frac{2V}{\Delta t} \approx \frac{2V}{2x/v} = \frac{Vv}{x}. \qquad ①$$

因　$x = x_0 - Vt$,

$$dx = -Vdt \qquad ②$$

将②式代入①式得

$$\frac{dv}{v} = -\frac{dx}{x},$$

两边积分

$$\int_{v_0}^{v} \frac{dv}{v} = -\int_{x_0}^{x} \frac{dx}{x},$$

$$\ln \frac{v}{v_0} = \ln \frac{x_0}{x}.$$

因此得

$$xv = x_0 v_0. \qquad ③$$

(2) 分子与器壁每碰一次产生的动量改变 ΔP 为 $2m(v+V)$,经历时间为 $\Delta t \approx 2x/v$, 所以施于器壁的平均作用力为

$$F = \frac{\Delta P}{\Delta t} = \frac{2mv(V+v)}{2x} = \frac{mv(V+v)}{x}.$$

利用③式和 $V \ll v$ 的近似条件,得

$$F \approx mv_0^2 x_0^2 / x^3.$$

(3) 运动活塞对分子做功为$(-Fdx)$,这些功转化为分子热运动能量,分子的平均平动能为$\frac{3}{2}kT$,则

$$\frac{3}{2}k\Delta T = -\int_{x_0}^{x} Fdx = -\int_{x_0}^{x} mv_0^2 x_0^2 / x^3 \cdot dx = \frac{1}{2}mv_0^2 x_0^2 \cdot x^{-2}\Big|_{x_0}^{x}$$
$$= \frac{1}{2}mv_0^2 x_0^2 \left(\frac{1}{x^2} - \frac{1}{x_0^2}\right).$$

由此可得

$$\Delta T = \frac{mv_0^2}{3k}\left(\frac{x_0^2}{x^2} - 1\right).$$

四、思考题解答

6-1. 有哪些现象可以证明气体分子在不断地运动.

答: 在室内打开香水瓶盖,房间里很快会弥漫着香水的气味;当一束阳光照进房间时,可看到悬浮在空气中的尘埃粒子和烟尘粒子作布朗运动,这是气体分子对小颗粒撞击的不均衡

性引起的;如抽真空的容器出现裂缝,真空度立即下降,表明外面气体分子已进入容器中.诸如此类的现象都表明气体分子在不断地运动着.

6-2. 容积相等的甲、乙两容器分别贮有气体,若它们的温度相等,试指出在下列几种情况下它们的分子速率分布函数是否相同:

(1) 甲、乙两容器中贮有同种气体,但它们的质量不相等,即 $M_{甲} \neq M_{乙}$;

(2) 甲、乙两容器中贮有不同种气体,但它们的质量相等,即 $M_{甲} = M_{乙}$;

(3) 甲、乙两容器中的气体为同种气体,且质量相等,即 $M_{甲} = M_{乙}$,但使甲容器中的气体等温压缩至原来的一半,使乙容器中的气体等温膨胀至原来的两倍.

答: (1) 气体分子的速率分布函数为:$f(v) = 4\pi\left(\frac{m}{2\pi kT}\right)^{3/2} e^{-mv^2/2kT}v^2$,现在 T 相等,且同种气体分子质量 m 相同,故分布函数相同.

(2) M 相同,T 相同,如压强一致,即分子质量一致,分布函数相同;否则,分子质量不同,分布函数不同.

(3) 同种气体分子质量 m 相同,且 T 相同,因此速率分布函数相同.总之,气体的总质量 M 和容器的体积只影响气体的压强,与速率分布函数无关.

6-3. 判断下述讲法是否正确:"相同温度下,不同气体分子的平均动能相等.""氧分子的质量比氢分子的大,所以氧分子的速率一定比氢分子的小."

答: 气体分子的平均动能为 $\bar{\varepsilon}_k = \frac{1}{2}(t+r+s)kT$,不同气体分子的 r, s 不同,故相同温度下,$\bar{\varepsilon}_k$ 不一定相等.气体分子的速率分布有一定的规律,但各种速率都有.在一定温度下,可以比较不同气体分子的平均速率,但不能对个别分子作比较,所以上述讲法不正确.

6-4. 解释为什么大气中氢气在地面的百分含量远比高空为低?

氢气分子和其他某种分子的分子数密度在高度为 h 处的比值为 $n_H/n = n_{0H}e^{(m-m_H)gh/kT}/n_0$,其中 n_{0H} 和 n_0 为在地面上这两种分子的数密度,m_H 与 m 为氢分子与其他分子的质量.通常 $m_H < m$, h 越大,n_H/n 就越大,即在高空氢气的百分含量高于地面,且随 h 指数增长.

6-5. 一个分子的速率在 $v \to v+\Delta v$ 区间内的概率是多少?

答: 一个分子的速率在 $v \to v+\Delta v$ 区间内的概率是 $\frac{\Delta N}{N} = \int_v^{v+\Delta v} f(v)\mathrm{d}v = \int_v^{v+\Delta v} 4\pi\left(\frac{m}{2\pi kT}\right)^{3/2} e^{-mv^2/2kT}v^2\mathrm{d}v$. 若 Δv 较小,则可写成

$$\frac{\Delta N}{N} = f(v)\Delta v = 4\pi\left(\frac{m}{2\pi kT}\right)^{3/2} e^{-mv^2/2kT} \cdot v^2\Delta v.$$

6-6. 两种不同种类的理想气体,分子的算术平均速率相同,问:

(1) 均方根速率是否相同?

(2) 分子平均平动动能是否相同?

(3) 最概然速率是否相同?

答: (1) 分子的平均速率相同表示 $\sqrt{\frac{8kT_1}{\pi m_1}} = \sqrt{\frac{8kT_2}{\pi m_2}}$,即 $\frac{T_1}{m_1} = \frac{T_2}{m_2}$.

两者的均方根速率之比为 $\sqrt{\frac{3kT_1}{m_1}} \Big/ \sqrt{\frac{3kT_2}{m_2}} = \sqrt{\frac{T_1}{m_1}} \Big/ \sqrt{\frac{T_2}{m_2}} = 1$,所以相同.

(2) 分子平均平动动能为 $\bar{\varepsilon}_k = \dfrac{3}{2}kT$，由上面知 $\dfrac{T_1}{T_2} = \dfrac{m_1}{m_2}$，只有 $m_1 = m_2$ 时才有 $\bar{\varepsilon}_{k_1} = \bar{\varepsilon}_{k_2}$，两种分子 m 一般不同,因而 T 不同,平均平动动能也不同.

(3) 最概然速率 v_p 为 $\sqrt{\dfrac{2kT}{m}}$，$\sqrt{\dfrac{T}{m}}$ 相同,故 v_p 也相同.

6-7. 气体分子热运动的速率相当大(每秒几百米),为什么在房间里打开一瓶酒精要隔一段时间而不是马上就能嗅到酒精味?

答: 由于气体分子在运动中不断经受碰撞,走的是曲折的路径,这种扩散式的运动在相同的时间内通过的直线距离要小得多.

6-8. 质点运动学中的平均速度和分子物理学的平均速度有何不同?

答: 质点运动学中的平均速度是指一个质点在一段时间中所通过的位移与这段时间的比值，$\overline{\boldsymbol{V}} = \dfrac{\Delta \boldsymbol{r}}{\Delta t}$；而分子物理学中的平均速度是所有分子运动速度的平均值.

因此即使大部分分子都有可观的速率,但在 x 方向的平均速度 $\overline{V}_x = 0$.

第七章　热　力　学

一、内容提要

1. 热力学第一定律 $\Delta U = U_2 - U_1 = Q - W$.
规定:体系吸收热量时 $Q > 0$,放热 $Q < 0$;体系对外做功,$W > 0$,外界对体系做功,$W < 0$.

2. 热力学第一定律的应用:

(1) 理想气体的等容过程　$W = 0$,　$\Delta U = Q = \frac{M}{\mu} C_V \Delta T$,$C_V$ 为定容摩尔热容.

(2) 理想气体的等压过程　$W = p(V_2 - V_1)$,

$$\Delta U = \frac{M}{\mu} C_V \Delta T, \quad Q = \frac{M}{\mu} C_p \Delta T,$$

其中 C_p 为定压摩尔热容,$C_p = C_V + R$.

(3) 理想气体的等温过程　$\Delta U = 0$, $Q = W = \frac{M}{\mu} RT \ln \frac{V_2}{V_1}$.

(4) 理想气体的绝热过程　过程方程为 $pV^{\gamma} =$ 常量,$TV^{\gamma-1} =$ 常量 或 $p^{\gamma-1} \cdot T^{-\gamma} =$ 常量,

$$Q = 0,\ \Delta U = -W = \frac{M}{\mu} C_V \Delta T.$$

(5) 理想气体多方过程,$pV^n =$ 常量,　$n = \frac{C - C_p}{C - C_V}$,

$$C = \frac{n - \gamma}{n - 1} C_V.$$

3. 热机的效率　$\eta = \frac{W}{Q_1} = \frac{Q_1 - |Q_2|}{Q_1} = 1 - \frac{|Q_2|}{Q_1}$.

4. 致冷系数　$\varepsilon = \frac{Q_2}{W_{外}} = \frac{Q_2}{-W} = \frac{Q_2}{|Q_1| - Q_2}$.

5. 卡诺循环的效率　$\eta = 1 - \frac{T_2}{T_1}$.

6. 热力学第二定律:

(1) 开尔文表述:不可能从单一热源吸取热量使之完全变为有用的功而不产生其他影响.

(2) 克劳修斯表述:不可能把热量从低温物体传到高温物体而不引起其他变化.

7. 卡诺定理:在高温热源 T_1 和低温热源 T_2 之间进行循环工作的热机效率 $\eta \leqslant 1 - \frac{T_2}{T_1}$.

8. 熵增加原理,$\Delta S \geqslant \int \frac{\mathrm{d}Q}{T} = 0$ 或 $\mathrm{d}S \geqslant \frac{\mathrm{d}Q}{T} = 0$,表示孤立体系的熵永不减少.

9. 理想气体状态变化时的熵变：

(1) 绝热可逆过程 $\Delta S = 0$.

(2) 等容可逆过程 $\Delta S = \nu C_v \ln \dfrac{T_2}{T_1}$.

(3) 等压可逆过程 $\Delta S = \nu C_p \ln \dfrac{T_2}{T_1}$.

(4) 等温可逆过程 $\Delta S = \nu R \ln \dfrac{V_2}{V_1}$.

10. 熵和热力学概率 Ω 之间的关系 $S = k \ln \Omega$.

二、自学指导和例题解析

本章要求深刻理解热量、功和内能的物理意义；掌握准静态过程功的计算方法；掌握热力学第一定律对理想气体的应用. 理解热力学第二定律的开尔文表述和克劳修斯表述的含义及其等效性；理解热力学第二定律是关于自发过程进行方向的定律；熟练计算循环过程的热机效率；理解熵增加原理的含义. 在学习本章内容时，应注意以下几点：

(1) 从热力学观点看，系统与外界交换能量有两种形式：一是做功，二是系统与外界进行热交换. 热量与功都可表示被传递的能量，热量是热交换过程中被传递的能量，功则反映做功过程中被传递的能量，它们都是与过程有关的量，它们的数值都和状态的变化过程相联系. 但功与热还是有重大区别的，做功时，系统或外界会发生相对的宏观位移，因此，做功是能量传递的宏观形式. 系统与外界进行热交换时，二者之间没有宏观的相对位移，而是基于二者之间存在温度差，通过系统分子和外界分子发生频繁碰撞来传递能量的；当然，也可由系统分子吸收外界辐射传递能量. 因此热交换和物质的微观运动有着紧密的联系. 另外热量传递能自发地从高温物体传向低温物体，做功却没有这种性质.

(2) 外界对体系做元功的表示式 $dW = -p dV$ 只适用于无摩擦的准静态过程，这里 p 为体系的压强. 例如若活塞与气缸壁之间存在摩擦，则虽经历准静态过程，系统的压强与外界压强并不相等，外界对系统做元功就不能用上式表示.

(3) 用上式的积分式计算功时，必须先知道压强 p 随体积 V 变化的函数关系，即知道具体的变化过程. $p = p(V)$ 即过程方程，它与系统的状态方程不同，状态方程是描写系统处在不同平衡态时各状态参量之间的关系，除了一些特定过程外，仅由状态方程不能提供过程中 p 与 V 的关系.

(4) 内能是一个重要概念，内能是系统状态的单值函数，即对应于系统的一个状态，只有一个内能值. 一个热力学系统，如果可分割成没有相互作用的几个部分，则整个体系的内能就等于各部分内能之和，这时内能是一个可相加量. 从微观上看，内能包括：系统中分子视为质点的无规则运动的动能，分子间相互作用势能；分子、原子内部的能量及原子核内的能量等，因此内能是与系统内粒子无规则运动有关的能量.

(5) 除了卡诺循环外，热机的效率都应用 $\eta = 1 - \dfrac{|Q_2|}{Q_1}$ 计算，而不能用 $\eta = 1 - \dfrac{T_2}{T_1}$. 计算时 Q_1 表示整个循环过程中从外界吸收的总热量，$|Q_2|$ 表示整个循环过程中释放到外界的总热量.

(6) 对于一个不受外界影响的孤立热力学系统，在其中所进行的不可逆过程的结果，不可能借系统内部任何其他过程而自动复原. 虽然我们可以借助外界的作用使系统从终态回到初态，但必然在外界留下不能完全消除的影响. 由此可见，热力学系统内部进行的自发不可逆过程的初态和终态之间具有某种不等同的性质，这种性质表现为：从初态到终态可自发到达，但从终态到初态却不能自发到达，因此决定了自发过程的不可逆性. 由此，根据热力学第二定律找到了一个态函数熵，用这一态函数在初、终两态间数值的差来判别自发过程的方向.

(7) 对于两个无限接近的状态之间的微小过程，熵的微分

$$dS \geqslant \frac{dQ}{T}.$$

对于可逆过程，上式用等号，可认为系统和热源接触的过程中，两者始终保持热平衡，故系统和热源有相同的温度，因而上式中的 T 即系统本身的温度.

对于不可逆过程，上式用不等号，这时系统和热源的温度并不一定相同，此时上式中的 T 必须是热源的温度. dQ 表示不可逆过程中系统从温度为 T 的热源吸收的热量. 计算 A、B 两态的熵差时，

$$S_B - S_A \geqslant \int_A^B \frac{dQ}{T}.$$

如果是可逆过程，则 A、B 两态的熵差等于公式右侧的积分；若是不可逆过程，则 A、B 两态的熵差大于这个积分. 由于 $S_B - S_A > \int_A^B \frac{dQ}{T}$，因而无法由此计算系统的熵差. 但是由于熵是态函数，与过程无关，所以当系统的初、末态确定后，$S_B - S_A$ 就完全确定了，由此我们可以设计一个可逆过程，使它的初态和末态分别为 A 态和 B 态，对该可逆过程可计算出熵差 $S_B - S_A$.

例题

例 7-1 如图所示，在活塞封闭之空间内有质量为 m、温度为 T、压强为 p 的氮气，圆筒的横截面积为 S，活塞质量为 M，外界大气压强为 p_0，氮气的定容比热容为 C_V. 为了使活塞能移动，气体需要吸热 Q，问在活塞与筒壁之间的摩擦力为多少？

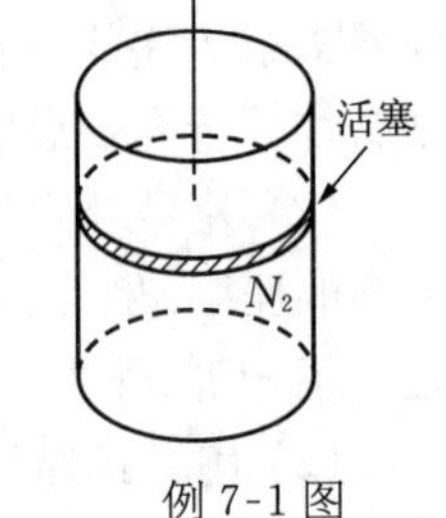

例 7-1 图

解： 当氮气对活塞的压力等于活塞的重力、外界大气压力和摩擦力 f 之和时，活塞将可移动，即

$$p_1 S = Mg + p_0 S + f, \quad ①$$

式中 p_1 为活塞将移动时氮气的压强.

气体吸热过程中，因活塞尚未移动，体积尚未变化，故吸收的热量 Q 等于气体内能的增量：

$$Q = mC_V \Delta T, \quad ②$$

因体积不变

$$p_1 = \frac{pT_1}{T} = \frac{p}{T}(T + \Delta T). \quad ③$$

②式代入③式，得

$$p_1 = p\left(1 + \frac{Q}{mC_V T}\right).$$

再将上式代入①式,得

$$f=(p_1-p_0)S-Mg=\left[p\left(1+\frac{Q}{mC_VT}\right)-p_0\right]S-Mg$$

例 7-2 一定质量的理想气体,经准静态过程从状态 A 到状态 B,如图所示,试在 p-V 图上用图形(或曲线所围面积)来表示系统在该过程中对外所做的功、内能的改变及吸取的热量.

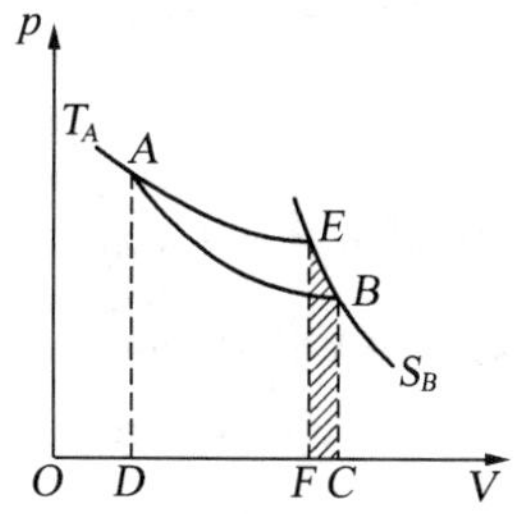

例 7-2 图

解: 过 A 和 B 作 AD、BC 垂直于 V 轴,则曲边梯形 $ABCD$ 的面积即为 AB 过程中系统对外所做的功,即

$$W=\int_A^B p\,\mathrm{d}V=S_{ABCDA}.$$

为求出 AB 过程中系统内能的增量 ΔU,过 A 点作等温线 T_A,过 B 点作绝热线 S_B 与 T_A 交于 E,因为 $U_A=U_E$, 所以

$$\Delta U=U_B-U_A=U_B-U_E.$$

而 BE 为绝热过程,所以系统在该过程中内能的增量等于外界对系统所做的功,也即系统对外界做功的负值,从图上看,相当于系统从 $E\to B$ 对外做功 W_{EB} 的负值,而

$$W_{EB}=\int_E^B p\,\mathrm{d}V=S_{EBCFE}.$$

所以

$$\Delta U=U_B-U_A=-S_{EBCFE}.$$

系统在 AB 过程中所吸收的热量 Q 为

$$Q=\Delta U+W=S_{ABCDA}-S_{EBCFE}.$$

例 7-3 设有 1 摩尔理想气体作下述循环过程:(1)经过多方过程 $PV^n=$常量体积由 V_1 变为 $V_2=V_1/b$;(2)体积不变,冷却到原来的温度.(3)等温膨胀到原来的状态.试证在此循环过程中外界对气体所做的功 W_0 与压缩过程中外界对气体所做的功 W 之比为 $\dfrac{W_0}{W}=1-\dfrac{n-1}{b^{n-1}-1}\ln b$.

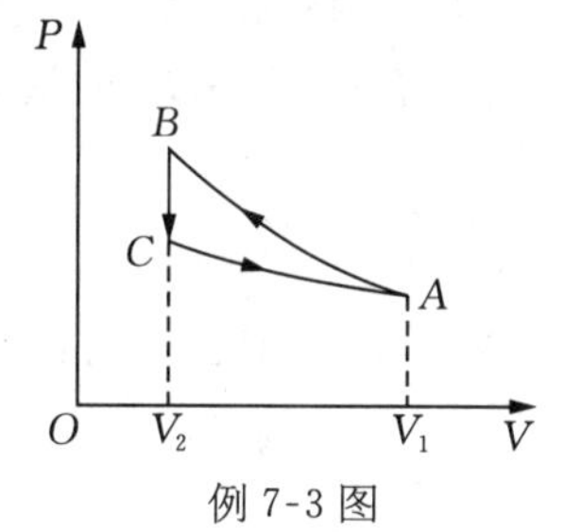

例 7-3 图

解: 由图可见,从 A 到 B 为多方过程,外界对体系作功为

$$W=-\int_{V_1}^{V_2}p\,\mathrm{d}V=-\int_{V_1}^{V_2}\frac{K_1}{V^n}\mathrm{d}V=-p_1V_1^n\int_{V_1}^{V_2}V^{-n}\mathrm{d}V=\frac{p_1V_1^n}{n-1}\cdot V^{-n+1}\Big|_{V_1}^{V_2}$$

$$=\frac{p_1V_1}{n-1}\left[\left(\frac{V_1}{V_2}\right)^{n-1}-1\right]=\frac{p_1V_1}{n-1}(b^{n-1}-1).$$

BC 为等容过程,功为零.

C 到 A 为等温过程,体系对外作功

$$W_{CA}=\int_{V_2}^{V_1}p\,\mathrm{d}V=\int_{V_2}^{V_1}\frac{K_2}{V}\mathrm{d}V=\int_{V_2}^{V_1}\frac{p_1V_1}{V}\mathrm{d}V=p_1V_1\ln\frac{V_1}{V_2}=p_1V_1\ln b.$$

外界对气体作功

$$W_{外CA} = -p_1V_1\ln b;$$

$$\frac{W_0}{W} = \frac{W + W_{外CA}}{W} = 1 + \frac{W_{外CA}}{W} = 1 + \frac{-p_1V_1\ln b}{\frac{p_1V_1}{n-1}(b^{n-1}-1)}$$

$$= 1 - \frac{(n-1)\ln b}{b^{n-1}-1}.$$

例 7-4 $\gamma = \frac{C_p}{C_V} = 1.40$ 的理想气体进行如图所示的循环过程，在 p-V 图中，ab、bc、ca 均为直线，bc 为等压过程，ca 为等容过程，且 $p_a = 400\ \text{N}\cdot\text{m}^{-2}$, $V_a = 2\text{m}^3$, $T_a = 300\ \text{K}$, $p_b = 100\ \text{N}\cdot\text{m}^{-2}$, $V_b = 6\ \text{m}^3$, 求：

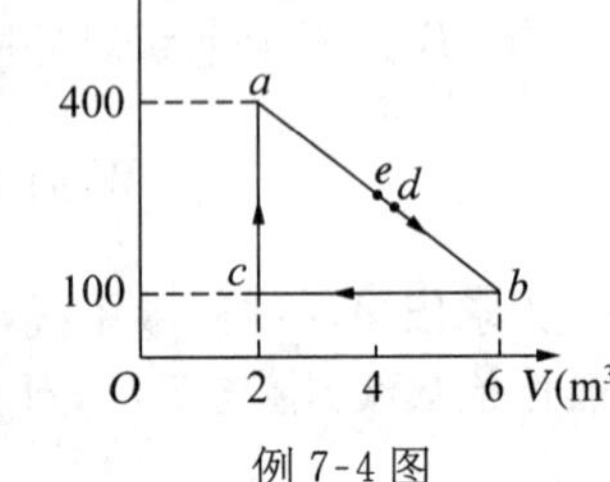

例 7-4 图

(1) 状态 b、c 的温度；

(2) 气体在循环过程中能达到的最高温度 $T_{\max}$，并在 p-V 图上标出其位置；

(3) 计算循环过程中气体对外所做的功以及循环效率.

解：(1) 因为 $V_a = V_c$, 所以 $\frac{p_a}{p_c} = \frac{T_a}{T_c}$.

$$T_c = \frac{p_c}{p_a}T_a = \frac{100}{400} \times 300 = 75(\text{K}).$$

因 $p_b = p_c$, 又可得 $\frac{V_b}{V_c} = \frac{T_b}{T_c}$,

$$T_b = \frac{V_b}{V_c}T_c = \frac{6}{2} \times 75 = 225(\text{K}).$$

(2) 由于 $T_a > T_b$, 在 $b \to c \to a$ 过程中，气体在各点的温度不可能大于 T_a，在整个循环过程中若存在 $T > T_a$ 的状态，则一定在 ab 过程中. ab 过程方程为直线，由下式得出：

$$\frac{p - p_a}{p_b - p_a} = \frac{V - V_a}{V_b - V_a}.$$

将 $p_a = 400\ \text{N}\cdot\text{m}^{-2}$, $V_a = 2\ \text{m}^3$, $p_b = 100\ \text{N}\cdot\text{m}^{-2}$, $V_b = 6\ \text{m}^3$ 代入上式，得

$$p = 550 - 75V. \quad ①$$

由理想气体状态方程

$$\nu RT = pV,$$

$$T = \frac{pV}{\nu R} = \frac{550V - 75V^2}{\nu R}. \quad ②$$

要找出 $T_{\max}$，令 $\frac{\text{d}T}{\text{d}V} = 0$, 即

$$\frac{\text{d}T}{\text{d}V} = \frac{550 - 150V}{\nu R} = 0,$$

得

$$V = \frac{11}{3}(\text{m}^3).$$

因为
$$\frac{d^2T}{dV^2}=-\frac{150}{\nu R}<0.$$
故当 $V=\frac{11}{3}\ m^3$ 时温度为极大值,此时气体的压强由①式得
$$p=550-75V=550-75\times\frac{11}{3}=275(N\cdot m^{-2}).$$
由 a 点的状态方程得
$$\nu R=\frac{p_aV_a}{T_a}=\frac{400\times 2}{300}=\frac{8}{3}(N\cdot m\cdot K^{-1}).$$
因此最高温度为
$$T_{max}=\frac{pV}{\nu R}=\frac{275\times\frac{11}{3}}{\frac{8}{3}}=378(K).$$
设温度最高点的状态为 P-V 图中的 e 点,则
$$p_e=275\ N\cdot m^{-2},\ V_e=\frac{11}{3}\ m^3,\ T_e=378\ K.$$
(3) 循环过程中系统对外所做的功的数值就是 p-V 图上循环过程所包围面积的大小.
$$W=\frac{1}{2}(p_a-p_c)(V_b-V_c)=\frac{1}{2}(400-100)(6-2)=600(J).$$
已知 $\frac{C_p}{C_V}=1.40$, 且 $C_p=C_V+R$, 可求出
$$C_p=\frac{7}{2}R,\ C_V=\frac{5}{2}R.$$
循环效率
$$\eta=\frac{W}{Q_1},$$
Q_1 是系统在循环过程中吸收热量的总和.

在等压过程 bc 中系统放热, $Q_{bc}=C_p(T_c-T_b)<0$, 与 Q_1 无关,而在等容过程 ca 中,气体吸收的热量为
$$Q_{ca}=\nu C_V(T_a-T_c)=\frac{5}{2}\nu R(T_a-T_c)=\frac{5}{2}\times\frac{8}{3}\times(300-75)=1\,500(J).$$
为求出 Q_1,还要计算 ab 过程中吸收的热量.在 $a\to b$ 过程中,对任一微过程,系统对外所做的元功为
$$dW=pdV=(550-75V)dV,$$
在该过程中系统内能的增量为
$$dU=\nu C_V dT=\frac{5}{2}\nu R dT.$$

利用②式,上式为

$$dU=\frac{5}{2}\nu R\cdot\frac{550-150V}{\nu R}dV=(1\ 375-375V)dV.$$

因此气体与外界交换的热量为

$$dQ=dU+pdV=(1\ 375-375V)dV+(550-75V)dV=(1\ 925-450V)dV.$$

在 $a\to b$ 过程中,任一微小过程的 $dV>0$, 因此 dQ 的正负取决于 $(1\ 925-450V)$ 的正负. 由 $1\ 925-450V=0$, 得

$$V=4.28\ m^3.$$

因此在 $a\to b$ 过程中,

当 $V<4.28\ m^3$ 时, $dQ>0$, 气体吸热;

当 $V>4.28\ m^3$ 时, $dQ<0$, 气体放热.

设 ab 线上 $V=4.28\ m^3$ 的点为 d 点,则 $V_d=4.28\ m^3$,

$$p_d=550-75V_d=550-75\times4.28=229(N\cdot m^{-2}).$$

以 d 为转折点,在 $a\to d$ 过程中气体吸热,在 $d\to b$ 过程中气体放热. $a\to d$ 过程中吸热为

$$\begin{aligned}Q_{ad}&=\int_{V_a}^{V_d}(1\ 925-450V)dV=1\ 925(V_d-V_a)-225(V_d^2-V_a^2)\\&=1\ 925\times(4.28-2)-225\times[(4.28)^2-4]=1\ 167(J).\end{aligned}$$

所以系统在循环过程中吸收的总热量为

$$Q_1=1\ 500+1\ 167=2\ 667(J).$$

该循环的效率为

$$\eta=\frac{W}{Q_1}=\frac{600}{2\ 667}=22.5\%.$$

例 7-5 设一定量的空气在大气中匀速上升时与外界不交换能量,空气可看成理想气体($\gamma=1.4$). 假定空气上升得非常缓慢,它内部的压强 p 是均匀变化的,试求这部分空气内部的压强 p 与高度 z 的关系.

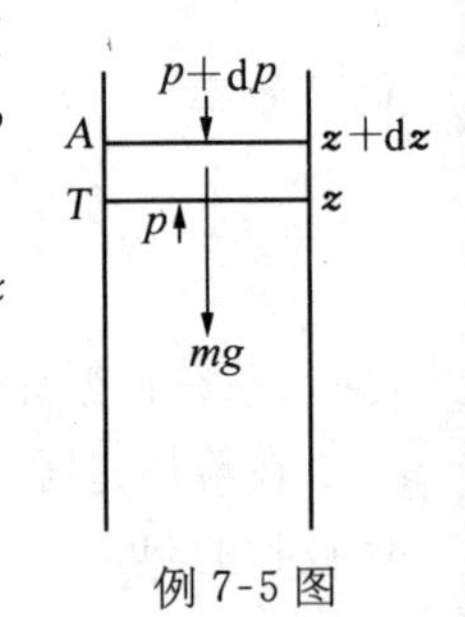

例 7-5 图

解: 设想系统是大气中缓慢上升的一空气柱,在空气柱中截取厚为 dz 的一层空气,如图所示,这一薄层空气的质量为 m,温度为 T,截面积为 A,其上面的压强为 $p+dp$,下面的压强为 p,此气柱上升的加速度为零,则

$$(p+dp)\cdot A+mg=pA,$$

式中 $m=\rho A dz$, ρ 为薄层空气的密度, g 为重力加速度,代入上式,得

$$dp=-\rho g\,dz. \quad ①$$

设空气为理想气体,由状态方程

$$pV=\nu RT,$$

$$\frac{pV}{T}=\frac{p_0V_0}{T_0},$$

而 $V=\dfrac{m}{\rho}$，得

$$\rho=\frac{m}{V}=\frac{mT_0p}{p_0V_0T}=\rho_0\frac{pT_0}{p_0T}. \qquad ②$$

上式中 $\rho_0=m/V_0$. ②式代入①式，得

$$\mathrm{d}p=-\rho_0\frac{pT_0}{p_0T}g\,\mathrm{d}z. \qquad ③$$

由于过程是绝热的，满足绝热方程，因此

$$p^{1-\gamma}\cdot T^{\gamma}=p_0{}^{1-\gamma}\cdot T_0^{\gamma},\ T=\left(\frac{p_0}{p}\right)^{\frac{1-\gamma}{\gamma}}T_0. \qquad ④$$

④式代入③式，得

$$\mathrm{d}p=-\rho_0\frac{T_0}{p_0}\cdot\frac{p}{T_0}\cdot\left(\frac{p}{p_0}\right)^{\frac{1-\gamma}{\gamma}}g\,\mathrm{d}z=-\rho_0g\left(\frac{p}{p_0}\right)^{\frac{1}{\gamma}}\mathrm{d}z,$$

上式分离变量后两边积分：

$$\int_{p_0}^{p}\frac{\mathrm{d}p}{p^{1/\gamma}}=-\int_0^z\frac{\rho_0g}{p_0{}^{1/\gamma}}\mathrm{d}z.$$

得

$$\frac{\gamma}{\gamma-1}\cdot\left(p^{\frac{\gamma-1}{\gamma}}-p_0{}^{\frac{\gamma-1}{\gamma}}\right)=-\frac{\rho_0g}{p_0{}^{1/\gamma}}z,$$

$$p=p_0\left[1-\frac{\gamma-1}{\gamma}\frac{\rho_0g}{p_0}z\right]^{\frac{\gamma}{\gamma-1}}.$$

把 $\gamma=1.4$ 代入上式，得

$$p=p_0\left[1-\frac{2\rho_0g}{7p_0}z\right]^{\frac{7}{2}}.$$

其中 p_0 为气柱在地面处的压强.

例 7-6 设每一块冰的质量为 20 g，温度为 0 ℃，水的密度为 $\rho=10^3\ \mathrm{kg\cdot m^{-3}}$，平均定压比热容为 $\overline{C}_p=4.18\times10^3\ \mathrm{J\cdot kg^{-1}\cdot K^{-1}}$，冰的熔解热为 $l_{冰}=3.34\times10^5\ \mathrm{J\cdot kg^{-1}}$.

(1) 需加多少块冰才能使 1 升 100 ℃的沸水降温到 40 ℃？

(2) 在此过程中系统的熵改变了多少？

解：(1) $T_0=273.15\ \mathrm{K}$，$T_1=313.15\ \mathrm{K}$，$T_2=373.15\ \mathrm{K}$，设放入 n 块冰，由能量守恒，得

$$n[m_{冰}l_{冰}+m_{冰}(T_1-T_0)\overline{C}_p]=m_{水}\overline{C}_p(T_2-T_1).$$

又
$$m_{水}=\rho V_{水},$$

所以
$$n=\frac{m_{水}\overline{C}_p(T_2-T_1)}{m_{冰}[l_{冰}+\overline{C}_p(T_1-T_0)]}=\frac{\rho V_{水}\overline{C}_p(T_2-T_1)}{m_{冰}[l_{冰}+\overline{C}_p(T_1-T_0)]}$$
$$=\frac{10^3\times10^{-3}\times4.18\times10^3(100-40)}{0.02[3.34\times10^5+4.18\times10^3\times(40-0)]}\approx25(块).$$

(2) 系统的熵变为三部分组成,0 ℃的冰变为 0 ℃的水的熵变,n 块冰化成水后从 0 ℃变到 40 ℃的熵变,水从 100 ℃变到 40 ℃的熵变:

$$\begin{aligned}\Delta S &= \frac{nm_{冰}\ l_{冰}}{T_0}+\int_{T_0}^{T_1}\frac{nm_{冰}\ \overline{C}_p\mathrm{d}T}{T}+\int_{T_2}^{T_1}\frac{m_{水}\ \overline{C}_p}{T}\mathrm{d}T\\ &= nm_{冰}\left[\frac{l_{冰}}{T_0}+\overline{C}_p\ln\frac{T_1}{T_0}\right]+m_{水}\ \overline{C}_p\ln\frac{T_1}{T_2}\\ &= 25\times 0.02\left[\frac{3.34\times 10^5}{273.15}+4.18\times 10^3\ln\frac{313.15}{273.15}\right]\\ &\quad +1\times 4.18\times 10^3\times\ln\frac{313.15}{373.15}=165(\mathrm{J\cdot K^{-1}}).\end{aligned}$$

三、习题解答

7-1. 容积为 V 的容器内装有某种气体,压强为 p_1,温度为 T,容器连同气体的质量共为 M_1,然后除去一部分气体,当温度仍为 T 而压强降至 p_2 时,总质量变为 M_2,试求该气体的摩尔质量.

解: 由于容器体积 V 不变,气体温度不变,因此气体质量的改变只与压强变化有关,由状态方程得

$$pV=\frac{M}{\mu}RT,$$

$$\Delta p\cdot V=\frac{\Delta M}{\mu}\cdot RT.$$

得

$$\mu=\frac{\Delta M}{\Delta p}\cdot\frac{RT}{V}=\left(\frac{M_2-M_1}{p_2-p_1}\right)\frac{RT}{V}.$$

7-2. 一可自由滑动的绝热活塞,放在一长为 300 cm 的封闭圆筒内,把筒分隔成两部分,假设在温度为 27 ℃时,活塞位于离圆筒一个端面 100 cm 的地方,现令圆筒体积较小的这部分内气体温度升高到 74 ℃,而另一部分的气体温度则维持 27 ℃不变,问活塞将移动多少距离?

解: 将活塞分隔开的两部分作为两个体系分别运用状态方程. 设原来长 200 cm 的这部分气体初态为 p_1, V_1, T_1,则 $T_1=273+27=300(\mathrm{K})$,$V_1=200S$, S 为圆筒截面积. 其末态为 p_2, $V_2=(300-l'_2)\cdot S$, $T_2=T_1=300\ \mathrm{K}$, 其中 l'_2为另一部分气体所在的圆筒长度. 由状态方程得

$$\frac{p_1\cdot V_1}{T_1}=\frac{p_2\cdot V_2}{T_2}\ 即\frac{p_1\cdot 200S}{300}=\frac{p_2\cdot(300-l'_2)\cdot S}{300}.$$

上式化简为

$$200p_1=(300-l'_2)p_2, \qquad ①$$

对原来体积较小的气体,初态为 p_1, $V'_1=100\cdot S$, $T'_1=300\ \mathrm{K}$. 末态为 p_2, $V'_2=l'_2\cdot S$, $T'_2=273+74=347\ \mathrm{K}$. 由状态方程得

$$\frac{p_1\cdot 100S}{300}=\frac{p_2\cdot l'_2S}{347}, \qquad ②$$

①、②两式相除得

$$2\times 300=\frac{(300-l'_2)\times 347}{l'_2},$$

解得 $l'_2 = 110(\text{cm}).$

活塞移动的距离为 $\Delta l = l'_2 - l_2 = (110 - 100) = 10(\text{cm}).$

7-3. 一理想气体的绝热比为 $\gamma=1.50$,在压强为 $p=1$ atm 时开始下列过程:(1)等温压缩过程;(2)绝热压缩过程.问在这两种情况下,其体积压缩一半后,压强变为多少?

解: (1) 等温压缩:$p_1V_1=p_2V_2$,

$$p_2=\frac{V_1}{V_2}p_1=\frac{2V_2}{V_2}p_1=2p_1=2\times1=2(\text{atm}).$$

(2) 绝热压缩: $p_1V_1^\gamma=p_2V_2^\gamma$

$$p_2=\left(\frac{V_1}{V_2}\right)^\gamma p_1=\left(\frac{2V_2}{V_2}\right)^\gamma p_1=2^{1.5}\times1=2.8(\text{atm}).$$

绝热压缩使内能增大,温度升高,故相同体积下的压强较高.

7-4. 有 20.0 L 的氢气,温度为 27 ℃,压强 $p=1.25\times10^5$ Pa,设氢气经(1)等温过程;(2)先等压后绝热过程变化到体积为 40.0 L,温度为 27 ℃的状态,试计算内能的增量、对外所做的功和外界传给氢气的热量.

解: 已知常温下氢气的 $C_V=\frac{5}{2}R$, $C_p=\frac{7}{2}R$, $\gamma=\frac{C_p}{C_V}=1.4$.

(1) 等温过程,如图(a)所示,由于 $\Delta T=0$, 故 $\Delta U=0$;

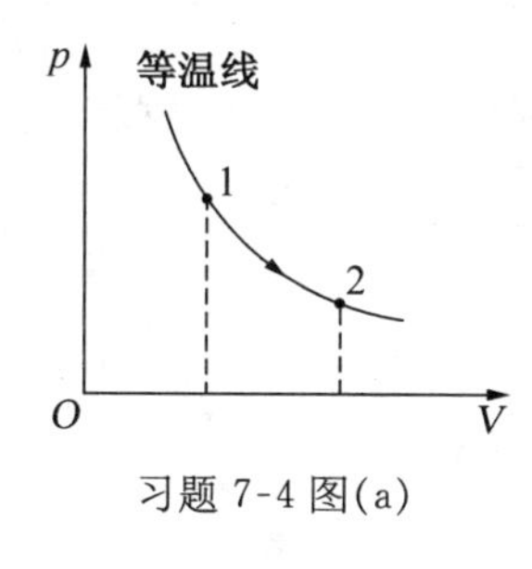

习题 7-4 图(a)

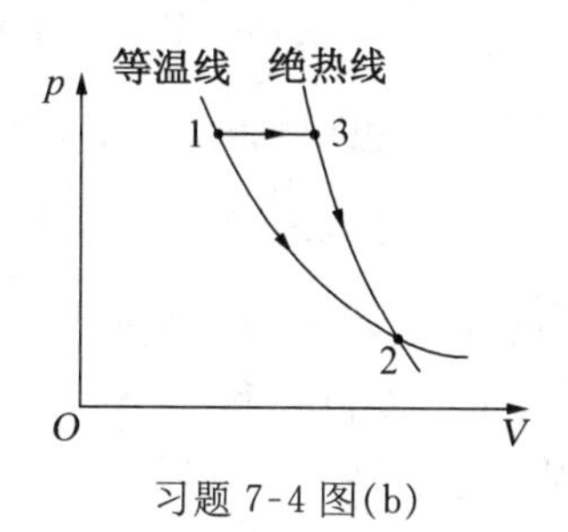

习题 7-4 图(b)

由热力学第一定律 $\Delta U=Q-W=0$. 又由状态方程 $pV=\frac{M}{\mu}RT$ 得

$$W=Q=\int_{V_1}^{V_2}p\mathrm{d}V=\int_{V_1}^{V_2}\frac{1}{V}\cdot\frac{M}{\mu}RT\mathrm{d}V=\frac{M}{\mu}RT\ln\frac{V_2}{V_1}$$
$$=p_1V_1\ln\frac{V_2}{V_1}=1.25\times10^5\times2.0\times10^{-2}\times\ln\frac{40.0}{20.0}$$
$$=1.73\times10^3(\text{J}).$$

解法二: 由 $p_1V_1=pV$, $p=\frac{p_1V_1}{V}$,

$$W=\int_{V_1}^{V_2}p\mathrm{d}V=p_1V_1\int_{V_1}^{V_2}\frac{1}{V}\mathrm{d}V=p_1V_1\ln\frac{V_2}{V_1}.$$

同样得 $W=1.73\times10^3(\text{J})$.

(2) 先等压后绝热过程,如图(b)所示,两个过程的过程方程分别为

$$\frac{V_1}{T_1}=\frac{V_3}{T_3},\ T_3V_3^{\gamma-1}=T_1V_2^{\gamma-1},$$

联立解得 $T_3=\left(\dfrac{V_2}{V_1}\right)^{\frac{\gamma-1}{\gamma}}T_1=\left(\dfrac{40.0}{20.0}\right)^{\frac{0.4}{1.4}}\times(273+27)=365.7(\mathrm{K})$.

$\Delta U=0$,由第一定律,从 1→3→2 的总功为

$$\begin{aligned}W_{132}&=Q_{132}=Q_{13}+Q_{32}=Q_{13}=\frac{M}{\mu}\int_{T_1}^{T_3}C_p\mathrm{d}T\\&=\frac{M}{\mu}C_p(T_3-T_1)=\frac{p_1V_1}{RT_1}\cdot\frac{7R}{2}(T_3-T_1)\\&=\frac{7}{2}\cdot\frac{p_1V_1}{T_1}(T_3-T_1)=\frac{7}{2}\cdot\frac{1.25\times10^5\times2.0\times10^{-2}}{300}(365.7-300)\\&=1.92\times10^3(\mathrm{J}).\end{aligned}$$

7-5. 一系统由图中的 a 态沿 acb 到达 b 态时,吸收了 80 J 的热量,同时对外做了 30 J 的功,试问:

(1) 若沿图中 adb 过程,则系统对外做功为 10 J,求系统吸收了多少热量?

(2) 若系统由 b 态沿曲线 bea 返回 a 态时,外界对系统做功 20 J,这时系统是吸热还是放热?传递的热量是多少?

(3) 设 d 态与 a 态的内能差 $U_d-U_a=40$ J,则在过程 ad、db 中系统各吸热多少?

解: (1) 因为 $Q_{acb}=80$ J, $W_{acb}=30$ J,

$$U_b-U_a=Q_{acb}-W_{acb}=80-30=50(\mathrm{J}).$$

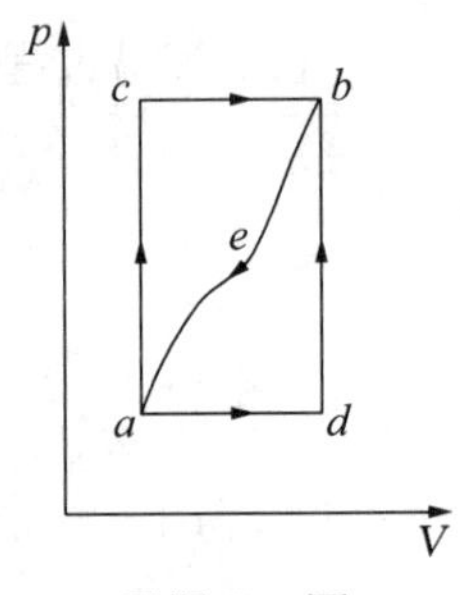

习题 7-5 图

a、b 态确定后,其内能差也唯一确定,与过程无关.沿 adb 过程,$W_{adb}=10$ J,

$$Q_{adb}=\Delta U_{ba}+W_{adb}=50+10=60(\mathrm{J}).$$

即系统在 adb 过程中吸收了 60 J 的热量.

(2) $Q_{bea}=(U_a-U_b)+W_{bea}=-50-20=-70(\mathrm{J})<0$.

即系统沿曲线从 b 态返回 a 态时放出 70 J 的热量.

(3) 过程 adb 由等压过程 ad 和等容过程 db 组成,且已知 $W_{db}=0$(等容),所以

$$W_{adb}=W_{ad}+W_{db}=W_{ad}=10(\mathrm{J}),$$

$$Q_{ad}=(U_d-U_a)+W_{ad}=40+10=50(\mathrm{J}),$$

$$Q_{db}=U_b-U_d=(U_b-U_a)-(U_d-U_a)=50-40=10(\mathrm{J}).$$

即过程 ad 中系统吸热 50 J,过程 db 中系统吸热 10 J.

7-6. 1 mol 理想气体,初态的压强、体积和温度分别为 p_1、V_1 和 T_1,若体系经历一个压强与体积满足关系 $p=AV$ 的过程,其中 A 是常数,试求:

(1) 用 p_1、T_1、R 来表示常数 A;

(2) 若系统经历此过程后体积扩大一倍,则系统的温度 T 为多少?在此过程中对外做功为多少(用 T_1 表示)?

解: (1)过程开始的初始状态参量亦应满足过程方程,由理想气体的状态方程 $pV=RT$,过程方程 $p=AV$,可得

$$p_1V_1=AV_1^2=RT_1,V_1=\frac{RT_1}{p_1}.$$

所以常数 A 为

$$A=\frac{RT_1}{V_1^2}=\frac{p_1^2}{RT_1}.$$

(2) 设系统经此过程后,末态的温度为 T,压强为 p,由 $\frac{p_1V_1}{T_1}=\frac{pV}{T}$, $V=2V_1$ 得

$$\frac{AV_1^2}{T_1}=\frac{AV^2}{T}=\frac{4AV_1^2}{T},$$

所以

$$T=4T_1.$$

系统对外做功为

$$W=\int_{V_1}^{V_2}p\mathrm{d}V=\int_{V_1}^{2V_1}AV\mathrm{d}V=\frac{3}{2}AV_1^2=\frac{3}{2}RT_1.$$

7-7. 大部分物质的定压摩尔热容可以用下面的经验公式来表示:$C_p=a+2bT-cT^{-2}$,其中 a、b 与 c 均为常量,T 为绝对温度.

(1) 试计算把 1 mol 物质等压地由温度 T_1 升到 T_2 所需的热量(用 a、b、c 表示);

(2) 试求在温度 T_1 与 T_2 之间的平均摩尔热容量 $\overline{C}_p$.

解: (1) 等压过程物质吸热为

$$Q=\int\mathrm{d}Q=\int_{T_1}^{T_2}(a+2bT-cT^{-2})\mathrm{d}T=a(T_2-T_1)+b(T_2^2-T_1^2)+c\frac{T_1-T_2}{T_1T_2},$$

(2) 平均热容量 $\overline{C}_p=\dfrac{Q}{T_2-T_1}=a+b(T_2+T_1)-\dfrac{c}{T_1T_2}$.

7-8. 1 mol 水在 100 ℃时蒸发成水蒸气,求蒸发过程的膨胀功(可把蒸气看成理想气体).

解: 1 mol 水在 100 ℃时的体积为

$$V_1=\frac{M}{\rho}=\frac{18\times10^{-3}}{1\,000}=1.8\times10^{-5}(\mathrm{m}^3).$$

1 mol 水在 100℃时的蒸气体积由 $pV=RT$ 决定,压强 p 为大气压强:

$$V_2=\frac{RT}{p}=\frac{8.31\times(273+100)}{1.013\times10^5}=3.06\times10^{-2}(\mathrm{m}^3).$$

此过程可视为等压过程.

$$W=p(V_2-V_1)\approx pV_2=1.013\times10^5\times3.06\times10^{-2}=3.10\times10^3(\mathrm{J}).$$

7-9. 在 80.2 ℃和 1 atm 下,100 g 液体苯蒸发成苯蒸气,已知苯的汽化热 l 为 94.4 cal·g^{-1},求内能的改变为多少?(苯的分子式为 C_6H_6,分子量为 78)

解: 在蒸发过程中、苯吸热为

$$Q=ml=100\times94.4=9\,440(\mathrm{cal}).$$

将苯蒸气视为理想气体,膨胀功为

$$W=p(V_2-V_1)\approx pV_2=\frac{M}{\mu}RT$$

$$= \frac{100 \times 10^{-3} \times 8.31 \times (273 + 80.2)}{78 \times 10^{-3}} = 3\,760(\mathrm{J}) = 900(\mathrm{cal}).$$

内能的改变为

$$\Delta U = Q - W = 9\,440 - 900 = 8\,540(\mathrm{cal}) = 3.57 \times 10^4(\mathrm{J}).$$

7-10. 设一以理想气体为工作物质的热机循环如图所示，bc 是绝热过程，求证其效率为 $\eta = 1 - \gamma \dfrac{\left(\dfrac{V_1}{V_2}\right) - 1}{\left(\dfrac{p_1}{p_2}\right) - 1}$.

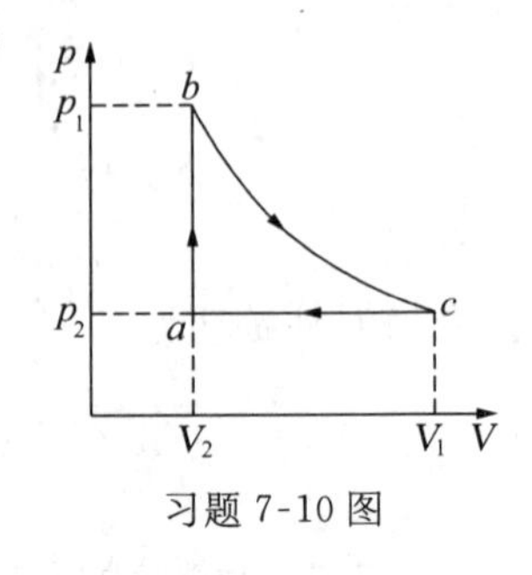

习题 7-10 图

证： $c \to a$，等压压缩，$Q_{ca} = C_p(T_a - T_c)$，放热.

$a \to b$，等容过程. $Q_{ab} = C_V(T_b - T_a)$，吸热.

$$\eta = 1 - \frac{|Q_{ca}|}{Q_{ab}} = 1 - \frac{C_p(T_c - T_a)}{C_V(T_b - T_a)}.$$

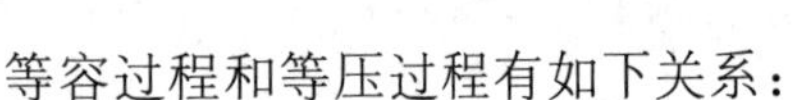

等容过程和等压过程有如下关系：

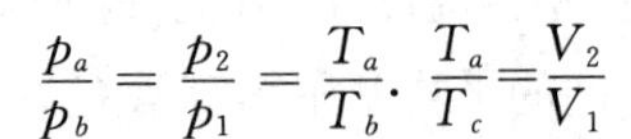

$$\frac{p_a}{p_b} = \frac{p_2}{p_1} = \frac{T_a}{T_b}. \ \frac{T_a}{T_c} = \frac{V_2}{V_1}$$

代入上式得

$$\eta = 1 - \gamma \frac{T_c/T_a - 1}{T_b/T_a - 1} = 1 - \gamma \frac{\left(\dfrac{V_1}{V_2}\right) - 1}{\left(\dfrac{p_1}{p_2}\right) - 1}.$$

7-11. 如图所示，理想的狄塞尔内燃机的工作循环由两个绝热(ab、cd)过程和一个等压(bc)过程、一个等容(da)过程组成，试证其效率为

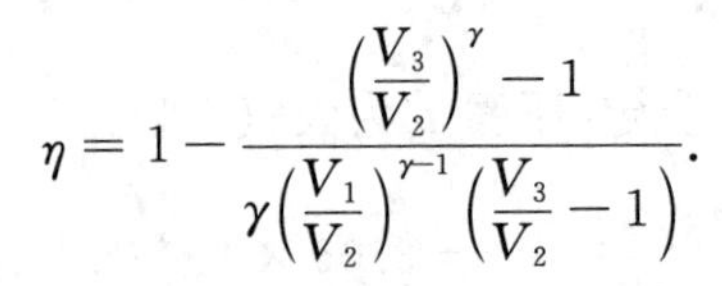

$$\eta = 1 - \frac{\left(\dfrac{V_3}{V_2}\right)^{\gamma} - 1}{\gamma\left(\dfrac{V_1}{V_2}\right)^{\gamma-1}\left(\dfrac{V_3}{V_2} - 1\right)}.$$

习题 7-11 图

证： da 等容过程，放热 $|Q_2| = C_V(T_d - T_a)$.

bc 等压过程，吸热 $Q_1 = C_p(T_c - T_b)$.

$$\eta = 1 - \frac{|Q_2|}{Q_1} = 1 - \frac{C_V(T_d - T_a)}{C_p(T_c - T_b)} = 1 - \frac{T_d - T_a}{\gamma(T_c - T_b)}.$$

由 cd、ab 绝热过程得

$$T_c V_3^{\gamma-1} = T_d V_1^{\gamma-1}, \quad ①$$

$$T_b V_2^{\gamma-1} = T_a V_1^{\gamma-1}. \quad ②$$

由 bc 等压过程有

$$\frac{V_2}{V_3} = \frac{T_b}{T_c}. \quad ③$$

①、②两式相除，得 $$\frac{T_c}{T_b}\left(\frac{V_3}{V_2}\right)^{\gamma-1}=\frac{T_d}{T_a}.$$

③式代入上式得 $\frac{T_d}{T_a}=\left(\frac{V_3}{V_2}\right)^{\gamma}$，改为 $\frac{T_d}{T_a}-1=\left(\frac{V_3}{V_2}\right)^{\gamma}-1$，即

$$\frac{T_d-T_a}{T_a}=\left(\frac{V_3}{V_2}\right)^{\gamma}-1, \tag{④}$$

再由③式，$\frac{T_c}{T_b}-1=\frac{V_3}{V_2}-1$，即 $\frac{T_c-T_b}{T_b}=\frac{V_3}{V_2}-1$，④、⑤两式相除得 ⑤

$$\frac{T_d-T_a}{T_c-T_b}\cdot\frac{T_b}{T_a}=\frac{\left(\frac{V_3}{V_2}\right)^{\gamma}-1}{\frac{V_3}{V_2}-1}. \tag{⑥}$$

由②式，$\frac{T_b}{T_a}=\left(\frac{V_1}{V_2}\right)^{\gamma-1}$，代入⑥式得

$$\frac{T_d-T_a}{T_c-T_b}=\frac{\left(\frac{V_3}{V_2}\right)^{\gamma}-1}{\left(\frac{V_3}{V_2}-1\right)\left(\frac{V_1}{V_2}\right)^{\gamma-1}},$$

最后得 $$\eta=1-\frac{\left(\frac{V_3}{V_2}\right)^{\gamma}-1}{\gamma\left(\frac{V_3}{V_2}-1\right)\left(\frac{V_1}{V_2}\right)^{\gamma-1}}.$$

7-12. 图示为一理想气体的循环过程，试证其效率为

$$\eta=1-\gamma\frac{T_d-T_a}{T_c-T_b}.$$

(ab，cd 为两个绝热过程，bc 为等容过程，da 为等压过程).

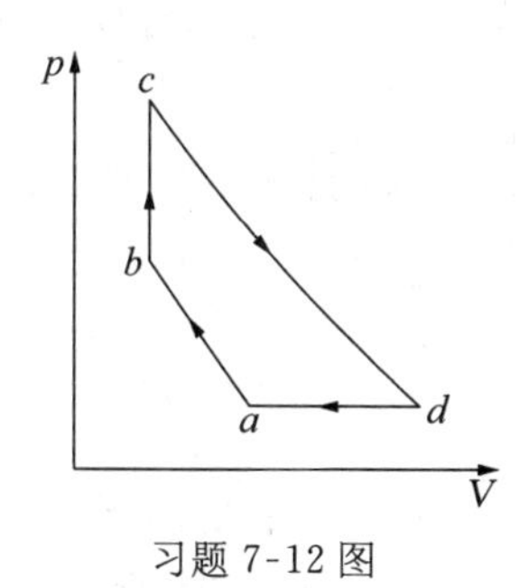

习题 7-12 图

证： bc 为等容过程，吸热 $Q_1=C_V(T_c-T_b)$

da 为等压过程，放热为 $|Q_2|=C_p(T_d-T_a)$，

$$\eta=1-\frac{|Q_2|}{Q_1}=1-\frac{C_p(T_d-T_a)}{C_V(T_c-T_b)}$$

$$=1-\gamma\frac{T_d-T_a}{T_c-T_b}.$$

7-13. 一卡诺热机的低温热源温度为 7 ℃，效率为 40%，若要将其效率提高到 50%，则高温热源的温度需提高几度？

解： $\eta_1=1-\frac{T_2}{T_1}$， 即 $40\%=1-\frac{273+7}{T_1}=1-\frac{280}{T_1}.$ ①

设温度提高到 T'，则 $50\%=1-\frac{280}{T'}$， ②

由①、②两式得 $$T_1=\frac{280}{0.6},\ T'=\frac{280}{0.5},$$

$$\Delta T = T_1' - T_1 = 93.3(\text{K}) = 93.3\ ℃.$$

7-14. 将 0.1 kg、10 ℃的水和 0.2 kg、40 ℃的水混合，试求熵的变化(水的比热容 C 为 $1.00\ \text{kcal} \cdot \text{kg}^{-1} \cdot \text{K}^{-1}$).

解: 两种温度的水混合，最终温度设为 T_0. 10 ℃的水吸收的热量应等于 40 ℃的水放出的热量，所以

$$m_1 C(T_1 - T_0) = m_2 C(T_0 - T_2),$$

式中 m_1、T_1 表示 40 ℃的水的质量和初始温度，m_2，T_2 表示 10 ℃的水的质量和初始温度. 由上式得

$$T_0 = \frac{m_1 T_1 + m_2 T_2}{m_1 + m_2} = \frac{0.2(40 + 273) + 0.1(10 + 273)}{0.1 + 0.2} = 303(\text{K}).$$

熵变为
$$\Delta S = \Delta S_1 + \Delta S_2 = \int_{T_1}^{T_0} m_1 C \frac{\mathrm{d}T}{T} + \int_{T_2}^{T_0} m_2 C \frac{\mathrm{d}T}{T} = m_1 C \ln \frac{T_0}{T_1} + m_2 C \ln \frac{T_0}{T_2}.$$

已知 $C = 1.00\ \text{kcal} \cdot \text{kg}^{-1} \cdot \text{K}^{-1} = 4.18 \times 10^3\ \text{J} \cdot \text{kg}^{-1} \cdot \text{K}^{-1}$，代入上式，得

$$\Delta S = \left(0.2 \times 4.18 \ln \frac{303}{313} + 0.1 \times 4.18 \times \ln \frac{303}{283}\right) \times 10^3 = 1.4(\text{J} \cdot \text{K}^{-1}).$$

7-15. 把 0.5 kg、0 ℃的冰放在质量非常大的 20 ℃的热源中，使冰正好全部熔化，计算:

(1) 冰熔化成水的熵变(已知熔解热 l 为 $79.6\ \text{kcal} \cdot \text{kg}^{-1}$);

(2) 热源的熵变;

(3) 总熵变.

解: (1) 冰化为水，熵变为

$$\Delta S_1 = \frac{Q}{T_1} = \frac{ml}{T_1} = \frac{0.5 \times 79.6}{273} = 0.146(\text{kcal} \cdot \text{K}^{-1}) = 610(\text{J} \cdot \text{K}^{-1}).$$

(2) 热源的熵变:热源温度几乎无变化.

$$\Delta S_2 = \frac{-Q}{T_2} = \frac{-ml}{273 + 20} = \frac{-0.5 \times 79.6}{293} = -0.136(\text{kcal} \cdot \text{K}^{-1}) = -568(\text{J} \cdot \text{K}^{-1}).$$

(3) 总熵变: $\Delta S = \Delta S_1 + \Delta S_2 = 610 - 568 = 42(\text{J} \cdot \text{K}^{-1})$.

* **7-16.** 如图所示，ab, dc 是绝热过程，cea 是等温过程，bed 是任意过程，这些过程组成一循环过程. 若 edc 所包围的面积为 70 J，eab 所包围的面积为 30 J，cea 过程中系统放热 100 J，求 bed 过程中系统吸热多少?

解: 整个循环过程可看作由正循环 edc 和逆循环 eab 两部分组成，整个循环过程的净功为

$$W_{净} = W_1 + W_2 = 70 - 30 = 40(\text{J}).$$

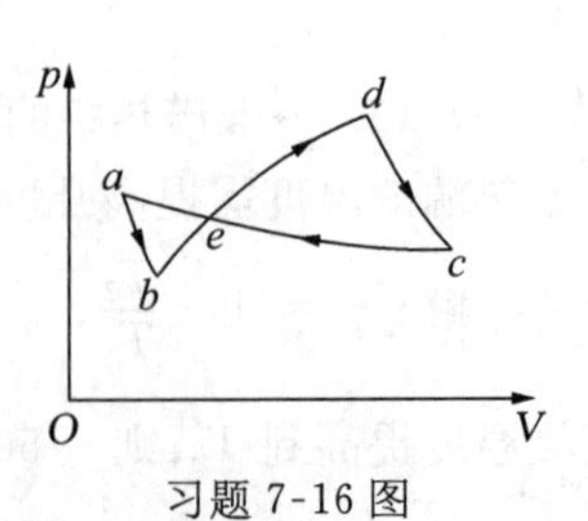

习题 7-16 图

整个循环过程中 $Q_{ab} = 0$, $Q_{dc} = 0$, cea 过程系统放热，$Q_2 = -100\ \text{J}$，设 bed 过程系统吸热 Q_1，则

$$W_{净} = Q_1 + Q_2,$$

$$Q_1 = W_{净} - Q_2 = 40 + 100 = 140(\text{J}).$$

*7-17. 某系统所经历的一可逆循环过程如图所示,其中 AB、CD、EF 分别表示温度为 T_1, T_2, T_3 的等温过程,且 $T_1 = 800\ \text{K}$, $T_2 = 400\ \text{K}$, $T_3 = 200\ \text{K}$, 图中 BC、DE、FA 均表示绝热过程. 已知在等温过程 AB 中,系统吸收热量 $Q_1 = 1\,600\ \text{J}$,在等温过程 CD 中,系统吸热 $Q_2 = 800\ \text{J}$,求:

(1) 系统经历的等温过程 EF 中,向低温热源放出了多少热量?

(2) 整个可逆循环过程中,系统对外作了多少功?

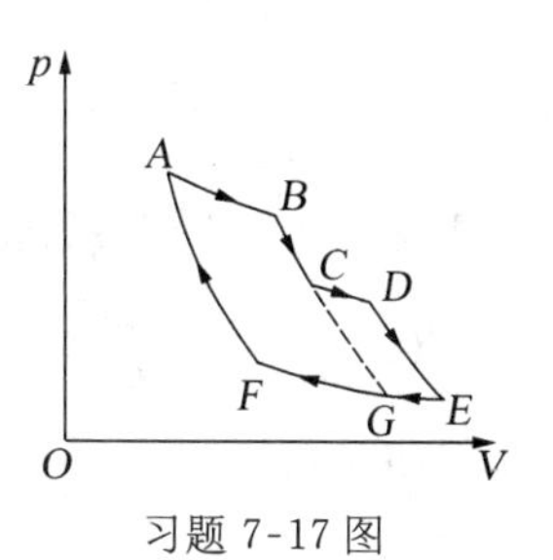

习题 7-17 图

解法一: (1) 把绝热线 BC 延长并与等温线 EF 交于 G,把可逆循环过程 $ABCDEFA$ 分割成 $ABCGFA$ 和 $CDEGC$ 两个可逆卡诺循环,其中有一段绝热线 CG 是公共的,但进行的方向相反,效果抵消.

在卡诺循环 $ABCGFA$ 中,

$$\eta = 1 - \frac{Q_3'}{Q_1} = 1 - \frac{T_3}{T_1},$$

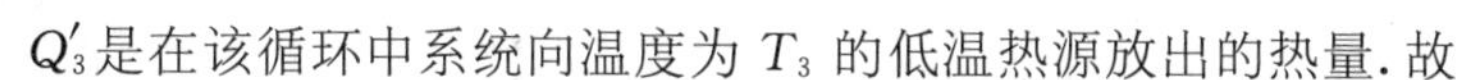
Q_3'是在该循环中系统向温度为 T_3 的低温热源放出的热量. 故

$$Q_3' = Q_1 \frac{T_3}{T_1} = 1\,600 \times \frac{200}{800} = 400(\text{J}).$$

同理,在卡诺循环 $CDEGC$ 中系统向低温热源 T_3 放出的热量为

$$Q''_3 = Q_2 \cdot \frac{T_3}{T_2} = 800 \times \frac{200}{400} = 400(\text{J}).$$

整个循环过程中系统向 T_3 的低温热源放热为

$$Q_3 = Q_3' + Q''_3 = 400 + 400 = 800(\text{J}).$$

(2) 由热力学第一定律可得整个循环过程中系统对外所做的功:

$$W = Q_1 + Q_2 - |Q_3| = 1\,600 + 800 - 800 = 1\,600(\text{J}).$$

解法二: (1) 由 $\sum \frac{Q}{T} = 0$, 有

$$\frac{Q_1}{T_1} + \frac{Q_2}{T_2} + \frac{Q_3}{T_3} = 0,$$

得 $$Q_3 = -T_3\left(\frac{Q_1}{T_1} + \frac{Q_2}{T_2}\right) = -200 \times \left(\frac{1\,600}{800} + \frac{800}{400}\right) = -800(\text{J}),$$

Q_3 为负,表示系统放出的热量.

(2) $W = Q_1 + Q_2 - |Q_3| = 1\,600 + 800 - 800 = 1\,600(\text{J})$.

*7-18. 某热机循环从高温热源获得热量 Q_H,并把热量 Q_L 排给低温热源,设高、低温热源的温度分别为 $T_H = 1\,800\ \text{K}$, $T_L = 400\ \text{K}$, 试确定在下列条件下热机是可逆、不可逆或不可能存在.

(1) $Q_H = 900\ \text{J}$, $W = 800\ \text{J}$;

(2) $Q_H = 900\ \text{J}$, $Q_L = 200\ \text{J}$;

(3) $W = 1\,500\ \text{J}$, $Q_L = 500\ \text{J}$.

解: 可逆热机的效率 η_0 为

$$\eta_0 = 1 - \frac{T_L}{T_H} = 1 - \frac{400}{1\,800} = 77.8\%.$$

由此可判断:

(1) 当 $Q_H = 900$ J, $W = 800$ J 时,热机效率为

$$\eta = \frac{W}{Q_H} = \frac{800}{900} = 88.9\% > \eta_0,$$

由于 η 不可能大于 η_0,该热机不可能存在.

(2) $\eta = 1 - \frac{Q_L}{Q_H} = 1 - \frac{200}{900} = 77.8\% = \eta_0.$

该热机是可逆的.

(3) $\eta = \frac{W}{W + Q_L} = \frac{1\,500}{1\,500 + 500} = 75\% < \eta_0.$

该热机是不可逆的.

* **7-19.** 如图所示,有一除底部外其他部分绝热的容器,总容积为 40 L,中间为一无重量的绝热隔板,可以无摩擦自由升降,上下两部分各装有 1 mol 同温度的 N_2,初始状态的压强为 1.013×10^5 Pa,隔板处于中央,以后底部微微加热使上部的体积缩小一半,求:

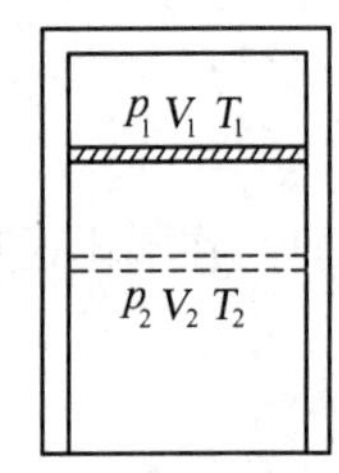

习题 7-19 图

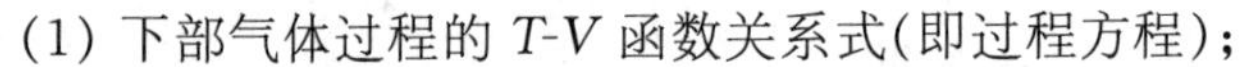

(1) 下部气体过程的 T-V 函数关系式(即过程方程);

(2) 两部分气体最后各自的温度为多少?

(3) 下部气体吸收的热量.

解: (1) 由题设条件可知,上部气体是绝热压缩过程,下部气体是未知过程,如设 p_2、V_2 与 T_2 为下部气体的终态参量,则必遵守理想气体状态方程:

$$p_2 V_2 = RT_2. \qquad ①$$

设 p_1、V_1 与 T_1 为上部气体的终态参量,则上、下部分气体压强相等:

$$p_1 = p_2, \qquad ②$$

且两部分气体体积之和不变:

$$V_1 + V_2 = 2V_0. \qquad ③$$

V_0 为每一部分气体的初态体积. 上部气体的绝热过程满足

$$p_1 V_1^\gamma = p_0 V_0^\gamma, \qquad ④$$

p_0 为初态压强. ②~④式代入①式,消去 p_2,得

$$V_0^\gamma p_0 V_2 = (2V_0 - V_2)^\gamma RT_2. \qquad ⑤$$

将 $p_0 = 1.013 \times 10^5$ Pa, $V_0 = 20$ L, $R = 8.31\ \mathrm{J \cdot mol^{-1} \cdot K^{-1}}$, $\gamma = 1.4$ 代入⑤式,化为

$$T_2 (0.04 - V_2)^{1.4} = 51.0\, V_2.$$

即

$$T_2 = 51.0\, V_2 (0.04 - V_2)^{-1.4}, \qquad ⑥$$

由于过程相当缓慢,上式即下部气体的过程方程,只须将 T_2、V_2 理解为任一时刻的数值.

(2) 对上部分气体

$$T_1V_1^{\gamma-1} = T_0V_0^{\gamma-1}, \tag{⑦}$$

$$T_0 = \frac{1}{R}p_0V_0. \tag{⑧}$$

由⑦、⑧两式解出

$$T_1 = \left(\frac{V_0}{V_1}\right)^{\gamma-1}T_0 = \left(\frac{V_0}{V_1}\right)^{\gamma-1}\cdot\frac{p_0V_0}{R}$$
$$= \left(\frac{V_0}{V_0/2}\right)^{\gamma-1}\cdot\frac{p_0V_0}{R} = 2^{1.4-1}\cdot\frac{1.013\times10^5\times0.02}{8.31} = 321.8(\text{K}).$$

将 $V_2 = \frac{3}{2}V_0$ 代入 ⑥ 式得

$$T_2 = 51.0\times\frac{3}{2}\times0.02\left(0.04-\frac{3}{2}\times0.02\right)^{-1.4} = 965.4(\text{K}).$$

(3) 上部与下部气体初始状态的温度均为

$$T_0 = \frac{p_0V_0}{R} = \frac{1.013\times10^5\times0.02}{8.31} = 243.8(\text{K}).$$

下部气体内能的变化为

$$\Delta U = C_V\Delta T = \frac{5}{2}R(T_2-T_0)$$
$$= \frac{5}{2}\times8.31\times(965.4-243.8) = 1.50\times10^4\ (\text{J}).$$

下部气体所做的功与上部气体所做的功等值异号,上部为绝热过程,系统对外所做的功等于其内能的减少.

$$W_{上} = -\frac{5}{2}R\Delta T = -\frac{5}{2}\times8.31\times(321.8-243.8) = -1.6\times10^3(\text{J}).$$

故下部气体对上部气体做功为

$$W_{下} = -W_{上} = 1.6\times10^3\ (\text{J}).$$

下部气体吸收的热量为

$$Q = \Delta U + W_{下} = 1.50\times10^4 + 1.6\times10^3 = 1.66\times10^4\ (\text{J}).$$

* **7-20.** 在与外界绝热的刚性容器中有一隔板,隔板的两侧分别充有由 N 个 A 原子和 N 个 B 原子组成的理想气体,这两种气体的温度与体积都相同,抽去隔板,两种气体将相互扩散,求扩散达到平衡后混合气体的总熵的增量.

解: 扩散过程是绝热的,外界对体系不做功,且两边气体扩散时做功相消,故 $\mathrm{d}U = 0$. 因此扩散过程中 T 不变. 每一种原子的扩散都是不可逆过程. 因熵是态函数,可设想一个可逆等温膨胀过程求熵变. 对每一种原子有

$$S_2 - S_1 = \int_{①}^{②} \frac{dU + pdV}{T} = \int_{V_1}^{V_2} \frac{pdV}{T} = \int_{V_1}^{V_2} \frac{NkT}{TV} dV$$
$$= Nk\int_{V_1}^{V_2} \frac{1}{V} dV = Nk\int_{V_1}^{2V_1} \frac{1}{V} dV = Nk\ln 2.$$

两种原子的总熵变为

$$\Delta S = 2Nk\ln 2.$$

四、思考题解答

7-1. 在 p-V 图上平衡态对应一个确定的点,非平衡态呢?

答: 非平衡态在 p-V 图上没有对应的点,因为非平衡态没有确定的 p、T 值,无法表示.

7-2. 是否可以既把热量传给气体,而又不使它的温度升高?举例说明之.

答: 由热力学第一定律, $\Delta U = \Delta Q - W$, 要保持气体温度不升高,即 $\Delta U = 0$. 在 $\Delta Q > 0$ 时,只要气体对外做功,使功的量值为 ΔQ 即可. 如气缸膨胀对外做功.

7-3. 举一个体系和外界没有热量交换,但温度却发生变化的例子.

答: 在绝热气缸中移动活塞对外做功或外界对体系做功都可使温度发生变化.

7-4. 气体比热的数值可以有无穷多个,为什么?在什么情况下气体比热为零?在什么情况下气体比热是无穷大?在什么情况下气体比热是正?在什么情况下气体比热是负?

答: 气体的比热为 $C = dQ/dT$, 在不同的过程中 dQ 和 dT 都可以不同,因此比热可以有无穷多个. 在绝热过程中 $dQ = 0$, $C = 0$. 在等温过程中 $dT = 0$, $C = \infty$. 当温度升高时体系从外界吸收热量,则 $C > 0$, 或温度下降时体系对外放热, $dT < 0$, $dQ < 0$, 则 $C > 0$; 而温度升高时体系向外放热(这时外界要对体系做功), $C < 0$, 或体系吸热,温度下降(这时体系对外做功大于所吸收的热量), $C < 0$.

7-5. 一条绝热线和一条等温线之间能否存在两个交点?

答: 一条绝热线和一条等温线只能有一个交点,若有两个交点,则绝热线和等温线可组成一个循环曲线,曲线所围面积表示体系对外做的功. 这样系统便在循环中从单一热源吸取热量使之完全变成有用的功而不产生其他影响,违背热力学第二定律.

7-6. 理想气体的内能是状态的单值函数,对理想气体内能的意义作下面的几种理解是否正确?

(1) 气体处在一定的状态,就具有一定的内能;

(2) 对应于某一状态的内能是可以直接测定的;

(3) 当理想气体的状态改变时,内能一定跟着改变.

答: 不计原子内部的能量,气体分子的动能、分子之间和分子内部原子之间的相互作用的各种势能以及分子内部原子的动能,这些能量的总和就是气体的内能.

(1) 内能是态函数,气体处在一定的状态,就具有一定的内能. 例如 1 mol 理想气体的内能为 $U = \frac{1}{2}(t + r + 2s)RT$.

(2) 内能是大量分子统计平均的结果,无法直接测定;但可以知道两个状态的内能差.

(3) 理想气体的状态改变时,内能不一定改变,例如等温过程中内能不变,因此改变 p、V 使 T 不变时内能不变.

7-7. 图中 B_1 和 B_2 是等温线上的任意两点,问虚线所表示的两个面积:$OA_1B_1C_1$ 和 $OA_2B_2C_2$ 是否一样大? 为什么?

答: 由状态方程,$pV = \frac{M}{\mu}RT$, B_1、B_2 在等温线上,T 相同,则 $p_1V_1 = p_2V_2$,故虚线上两个矩形面积相等.

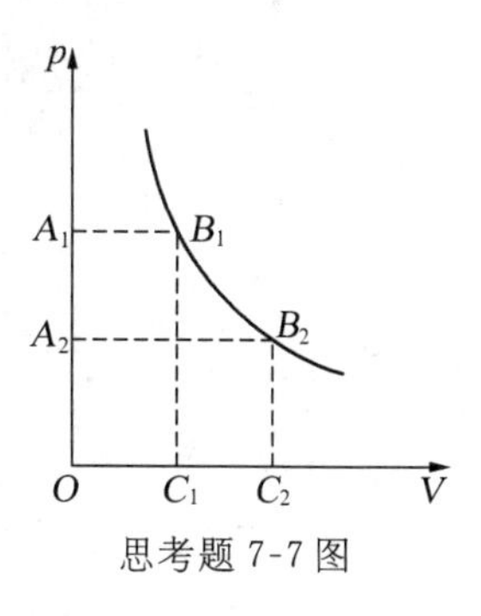

思考题 7-7 图

7-8. 热力学第一定律的表达式为 $\Delta U = Q - W$, 对于非平衡过程,在下列两种情况下是否都能适用?

(1) 初、末态是平衡态的系统;

(2) 初、末态都不是平衡态的系统.

答: (1)初、末态是平衡态的系统,适用该式.

(2) 初、末态都不是平衡态的系统,该式不适用. 例如内能的变化与温度有关,而非平衡态的温度无确定值.

7-9. 理想气体状态方程在不同的过程中可以有不同的微分形式:

(1) $p\mathrm{d}V = \frac{M}{\mu}R\mathrm{d}T$;

(2) $V\mathrm{d}p = \frac{M}{\mu}R\mathrm{d}T$;

(3) $p\mathrm{d}V + V\mathrm{d}p = 0$.

试指出各式所表示的过程.

答: (1)等压过程. (2)等容过程. (3)等温过程.

7-10. 等压过程中内能的变化能否用 $\mathrm{d}U = \frac{M}{\mu}C_V\mathrm{d}T$ 来计算?

答: 内能的变化只与温度有关,与过程无关,因此等压过程中内能的变化仍是 $\mathrm{d}U = \frac{M}{\mu}C_V\mathrm{d}T$.

7-11. 在怎样的过程中,系统所传递的热量也可用 p-V 图中的面积表示? 在怎样的过程中,内能的改变也可用 p-V 图中的面积表示?

答: 在等温过程中,系统的内能不变,系统所传递的热量等于体系对外所做的功,因此热量可用 p-V 图中的面积表示. 在绝热过程中,内能的增量等于外界对体系所做的功,故也能用 p-V 图中的面积表示内能的增量.

7-12. 任意可逆机的效率是否都可表示成

$$\eta = 1 - \frac{T_2}{T_1}.$$

答: 只有工作于相同的高温热源和相同的低温热源之间的可逆热机才可应用上式. (卡诺定理)

第八章　静　电　场

一、内容提要

1. 库仑定律:

真空中,静止点电荷 q_1 对相距 r_{12} 的另一静止点电荷 q_2 的作用力为

$$\boldsymbol{F}_{12}=\frac{1}{4\pi\varepsilon_0}\cdot\frac{q_1q_2}{r_{12}^2}\boldsymbol{r}_{12}^0.$$

2. 描述电场的两个物理量:

(1) 电场强度　$\boldsymbol{E}=\dfrac{\boldsymbol{F}}{q_0}$,

点电荷产生的场强　$\boldsymbol{E}=\dfrac{q}{4\pi\varepsilon_0r^2}\boldsymbol{r}^0$.

(2) 电势　a 点的电势 $U_a=\int_a^{\text{零电势点}}\boldsymbol{E}\cdot d\boldsymbol{l}$.

点电荷的电势　$U=\dfrac{q}{4\pi\varepsilon_0r}$.

3. 描写静电场性质的基本定理:

(1) 高斯定理　$\oint_S\boldsymbol{E}\cdot d\boldsymbol{S}=\dfrac{1}{\varepsilon_0}\sum q_i$　(真空中),

表明静电场是有源场.

(2) 环路定理　$\oint_L\boldsymbol{E}\cdot d\boldsymbol{l}=0$,

表明静电场是保守场.

4. 求解电场强度的方法:

(1) 对源电荷分布在有限区域的情形,用场强叠加的方法.

(a) 对点电荷系　$\boldsymbol{E}=\dfrac{1}{4\pi\varepsilon_0}\sum\limits_i\dfrac{q_i}{r_i^2}\boldsymbol{r}_i^0$.

(b) 对连续分布的电荷　$\boldsymbol{E}=\dfrac{1}{4\pi\varepsilon_0}\int\dfrac{dq}{r^2}\boldsymbol{r}^0$.

(2) 对于具有高度空间对称性的均匀带电体,如无限长圆柱、无限大平板、球体或球面用高斯定理 $\oint_S\boldsymbol{E}\cdot d\boldsymbol{S}=\dfrac{1}{\varepsilon_0}\sum\limits_i q_i$ 求解 $\boldsymbol{E}$.

(3) 由电势求场强　$\boldsymbol{E}=-\nabla U$,

或

$$\boldsymbol{E}=-\left(\frac{\partial U}{\partial x}\boldsymbol{i}+\frac{\partial U}{\partial y}\boldsymbol{j}+\frac{\partial U}{\partial z}\boldsymbol{k}\right).$$

5. 求解电势的方法

(1) 电势叠加 $U=\frac{1}{4\pi\varepsilon_0}\sum_i \frac{q_i}{r_i}$ (点电荷系),

$U=\frac{1}{4\pi\varepsilon_0}\int\frac{dq}{r}$ (连续分布的电荷).

(2) 由电场强度求电势 $U_a=\int_a^{\text{零电势点}}\boldsymbol{E}\cdot d\boldsymbol{l}$.

6. 静电场中的导体:

(1) 导体的静电平衡条件:

导体内 $\boldsymbol{E}_{内}=\boldsymbol{0}$.

导体表面附近 $\boldsymbol{E}_{表面}=\frac{\sigma}{\varepsilon_0}\boldsymbol{n}$.

处于静电平衡的导体是等势体.

(2) 导体上的电荷分布:

实心导体或空腔内无电荷的导体如带电,电荷分布在导体的外表面上.导体内和空腔中处处等势.

导体空腔中有电荷时,导体内表面所带电荷与空腔内电荷等量异号,外表面所带电荷由电荷守恒定律决定.

面电荷的相对分布与导体的周围环境有关,对于孤立导体,曲率半径愈小处电荷密度愈大.

7. 电容器 $C=\frac{Q}{U_1-U_2}$.

平板电容器 $C=\frac{\varepsilon_0 S}{d}$.

球形电容器 $C=4\pi\varepsilon_0\frac{R_1R_2}{R_2-R_1}$.

圆筒形电容器 $C=2\pi\varepsilon_0 L\Big/\ln\frac{R_2}{R_1}$.

8. 一段含源电路的欧姆定律:

$$U_{AF}=U_A-U_F=\sum_i I_iR_i-\sum_j\varepsilon_j.$$

9. 欧姆定律的微分形式: $\boldsymbol{j}=\sigma\boldsymbol{E}$.

10. 电源的电动势:

$$\varepsilon=\int_-^+\boldsymbol{E}_K\cdot d\boldsymbol{l}.$$

11. 基尔霍夫定律:

(1) 第一定律(节点电流定律) $\sum_i I_i=0$.

(2) 第二定律(回路电压定律) $\sum_i I_iR_i=\sum_j\varepsilon_j$.

二、自学指导和例题解析

本章要点是理解电场强度和电势的基本概念,掌握计算场强和电势的各种方法,熟悉典型带电体周围的场强分布和电势分布;掌握库仑定律和叠加原理的应用;熟练运用静电场的高斯定理和环路定理；掌握导体静电平衡的条件，并能应用于分析处理有关问题. 同时，还须熟练应用基尔霍夫定律解决直流电路问题. 在学习中应注意以下几点：

(1) 由高斯定理可解得一个均匀带电的球壳内部的电场强度为零，从内部直到球面电势处处相等，并等于球面的电势. 这一概念常用于采用叠加法求解多层球壳在内部产生的电势的场合.

(2) 有一个常引起争论的问题，在一原来不带电的孤立金属球壳内部，与球壳绝缘地放一电量为 q 的点电荷，根据导体的静电平衡条件和高斯定理，可以证明，球壳内表面的总电量 q_i 与点电荷的电量等量异号，即 $q_i=-q$，电荷守恒定律要求球壳外表面上的总电量 q_e 与球壳内表面上的总电量等量异号，即 $q_e=-q_i=q$.

若点电荷位于空腔中心，则由对称性，q_i 和 q_e 均匀地分布在球壳的内、外表面上，因为这种分布方式能保证导体内 $\boldsymbol{E}=\mathbf{0}$ 的条件得到满足. 当点电荷移动到偏离中心处时，球壳内表面上的电荷分布不再均匀，在靠近点电荷处，电荷面密度大些，离点电荷远处，电荷面密度小些，而 q_e 在球壳外表面上仍然均匀分布，一个自然的问题是为何会如此？可以设想如果移去外壳上的电荷 q_e，例如球壳接地后再断开，则根据静电平衡的要求，分布在球壳内表面上的电荷 q_i 所产生的电场与点电荷 q 的电场在导体内部各处（包括外表面上及球壳外部）应相互抵消，合场强处处为零，与一个不带电的球体完全一样，然后再将 q_e 均匀地分布在外表面上，这时，导体的静电平衡条件仍能满足，所以，q_e 应均匀分布在外表面上，而且也只能作如此分布，即这种分布方式是唯一的，这是由静电场的唯一性定理决定的. 这里我们不去证明该定理，只是借此定理帮助大家寻找有关静电场问题的正确答案. 静电场的唯一性定理的内容是：在给定条件（如各导体的形状、排列位置，某些导体的电势和另一些导体的电量等）下，当静电平衡时，静电场的分布是唯一的.

(3) 导体上电荷的分布是一个很复杂的问题，曲率大的地方电荷密度大只能说是一个大致的表述，而且只是针对孤立导体而言. 当导体处于外场中时，在相同曲率处电荷密度也会不同，如球面上的各点曲率相同，但放在外场中则各处电荷密度不同.

(4) 用高斯定理求解带电体周围的场强分布时，带电体的电荷分布必须具有足够的空间对称性，使电通量与电场强度的关系足够简单，如无限大均匀带电平板，无限长均匀带电圆柱，均匀带电球体等，而均匀带电圆盘等则不属此例.

例题

例 8-1 在 $x<0$ 的半空间内充满金属，在 $x=a$ 处有一电量为 $q>0$ 的点电荷，如图(a)所示. 试计算导体表面的场强和导体表面上的感应电荷面密度.

解： 根据场强叠加原理，空间任一点的场强由点电荷 q 单独产生的电场和金属表面感应电荷单独产生的电场叠加而成，如图(b)所示.

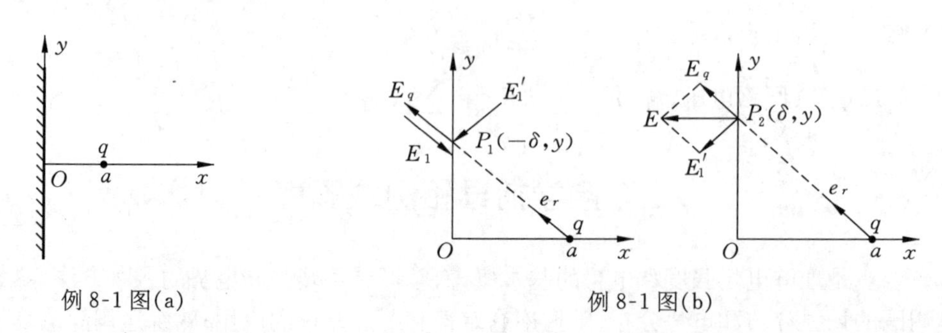

例 8-1 图(a) 例 8-1 图(b)

设 P_1 是 $x<0$ 的空间内一点，其坐标为 $(-\delta,\ y)$，$\delta\to0$，点电荷 q 的电场在 P_1 点的场强为

$$\boldsymbol{E}_q=\frac{1}{4\pi\varepsilon_0}\cdot\frac{q}{r^2}\boldsymbol{e}_r=\frac{q}{4\pi\varepsilon_0}\cdot\frac{y\boldsymbol{j}-a\boldsymbol{i}}{(a^2+y^2)^{3/2}}.\tag{①}$$

上式中 $\boldsymbol{e}_r$ 为由电荷 q 指向 P_1 点的单位矢量.

设金属表面的感应电荷在该点产生的场强为 $\boldsymbol{E}_1$，由场强叠加原理和静电平衡条件，有

$$\boldsymbol{E}_1+\boldsymbol{E}_q=\boldsymbol{0}.\tag{②}$$

由此得

$$\boldsymbol{E}_1=-\frac{q}{4\pi\varepsilon_0}\cdot\frac{1}{r^2}\boldsymbol{e}_r=\frac{q}{4\pi\varepsilon_0}\cdot\frac{a\boldsymbol{i}-y\boldsymbol{j}}{(a^2+y^2)^{3/2}}.\tag{③}$$

设 P_2 为 $x>0$ 的空间内一点，具坐标为 $(\delta,\ y)$，$\delta\to0$，因 P_1 和 P_2 无限接近，在这两点，点电荷 q 产生的电场强度是相等的，但感应电荷在 P_1 处的场强 $\boldsymbol{E}_1$ 和 P_2 处的场强 $\boldsymbol{E}_1'$ 是不同的，应对金属表面具有镜象对称性，即它们各自均指向金属表面，且 $\boldsymbol{E}_1$ 的 x 分量与 $\boldsymbol{E}_1'$ 的 x 分量大小相等，方向相反，但 y 方向分量相同，即

$$\boldsymbol{E}_1'=-\frac{q}{4\pi\varepsilon_0}\cdot\frac{a\boldsymbol{i}+y\boldsymbol{j}}{(a^2+y^2)^{3/2}}.\tag{④}$$

紧贴金属表面，$x>0$ 处的总场强为

$$\begin{aligned}\boldsymbol{E}=\boldsymbol{E}_q+\boldsymbol{E}_1'&=-\frac{q}{4\pi\varepsilon_0}\cdot\frac{2a\boldsymbol{i}}{(a^2+y^2)^{3/2}}\\&=\frac{aq}{2\pi\varepsilon_0(a^2+y^2)^{3/2}}(-\boldsymbol{i}).\end{aligned}\tag{⑤}$$

即导体表面的场强与导体表面垂直，沿 $-\boldsymbol{i}$ 方向，大小与 y 有关. 从 $\boldsymbol{E}_1'$ 的表示式④式可以看出，它与一电量为 $-q$，位于 $(-a,\ 0)$ 处的点电荷产生的场强完全相同，也就是说，导体表面上感应电荷在 $x>0$ 的空间的场强可以用一个点电荷的场强来代替，该点电荷的电量为 $-q$，位于 $(-a,\ 0)$ 处，如图(c)所示. 这就好像导体表面为一平面镜，$-q$ 为 q 的像，而点电荷与导体表面的感应电荷在 $x>0$ 的空间共同产生的场与点电荷 q 和它的像 $-q$ 在 $x>0$ 空间内共同产生的场完全相同. 因为

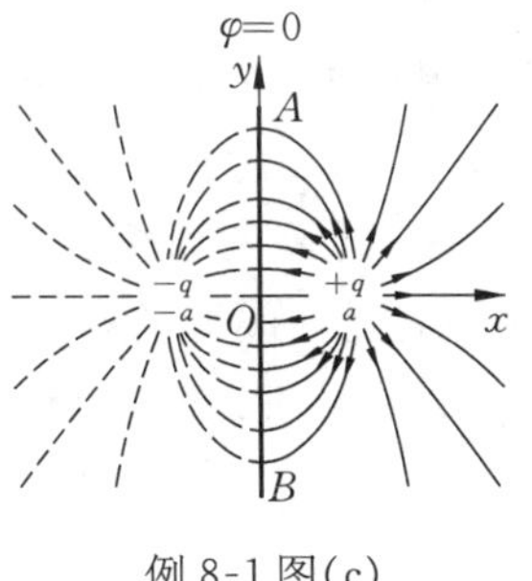

例 8-1 图(c)

$$E=\frac{1}{\varepsilon_0}\sigma,\tag{⑥}$$

导体表面的面电荷密度由⑤和⑥两式可得

$$\sigma=-\frac{aq}{2\pi(a^2+y^2)^{3/2}}.$$

由上式可知，感应电荷在导体表面上的分布是不均匀的，可以证明，感应电荷的总量为 $-q$.

例 8-2 如图所示，一无限长的圆柱面上有一宽为 a 的狭缝，圆柱面的半径为 R，电荷面密度为 $\sigma>0$，试求其轴线上一点 P 的场强.

解：可用带正电的整个圆柱面和带负电的宽为 a 的无限长直线在 P 点产生的场强叠加求解. 完整带电圆柱面在其轴线上任一点产生的场强为零，即

$$E_{P1}=0.$$

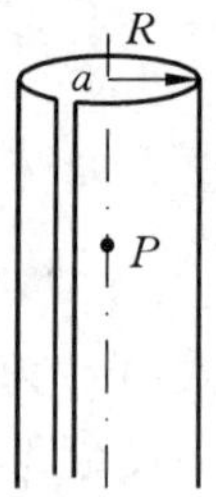

宽为 a 带负电的无限长直线在 P 点产生的场强大小为

$$E_{P2}=\frac{\lambda}{2\pi\varepsilon_0 R}=\frac{\sigma\cdot a}{2\pi\varepsilon_0 R}.$$

例 8-2 图

所以 P 点场强为

$$E_P=E_{P1}+E_{P2}=\frac{\sigma a}{2\pi\varepsilon_0 R},$$

方向由 P 点沿径向指向狭缝.

例 8-3 如图所示，球形金属腔带电量为 $Q>0$，内半径为 a，外半径为 b，腔内距球心 O 为 r 处有一点电荷 q，求球心 O 的电势.

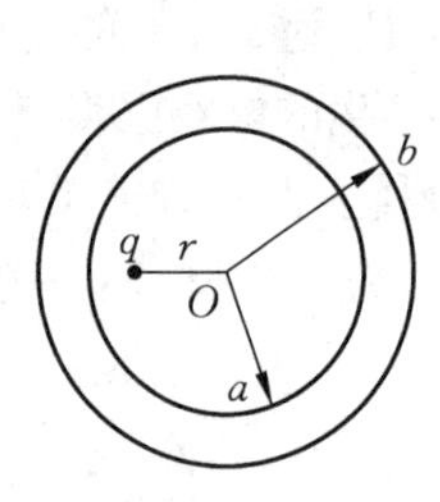

例 8-3 图

解：用高斯定理可求得金属腔内表面所带的总电量为 $-q$，根据电荷守恒定律，金属腔外表面所带电量为 $Q+q$，所以球心的电势为

$$U_O=U_q+U_{-q}+U_{Q+q},$$

上式中 U_q、U_{-q} 和 U_{Q+q} 分别为点电荷 q、金属球壳内表面和外表面对 O 点产生的电势. 设球壳内外表面的电荷面密度分别为 σ_a 和 σ_b，则上式为

$$U_O=\frac{q}{4\pi\varepsilon_0 r}+\oint_{S_a}\frac{\sigma_a\mathrm{d}S}{4\pi\varepsilon_0 a}+\oint_{S_b}\frac{\sigma_b\mathrm{d}S}{4\pi\varepsilon_0 b}=\frac{q}{4\pi\varepsilon_0 r}-\frac{q}{4\pi\varepsilon_0 a}+\frac{Q+q}{4\pi\varepsilon_0 b}$$

$$=\frac{1}{4\pi\varepsilon_0}\left[q\left(\frac{1}{r}-\frac{1}{a}+\frac{1}{b}\right)+\frac{Q}{b}\right].$$

例 8-4 一半径为 R 的"无限长"圆柱形带电体的电荷体密度为 $\rho=Ar(r<R)$，式中 A 为常量，试求圆柱体内、外各点场强大小分布.

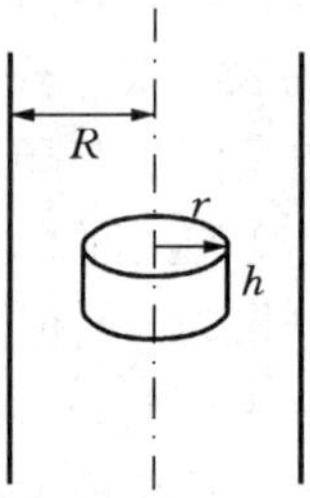

解：无限长圆柱形带电体内外的场强具有轴对称性. 如图所示，以圆柱的轴为轴，取半径为 r，高为 h 的高斯圆柱面，侧面上各点的场强大小为 E，垂直于柱面. 穿过该柱面的电通量为

$$\oint_S \boldsymbol{E}\cdot\mathrm{d}\boldsymbol{S}=2\pi rh\cdot E.$$

例 8-4 图

柱内（$r<R$）：求该圆柱形高斯面所包围的电荷要用积分，取半径为 r'，厚为 $\mathrm{d}r'$，高为 h 的圆筒，其电量为

$$\mathrm{d}q=\rho\mathrm{d}V=\rho\cdot 2\pi r'\mathrm{d}r'\cdot h=2\pi Ahr'^2\mathrm{d}r'.$$

包围在高斯面内的总电量为

$$q_1=\int_V\rho\mathrm{d}V=\int_0^r 2\pi Ahr'^2\mathrm{d}r'=\frac{2}{3}\pi Ahr^3.$$

由高斯定理

$$\oint_S \boldsymbol{E} \cdot \mathrm{d}\boldsymbol{S} = \frac{1}{\varepsilon_0} q_1,$$

即
$$2\pi rh \cdot E_1 = \frac{2}{3\varepsilon_0} \pi A h r^3.$$

得

$$E_1 = \frac{Ar^2}{3\varepsilon_0}.$$

柱外($r > R$):包围在高斯面内的总电量为

$$q_2 = \int_V \rho \mathrm{d}V = \int_0^R 2\pi h A r'^2 \mathrm{d}r' = \frac{2}{3}\pi A h R^3.$$

由高斯定理得

$$2\pi h r E_2 = \frac{2}{3\varepsilon_0} \pi A h R^3,$$

$$E_2 = \frac{AR^3}{3\varepsilon_0 r}.$$

例 8-5 如图所示,导体球的半径为 R,带电量为 Q,点电荷 q 与球心相距 $3R$. 试求:

(1) 导体球表面的电势;

(2) 导体球表面的电荷在球心处产生的场强;

(3) 若导体球接地,求导体球表面的电荷.

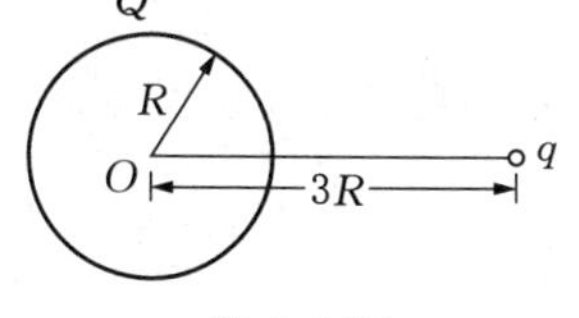

例 8-5 图

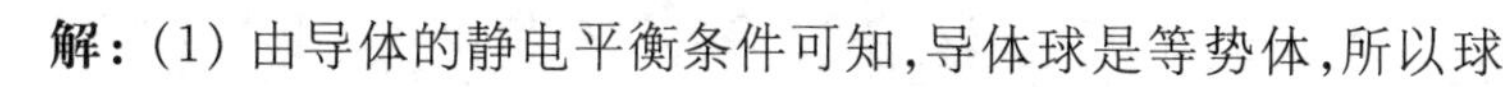

解: (1) 由导体的静电平衡条件可知,导体球是等势体,所以球表面的电势与球心 O 处的电势相等,而球心处的电势是由点电荷和球面上的电荷共同产生的. 根据电势叠加原理

$$U_R = U_0 = U_q + U_Q.$$

球表面的电荷对球心 O 产生的电势为

$$U_Q = \int_0^Q \frac{\mathrm{d}q}{4\pi\varepsilon_0 R} = \frac{Q}{4\pi\varepsilon_0 R},$$

所以球表面的电势为

$$U_R = \frac{q}{4\pi\varepsilon_0 (3R)} + \frac{Q}{4\pi\varepsilon_0 R} = \frac{1}{4\pi\varepsilon_0 R}\left(\frac{q}{3} + Q\right).$$

(2) 根据场强叠加原理,球心处的场强为

$$\boldsymbol{E}_0 = \boldsymbol{E}_q + \boldsymbol{E}_Q.$$

由静电平衡条件可知, $\boldsymbol{E}_0 = 0$. 所以

$$\boldsymbol{E}_Q = -\boldsymbol{E}_q,$$

$$E_Q = \frac{q}{4\pi\varepsilon_0 (3R)^2} = \frac{q}{36\pi\varepsilon_0 R^2},$$

方向沿 O 和 q 的连线. $q>0$ 时, $\boldsymbol{E}_Q$ 指向从 O 到 q.

(3) 若导体球接地，则导体球的电势为零. 设接地后导体球表面的电荷为 Q'，则

$$U_R = U_0 = U_q + U_{Q'} = \frac{q}{4\pi\varepsilon_0(3R)^2} + \frac{Q'}{4\pi\varepsilon_0 R} = 0.$$

得
$$Q' = -\frac{q}{3}.$$

例 8-6 如图所示，有一带电圆盘，半径为 R，面电荷密度 $\sigma = kr^2$（k 为正实数），r 为圆盘面上离圆心 O 的距离. 求圆盘的中轴线上与圆盘中心 O 相距为 x 的 P 点处的电势和场强.

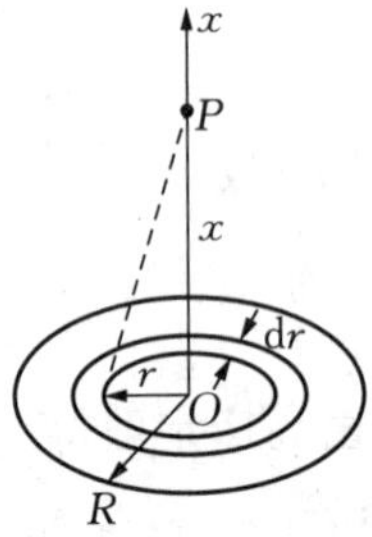

例 8-6 图

解： 在圆盘上取半径为 r，宽为 $\mathrm{d}r$ 的圆环，该圆环对 P 点产生的电势为

$$\mathrm{d}U_p = \frac{\mathrm{d}q}{4\pi\varepsilon_0\sqrt{r^2+x^2}} = \frac{kr^2 \cdot 2\pi r\mathrm{d}r}{4\pi\varepsilon_0\sqrt{r^2+x^2}};$$

整个圆盘的电荷对 P 点产生的电势为

$$U_p = \int \mathrm{d}U_p = \int_0^R \frac{kr^2 \cdot 2\pi r\mathrm{d}r}{4\pi\varepsilon_0\sqrt{r^2+x^2}}$$
$$= \frac{k}{3\varepsilon_0}x^3 + \frac{k(R^2+x^2)^{1/2}}{6\varepsilon_0}(R^2-2x^2).$$

P 点的电势 U_p 仅是 x 的函数，根据场强与电势的关系，有

$$E_p = -\frac{\mathrm{d}U_p}{\mathrm{d}x}$$
$$= -\left[\frac{k}{\varepsilon_0}x^2 + \frac{k(R^2+x^2)^{-\frac{1}{2}} \cdot 2x}{12\varepsilon_0}(R^2-2x^2) + \frac{k(R^2+x^2)^{1/2}}{6\varepsilon_0}(-4x)\right]$$
$$= \frac{kx(R^2+2x^2)}{2\varepsilon_0\sqrt{R^2+x^2}} - \frac{kx^2}{\varepsilon_0},$$

$\boldsymbol{E}_p$ 沿 x 轴.

从上面计算可见，若已知 $U(r)$，直接用 $E = -\frac{\mathrm{d}U}{\mathrm{d}r}$ 求电荷连续分布的带电体的场强较为简便.

例 8-7 如图所示，在均匀电场中有一椭圆平面 S_1，其长、短轴分别为 a 和 b，平面 S_1 的法线 $\boldsymbol{n}$ 与场强 $\boldsymbol{E}$ 的夹角为 θ. S_2 是以该椭圆为边线的半椭球面. 试求：

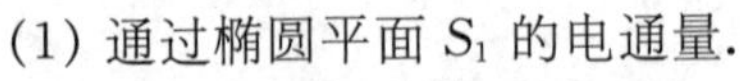

(1) 通过椭圆平面 S_1 的电通量.

(2) 通过半椭球面 S_2 的电通量.

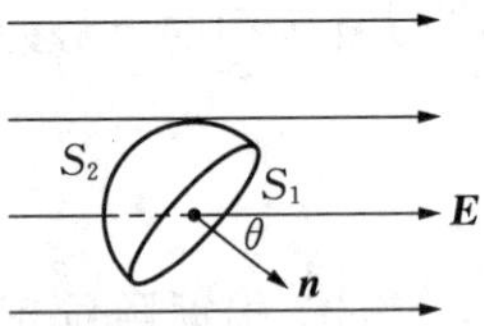

例 8-7 图

解： (1) 对椭圆平面 S_1，电通量为

$$\Phi_1 = ES\cos\theta = E \cdot \pi ab\cos\theta$$

(2) S_1 和 S_2 成封闭曲面，在此封闭曲面内没有电荷. 据高斯定理，通过封闭曲面的电通量

$$\Phi = \oint \boldsymbol{E} \cdot \mathrm{d}\boldsymbol{S} = \frac{\sum q}{\varepsilon_0} = 0.$$

而

$$\oint \boldsymbol{E} \cdot d\boldsymbol{S} = \int_{S_1} \boldsymbol{E} \cdot d\boldsymbol{S}_1 + \int_{S_2} \boldsymbol{E} \cdot d\boldsymbol{S}_2 = \Phi_1 - \Phi_2 = 0.$$

因此通过半椭球面的电通量为

$$\Phi_2 = \Phi_1 = E\pi ab\cos\theta.$$

(上面半椭球面的法线取向为垂直于椭球面向外)

实际上,通过以该椭圆为边线的任意曲面的电通量的数值都相同,均为 $E\pi ab\cos\theta$.

三、习题解答

8-1. 根据玻尔氢原子模型可知,氢原子中的电子与核相距 $r = 5.3\times10^{-11}$ m ,试问电子所在处由氢原子核所产生的电场强度是多大?电子所受电场力是多大?

解: 由点电荷的电场公式得

$$E = \frac{q}{4\pi\varepsilon_0 r^2} = \frac{1.6\times10^{-19}}{4\times3.14\times8.85\times10^{-12}\times(5.3\times10^{-11})^2} = 5.1\times10^{11}(\text{N}\cdot\text{C}^{-1}).$$

$$F = qE = 1.6\times10^{-19}\times5.1\times10^{11} = 8.2\times10^{-8}(\text{N}).$$

8-2. 有两个点电荷, $q_1 = 8.0\times10^{-6}$ C, $q_2 = -16.0\times10^{-6}$C ,相距 20 cm,试求离它们都是 20 cm 处的电场强度 $\boldsymbol{E}$.

解: 设两点电荷相距为 r,与它们相距都是 r 的点 A 与这两个点电荷位于等边三角形的三个顶点,取如图的直角坐标,则两电荷对 A 点产生的电场大小为

$$E_1 = \frac{q_1}{4\pi\varepsilon_0 r^2},$$

$$E_2 = \frac{q_2}{4\pi\varepsilon_0 r^2}.$$

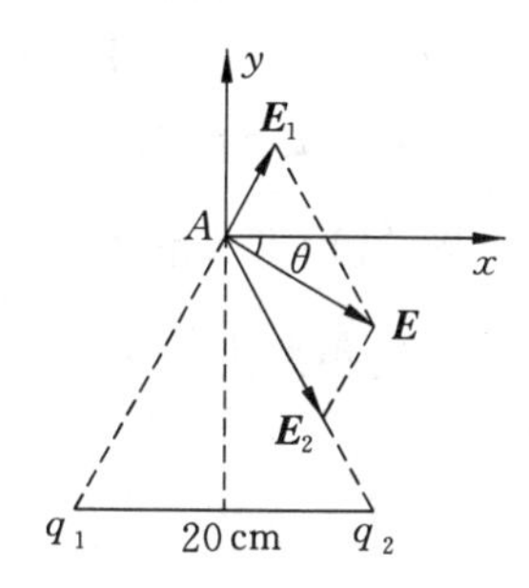

习题 8-2 图

两点电荷在 x 和 y 方向的电场分量分别叠加起来,得

$$E_x = E_1\cos60^\circ + E_2\cos60^\circ = \frac{1}{2}(E_1+E_2) = \frac{1}{8\pi\varepsilon_0 r^2}(q_1+q_2)$$

$$= \frac{(8.0+16.0)\times10^{-6}}{8\times3.14\times8.85\times10^{-12}\times(0.2)^2} = 2.7\times10^6(\text{N}\cdot\text{C}^{-1}),$$

$$E_y = E_1\sin60^\circ - E_2\sin60^\circ = \frac{\sqrt{3}}{2}(E_1-E_2) = \frac{\sqrt{3}}{8\pi\varepsilon_0 r^2}(q_1-q_2)$$

$$= \frac{1.732\times(8.0-16.0)\times10^{-6}}{8\times3.14\times8.85\times10^{-12}\times(0.2)^2} = -1.56\times10^6(\text{N}\cdot\text{C}^{-1}).$$

A 点的场强 E 为

$$E = \sqrt{E_x^2+E_y^2} = \sqrt{2.7^2+1.56^2}\times10^6 = 3.1\times10^6(\text{N}\cdot\text{C}^{-1}).$$

E 和 x 轴所成角度为

$$\theta=\arctan\frac{E_y}{E_x}=\arctan\left(-\frac{\sqrt{3}}{3}\right)=-30^\circ.$$

（A 点其实为中垂面上半径为 $10\sqrt{3}$ 的圆上的任一点.）

8-3. 如图所示为一种典型的电四极子,它由两个相同的电偶极子 $\boldsymbol{p}=q\boldsymbol{l}$ 组成,这两个偶极子在同一直线上但方向相反,且彼此的负电荷互相重合. 试证:在电四极子的轴线延长线上离开其中心(即负电荷所在处)为 r(假设 $r\gg l$)的 P 处的电场强度大小为 $E=\frac{3Q}{4\pi\varepsilon_0 r^4}$，式中 $Q=2ql^2$ 称为这种电荷分布的电四极矩.

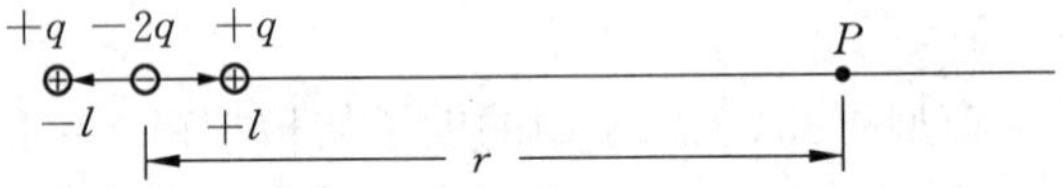

习题 8-3 图

解: 设 P 点为电四极子轴线延长线上的一点,该点场强是四个电荷所共同产生的,由场的叠加原理

$$E_P=\frac{q}{4\pi\varepsilon_0}\left[\frac{1}{(r+l)^2}+\frac{1}{(r-l)^2}-\frac{2}{r^2}\right]\approx\frac{3(2ql^2)}{4\pi\varepsilon_0 r^4}=\frac{3Q}{4\pi\varepsilon_0 r^4}.$$

8-4. 电荷 q 均匀地分布在长为 l 的一段直线上,试求:

(1) 该直线的中垂面上离线中心为 r 处的场强 $\boldsymbol{E}$；

(2) 当 $l\to 0$ 时,$\boldsymbol{E}=$?

(3) 如 $l\to\infty$,且保持电荷线密度 λ 为常数,$\boldsymbol{E}=$?

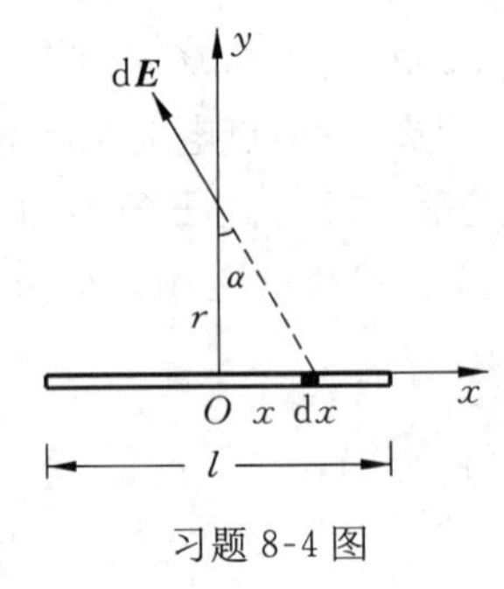

习题 8-4 图

解: (1) 取如图坐标系,取电荷元 $\mathrm{d}q=\lambda\mathrm{d}x$, $\lambda=\frac{q}{l}$，电荷元离开中心的距离为 x,在带电直线中垂面上离线中心为 r 处产生的场强为

$$\mathrm{d}E=\frac{\mathrm{d}q}{4\pi\varepsilon_0(r^2+x^2)},$$

由对称性分析可知,带电直线上所有电荷对该点产生的电场强度的 x 分量互相抵消,只有 y 分量,故该点 $E=E_y$, $\mathrm{d}E_y=\mathrm{d}E\cos\alpha$, $\cos\alpha=\frac{r}{\sqrt{r^2+x^2}}$,

$$\begin{aligned}E&=\int\mathrm{d}E\cdot\cos\alpha=\int_{-\frac{l}{2}}^{\frac{l}{2}}\frac{\lambda\mathrm{d}x}{4\pi\varepsilon_0(r^2+x^2)}\cdot\frac{r}{\sqrt{r^2+x^2}}\\&=\frac{\lambda r}{4\pi\varepsilon_0}\int_{-\frac{l}{2}}^{\frac{l}{2}}\frac{\mathrm{d}x}{(r^2+x^2)^{3/2}}=\frac{\lambda}{4\pi\varepsilon_0}\left.\frac{x}{r\sqrt{r^2+x^2}}\right|_{-\frac{l}{2}}^{\frac{l}{2}}\\&=\frac{q}{4\pi\varepsilon_0 r}\left(r^2+\frac{l^2}{4}\right)^{-\frac{1}{2}}.\end{aligned}$$

(2) $l\to 0$ 时,上式为 $E=\frac{q}{4\pi\varepsilon_0 r^2}$ 相应于带电直线变为点电荷.

(3) $l\to\infty$时,上式为 $E=\dfrac{q}{4\pi\varepsilon_0 r\left(r^2+\dfrac{l^2}{4}\right)^{\frac{1}{2}}}\approx\dfrac{\lambda l}{4\pi\varepsilon_0 r\cdot\left(\dfrac{l}{2}\right)}$, $E=\dfrac{\lambda}{2\pi\varepsilon_0 r}$.

8-5. 一无限大均匀带电平板的电荷面密度为σ,其上有一半径为R的圆洞,求这洞的轴线上离洞中心为x处的电场强度.

解: 取如图坐标,在带电平板上取一个与圆洞同心的圆环,半径为r,宽为$\mathrm{d}r$,在轴上取一点P,P点到圆心的距离为x,由对称性可知,该圆环对P点产生的电场在垂直于x轴的方向上互相抵消,只有沿x轴的分量,即

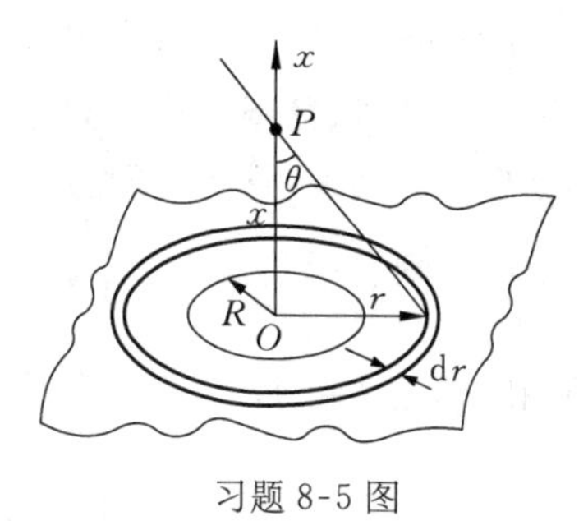

习题 8-5 图

$$\mathrm{d}E=\mathrm{d}E_x=\frac{\sigma\mathrm{d}S}{4\pi\varepsilon_0(x^2+r^2)}\cdot\cos\theta,$$

$\mathrm{d}S$为圆环面积, $\mathrm{d}S=2\pi r\mathrm{d}r$, $\cos\theta=x/\sqrt{r^2+x^2}$. 整个带电平板对$P$点产生的电场是由无数个圆环所产生的电场的叠加:

$$E=\int\mathrm{d}E_x=\int_R^\infty\frac{\sigma 2\pi r\mathrm{d}r}{4\pi\varepsilon_0(x^2+r^2)}\cdot\frac{x}{\sqrt{r^2+x^2}}$$

$$=-\frac{\sigma x}{2\varepsilon_0}(r^2+x^2)^{-\frac{1}{2}}\Big|_R^\infty=\frac{\sigma x}{2\varepsilon_0(R^2+x^2)^{1/2}}.$$

8-6. 一个球体内均匀分布着电荷,电荷体密度为ρ,$\boldsymbol{r}$代表从球心O指向球内一点的位矢.

(1) 证明:$\boldsymbol{r}$处的电场强度为$\boldsymbol{E}=\dfrac{\rho}{3\varepsilon_0}\boldsymbol{r}$;

(2) 若在这球内挖去一部分电荷,形成一个空腔,这空腔的形状是一个小球,如图(a)所示,试证明这空腔内的电场是匀强电场,其场强为$\boldsymbol{E}=\dfrac{\rho}{3\varepsilon_0}\boldsymbol{a}$,式中$\boldsymbol{a}$表示由球心$O$指向空腔中心的矢量.

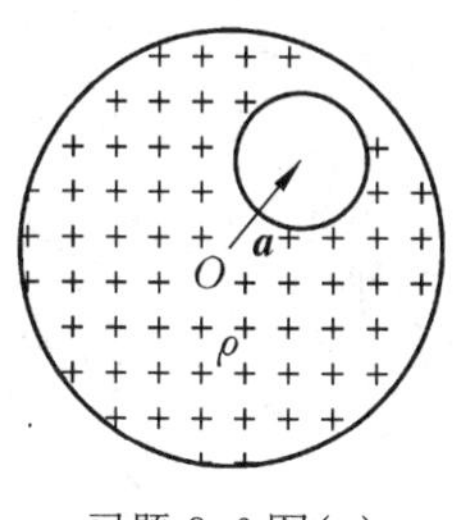

习题 8-6 图(a)

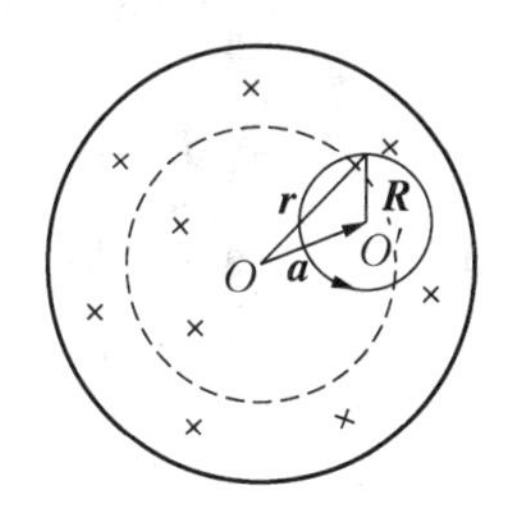

习题 8-6 图(b)

解: (1) 以O为球心,r为半径作一高斯球面,如图(b)的虚线所示,由高斯定理得

$$\oint\boldsymbol{E}\cdot\mathrm{d}\boldsymbol{S}=\frac{q}{\varepsilon_0}=\frac{4\pi r^3\rho}{3\varepsilon_0},$$

而

$$\oint\boldsymbol{E}\cdot\mathrm{d}\boldsymbol{S}=E\cdot 4\pi r^2.$$

解得
$$E=\frac{\rho r}{3\varepsilon_0},$$
方向沿 $\boldsymbol{r}$ 方向，因而可写成
$$\boldsymbol{E}=\frac{\rho\boldsymbol{r}}{3\varepsilon_0}.$$

(2) 设空腔中心为 O'，从 O' 到空腔内某点的矢径为 $\boldsymbol{R}$，从 O 到该点的矢径为 $\boldsymbol{r}$，则有 $\boldsymbol{r}=\boldsymbol{a}+\boldsymbol{R}$. 采用场强叠加方法，把空腔看成是带正电(体密度为 ρ)的小球和带负电(体密度为 $-\rho$)的小球叠加的结果. 这样，在空腔内任一点的场强可看成是整个大实心带正电球和一个带负电的小球所共同产生. 大球在该点产生的电场已由(1)中求得为 $\boldsymbol{E}_1=\frac{\rho}{3\varepsilon_0}\boldsymbol{r}$，小球对该点产生的电场用同样方法可求得为 $\boldsymbol{E}_2=-\frac{\rho}{3\varepsilon_0}\boldsymbol{R}$，总的电场强度为
$$\boldsymbol{E}=\boldsymbol{E}_1+\boldsymbol{E}_2=\frac{\rho}{3\varepsilon_0}(\boldsymbol{r}-\boldsymbol{R})=\frac{\rho}{3\varepsilon_0}\boldsymbol{a}.$$
由于 $\boldsymbol{E}$ 只与 $\boldsymbol{a}$ 有关，与腔内的具体位置无关，因而是匀强电场.

8-7. 无限长的两个共轴直圆筒，半径分别是 R_1 和 R_2，两圆筒面都均匀带电，沿轴线方向单位长度所带的电量分别是 λ_1 和 λ_2.

(1) 求离轴线为 r 处的 $\boldsymbol{E}$(分别考虑 $r<R_1$, $R_1<r<R_2$ 和 $r>R_2$ 三种情况)，设 $\lambda_1>0$ 和 $\lambda_2>0$.

(2) 当 $\lambda_2=-\lambda_1$ 时，各处的 $\boldsymbol{E}$ 如何?

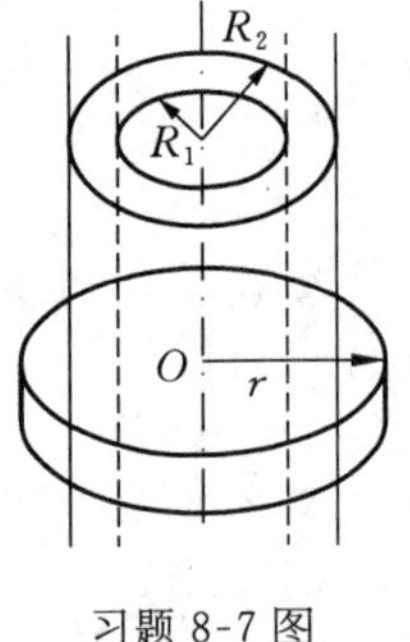

习题 8-7 图

解: (1) 如图所示，作同轴的圆柱形高斯面，高为单位长度，半径为 r，由圆柱面上电荷产生的电场具有轴对称性，设 $\boldsymbol{E}$ 的方向由轴沿径向指向外面，和高斯柱面的侧面法线方向一致，即 $\int_{侧}\boldsymbol{E}\cdot d\boldsymbol{S}=\int E\cdot dS$，且在相同半径处 E 的大小相同. $\boldsymbol{E}$ 和上、下底面的法线方向相互垂直，$\int_{底}\boldsymbol{E}\cdot d\boldsymbol{S}=0$，由此可得
$$\oint\boldsymbol{E}\cdot d\boldsymbol{S}=E\cdot 2\pi r\cdot 1=\frac{q_1}{\varepsilon_0}.$$

在 $r<R_1$ 处，$q_1=0$，得 $E_1=0$.

在 $R_1<r<R_2$ 范围 $\qquad \oint\boldsymbol{E}\cdot d\boldsymbol{S}=E\cdot 2\pi r\cdot 1=\frac{q_2}{\varepsilon_0}=\frac{\lambda_1}{\varepsilon_0}$，

得
$$E_2=\frac{\lambda_1}{2\pi\varepsilon_0 r}.$$

如 $r>R_2$，$\qquad E_3\cdot 2\pi r=\frac{q_3}{\varepsilon_0}=\frac{\lambda_1+\lambda_2}{\varepsilon_0}$，

得
$$E_3=\frac{\lambda_1+\lambda_2}{2\pi\varepsilon_0 r}.$$

(2) 当 $\lambda_2=-\lambda_1$ 时，在 $r>R_2$ 处，$E_3=0$；而在 $r<R_1$ 及 $R_1<r<R_2$ 范围内 E 不变. $\boldsymbol{E}$ 的方向都沿半径方向，指向外端.

8-8. 假设一均匀带电细棒所带总电量为 q，棒长为 $2l$，试求:

(1) 棒的延长线上离棒中心的距离为 r 处的场强 $\boldsymbol{E}$;

(2) 通过棒的端点并与棒垂直的平面上各点的场强分布.

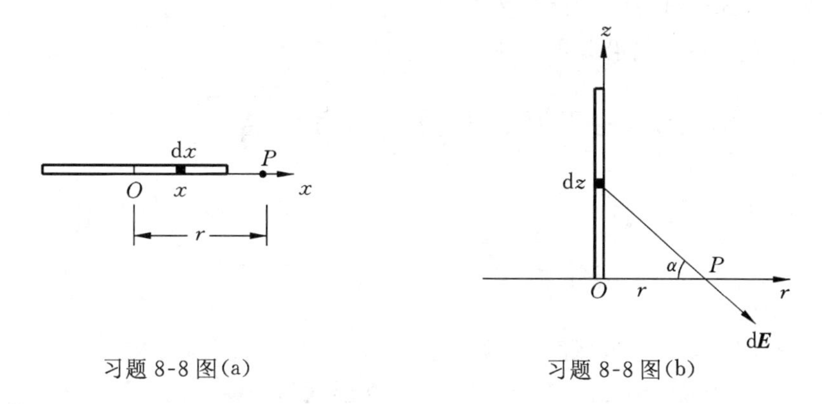

习题 8-8 图(a)　　习题 8-8 图(b)

解: (1) 带电棒的线电荷密度为 $\lambda=\dfrac{q}{2l}$,取沿棒方向为 x 轴,棒的中点取为坐标原点,如图(a)所示,在棒上取线元 $\mathrm{d}x$,其荷电量 $\mathrm{d}q=\lambda\mathrm{d}x$,它在离棒中心距离为 r 处的 P 点产生的场强为

$$\mathrm{d}E=\frac{\lambda\mathrm{d}x}{4\pi\varepsilon_0(r-x)^2},$$

方向沿 x 轴,棒上所有电荷在 P 点产生的场强可用积分求得

$$E=\int\mathrm{d}E=\frac{\lambda}{4\pi\varepsilon_0}\int_{-l}^{l}\frac{\mathrm{d}x}{(r-x)^2}=\frac{\lambda}{4\pi\varepsilon_0}\cdot\frac{1}{r-x}\bigg|_{-l}^{l}=\frac{\lambda}{4\pi\varepsilon_0}\left(\frac{1}{r-l}-\frac{1}{r+l}\right)$$
$$=\frac{2\lambda l}{4\pi\varepsilon_0(r^2-l^2)}=\frac{q}{4\pi\varepsilon_0(r^2-l^2)}.$$

当 $q>0$ 时,$\boldsymbol{E}$ 指向 x 正方向;当 $q<0$ 时,$\boldsymbol{E}$ 指向 x 负方向.

(2) 如图(b)所示,过棒端点作一与棒垂直的平面,此时用柱坐标求解较为方便,由对称性可知,在该平面上离 O 点距离相同的点的场强大小应相同,设此平面上某点 P 距离 O 为 r,在棒上离 O 点为 z 处取线元 $\mathrm{d}z$, $\mathrm{d}z$ 上的电荷对 P 点产生的电场强度为

$$\mathrm{d}E=\frac{\mathrm{d}q}{4\pi\varepsilon_0(r^2+z^2)},\ \mathrm{d}q=\lambda\mathrm{d}z.$$

场强方向与 r 轴成 α 角,把 $\mathrm{d}\boldsymbol{E}$ 分解为 r 和 z 方向的分量,则

$$\mathrm{d}E_r=\mathrm{d}E\cos\alpha,\ \mathrm{d}E_z=-\mathrm{d}E\sin\alpha,\ \cos\alpha=\frac{r}{\sqrt{r^2+z^2}},\ \sin\alpha=\frac{z}{\sqrt{r^2+z^2}},$$

$$E_r=\int\mathrm{d}E_r=\int_0^{2l}\frac{\lambda\mathrm{d}z}{4\pi\varepsilon_0(r^2+z^2)}\cdot\frac{r}{\sqrt{r^2+z^2}}=\frac{\lambda r}{4\pi\varepsilon_0}\cdot\frac{z}{r^2(r^2+z^2)^{1/2}}\bigg|_0^{2l}$$
$$=\frac{q}{4\pi\varepsilon_0 r(r^2+4l^2)^{1/2}}.$$

$q>0$,则沿 r 方向; $q<0$,沿 r 的反方向.

$$E_z=\int\mathrm{d}E_z=-\int_0^{2l}\frac{\lambda\mathrm{d}z}{4\pi\varepsilon_0(r^2+z^2)}\cdot\frac{z}{(r^2+z^2)^{1/2}}=\frac{\lambda}{4\pi\varepsilon_0}\frac{1}{\sqrt{r^2+z^2}}\bigg|_0^{2l}$$

$$= \frac{q}{8\pi\varepsilon_0 l}\left(\frac{1}{\sqrt{r^2+4l^2}} - \frac{1}{r}\right).$$

$q>0$，沿 z 负方向；$q<0$，沿 z 正方向.

$$E=\sqrt{E_r^2+E_z^2}=\frac{q}{4\sqrt{2}\pi\varepsilon_0 lr}\cdot\sqrt{1-\frac{r}{\sqrt{r^2+4l^2}}}.$$

E 和 r 轴夹角 θ 为

$$\theta=\arctan\frac{E_z}{E_r}=\arctan\left[\frac{1}{l}(r-\sqrt{r^2+4l^2})\right].$$

8-9. 有两个同心均匀带电球面，半径分别为 R_1 和 R_2，已知外球面的电荷面密度为 $\sigma>0$，如图所示，大球外面各点的电场强度都是零. 试求：

(1) 内球面的电荷面密度；

(2) 两球面之间，离球心为 r 处的场强；

(3) 小球面内各点的场强.

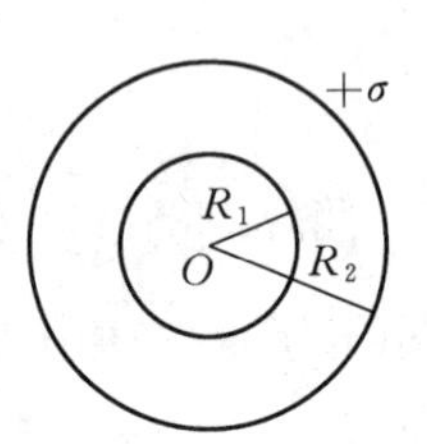

习题 8-9 图

解：(1) 设大球面和小球面分别带电量 q_1 和 q_2，在大球面外作一同心球面为高斯球面，由已知条件，大球面外各点的 $E=0$，故该高斯面上也是处处 $E=0$，$\oint \boldsymbol{E}\cdot d\boldsymbol{S}=0$，

由高斯定理得 $\oint \boldsymbol{E}\cdot d\boldsymbol{S}=\frac{1}{\varepsilon_0}\sum q$，

可知高斯面内 $\sum q=0$. 即 $\quad q_1+q_2=0,\quad q_1=-q_2.$

化为 $\quad 4\pi R_1^2\sigma_1=-4\pi R_2^2\sigma_2=-4\pi R_2^2\sigma,$

得

$$\sigma_1=-\left(\frac{R_2}{R_1}\right)^2\sigma,$$

此即小球面的面电荷密度.

(2) 小球面带电量为

$$q_1=4\pi R_1^2\cdot\sigma_1=-4\pi R_2^2\sigma.$$

在两球面之间以 r 为半径作同心高斯球面，由高斯定理得

$$\oint \boldsymbol{E}\cdot d\boldsymbol{S}=\frac{1}{\varepsilon_0}q_1.$$

即

$$E\cdot 4\pi r^2=\frac{1}{\varepsilon_0}\cdot(-4\pi R_2^2\sigma),$$

得

$$E=-\frac{R_2^2\sigma}{\varepsilon_0 r^2}\quad (R_1<r<R_2),$$

方向指向球心.

(3) 小球面内 $q=0$，在小球中作一同心球面为高斯面，则有

$$\oint \boldsymbol{E}\cdot d\boldsymbol{S}=\frac{1}{\varepsilon_0}q=0,\qquad 得\quad E=0\quad (r<R_1).$$

8-10. 如图所示,AB 长为 $2l$,OCD 是以 B 为中心,l 为半径的半圆,A 点有正电荷 q,B 点有负电荷 $-q$,问:

(1) 把单位正电荷从点 O 沿 OCD 移到点 D,电场力对它做了多少功?

(2) 把单位负电荷从点 D 沿 AB 的延长线移到无穷远,电场力对它做了多少功?

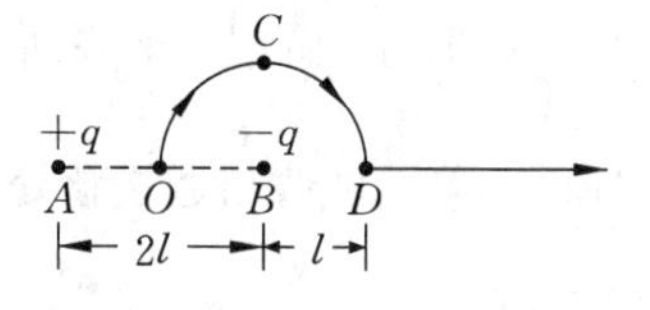

习题 8-10 图

解:解法一:(1) 根据电势叠加原理,O 和 D 点的电势分别为

$$U_O=\frac{1}{4\pi\varepsilon_0}\left(\frac{q}{l}+\frac{-q}{l}\right)=0,$$

$$U_D=\frac{1}{4\pi\varepsilon_0}\left(\frac{q}{3l}+\frac{-q}{l}\right)=-\frac{q}{6\pi\varepsilon_0 l}.$$

电场力把单位正电荷($q_0=1$)从点 O 沿 OCD 移到点 D 所作的功与路径无关,只与这两点 O 和 D 的电势差有关.

$$W_{OCD}=q_0(U_O-U_D)=q_0\left(0-\frac{-q}{6\pi\varepsilon_0 l}\right)=\frac{q}{6\pi\varepsilon_0 l}.$$

(2) 注意本例无穷远处电势 $U_\infty=0$,电场力把单位负电荷($q_0=-1$)从 D 点移到无穷远处所做的功为

$$W_{D\infty}=q_0(U_D-U_\infty)=q_0U_D=\frac{q}{6\pi\varepsilon_0 l}.$$

解法二:(1) 保守力做功与路径无关,先求每个电荷分别对 q_0 所做的功,再叠加.

$$W_{-q}=\int_{OCD}\boldsymbol{F}\cdot\mathrm{d}\boldsymbol{l}=0\quad(\text{沿 }OCD,\ \boldsymbol{F}\perp\mathrm{d}\boldsymbol{l}),$$

$$W_{+q}=\int_l^{3l}\frac{q_0q}{4\pi\varepsilon_0 r^2}\mathrm{d}r=\frac{q_0q}{4\pi\varepsilon_0}\left(\frac{1}{l}-\frac{1}{3l}\right)=\frac{q}{6\pi\varepsilon_0 l}.$$

总功为
$$W=W_{-q}+W_{+q}=\frac{q}{6\pi\varepsilon_0 l}.$$

(2) 以 D 点为坐标原点,水平方向为 x 轴,即 $q_0=-1$ 的移动路径,

$$W=W_{+q}+W_{-q}=\int_0^\infty\frac{q_0q}{4\pi\varepsilon_0}\left[\frac{1}{(3l+x)^2}-\frac{1}{(l+x)^2}\right]\mathrm{d}x=\frac{q}{6\pi\varepsilon_0 l}.$$

8-11. 如图所示,两均匀带电无限长共轴圆筒,内筒半径为 a,沿轴线单位长度的电量为 λ,外筒半径为 b,沿轴线单位长度的电量为 $-\lambda$,试求:

(1) 与轴线相距为 r 处的电势;

(2) 两筒的电势差.

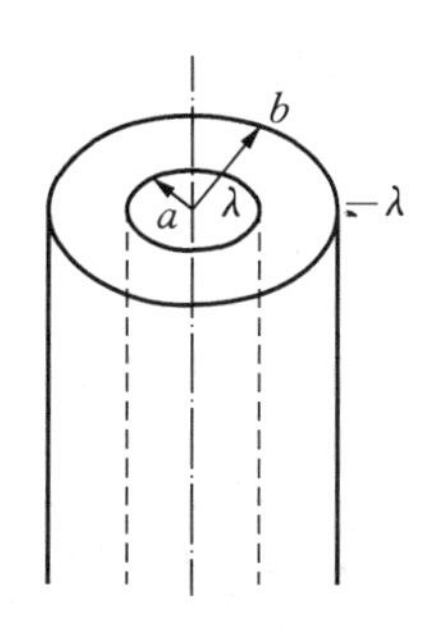

习题 8-11 图

解:(1) 作同轴的圆柱形高斯面,长为 1 个长度单位,半径为 r,由高斯定理得

$$\oint\boldsymbol{E}\cdot\mathrm{d}\boldsymbol{S}=\frac{q}{\varepsilon_0}.$$

高斯柱面的上、下底面的法线方向与 $\boldsymbol{E}$ 垂直，$\int_{底} \boldsymbol{E} \cdot d\boldsymbol{S} = 0$.

柱面的侧面法线与通过该处的场强 $\boldsymbol{E}$ 一致，$\oint \boldsymbol{E} \cdot d\boldsymbol{S} = \int_{侧} E dS = E \cdot 2\pi r$.

$$r < a, q_1 = 0, \quad 得\ E_1 = 0.$$

$$a < r < b,\ q_2 = \lambda \cdot 1,\ E_2 = \frac{\lambda}{2\pi r\varepsilon_0}.$$

$$r > b, \quad q_3 = \lambda - \lambda = 0, \quad E_3 = 0.$$

由场强即可求得电势. 由于圆筒无限长，不宜选无穷远处为电势零点，现选外筒表面处为电势零点，得

$$r > b,\ U = \int_r^b \boldsymbol{E}_3 \cdot d\boldsymbol{r} = 0;$$

$$a < r < b,\ U = \int_r^b \boldsymbol{E}_2 \cdot d\boldsymbol{r} = \int_r^b \frac{\lambda}{2\pi\varepsilon_0 r} dr = \frac{\lambda}{2\pi\varepsilon_0} \ln \frac{b}{r};$$

$$r < a,\ U = \int_r^a \boldsymbol{E}_1 d\boldsymbol{r} + \int_a^b \boldsymbol{E}_2 \cdot d\boldsymbol{r} = \int_a^b \frac{\lambda}{2\pi\varepsilon_0 r} dr = \frac{\lambda}{2\pi\varepsilon_0} \ln \frac{b}{a}.$$

可见同轴圆筒的内外均为等势区.

(2) $\Delta U = U_a - U_b = \dfrac{\lambda}{2\pi\varepsilon_0} \ln \dfrac{b}{a}$.

8-12. 有两个异号点电荷，带电量分别为 $ne(n > 1)$ 和 $-e$，相距为 a，证明：

(1) 电势为零的等势面是一个球面；

(2) 球心在这两点电荷连线延长线上 $-e$ 的外侧.

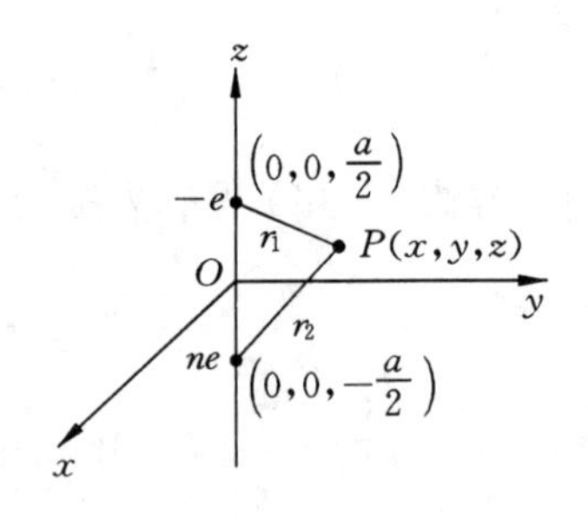

习题 8-12 图

解： 以两电荷连线中心为原点，连线为 z 轴，如图所示，设电势为零的等势面上有一点 $P(x, y, z)$，P 到 $-e$ 和 ne 的距离分别为 r_1 和 r_2，则

$$r_1 = \left[x^2 + y^2 + \left(z - \frac{a}{2}\right)^2\right]^{1/2},$$

$$r_2 = \left[x^2 + y^2 + \left(z + \frac{a}{2}\right)^2\right]^{1/2}. \qquad ①$$

由题意 P 点电势为

$$U_P = \frac{-e}{4\pi\varepsilon_0 r_1} + \frac{ne}{4\pi\varepsilon_0 r_2} = 0. \qquad ②$$

由②式得 $$\frac{r_2}{r_1} = n\ 或\ r_2 = nr_1. \qquad ③$$

①式代入③式得 $$\left[x^2 + y^2 + \left(z + \frac{a}{2}\right)^2\right]^{1/2} = n\left[x^2 + y^2 + \left(z - \frac{a}{2}\right)^2\right]^{1/2},$$

整理得 $$x^2 + y^2 + \left[z - \frac{a(n^2+1)}{2(n^2-1)}\right]^2 = \left(\frac{na}{n^2-1}\right)^2.$$

这是电势为零的点满足的方程，为一球面方程，所以等势面是球面.

(2) 由球面方程可知，球心坐标为 $\left(0,\ 0,\ \dfrac{a(n^2+1)}{2(n^2-1)}\right)$，故在 z 轴上，z 坐标为 $\dfrac{a(n^2+1)}{2(n^2-1)} > \dfrac{a}{2}$，所以球心在这两点电荷连线的延长线上，即 $-e$ 的外侧.

8-13. 一半径为 R 的圆环均匀带电，电荷的线密度为 λ，求轴线上与环心相距为 x 处的电势 U，再由 U 求该点的电场强度 $\boldsymbol{E}$.

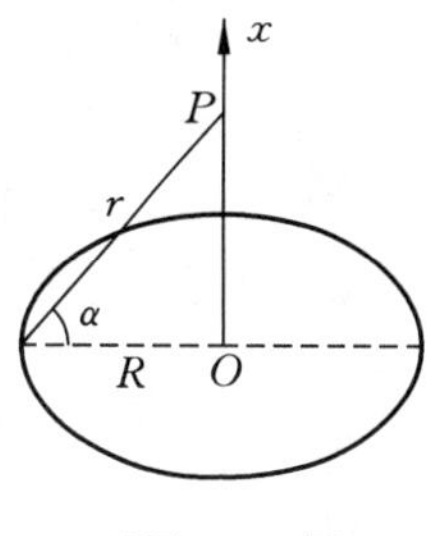

习题 8-13 图

解： 如图所示，取圆环轴线为 x 轴，圆心为坐标原点. 在圆环上取线元 $\mathrm{d}l$，其上带有电量为 $\mathrm{d}q=\lambda\mathrm{d}l$，$\mathrm{d}q$ 对圆环轴上 x 处的 P 点产生的电势为

$$\mathrm{d}U=\frac{1}{4\pi\varepsilon_0}\cdot\frac{\mathrm{d}q}{r}=\frac{\lambda\mathrm{d}l}{4\pi\varepsilon_0(x^2+R^2)^{1/2}}.$$

整个圆环上的电荷对 P 点产生的电势可用积分求得

$$U=\int\mathrm{d}U=\frac{\lambda}{4\pi\varepsilon_0}\int_0^{2\pi R}\frac{\mathrm{d}l}{(x^2+R^2)^{1/2}}=\frac{\lambda R}{2\varepsilon_0(x^2+R^2)^{1/2}}.$$

由对称性分析，轴线上的电场强度只有沿轴线的分量. 因此，$E=E_x=-\dfrac{\mathrm{d}U}{\mathrm{d}x}$. 对本例情形，即

$$E=-\frac{\mathrm{d}U}{\mathrm{d}x}=-\frac{\lambda R}{2\varepsilon_0}\cdot\left[-\frac{1}{2}(x^2+R^2)^{-\frac{3}{2}}\cdot 2x\right]=\frac{\lambda Rx}{2\varepsilon_0(x^2+R^2)^{3/2}}.$$

$\boldsymbol{E}$ 的方向沿 x 轴，如 $\lambda>0$，则 $x>0$ 时，指向 x 轴正向，$x<0$ 时，指向 x 轴负向.

8-14. 平行板电容器充电后，A、B 两极板上的电荷面密度分别为 σ 和 $-\sigma$，如图(a)所示，设 P 为两板间的一点，略去边缘效应(把两板当作无限大).

(1) 求 A 板和 B 板分别在点 P 产生的电场强度 $\boldsymbol{E}_A$ 和 $\boldsymbol{E}_B$，并求 P 点总场强 $\boldsymbol{E}$；

(2) 若把 B 板移走，求 A 板上的电荷在点 P 所产生的电场强度 $\boldsymbol{E}$.

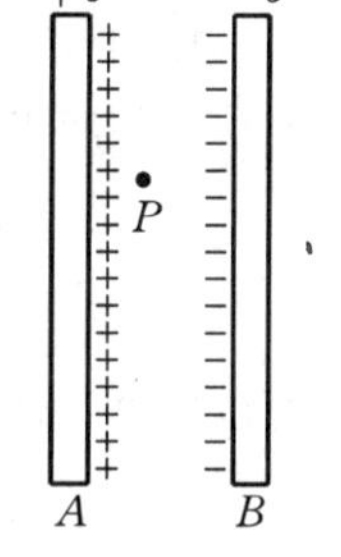

习题 8-14 图(a)

解： (1) 以垂直于平板的方向为 x 轴，指向右边为 x 轴正方向，单位矢量为 $\boldsymbol{i}$，则由 A 板和 B 板单独在 P 点产生的电场强度由高斯定理可得(§8.3 例 3)：

$$\boldsymbol{E}_A=\frac{\sigma}{2\varepsilon_0}\boldsymbol{i},\ \boldsymbol{E}_B=\frac{\sigma}{2\varepsilon_0}\boldsymbol{i}.$$

两板共同在 P 点产生的场强为

$$\boldsymbol{E}=\boldsymbol{E}_A+\boldsymbol{E}_B=\frac{\sigma}{\varepsilon_0}\boldsymbol{i}.$$

(2) B 板移走时，A 板上电荷将重新分布，平均分布在两个表面上，故 $\sigma_1=\sigma_2=\dfrac{\sigma}{2}$，$P$ 点电场强度为这两个表面的电荷所产生(图(b))：

$$\boldsymbol{E}'=\boldsymbol{E}_1+\boldsymbol{E}_2=\frac{\sigma_1}{2\varepsilon_0}\boldsymbol{i}+\frac{\sigma_2}{2\varepsilon_0}\boldsymbol{i}=\frac{\sigma}{4\varepsilon_0}\boldsymbol{i}+\frac{\sigma}{4\varepsilon_0}\boldsymbol{i}=\frac{\sigma}{2\varepsilon_0}\boldsymbol{i}.$$

解法二： B 板移走后，A 板每面的电荷密度为 $\sigma_1=\sigma_2=\dfrac{\sigma}{2}$，$P$ 点在导体表面附近，$\boldsymbol{E}'=$

$\frac{\sigma_2}{\varepsilon_0}\boldsymbol{i} = \frac{\sigma}{2\varepsilon_0}\boldsymbol{i}.$

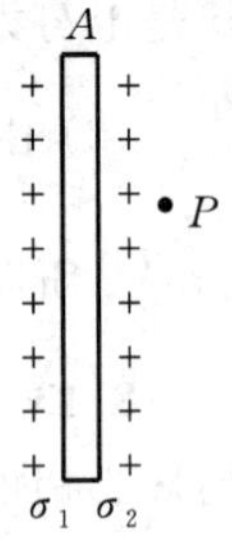

习题 8-14 图(b)

8-15. 如图所示为两无限大平行板，A、B 两板相距 5.0×10^{-2} m，板上各带正电荷(A 板)和负电荷(B 板)，电荷面密度都是 $\sigma = 3.3\times10^{-8}\ \text{C}\cdot\text{m}^{-2}$，$B$ 板接地，求：

(1) A 板的电势；

(2) 在两极板间离 A 板 1.0×10^{-2} m 处点 P 的电势.

解：(1) 因 B 板接地，所以求 A 板的电势可从求 AB 两板的电势差得到，设两板间距为 d，则

$$U_{AB} = \frac{q}{C} = \frac{\sigma S}{\varepsilon_0 S/d} = \frac{\sigma d}{\varepsilon_0}$$
$$= \frac{3.3\times10^{-8}\times5.0\times10^{-2}}{8.85\times10^{-12}} = 1.86\times10^{2}(\text{V}).$$
$$U_A = U_{AB} = 1.86\times10^{2}(\text{V}).$$

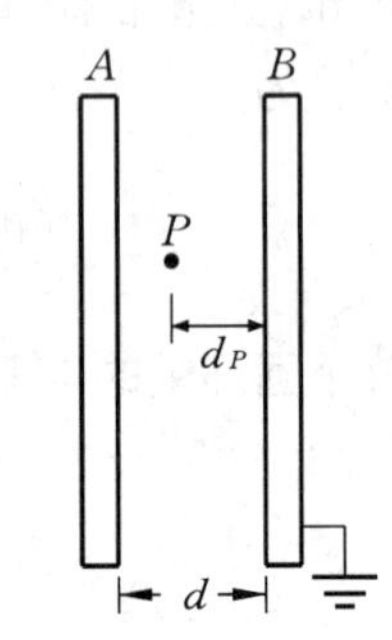

习题 8-15 图

(2) 两板之间的电场为 $E_{AB} = \frac{U_{AB}}{d}$.

P 点电势为 U_P，两板间为均匀电场，所以

$$U_P = E\cdot d_P = U_{AB}\cdot\frac{d_P}{d} = 1.86\times10^{2}\times\frac{(5-1)\times10^{-2}}{5\times10^{-2}} = 1.48\times10^{2}(\text{V}).$$

8-16. 内、外半径分别为 R_1 和 R_2 的导体球壳均匀带电，电量为 Q，求离球心为 r 处的电场强度 $\boldsymbol{E}$ 和电势 U.

解：由导体的静电平衡条件，当空腔导体内没有电荷时，电荷分布在外表面上，球内腔和导体内 $\boldsymbol{E}=\boldsymbol{0}$，对 $r > R_2$，由高斯定理，作一半径为 r 的同心球面为高斯面，

$$\oint \boldsymbol{E}\cdot \mathrm{d}\boldsymbol{S} = \frac{Q}{\varepsilon_0},\quad E\cdot4\pi r^2 = \frac{Q}{\varepsilon_0},\quad E = \frac{Q}{4\pi\varepsilon_0 r^2}.$$

如 $Q > 0$，$\boldsymbol{E}$方向沿半径向外.

$$U = \int_r^{\infty}\boldsymbol{E}\cdot \mathrm{d}\boldsymbol{r} = \int_r^{\infty}\frac{Q}{4\pi\varepsilon_0 r^2}\mathrm{d}r = \frac{Q}{4\pi\varepsilon_0 r}.$$

$r < R_2$ 处均和外球面等势，$U = \frac{Q}{4\pi\varepsilon_0 R_2}$.

8-17. 有两个半径分别为 R_1 和 R_2 ($R_1 < R_2$) 互相绝缘的同心导体薄球壳，现把 $+q$ 的电量给予内球.

(1) 求外球的电荷和电势；

(2) 把外球接地后再重新绝缘，求外球的电荷和电势；

(3) 在完成(2)后，再把内球接地，求内球的电荷及外球的电势.

解：(1) 由导体的静电平衡条件及电荷守恒定律可得知外球壳的内、外表面分别分布有 $-q$ 和 $+q$ 电荷，由于球壳很薄，如图所示，这两层面上的电荷对外球壳产生的电势互相抵消，故外球的电势可看成是由内球的电荷所产生，$U = \frac{q}{4\pi\varepsilon_0 R_2}$.

(2) 外球接地后，其外表面电荷流入大地，电荷为零，内表面电荷不变，外球内表面电荷和内球电荷共同产生的电势使外球壳为零电势，即 $U=0$.

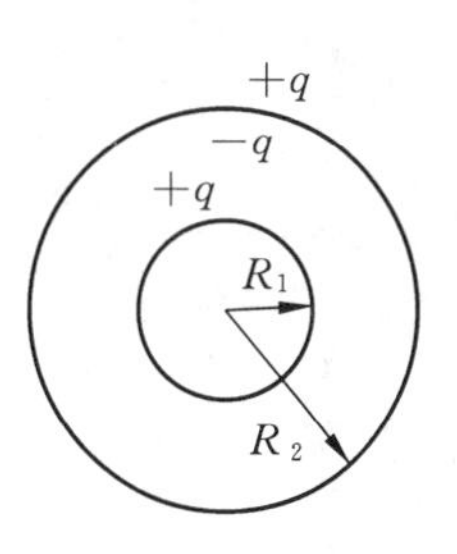

习题 8-17 图

(3) 再把内球接地，则内球电势为零，因外球壳带 $-q$ 电荷，对内球表面产生的电势为负，故内球上必有部分正电荷存在，才能保证内球电势为零. 设内球带电量为 $+q'$，则外球内表面必分布 $-q'$ 电荷，外球外表面带电量为 $(-q+q')$，由内球电势为零的条件

$$U_{内}=\frac{q'}{4\pi\varepsilon_0 R_1}+\frac{-q}{4\pi\varepsilon_0 R_2}=0,$$

解得
$$q'=\frac{R_1}{R_2}q.$$

外球电势为三层球面电荷产生的电势的叠加

$$U_{外}=\frac{-q+q'}{4\pi\varepsilon_0 R_2}+\frac{q'}{4\pi\varepsilon_0 R_2}+\frac{-q'}{4\pi\varepsilon_0 R_2}=\frac{-q+q'}{4\pi\varepsilon_0 R_2}=\frac{-(R_2-R_1)q}{4\pi\varepsilon_0 R_2^2}.$$

解法二： 两球壳间场强 $E_1=\dfrac{q'}{4\pi\varepsilon_0 r^2}$，外球壳外场强为 $E_2=\dfrac{-q+q'}{4\pi\varepsilon_0 r^2}$. 内球电势为

$$U_{内}=\int_{R_1}^{R_2}\frac{q'}{4\pi\varepsilon_0 r^2}\mathrm{d}r+\int_{R_2}^{\infty}\frac{q'-q}{4\pi\varepsilon_0 r^2}\mathrm{d}r=\frac{1}{4\pi\varepsilon_0}\left(\frac{q'}{R_1}-\frac{q}{R_2}\right)=0.$$

得
$$q'=\frac{R_1}{R_2}q,$$

外球电势
$$U_{外}=\int_{R_2}^{\infty}\frac{\frac{R_1}{R_2}q-q}{4\pi\varepsilon_0 r^2}\mathrm{d}r=\frac{(R_1-R_2)q}{4\pi\varepsilon_0 R_2^2}.$$

8-18. 同轴传输线由圆柱形长直导体和套在外面的同轴导体圆管构成，如图，设圆柱体的电势为 U_1，半径为 R_1，圆管的电势为 U_2，内半径为 R_2，求它们之间离轴线为 r 处 $(R_1<r<R_2)$ 的电势.

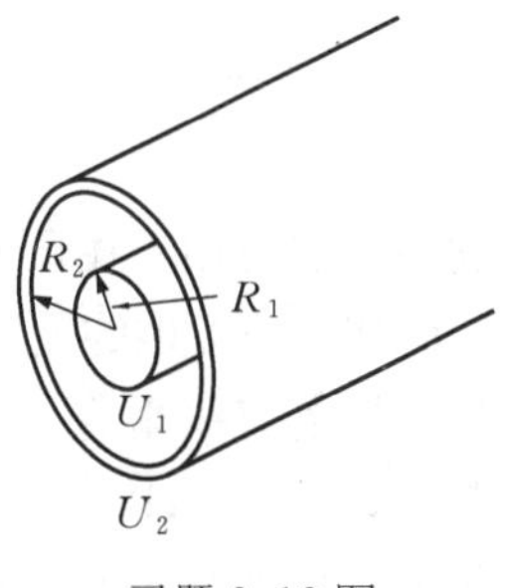

习题 8-18 图

解： 在 $R_1<r<R_2$ 内作一半径为 r，长为 l 的同轴圆柱高斯面. 设圆柱体单位长度带电量为 λ，由高斯定理得

$$\oint \boldsymbol{E}\cdot\mathrm{d}\boldsymbol{S}=E\cdot 2\pi rl=\frac{\lambda l}{\varepsilon_0},$$

得
$$E=\frac{\lambda}{2\pi\varepsilon_0 r}.$$

$$U_1-U_2=\int_{R_1}^{R_2}\frac{\lambda}{2\pi\varepsilon_0 r}\mathrm{d}r=\frac{\lambda}{2\pi\varepsilon_0}\ln\frac{R_2}{R_1},$$

得
$$\lambda=\frac{2\pi\varepsilon_0(U_1-U_2)}{\ln\frac{R_2}{R_1}}.$$

设离轴线为 r 处的电势为 U_r，则

$$U_r - U_2 = \int_r^{R_2} \boldsymbol{E} \cdot \mathrm{d}\boldsymbol{r} = \int_r^{R_2} \frac{\lambda}{2\pi\varepsilon_0 r}\mathrm{d}r = \frac{\lambda}{2\pi\varepsilon_0}\ln\frac{R_2}{r}$$

$$= \frac{U_1 - U_2}{\ln\dfrac{R_2}{R_1}}\ln\frac{R_2}{r}.$$

$$U_r = U_2 + \frac{U_1 - U_2}{\ln\dfrac{R_2}{R_1}}\ln\frac{R_2}{r}.$$

同样,若用
$$U_1 - U_r = \int_{R_1}^{r} \frac{\lambda}{2\pi\varepsilon_0 r}\mathrm{d}r = \frac{\lambda}{2\pi\varepsilon_0}\ln\frac{r}{R_1},$$

则得

$$U_r = U_1 - \frac{U_1 - U_2}{\ln\dfrac{R_2}{R_1}}\ln\frac{r}{R_1} = \frac{U_1\ln\dfrac{R_2}{r} + U_2\ln\dfrac{r}{R_1}}{\ln\dfrac{R_2}{R_1}} = U_2 + \frac{U_1 - U_2}{\ln\dfrac{R_2}{R_1}}\ln\frac{R_2}{r}.$$

8-19. 如图所示,将电容器 C_1 充电到两极板的电势差为 V_0,然后撤去充电用的电源,再将此电容器与未充电的电容器 C_2 连接起来,求电容器组合后的电势差为多大?

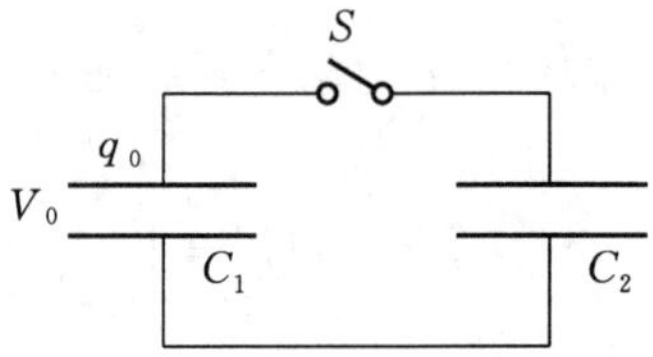

习题 8-19 图

解: 由电荷守恒定律:

$$q_0 = q_1 + q_2,$$

将 $q = CV$ 应用于上式各项,得

$$C_1V_0 = C_1V + C_2V.$$

组合后电势差为

$$V = V_0\frac{C_1}{C_1 + C_2}.$$

上面的方法可用于由已知电容 C_1 测量未知电容 C_2.

8-20. 一接地的无限大厚导体板的一侧有一半无限长的均匀带电直线垂直于导体板放置,带电直线的一端与板相距为 d(如图),已知带电直线的线电荷密度为 λ,求板面上垂足点 O 处的感应电荷面密度.

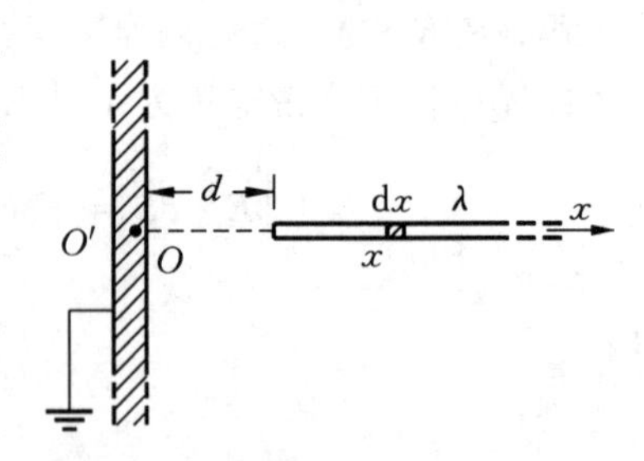

习题 8-20 图

解: 取坐标如图所示,O 为原点,x 轴沿带电直线. 设点 O 处的感应电荷面密度为 σ_0,导体板内与 O 相靠近的点 O'(图中黑点处)的场强 $\boldsymbol{E}_0' = \boldsymbol{0}$, 由场强叠加原理

$$E_0' = E_\lambda + E_{\sigma_0} = \int_d^{\infty} \frac{-\lambda\mathrm{d}x}{4\pi\varepsilon_0 x^2} + \frac{-\sigma_0}{2\varepsilon_0} = \frac{-\lambda}{4\pi\varepsilon_0 d} - \frac{\sigma_0}{2\varepsilon_0} = 0.$$

上式中假设 λ、σ_0 均为正,因此由感应电荷和带电直线对 O' 点产生的场强才均指向 x 轴负方向. 解得

$$\sigma_0 = -\frac{\lambda}{2\pi d}.$$

上式中负号表示 σ_0 和直线所带电荷异号.

8-21. 如图所示,在内外半径分别为 R_1 和 R_2 的导体球壳内,有一个半径为 r 的导体小球,小球与球壳同心,让小球与球壳分别带上电荷 q 和 Q,试求:

(1) 小球的电势 U_r,球壳内外表面的电势;

(2) 小球与球壳的电势差;

(3) 若球壳接地,再求小球与球壳的电势差.

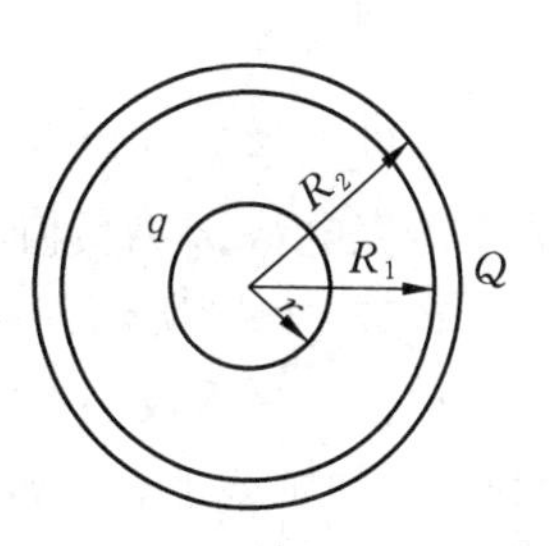

习题 8-21 图

解: (1) 由对称性可知,小球在表面上电荷分布是均匀的,球壳内外表面的电荷分布也是均匀的,小球上的电荷 $+q$ 和球壳内表面电荷之代数和为零,故球壳内表面电荷为 $-q$,外表面电荷为 $(Q+q)$.

解法一: 由电势叠加原理,任一点的电势都是由小球及球壳内、外表面的电荷所共同产生,所以小球的电势 U_r、球壳内、外表面的电势 U_{R_1} 和 U_{R_2} 分别为

$$U_r=\frac{1}{4\pi\varepsilon_0}\left(\frac{q}{r}-\frac{q}{R_1}+\frac{q+Q}{R_2}\right),$$

$$U_{R_1}=\frac{1}{4\pi\varepsilon_0}\left(\frac{q}{R_1}-\frac{q}{R_1}+\frac{q+Q}{R_2}\right)=\frac{q+Q}{4\pi\varepsilon_0 R_2}.$$

球壳内、外表面为同一导体,等势,则

$$U_{R_2}=U_{R_1}=\frac{q+Q}{4\pi\varepsilon_0 R_2}.$$

解法二: 先求场强,再由场强求电势. 由高斯定理求得小球和球壳之间的场强为 E_1,球壳外的场强为 E_2,

$$E_1=\frac{q}{4\pi\varepsilon_0 r^2},\qquad E_2=\frac{q+Q}{4\pi\varepsilon_0 r^2}.$$

$$U_r=\int_r^\infty \boldsymbol{E}\cdot \mathrm{d}\boldsymbol{r}=\int_r^{R_1}\boldsymbol{E}_1\cdot \mathrm{d}\boldsymbol{r}+\int_{R_2}^\infty \boldsymbol{E}_2\cdot \mathrm{d}\boldsymbol{r}.$$

R_1 和 R_2 之间是导体内部, $E=0$,球壳为等势体.

$$U_r=\int_r^{R_1}\frac{q}{4\pi\varepsilon_0 r^2}\mathrm{d}r+\int_{R_2}^\infty\frac{q+Q}{4\pi\varepsilon_0 r^2}\mathrm{d}r=\frac{q}{4\pi\varepsilon_0}\left(\frac{1}{r}-\frac{1}{R_1}\right)+\frac{q+Q}{4\pi\varepsilon_0 R_2}.$$

$$U_{R_1}=U_{R_2}=\int_{R_2}^\infty \boldsymbol{E}_2\cdot \mathrm{d}\boldsymbol{r}=\frac{q+Q}{4\pi\varepsilon_0 R_2}.$$

(2) 由上面的结果可得两球的电势差为

$$\Delta U=U_r-U_{R_1}=\frac{q}{4\pi\varepsilon_0}\left(\frac{1}{r}-\frac{1}{R_1}\right).$$

(3) 若外球壳接地,则球壳外表面上的电荷消失,两球的电势分别为

$$U_r=\frac{q}{4\pi\varepsilon_0}\left(\frac{1}{r}-\frac{1}{R_1}\right),$$

$$U_{R_1}=U_{R_2}=0.$$

电势差为
$$\Delta U = U_r - U_{R_1} = \frac{q}{4\pi\varepsilon_0}\left(\frac{1}{r} - \frac{1}{R_1}\right).$$

由以上结果可知，不管外球壳接地与否，两球的电势差保持不变．当 q 为正值时，小球电势高于球壳电势，q 为负值时，小球电势低于球壳电势．

8-22．如图所示，一铜圆筒内半径为 $r = 3.0$ cm，长为 $l = 50$ cm，竖直放在一平板玻璃上，筒内盛满电阻率为 $\rho = 33\ \Omega \cdot \mathrm{cm}$ 的硫酸铜溶液，在圆筒轴线上有一根直径为 $d = 1.0$ mm 的铜导线，如在圆筒和导线间加 2.0 V 的电压，求电流 I．

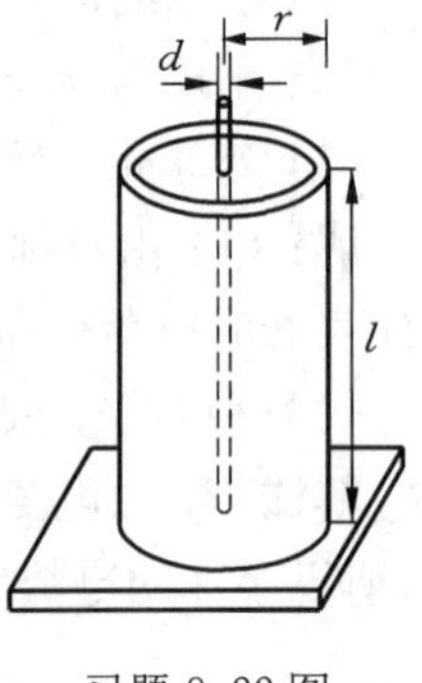

习题 8-22 图

解：在圆筒和导线间加电压，则电流是径向流动的，电阻 R 为
$$R = \int_{\frac{d}{2}}^{r} \rho \frac{\mathrm{d}r}{S} = \int_{\frac{d}{2}}^{r} \rho \frac{\mathrm{d}r}{2\pi r l} = \frac{\rho}{2\pi l} \ln \frac{2r}{d}$$
$$= \frac{33}{2 \times 3.14 \times 50} \ln \frac{2 \times 3}{1.0 \times 10^{-1}} = 0.43(\Omega).$$

电流为
$$I = \frac{V}{R} = \frac{2.0}{0.43} = 4.65(\mathrm{A}).$$

8-23．电路的某一部分如图所示，已知：$\mathscr{E} = 2.0$ V，$r = 2.0\ \Omega$，$R_1 = 8.0\ \Omega$，$R_2 = 6.0\ \Omega$，$I_1 = 1.0$ A，$I_2 = 0.5$ A，求 U_{AB}．

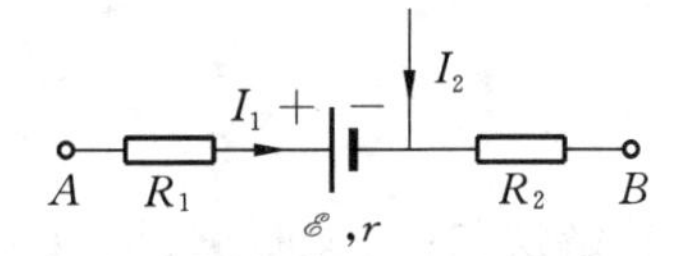

习题 8-23 图

解：由一段含源电路的欧姆定律得
$$U_{AB} = I_1(R_1 + r) + (I_1 + I_2)R_2 - (-\mathscr{E})$$
$$= 1.0(8.0 + 2.0) + (1.0 + 0.5) \times 6.0 + 2 = 21(\mathrm{V}).$$

8-24．如图(a)所示，已知 $R_1 = 4\ \Omega$，$R_2 = 4\ \Omega$，$R_3 = 6\ \Omega$，电源内阻忽略不计，若流过 R_3 的电流 $I_3 = 0.1$ A，求流过 R_1 及 R_2 的电流，并求电源的电动势 $\mathscr{E}$．

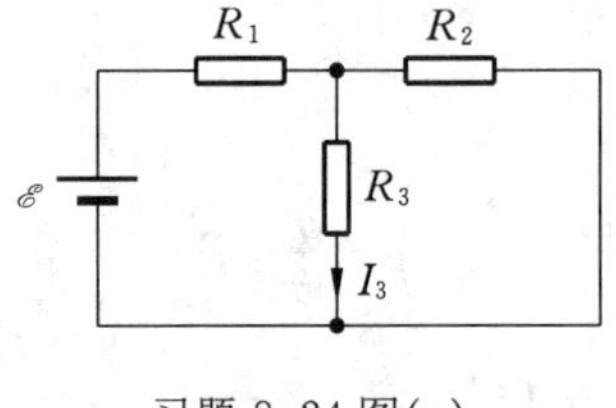

习题 8-24 图(a)

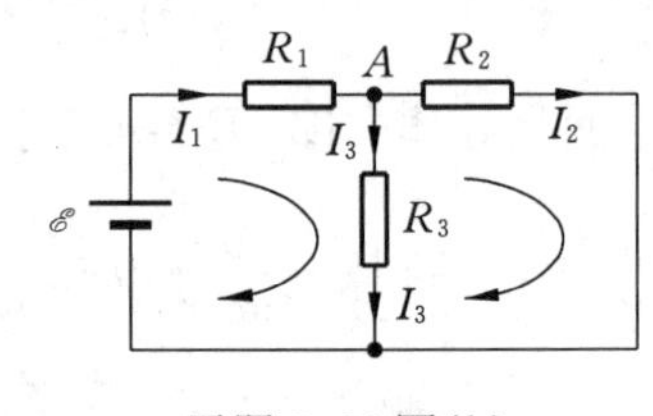

习题 8-24 图(b)

解：设电流 I_1 和 I_2 的方向如图(b)所示，选择回路的绕行方向如图(b)中曲线所示，列出节点电流方程和回路方程如下：

A 点：$I_2 + I_3 - I_1 = 0$．

回路 1：$I_1R_1 + I_3R_3 = \mathscr{E}$，

回路 2：$I_2R_2 - I_3R_3 = 0$．

代入已知条件，得
$$\begin{cases} I_2 - I_1 + 0.1 = 0, & ① \\ 4I_1 + 0.1 \times 6 = \mathscr{E}, & ② \\ 4I_2 - 0.1 \times 6 = 0. & ③ \end{cases}$$

由③解得 $I_2 = 0.15(\mathrm{A})$.

代回①式得 $I_1 = I_2 + 0.1 = 0.25(\mathrm{A})$.

代入②式得 $\mathscr{E} = 4 \times 0.25 + 0.6 = 1.6(\mathrm{V})$.

8-25. 如图(a)所示,已知 $r_1 = r_2 = r_3 = R_3 = R_4 = 1\,\Omega$, $R_1 = R_2 = 2\,\Omega$, $R_5 = 3\,\Omega$, $\mathscr{E}_1 = 12\,\mathrm{V}$, $\mathscr{E}_2 = 6\,\mathrm{V}$, $\mathscr{E}_3 = 8\,\mathrm{V}$, 求:

(1) A、D 两点的电势差 U_{AD};

(2) a、b 两点的电势差 U_{ab};

(3) 如果 a、b 两点接通,流过 R_5 的电流是多大?

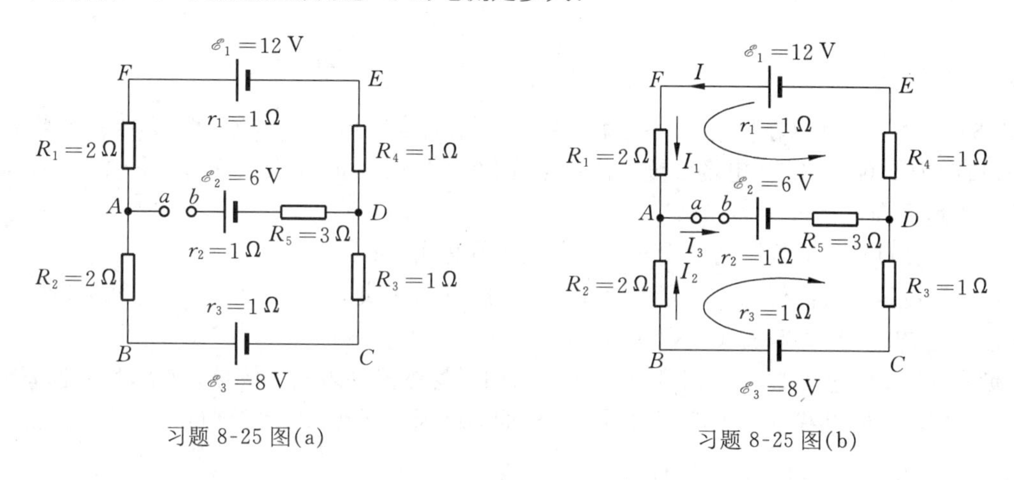

习题 8-25 图(a) 习题 8-25 图(b)

解: (1) 如图(a)所示,只有一个电流回路,取电流为逆时针方向,则由回路方程得

$$I = \frac{\mathscr{E}_1 - \mathscr{E}_3}{R_1 + R_2 + R_3 + R_4 + r_1 + r_3} = \frac{12 - 8}{2 \times 2 + 1 \times 4} = 0.5(\mathrm{A}).$$

由一段含源电路欧姆定律得

$$U_{AD} = I(R_2 + r_3 + R_3) - (-\mathscr{E}_3) = 0.5 \times 4 + 8 = 10(\mathrm{V}).$$

(2) $U_{ab} = U_{AD} + U_{Db} = 10 - 6 = 4(\mathrm{V})$.

(3) a、b 两点接通,取如图(b)的电流方向及回路方向,列出基尔霍夫方程:

A 点: $I_1 + I_2 - I_3 = 0$, ①

回路 1: $I_1(R_1 + R_4 + r_1) + I_3(r_2 + R_5) = \mathscr{E}_1 - \mathscr{E}_2$, ②

回路 2: $I_2(R_2 + r_3 + R_3) + I_3(r_2 + R_5) = \mathscr{E}_3 - \mathscr{E}_2$. ③

把电阻值代入②、③两式,由②式得 $4I_1 + 4I_3 = 6$;

由③式得 $4I_2 + 4I_3 = 2$;

解得:

$$I_1 - \frac{5}{6}\,\mathrm{A}, \quad I_2 =- \frac{1}{6}\,\mathrm{A}, \quad I_3 = \frac{2}{3}\,\mathrm{A}.$$

通过 R_5 的电流为$\frac{2}{3}$A,方向如图(b)所示.

8-26. 甲乙两站相距 50 km,其间有两条相同的电话线,其中有一条在某处触地而发生故障,甲站的检修人员用图示方法找出触地点到甲站的距离 x. 具体做法是请乙站把两条电话线短路，调节 R，使通过灵敏电流计 G 的电流为零，已知电话线每千米长的电阻为 6.0 Ω，测得 $R=360\,\Omega$，求 x.

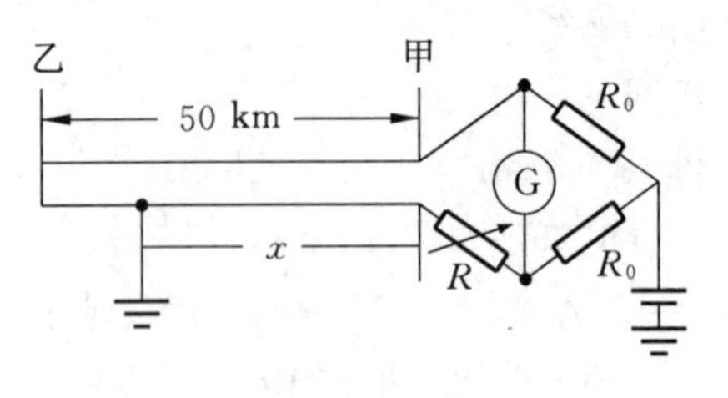

习题 8-26 图

解： 这是电桥电路，设每 km 长的电阻为 r_0，甲、乙间的电话线长为 l，电桥平衡时左边两臂电阻相等，以接地处为分界，则

$$(l+l-x)r_0 = xr_0 + R,$$

得

$$x = l - \frac{R}{2r_0} = 50 - \frac{360}{2\times 6.0} = 20(\text{km}).$$

* **8-27.** 实验表明，在靠近地面处大气中存在相当强的电场，电场强度 $\boldsymbol{E}$ 垂直于地面向下，数值约为 $100\ \text{N}\cdot\text{C}^{-1}$；电场强度随高度下降，在离地面 1.5 km 处约为 $25\ \text{N}\cdot\text{C}^{-1}$，方向也是垂直于地面向下.

(1) 试计算从地面到此高度大气中电荷的平均体密度；

(2) 假设地球表面处的电场强度完全是由均匀分布在地表面的电荷产生，求地面的电荷面密度.（已知 $\varepsilon_0 = 8.85\times 10^{-12}\text{C}^2\cdot\text{N}^{-1}\cdot\text{m}^{-2}$ ）

解： (1) 设离地面 1.5 km 以下大气中电荷的平均体密度为 ρ，如图(a)所示，作底面 ΔS 平行于地面，高为 h，轴线垂直于地面的封闭圆柱面为高斯面 S，由高斯定理得

$$\oint_S \boldsymbol{E}\cdot \mathrm{d}\boldsymbol{S} = E_2\Delta S - E_1\Delta S = \frac{1}{\varepsilon_0}\sum q = \frac{1}{\varepsilon_0}\cdot\Delta S\cdot h\cdot\rho.$$

得

$$\rho = \frac{\varepsilon_0}{h}(E_2 - E_1) = \frac{8.85\times 10^{-12}}{1.5\times 10^3}(100-25)$$
$$= 4.43\times 10^{-13}(\text{C}\cdot\text{m}^{-3}).$$

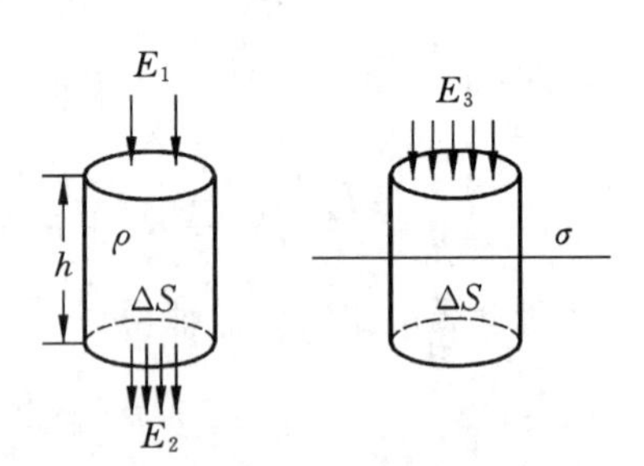

习题 8-27 图(a)　习题 8-27 图(b)

(2) 设地球表面电荷面密度为 σ，如图(b)所示，作上底面 ΔS 在地球表面附近且平行于地面，下底面在地球内部，轴线垂直于地球表面的圆柱高斯面. 地球内部 $\boldsymbol{E}=0$，由高斯定理得

$$\oint_S \boldsymbol{E}_3\cdot \mathrm{d}\boldsymbol{S} = -E_3\Delta S = \frac{1}{\varepsilon_0}\sigma\Delta S.$$

得

$$\sigma = -\varepsilon_0 E_3 = -8.85\times 10^{-12}\times 100 = -8.85\times 10^{-10}(\text{C}\cdot\text{m}^{-2}).$$

* **8-28.** 一均匀带电金属薄球壳，半径为 R，带电量为 Q，在距球心 $R/2$ 处有一点电荷 q，球外有一 P 点到球心的距离为 $2R$，如图所示，试计算 P 点的场强和电势.

解： 如前所述，由静电平衡条件和高斯定理，知球面内外表面分别带有电荷 $-q$ 和 $Q+q$，内表面电荷虽然分布不均匀，但其对球外电场的贡献恰与 q 抵消，这样才能保证金属球壳内的场强处处为零. 金属球外表面电荷必作均匀分布，因此 P 点的场强就只由外表面电荷决定，由高斯定理可求得

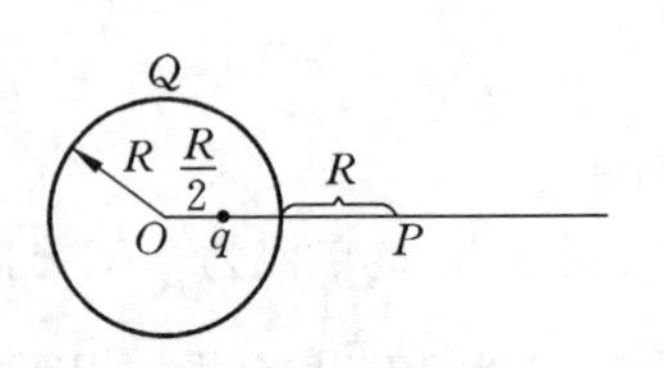

习题 8-28 图

$$E = \frac{q+Q}{4\pi\varepsilon_0 (2R)^2} = \frac{q+Q}{16\pi\varepsilon_0 R^2},$$

$$U_P = \int_{2R}^{\infty} \frac{q+Q}{4\pi\varepsilon_0 r^2}\mathrm{d}r = \frac{q+Q}{8\pi\varepsilon_0 R}.$$

*8-29. 试求均匀带电圆盘对称轴上的电势和盘边缘的电势. 已知圆盘半径为 R,带电量为 q.

解: 如图(a)所示,设面电荷密度为 σ,通过盘中心垂直于盘面的对称轴(取为 z 轴)上任一点 $P(0,\ 0,\ z)$的电势可用积分求得.

在半径为 r 到 $r+\mathrm{d}r$ 间的一个圆环上的电量为 $\mathrm{d}q = 2\pi r\sigma \mathrm{d}r$, 它在 P 点的电势为

$$\mathrm{d}U = \frac{1}{4\pi\varepsilon_0} \cdot \frac{2\pi\sigma r\,\mathrm{d}r}{l} = \frac{\sigma}{2\varepsilon_0} \cdot \frac{r\mathrm{d}r}{\sqrt{z^2+r^2}},$$

P 点电势为

$$U = \int \mathrm{d}U = \frac{\sigma}{2\varepsilon_0}\int_0^R \frac{r\mathrm{d}r}{\sqrt{z^2+r^2}} = \begin{cases} \dfrac{\sigma}{2\varepsilon_0}(\sqrt{z^2+R^2}-z) & (z>0), \\ \dfrac{\sigma}{2\varepsilon_0}(\sqrt{z^2+R^2}+z) & (z<0); \end{cases}$$

由 $\sigma = \dfrac{q}{\pi R^2}$ 代入上式,得

$$U = \begin{cases} \dfrac{q}{2\pi R^2 \varepsilon_0}(\sqrt{z^2+R^2}-z) & (z>0), \\ \dfrac{q}{2\pi R^2 \varepsilon_0}(\sqrt{z^2+R^2}+z) & (z<0). \end{cases}$$

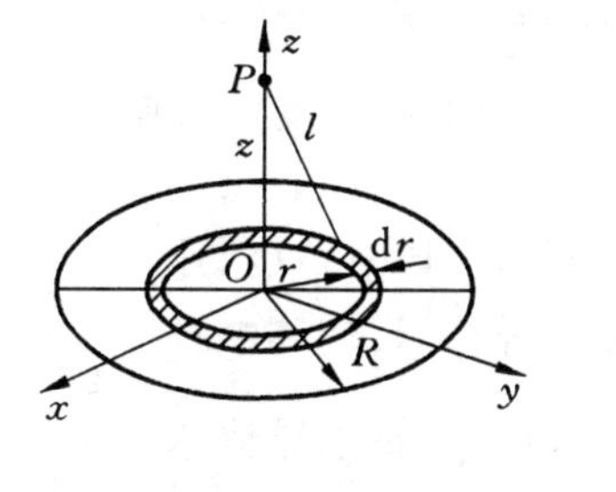

习题 8-29 图(a)

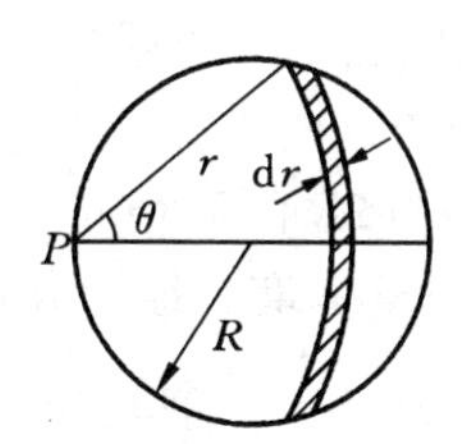

习题 8-29 图(b)

计算圆盘边缘上一点 P 的电势可如图(b)所示,取 P 点为中心、r 和 $r+\mathrm{d}r$ 为半径作圆弧,在圆盘上割出的一段圆环的电量为

$$\mathrm{d}q = \sigma \cdot 2r\theta \cdot \mathrm{d}r.$$

2θ 为盘内圆环对 P 点的张角. $\mathrm{d}q$ 在 P 点产生的电势为

$$\mathrm{d}U = \frac{1}{4\pi\varepsilon_0} \cdot \frac{\mathrm{d}q}{r} = \frac{\sigma\theta}{2\pi\varepsilon_0}\mathrm{d}r,$$

因 $$r = 2R\cos\theta,\ \mathrm{d}r = -2R\sin\theta\mathrm{d}\theta,$$

代入上式并积分,并注意 r 与 θ 的关系,得

$$U = -\int_{\frac{\pi}{2}}^{0} \frac{\sigma R}{\pi\varepsilon_0}\theta\sin\theta\mathrm{d}\theta = \frac{\sigma R}{\pi\varepsilon_0}.$$

以 $\sigma = \dfrac{q}{\pi R^2}$ 代入上式可得

$$U = \frac{q}{\pi^2 R\varepsilon_0}.$$

*8-30. 半径为 R 的球面均匀带电量 Q,沿半径方向有一均匀带电细线,带电量为 q,长为 L,细线近端离球心距离也为 $L\ (L > R)$,如图所示,设球和细线上电荷分布固定,求细线对球的作用力.

解: 细线对球的作用力大小等于球对细线的作用力,方向相反,求解球对细线的作用力较方便.

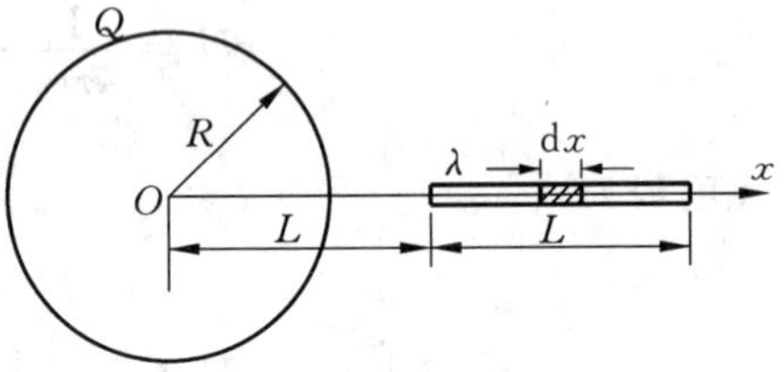

取如图所示坐标,在细线上离球心为 x 处取一小段线元 $\mathrm{d}x$,其所带电量为 $\mathrm{d}q = \lambda\mathrm{d}x = \dfrac{q}{L}\mathrm{d}x$,球在该处产生的电场可由高斯定理求得为

习题 8-30 图

$$E = \frac{Q}{4\pi\varepsilon_0 x^2}.$$

所取线元受到作用力为

$$\mathrm{d}F = E\mathrm{d}q = \frac{qQ\mathrm{d}x}{4\pi\varepsilon_0 Lx^2}.$$

整条细线受到的作用力为

$$F = \int_0^F \mathrm{d}F = \int_L^{2L} \frac{qQ}{4\pi\varepsilon_0 Lx^2}\mathrm{d}x = \frac{qQ}{8\pi\varepsilon_0 L^2}.$$

这也是细线对球作用力的大小,当 q 和 Q 同号时,相斥,球受到指向 x 负方向的力;当 q 和 Q 异号时,球受到指向 x 方向的力.

*8-31. 一个半径为 $2R$ 的孤立带电金属细环在其中心 O_1 处产生的电势为 U_0. 将此环去套半径为 R 的接地导体球,使环中心 O_1 位于与环平面垂直的球径上,且与球心 O_2 相距 $\dfrac{R}{2}$. 试求导体球上感应电荷的电量.

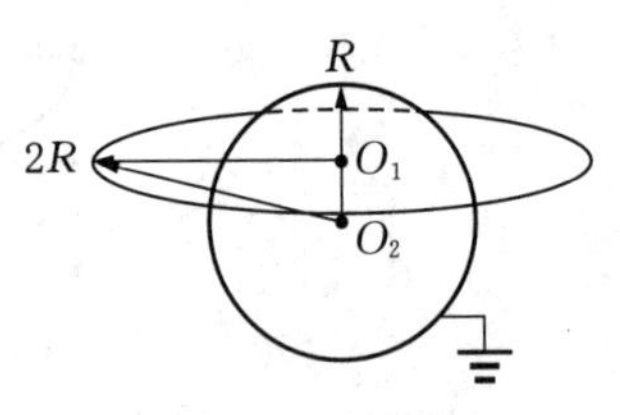

习题 8-31 图

解: 设环上所带电量为 q. 当环孤立放置时,其中心电势为 U_0,则有

$$U_0 = \int_0^q \frac{\mathrm{d}q}{4\pi\varepsilon_0(2R)} = \frac{q}{8\pi\varepsilon_0 R},$$

得

$$q = 8\pi\varepsilon_0 RU_0. \qquad ①$$

接地导体球电势处处为零,所以环上电荷和球上感应电荷在 O_2 处产生的电势之和为零. 设球上感应电荷为 Q,

$$\frac{Q}{4\pi\varepsilon_0 R}+\frac{q}{4\pi\varepsilon_0\sqrt{(2R)^2+\left(\frac{R}{2}\right)^2}}=0,$$

即

$$Q=-\frac{2}{\sqrt{17}}q. \tag{②}$$

由①、②两式可得

$$Q=-\frac{16\pi\varepsilon_0 RU_0}{\sqrt{17}}.$$

* **8-32.** 试计算两条带异号电荷的平行导线单位长度的电容. 如图所示,已知导线的线电荷密度分别为 $+\lambda$ 和 $-\lambda$,导线的半径为 a,相隔距离为 $d\ (d\gg a)$,且设两导线为无限长.

解: 取 x 轴如图所示,在两导线平面上,两平行导线间任一点的场强为

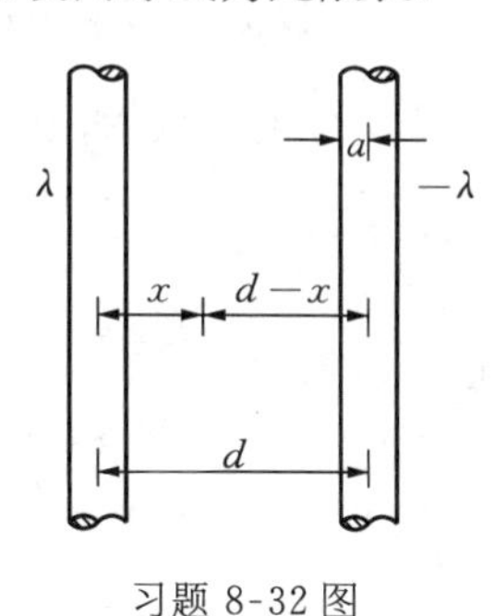

习题 8-32 图

$$E_x=\frac{\lambda}{2\pi\varepsilon_0 x}+\frac{\lambda}{2\pi\varepsilon_0(d-x)}.$$

两导线间的电位差为

$$\begin{aligned}U_1-U_2&=\int E\mathrm{d}x=\int_a^{d-a}\left[\frac{\lambda}{2\pi\varepsilon_0 x}+\frac{\lambda}{2\pi\varepsilon_0(d-x)}\right]\mathrm{d}x\\&=\frac{\lambda}{\pi\varepsilon_0}\ln\frac{d-a}{a}.\end{aligned}$$

单位长度的电容为

$$C=\frac{\lambda}{U_1-U_2}=\frac{\pi\varepsilon_0}{\ln\frac{d-a}{a}}\approx\frac{\pi\varepsilon_0}{\ln\frac{d}{a}}.$$

* **8-33.** 由 10 根电阻值均为 R 的电阻丝连成一个梯状网络,如图所示. 求网络最远两端点 A、B 间的等效电阻.

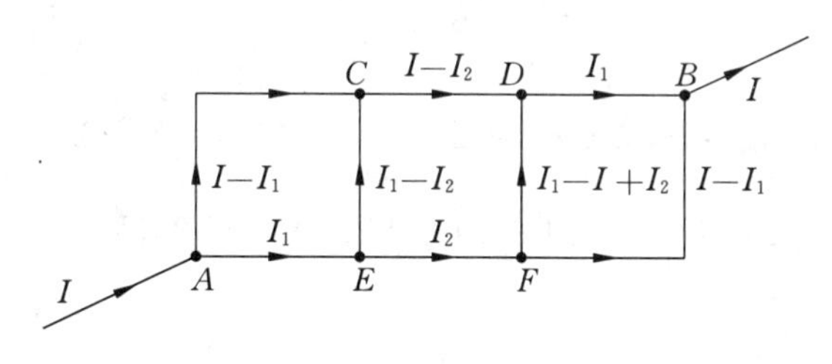

习题 8-33 图

解: 本题如应用基尔霍夫定律求解比较复杂. 由于电路具有某种对称性,可以利用这一特点简化计算.

设想将 A、B 两点接入外电路,从 A 点流入的电流为 I,则从 B 点流出的电流也一定是 I, $R_{AB}=U_{AB}/I$, 所以先设法求出 U_{AB}. 由对称性知,如电流 I 由 B 点流入,A 点流出,则各支路电流数值不变,仅方向相反. 据此可先在图上标出各支路的电流,这里运用了节点电流定律. 如

C 点电流流入为 $(I-I_1)$ 和 (I_1-I_2)，则流出应是这两者之和 $(I-I_2)$. 对 F 点也可同样写出经过的电流之间的关系. 由网络中间部分的对称性知

$$I_{CD}=I_{EF},$$

则
$$I-I_2=I_2,$$
得
$$I_2=I/2.$$

由 AC 间两支路上电压相等，有

$$(I-I_1)\cdot 2R=(I_1+I_1-I_2)\cdot R.$$

解得

$$I_1=\frac{1}{4}(2I+I_2)=\frac{5}{8}I.$$

$$U_{AB}=U_{AE}+U_{EF}+U_{FB}=I_1R+I_2R+(I-I_1)\cdot 2R=(2I-I_1+I_2)R.$$

将 I_1, I_2 的值代入，得

$$U_{AB}=\frac{15}{8}IR=IR_{AB}.$$

最后可得

$$R_{AB}=\frac{15}{8}R.$$

* **8-34**. 如图所示的电路中，电源电动势、电阻、电容数值均已知，O 点接地，试求：

(1) A、B 点的电位；

(2) 若三个电容器起始时不带电，求电路稳定时三个电容器与 A、B、O 相接的各极板上的电量.

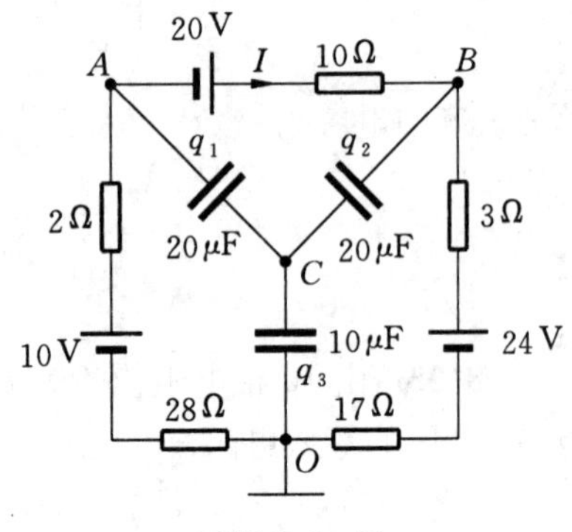

习题 8-34 图

解：(1) 电容中无直流电，流过 $OABO$ 的电流为

$$I=\frac{10+20-24}{28+2+10+3+17}=0.1(\mathrm{A}).$$

方向如图所示.

$$U_A=-0.1\times 2+10-0.1\times 28=7(\mathrm{V}),$$

$$U_B=3\times 0.1+24+17\times 0.1=26(\mathrm{V}).$$

(2) 对于 ACO 支路：

$$\frac{q_1}{C_1}+\frac{q_3}{C_3}=U_A. \quad ①$$

对 BCO 支路：

$$\frac{q_2}{C_2}+\frac{q_3}{C_3}=U_B. \quad ②$$

对 C 点：

$$-q_1 - q_2 + q_3 = 0. \qquad ③$$

把 $C_1 = 20 \times 10^{-6}(\mathrm{F})$, $C_2 = 20 \times 10^{-6}(\mathrm{F})$, $C_3 = 10 \times 10^{-6}(\mathrm{F})$，代入①～③式，解得

$$q_1 = -1.24 \times 10^{-4}(\mathrm{C}),$$

$$q_2 = 2.56 \times 10^{-4}(\mathrm{C}),$$

$$q_3 = 1.32 \times 10^{-4}(\mathrm{C}).$$

即与 A、B 相接的电容器上极板的电量分别为 -1.24×10^{-4} C 和 2.56×10^{-4} C，与 O 点相接的电容器的负极板上带电量为 -1.32×10^{-4} C.

四、思考题解答

8-1. (1) 把一个用丝线悬挂着的带电小球靠近一个不带电的绝缘金属导体，但不同它接触. 试问当小球带正电荷时，如思考题 8-1 图(a)所示，小球是否受到力的作用？如果受力，是吸引力还是排斥力？如果小球带负电荷，如图(b)，情况将如何？

(2) 如果将金属导体的远端接地，如图(c)，再用带电小球去靠近它，会发生什么情况？若金属导体的近端接地，如图(d)，重复上述过程，情况又如何？

(3) 分别在导体接地及不接地的情况下，将带电小球与金属导体接触，试问会发生什么情况？

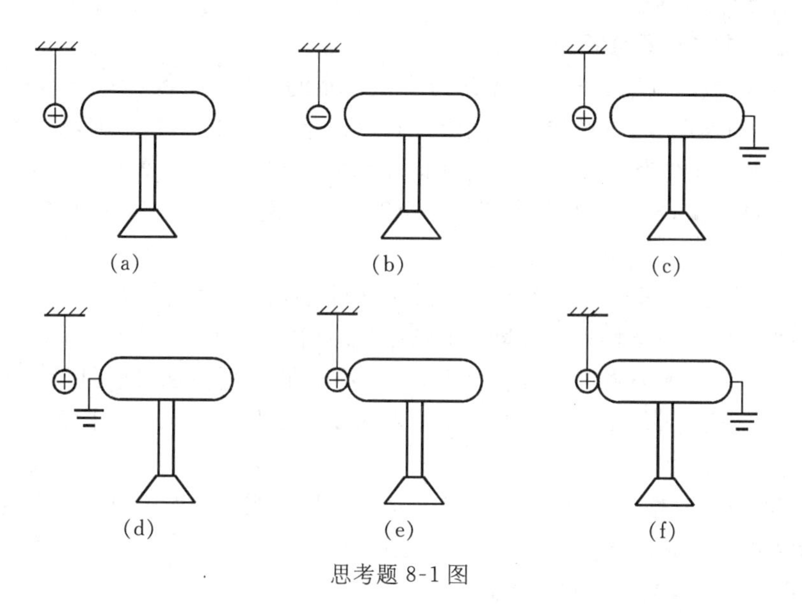

思考题 8-1 图

答： (1) 图(a)中，导体由于静电感应在靠近带电小球一端出现负电荷，另一侧带正电荷，故小球受到吸引力作用，图(b)则靠近小球一侧带正电荷，仍为吸引力.

(2) 图(c)中，由于接地，导体与大地成为一块大导体，故导体右侧感应的正电荷流入大地，小球仍受吸引力，图(d)同理，受吸引力作用.

(3) 图(e)，导体不接地，小球把部分电荷传给导体，小球和导体带同种电荷，相互排斥. 图(f)，导体接地，电荷将全部流入大地.

8-2. “根据库仑定律,两个点电荷之间的相互作用力 $\boldsymbol{F}$ 与两点电荷的距离 $\boldsymbol{r}$ 的平方成反比,因此,当两点电荷靠得非常近($r\to 0$)时,它们之间的相互作用力 $\boldsymbol{F}$ 将趋近无穷大”. 试问:以上说法有什么问题?

答: 点电荷的概念是相对的,当我们所讨论的问题中可以忽略带电体本身的形状、体积及其电荷密度分布,而把它看成是一个只具有一定电量的“几何点”时,才能抽象为点电荷. 本问题中“两点电荷”靠得很近,$r\to 0$,这时已不能忽略带电体的体积了,因而也不能再看成点电荷,库仑定律不能简单地用上去.

8-3. 有人说:“根据电场强度的定义,$\boldsymbol{E}=\dfrac{\boldsymbol{F}}{q_0}$,场强 $\boldsymbol{E}$ 与试探电荷的电量 q_0 成反比,为什么说 $\boldsymbol{E}$ 与 q_0 无关?”试回答此问题.

答: 因为 $\boldsymbol{F}$ 与 q_0 成正比. 如在点电荷 q 的电场中,$\boldsymbol{F}=\dfrac{qq_0}{4\pi\varepsilon_0 r^2}\boldsymbol{r}^0$ 所以 $\boldsymbol{E}=\dfrac{q}{4\pi\varepsilon_0 r^2}\boldsymbol{r}^0$ 与 q_0 无关.

8-4. 为了检测在一带正电金属导体附近的一点的电场强度 E,在该处放一个带正电的点电荷 q_0,测得 q_0 受到的力为 $\boldsymbol{F}$,试问 F/q_0 的值是大于、等于、还是小于该点的场强 E? 如果金属导体带负电,则情况又如何?

答: 当 q_0 不是足够小时,由于静电力作用,引起金属导体上电荷重新分布,靠近正点电荷端分布的电荷减少,远端电荷密度增加,因而整个导体的等效正电荷中心偏向导体远离点电荷的地方,即相当于 r 增加,故 F 减小,F/q_0 也减小,即小于该点的场强 E.

当导体带负电荷时,则负电荷较多移近 q_0,等效负电荷中心靠近点电荷,相当于 r 减小,F/q_0 增大,大于该处场强.

8-5. 为什么电场线不会相交?

答: 空间任一点静电场的电场强度的方向是确定的,只有一个,若电场线相交,则在交点处两曲线的切线有两条,即电场强度有两个方向,与实际情况不符合,故电场线不会相交.

8-6. 一无限大均匀带电平面所产生的电场是均匀电场,即空间各点的场强 $\boldsymbol{E}$ 有相同的数值,且在平板的同一侧场强方向相同,这是否合理? 有人说,在带电平板附近电场应该强些,因为那里离电荷近,你如何解释?

答: 由于对称性,对处于无限大带电平板同一侧的任何场点而言,场强必沿与平板垂直的方向,且和平板等距的任意场点的电场强度都相等. 对和平板相距不等的场点,具体考虑 P、Q 两点,设其连线与平板垂直并与平板相交于 O 点,X 轴即取为连线方向;且设 $PO=d_1$, $QO=d_2$, $d_1>d_2$. 计算表明,平板上的元电荷对 P 点和 Q 点场强的 X 分量的比值随元电荷到 O 点的距离 r 单调增加.

从 $r=0$ 的 d_2^2/d_1^2 增至 $r\to\infty$ 的饱和值 d_1/d_2. 即平板上距 O 点较近的元电荷对 Q 点的电场的 X 分量贡献较大,而离 O 点较远的元电荷对 P 点场的 X 分量贡献较大;总体而言便使和平板距离不同的场点的电场强度相同.

8-7. 在真空中有两块相互平行的很大平板,相距为 d,平板面积为 S,并分别带电量 $+q$ 和 $-q$,有人说,两板之间的相互作用力 $F=\dfrac{q^2}{4\pi\varepsilon_0 d^2}$;又有人说,因为 $F=qE$,而 $E=\dfrac{\sigma}{\varepsilon_0}$,$\sigma=\dfrac{q}{S}$,所以 $F=\dfrac{q^2}{\varepsilon_0 S}$,试问:这两种说法对吗? 为什么? F 应等于什么?

答: 对于两块很大的带电平板,两板之间的相互作用力不能用点电荷的公式 $F=\dfrac{q^2}{4\pi\varepsilon_0 d^2}$

计算,故第一种说法错.对于第二种说法,用 $F = qE$ 计算原则上是对的,但 E 应是一块板单独产生的场,即 $E = \frac{\sigma}{2\varepsilon_0}$,因为计算电荷受到的静电作用力不应把自身的场计入,故 $F = q \cdot \frac{\sigma}{2\varepsilon_0} = \frac{q^2}{2\varepsilon_0 S}$.

8-8. 根据高斯定理,$\oint_S \boldsymbol{E} \cdot \mathbf{d}\boldsymbol{S} = \frac{1}{\varepsilon_0} q$,通过闭合曲面 S 的电通量只与闭合曲面所包围的电量 q 有关,因此,闭合曲面上各点的场强 $\boldsymbol{E}$ 也完全是由电荷 q 产生的.这种说法是否正确?

答: 这种说法不对,电场中任一点的场强 $\boldsymbol{E}$ 都是由空间所有的电荷共同产生的.高斯定理只是表明 $\boldsymbol{E}$ 对封闭曲面积分的总效果只与该曲面内的 q 有关.

8-9. (1) 在边长为 a 的立方体中心放一点电荷 q,试求通过立方体六个表面之一的电通量.

(2) 如果立方体的边长缩小一半,点电荷的位置仍在立方体中心,试问穿过各表面的电通量如何变化?

(3) 假如点电荷移到立方体的一个角上,这时立方体各个表面的电通量是多少?

答: (1) 由于立方体 6 个面对于位于中心的点电荷 q 是完全对称的,故每个面相对于 q 所张的立体角都是 $4\pi/6$,通过的电通量也应是整个封闭曲面的电通量的 1/6,故每个面的电通量为 $\Phi_i = \frac{1}{6}\oint \boldsymbol{E} \cdot \mathrm{d}\boldsymbol{S} = \frac{q}{6\varepsilon_0}$.

(2) 结果同上,和边长无关.

(3) 如图,当点电荷移到立方体的一角上时,通过点电荷的三个面上无电通量,因其上的电场强度均与面平行,由对称性知另外三个面通过的电通量相同,我们作 8 个同样的立方体,使原来处于角上的点电荷被这 8 个立方体包围并处于大立方体中心,则共 24 个面(小面)有电场线穿过,每个小面相当于原来立方体的一个面,故通过原立方体与 q 相对的小面的电通量为 $\Phi_i = \frac{1}{24}\oint \boldsymbol{E} \cdot \mathrm{d}\boldsymbol{S} = \frac{q}{24\varepsilon_0}$.

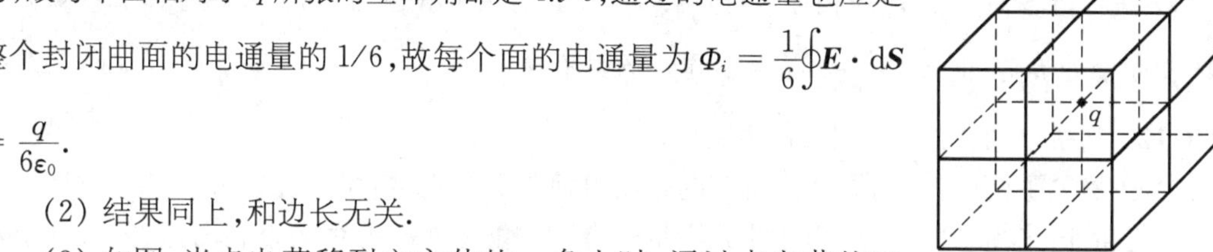

思考题 8-9 图

8-10. 假设一高斯面内部不包含净电荷,是否可判断这个面上各点的 $\boldsymbol{E}$ 处处为零?反过来,假如高斯面上的场强 $\boldsymbol{E}$ 处处为零,是否可判断该闭合曲面所包围的空间内任一点都没有净电荷?

答: 无净电荷即电荷的代数和为零,这时虽然电场的通量 $\oint \boldsymbol{E} \cdot \mathrm{d}\boldsymbol{S} = \frac{q}{\varepsilon_0} = 0$,但曲面上各点的 $\boldsymbol{E}$ 仍可不为零,例如曲面内有一电偶极子,则曲面上各点 $\boldsymbol{E}$ 不为零.反之,$\boldsymbol{E}$ 处处为零的高斯面所包围的空间内,并非处处无净电荷,例如两个带等量异号电荷的同心球壳外所作的同心高斯球面上场强 $\boldsymbol{E}$ 处处为零,但在球壳上每点都有净电荷.

8-11. 回答下列问题,并举例说明之

(1) 场强大的地方,电势是否一定高?电势高的地方,场强是否一定大?

(2) 带正电物体的电势是否一定为正?电势为零的物体是否一定不带电?

(3) 场强为零的地方,电势是否一定为零?电势为零的地方,场强是否一定是零?

(4) 场强大小相等的地方,电势是否一定相等?等势面上各点的场强大小是否一定相等?

答: 首先明确以下几个概念,才能回答这些问题.场强大小取决于电势梯度而不是电势的

数值,和电势数值的高低之间无必然联系.电势的高低既和电场的分布有关,又和电势零点的选择有关.

(1) 场强大的地方,电势不一定高,如一对共轴长直圆筒带等值异号电荷,且内筒为负电荷,则内筒上场强最大,而电势最低.

(2) 带正电物体的电势不一定为正,若选无穷远处为电势零点,把带正电的物体放在带大量负电荷的物体旁,由于任一点的电势为所有带电体所产生的电势的叠加,带正电的物体电势也可为零或负.例如,图示的内球带正电荷 q_1,外球壳带负电荷($-q_2$)的两个同心金属球,内球上一点 a 的电势为两球所共同产生:

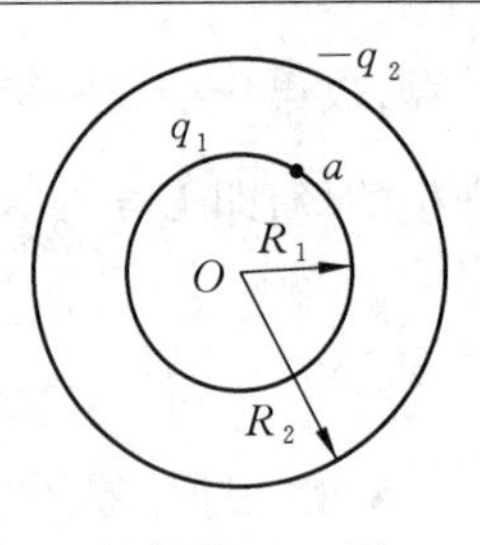

思考题 8-11 图

$$U_a = \frac{q_1}{4\pi\varepsilon_0 R_1} - \frac{q_2}{4\pi\varepsilon_0 R_2}.$$

当 $q_1/R_1 < q_2/R_2$ 时,$U_a < 0$,为负电势,$q_1/R_1 = q_2/R_2$ 时,$U_a = 0$;$q_1/R_1 > q_2/R_2$ 时,$U_a > 0$.

(3) 等值异号点电荷(电偶极子)联线中点处电势为零,场强不为零,等值同号电荷联线中点处场强为零而电势不为零.

(4) 平板电容器内 $\boldsymbol{E}$ 处处相等,而电势从负极板到正极板逐渐升高.金属导体成不规则形状时,表面处处等势,而 $E = \dfrac{\sigma}{\varepsilon_0}$,曲率不同处场强不同.

8-12. 判断下列说法是否正确,并说明之:

(1) 在静电平衡条件下,导体上所有的自由电荷都分布在导体的表面上;

(2) 在静电平衡条件下,一个导体壳所带的电荷只能分布在导体的外表面上,内表面上没有电荷分布;

(3) 接地的导体上所带净电荷一定为零.

答: (1) 静电平衡条件下,分布在导体表面上的是净电荷,导体内仍有自由电荷,但处处无净电荷,即自由电子所带电荷与离子所带电荷相抵,不呈现净电荷.

(2) 若导体壳内空腔中有电荷,则导体壳内表面有电荷分布.

(3) 接地的导体上可以带净电荷,如思考题 8-1(c),且小球与导体绝缘的情形,接地导体上有与小球所带的异号电荷.

8-13. 有若干个互相绝缘的不带电导体 A、B、C……它们的电势都是零,如果使其中任意一个导体 A 带上正电,试论证:

(1) 所有这些导体的电势都高于零;

(2) 其他导体的电势都低于导体 A 的电势.

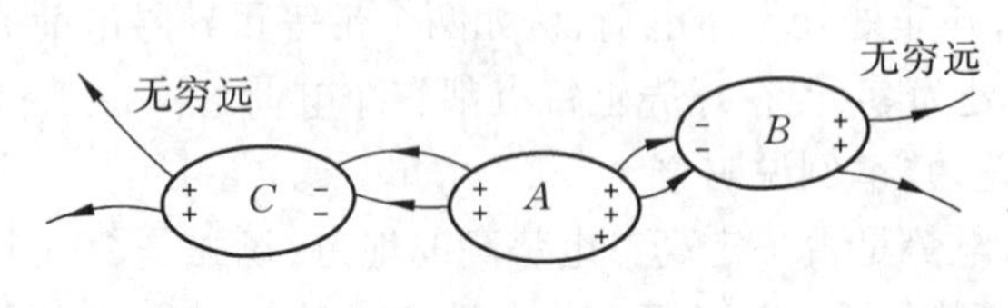

思考题 8-13 图

答: (1) 如图,A 带正电荷,由静电感应,周围其他导体在靠近 A 的一端带负电,远离 A 的一端带正电,电场线自 A 发出,终止于其他导体的负电荷上,自其他导体的正电荷发出的电场线最终伸向无穷远处，无穷远处电势为零，故其他导体的电势高于零电势.(2)同理，由上知，其他导体的电势都低于导体 A 的电势.

8-14. (1) 将一带电导体放在一绝缘金属球壳内部，试问：当带电导体从球壳中心移到与球壳接触的过程中，球壳内、外的场强如何变化？球壳的电势是否变化？为什么？

(2) 以上讨论与金属球壳本身是否带电以及球壳是否处于外电场中有没有关系？

答: (1) 当带电导体从球壳中心向外移动过程中，内球壳表面电荷分布发生变化，内球壳内空间中各点场强要发生变化，但外壳表面的电荷分布和电场分布均不改变，电势也不变.由高斯定理和静电平衡条件可知带电导体和内球壳上电荷对外部产生的合场强为零，对外界不产生影响.

(2) 以上讨论与外部条件无关，这就是静电屏蔽的结果.

8-15. 证明：对于两个无限大的平行平面带电导体板(如图(a))来说：

(1) 相向的两面(图中 2 和 3)上，电荷的面密度总是大小相等而符号相反；

(2) 相背的两面(图中 1 和 4)上，电荷的面密度总是大小相等且符号相同.

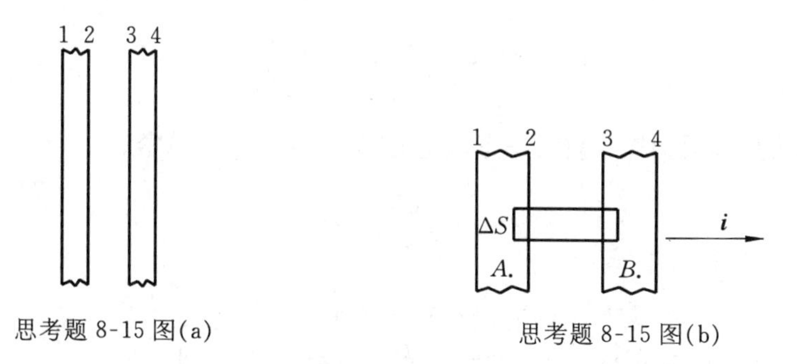

思考题 8-15 图(a)　　思考题 8-15 图(b)

答: (1) 如图(b)，作一高斯柱面，两底在两平行平板内且与板面平行，侧面是柱面，垂直于板面，设四个带电平面的电荷面密度分别是 σ_1、σ_2、σ_3、σ_4，由高斯定理得

$$\oint \boldsymbol{E} \cdot \mathrm{d}\boldsymbol{S} = \sigma_2 \Delta S + \sigma_3 \Delta S.$$

因为侧面 $\boldsymbol{E} \perp \mathrm{d}\boldsymbol{S}$，又平板导体内 $\boldsymbol{E} = 0$，故 $\oint \boldsymbol{E} \cdot \mathrm{d}\boldsymbol{S} = 0$，得

$(\sigma_2 + \sigma_3)\Delta S = 0$，　　所以　$\sigma_2 = -\sigma_3$.

(2) 在两导体板内分别取两点 A 和 B，则 $\boldsymbol{E}_A = \boldsymbol{E}_B = 0$. 由图，

$$\boldsymbol{E}_A = \frac{\sigma_1}{2\varepsilon_0}\boldsymbol{i} - \frac{\sigma_2}{2\varepsilon_0}\boldsymbol{i} - \frac{\sigma_3}{2\varepsilon_0}\boldsymbol{i} - \frac{\sigma_4}{2\varepsilon_0}\boldsymbol{i} = \boldsymbol{0}.$$

即

$$\sigma_1 - \sigma_2 - \sigma_3 - \sigma_4 = 0. \qquad ①$$

同理　$\boldsymbol{E}_B = \frac{\sigma_1}{2\varepsilon_0}\boldsymbol{i} + \frac{\sigma_2}{2\varepsilon_0}\boldsymbol{i} + \frac{\sigma_3}{2\varepsilon_0}\boldsymbol{i} - \frac{\sigma_4}{2\varepsilon_0}\boldsymbol{i} = \boldsymbol{0}.$

得

$$\sigma_1 + \sigma_2 + \sigma_3 - \sigma_4 = 0. \qquad ②$$

① 式 + ② 式得　$2(\sigma_1 - \sigma_4) = 0$，即得　$\sigma_1 = \sigma_4$.

8-16. 在一平板电容器(极板面积为 S，两极板之间距离为 d)的两极板的正中间插入一

薄金属平板(厚度可略去不计),并按如图所示的方法和电源连接,试问电容器电容的变化情况.

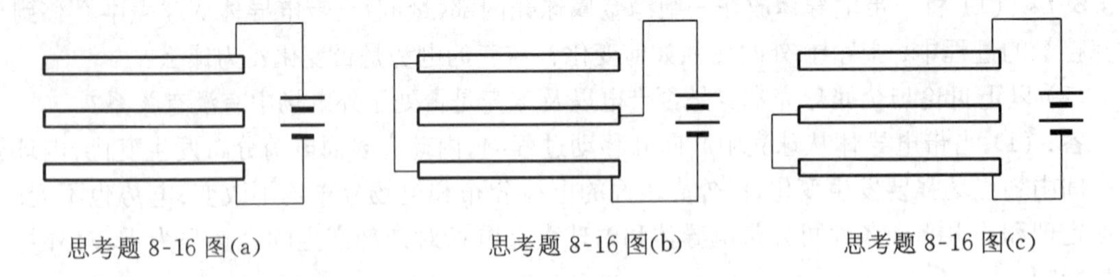

思考题 8-16 图(a)　　思考题 8-16 图(b)　　思考题 8-16 图(c)

答: (a) 相当于两个相等的电容串联,设 C_0 为不插薄板时的电容,

$$C' = \frac{C_1 C_2}{C_1 + C_2} = \frac{C_1}{2} = \frac{1}{2} \cdot \frac{\varepsilon_0 S}{d/2} = \frac{\varepsilon_0 S}{d} = C_0.$$

(b) 相当于两电容并联,

$$C' = C_1 + C_2 = 2C_1 = 2 \cdot \frac{\varepsilon_0 S}{d/2} = 4C_0.$$

(c) 下面两块金属板相连;等势,不形成电容,只相当于一个电容,

$$C' = \frac{\varepsilon_0 S}{d/2} = 2C_0.$$

8-17. 如图所示,在金属球 A 内有两个球形空腔,此金属球整体上不带电,在两空腔中心分别放置点电荷 q_1 和 q_2,此外,在金属球 A 之外远处放置一点电荷 q(q 到球 A 的中心 O 的距离 $r \gg$ 球 A 的半径 R),试问:作用在 A、q_1、q_2、q 上的静电力各为多少?

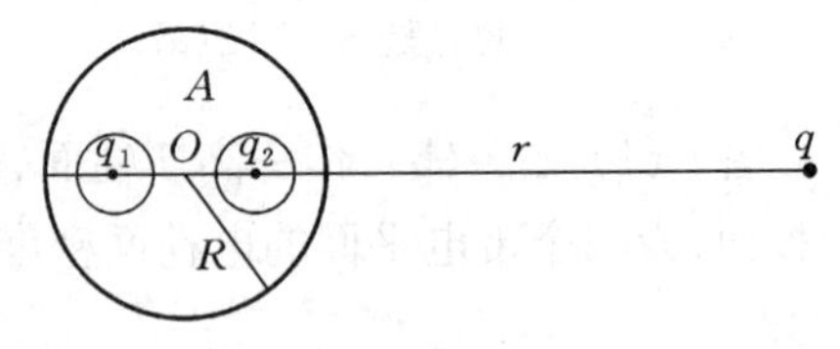

思考题 8-17 图

答: 由静电平衡条件,两球形空腔内表面分别带 $-q_1$ 和 $-q_2$ 的电荷,且均匀分布,因 $r \gg R$,可略去 q 对 A 球表面电荷分布的影响,由电荷守恒可得 A 表面可看成均匀带电 (q_1+q_2),由静电屏蔽知,q_1 相当于只受空腔 1 内表面电荷的作用,由对称性知作用力 $\boldsymbol{F}_1 = \boldsymbol{0}$,同理,$q_2$ 所受力 $\boldsymbol{F}_2$ 也为 $\boldsymbol{0}$,A 球电荷对 q 的作用可等效地看成是在球心的点电荷 (q_1+q_2) 产生的作用,q 和 A 之间作用力大小相等,方向相反,其值为 $F = \left|\frac{q(q_1+q_2)}{4\pi\varepsilon_0 r^2}\right|$. 空腔中心处的 q_1 与 q_2 对 q 的作用受 A 球屏蔽,彼此无影响.

8-18. 半径为 R 的导体球原不带电,在离球心 O 为 a 的 P 点处放一个点电荷 q,问:导体球面上与 $\overline{OP}$ 相交的 C 点的电势是否为 $\frac{q}{4\pi\varepsilon_0(a-R)}$.

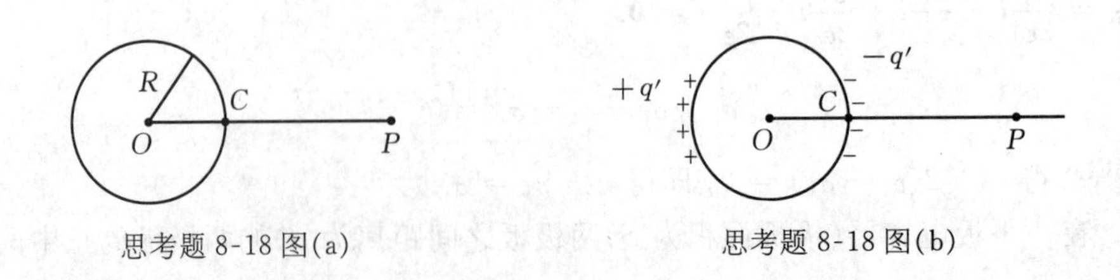

思考题 8-18 图(a)　　思考题 8-18 图(b)

答： 否.静电平衡时，导体球为等势体，C 点与球心 O 点等势.设球面上出现的正负感应电荷为 q' 和 $-q'$，见图(b).则

$$U_C = U_O = U_+ + U_- + U_q = \int_0^{q'} \frac{\mathrm{d}q'}{4\pi\varepsilon_0 R} + \int_0^{-q'} \frac{\mathrm{d}q'}{4\pi\varepsilon_0 R} + \frac{q}{4\pi\varepsilon_0 a} = \frac{q}{4\pi\varepsilon_0 a}.$$

8-19. 在通常情况下，导体中的电子的漂移速率很小，为什么电键接通后，大楼里的电灯却亮得那样快？

答： 导体中电子的运动是受电场力的作用引起的.电键接通后，由于电场传播的速度很高，使各处电荷几乎同时流动.

8-20. (1) 如果将两个相同的电源和两个相同的电阻按图所示的两种电路连接起来，试分别讨论电路中是否有电流？a、b 两点是否有电压？

(2) 如果将上述两电路中的 b 点接地，是否会改变电路中的电流？这时，上述电路中哪一点的电压最高？

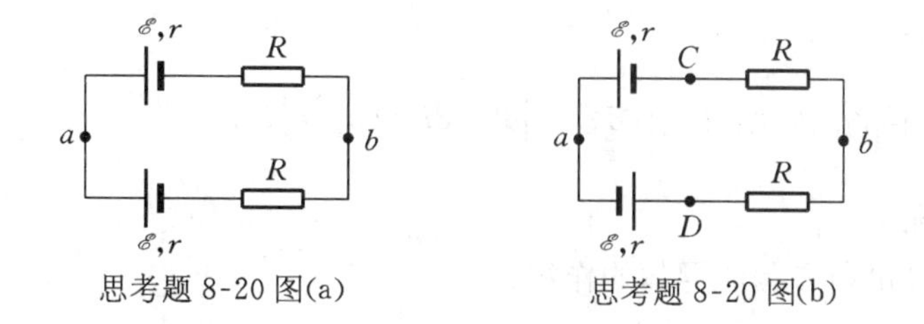

思考题 8-20 图(a)　　思考题 8-20 图(b)

答： (1) 图(a)a、b 两点有电压，但回路无电流，由基尔霍夫定律 $(IR+IR+Ir+Ir)-(\mathscr{E}-\mathscr{E})=0$，得 $I=0$，$V_{ab}=\mathscr{E}$.图(b)中，$I(2R+2r)-(\mathscr{E}+\mathscr{E})=0$，$I=\dfrac{\mathscr{E}}{R+r}$，但 a、b 间无电压.因为 $V_{ab}=I(r+R)-\mathscr{E}=\dfrac{\mathscr{E}}{R+r}\cdot(r+R)-\mathscr{E}=0$.

(2) b 点接地，图(a)中，回路电流仍为零，a、b 间电压为 $\mathscr{E}$，a 点电压最高，b 点最低.图(b)中，回路电流如前，按电流走向知，$V_c<V_b$，$V_D>V_b$，$V_a>V_c$，$V_D>V_a$，故 $V_D>V_a>V_c$，又 $V_D>V_b>V_c$，故 D 点电势最高，C 点最低.

第九章　磁　　场

一、内容提要

1. 磁感应强度 $\boldsymbol{B}$ 由式　$\boldsymbol{F}=q\boldsymbol{v}\times\boldsymbol{B}$ 规定.

2. 描写磁场性质的两个定理:

(1) 磁场的高斯定理　$\oint\boldsymbol{B}\cdot\mathrm{d}\boldsymbol{S}=0$,

表明磁场是无源场.

(2) 真空中静磁场的安培环路定理　$\oint\boldsymbol{B}\cdot\mathrm{d}\boldsymbol{l}=\mu_0\sum_i I_i$,

表明磁场是涡旋场.

3. 磁场对运动电荷和载流导体的作用:

(1) 运动电荷感受洛仑兹力　$\boldsymbol{F}=q\boldsymbol{v}\times\boldsymbol{B}$

(2) 电流元感受磁场力　$\mathrm{d}\boldsymbol{F}=I\mathrm{d}\boldsymbol{l}\times\boldsymbol{B}$(安培定律)

(3) 载流线圈感受磁力矩　$\boldsymbol{M}=\boldsymbol{P}_m\times\boldsymbol{B}$,

其中,线圈的磁矩为　$\boldsymbol{P}_m=IS\boldsymbol{n}$.

(4) 两平行电流间的相互作用力　$\mathrm{d}F=\dfrac{\mu_0 I_1 I_2}{2\pi a}\mathrm{d}l$.

4. 毕奥—萨伐尔定律　$\mathrm{d}\boldsymbol{B}=\dfrac{\mu_0}{4\pi}\cdot\dfrac{I\mathrm{d}\boldsymbol{l}\times\boldsymbol{r}}{r^3}$.

5. 圆电流在其轴线上产生的磁感应强度　$B=\dfrac{\mu_0 IR^2}{2(R^2+x^2)^{3/2}}$.

圆心处,　$B_0=\dfrac{\mu_0 I}{2R}$,

无限长载流直导线周围　$B=\dfrac{\mu_0 I}{2\pi r}$,

无限长载流螺线管内　$B=\mu_0 nI$.

6. 带电粒子在均匀磁场中的运动:

(1) $\boldsymbol{v}_0/\!/\boldsymbol{B}$, $\boldsymbol{F}=0$, 带电粒子作匀速直线运动.

(2) $\boldsymbol{v}_0\perp\boldsymbol{B}$, $F=qv_0B$, 粒子在垂直于$\boldsymbol{v}_0$和 $\boldsymbol{B}$ 的平面上作半径为 R 的匀速圆周运动.

$$R=\frac{mv_0}{qB},\ 周期\ T=\frac{2\pi m}{qB}.$$

(3) $\boldsymbol{v}_0$和$\boldsymbol{B}$之间夹角为θ时,粒子作螺旋运动.

$$R=\frac{mv_0\sin\theta}{qB},\ T=\frac{2\pi m}{qB},\ 螺距\ h=\frac{2\pi mv_0\cos\theta}{qB}.$$

7. 霍耳效应,$U_H=\frac{1}{nq}\cdot\frac{BI}{d}$,式中$\frac{1}{nq}=R$称为霍耳系数.

二、自学指导和例题解析

本章要点是掌握描述磁场特性的磁感应强度$\boldsymbol{B}$的概念;能应用毕奥—萨伐尔定律和叠加原理根据电流分布计算$\boldsymbol{B}$;熟练掌握由安培环路定律求磁场分布的方法;熟悉磁场对运动电荷和电流元的作用力;熟悉磁场对载流线圈产生的磁力矩.要求熟悉一些具有对称性的磁场的磁感应强度$\boldsymbol{B}$的分布,如无限长载流直导线周围的磁场$B=\frac{\mu_0 I}{2\pi r}$,载流无限长直螺线管内部的磁场$B=\mu_0 nI$等.在学习本章内容时,要注意以下几点:

(1) 由毕奥—萨伐尔定律计算电流元$I_1\mathrm{d}\boldsymbol{l}_1$在另一电流元$I_2\mathrm{d}\boldsymbol{l}_2$处产生的磁场,再用安培公式形式上可计算两个电流元间的作用力,但会得出不满足牛顿第三定律的结果.例如,图 9-1 中,电流元$I_1\mathrm{d}\boldsymbol{l}_1$和$I_2\mathrm{d}\boldsymbol{l}_2$都在纸面上,但$I_1\mathrm{d}\boldsymbol{l}_1$沿$\boldsymbol{r}_{21}$方向,$I_2\mathrm{d}\boldsymbol{l}_2$垂直于$\boldsymbol{r}_{21}$,则$I_1\mathrm{d}\boldsymbol{l}_1$对$I_2\mathrm{d}\boldsymbol{l}_2$的作用力为

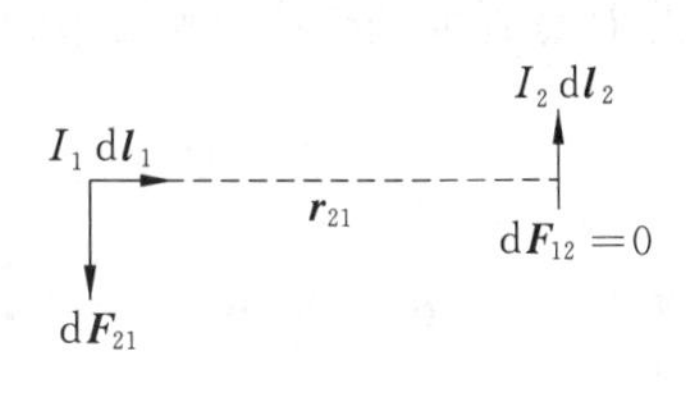

图 9-1

$$\mathrm{d}F_{12}=\frac{\mu_0}{4\pi}\cdot\frac{I_2\mathrm{d}\boldsymbol{l}_2\times(I_1\mathrm{d}\boldsymbol{l}_1\times\boldsymbol{r}_{21}^0)}{r_{21}^2}=0,$$

上式中$\boldsymbol{r}_{21}^0$为从$I_1\mathrm{d}\boldsymbol{l}_1$指向$I_2\mathrm{d}\boldsymbol{l}_2$的单位矢量,$\frac{\mu_0}{4\pi}\cdot\frac{I_1\mathrm{d}\boldsymbol{l}_1\times\boldsymbol{r}_{21}^0}{r_{21}^2}$为$I_1\mathrm{d}\boldsymbol{l}_1$在$I_2\mathrm{d}\boldsymbol{l}_2$处产生的磁感应强度,因$I_1\mathrm{d}\boldsymbol{l}_1$和$\boldsymbol{r}_{21}^0$同方向,故矢积为零.另一方面,电流元$I_2\mathrm{d}\boldsymbol{l}_2$对$I_1\mathrm{d}\boldsymbol{l}_1$产生的作用力为

$$\mathrm{d}\boldsymbol{F}_{21}=\frac{\mu_0}{4\pi}\cdot\frac{I_1\mathrm{d}\boldsymbol{l}_1\times(I_2\mathrm{d}\boldsymbol{l}_2\times\boldsymbol{r}_{12}^0)}{r_{12}^2}\neq 0,$$

上式中由于$I_2\mathrm{d}\boldsymbol{l}_2$与$\boldsymbol{r}_{12}^0$相互垂直,矢积不为零.电流元之间的相互作用力不满足牛顿第三定律是因为孤立的稳恒电流元根本不存在,而在稳恒电流的情况下,通有电流的回路必然是闭合的,而两个闭合的载流回路间的作用力完全符合牛顿第三定律.

(2) 磁场作用于载流导体的安培力$\mathrm{d}\boldsymbol{F}=I\mathrm{d}\boldsymbol{l}\times\boldsymbol{B}$和磁场作用于运动电荷的洛仑兹力$\boldsymbol{F}=q\boldsymbol{v}\times\boldsymbol{B}$在形式上的相似性反映了两者之间的内在联系,洛仑兹力的合力不做功,它只是承担能量传递和能量转化的作用,把从电源取得的能量转化为对载流导体做功.

(3) 在求直螺线管的磁场时,对图 9-2 所示的闭合回路$abcd$利用安培环路定理难以求出有限长螺线管中部的磁感应强度,因为这种情况下磁感应线大多不是平行于管轴的直线,所以无法将环路积分以简单的代数式表出.这类

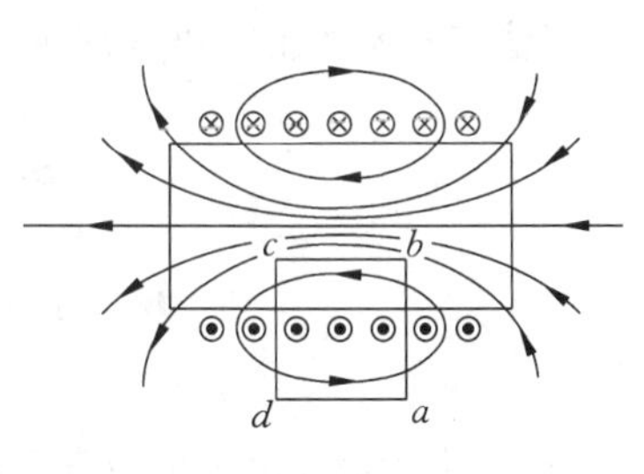

图 9-2

问题只能用毕奥—萨伐尔定律求解.

(4) 安培环路定理可以推广到一般情况:在稳恒电流的磁场中,不管载流回路的形状如何,磁场对任意闭合路径的线积分(即环流)仅决定于被闭合路径所围电流的代数和.这里的载流回路可以是一个非平面的线圈.

例题

例 9-1 如图(a)所示,在半径为 a 的圆柱形长直导线中挖有一半径为 b 的圆柱形空管($a>2b$),空管的轴线与柱体的轴线平行,相距为 d,当电流仍均匀分布在管的横截面上且电流为 I 时,求空管内磁感应强度 $\boldsymbol{B}$ 的分布.

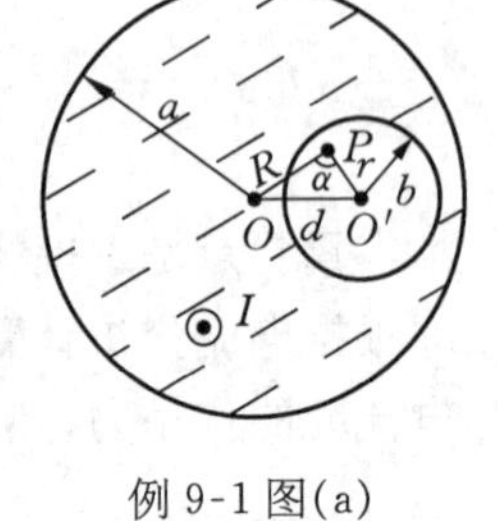

例 9-1 图(a)

解法一: 空管的存在使电流分布失去对称性,采用"填补法"将空管部分等效为同时存在电流密度为 $\boldsymbol{j}$ 和 $-\boldsymbol{j}$ 的电流,这样,空间任一点的磁场 $\boldsymbol{B}$ 可以看成由半径为 a、电流密度为 $\boldsymbol{j}$ 的长圆柱形导体产生的磁场 $\boldsymbol{B}_1$ 和半径为 b、电流密度为 $-\boldsymbol{j}$ 的长圆柱形导体产生的磁场 $\boldsymbol{B}_2$ 的矢量和,即

$$\boldsymbol{B}=\boldsymbol{B}_1+\boldsymbol{B}_2.$$

设 P 点到大圆柱和小圆柱轴线的距离分别为 R 和 r,由安培环路定理可得

$$B_1=\frac{\mu_0}{2}Rj,\ B_2=\frac{\mu_0}{2}rj, \qquad ①$$

其中 $\boldsymbol{B}_1$ 与 $\boldsymbol{R}$ 垂直,$\boldsymbol{B}_2$ 与 $\boldsymbol{r}$ 垂直,如图(b)所示.由余弦定理得

$$\begin{aligned}B^2&=B_1^2+B_2^2-2B_1B_2\cos\alpha\\&=\frac{\mu_0^2R^2j^2}{4}+\frac{\mu_0^2r^2j^2}{4}-\frac{2\mu_0^2j^2Rr}{4}\cdot\frac{R^2+r^2-d^2}{2Rr}\end{aligned} \qquad ②$$

例 9-1 图(b)

由此得空管内 P 点的磁感应强度为

$$B=\frac{\mu_0dj}{2}=\frac{\mu_0d}{2}\cdot\frac{I}{\pi(a^2-b^2)}. \qquad ③$$

因 P 是空管内任一点,所以空管内是一均匀磁场,磁场的大小为

$$B=\frac{\mu_0dI}{2\pi(a^2-b^2)}.$$

由 $\boldsymbol{B}_1$、$\boldsymbol{B}_2$、$\boldsymbol{B}$ 组成的三角形和 R、r、d 组成的三角形相似,已有两个对应边互相垂直,所以 $\boldsymbol{B}$ 的方向必与两轴线连线相垂直.

解法二: 上面①式可写成矢量式:

$$\boldsymbol{B}_1=\frac{\mu_0}{2}\boldsymbol{j}\times\boldsymbol{R},\ \boldsymbol{B}_2=-\frac{\mu_0}{2}\boldsymbol{j}\times\boldsymbol{r},$$

$$\boldsymbol{B}=\boldsymbol{B}_1+\boldsymbol{B}_2=\frac{\mu_0}{2}\boldsymbol{j}\times(\boldsymbol{R}-\boldsymbol{r})=\frac{\mu_0}{2}\boldsymbol{j}\times\boldsymbol{d}.$$

所以 $B=\frac{1}{2}\mu_0jd$,代入 j 的表示式,即得结果,$\boldsymbol{B}$ 的方向与 $\boldsymbol{d}$($\boldsymbol{d}=\overrightarrow{OO'}$)垂直.

例9-2 如图所示,在半径 $R=1\,\mathrm{cm}$ 的无限长半圆柱形金属箔中,有电流 $I_1=5\,\mathrm{A}$ 自下而上地通过,试求圆柱轴上一点的磁感应强度.若有一无限长的载流 $I_2=5\,\mathrm{A}$ 的直导线置于金属箔的轴线上,单位长度所受之力为多少?

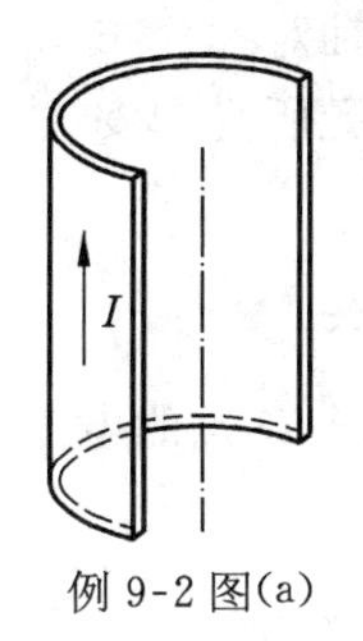

例 9-2 图(a)

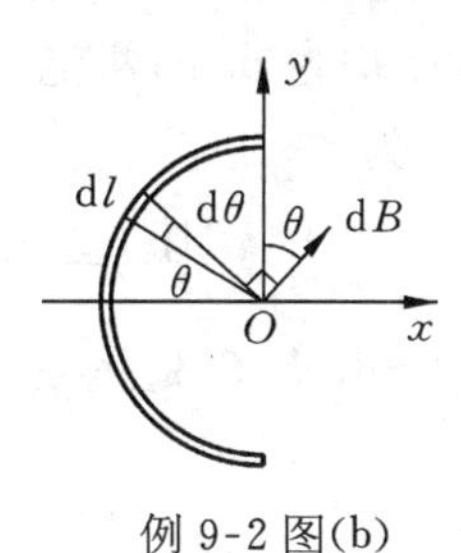

例 9-2 图(b)

解: 选图(b)所示坐标系,原点 O 在半圆柱面轴线上,xOy 平面垂直于轴线,x 轴为对称轴,此无限长半圆柱形金属箔可以看成是由许多与轴平行的无限长直导线叠加而成,其中位置在 $\theta\to\theta+\mathrm{d}\theta$,宽度对应于弧长为 $\mathrm{d}l=R\mathrm{d}\theta$ 的直导线通过的电流为

$$\mathrm{d}i=\frac{I_1}{\pi R}\cdot R\mathrm{d}\theta=\frac{I_1}{\pi}\mathrm{d}\theta.$$

该导线在 O 点的磁感应强度为

$$\mathrm{d}B=\frac{\mu_0}{2\pi R}\mathrm{d}i=\frac{\mu_0 I_1}{2\pi^2 R}\mathrm{d}\theta.$$

方向在 xOy 平面内与 $\mathrm{d}l$ 对应的半径垂直.根据对称性,整个半圆柱面电流的磁场在 x 方向的分量之和为零,在 y 方向叠加为

$$B_y=\int\mathrm{d}B_y=\int\mathrm{d}B\cdot\cos\theta=\int_{-\frac{\pi}{2}}^{\frac{\pi}{2}}\frac{\mu_0 I_1}{2\pi^2 R}\cos\theta\mathrm{d}\theta=\frac{\mu_0 I_1}{\pi^2 R},$$

代入数值,得

$$B_y=\frac{4\pi\times10^{-7}\times5}{3.14^2\times0.01}=6.37\times10^{-5}(\mathrm{T}).$$

在轴线上各处的磁场相等,方向相同,因此轴线上单位长度的导线受力为

$$F=I_2BL=5\times6.37\times10^{-5}\times1=3.19\times10^{-4}(\mathrm{N}).$$

方向沿 x 轴,当 I_2 和 I_1 同向时为引力,反向时为斥力.

例 9-3 如图(a)所示,有半径为 r、质量为 m 的 N 匝刚性圆线圈,通过电流 I,平放在水平桌面上,线圈所在处地磁场 $\boldsymbol{B}=B_x\boldsymbol{i}+B_y\boldsymbol{j}$,$\boldsymbol{i}$、$\boldsymbol{j}$ 分别为水平方向和铅直方向的单位矢量,设线圈上的 A 点用铰链和桌面相连,使线圈可绕 A 点无摩擦地转动,试问要使线圈一边恰好被磁力举起,线圈至少通以多大的电流?

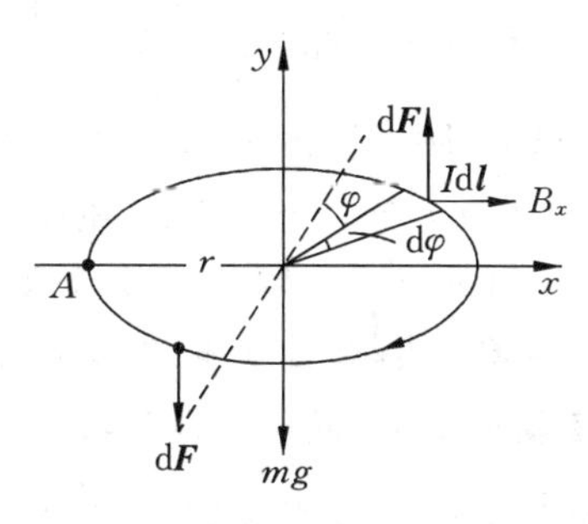

例 9-3 图(a)

解: 对图示电流方向,地磁场对圆电流施以磁力矩,使线圈平面有以 A 为支点向上翘起的倾向,但只有地磁场的分量

B_x 对磁力矩产生贡献. 取坐标系如图(a), 以线圈和 x 轴左边的交点 A 为参考点, 分析线圈各点所受的安培力的方向得知, 右半边线圈受到的安培力向上, 左半边受到的安培力向下, 除此以外, 线圈还受到重力 mg 的作用. 作图(a)的俯视图(b), 在线圈上相对于 z 轴对称分布的点 C 和 D 附近取长度均为 $\mathrm{d}l$ 的两电流元, C 点的电流元所受的安培力沿 y 轴分量的大小为

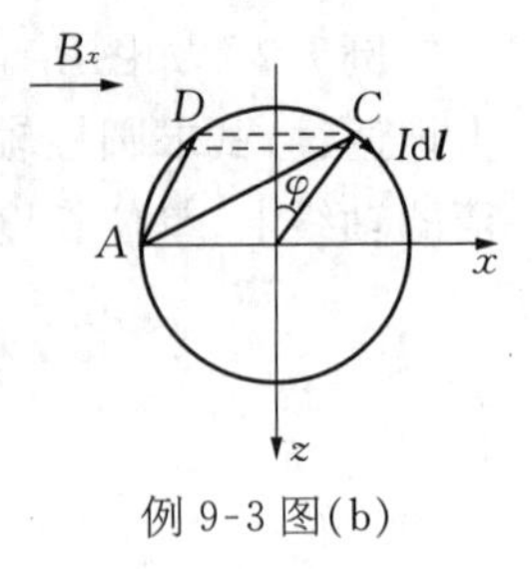

例 9-3 图(b)

$$\mathrm{d}F_1 = IB_x\mathrm{d}l\sin\varphi = IB_x\mathrm{d}z,$$

$\mathrm{d}\boldsymbol{F}_1$ 指向 y 轴正向, 式中 $\mathrm{d}z$ 是 C 处线段 $\mathrm{d}l$ 在 z 轴上的投影. D 点的电流元所受的安培力沿 y 轴分量为

$$\mathrm{d}F_2 = -IB_x\mathrm{d}l\sin\varphi = -IB_x\mathrm{d}z;$$

这两个力大小相等、方向相反, 是一对力偶. 选 A 点为参考点, 由于力偶的合力矩和参考点的选取无关(见教材 § 2.3 例 1), 这一对力偶相对 A 点产生的合力矩即为

$$\mathrm{d}M_1 = \mathrm{d}F_1 l_{CD} = IB_x\mathrm{d}z \cdot l_{CD} = IB_x\mathrm{d}S,$$

式中 $\mathrm{d}S$ 是图(b)上虚线所包围的面积. 将整个线圈分成相对于 z 轴对称分布的一对对小电流元, 于是, 磁场作用于 N 匝线圈上的力矩为

$$M_1 = N\int\mathrm{d}M_1 = N\int_S IB_x\mathrm{d}S = NIB_x\pi r^2$$

该力矩可使线圈绕 A 点向上升起.

重力对 A 点产生的力矩为

$$M_2 = mgr,$$

重力矩使线圈绕 A 点向下转动. 要使线圈能绕 A 点向上升起, 则要求

$$M_1 \geqslant M_2,$$

即

$$NIB_x\pi r^2 \geqslant mgr,$$

得最小电流

$$I = \frac{mg}{\pi NB_x r}.$$

例 9-4 如图所示, bc 为 $\frac{1}{6}$ 圆弧, $Oc = Od$, O 为圆弧的圆心, 圆半径为 R, ab、de 的延长线通过 O 点, 电流 I 沿 $a \to b \to c \to d \to e$ 流过, 求圆心 O 点处的磁感应强度.

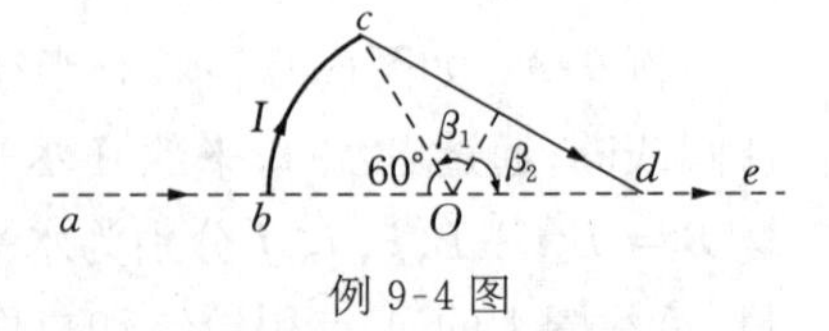

例 9-4 图

解: O 点在 ab, de 直线的延长线上, ab 段与 de 段电流对磁场无贡献. 设 bc 段在 O 点处产生的磁感应强度为 B_{bc}, 由于圆弧上任一点在 O 处产生的磁感应强度方向一致, 均垂直于纸面向里, 整个半径为 R 的圆导线在 O 处产生的磁感应强度为 $B = \frac{\mu_0 I}{2R}$, 因此 $\frac{1}{6}$ 圆弧在 O 点产生的磁感应强度为

$$B_{bc}=\frac{1}{6}\cdot\frac{\mu_0 I}{2R}=\frac{\mu_0 I}{12R}.$$

cd 段电流在 O 点产生的磁感应强度可用下式求得：

$$B_{cd}=\frac{\mu_0 I}{4\pi l}(\sin\beta_2-\sin\beta_1),$$

其中 l 为 O 点到 cd 的垂直距离，由图的几何关系，$l=R\cos 60^\circ=\frac{R}{2}$，$\beta_1=-\frac{\pi}{3}$，$\beta_2=\frac{\pi}{3}$，代入上式，得

$$B_{cd}=\frac{\mu_0 I}{2\pi R}\left[\sin\frac{\pi}{3}-\sin\left(-\frac{\pi}{3}\right)\right]=\frac{\sqrt{3}\mu_0 I}{2\pi R},$$

方向垂直于纸面向里. 所以 O 点的磁感应强度方向垂直于纸面向里.

$$B_O=B_{bc}+B_{cd}=\frac{\mu_0 I}{12R}+\frac{\sqrt{3}\mu_0 I}{2\pi R}=\frac{\mu_0 I}{2R}\left(\frac{1}{6}+\frac{\sqrt{3}}{\pi}\right).$$

三、习题解答

9-1. 一电子的初速度为零，经过电压 U 加速后进入均匀磁场，已知磁场的磁感应强度为 $\boldsymbol{B}$，电子电荷为 e，质量为 m，电子进入磁场时速度与 $\boldsymbol{B}$ 垂直，如图(a)所示.

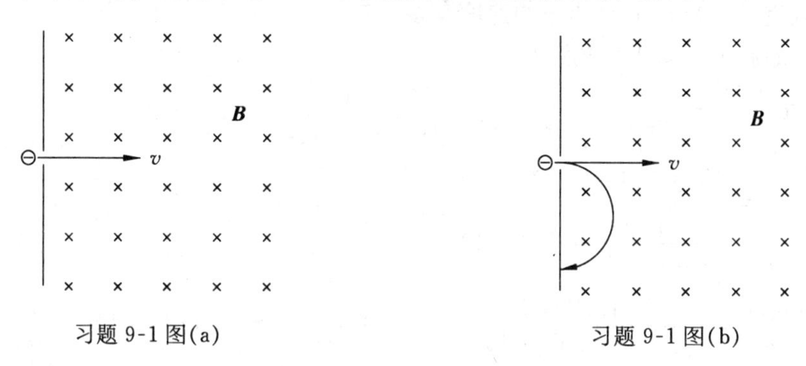

习题 9-1 图(a)　　习题 9-1 图(b)

(1) 画出电子的运动轨道；

(2) 求轨道半径 R；

(3) 已知 $e=-1.6\times10^{-19}$ C，$m=9.11\times10^{-31}$ kg，当 $U=2\,000$ V，$B=0.01$ T 时，$R=?$

解：(1) 由 $\boldsymbol{F}=-e\boldsymbol{v}\times\boldsymbol{B}$，可判断电子进入磁场时受力方向向下，故电子轨道应如图(b)所示.

(2) 由 $eU=\frac{1}{2}mv_0^2$ 及 $R=\frac{mv_0}{eB}$，得

$$R=\frac{1}{B}\sqrt{\frac{2mU}{e}}.$$

(3) $$R=\frac{1}{0.01}\times\sqrt{\frac{2\times9.11\times10^{-31}\times2\,000}{1.6\times10^{-19}}}=1.5\times10^{-2}(\text{m}).$$

9-2. 已知氘核的质量比质子质量大一倍,电荷与质子的相同;α 粒子的质量是质子质量的四倍,电荷是质子的两倍.

(1) 静止的质子、氘核和 α 粒子经过相同的电压加速后,它们的动能之比是多少?

(2) 当它们经过如此加速后垂直进入同一均匀磁场时,测得质子圆轨道的半径为 10 cm,问氘核和 α 粒子轨道的半径各为多大?

解: (1) 粒子的动能 $E_k = qV$,由于加速电压 V 相同,故 E_k 的大小取决于带电量 q,设质子所带电荷为 q,则

$$E_{质} : E_{氘} : E_{\alpha} = q : q : 2q = 1 : 1 : 2.$$

(2) 轨道半径 $R_{质} = \dfrac{mv}{qB} = \dfrac{m\sqrt{2E_k/m}}{qB} = \dfrac{\sqrt{2mqV}}{qB} = \dfrac{1}{B}\sqrt{\dfrac{2mV}{q}}$,

与 m、q 有关,得

$$R_{质} : R_{氘} : R_{\alpha} = \sqrt{\frac{m}{q}} : \sqrt{\frac{2m}{q}} : \sqrt{\frac{4m}{2q}} = 1 : \sqrt{2} : \sqrt{2}.$$

$$R_{氘} = R_{\alpha} = \sqrt{2}R_{质} = \sqrt{2} \times 0.1 = 0.14(\text{m}).$$

9-3. 采用一回旋加速器用以加速质子(质子的质量为 1.67×10^{-27} kg),设磁感应强度为 2.0×10^{-3} T,质子的运动方向与磁场垂直.

(1) 计算该加速器的频率;

(2) 质子沿轨道运动一周需要多少时间?

(3) 若轨道半径为 50 cm,质子的速度有多大?

(4) 相应的质子的动能是多大?

解: (1) $f = \dfrac{1}{T} = \dfrac{qB}{2\pi m} = \dfrac{1.6 \times 10^{-19} \times 2 \times 10^{-3}}{2 \times 3.14 \times 1.67 \times 10^{-27}}$

$= 3.0 \times 10^{4}(\text{s}^{-1}).$

(2) $T = \dfrac{1}{f} = \dfrac{1}{3.0 \times 10^{4}} = 3.3 \times 10^{-5}(\text{s}).$

(3) $v = \dfrac{qBR}{m} = \dfrac{1.6 \times 10^{-19} \times 2 \times 10^{-3} \times 0.5}{1.67 \times 10^{-27}} = 9.6 \times 10^{4}(\text{m} \cdot \text{s}^{-1}).$

(4) $E_k = \dfrac{1}{2}mv^2 = \dfrac{1}{2} \times 1.67 \times 10^{-27} \times (9.6 \times 10^{4})^2 = 7.69 \times 10^{-18}(\text{J}).$

9-4. 一电子在 $B = 2.0\times10^{-3}$ T 的磁场中沿半径为 $R = 20$ cm 的螺旋线运动,螺距为 $h = 5.0$ cm,如图所示.已知电子的荷质比为 $\dfrac{e}{m} = 1.76 \times 10^{11}$ C · kg^{-1},求该电子的速度.

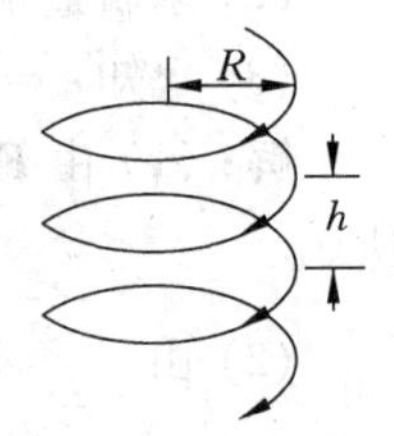

习题 9-4 图

解: $v_{\perp} = \dfrac{qBR}{m}$, $v_{/\!/} = h/T = \dfrac{hqB}{2\pi m}$,

$$v = \sqrt{v_{\perp}^2 + v_{/\!/}^2} = \frac{qB}{m}\sqrt{R^2 + \frac{h^2}{4\pi^2}}$$

$$= 1.76 \times 10^{11} \times 2.0 \times 10^{-3} \times \sqrt{0.2^2 + \frac{0.05^2}{4 \times 3.14^2}}$$

$= 7.04 \times 10^7 (\mathrm{m \cdot s^{-1}})$.

9-5. 一铜片厚为 $d = 1.0$ mm，放在 $B = 1.5$ T 的磁场中，磁场方向与铜片表面垂直(如图)，已知铜片里每立方厘米有 8.4×10^{22} 个自由电子，每个电子的电荷 $e = -1.6 \times 10^{-19}$ C，当铜片中有电流 $I = 200$ A 通过时，求铜片两侧的电势差 U_{ab}.

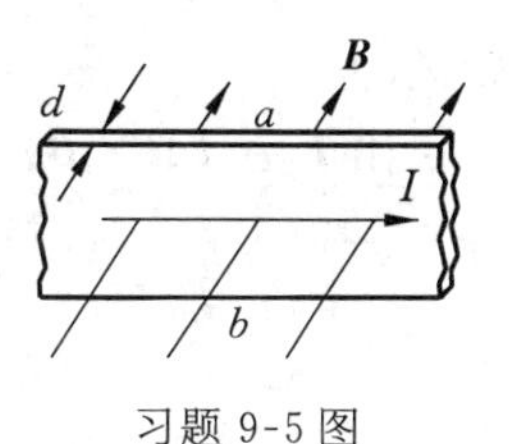

习题 9-5 图

解: U_{ab} 即霍耳电势差:

$$U_{ab} = \frac{IB}{nqd} = \frac{200 \times 1.5}{8.4 \times 10^{22} \times 10^6 \times (-1.6 \times 10^{-19}) \times 10^{-3}}$$
$$= -2.3 \times 10^{-5} (\mathrm{V}).$$

9-6. 两条平行的输电线，其中的电流 I_1 和 I_2 流向相同，大小都是 20 A，它们之间的距离 $d = 0.4$ m，试计算每根输电线每一米长度上所受的磁场力(图(a)).

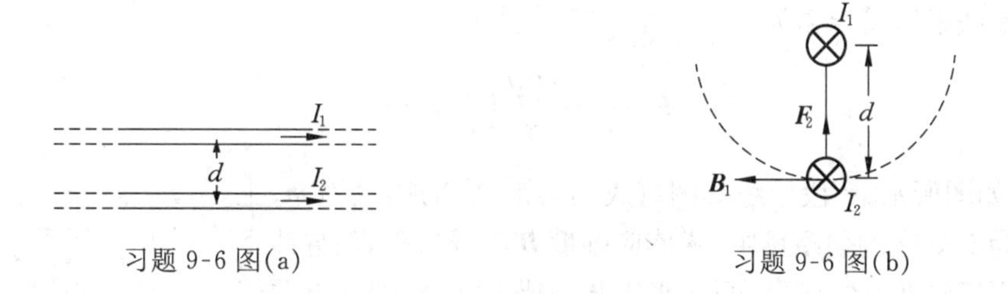

习题 9-6 图(a) 习题 9-6 图(b)

解: 电流 I_1 在 I_2 所在处产生的磁场为 $B_1 = \frac{\mu_0 I_1}{2\pi d}$，电流 I_2 上一小段导线 $\mathrm{d}l_2$ 所受的力为 $\mathrm{d}\boldsymbol{F}_2 = I_2 \mathrm{d}\boldsymbol{l}_2 \times \boldsymbol{B}_1$，方向指向 I_1，如图(b)所示，力的大小为

$$\mathrm{d}F_2 = I_2 \mathrm{d}l_2 \cdot \frac{\mu_0 I_1}{2\pi d}，\text{又 } I_1 = I_2 = I,$$

故单位长度导线电流受力为 $\frac{\mathrm{d}F_2}{\mathrm{d}l_2} = \frac{\mu_0 I^2}{2\pi d}$.

$$\frac{\mathrm{d}F_2}{\mathrm{d}l_2} = \frac{4\pi \times 10^{-7} \times 20^2}{2\pi \times 0.4} = 2 \times 10^{-4} (\mathrm{N \cdot m^{-1}}).$$

由对称关系知，导线 I_1 单位长度所受的力也是 $2 \times 10^{-4} (\mathrm{N \cdot m^{-1}})$.

9-7. 矩形回路 $ACDEA$，相邻两边的边长为 d 和 $(b-a)$，回路中逆时针方向流过电流 i，一根长直导线置回路旁边，且与回路在同一平面内并与 AE 平行，直导线中的电流为 I，方向如图(a)，计算这矩形回路所受的力.

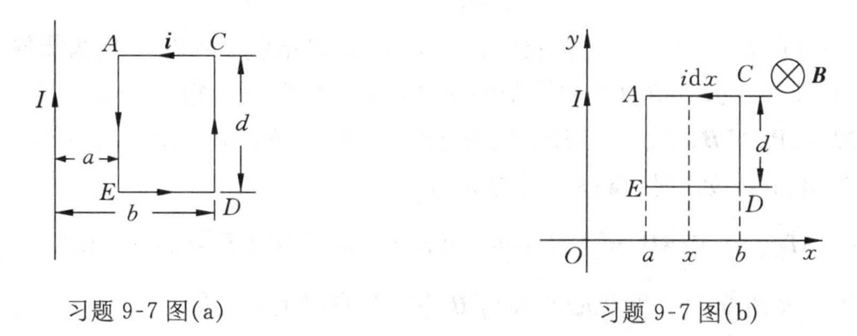

习题 9-7 图(a) 习题 9-7 图(b)

解: 由图(b)所示坐标系可写出 I 在空间产生的磁感强度 $B=\dfrac{\mu_0 I}{2\pi x}$, 式中 x 为离电流 I 的距离.

由 $\boldsymbol{F}=I\mathrm{d}\boldsymbol{l}\times\boldsymbol{B}$, 这四条边所受磁场力分别为

$$\boldsymbol{F}_{AE}=id\cdot\frac{\mu_0 I}{2\pi a}(\boldsymbol{i}),$$

$$\boldsymbol{F}_{CD}=-id\cdot\frac{\mu_0 I}{2\pi b}(\boldsymbol{i}),$$

$$\boldsymbol{F}_{AC}=\int_a^b i\,\mathrm{d}x\cdot\frac{\mu_0 I}{2\pi x}(-\boldsymbol{j})=-\frac{\mu_0 Ii}{2\pi}\ln\frac{b}{a}(\boldsymbol{j}),$$

$$\boldsymbol{F}_{ED}=\int_a^b i\,\mathrm{d}x\cdot\frac{\mu_0 I}{2\pi x}(\boldsymbol{j})=\frac{\mu_0 Ii}{2\pi}\ln\frac{b}{a}(\boldsymbol{j}).$$

由此得矩形线框所受合力为

$$\boldsymbol{F}_{合}=\frac{\mu_0 Iid}{2\pi}\left(\frac{1}{a}-\frac{1}{b}\right)\boldsymbol{i}.$$

9-8. 如图所示,一段导线如图弯成门字形,它的质量为 m,上面一段长为 l,处在均匀磁场中,磁感应强度 $\boldsymbol{B}$ 与导线垂直;导线下面两端分别插在两水银杯里,两杯水银与一带开关 K 的外电源连接,当 K 一接通,导线便从水银杯里跳起.

(1) 设跳起的高度为 h,求通过导线的电量 q;

(2) 当 $m=10\,\mathrm{g}$, $l=20\,\mathrm{cm}$, $h=3.0\,\mathrm{cm}$, $B=0.10\,\mathrm{T}$ 时,求 $q=?$

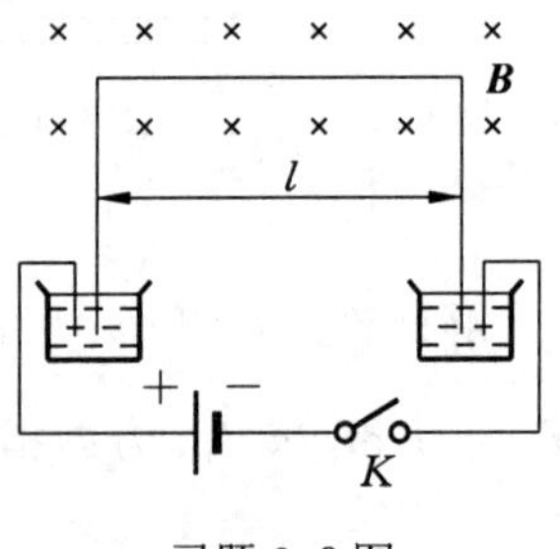

习题 9-8 图

解: (1) K 接通后,有电流 I 通过导线,设经过 Δt 时间导线跳离水银槽,并获速度 v_0,由冲量定理,导线所受安培力的冲量等于其动量的增量(本题中 $F\gg mg$, mg 可忽略), $\boldsymbol{F}=I\boldsymbol{l}\times\boldsymbol{B}$, 方向向上,

$$F\Delta t=mv_0,\ 即\ IBl\cdot\Delta t=mv_0. \qquad ①$$

导线跳起来后,最高达 h, $\qquad \dfrac{1}{2}mv_0^2=mgh,\quad v_0=\sqrt{2gh}. \qquad ②$

由①和②两式得导线的电量为 $\quad q=I\Delta t=\dfrac{mv_0}{Bl}=\dfrac{m\sqrt{2gh}}{Bl}.$

(2) 代入数值,得 $\quad q=\dfrac{10^{-2}\sqrt{2\times 9.8\times 3\times 10^{-2}}}{0.1\times 0.2}=0.38(\mathrm{C}).$

9-9. 有一边长为 0.2 m 的正方形线圈共 50 匝,通以电流 $I=2\,\mathrm{A}$,把线圈放在 $B=0.5\,\mathrm{T}$ 的均匀磁场中,问在什么方位时线圈所受的磁力矩最大?此磁力矩等于多少?

解: 由 $\boldsymbol{M}=\boldsymbol{P}_m\times\boldsymbol{B}$, $P_m=NIS$, 化为标量式, $M=NISB\cdot\sin\theta$, 式中 θ 为线圈平面的法线和 $\boldsymbol{B}$ 的夹角, $\theta=90^\circ$ 时,得最大磁力矩为

$$M_{\max}=NISB=NIl^2B=50\times 2\times 0.2^2\times 0.5=2(\mathrm{N\cdot m}).$$

线圈平面法线与 $\boldsymbol{B}$ 成 90°角,即线圈平面与 $\boldsymbol{B}$ 平行时有最大磁力矩.

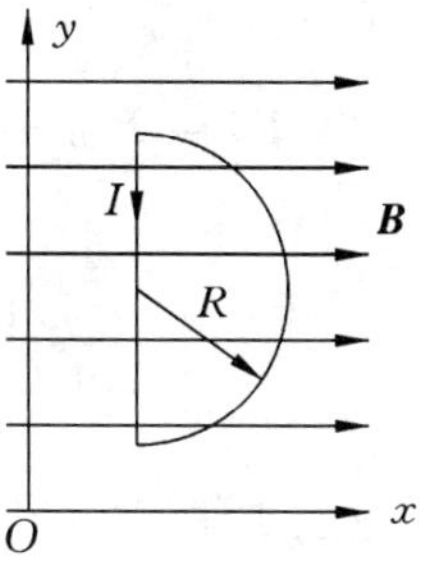

9-10. 一半径为 $R=0.10\ \text{m}$ 的半圆形闭合线圈载有电流 $I=10\ \text{A}$，将它放在均匀外磁场中，磁场方向与线圈平面平行，如图所示，磁感应强度为 $B=0.5\ \text{T}$，求：

(1) 线圈所受力矩的大小和方向；

(2) 在这力矩作用下线圈转过 90°(即转到线圈平面与 $\boldsymbol{B}$ 垂直)，求力矩所做的功.

习题 9-10 图

解：设线圈在 xOy 平面上，如图所示.

(1) $$\boldsymbol{M}=I\boldsymbol{S}\times\boldsymbol{B}=\frac{1}{2}\pi R^2 IB\boldsymbol{j}$$

$$=\frac{1}{2}\times 3.14\times 0.1^2\times 10\times 0.5\boldsymbol{j}=7.85\times 10^{-2}\boldsymbol{j}(\text{N}\cdot\text{m}).$$

(2) $$W=\int M\text{d}\theta=-\int_{90°}^{0}\frac{1}{2}I\pi R^2 B\sin\theta\text{d}\theta=\frac{1}{2}I\pi R^2 B=7.85\times 10^{-2}(\text{J}).$$

9-11. 长直导线与一正方形线圈在同一平面内，它们分别载有电流 I_1 和 I_2，正方形的边长为 a，有两条边与直导线平行，中心到直导线的垂直距离为 d(如图).

(1) 求这正方形载流线圈各边受 I_1 的磁场力以及整个线圈所受的合力；

(2) 当 $I_1=3.0\ \text{A}$，$I_2=2.0\ \text{A}$，$a=4.0\ \text{cm}$，$d=4.0\ \text{cm}$ 时，求合力的值.

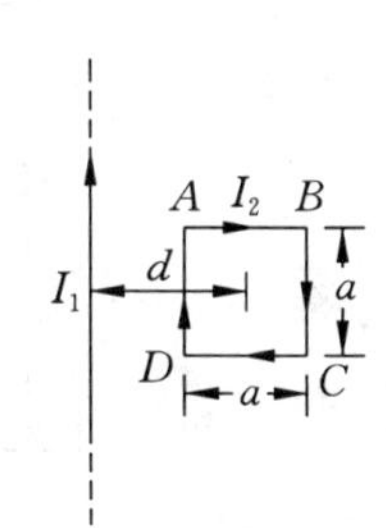

习题 9-11 图

解：(1) 本题中与 I_1 平行且其中电流为 I_2 的导线受 I_1 的作用力为 $F=\frac{\mu_0 I_1 I_2 l}{2\pi S}$，式中 l 为导线长度，S 为两导线间垂直距离，具体有：

$$\boldsymbol{F}_{AD}=\frac{\mu_0 I_1 I_2 a}{2\pi(d-a/2)}(-\boldsymbol{i})\quad(\text{在纸平面上},\boldsymbol{B}\text{指向纸里}),$$

$$\boldsymbol{F}_{BC}=\frac{\mu_0 I_1 I_2 a}{2\pi(d+a/2)}(\boldsymbol{i}).$$

在距离导线 I_1 为 x 处，$B_x=\frac{\mu_0 I_1}{2\pi x}$，(以垂直于 I_1 方向作 x 轴，坐标原点取在 I_1 上)，则在 AB 和 CD 上坐标为 x 处的一小段 $\text{d}x$ 长的导线所受磁场力为 $\text{d}F=I_2\text{d}x\cdot B_x=\frac{\mu_0 I_1 I_2}{2\pi x}\text{d}x$，

$$F_{AB}=\int_{d-\frac{a}{2}}^{d+\frac{a}{2}}\frac{\mu_0 I_1 I_2}{2\pi x}\text{d}x=\frac{\mu_0 I_1 I_2}{2\pi}\ln\frac{d+\frac{a}{2}}{d-\frac{a}{2}}.$$

$\boldsymbol{F}_{AB}$ 方向为 y 正方向(与 I 方向一致).

同理 $$F_{DC}=\frac{\mu_0 I_1 I_2}{2\pi}\ln\frac{d+\frac{a}{2}}{d-\frac{a}{2}}，\text{但方向与}\ \boldsymbol{F}_{AB}\ \text{相反}.$$

$$\boldsymbol{F}_{合}=\boldsymbol{F}_{AD}+\boldsymbol{F}_{BC}+\boldsymbol{F}_{AB}+\boldsymbol{F}_{DC}=\boldsymbol{F}_{AD}+\boldsymbol{F}_{BC}=\frac{\mu_0 I_1 I_2 a}{2\pi}\left(\frac{1}{d+\frac{a}{2}}-\frac{1}{d-\frac{a}{2}}\right)(\boldsymbol{i})$$

$$=\frac{\mu_0 I_1 I_2 a^2}{2\pi(d^2-a^2/4)}(-\boldsymbol{i}).$$

(2) $F=\dfrac{4\pi\times10^{-7}\times3\times2\times4^2}{2\pi\left(4^2-\frac{1}{4}\times4^2\right)}=1.6\times10^{-6}(\mathrm{N}).$

9-12. 一段长为 l_1+l_2 的直导线,载有电流 I(如图(a)).

(1) 求它在距离为 x 处的点 P 所产生的磁感应强度 $\boldsymbol{B}$;

(2) 当 l_1 和 l_2 都趋于∞时,结果如何?

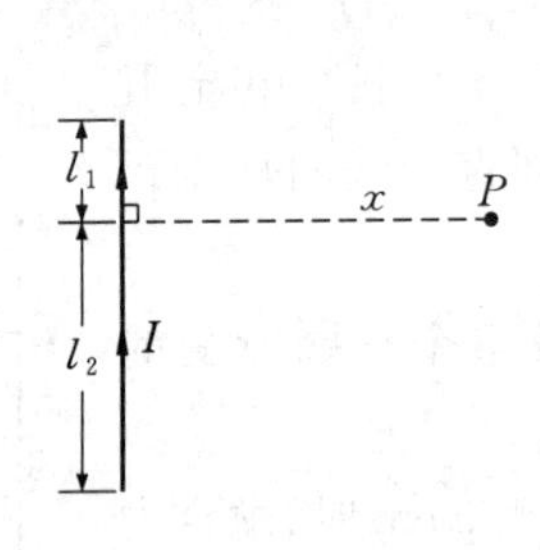

习题 9-12 图(a)

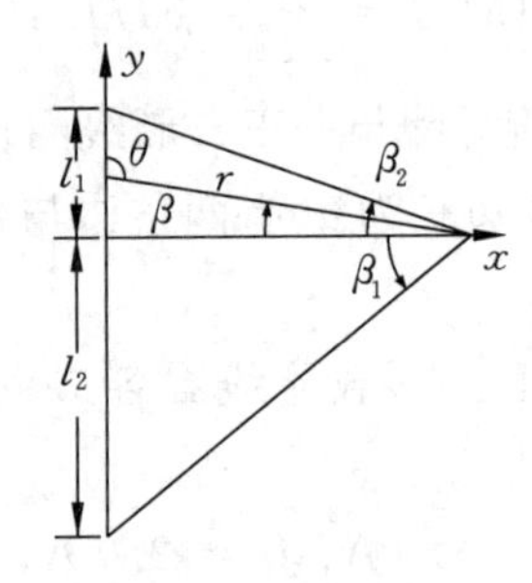

习题 9-12 图(b)

解: (1) 如图(b)所示选取沿 I 的方向为 y 轴,过点 P 的水平轴为 x 轴,在 y 轴上取电流元 $I\mathrm{d}y$,电流元到 P 点的距离为 r,设 β 为 x 轴和 r 的夹角. r 和 I 的夹角为 θ,则

$$y=x\tan\beta \quad (x\ 为点\ P\ 的坐标).$$

$$\mathrm{d}y=x\mathrm{d}\beta/\cos^2\beta.$$

P 点到 $\mathrm{d}y$ 的距离为 r, $r^2=y^2+x^2$.

$r=x/\cos\beta$, $\sin\theta=\cos\beta$, 电流元在 P 点产生的磁感应强度为

$$\mathrm{d}B=\frac{\mu_0}{4\pi}\cdot\frac{I\mathrm{d}y\cdot\sin\theta}{r^2}=\frac{\mu_0}{4\pi}\cdot\frac{I\cos\beta\mathrm{d}\beta}{x},$$

方向垂直于纸面向里. 由此导线在 P 点产生的磁感应强度为

$B_P=\displaystyle\int\mathrm{d}B=\frac{\mu_0 I}{4\pi x}\int_{\beta_1}^{\beta_2}\cos\beta\mathrm{d}\beta=\frac{\mu_0 I}{4\pi x}(\sin\beta_2-\sin\beta_1)$, 因为 β_1 由 x 轴逆时针转到 I 的起点,所以 β_1 为负值,故

$$B_P=\frac{\mu_0 I}{4\pi x}\left(\frac{l_1}{\sqrt{l_1^2+x^2}}+\frac{l_2}{\sqrt{l_2^2+x^2}}\right).$$

(2) l_1、$l_2\to\infty$时过渡到无限长直导线的磁场,则

$$B_P=\frac{\mu_0 I}{4\pi x}(1+1)=\frac{\mu_0 I}{2\pi x}.$$

9-13. 一条无穷长直导线在一处弯折成$\frac{1}{4}$圆弧,圆弧的半径为R,圆心为点O,直线的延长线都通过圆心(如图),已知导线中的电流为I,求点O的磁感应强度.

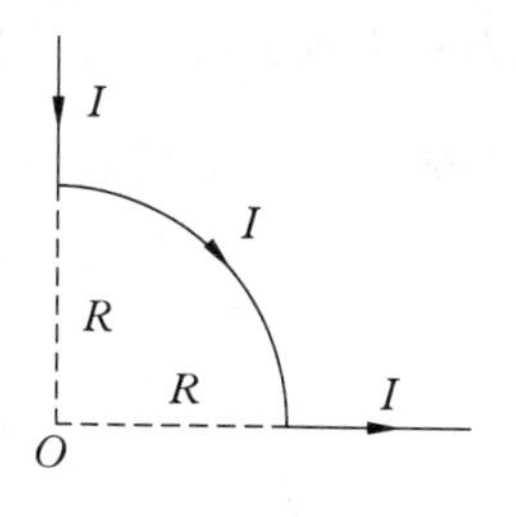

习题 9-13 图

解: 导线产生的磁感应强度为

$$\mathrm{d}\boldsymbol{B} \propto I\mathrm{d}\boldsymbol{l} \times \boldsymbol{r},$$

导线的直线部分的延长线都通过O点,故$\mathrm{d}\boldsymbol{l}$和$\boldsymbol{r}$的夹角为零,这部分导线在O点所产生的$\boldsymbol{B}=\boldsymbol{0}$,圆弧部分为$\frac{1}{4}$圆周,所以圆弧在$O$点产生的$\boldsymbol{B}_0$相当于圆电流在$O$点产生的$\boldsymbol{B}$的$\frac{1}{4}$,即其方向垂直于纸面向下,而数值为

$$B_0 = \frac{1}{4} \cdot \frac{\mu_0 I}{2R} = \frac{\mu_0 I}{8R}.$$

9-14. 两条无限长直载流导线互相垂直而不相交,其间最近距离为$d=2.0\ \mathrm{cm}$,电流分别为$I_1=4.0\ \mathrm{A}$和$I_2=6.0\ \mathrm{A}$,点P到两导线的距离都是d,如图(a)所示,求点P的磁感应强度$\boldsymbol{B}$.

习题 9-14 图(a)

解: 如图(a)所示,以水平方向和竖直方向分别为x轴和y轴,垂直纸面指向外面为z轴,I_1在P点产生的$\boldsymbol{B}_1$为

$$\boldsymbol{B}_1 = \frac{\mu_0 I_1}{2\pi d}(-\boldsymbol{k}).$$

I_2在P点产生的$\boldsymbol{B}_2$为

$$\boldsymbol{B}_2 = \frac{\mu_0 I_2}{2\pi d}(\boldsymbol{i}).$$

两者相互垂直,P点的磁感应强度为

$$\begin{aligned} B &= \sqrt{B_1^2 + B_2^2} = \frac{\mu_0}{2\pi d}\sqrt{I_1^2 + I_2^2} \\ &= \frac{4\pi \times 10^{-7}}{2\pi \times 0.02}\sqrt{4^2 + 6^2} = 7.2 \times 10^{-5}\,(\mathrm{T}). \end{aligned}$$

方向在x-z平面上,与$\boldsymbol{B}_2$的夹角为θ,

$$\theta = \arctan\frac{B_1}{B_2} = \arctan\frac{I_1}{I_2} = \arctan\frac{4}{6} = 33.7°.$$

如图(b)所示.

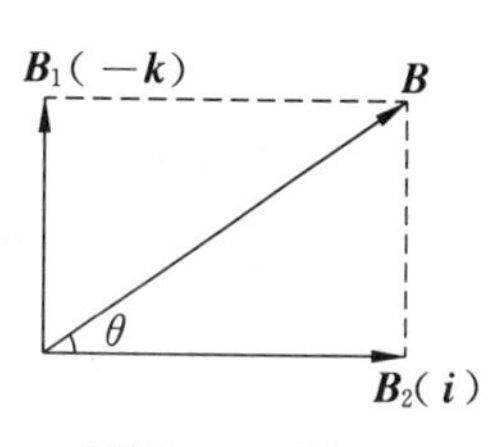

习题 9-14 图(b)

9-15. 有一很长的直圆管载流导体,内半径为a,外半径为b,电流为I,电流沿轴线方向流动,并且均匀地分布在管的横截面上. 试求:空间与管轴的距离为x处的磁感应强度$\boldsymbol{B}$的大小.

解: 本题由对称性知,$\boldsymbol{B}$线应为以轴线为圆心的同心圆,因此可应用安培环路定理

$\oint \boldsymbol{B} \cdot \mathrm{d}\boldsymbol{l} = \mu_0 I$，电流密度 $j = \dfrac{I}{\pi(b^2 - a^2)}$，作一半径为 x，圆心在圆筒轴线上的圆环回路：

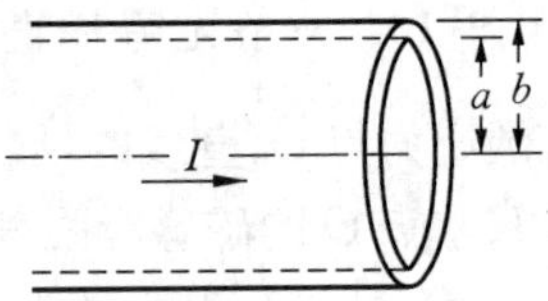

$x < a$, $I_1 = 0$, $\oint \boldsymbol{B}_1 \cdot \mathrm{d}\boldsymbol{l} = B_1 \cdot 2\pi x = 0$，故 $B_1 = 0$.

$a \leqslant x \leqslant b$, $B_2 \cdot 2\pi x = \mu_0 j \pi (x^2 - a^2) = \mu_0 I \cdot \dfrac{x^2 - a^2}{b^2 - a^2}$,

$$B_2 = \frac{\mu_0 I}{2\pi x}\left(\frac{x^2 - a^2}{b^2 - a^2}\right).$$

$x > b$, $B_3 \cdot 2\pi x = \mu_0 I$, $B_3 = \dfrac{\mu_0 I}{2\pi x}$，与长直导线相同.

习题 9-15 图

9-16. 电缆由一导体圆柱和一同轴的导体圆管构成，使用时电流 I 从一导体流去，从另一导体流回，电流都均匀地分布在横截面上. 设圆柱的半径为 r_1，圆管的内、外半径分别为 r_2 和 r_3（如图），r 为空间一点到轴线的垂直距离，试求 r 从零到大于 r_3 的范围内各处磁感应强度 $\boldsymbol{B}$ 的大小.

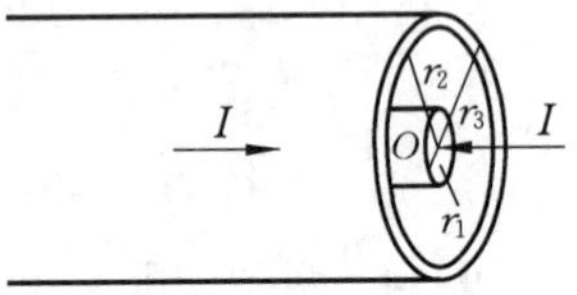

习题 9-16 图

解： 本题电流分布具有与上题类似的对称性，故亦由安培环路定理 $\oint \boldsymbol{B} \cdot \mathrm{d}\boldsymbol{l} = \mu_0 I$ 计算 B. 在圆柱导体中电流密度为 $j_1 = \dfrac{I}{\pi r_1^2}$，

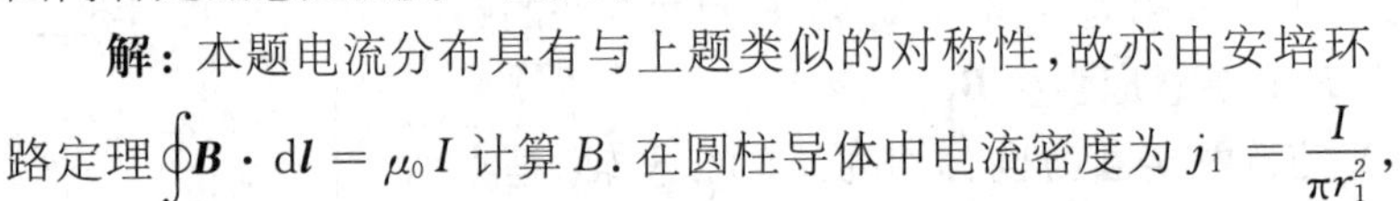

在圆筒中电流密度为
$$j_2 = \frac{I}{\pi(r_3^2 - r_2^2)}.$$

以轴线上一点为圆心，半径为 r 作圆形环路，则

$$\oint \boldsymbol{B} \cdot \mathrm{d}\boldsymbol{l} = 2\pi r \cdot B.$$

$$r < r_1,\ B_1 \cdot 2\pi r = \mu_0 j_1 \cdot \pi r^2 = \mu_0 I \frac{r^2}{r_1^2},$$

得
$$B_1 = \frac{\mu_0 I r}{2\pi r_1^2}.$$

$$r_1 \leqslant r \leqslant r_2,\ B_2 \cdot 2\pi r = \mu_0 I,$$

得
$$B_2 = \frac{\mu_0 I}{2\pi r}.$$

$$r_2 \leqslant r \leqslant r_3,\quad B_3 \cdot 2\pi r = \mu_0 [I - j_2 \pi (r^2 - r_2^2)] = \mu_0 \left(I - I \cdot \frac{r^2 - r_2^2}{r_3^2 - r_2^2}\right),$$

$$B_3 = \frac{\mu_0 I}{2\pi r} \cdot \left(\frac{r_3^2 - r^2}{r_3^2 - r_2^2}\right).$$

$$r > r_3,\quad B_4 = \frac{\mu_0}{2\pi r}(I - I) = 0.$$

9-17. 如图(a)所示，外半径为 R 的无限长圆柱形导体管，管内空心部分的半径为 r，空心部分的轴与圆柱的轴平行但不重合，相距为 $a(a > r)$，今有电流沿导体管的轴线方向流动，电

流均匀分布在管的横截面上,电流为 I.

(1) 分别求圆柱轴上和空心轴上的磁感强度 $\boldsymbol{B}$ 的大小;

(2) 当 $R=1.0\,\text{cm}$, $r=0.5\,\text{mm}$, $a=5.0\,\text{mm}$ 和 $I=31\,\text{A}$ 时,算出上述两处 B 的数值.

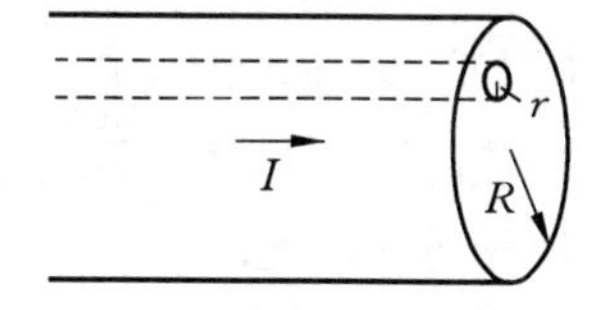

习题 9-17 图(a)

解: (1) 作圆柱的截面图如图(b)所示,采用叠加法:有空心的圆柱管可看成是实心大圆柱导体(电流密度为 $\boldsymbol{j}$,向外流出)及实心小圆柱导体(电流密度为($-\boldsymbol{j}$),向里流入)所产生的磁感应强度的叠加.

对大圆柱轴心 O 处产生的磁感应强度 B_0 由两部分叠加而成. 实心大圆柱电流在 O 点产生的 $B_{10}=0$. 由安培环路定理,带($-\boldsymbol{j}$)电流密度的小圆柱在 O 点产生的 B_{20} 方向如图.

$$B_{20}=\frac{\mu_0}{2\pi a}j\cdot\pi r^2=\frac{\mu_0 I r^2}{2\pi a(R^2-r^2)}.$$

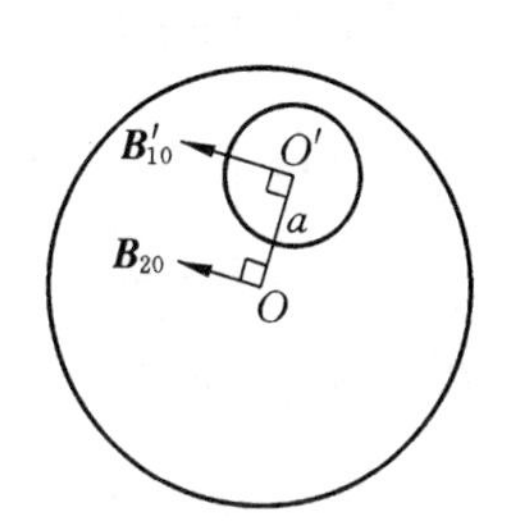

习题 9-17 图(b)

故 O 点处的 B_0 为这两者之和.

$$\boldsymbol{B}_0=\boldsymbol{B}_{10}+\boldsymbol{B}_{20}=\boldsymbol{B}_{20},$$

即

$$B_0=\frac{\mu_0 I r^2}{2\pi a(R^2-r^2)}.$$

对空心圆柱轴上 O' 处进行计算,同样,由小圆柱自身产生的 $B'_{20}=0$,大圆柱对 O' 点产生的 B'_{10} 为

$$B'_{10}=\frac{\mu_0}{2\pi a}(j\cdot\pi a^2)=\frac{\mu_0 I a}{2\pi(R^2-r^2)},$$

故

$$B'_0=B'_{10}=\frac{\mu_0 I a}{2\pi(R^2-r^2)}.$$

(2)
$$B_0=\frac{\mu_0 I r^2}{2\pi a(R^2-r^2)}=\frac{4\pi\times10^{-7}\times31\times(0.5\times10^{-3})^2}{2\pi\times5\times10^{-3}\times[(10^{-2})^2-(0.5\times10^{-3})^2]}$$
$$=3.1\times10^{-6}(\text{T}).$$

$$B'_0=\frac{\mu_0 I a}{2\pi(R^2-r^2)}=\frac{4\pi\times10^{-7}\times31\times5\times10^{-3}}{2\pi[(10^{-2})^2-(5\times10^{-4})^2]}$$
$$=3.1\times10^{-4}(\text{T}).$$

9-18. 当氢原子处在基态时,其电子可以看作是在半径 $R=0.53\times10^{-8}\,\text{cm}$ 的圆周轨道上作匀速圆周运动,速率 $v=2.2\times10^8\,\text{cm}\cdot\text{s}^{-1}$,试求电子的这种运动在轨道中心产生的磁感应强度 B 的数值.

解: 电子运动的角速度

$$\omega=\frac{v}{R}.$$

由电子运动所产生的电流为

$$I=ef=e\cdot\frac{\omega}{2\pi}.$$

电子运动的等效圆电流在中心产生的磁场为

$$B=\frac{\mu_0 I}{2R}=\frac{\mu_0 e\omega}{4\pi R}=\frac{\mu_0 ev}{4\pi R^2}=\frac{4\pi\times10^{-7}\times1.6\times10^{-19}\times2.2\times10^8\times10^{-2}}{4\pi\times(0.53\times10^{-8}\times10^{-2})^2}$$

$= 12.53(\mathrm{T})$.

*9-19. 如图(a)所示,有一无限大的金属平板竖直放置,在板内有均匀分布的自下而上的面电流,其电流密度(即通过垂直于电流方向的单位长度的电流)为 j,求金属板周围空间任一点的磁感应强度.

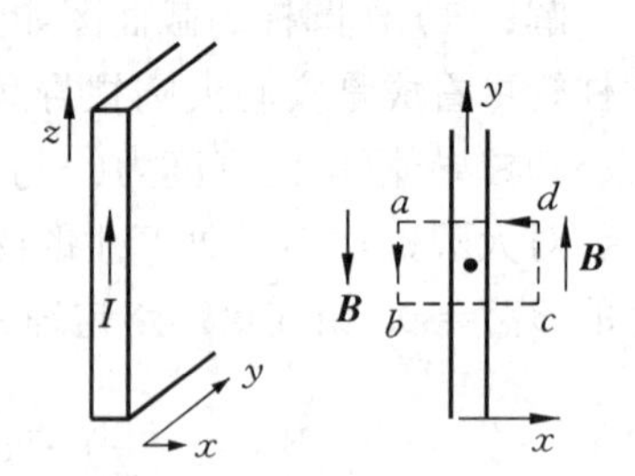

习题 9-19 图(a)　　习题 9-19 图(b)

解: 作通电平板的俯视图(b),通电大平板可看成是由许多无限长直平行导线组成,对平板附近任一点 c 而言,这些长直电流中任意两条相对于 c 点对称的电流所产生的磁感应强度 $\boldsymbol{B}$ 的 x 分量必抵消,y 分量互相加强,在板的两侧 $\boldsymbol{B}$ 的 y 分量方向相反. 对平板作一对称的矩形回路 $abcd$,沿该回路的 $\boldsymbol{B}$ 矢量线积分为

$$\oint_L \boldsymbol{B}\cdot \mathrm{d}\boldsymbol{l} = \int_{ab} B\mathrm{d}l + \int_{bc} B\cos 90^\circ \mathrm{d}l + \int_{cd} B\mathrm{d}l + \int_{da} B\cos 90^\circ \mathrm{d}l$$
$$= B\cdot \overline{ab} + B\cdot \overline{cd} = 2B\cdot \overline{ab}.$$

由安培环路定理得

$$\oint_L \boldsymbol{B}\cdot \mathrm{d}\boldsymbol{l} = \mu_0 \sum I = \mu_0 j\, \overline{ab}.$$

上面两式联立,得

$$B = \frac{1}{2}\mu_0 j.$$

*9-20. 矩形截面的螺绕环的内外半径分别为 r_1 和 r_2,高度为 h,如图所示,试求环内磁感应强度的分布和通过环截面的磁通量. 已知线圈中的电流为 I,总匝数为 N.

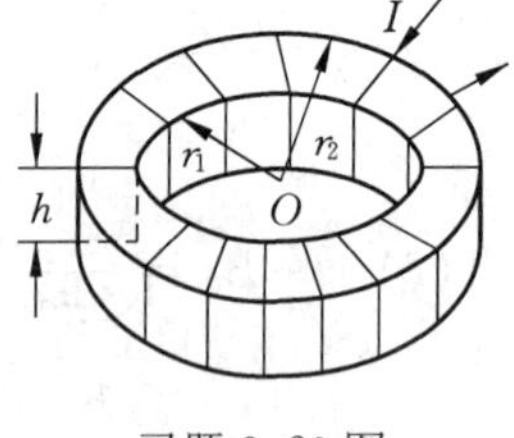

习题 9-20 图

解: 根据螺绕环的对称性,选以 O 为圆心,半径为 r ($r_1 < r < r_2$) 的圆作为环路,在环路上的磁感应强度 $\boldsymbol{B}$ 均沿环路的切线方向,因此有

$$\oint_L \boldsymbol{B}\cdot \mathrm{d}\boldsymbol{l} = \oint_L B\mathrm{d}l = B\cdot 2\pi r.$$

由安培环路定理得

$$\oint_L \boldsymbol{B}\cdot \mathrm{d}\boldsymbol{l} = \mu_0 \sum I = \mu_0 NI.$$

由此可得

$$B = \frac{\mu_0 NI}{2\pi r}.$$

通过螺绕环截面的磁通量为

$$\Phi_B = \int \boldsymbol{B}\cdot \mathrm{d}\boldsymbol{S} = \int_{r_1}^{r_2} \frac{\mu_0 NI}{2\pi r} h\,\mathrm{d}r = \frac{\mu_0 NIh}{2\pi}\ln\frac{r_2}{r_1}.$$

*9-21. 如图所示,一无限长圆柱形铜导体(磁导率为 μ_0),半径为 R,通有均匀分布的电流 I. 今取一矩形平面 S,宽为一个单位,长为 $2R$,如图中画斜线部分所示,求通过该矩形平面的磁通量.

解：由安培环路定理可得圆柱体内外磁感应强度的分布为

$$B_{内}=\frac{\mu_0 Ir}{2\pi R^2}\quad (r<R),$$

$$B_{外}=\frac{\mu_0 I}{2\pi r}\quad (r>R).$$

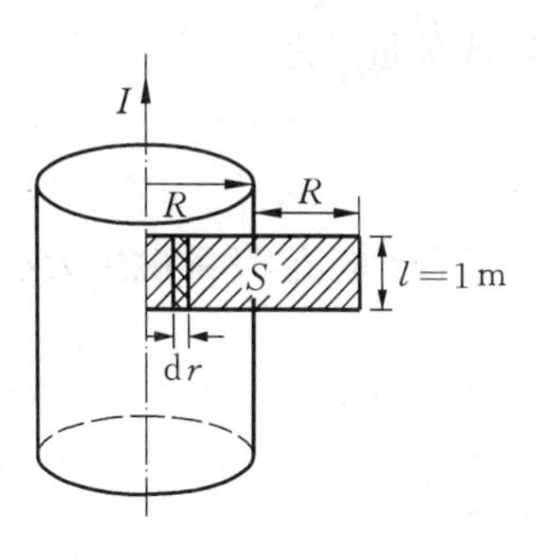

习题 9-21 图

取如图面元得

$$\mathrm{d}S=l\mathrm{d}r=1\cdot\mathrm{d}r,$$

则通过整个矩形平面的磁通量为

$$\Phi=\int \boldsymbol{B}\cdot \mathrm{d}\boldsymbol{S}=\int B_{内}\ \mathrm{d}\boldsymbol{S}+\int B_{外}\ \mathrm{d}\boldsymbol{S}=\int_0^R\frac{\mu_0 Ir}{2\pi R^2}\mathrm{d}r+\int_R^{2R}\frac{\mu_0 I}{2\pi r}\mathrm{d}r$$

$$=\frac{\mu_0 I}{4\pi}+\frac{\mu_0 I}{2\pi}\ln 2.$$

* **9-22.** 有一质量为 m，带电量为 $+q$ 的粒子，以初速 v_0 垂直地射向一电流密度为 $\boldsymbol{j}$ 的均匀载流大金属板，开始时粒子与平板距离为 d，问粒子以多大速率入射才能到达金属板？

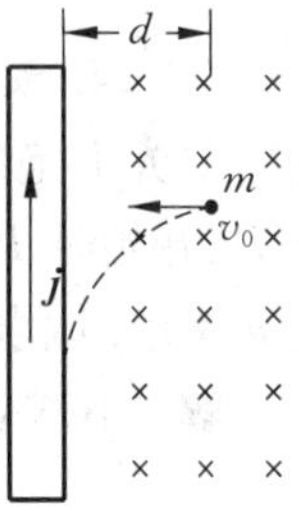

习题 9-22 图

解：由习题 9-19 可知，金属平板外为一均匀磁场，大小为 $\frac{1}{2}\mu_0 j$，磁场方向如图所示，带电粒子受洛仑兹力作圆周运动，其半径大于 d 时粒子才能到达金属板，即

$$R=\frac{mv_0}{qB}\geqslant d,$$

代入 $B=\frac{1}{2}\mu_0 j$，即可得

$$v_0\geqslant\frac{\mu_0 jqd}{2m}.$$

* **9-23.** 均匀带电刚性细杆 AB 的电荷线密度为 λ，绕垂直于图面的轴 O 以角速度 ω 匀速转动，O 点在细杆 BA 的延长线上.

(1) 试求 O 点的磁感应强度 $\boldsymbol{B}_0$；

(2) 试求磁矩 $\boldsymbol{P}_m$.

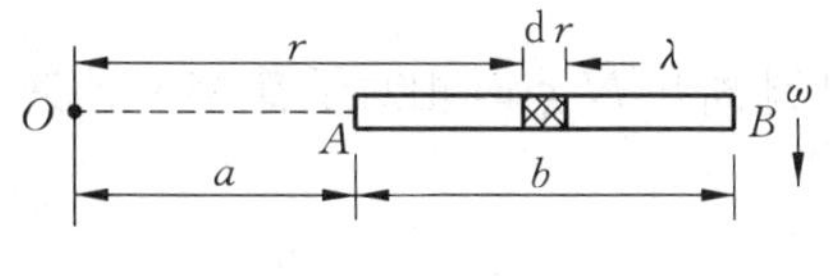

习题 9-23 图

解：(1) 在 AB 上距 O 点为 r 处取电荷元 $\mathrm{d}q=\lambda\mathrm{d}r$，$\mathrm{d}q$ 转动时产生的电流为

$$\mathrm{d}I=\frac{\omega}{2\pi}\mathrm{d}q=\frac{\omega}{2\pi}\lambda\mathrm{d}r.$$

$\mathrm{d}I$ 在 O 点产生的磁感应强度大小为

$$\mathrm{d}B=\frac{\mu_0\mathrm{d}I}{2r}=\frac{\mu_0\omega\lambda}{4\pi r}\mathrm{d}r.$$

由场强叠加原理，O 点的磁感应强度的大小为

$$B_0=\int\mathrm{d}B=\int_a^{a+b}\frac{\mu_0\omega\lambda}{4\pi r}\mathrm{d}r=\frac{\mu_0\omega\lambda}{4\pi}\ln\frac{a+b}{a}.$$

写成矢量式为

$$\boldsymbol{B}_0 = \left(\frac{\mu_0\lambda}{4\pi}\ln\frac{a+b}{a}\right)\boldsymbol{\omega}.$$

(2) 电流 $\mathrm{d}I$ 的磁矩大小为

$$\mathrm{d}P_m = \pi r^2 \mathrm{d}I = \frac{1}{2}\omega\lambda r^2 \mathrm{d}r.$$

总磁矩为

$$P_m = \int \mathrm{d}P_m = \int_a^{a+b} \frac{\omega\lambda}{2} r^2 \mathrm{d}r = \frac{\omega\lambda}{6}[(a+b)^3 - a^3].$$

写成矢量式

$$\boldsymbol{P}_m = \frac{\lambda}{6}[(a+b)^3 - a^3]\boldsymbol{\omega}.$$

***9-24**. 如图所示,均匀磁场 $\boldsymbol{B}$ 的方向垂直纸面向里,在纸平面上有一长为 h 的光滑绝缘空心细管 MN,管的 M 端有一质量为 m,带电量为 $+q$ 的小球 P,开始时 P 相对管静止,以后管带着 P 沿垂直于管的长度的方向以匀速度 $\boldsymbol{u}$ 运动. 试求小球从 N 端离开管后在磁场中作圆周运动的半径.

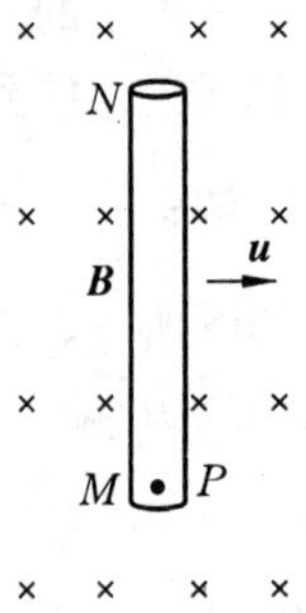

习题 9-24 图

解: 小球受洛仑兹力大小为

$$F = quB,$$

方向平行于 MN 向上. 由牛顿第二定律

$$F = ma$$

得

$$a = \frac{quB}{m}.$$

小球离开 N 点时相对于管 MN 的速率为

$$v_0^2 = 2ah = 2quBh/m.$$

方向与 $\boldsymbol{u}$ 垂直,当小球离开细管进入磁场时,相对于磁场的速度大小为

$$v = \sqrt{v_0^2 + u^2} = u\sqrt{1 + \frac{2qBh}{mu}}.$$

由此可得小球在磁场中作圆周运动的半径 R 为

$$R = \frac{mv}{qB} = \frac{mu}{qB}\sqrt{1 + \frac{2qBh}{mu}}.$$

四、思考题解答

9-1. 在电场中,我们规定正试探电荷受力的方向为电场强度 $\boldsymbol{E}$ 的方向,而在磁场中,为什

么我们不把磁感应强度 $\boldsymbol{B}$ 的方向规定为运动电荷在磁场中受力的方向？

答：在磁场中，运动电荷受到的力为 $\boldsymbol{F}=q\boldsymbol{v}\times\boldsymbol{B}$，$\boldsymbol{F}\perp\boldsymbol{v}$、$\boldsymbol{F}\perp\boldsymbol{B}$，即当电荷运动方向改变时，$\boldsymbol{F}$ 就改变，因而不能用运动电荷受力 $\boldsymbol{F}$ 的方向表示 $\boldsymbol{B}$ 的方向.

9-2. 如果空间某一区域可能存在均匀电场或磁场，试问你怎样才能利用一束质子来判断该区域存在的是哪种场？

答：用质子束从各种不同角度入射到有场的空间中，若只存在磁场，则在某些方向上质子束入射后作圆周运动或螺旋运动，而空间若只有电场，则质子只可能作直线运动或抛物线运动.

9-3. 设有三个粒子垂直地通过一均匀磁场，它们在磁场中分别沿着1、2和3三条路径运动（如图），试问：你对这三个粒子的性能得出什么结论？

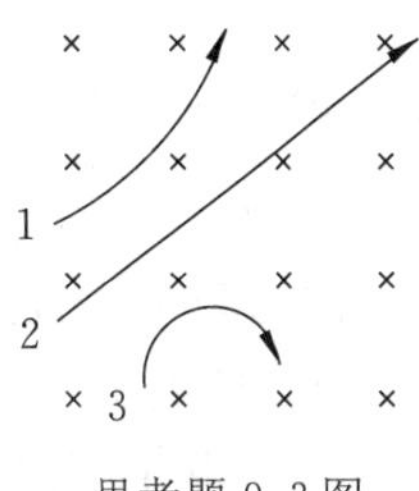

思考题 9-3 图

答：由 $\boldsymbol{F}=q\boldsymbol{v}\times\boldsymbol{B}$ 判断，粒子2作直线运动，不受力作用，由于 $\boldsymbol{v}\perp\boldsymbol{B}$，$\boldsymbol{v}\times\boldsymbol{B}\neq 0$，故不带电，$q=0$；粒子1带正电荷，粒子3带负电荷. 由 $R=\dfrac{mv_0}{qB}$，若所有粒子 v_0 相同，则半径大者质荷比 m/q 大，由图中可见，粒子3的 m/q 较小，粒子1的大.

9-4. $\boldsymbol{M}=\boldsymbol{P}_m\times\boldsymbol{B}$ 中，当线圈的磁矩 $\boldsymbol{P}_m$ 与磁感应强度 $\boldsymbol{B}$ 之间的夹角 θ 为 0°或 180°时，平面载流线圈所受的力矩为零. 试说明线圈在这两个位置的平衡性质是不同的，一个是稳定平衡，另一个是不稳定平衡.

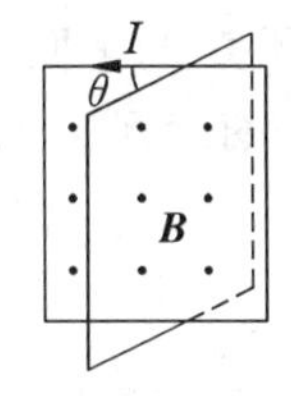

思考题 9-4 图(a)

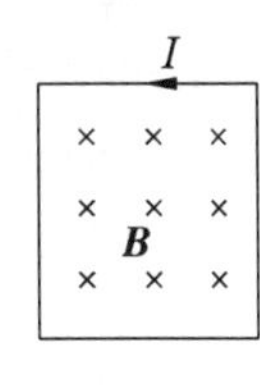

思考题 9-4 图(b)

答：如图(a)，$\boldsymbol{P}_m$ 与 $\boldsymbol{B}$ 夹角为0，当线圈的法线沿逆时针方向俯视转过一个小角度 θ 时，由 $\boldsymbol{M}=\boldsymbol{P}_m\times\boldsymbol{B}$ 知，线圈受到的力矩将使之回到原来位置，故为稳定平衡. 而对图(b)，若线圈也沿着逆时针方向转 θ 角，则 $\boldsymbol{M}$ 使之继续转下去，直到 $\boldsymbol{P}_m$ 与 $\boldsymbol{B}$ 同方向为止，故为不稳定平衡. 当然这里应假设存在某种妨碍转动的阻尼因素.

9-5. (1) 在没有电流的空间区域里，如果磁感应线是平行直线，磁感应强度 $\boldsymbol{B}$ 的大小在沿磁感应线的方向上是否可能变化？$\boldsymbol{B}$ 的大小在垂直于磁感应线的方向上是否可能变化？

(2) 如果有电流存在，你所得到的结论是否仍然正确？

答：(1) 在磁场中作一圆柱状高斯曲面，两底面面积为 ΔS，垂直于 $\boldsymbol{B}$，侧面平行于 $\boldsymbol{B}$，如图上部，由磁场的高斯定理，$\oint\boldsymbol{B}\cdot\mathrm{d}\boldsymbol{S}=0$，侧面 $\boldsymbol{B}\perp\mathrm{d}\boldsymbol{S}$，通量为零，两底面通量为 $-B_1\cdot\Delta S+B_2\cdot\Delta S=0$，得 $B_1=B_2$，即沿 $\boldsymbol{B}$ 的方向上1、2两点的 $\boldsymbol{B}$ 的大小相等. 再作回路 3→6，沿回路积分 $\oint\boldsymbol{B}\cdot\mathrm{d}\boldsymbol{l}=\mu_0 I=0$，4→5，6→3 的 $\mathrm{d}\boldsymbol{l}$ 与 $\boldsymbol{B}$ 垂直，$\boldsymbol{B}\cdot\mathrm{d}\boldsymbol{l}=0$，3→4 中 $\boldsymbol{B}$ 不变，5→6 中 $\boldsymbol{B}$ 亦不变（上面已证），则 $B_3\cdot l_{34}-B_6\cdot l_{56}=0$，而 $l_{34}=l_{56}$，故 $B_3=B_6$，即在垂直于 $\boldsymbol{B}$ 的方向上 $\boldsymbol{B}$ 相同. 由此可得出结论，在没有电流的空间区域里，如果磁感应线是平行直线，则此区域中 $\boldsymbol{B}$ 处处相等，这些平行的磁感应线应是等间距的，即应为均匀磁场.

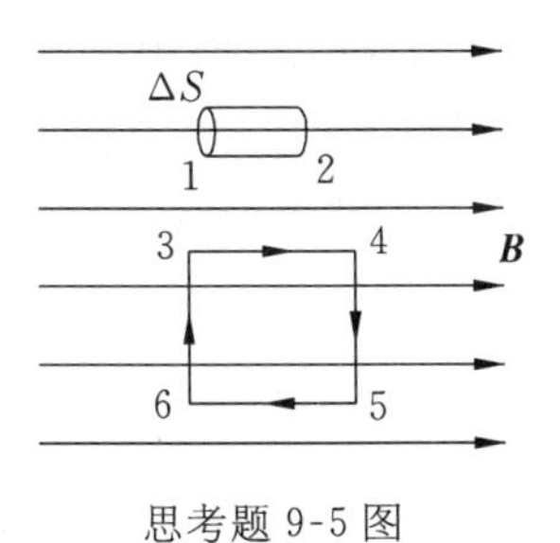

思考题 9-5 图

(2) 如果有电流存在,上述结论不再成立.同上面第一种证明,仍可得 $B_1 = B_2$,即在沿磁感应线的方向上 $\boldsymbol{B}$ 相等.但在垂直于磁感应线的方向上 $B_3 \neq B_6$,因为 $B_3 \cdot l_{34} - B_6 \cdot l_{56} = \mu_0 I$,所以可以有 $B_3 \neq B_6$.

9-6. 试用安培环路定律证明:在两个大磁铁之间的均匀磁场边缘,磁感应强度 $\boldsymbol{B}$ 不可能突然降为零(如图).(提示:将安培环路定律应于图中虚线所示的闭合回路.)

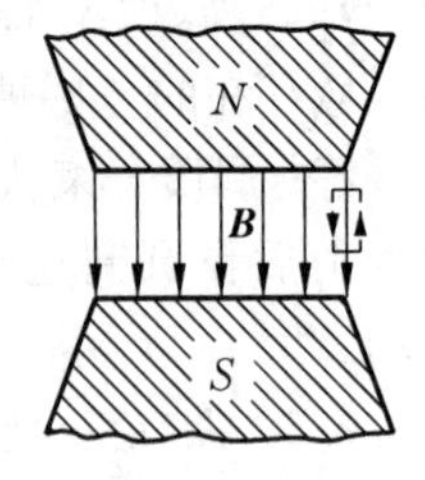

思考题 9-6 图

答: 作环路如图,上、下两条边 $\Delta l \to 0$,左侧 l_1 在磁场中,而 l_2 在边缘外,$\oint \boldsymbol{B} \cdot d\boldsymbol{l} = \int_2 \boldsymbol{B}_2 \cdot d\boldsymbol{l} + \int_1 \boldsymbol{B}_1 \cdot d\boldsymbol{l} = \int_2 \boldsymbol{B}_2 \cdot d\boldsymbol{l} + B_1 l = 0$,因 $B_1 \neq 0$,故 $\int_2 \boldsymbol{B}_2 \cdot d\boldsymbol{l} = -B_1 l \neq 0$,且 $\boldsymbol{B}_2 \cdot d\boldsymbol{l}$ 处处为负值,故 $\boldsymbol{B}_2$ 不可能为零.

9-7. 如图(a)所示,电子枪出射电子的初速度 $\boldsymbol{v}_0$ 沿 x 轴正方向,若希望电子击中与 x 轴成 θ 角方向的靶 M,可施加什么方向的磁场,电子运动的径迹如何?

答: 要使电子击中靶 M,可施加垂直于纸面向里的磁场,电子在该磁场中受到洛仑兹力 $\boldsymbol{F} = -e\boldsymbol{v} \times \boldsymbol{B}$ 作用,将在纸平面内做圆周运动,只要选取合适的 $\boldsymbol{B}$,即可使电子沿图(b)所示的圆弧到达 M.

也可施加平行于 OM 的磁场,如图(c)所示,这时电子以 $v_0 \cos\theta$ 沿 OM 方向做匀速直线运动,以 $v_0 \sin\theta$ 在垂直于 $\boldsymbol{B}$ 的平面内做匀速圆周运动,因此电子在空间做螺旋线运动,选取合适的 $\boldsymbol{B}$,电子可在绕若干圈后到达 M.

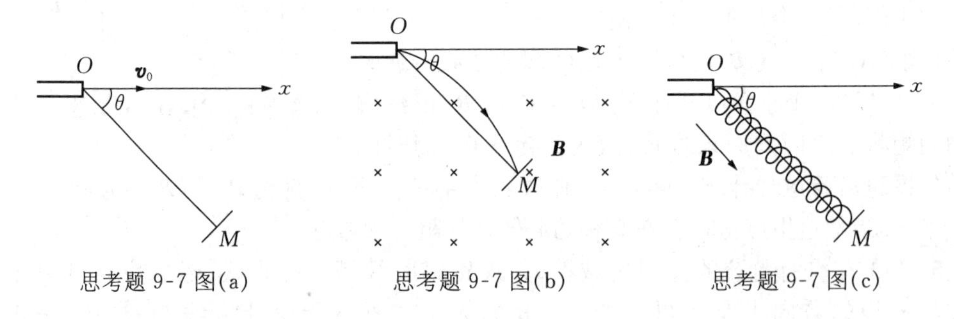

思考题 9-7 图(a)　　思考题 9-7 图(b)　　思考题 9-7 图(c)

9-8. (1) 有一竖直悬挂着的弹簧,下端悬挂一个砝码,试问:如果弹簧中通过一定的电流,将会发生什么现象?

(2) 如果弹簧竖直固定在一桌面上,上端放一固定砝码,试问:当弹簧中通过电流时,将发生什么现象?

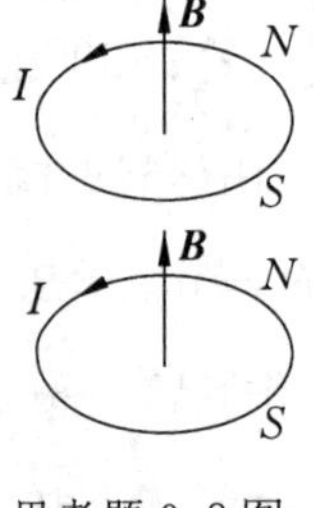

思考题 9-8 图

答: (1) 弹簧的每一圈都等效于图中的闭合线圈,图所示为其 I 和 $\boldsymbol{B}$ 的方向,相邻两线圈中电流方向彼此平行,所以弹簧两线圈之间出现吸引力,弹簧收缩.

(2) 弹簧仍收缩.

第十章 电磁感应

一、内容提要

1. 法拉第电磁感应定律 $\mathscr{E}=-\dfrac{\mathrm{d}\Phi}{\mathrm{d}t}$ (单匝线圈),

$$\mathscr{E}=-\frac{\mathrm{d}\Psi}{\mathrm{d}t},\ \Psi=N\Phi \quad (N\text{ 匝线圈}).$$

导体回路中的感应电流 $I=\dfrac{\mathscr{E}}{R}=-\dfrac{1}{R}\dfrac{\mathrm{d}\Phi}{\mathrm{d}t}.$

此回路中的感应电量 $q=-\displaystyle\int_{\Phi_1}^{\Phi_2}\frac{1}{R}\mathrm{d}\Phi=\frac{1}{R}(\Phi_1-\Phi_2),$

以上诸式中的负号与楞次定律的要求一致.

2. 楞次定律:感应电流的方向总是倾向于使感应电流所产生的通过回路所围面积的磁感应通量补偿或反抗引起感应电流的磁感应通量的变化.据此可判别感应电流的方向.

3. 动生电动势:磁场不变,导体在磁场中运动而产生的感应电动势为

$$\mathscr{E}_{ab}=\int_a^b(\boldsymbol{v}\times\boldsymbol{B})\cdot\mathrm{d}\boldsymbol{l}.$$

4. 感应电动势:回路不动,磁场 $\boldsymbol{B}$ 随时间变化使回路中磁感应通量变化而产生的电动势为

$$\mathscr{E}=-\frac{\mathrm{d}\Phi}{\mathrm{d}t}=-\int\frac{\partial\boldsymbol{B}}{\partial t}\cdot\mathrm{d}\boldsymbol{S}.$$

5. 感生电场 $\boldsymbol{E}_{涡}$ 满足 $\mathscr{E}=\displaystyle\oint_L\boldsymbol{E}_{涡}\cdot\mathrm{d}\boldsymbol{l}=-\int_S\frac{\partial\boldsymbol{B}}{\partial t}\cdot\mathrm{d}\boldsymbol{S}.$

感生电场是涡旋场,是非保守场,$\boldsymbol{E}_{涡}$ 与$\dfrac{\partial\boldsymbol{B}}{\partial t}$的方向之间满足左手螺旋关系.

6. 自感:

(1) 自感系数 $L=\dfrac{N\Phi}{I}=\dfrac{\Psi}{I}.$

(2) 自感电动势 $\mathscr{E}_L=-L\dfrac{\mathrm{d}I}{\mathrm{d}t}.$

7. 互感:

(1) 互感系数 $M_{12}=M_{21}=M=\dfrac{N_2\Phi_{21}}{I_1}=\dfrac{N_1\Phi_{12}}{I_2}.$

(2) 互感电动势 $\mathscr{E}_{21}=-M\dfrac{\mathrm{d}I_1}{\mathrm{d}t},\ \mathscr{E}_{12}=-M\dfrac{\mathrm{d}I_2}{\mathrm{d}t}.$

8. 自感磁能 $W=\dfrac{1}{2}LI^2.$

互感磁能 $$W=\frac{1}{2}L_1I_1^2+\frac{1}{2}L_2I_2^2+MI_1I_2.$$

二、自学指导和例题解析

本章要点是掌握法拉第电磁感应定律和楞次定律的物理意义及其应用;理解动生电动势和感生电动势的本质和计算方法;理解自感、互感的概念及计算方法.在学习本章内容时,应注意以下几点:

(1) 法拉第电磁感应定律把产生感应电动势归因于磁感应通量的变化.磁感应通量是对一个回路所围的面积而言的,如果该回路不是导体制成的,甚至只是想象的几何曲线所围成的回路,在这样的回路中当然不会有感应电流,但感应电动势存在与否应区别动生与感生电动势两种情形.事实上,导体在恒定磁场中运动而引起的动生电动势只存在于导体中,而由变化的磁场产生的感应电场相应的感生电动势,却与是否存在导线回路无关.

(2) 当导体在随时间变化的磁场中运动时,运动导体回路中的感应电动势为

$$\mathscr{E}=\oint(\boldsymbol{E}_k+\boldsymbol{v}\times\boldsymbol{B})\cdot \mathrm{d}\boldsymbol{l},$$

积分沿回路进行.上式中的感应电动势仍可用磁感应通量的变化率来表示:

$$\mathscr{E}=-\frac{\mathrm{d}\Phi_m}{\mathrm{d}t}=-\left(\frac{\mathrm{d}\Phi_{m_1}}{\mathrm{d}t}\right)_{v=0}-\left(\frac{\mathrm{d}\Phi_{m_2}}{\mathrm{d}t}\right)$$

即 $\mathrm{d}\Phi_m/\mathrm{d}t$ 包括两部分:仅由磁场变化所产生的磁通量的变化 $\left(\frac{\mathrm{d}\Phi_{m_1}}{\mathrm{d}t}\right)$ 和仅由构成回路的导体运动所引起的磁通量的变化率 $\left(\frac{\mathrm{d}\Phi_{m_2}}{\mathrm{d}t}\right)$.

(3) 洛仑兹力是不做功的,而动生电动势却是重要的电源.这看似矛盾,实际上洛仑兹力的一个分力转化为安培力,它将阻碍导体在磁场中的运动,因此,要保持导体在磁场中的运动,反抗安培力的外力必做正功,也就是说,动生电动势提供的能量源自外力所做的功.

(4) 在感应电场中,电场强度的线积分与路径有关,因此,在有感应电场存在的空间,任意两点间的电势差或者电压都是无意义的.但有时把 $\int_{(1)}^{(2)}\boldsymbol{E}\cdot \mathrm{d}\boldsymbol{l}$ 称为在感应电场中存在于两点间沿给定路径的电压,这一点是感应电场与静电场的重要区别.但是,当导体处在感应电场中时,感应电场使导体上出现一定的电荷分布,如果这种分布是恒定的或变化非常缓慢的,则分布在导线上的电荷所激发的电场是静电场,对这部分电场,电势和电势差的概念仍然有效.同样,当导体在恒定不变的磁场中运动时,作用于电荷的洛仑兹力会使导体上出现一定的电荷分布,如果导体运动比较缓慢,则这些电荷产生的电场也可看成静电场.

(5) 两个载流回路的总磁能并不等于两个回路单独存在时的磁能之和,说明磁能不具有简单的叠加性,这是因为两个回路之间有相互作用能,即互感磁能.

例题

例 10-1 在半径为 R 的无限长圆柱形空间充满着轴向均匀磁场,但磁场 $\boldsymbol{B}$ 的大小随时间变化,$\frac{\mathrm{d}\boldsymbol{B}}{\mathrm{d}t}=b>0$,有一无限长直导线在与 $\boldsymbol{B}$ 垂直的平面内,与圆柱形空间的几何轴相距为 a,

$a > R$, 如图(a)所示,求长直导线中的感生电动势 $\mathscr{E}$.

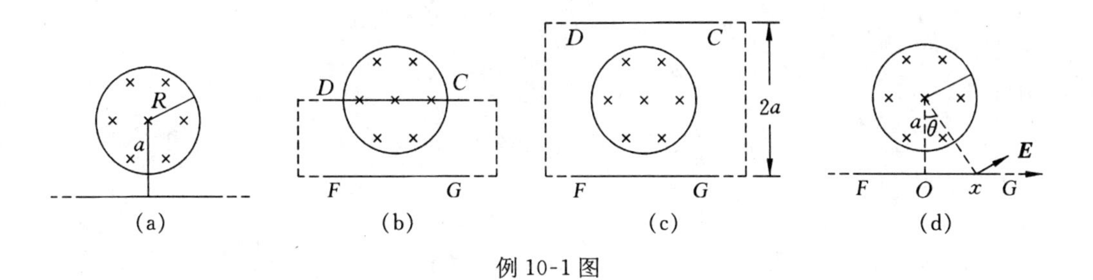

例 10-1 图

解法一:用加零补偿法.

如图(b)所示,在过导线并与磁场垂直的平面内加一无限长导线 CD,它与原导线 FG 平行且过轴线,两导线在无限远处相交构成闭合回路,选逆时针为回路绕行正方向,根据法拉第电磁感应定律得

$$\mathscr{E}_{FGCDF} = -\frac{\mathrm{d}\Phi}{\mathrm{d}t} = \frac{1}{2}\pi R^2 \frac{\mathrm{d}B}{\mathrm{d}t},$$

作一同心圆式的回路,由对称性知 $\boldsymbol{E}_{感}$ 必沿回路的切线方向,所以 CD 段上各点的感生电场都与路径垂直,因此

$$\mathscr{E}_{CD} = \int_C^D \boldsymbol{E} \cdot \mathrm{d}\boldsymbol{l} = 0.$$

$$\mathscr{E}_{FG} = \mathscr{E}_{FGCDF} = \frac{1}{2}\pi R^2 \frac{\mathrm{d}B}{\mathrm{d}t} = \frac{1}{2}\pi R^2 b.$$

沿 $F \to G$ 方向.

解法二:对称补偿法.

如图(c)所示,在图示平面内作一导线 CD 与 FG 平行,与轴的距离也是 a,FG 和 CD 在无限远处相交构成闭合回路,根据法拉第电磁感应定律,有

$$\mathscr{E}_{FGCDF} = -\frac{\mathrm{d}\Phi}{\mathrm{d}t} = \pi R^2 \frac{\mathrm{d}B}{\mathrm{d}t} = \pi R^2 b.$$

由对称性得

$$\mathscr{E}_{FG} = \mathscr{E}_{CD} = \frac{1}{2}\pi R^2 b.$$

解法三:直接用感生电场的线积分求解.选取如图(d)所示的坐标,在圆柱外离轴为 r 处的感生电场可由下式得出:

$$\oint \boldsymbol{E} \cdot \mathrm{d}\boldsymbol{l} = -\int \frac{\mathrm{d}\boldsymbol{B}}{\mathrm{d}t} \cdot \mathrm{d}\boldsymbol{S}.$$

选逆时针绕行的同心圆形闭合回路 L,上式化为

$$E \cdot 2\pi r = \frac{\mathrm{d}B}{\mathrm{d}t} \cdot \pi R^2,$$

$$E = \frac{\mathrm{d}B}{\mathrm{d}t} \cdot \frac{R^2}{2r} = \frac{R^2 b}{2r}.$$

方向与矢径 $\boldsymbol{r}$ 垂直. 在 FG 直线上位置为 x 点的感生电场如图(d)所示,其在 x 方向的分量为

$$E_x = \frac{R^2}{2r} b\cos\theta.$$

又由图可得

$$x = a\tan\theta,\ \mathrm{d}x = a\mathrm{d}\theta/\cos^2\theta,\ r = a/\cos\theta.$$

则

$$\mathscr{E}_{FG} = \int_{-\infty}^{\infty} \boldsymbol{E}\cdot\mathrm{d}x\boldsymbol{i} = \int_{-\infty}^{\infty} \frac{R^2 b}{2r}\cos\theta\mathrm{d}x = \int_{-\frac{\pi}{2}}^{\frac{\pi}{2}} \frac{R^2 b}{2}\mathrm{d}\theta = \frac{\pi R^2 b}{2}.$$

例 10-2 一无限长竖直导线通有稳恒电流 I,电流方向向上,导线旁有一与导线共面、长度为 L 的金属棒,绕其一端 O 在该平面内顺时针方向匀速转动,角速度为 ω, O 点到导线的垂直距离为 a,如图所示. 试求金属棒转到与水平面成 θ 角$\left(0\leqslant\theta\leqslant\frac{\pi}{2}\right)$时,棒内感应电动势的大小和方向.

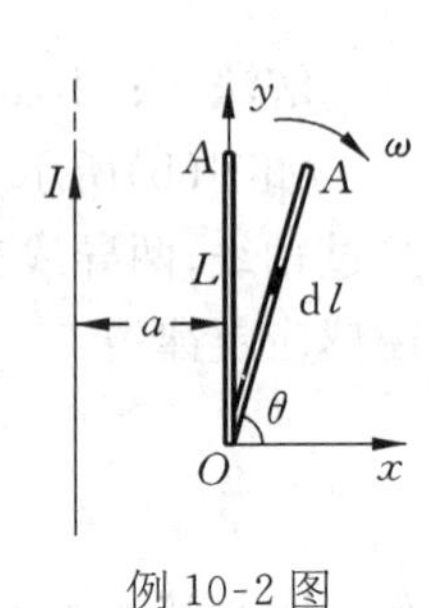

例 10-2 图

解: 在金属棒上取线元 $\mathrm{d}l$,其上感应电动势为

$$\mathrm{d}\mathscr{E} = (\boldsymbol{v}\times\boldsymbol{B})\cdot\mathrm{d}\boldsymbol{l} = \omega lB\,\mathrm{d}l,$$

其中

$$B = \frac{\mu_0 I}{2\pi(a + l\cos\theta)}.$$

l 为 $\mathrm{d}l$ 到 O 点的距离.
整条金属棒内感应电动势为

$$\mathscr{E} = \int\mathrm{d}\mathscr{E} = \int_0^L \frac{\mu_0\omega Il\,\mathrm{d}l}{2\pi(a + l\cos\theta)},$$

利用积分公式

$$\int\ln u\mathrm{d}u = u\ln u - u + C,$$

上式的结果为

$$\mathscr{E} = \frac{\mu_0\omega I}{2\pi\cos\theta}\left(L - \frac{a}{\cos\theta}\ln\frac{a + L\cos\theta}{a}\right).$$

方向由 O 到 A.

例 10-3 耦合系数为 $k = 0.5$ 的两个线圈,顺接串联后的总自感为 1.90 H,在线圈的形状和位置都不变的情况下,反接串联的总自感为 0.70 H,试求这两个线圈的自感以及两者的互感.

解: 设两个线圈的自感分别为 L_1 和 L_2,它们之间的互感为 M. 顺接和反接时通过两个线圈的电流相同为 I,由磁能公式可知,总磁能为

$$W_m = \frac{1}{2}L_1 I^2 + \frac{1}{2}L_2 I^2 \pm MI^2 = \frac{1}{2}(L_1 + L_2 \pm 2M)I^2.$$

总自感为

$$L = L_1 + L_2 \pm 2M.$$

顺接时,M 取正,反接时 M 取负. 因此有

$$L_1 + L_2 + 2M = 1.90. \quad ①$$

$$L_1 + L_2 - 2M = 0.70. \quad ②$$

可解得

$$M = \frac{1.90 - 0.70}{4} = 0.30(\mathrm{H}). \quad ③$$

由自感和互感的关系，有

$$M = K\sqrt{L_1 L_2} = 0.5\sqrt{L_1 L_2},$$

得

$$L_1 L_2 = 4M^2 = 0.36. \quad ④$$

由①和③两式得

$$L_1 + L_2 = 1.90 - 2M = 1.90 - 0.60 = 1.30(\mathrm{H}). \quad ⑤$$

由④和⑤两式解得

$$L_1 = 0.90(\mathrm{H}),\ L_2 = 0.40(\mathrm{H}).$$

例 10-4 如图所示，有一半径为 R，厚度为 h，电导率为 σ 的金属圆盘放在均匀的磁场中，磁感应强度垂直于盘面，磁场随时间变化，$\frac{\mathrm{d}B}{\mathrm{d}t} = k$（$k$ 为常量），试求金属圆盘内总的涡电流.

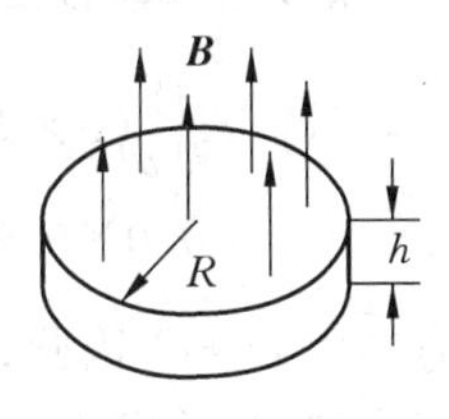

例 10-4 图

解：在圆盘内，由变化的磁场激起的涡旋电场的大小为

$$E_{涡} = -\frac{r}{2}\frac{\mathrm{d}B}{\mathrm{d}t} = -\frac{k}{2}r \quad (r < R),$$

其方向沿着盘面的同心圆周切线方向.

涡电流密度的大小可由欧姆定律的微分形式求得：

$$j = \sigma E_{涡} = -\frac{k}{2}\sigma r.$$

圆盘内总的涡电流为

$$I = \int_0^S j\,\mathrm{d}S = \int_0^R -\frac{k}{2}\sigma r h\,\mathrm{d}r = -\frac{1}{4}k\sigma h R^2.$$

上式中的负号表示当 $k > 0$ 时，涡电流方向与 $\boldsymbol{B}$ 的方向形成左手螺旋的关系，$k < 0$ 时，涡电流方向与 $\boldsymbol{B}$ 成右手螺旋.

例 10-5 在均匀磁场中有一段导线弯成如图(a)所示形状. ab 段为直线，长为 l，bc 段为半圆弧，直径为 l，ab 和圆的直径 bc 夹角为 60°，整段导线都在垂直于磁场的平面内，并沿 bc 延长线的方向以速度 $\boldsymbol{v}$ 向右运动，已知磁感应强度为 $\boldsymbol{B}$. 求 ac 间的感应电动势，哪端电势高？

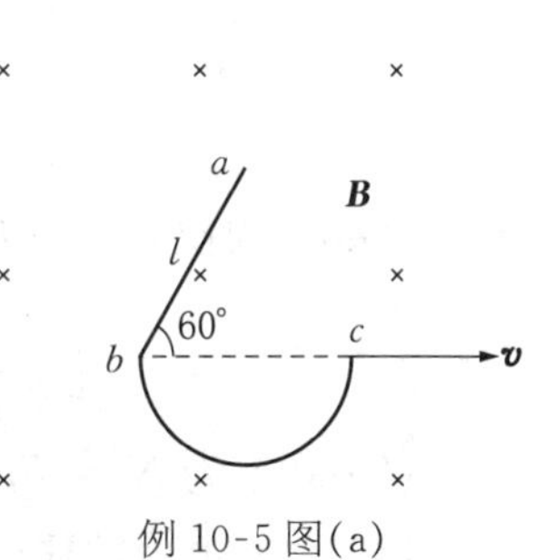

例 10-5 图(a)

解：如图(b)所示，作辅助线 ac，则 $ac = l$，设想闭合回路 $abca$ 以 $\boldsymbol{v}$ 向右运动，则因磁场是均匀的，回路面积不变，所以

$$\varepsilon_{abca}=-\frac{\mathrm{d}\Phi}{\mathrm{d}t}=0,$$

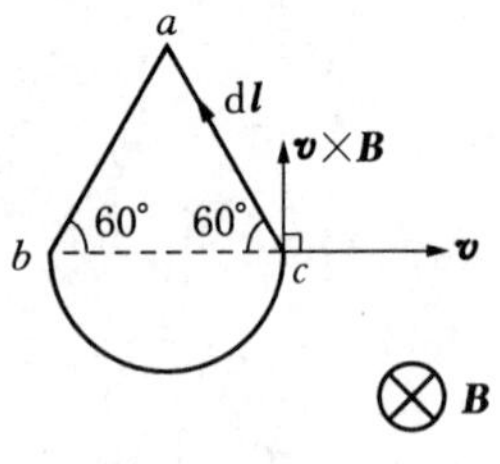

即
$$\varepsilon_{abca}=\varepsilon_{abc}+\varepsilon_{ca}=0,$$

$$\varepsilon_{ca}=\int_c^a(\boldsymbol{v}\times\boldsymbol{B})\cdot\mathrm{d}\boldsymbol{l}=\int_0^l vB\cos 30^\circ\mathrm{d}l=\frac{\sqrt{3}}{2}vBl,$$

例 10-5 图(b)

所以
$$\varepsilon_{abc}=-\varepsilon_{ca}=-\frac{\sqrt{3}}{2}vBl.$$

$\varepsilon_{abc}<0$，说明 a 点电势高.

三、习题解答

10-1. 如图所示，平面回路 $ABCD$ 放在 $B=0.6\,\mathrm{T}$ 的均匀磁场中，回路平面的法线 $\boldsymbol{n}$ 与 $\boldsymbol{B}$ 的夹角为 $\alpha=60^\circ$，回路的 CD 段长 $l=1.0\,\mathrm{m}$，以速度 $v=5.0\,\mathrm{m\cdot s^{-1}}$ 向外滑动，求感应电动势的大小和感应电流的方向.

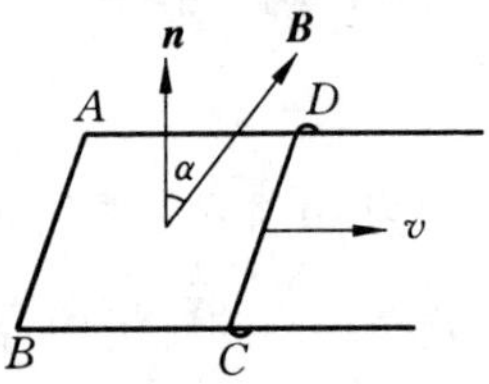

习题 10-1 图

解： 在 CD 段上产生动生电动势，$\boldsymbol{v}\times\boldsymbol{B}$ 的方向沿 DC，

$$\mathscr{E}_1=\int_D^C(\boldsymbol{v}\times\boldsymbol{B})\cdot\mathrm{d}\boldsymbol{l}=\int_0^l vB\sin(90^\circ-\alpha)\mathrm{d}l=vBl\cos\alpha$$
$$=5.0\times0.6\times1.0\times\cos 60^\circ=1.5(\mathrm{V}),$$

方向由 $D\to C$. 因此，感应电流沿顺时针方向.

10-2. 如图所示，金属杆 $\overline{ab}$ 可以移动，设整个导体回路处于均匀磁场中，$B=0.5\,\mathrm{T}$，$R=0.5\,\Omega$，长度 $l=0.5\,\mathrm{m}$，杆 $\overline{ab}$ 以匀速 $v=4.0\,\mathrm{m\cdot s^{-1}}$ 向右运动. 试问：

(1) 作用在 $\overline{ab}$ 上的拉力为多大？

(2) 拉力做功的功率有多大？

(3) 感应电流消耗在电阻 R 上的功率有多大？

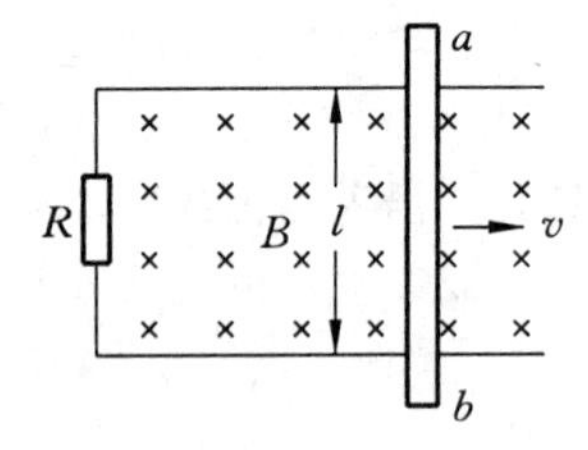

习题 10-2 图

解： (1) 在金属杆 $\overline{ab}$ 上产生的动生电动势方向由 $b\to a$，

$$\mathscr{E}_i=\int_b^a(\boldsymbol{v}\times\boldsymbol{B})\cdot\mathrm{d}\boldsymbol{l}=vBl;$$

感应电流为
$$I_i=\frac{\mathscr{E}_i}{R}=\frac{vBl}{R}.$$

磁场对载流导体 $\overline{ab}$ 的作用力为水平向左方向，大小为

$$F'=I_ilB=\frac{vB^2l^2}{R}.$$

作用在 $\overline{ab}$ 上的拉力应与 F' 大小相等，方向相反，即指向右边：

$$F_{拉}=F'=\frac{vB^2l^2}{R}=\frac{4.0\times0.5^2\times0.5^2}{0.5}=0.5(\mathrm{N}).$$

(2) 功率为 $N=Fv=0.5\times4.0=2(\mathrm{W})$.

(3) 感应电流消耗在电阻 R 上的功率为

$$N' = I_i^2 R = \left(\frac{vBl}{R}\right)^2 R = \frac{v^2 B^2 l^2}{R} = N = 2(\text{W}).$$

说明外力所做的功全部转化为电路中的焦耳热.

10-3. 如图所示,金属杆 AB 以等速 $v = 2\,\text{m}\cdot\text{s}^{-1}$ 平行于一长直载流导线移动,导线通有电流 $I = 40$ A, 问:此杆中感应电动势为多大?

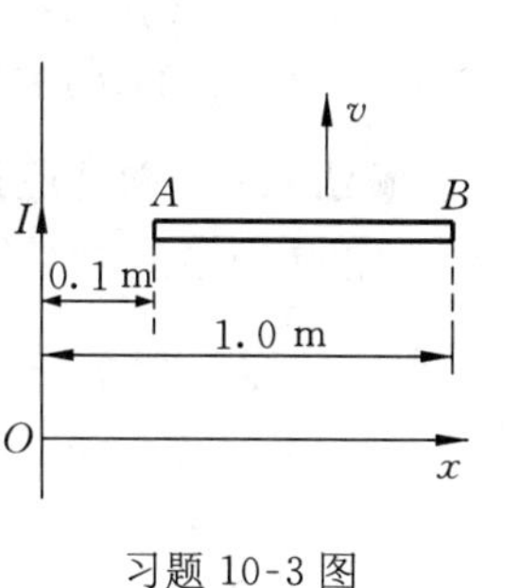

习题 10-3 图

解: 如图,以垂直于 I 的方向作 x 轴,且 x 轴、AB 和电流在同一平面内,坐标原点取在导线上. 在纸平面上 $x > 0$ 的范围内,由电流 I 产生的磁场方向垂直于纸面向里,离导线距离为 x 处的磁感应强度为 $B = \frac{\mu_0 I}{2\pi x}$,杆中感应电动势为

$$\begin{aligned}\mathscr{E}_i &= \int \mathrm{d}\mathscr{E} = \int (\boldsymbol{v}\times\boldsymbol{B})\cdot \mathrm{d}x\boldsymbol{i} = \int_A^B -v\cdot B\cdot \mathrm{d}x = -\int_{0.1}^{1}\frac{\mu_0 I v}{2\pi x}\mathrm{d}x \\ &= -\frac{\mu_0 I v}{2\pi}\ln\frac{1}{0.1} = -\frac{4\pi\times10^{-7}\times40\times2}{2\pi}\ln 10 \\ &= -3.68\times10^{-5}(\text{V}),\end{aligned}$$

负号表示电动势方向为 x 轴的负方向,即由 $B\to A$,故 A 点电势高.

10-4. 如图(a)所示,一长直导线通有电流 $I = 5$ A, 在与其相距 $d = 5$ cm 处放有一矩形线圈,共 1 000 匝,线圈以 $v = 3\,\text{cm}\cdot\text{s}^{-1}$ 的速度沿着与长导线垂直的方向向右离开长导线,问此时线圈中的感应电动势有多大?(设 $a = 2$ cm, $b = 4$ cm)

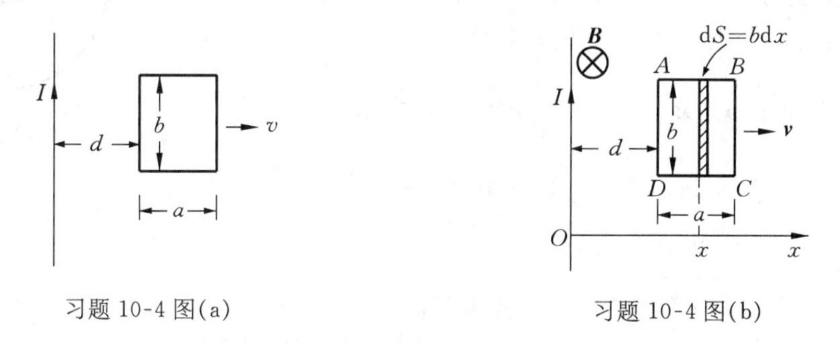

习题 10-4 图(a) 习题 10-4 图(b)

解: 如图(b)所示,在线圈平面上取 x 轴垂直于电流 I,原点在导线上,在 $x > 0$ 处,I 所产生的 $\boldsymbol{B}$ 的方向垂直于纸面向里.

解法一: 对线圈的每一边求感应电动势,再求和. 回路选顺时针绕行方向,对于线圈上、下两边,由于$(\boldsymbol{v}\times\boldsymbol{B})$与 $\mathrm{d}\boldsymbol{l}$ 方向垂直,所以 $\mathscr{E}_{AB} = \mathscr{E}_{DC} = 0$. 离开电流为 x 处的磁感应强度 $B = \frac{\mu_0 I}{2\pi x}$,

$$\mathscr{E}_{DA} = \int_D^A N(\boldsymbol{v}\times\boldsymbol{B}_1)\cdot \mathrm{d}\boldsymbol{l} = \int_0^b \frac{N\mu_0 I v}{2\pi d}\mathrm{d}l = \frac{N\mu_0 I v}{2\pi d}b.$$

同理,

$$\mathscr{E}_{BC} = \int_B^C N(\boldsymbol{v}\times\boldsymbol{B}_2)\cdot \mathrm{d}\boldsymbol{l} = -\frac{N\mu_0 I b v}{2\pi(d+a)}.$$

线圈中的感应电动势为

$$\mathscr{E}_i = \mathscr{E}_{DA} + \mathscr{E}_{BC} = \frac{N\mu_0 Ibv}{2\pi}\left(\frac{1}{d} - \frac{1}{d+a}\right)$$

$$= \frac{1\,000 \times 4\pi \times 10^{-7} \times 5 \times 4 \times 10^{-2} \times 3 \times 10^{-2}}{2\pi}\left(\frac{1}{5 \times 10^{-2}} - \frac{1}{(5+2) \times 10^{-2}}\right)$$

$=6.86\times10^{-6}\,(\mathrm{V})$, $\mathscr{E}_i > 0$, 说明 $\mathscr{E}_i$ 为顺时针方向.

解法二: 求磁感应通量的变化率,取顺时针方向为回路环绕方向. 取任一小面元 $\mathrm{d}S = b\mathrm{d}x$,如图(b)中阴影部分,在任一时刻 t,通过线圈的磁通链数为

$$\Psi = N\Phi = N\int \boldsymbol{B}\cdot\mathrm{d}\boldsymbol{S} = N\int_{d+vt}^{a+d+vt} \frac{\mu_0 I}{2\pi x} b\,\mathrm{d}x$$

$$= \frac{N\mu_0 Ib}{2\pi}\ln\frac{a+d+vt}{d+vt}.$$

$t=0$ 时,线圈左边离开导线的距离为 d,所以这时线圈中的感应电动势为

$$\mathscr{E}_i = -\left.\frac{\mathrm{d}\Psi}{\mathrm{d}t}\right|_{t=0} = -\frac{N\mu_0 Ibv}{2\pi}\left.\left(\frac{1}{a+d+vt} - \frac{1}{d+vt}\right)\right|_{t=0}$$

$$= \frac{N\mu_0 Ibv}{2\pi}\left(\frac{1}{d} - \frac{1}{d+a}\right) = 6.86 \times 10^{-6}\,(\mathrm{V}).$$

10-5. 如图所示,一水平金属棒 OA 长 $l = 0.60\,\mathrm{m}$, 在均匀磁场中绕着通过端点 O 的铅直轴线旋转,转速为每秒 2 周,设 $B = 4.14 \times 10^{-3}\,\mathrm{T}$, 试求棒 OA 两端的电势差,并指出棒的哪一端电势较高.

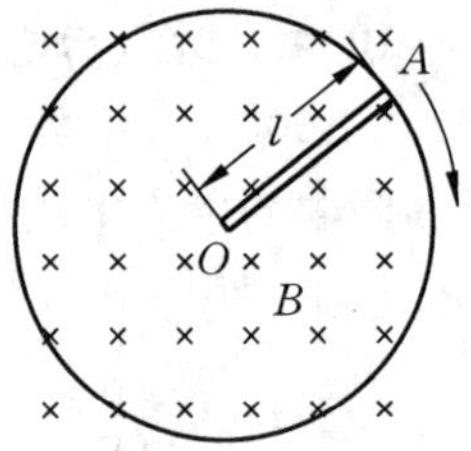

习题 10-5 图

解: 在棒上离 O 点为 r 处取一段 $\mathrm{d}\boldsymbol{r}$ 长度,此处的线速度为 $v = \omega r$, 金属棒的运动产生了动生电动势,其值为

$$\mathscr{E}_i = \int(\boldsymbol{v}\times\boldsymbol{B})\cdot\mathrm{d}\boldsymbol{r} = \int_0^l \omega rB\,\mathrm{d}r = \frac{1}{2}\omega Bl^2$$

$$= \frac{1}{2}\times 2\pi \times 2 \times 4.14 \times 10^{-3} \times 0.60^2$$

$$= 9.36 \times 10^{-3}\,(\mathrm{V}).$$

$\mathscr{E}_i > 0$, 说明 $\mathscr{E}_i$ 沿 $\boldsymbol{r}$ 的方向,故 A 点电势高.

10-6. 如图(a)所示,一长为 l,质量为 m 的导体棒,其电阻为 R,沿两条平行的导体轨道无摩擦地滑下,轨道的电阻可忽略不计,轨道与导体构成一闭合回路,轨道所在平面与水平面成 θ 角,整个装置放在均匀磁场中,磁感强度 B 的方向为铅直向上,试证:导体棒 ab 下滑时达到的稳定速度为

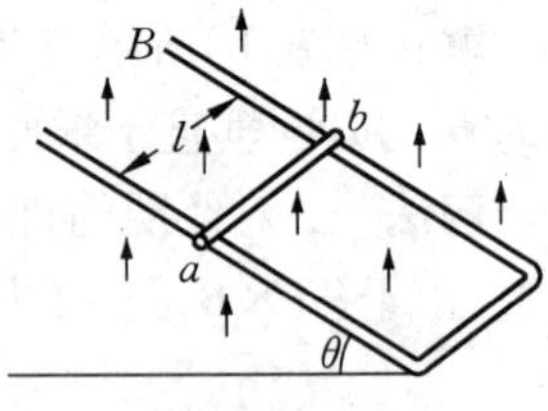

$$v = \frac{mgR\sin\theta}{B^2 l^2 \cos^2\theta}.$$

习题 10-6 图(a)

解: 棒向下运动产生动生电动势,在棒上的感应电流为

$$I = \frac{\mathscr{E}_i}{R} = \frac{1}{R}\int_b^a(\boldsymbol{v}\times\boldsymbol{B})\cdot\mathrm{d}\boldsymbol{l} = \frac{vBl}{R}\sin\left(\theta + \frac{\pi}{2}\right)$$

$$= \frac{1}{R}vBl\cos\theta,\ 方向由\ b\to a.$$

通过导体棒的电流在磁场中受到的安培力为 $\boldsymbol{F}=I\boldsymbol{l}\times\boldsymbol{B}$，由图可判断出该力水平向左. 如图(b)所示，

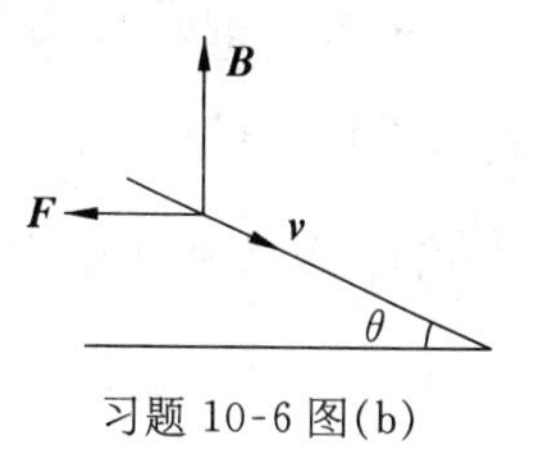

习题 10-6 图(b)

$$F=IlB=\frac{1}{R}vB^2l^2\cos\theta,$$

其沿斜面的分量为

$$F_{/\!/}=F\cos\theta=\frac{1}{R}vB^2l^2\cos^2\theta.$$

棒受到的重力为 mg，其沿斜面的分量为 $mg\sin\theta$，当此两力平衡时，速度达稳定值，由

$$mg\sin\theta=F_{/\!/}=\frac{1}{R}vB^2l^2\cos^2\theta,$$

得
$$v=\frac{mgR\sin\theta}{B^2l^2\cos^2\theta}.$$

10-7. 如图所示，在圆柱形空间中存在着均匀磁场，B 的方向与柱的轴线平行，若 $\boldsymbol{B}$ 的变化率 $\frac{\mathrm{d}B}{\mathrm{d}t}=0.10\ \mathrm{T\cdot s^{-1}}$，圆柱半径 $R=10\ \mathrm{cm}$，问在 $r=5\ \mathrm{cm}$ 处感生电场的场强为多大?

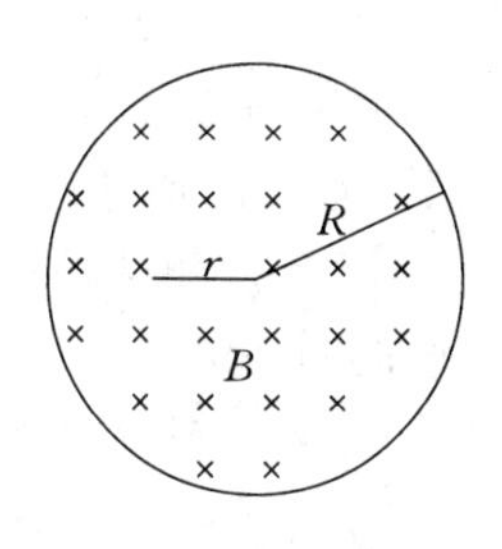

习题 10-7 图

解： 以圆柱轴线为中心，作半径为 r 的圆形回路，回路的绕行方向为顺时针，该回路的感生电动势 $\mathscr{E}=\oint\boldsymbol{E}\cdot\mathrm{d}\boldsymbol{l}=-\frac{\mathrm{d}\Phi}{\mathrm{d}t}=-\pi r^2\frac{\mathrm{d}B}{\mathrm{d}t}$，式中 $\boldsymbol{E}$ 为 r 处的感生电场的场强. 由对称性知，上式可化为

$$E\cdot 2\pi r=-\pi r^2\frac{\mathrm{d}B}{\mathrm{d}t},$$

得
$$E=-\frac{r}{2}\frac{\mathrm{d}B}{\mathrm{d}t}=-\frac{1}{2}\times 5\times 10^{-2}\times 0.1=-2.5\times 10^{-3}(\mathrm{V\cdot m^{-1}}).$$

$E<0$，说明 $\boldsymbol{E}$ 的方向与回路的绕行方向相反，所以 $\boldsymbol{E}$ 为逆时针方向.

10-8. 如图所示，一很长的直导线载有交流电流 $i=I_0\sin\omega t$，它旁边有一长方形线圈 $ABCD$，长为 l、宽为 $(b-a)$，线圈和导线在同一平面内，线圈的长边与导线平行，试求：

(1) 穿过回路 $ABCD$ 的磁感应通量 Φ；

(2) 回路 $ABCD$ 的感应电动势 $\mathscr{E}$.

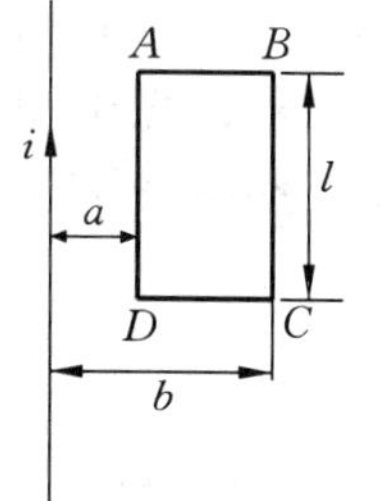

习题 10-8 图

解： (1) 离开导线的距离为 x 处的磁感应强度为 $B=\frac{\mu_0 i}{2\pi x}$.

穿过回路的磁感应通量为

$$\Phi=\int\boldsymbol{B}\cdot\mathrm{d}\boldsymbol{S}=\int_a^b\frac{\mu_0 i}{2\pi x}l\,\mathrm{d}x=\frac{\mu_0 il}{2\pi}\ln\frac{b}{a}=\frac{\mu_0 I_0 l}{2\pi}\ln\frac{b}{a}\sin\omega t.$$

(2) 回路的感应电动势为

$$\mathscr{E}=-\frac{\mathrm{d}\Phi}{\mathrm{d}t}=-\frac{\mu_0 I_0 l\omega}{2\pi}\ln\frac{b}{a}\cdot\cos\omega t.$$

10-9. 一闭合线圈共有 N 匝，电阻为 R. 证明：当通过这线圈的磁感应通量改变 $\Delta\Phi$ 时，线圈内流过的电量为 $\Delta q = \dfrac{N\Delta\Phi}{R}$.

解： 线圈中的感应电动势为

$$\mathscr{E} = -N\frac{\Delta\Phi}{\Delta t},$$

则感应电流为

$$I = \frac{\mathscr{E}}{R} = -\frac{N\Delta\Phi}{R\Delta t},$$

电量为
$$\Delta q = |I\Delta t| = \left|-\frac{1}{R}N\Delta\Phi\right| = \frac{1}{R}N\Delta\Phi.$$

10-10. 图示为测量螺线管中磁场的一种装置，把一很小的圆形测量线圈放在待测处并与管轴垂直，这线圈与测量电量的冲击电流计 G 串联. 当用反向开关 K 使螺线管的电流反向时，测量线圈中就产生感应电动势，从而产生电量 Δq 的迁移；由 G 测出 Δq，就可以算出测量线圈所在处的 B. 已知测量线圈有 2 000 匝，直径为 2.5 cm，它和 G 串联的回路电阻为 1 000 Ω，在 K 反向时测得 $\Delta q = 2.5\times10^{-7}$ C，求被测处磁感应强度 B 的数值.

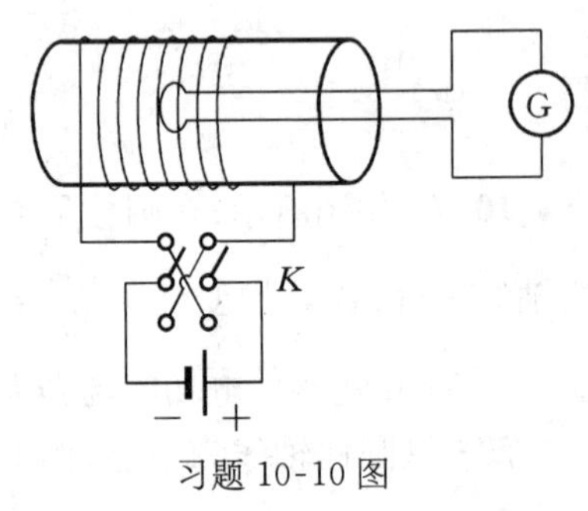

习题 10-10 图

解： 由上题可知
$$\Delta q = \frac{N\Delta\Phi}{R}.$$

当电流反向时，$\boldsymbol{B}$ 也反向，所以线圈中的磁感应通量的改变量为 $\Delta\Phi = BS-(-BS) = 2BS$.

故
$$\Delta q = \frac{2NBS}{R},$$

$$B = \frac{R\Delta q}{2NS} = \frac{1\,000\times2.5\times10^{-7}}{2\times2\,000\times\pi(2.5\times10^{-2})^2/4} = 1.27\times10^{-4}\,(\mathrm{T}).$$

10-11. 在长度为 $l = 30$ cm，直径 $d = 3.0$ cm 的纸筒上密绕有线圈 500 匝，试求此线圈的自感.

解： 线圈的长度远远大于截面直径，所以其内部可看成是均匀磁场，当螺线管通以电流 I 时，管内磁感应强度为

$$B = \mu_0 nI = \mu_0\left(\frac{N}{l}\right)I.$$

通过每匝线圈的磁感应通量为 $\Phi = BS = \mu_0\left(\dfrac{N}{l}\right)IS.$

通过螺线管的磁通匝链数为

$$\Psi = N\Phi = \mu_0\frac{N^2}{l}IS.$$

线圈的自感为

$$L = \frac{\Psi}{I} = \mu_0\frac{N^2}{l}S = 4\pi\times10^{-7}\times\frac{500^2}{0.3}\times\frac{\pi}{4}\times0.03^2 = 7.4\times10^{-4}\,(\mathrm{H}).$$

10-12. 有一单层密绕螺线管长为 $l = 20$ cm，横截面积 $S = 10\ \mathrm{cm}^2$，绕组总匝数 $N = 1\,000$.

(1) 若通以电流 $I=1\text{ A}$，求管内的磁感应强度 B，并计算通过螺线管的磁通链；

(2) 试求该螺线管的自感.

解： (1) $B=\mu_0\dfrac{N}{l}I=4\pi\times10^{-7}\times\dfrac{1\,000}{20\times10^{-2}}\times1=6.28\times10^{-3}(\text{T})$.

$$\Psi=N\Phi=NBS=1\,000\times6.28\times10^{-3}\times10\times10^{-4}=6.28\times10^{-3}(\text{T}\cdot\text{m}^2).$$

(2) 自感　$L=\dfrac{\Psi}{I}=6.28\times10^{-3}(\text{H})$.

10-13. 如图所示，一螺绕环中心线的长度为 l，横截面积为 S，由 N 匝表面绝缘的导线密绕而成.

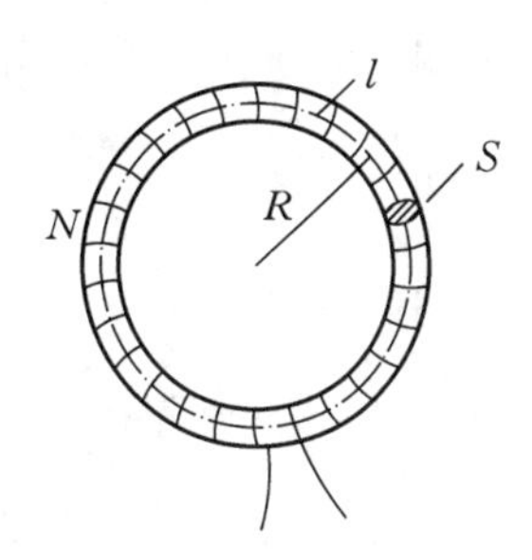

习题 10-13 图

(1) 求它的自感 L；

(2) 当 $l=1.0\text{ m}$，$S=10\text{ cm}^2$，$N=1\,000$ 匝时，$L=?$

解： (1) 螺绕环中通有电流时，磁感应强度 $\boldsymbol{B}$ 集中在管内，$\boldsymbol{B}$ 线是和环同心的一个个同心圆，取这样一个同心圆作为环路，用安培环路定理求 B，内部 $\boldsymbol{B}$ 近似为均匀的.

$$\oint\boldsymbol{B}\cdot\mathrm{d}\boldsymbol{l}=\mu_0NI,$$

$$B\cdot l=\mu_0NI,\ B=\frac{\mu_0NI}{l}.$$

自感为
$$L=\frac{\Psi}{I}=\frac{NBS}{I}=\frac{N\mu_0NIS}{Il}=\frac{\mu_0N^2S}{l}.$$

(2) $L=\dfrac{\mu_0N^2S}{l}=\dfrac{1}{1}\times4\pi\times10^{-7}\times1\,000^2\times10\times10^{-4}=1.26\times10^{-3}(\text{H})$.

10-14. 一空心长直螺线管，长为 0.5 m，横截面积为 10 cm²，若管上的绕组为 3 000 匝，所通电流随时间的变化率为每秒增加 10 A，问自感电动势的大小和方向如何？

解： 长直螺线管的自感系数为 $L=\mu_0\dfrac{N^2}{l}S$ (见习题 10-11).

由自感电动势定义得

$$\mathscr{E}=-L\frac{\mathrm{d}I}{\mathrm{d}t}=-\mu_0\frac{N^2}{l}S\frac{\mathrm{d}I}{\mathrm{d}t}=-4\pi\times10^{-7}\times\frac{3\,000^2}{0.5}\times10\times10^{-4}\times10=-0.226(\text{V}).$$

负号表示自感电动势的方向与电流的方向相反.

10-15. 设某电子仪器中的电源变压器原线圈的自感系数为 10 H，该仪器输入回路的自感系数为 0.04 μH，两者由于漏磁而引起互感耦合，耦合系数 $K=0.001$，试估计变压器的漏磁通在仪器输入端引起的互感电动势. 已知线圈中的正弦交流电流为 $i=0.707\sin100\pi t(\text{A})$.

解： 有漏磁时，互感系数为　$M=K\sqrt{L_1L_2}$，

故互感电动势为

$$\begin{aligned}\mathscr{E}&=-M\frac{\mathrm{d}i}{\mathrm{d}t}=-K\sqrt{L_1L_2}\frac{\mathrm{d}}{\mathrm{d}t}(0.707\sin100\pi t)\\&=-K\sqrt{L_1L_2}\times0.707\times100\pi\times\cos100\pi t\\&=-0.001\sqrt{10\times0.04\times10^{-6}}\times0.707\times100\pi\times\cos100\pi t\\&=-1.4\times10^{-4}\cos100\pi t.\end{aligned}$$

10-16. 一螺线环横截面的半径为 a，中心线的半径为 R，$R\gg a$，其上由表面绝缘的导线均匀地密绕两个线圈，一个 N_1 匝，另一个 N_2 匝，试求：

(1) 两线圈的自感系数 L_1 和 L_2；

(2) 两线圈的互感系数 M；

(3) M 与 L_1 和 L_2 的关系.

解： (1) 第一个线圈在螺绕环中产生的磁感应强度为

$$B_1=\mu_0\frac{N_1}{l}I_1,$$

I_1 为其中的电流.

每匝的磁感应通量为 $$\Phi_1=B_1S=\mu_0\frac{N_1}{l}I_1S.$$

第一个线圈的自感系数为

$$L_1=\frac{N_1\Phi_1}{I_1}.$$

由以上三式可得

$$L_1=\mu_0\frac{N_1^2}{l}S=\mu_0\frac{N_1^2}{2\pi R}\cdot\pi a^2=\frac{\mu_0N_1^2a^2}{2R}.$$

同理 $$L_2=\mu_0\frac{N_2^2}{l}S=\frac{\mu_0N_2^2a^2}{2R}.$$

(2) 由 B_1 在第二个线圈中产生的磁通匝链数为

$$\Psi_{21}=N_2\Phi_1=\mu_0\frac{N_1N_2}{l}I_1S.$$

互感系数为

$$M=\frac{\Psi_{21}}{I_1}=\mu_0\frac{N_1N_2}{l}S=\mu_0\frac{N_1N_2}{2\pi R}\cdot\pi a^2=\frac{\mu_0N_1N_2a^2}{2R}.$$

(3) 由上面计算结果可得：$L_1\cdot L_2=\left(\dfrac{\mu_0N_1N_2a^2}{2R}\right)^2=M^2.$

故 $$M=\sqrt{L_1L_2}.$$

即耦合系数 $K=1$，是为理想耦合情形.

10-17. 一线圈的自感系数 $L=5.0\text{ H}$，电阻 $R=20\ \Omega$，在 $t=0$ 时把 $U=100\text{ V}$ 的直流电压加到线圈两端.

(1) 求电流达到最大值时，线圈所储藏的磁能 W_m；

(2) 问经过多少时间，线圈所储藏的磁能达到 $\frac{1}{2}W_m$.

解： (1) $W_m=\dfrac{1}{2}LI^2=\dfrac{1}{2}L\left(\dfrac{U}{R}\right)^2=\dfrac{1}{2}\times5.0\times\left(\dfrac{100}{20}\right)^2=62.5(\text{J}).$

(2) 电流的暂态过程中 $i=\dfrac{U}{R}(1-e^{-\frac{R}{L}t})$，设某时刻 t 时磁能达到 $\dfrac{1}{2}W_m$，则 $\dfrac{1}{2}W_m=\dfrac{1}{2}Li^2$，

$$\frac{1}{2}W_m=\frac{1}{2}L\left(\frac{U}{R}\right)^2(1-e^{-\frac{R}{L}t})^2,$$

而 $W_m = \frac{1}{2}L\left(\frac{U}{R}\right)^2$，代入上式得

$$\frac{1}{2} = (1 - e^{-\frac{R}{L}t})^2,$$

$$e^{-\frac{R}{L}t} = 1 - \frac{\sqrt{2}}{2} = 0.293.$$

得
$$t = \frac{L}{R}\ln\frac{1}{0.293} = \frac{5}{20}\ln\frac{1}{0.293} = 0.31(\mathrm{s}).$$

10-18. 如图所示，两条水平导体细棒 AC 和 AD 成 θ 角，磁感应强度为 $\boldsymbol{B}$ 的均匀磁场垂直于两导体棒构成的平面. 另一导体棒 $EF \perp AC$，棒 EF 以恒定速度 $\boldsymbol{v}$ 由 A 点开始沿 AC 方向运动，导体棒每单位长度的电阻都是 r. 试求任一时刻回路中的感应电动势和感应电流.

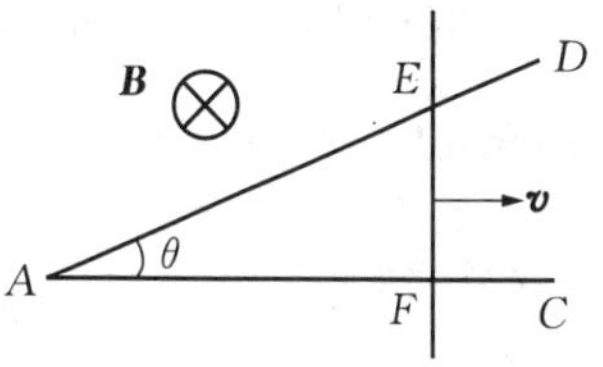

习题 10-18 图

解：回路中感应电动势的大小为

$$\varepsilon = \frac{\mathrm{d}\Phi}{\mathrm{d}t} = B\frac{\mathrm{d}S}{\mathrm{d}t} = B\frac{\mathrm{d}}{\mathrm{d}t}\left(\frac{1}{2}vt \cdot vt \cdot \tan\theta\right),$$

得
$$\varepsilon = Bv^2\tan\theta \cdot t.$$

沿逆时针方向.

回路电阻为

$$R = rL = r(vt + vt \cdot \tan\theta + vt \cdot \sec\theta);$$

回路感应电流为

$$I = \frac{\varepsilon}{R} = \frac{Bv\tan\theta}{r(1 + \tan\theta + \sec\theta)} = \frac{Bv\sin\theta}{r(1 + \sin\theta + \cos\theta)}.$$

10-19. 两个共轴圆线圈，半径分别为 R 和 r，匝数分别为 N_1 和 N_2，相距为 l，设 r 很小，则小线圈所在处的磁场可以视为均匀的，求两线圈的互感系数.

解：如图所示，设大线圈流过电流为 I，它在小线圈处产生的磁感应强度为

$$B = N_1 \cdot \frac{\mu_0 IR^2}{2(R^2 + l^2)^{3/2}}.$$

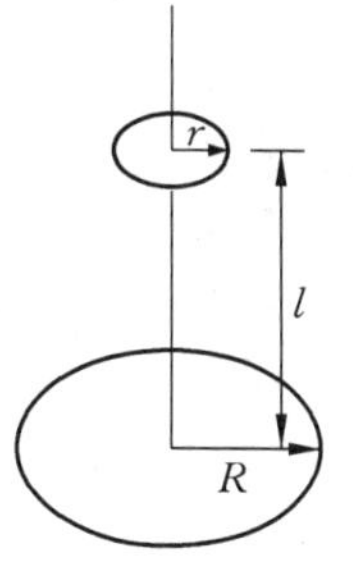

习题 10-19 图

通过小线圈的磁通匝链数为

$$\Psi_{21} = N_2BS = \frac{N_2N_1\pi r^2\mu_0 IR^2}{2(R^2 + l^2)^{3/2}}.$$

互感系数为

$$M = \frac{\Psi_{21}}{I} = \frac{\mu_0\pi N_1N_2R^2r^2}{2(R^2 + l^2)^{3/2}}.$$

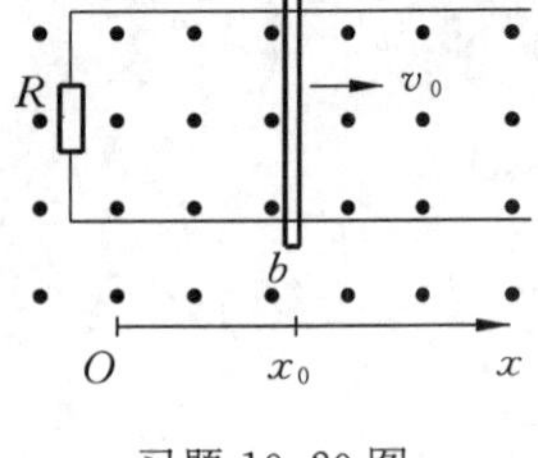

习题 10-20 图

*10-20. 如图所示,均匀磁场的磁感应强度为 $\boldsymbol{B}$,方向垂直于纸面向外,导体 ab 长为 l,质量为 m,回路电阻为 R, $t=0$ 时,导体 ab 具有速度 v_0,无外力作用.

(1) 试求杆 ab 的速度 $v(t)$;

(2) 设 $t=0$ 时,杆 ab 的位置为 x_0,求杆 ab 的坐标 $x(t)$;

(3) 从 $t=0$ 开始到杆停下时滑行的距离为多少?

(4) 试证明电阻上产生的焦耳热正好等于杆的初动能 $\frac{1}{2}mv_0^2$.

解: (1) 杆 ab 上的动生电动势为 $\qquad \mathscr{E}=vBl.$

回路电流为
$$I=\frac{\mathscr{E}}{R}=\frac{vBl}{R}.$$

杆受安培力
$$F=IBl=\frac{vB^2l^2}{R}\quad(沿\ x\ 负方向).$$

由牛顿第二定律得
$$-\frac{vB^2l^2}{R}=m\frac{\mathrm{d}v}{\mathrm{d}t},$$

积分上式得
$$\int_{v_0}^{v(t)}\frac{\mathrm{d}v}{v}=-\int_0^t\frac{B^2l^2}{mR}\mathrm{d}t,$$

得
$$v(t)=v_0\mathrm{e}^{\frac{-B^2l^2t}{mR}}.$$

(2) 由 $v(t)=\frac{\mathrm{d}x}{\mathrm{d}t}=v_0\mathrm{e}^{\frac{-B^2l^2t}{mR}}$ 得积分
$$\int_{x_0}^{x(t)}\mathrm{d}x=\int_0^t v_0\mathrm{e}^{\frac{-B^2l^2t}{mR}}\mathrm{d}t,$$

得
$$x(t)=x_0+\frac{mRv_0}{B^2l^2}(1-\mathrm{e}^{\frac{-B^2l^2t}{mR}}).$$

(3) 杆停下时 $v(t)=0$, 对应于 $t\to\infty$,由上式得杆滑行距离为
$$\Delta x=x(t)-x_0=\frac{mRv_0}{B^2l^2}.$$

(4) $\mathrm{d}t$ 时间内在电阻上产生的焦耳热为
$$\mathrm{d}Q=I^2R\mathrm{d}t=\frac{v^2B^2l^2}{R}\mathrm{d}t=\frac{v_0^2B^2l^2}{R}\mathrm{e}^{\frac{-2B^2l^2}{mR}t}\mathrm{d}t.$$

总的焦耳热为
$$Q=\int\mathrm{d}Q=\int_0^\infty\frac{v_0^2B^2l^2}{R}\mathrm{e}^{\frac{-2B^2l^2t}{mR}}\mathrm{d}t=\frac{1}{2}mv_0^2.$$

*10-21. 如图所示,在铅垂面内两金属轨道相距为 l,与电动势为 $\mathscr{E}$、内阻为 r 的直流电源

连接. 质量为 m,电阻为 R 的匀质导体棒两端与两导轨相接. 开始时导体棒静止,然后无摩擦地下滑,设轨道足够长,其电阻可忽略,周围空间有均匀磁场 $\boldsymbol{B}$ 与轨道平面垂直,试求金属棒的最大下滑速度.

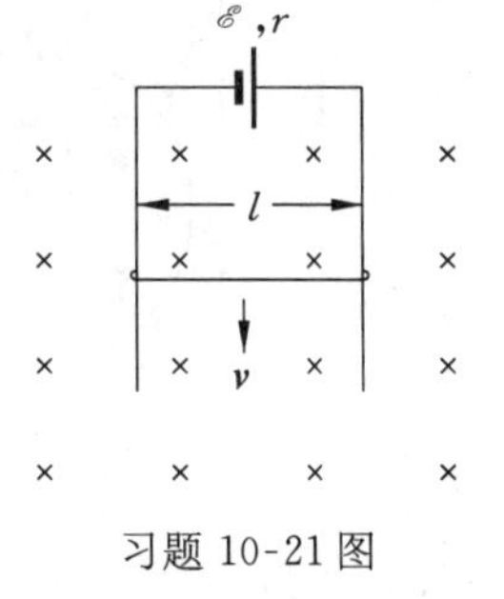

习题 10-21 图

解: 当金属棒以速率 v 下滑时,动生电动势

$$\mathscr{E}_i = vBl,$$

方向与 $\mathscr{E}$ 相反,取回路中电流为逆时针方向,则

$$I = \frac{\mathscr{E}_i - \mathscr{E}}{R+r} = \frac{Bvl - \mathscr{E}}{R+r}.$$

载流金属棒受到磁场的安培力为

$$F = IBl = \frac{Bl(vBl - \mathscr{E})}{R+r}.$$

开始时,v 较小, $Bvl < \mathscr{E}$, F 为负值,方向向下,F 与 mg 一起使棒加速下落,当 v 增大使 F 从负变正时,方向向上,当 $F = mg$ 时,棒达最大速度 v_m,故

$$mg = \frac{Bl(Bv_m l - \mathscr{E})}{R+r},$$

得
$$v_m = \frac{mg(R+r)}{B^2 l^2} + \frac{\mathscr{E}}{Bl}.$$

* **10-22.** 一均质细导线圆环,总电阻为 R,半径为 a,圆环内充满方向垂直于环面的匀强磁场,磁场以速率 $\frac{dB}{dt} = k$ 均匀地随时间增强,环上 A, D, C 三点位置对称. 电流计 G 连接 A、C 两点,如图(a)所示. 若电流计的内阻为 R_G,试求通过电流计的电流.

解: 圆环上的感生电场为 $E_{感}$,选逆时针回路绕行方向. 由

$$\oint \boldsymbol{E}_{感} \cdot d\boldsymbol{l} = -\int \frac{d\boldsymbol{B}}{dt} \cdot d\boldsymbol{s},$$

$$E_{感} \cdot 2\pi a = \pi a^2 k,$$

得
$$E_{感} = \frac{ka}{2}. \quad ①$$

对 AC 段,有

$$\mathscr{E}_{AC} = \int_A^C \boldsymbol{E}_{感} \cdot d\boldsymbol{l} = -\int_0^{\frac{2\pi a}{3}} \frac{ka}{2} dl = -\frac{\pi a^2}{3} k. \quad ②$$

由电流计 G 与 AC 段组成的回路中,因 $\Phi = 0$, 所以总的感应电动势为零,即

$$\mathscr{E}_{ACGA} = \mathscr{E}_{AC} + \mathscr{E}_{CGA} = 0,$$

得
$$\mathscr{E}_{CGA} = -\mathscr{E}_{AC} = \frac{\pi a^2}{3} k. \quad ③$$

$$\mathscr{E}_{ADC} = \int_{ADC} \boldsymbol{E}_{感} \cdot d\boldsymbol{l} = \int_0^{\frac{4\pi a}{3}} \frac{ka}{2} dl = \frac{2\pi a^2}{3} k. \quad ④$$

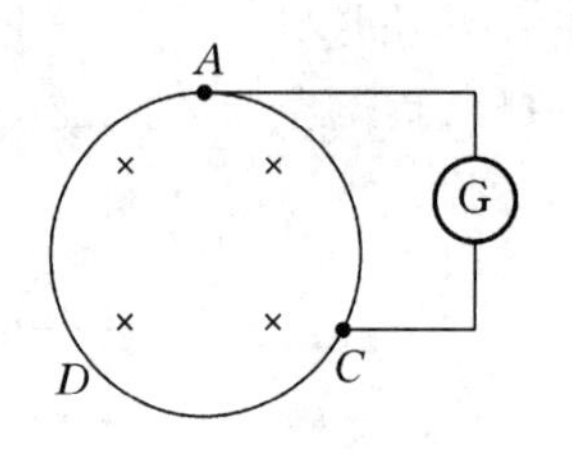

习题 10-22 图(a)

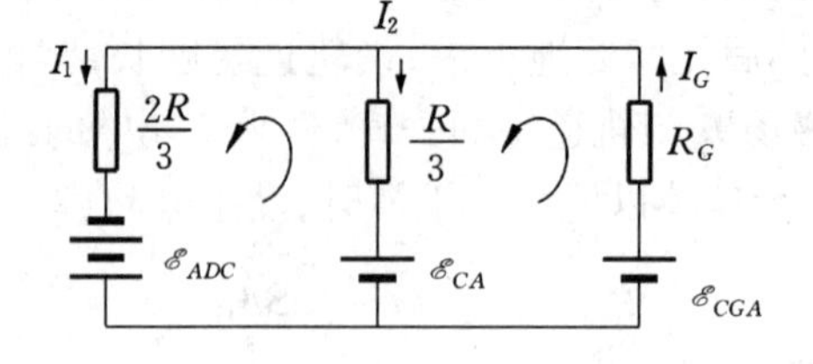

习题 10-22 图(b)

回路的等效电路如图(b)所示,由基尔霍夫定律有

$$I_G = I_1 + I_2$$

$$I_1 \cdot \frac{2R}{3} - I_2 \cdot \frac{R}{3} = \mathscr{E}_{ADC} + \mathscr{E}_{CA} = \frac{2\pi a^2}{3}k + \frac{\pi a^2 k}{3} = \pi a^2 k.$$

$$I_G R_G + I_2 \cdot \frac{R}{3} = \mathscr{E}_{CGA} - \mathscr{E}_{CA} = \frac{\pi a^2 k}{3} - \frac{\pi a^2 k}{3} = 0.$$

解以上方程,得

$$I_G = \frac{3\pi a^2 k}{9R_G + 2R}.$$

***10-23.** 在半径为 R 的圆柱形空间内存在一均匀磁场,磁场随时间的变化率为$\frac{\mathrm{d}B}{\mathrm{d}t}$,一长度为 $2R$ 的金属棒 ac 置于如图所示的位置,棒的一半在磁场内,另一半在磁场外,$\overline{ab}=\overline{bc}=R$,试求棒两端的感生电动势 $\mathscr{E}_{ac}$.

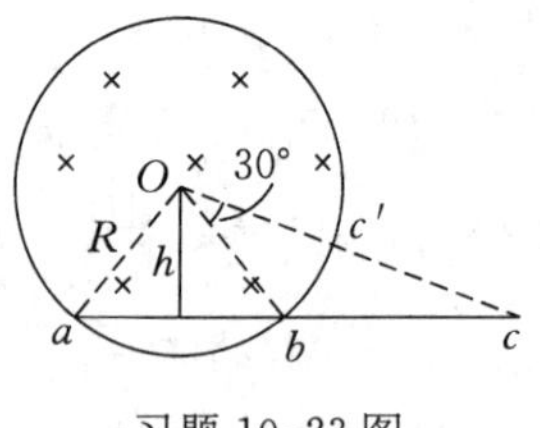

习题 10-23 图

解: 取闭合回路 $abcOa$,逆时针绕行,其中感生电动势为

$$\mathscr{E} = \oint \boldsymbol{E} \cdot \mathrm{d}\boldsymbol{l} = \int_{Oa} \boldsymbol{E} \cdot \mathrm{d}\boldsymbol{l} + \int_{abc} \boldsymbol{E} \cdot \mathrm{d}\boldsymbol{l} + \int_{cO} \boldsymbol{E} \cdot \mathrm{d}\boldsymbol{l}.$$

由磁场分布的对称性知,在 Oa 和 cO 段上,$\boldsymbol{E} \perp \mathrm{d}\boldsymbol{l}$,积分值为零,所以

$$\mathscr{E} = \oint \boldsymbol{E} \cdot \mathrm{d}\boldsymbol{l} = \int_{abc} \boldsymbol{E} \cdot \mathrm{d}\boldsymbol{l} = \mathscr{E}_{ac}.$$

$\triangle Oac$ 内磁通变化仅发生在$\triangle Oab$ 及扇形 Obc'区域内,有

$$\Phi = \boldsymbol{B} \cdot \boldsymbol{S} = -B \cdot \left(\frac{1}{2}\overline{ab} \cdot h + \pi R^2 \times \frac{30}{360}\right)$$

$$= -B\left(\frac{1}{2}R \cdot \frac{\sqrt{3}}{2}R + \frac{\pi}{12}R^2\right) = -BR^2\left(\frac{\sqrt{3}}{4} + \frac{\pi}{12}\right).$$

由此得

$$\mathscr{E}_{ac} = \mathscr{E} = -\frac{\mathrm{d}\Phi}{\mathrm{d}t} = \left(\frac{\sqrt{3}}{4} + \frac{\pi}{12}\right)R^2 \frac{\mathrm{d}B}{\mathrm{d}t}.$$

***10-24.** 如所图示,一矩形截面的螺绕环内、外半径分别为 R_1 和 R_2,高为 h,密绕 N 匝导线,通以电流 $I = I_0 \cos \omega t$,在其轴线上放一长直导线. 试求:

(1) 螺绕环和直导线间的互感系数;

(2) 当 $t=\dfrac{\pi}{2\omega}$ 秒时,长直导线上的互感电动势.

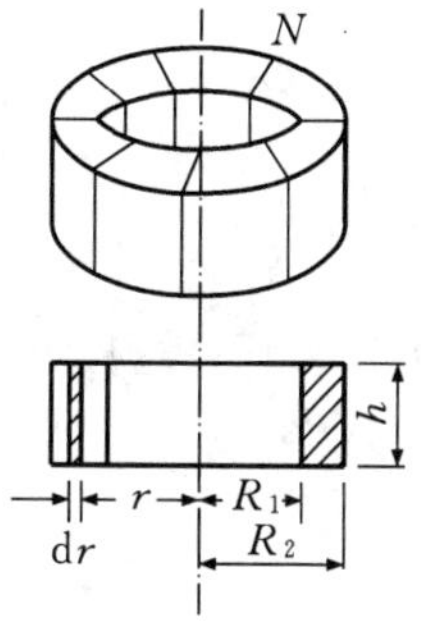

解: (1) 设长直导线通以电流 I_1,在螺绕环内产生的磁感应强度为

$$B=\frac{\mu_0 I_1}{2\pi r}\quad (R_1<r<R_2).$$

通过螺绕环的总磁通量为

$$\Phi=N\int \boldsymbol{B}\cdot d\boldsymbol{s}=N\int_{R_1}^{R_2}\frac{\mu_0 I_1}{2\pi r}h\,dr=\frac{\mu_0 N I_1 h}{2\pi}\ln\frac{R_2}{R_1}.$$

习题 10-24 图

由互感定义得

$$M=\frac{\Phi}{I_1}=\frac{\mu_0 N h}{2\pi}\ln\frac{R_2}{R_1}.$$

(2) 由 $\mathscr{E}=-M\dfrac{dI}{dt}$,在长直导线上产生的互感电动势为

$$\mathscr{E}=-M\frac{dI}{dt}=\frac{\mu_0 N h}{2\pi}\ln\frac{R_2}{R_1}\cdot\omega I_0\sin\omega t.$$

当 $t=\dfrac{\pi}{2\omega}$ 秒时,有

$$\mathscr{E}=\frac{\mu_0 N h I_0\omega}{2\pi}\ln\frac{R_2}{R_1}.$$

*10-25. 如图所示,$ABCDA$ 是闭合导体回路,总电阻为 R,AB 段的一部分扭成初始半径为 r_0 的圆圈,圆圈所在区域有与圆圈平面垂直的恒定均匀磁场 $\boldsymbol{B}$,回路的 B 端固定,A 端在沿 BA 方向的恒力 $\boldsymbol{F}$ 的作用下向右移动,从而使圆圈缓慢缩小,设在圆圈缩小的过程中始终保持圆的形状.设导体回路是柔软的,且阻力与导体回路的质量均可忽略,试求此圆圈从初始的半径 r_0 到完全闭合所需的时间 T.

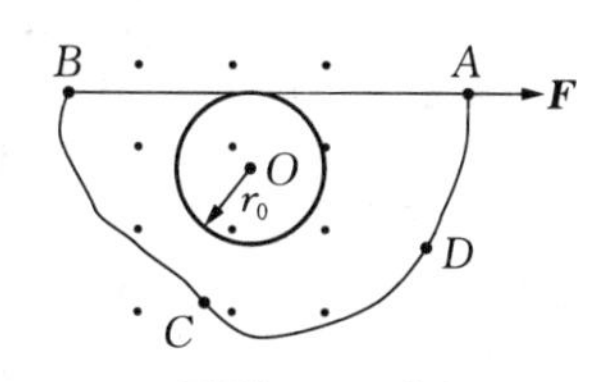

习题 10-25 图

解: 设在恒力 $\boldsymbol{F}$ 作用下 A 端右移 dx,相应的时间为 dt,圆半径缩小了 $-dr$,则

$$dx=-2\pi dr, \tag{①}$$

在 dt 时间内 $\boldsymbol{F}$ 做功 $F dx$,同时在圆圈内产生感应电动势 $\mathscr{E}$,在回路中引起感应电流 i,散发热能为 $\mathscr{E}i dt$,由能量守恒定律得

$$F dx=\mathscr{E}i dt, \tag{②}$$

$$\mathscr{E}=-\frac{d\Phi}{dt}=-\frac{d}{dt}(\pi r^2 B)=-2\pi r B\frac{dr}{dt}, \tag{③}$$

$$i=\frac{\mathscr{E}}{R}=-\frac{2\pi r B}{R}\cdot\frac{dr}{dt}. \tag{④}$$

由①~④式得

$$-2\pi F\mathrm{d}r=\frac{4\pi^2r^2B^2}{R}\left(\frac{\mathrm{d}r}{\mathrm{d}t}\right)^2\mathrm{d}t,$$

即
$$\frac{\mathrm{d}r}{\mathrm{d}t}=-\frac{FR}{2\pi r^2B^2},$$

积分上式,得到半径为零所需的时间为

$$T=\int_0^T\mathrm{d}t=\int_{r_0}^0-\frac{2\pi r^2B^2}{FR}\mathrm{d}r=\frac{2\pi B^2r_0^3}{3FR}.$$

四、思考题解答

10-1. 试问在下列情况中,哪些会在运动导体中产生动生电动势?若有电动势,方向如何?

(1) 一段导线在载流长直导线周围的磁场中运动(如图(a)、(b)、(c)、(d)所示);

(2) 一个矩形线圈在载流长直导线周围的磁场中运动(如图(e)、(f)所示).

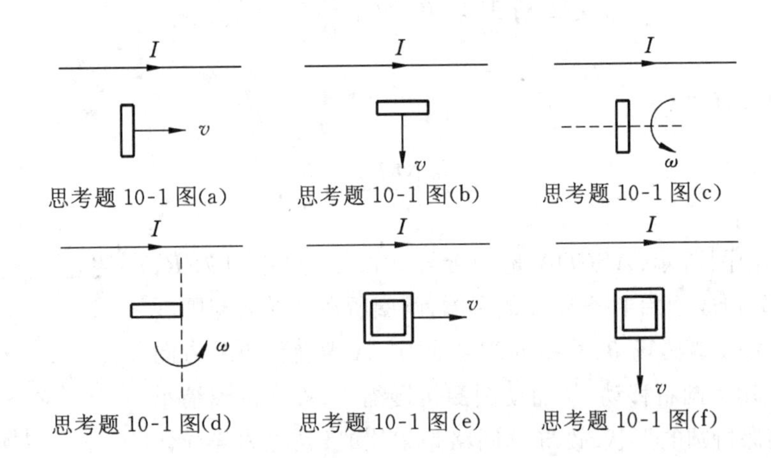

思考题 10-1 图(a) 思考题 10-1 图(b) 思考题 10-1 图(c)

思考题 10-1 图(d) 思考题 10-1 图(e) 思考题 10-1 图(f)

答: (1) 由 $\mathrm{d}\mathscr{E}_i=(\boldsymbol{v}\times\boldsymbol{B})\cdot\mathrm{d}\boldsymbol{l}$ 可得图(a)中 $\mathscr{E}_i$ 向上($\boldsymbol{B}$ 在导线处垂直于纸面向里),图(b)中 $\mathscr{E}_i$ 向右,图(c)中由于 $\mathrm{d}\boldsymbol{l}$ 只在长度方向上,($\boldsymbol{v}\times\boldsymbol{B}$)的方向与电流平行,与 $\mathrm{d}\boldsymbol{l}$ 垂直,所以 $\mathscr{E}_i=0$,图(d)中由于 $(\boldsymbol{v}\times\boldsymbol{B})\perp\mathrm{d}\boldsymbol{l}$,故 $\mathscr{E}_i=0$.

(2) 图(e),通过线圈的 Φ 不变,故 $\mathscr{E}=0$,图(f),沿向下方向运动,B 减小,选取顺时针为线圈的绕行方向,则 $\mathscr{E}_i=-\frac{\mathrm{d}\Phi}{\mathrm{d}t}>0$,$\mathscr{E}_i$ 的方向为顺时针方向.

10-2. 如果将一条形磁铁插入一橡胶制成的圆环中,试问:在磁铁插入的过程中,环内有无感生电动势?有无感生电流?试说明之.

答: 磁铁插入橡胶圆环中,环内有感生电动势而无感生电流.因为在环中有磁通量的变化,但因橡胶绝缘,故无电流.

10-3. 如图所示,一金属框架放在恒定磁场中,如果使导线 AB 向右移动,则将产生如图所示的感生电流,试问,磁场的方向如何?

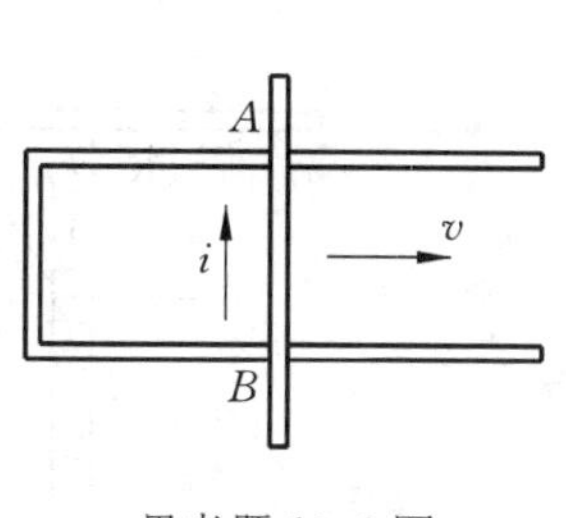

思考题 10-3 图

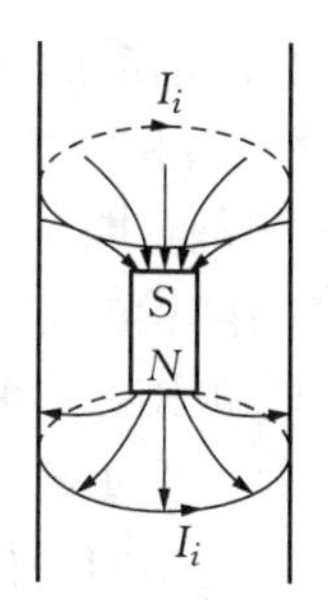

思考题 10-4 图

答: 由楞次定律判断,磁场垂直于纸面向里.

10-4. 有一根很长的竖直放置的金属圆管,分别让一根磁铁和一根未磁化的铁棒从圆管中落下,不计空气阻力,试问两者的运动有什么不同,为什么?

答: 如图,设磁铁 N 极向下,S 极向上,当磁铁在圆管中下落时,在磁铁经过的瞬时位置附近,磁感应强度发生变化,产生感应电流,由楞次定律,电流形成的磁场总是阻碍原磁场的变化,即阻碍磁铁的下落,使磁铁运动的加速度小于重力加速度 g;而未磁化的铁棒则以加速度 g 作自由落体运动.

10-5. 一铜片放在磁场中,如图所示,若将铜片从磁场中拉出或推进,就会出现一个阻力,试解释此阻力的来源.

答: 如图,当铜片拉出时,通过铜片的磁通量减少,在铜片中产生的感应电流如图,该电流在磁场中所受安培力方向指向左边,为阻力;反之,当铜片推进时,安培力指向右侧,也为阻力.

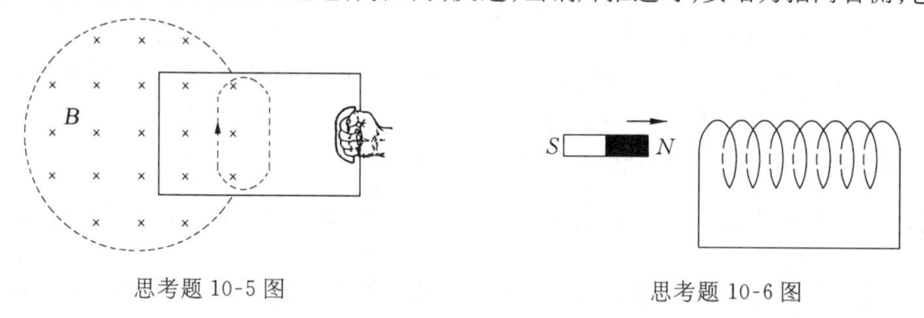

思考题 10-5 图　　思考题 10-6 图

10-6. 把一条形磁铁水平地插入一闭合线圈中,如图所示,一次迅速地插入,另一次缓慢地插入,两次插入前后的位置相同,试问:

(1) 两次插入过程,线圈中的感生电流是否相同? 通过线圈的电量是否相同?

(2) 不计其他阻力,在两次插入过程中,手推磁铁所做的功是否相同?

答: (1) 感生电流 $I=\dfrac{-1}{R}\dfrac{\mathrm{d}\Phi}{\mathrm{d}t}$,插入位置相同,即 $\Delta\Phi$ 相同,但因两次快慢不同,故 I 不同,

$$q=\int I\mathrm{d}t=-\frac{1}{R}\int_{\Phi_1}^{\Phi_2}\mathrm{d}\Phi=\frac{1}{R}(\Phi_1-\Phi_2),$$

只要两次插入位置相同,通过线圈的电量就相同.

(2) 手推磁铁所做的功转化为线圈中的焦耳热,得

$$W=I^2R\Delta t=\left(\frac{1}{R}\,\frac{\Delta\Phi}{\Delta t}\right)^2R\Delta t=\frac{1}{R}\,\frac{(\Delta\Phi)^2}{\Delta t},$$

可见 Δt 小的情况,即迅速推进时做功多.

10-7. 如图所示,将一块导体薄片放在电磁铁上方与轴线垂直的平面上.

(1) 如果磁铁中的电流突然发生变化,在 P 点附近并不能立即检测出磁场 $\boldsymbol{B}$ 的全部变化,为什么?

(2) 若电磁铁中通过高频的交流电流,使 $\boldsymbol{B}$ 作高频率的周期性变化,并且导体薄片是由低电阻率的材料制成,则 P 点附近的区域几乎完全为该导体片所屏蔽,而不受到 $\boldsymbol{B}$ 的变化的影响,试说明这是为什么?

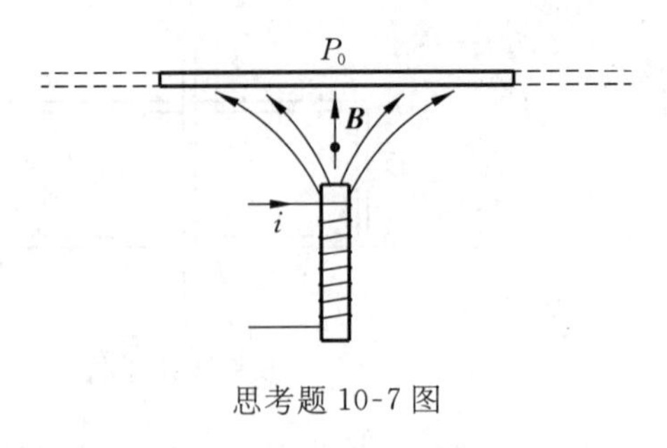

思考题 10-7 图

(3) 这样的导体薄片能否屏蔽稳恒电流的磁场,为什么?

答: (1) 当磁铁中电流突然发生变化时,在导体薄片上有感应电动势和电流产生,感应电流产生的磁场是反抗原磁场的变化的,因而抵消了一部分磁场,在 P 点附近不能立即测出磁铁产生的磁场 $\boldsymbol{B}$ 的全部变化.

(2) 由于$\dfrac{\mathrm{d}\Phi}{\mathrm{d}t}$大,而导体的电阻小,故电流 $I=\dfrac{1}{R}\dfrac{\mathrm{d}\Phi}{\mathrm{d}t}$ 很大,产生的磁场也很大,所以几乎可以完全抵消原磁场的变化.

(3) 导体薄片不能屏蔽稳恒电流的磁场,因为恒定磁场不能产生感应电动势.

10-8. 试讨论涡旋电场和静电场有何异同?

答: 涡旋电场 $\boldsymbol{E}_k$ 和静电场 $\boldsymbol{E}$ 相同处:

① 对电荷 q 的作用力规律相同: $\boldsymbol{F}=q\boldsymbol{E}$, $\boldsymbol{F}=q\boldsymbol{E}_k$;

② 静电场中导体上有一定的电荷分布时有电势和电势差的概念,涡旋场中导体上出现恒定的电荷分布时,仍可用电势和电势差的概念;

③ 都满足欧姆定律的微分形式 $\boldsymbol{j}=\sigma\boldsymbol{E}$, $\boldsymbol{j}=\sigma\boldsymbol{E}_k$;

不同处:①静电场由静止电荷激发,是保守场或有势场$\oint\boldsymbol{E}\cdot\mathrm{d}\boldsymbol{l}=0$, 静电场的电场线不闭合,有头有尾.涡旋电场由变化的磁场激发,电场线是涡旋闭合曲线,为非有势场, $\mathscr{E}_i=\oint\boldsymbol{E}_k\cdot\mathrm{d}\boldsymbol{l}$.

②静电场中,两点间电势差 $U_2-U_1=\int_2^1\boldsymbol{E}\cdot\mathrm{d}\boldsymbol{l}$ 与积分路径无关.涡旋电场中,只能说两点间沿给定路径的电势差, $U_2-U_1=\int_{\text{给定路径}}\boldsymbol{E}_k\cdot\mathrm{d}\boldsymbol{l}$, 不同的路径有不同的数值.

10-9. 有两个相互靠近的线圈,如何放置才能使它们的互感系数最小?

答: 当两个线圈的绕行方向互相垂直时,互感系数近似为零.

10-10. 将两个线圈互相串联起来,试问它们的等效电感与它们之间的几何位置是否有关?

答: 两个互相串联的线圈的等效电感与它们之间的几何位置有关,因为等效电感与两线圈的互感有关,而互感与相对位置有关.

第十一章　物质中的电场和磁场

一、内容提要

1. 电极化强度　$\boldsymbol{P}=\dfrac{\Sigma \boldsymbol{P}_{分}}{\Delta V}$，　$\boldsymbol{P}=\chi_e\varepsilon_0\boldsymbol{E}$，　$\chi_e=\varepsilon_r-1$.

2. 电介质表面上的极化电荷面密度　$\sigma'=\boldsymbol{P}\cdot\boldsymbol{n}$，$\boldsymbol{n}$ 为介质表面的外向法线单位矢量.

3. 有电介质时的高斯定理　$\oint \boldsymbol{D}\cdot d\boldsymbol{S}=\sum_i q_i$，

式中

$$\boldsymbol{D}=\varepsilon_0\boldsymbol{E}+\boldsymbol{P}=\varepsilon_0\varepsilon_r\boldsymbol{E}.$$

4. 各向同性的均匀介质充满电容器的两极板间时，电容器的电容 $C=\varepsilon_r C_0$，式中 C_0 为真空中的电容.

5. 磁化强度矢量：

对顺磁质　$\boldsymbol{M}=\dfrac{\sum \boldsymbol{P}_m}{\Delta V}$，与 $\boldsymbol{B}_0$ 同方向.

对抗磁质　$\boldsymbol{M}=\dfrac{\sum \Delta\boldsymbol{P}_m}{\Delta V}$，与 $\boldsymbol{B}_0$ 反方向.

6. 磁化电流线密度　$\boldsymbol{i}'=\boldsymbol{M}\times\boldsymbol{n}$.

7. 磁介质中的安培环路定理　$\oint \boldsymbol{H}\cdot d\boldsymbol{l}=\sum_i I_i$，

式中　$\boldsymbol{H}=\dfrac{\boldsymbol{B}}{\mu_0}-\boldsymbol{M}$，　$\boldsymbol{B}=\mu_0(1+\chi_m)\boldsymbol{H}=\mu_0\mu_r\boldsymbol{H}$，　$\chi_m=\mu_r-1$.

顺磁质：$\chi_m>0$，$\mu_r>1$，　抗磁质：$\chi_m<0$，$\mu_r<1$，$\boldsymbol{M}=\chi_m\boldsymbol{H}$.

8. 静电场的能量：

(1) 电容器具有的静电能　$W=\dfrac{1}{2}CU^2$ 或 $W=\dfrac{Q^2}{2C}$.

(2) 静电场的能量　$W=\int w\,dV=\int_V \dfrac{1}{2}\boldsymbol{D}\cdot\boldsymbol{E}\,dV$.

9. 静磁场的能量　$W=\int_V w_m\,dV=\int_V \dfrac{1}{2}\boldsymbol{B}\cdot\boldsymbol{H}\,dV$.

二、自学指导和例题解析

本章要点是掌握在电场作用下电介质产生的极化电荷及其所产生的附加电场与原电场的关系；掌握电介质中的高斯定理；掌握电位移矢量 $\boldsymbol{D}$ 与电场强度 $\boldsymbol{E}$、电极化强度 $\boldsymbol{P}$ 之间的关系；掌握计算介质中场强的方法；掌握在磁场作用下磁介质的磁化及其产生的附加磁场与原磁场的关系；掌握磁介质中的安培环路定理；掌握磁场强度 $\boldsymbol{H}$ 和磁感应强度 $\boldsymbol{B}$、磁化强度矢量 $\boldsymbol{M}$

的关系；掌握介质中磁感应强度的计算方法；掌握计算电场和磁场能量的方法. 在本章学习中应注意以下几点：

(1) 极化电荷起源于原子或分子的极化，因而总是牢固地束缚在介质上，极化电荷与导体上的自由电荷不同，一般而言，既不可能从介质的一处宏观地转移到另一处，也不可能从一个物体传递给另一个物体. 当介质与导体接触时，亦不会与导体上的自由电荷相中和.

(2) 在电荷激发电场的性质方面，极化电荷与自由电荷是相同的.

(3) 当均匀电介质充满电场存在的整个空间时，介质中的场强为自由电荷单独产生的场强的 ε_r 分之一，ε_r 为介质的相对介电常数. 因为当均匀介质充满整个场存在的空间时，极化电荷只能分布在放置自由电荷的地方，其结果相当于抵消了一部分自由电荷，即场源由 q_f(自由电荷)变为 q_f/ε_r，因此，场强亦按比例减弱成自由电荷单独产生场强的 $1/\varepsilon_r$，这反映了极化电荷对自由电荷的场有一定程度的屏蔽作用.

(4) 当均匀磁介质充满着磁场存在的整个空间时，介质中的磁感应强度是传导电流单独产生的磁感应强度的 μ_r 倍. 在此情形，介质的表面或在介质与传导电流的交界面处，或在无限远的地方. 因此，磁化电流只分布在与传导电流交界处的介质表面上及无限远处，但无限远处的磁化电流的磁效应可忽略，结果介质的作用等效于激发磁场的电流由 I 变为 $\mu_r I$，因而介质中的磁感应强度为传导电流单独产生的磁感应强度的 μ_r 倍. 如果介质是非均匀的或介质未充满整个场存在的空间，上述结论不再适用.

(5) 传导电流单独产生的磁场 $\boldsymbol{B}$ 对封闭曲面的通量为零，即

$$\oint_S \boldsymbol{B} \cdot \mathrm{d}\boldsymbol{S} = 0.$$

但因为

$$\boldsymbol{H} = \frac{\boldsymbol{B}}{\mu_0} - \boldsymbol{M},$$

所以 $\boldsymbol{H}$ 对封闭曲面的通量不为零.

$$\oint_S \boldsymbol{H} \cdot \mathrm{d}\boldsymbol{S} = \oint_S \frac{\boldsymbol{B}}{\mu_0} \cdot \mathrm{d}\boldsymbol{S} - \oint_S \boldsymbol{M} \cdot \mathrm{d}\boldsymbol{S} = -\oint_S \cdot \boldsymbol{M} \cdot \mathrm{d}\boldsymbol{S}.$$

只有当均匀的磁介质充满磁场存在的整个空间时，由于 $\boldsymbol{B} = \mu\boldsymbol{H}$，$\oint_S \boldsymbol{H} \cdot \mathrm{d}\boldsymbol{S} = 0$ 遂成立，另外，即使介质未充满场存在的空间，只要介质均匀，界面与 $\boldsymbol{B}$(从而与 $\boldsymbol{M}$)相切，该结论也成立.

(6) 真空中，当磁场由两个载流回路所激发时，磁场的能量密度仍为 $\frac{1}{2\mu_0}\boldsymbol{B}^2$，不过式中的 $\boldsymbol{B}$ 表示总磁感应强度，$\boldsymbol{B} = \boldsymbol{B}_1 + \boldsymbol{B}_2$，式中 $\boldsymbol{B}_1$ 和 $\boldsymbol{B}_2$ 分别为载流回路 1 和 2 单独产生的磁场的磁感应强度，磁场的总磁能为

$$\begin{aligned} W_m &= \frac{1}{2\mu_0}\int \boldsymbol{B}^2 \mathrm{d}V = \frac{1}{2\mu_0}\int (\boldsymbol{B}_1 + \boldsymbol{B}_2)^2 \mathrm{d}V \\ &= \frac{1}{2\mu_0}\int \boldsymbol{B}_1^2 \mathrm{d}V + \frac{1}{2\mu_0}\int \boldsymbol{B}_2^2 \mathrm{d}V + \frac{1}{\mu_0}\int \boldsymbol{B}_1 \cdot \boldsymbol{B}_2 \mathrm{d}V. \end{aligned}$$

显然，第一项和第二项分别对应于载流回路 1 和 2 的自感能，第三项对应于两个回路的互感能，即

$$W_{m_1} = \frac{1}{2}L_1 I_1^2 = \frac{1}{2\mu_0}\int \boldsymbol{B}_1^2 \mathrm{d}V,$$

$$W_{m_2} = \frac{1}{2}L_2 I_2^2 = \frac{1}{2\mu_0}\int \boldsymbol{B}_2^2 \mathrm{d}V,$$

$$W_{m_{12}} = MI_1 I_2 = \frac{1}{\mu_0}\int \boldsymbol{B}_1 \cdot \boldsymbol{B}_2 \mathrm{d}V.$$

这样,回路的自感系数、互感系数直接与磁场的能量相联系,通过计算磁场的能量可求得回路的自感系数和互感系数.

例题

例 11-1　如图所示,有一导体带电荷 Q,导体外充满相对介电常量为 ε_r 的各向同性介质,求介质—导体界面上的极化电荷.

解: 在介质中围绕导体边界作一闭合曲面,极化电荷为

$$q' = -\oint_S \boldsymbol{P} \cdot \mathrm{d}\boldsymbol{S}.$$

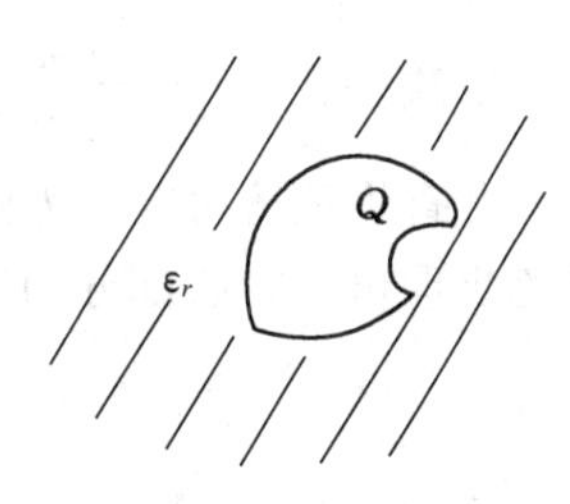

例 11-1 图

本题为各向同性介质充满全部电场存在的空间.

$$\boldsymbol{P} = \boldsymbol{D} - \varepsilon_0 \boldsymbol{E} = \left(1 - \frac{1}{\varepsilon_r}\right)\boldsymbol{D}.$$

由介质中的高斯定理可得

$$q' = -\oint_S \boldsymbol{P} \cdot \mathrm{d}\boldsymbol{S} = -\left(1 - \frac{1}{\varepsilon_r}\right)\oint_S \boldsymbol{D} \cdot \mathrm{d}\boldsymbol{S} = -\left(1 - \frac{1}{\varepsilon_r}\right)Q.$$

例 11-2　在两导体之外充满各向同性的均匀电介质,其相对介电常量为 ε_r,电导率为 σ,使两导体带等量异号电荷,试求这两个导体及其周围的介质组成的电容器的电容和相应的漏电阻之间满足关系式　$RC = \dfrac{\varepsilon_0 \varepsilon_r}{\sigma}$.

解: 设两导体构成两个等势面,其间存在静电场,两导体间的电势差为

$$U_+ - U_- = \int_+^- \boldsymbol{E} \cdot \mathrm{d}\boldsymbol{l}. \quad ①$$

导体上的电量等于面电荷密度 $\sigma_面$ 的面积分,即

$$Q = \int_S \sigma_面 \,\mathrm{d}S = \int_S \boldsymbol{D} \cdot \mathrm{d}\boldsymbol{S} = \varepsilon_r \varepsilon_0 \int_S \boldsymbol{E} \cdot \mathrm{d}\boldsymbol{S}, \quad ②$$

式中 S 即为导体的表面导体组的电容为

$$C = \frac{Q}{U_+ - U_-} = \frac{\varepsilon_r \varepsilon_0 \int_S \boldsymbol{E} \cdot \mathrm{d}\boldsymbol{S}}{\int_+^- \boldsymbol{E} \cdot \mathrm{d}\boldsymbol{l}}. \quad ③$$

两导体间漏电流为

$$I = \int_S \boldsymbol{j} \cdot \mathrm{d}\boldsymbol{S} = \int_S \sigma \boldsymbol{E} \cdot \mathrm{d}\boldsymbol{S} = \sigma \int_S \boldsymbol{E} \cdot \mathrm{d}\boldsymbol{S}. \quad ④$$

由欧姆定律,导体组的电阻为

$$R=\frac{U_{+}-U_{-}}{I}=\frac{\int_{+}^{-}\boldsymbol{E}\cdot\mathrm{d}\boldsymbol{l}}{\sigma\int_{S}\boldsymbol{E}\cdot\mathrm{d}\boldsymbol{S}}. \quad ⑤$$

③×⑤,得

$$RC=\frac{\varepsilon_r\varepsilon_0}{\sigma},$$

此结果与电极的形状无关.

例 11-3 如图所示,长直螺线管长 $l(l>R)$,密绕 N 匝线圈,通有电流 I,其管心由磁导率为 μ_1、截面积为 S_1 的圆柱体和磁导率为 μ_2、截面积为 S_2 的圆管构成,试求此螺线管单位长度上贮存的磁能.

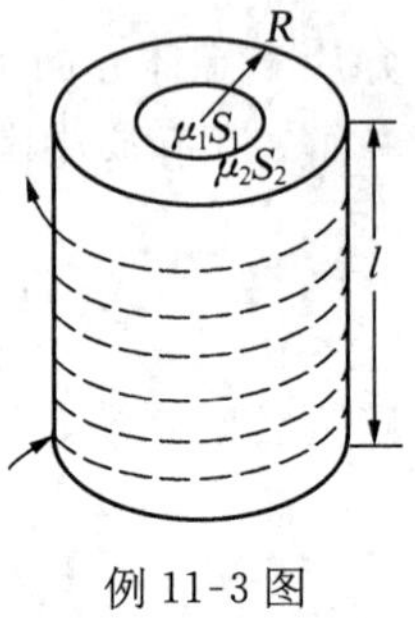

例 11-3 图

解法一: 用 $W_m=\sum\left(\frac{1}{2}\frac{B^2}{\mu}\cdot V\right)$ 求解.

此直螺线管可视为无限长($l\gg R$),管外磁感应强度为零. 由安培环路定理可得管心部分的磁感应强度为

$$B_1=\mu_1\frac{N}{l}I.$$

圆管部分的磁感应强度为

$$B_2=\mu_2\frac{N}{l}I.$$

螺线管内的磁场能量为

$$W_m=\frac{B_1^2}{2\mu_1}S_1l+\frac{B_2^2}{2\mu_2}S_2l=\frac{N^2}{2l}I^2(\mu_1S_1+\mu_2S_2).$$

螺线管内单位长度的磁能为

$$\frac{W_m}{l}=\frac{N^2I^2}{2l^2}(\mu_1S_1+\mu_2S_2).$$

解法二: 用 $W_m=\frac{1}{2}LI^2$ 求解.

螺线管的自感系数为

$$L=\frac{N\Phi}{I}=\frac{N(B_1S_1+B_2S_2)}{I}=\frac{N^2(\mu_1S_1+\mu_2S_2)}{l}.$$

磁场能量为

$$W_m=\frac{1}{2}LI^2=\frac{N^2I^2}{2l}(\mu_1S_1+\mu_2S_2).$$

单位长度的磁能为

$$\frac{W_m}{l}=\frac{N^2I^2}{2l^2}(\mu_1S_1+\mu_2S_2).$$

三、习题解答

11-1. 如图所示,一平行板电容器两极板相距为 d,其间充满了两部分介质,介电常数为 ε_1 的介质所占的面积为 S_1,介电常数为 ε_2 的介质所占的面积为 S_2,略去边缘效应,求电容 C.

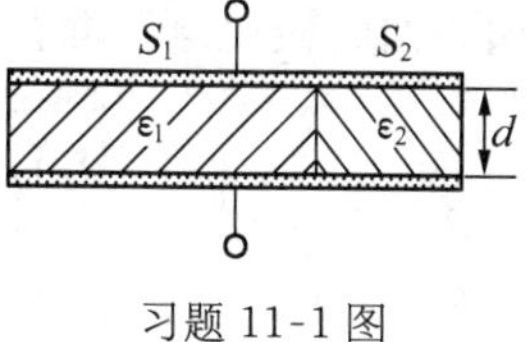

习题 11-1 图

解: 此电容可看作是两个电容的并联.

$$C=C_1+C_2=\frac{\varepsilon_1 S_1}{d}+\frac{\varepsilon_2 S_2}{d}=\frac{\varepsilon_1 S_1+\varepsilon_2 S_2}{d}.$$

11-2. 面积为 $1.0\ \mathrm{m}^2$ 的两平行金属板带有等量异号电荷,电量都是 $30\ \mu\mathrm{C}$,其间充满了电容率(即介电常数)为 $1.5\times10^{-11}\ \mathrm{F\cdot m^{-1}}$ 的均匀介质,略去边缘效应,求介质内的电场强度 $\boldsymbol{E}$ 和介质表面上的极化电荷面密度 σ'.

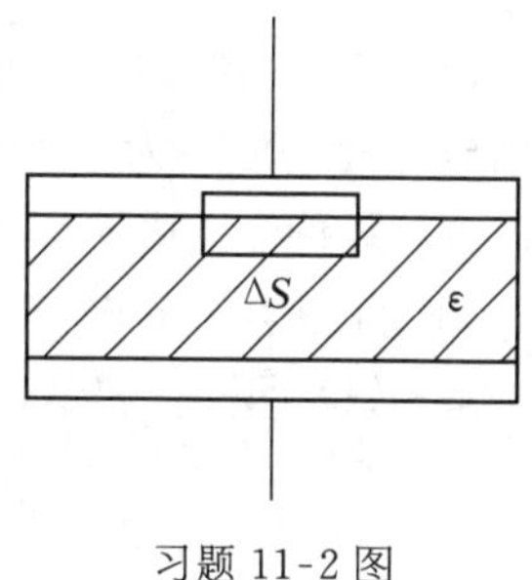

习题 11-2 图

解: 作一柱形高斯面包围金属极板和介质的分界面,如图,高斯面的上、下底平行于交界面,面积为 ΔS,由介质中的高斯定理得

$$\oint \boldsymbol{D}\cdot \mathrm{d}\boldsymbol{S}=q.$$

高斯面的上底在金属极板内, $\boldsymbol{E}=\boldsymbol{0}$, 故 $\boldsymbol{D}=\boldsymbol{0}$, 侧柱面的法线与极板平行,因而与介质中的场 $\boldsymbol{E}$ 垂直, $\boldsymbol{D}\cdot \mathrm{d}\boldsymbol{S}_{侧}=0$, 所以上式化为

$$\oint \boldsymbol{D}\cdot \mathrm{d}\boldsymbol{S}=\oint_{下底}\boldsymbol{D}\cdot \mathrm{d}\boldsymbol{S}=q.$$

下底面的 $\boldsymbol{D}$ 和 $\Delta\boldsymbol{S}$ 方向一致,设自由面电荷密度为 σ,则上式为

$$\int_{下底}\boldsymbol{D}\cdot \mathrm{d}\boldsymbol{S}=D\cdot\Delta S=\sigma\cdot\Delta S,$$

得

$$D=\sigma=\frac{q}{S}.$$

介质内的电场强度为 $\boldsymbol{E}$,其值为

$$E=\frac{D}{\varepsilon}=\frac{q}{\varepsilon S}=\frac{30\times10^{-6}}{1.5\times10^{-11}\times1.0}=2.0\times10^{6}(\mathrm{V\cdot m^{-1}}).$$

方向由正极板垂直指向负极板.

介质的极化强度为 $\boldsymbol{P}$,其值为

$$P=(\varepsilon_r-1)\varepsilon_0 E=D-\varepsilon_0 E=D-\varepsilon_0\cdot\frac{D}{\varepsilon}=\sigma-\frac{\varepsilon_0}{\varepsilon}\sigma=\sigma\left(1-\frac{\varepsilon_0}{\varepsilon}\right)$$

$$=\frac{q}{S}\left(1-\frac{\varepsilon_0}{\varepsilon}\right)=\frac{30\times10^{-6}}{1}\left(1-\frac{8.85\times10^{-12}}{1.5\times10^{-11}}\right)$$

$$=1.23\times10^{-5}(\mathrm{C\cdot m^{-2}}).$$

$$\sigma'=P_n=P=1.23\times10^{-5}(\mathrm{C\cdot m^{-2}}).$$

11-3. 一平行板电容器两极板相距为 $2.0\ \mathrm{mm}$,电势差为 $400\ \mathrm{V}$,其间充满了相对介电常

数为 $\varepsilon_r = 5.0$ 的均匀玻璃介质，略去边缘效应，求玻璃表面极化电荷的面密度 σ'.

解: 由上题已证出，这种情况下，$D=\sigma$, $\sigma' = \left(1-\frac{\varepsilon_0}{\varepsilon}\right)\sigma$, 又由 $E=\frac{V}{d}$ 及 $E=\frac{D}{\varepsilon}=\frac{\sigma}{\varepsilon}$,

得
$$\sigma = \frac{\varepsilon V}{d} = \frac{\varepsilon_0 \varepsilon_r V}{d}.$$

玻璃表面的极化电荷面密度 σ' 为

$$\sigma' = \left(1-\frac{\varepsilon_0}{\varepsilon}\right)\sigma = \left(1-\frac{1}{\varepsilon_r}\right)\cdot\frac{\varepsilon_0\varepsilon_r V}{d} = \left(1-\frac{1}{5}\right)\cdot\frac{8.85\times10^{-12}\times5\times400}{2\times10^{-3}}$$
$$=7.08\times10^{-6}(\mathrm{C\cdot m^{-2}}).$$

11-4. 一平行板电容器极板面积为 S，极板间距为 d，相对介电常数分别为 ε_{r1} 和 ε_{r2}，两种电介质各充满板间的一半(如图).

(1) 在电容器两极板上加电压 V，两种介质所对着的极板上的自由电荷面密度各为多少?

(2) 两种介质内的 D 是多少?

(3) 此电容器的电容是多大?

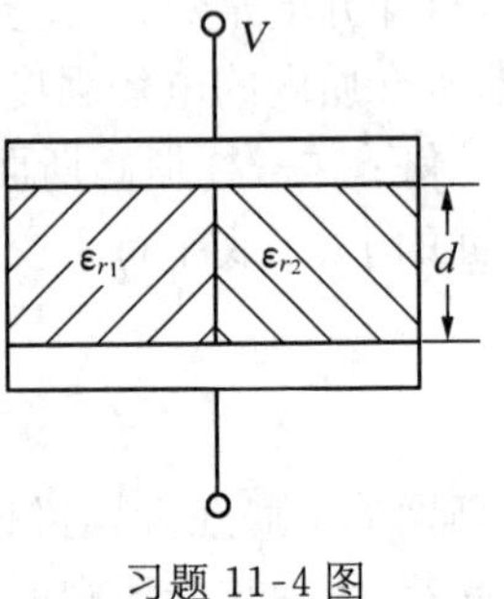

习题 11-4 图

解: (1) 两部分极板间的电势差相等，$V_1 = V_2 = V$,

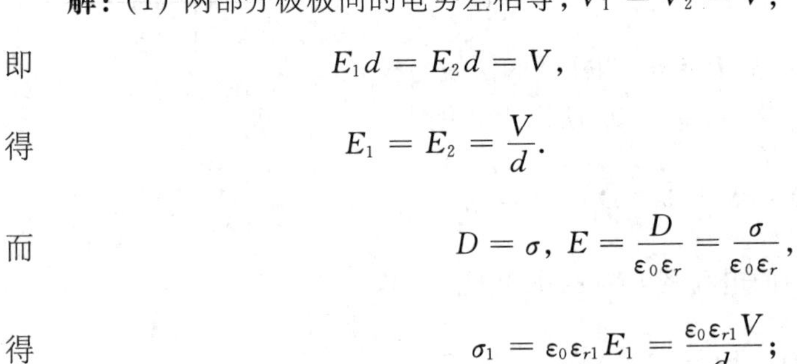

即
$$E_1 d = E_2 d = V,$$

得
$$E_1 = E_2 = \frac{V}{d}.$$

而
$$D=\sigma,\ E=\frac{D}{\varepsilon_0\varepsilon_r}=\frac{\sigma}{\varepsilon_0\varepsilon_r},$$

得
$$\sigma_1 = \varepsilon_0\varepsilon_{r1}E_1 = \frac{\varepsilon_0\varepsilon_{r1}V}{d};$$

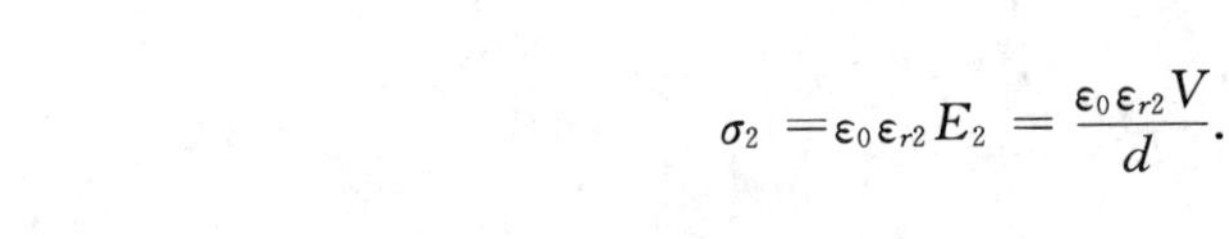

$$\sigma_2 = \varepsilon_0\varepsilon_{r2}E_2 = \frac{\varepsilon_0\varepsilon_{r2}V}{d}.$$

(2) $D_1 = \sigma_1 = \frac{\varepsilon_0\varepsilon_{r1}V}{d}$; $D_2 = \sigma_2 = \frac{\varepsilon_0\varepsilon_{r2}V}{d}$.

(3) 两部分电容分别为

$$C_1 = \frac{\varepsilon_0\varepsilon_{r1}\cdot S/2}{d};\ C_2 = \frac{\varepsilon_0\varepsilon_{r2}\cdot S/2}{d}.$$

C_1 与 C_2 为并联，故总电容为

$$C = C_1 + C_2 = \frac{\varepsilon_0 S(\varepsilon_{r1}+\varepsilon_{r2})}{2d}.$$

11-5. 平板电容器(极板面积为 S，间距为 d)中间有两层厚度各为 d_1 和 d_2($d_1+d_2=d$)、介电常数各为 ε_1 和 ε_2 的电介质层(如图(a))，试求:

(1) 电容 C;

(2) 当两极板所带电荷的面密度为 $\pm\sigma_0$ 时，两层介质分界面上的极化电荷面密度 σ' 是多少?

(3) 极板间的电势差 U；

(4) 两层介质中的电位移 $\boldsymbol{D}$.

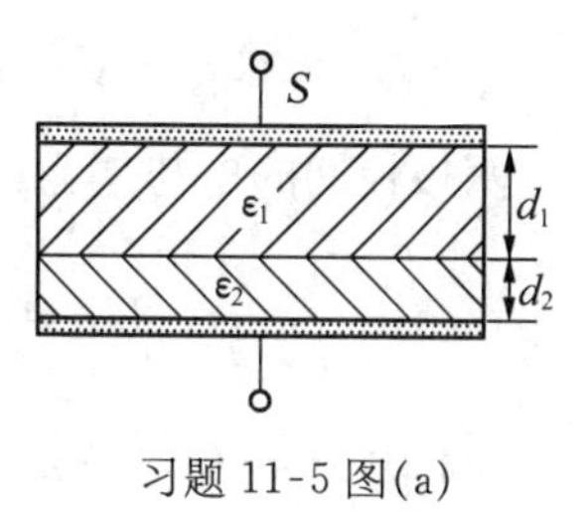

习题 11-5 图(a)

解： (1) 总电容可看成是两个电容的串联，所以

$$C=\frac{C_1\cdot C_2}{C_1+C_2}=\frac{\dfrac{\varepsilon_1\varepsilon_2 S^2}{d_1 d_2}}{\dfrac{\varepsilon_1 S}{d_1}+\dfrac{\varepsilon_2 S}{d_2}}=\frac{\varepsilon_1\varepsilon_2 S}{\varepsilon_1 d_2+\varepsilon_2 d_1}.$$

(2) 如图(b)所示，在平板电容器中作高斯柱面，两底与平板平行，一在导体极板中间，另一底面在介质中，先把一底作于介质 1 中，由介质中的高斯定理(同 11-2 题)得

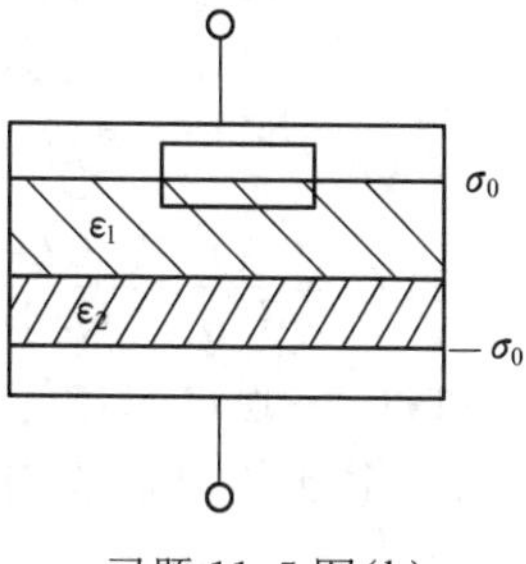

习题 11-5 图(b)

$$\oint \boldsymbol{D}\cdot d\boldsymbol{S}=\int_{下底}\boldsymbol{D}\cdot d\boldsymbol{S}=q=\sigma_0 S.$$

得
$$D\cdot S=\sigma_0\cdot S,$$

$$D_1=\sigma_0.$$

若高斯面的下底在介质 2 中，则由上面分析可见，在自由电荷面密度相同的情况下，D 相同，故 $D_2=\sigma_0$. 即 $D_1=D_2$. 而介质中的电场强度不同，有

$$E_1=\frac{D_1}{\varepsilon_1}=\frac{\sigma_0}{\varepsilon_1},\ E_2=\frac{D_2}{\varepsilon_2}=\frac{\sigma_0}{\varepsilon_2}.$$

介质中的极化强度矢量 $P=P_n$, $\sigma'=P_n$，故 $\sigma'=P$.

$$\sigma_1'=P_1=D-\varepsilon_0 E_1=\sigma_0-\varepsilon_0\cdot\frac{\sigma_0}{\varepsilon_1}=\sigma_0\left(1-\frac{\varepsilon_0}{\varepsilon_1}\right),$$

$$\sigma_2'=P_2=D-\varepsilon_0 E_2=\sigma_0-\varepsilon_0\cdot\frac{\sigma_0}{\varepsilon_2}=\sigma_0\left(1-\frac{\varepsilon_0}{\varepsilon_2}\right).$$

在分界面上，$\sigma'=\sigma_1'-\sigma_2'=\sigma_0\varepsilon_0\left(\dfrac{1}{\varepsilon_2}-\dfrac{1}{\varepsilon_1}\right)$.

(3) $U=E_1 d_1+E_2 d_2=\dfrac{\sigma_0 d_1}{\varepsilon_1}+\dfrac{\sigma_0 d_2}{\varepsilon_2}$.

(4) $D_1=D_2=D=\sigma_0$，方向垂直于板面，由电容器的正极板指向负极板.

11-6. 如图所示，一同心球形电容器内、外半径分别为 R_1 和 R_2，两球间充满介电常数为 ε 的均匀介质，内球带电量为 Q，外球壳带电量为 $-Q$，求：

(1) 电容器内、外各处的电场强度 $\boldsymbol{E}$ 和两极板的电势差 U；

(2) 介质表面的极化电荷面密度 σ'；

(3) 电容 C.

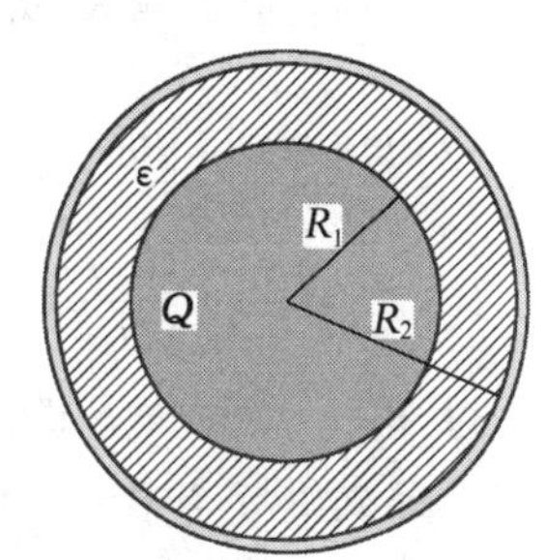

习题 11-6 图

解： (1) $r<R_1$　此范围内为金属导体，$\boldsymbol{E}_1=0$.

$R_1<r<R_2$　由介质中高斯定理，$\oint \boldsymbol{D}\cdot d\boldsymbol{S}=q$, $D_2\cdot 4\pi r^2=Q$, $D_2=\dfrac{Q}{4\pi r^2}$, $E_2=\dfrac{D_2}{\varepsilon}=\dfrac{Q}{4\pi\varepsilon r^2}$，$\boldsymbol{E}$ 方向沿半径指向外侧.

$r > R_2$，(球壳厚度不计)$\oint \boldsymbol{D} \cdot \mathrm{d}\boldsymbol{S} = 0$，得 $\boldsymbol{D} = 0$，$E_3 = 0$.

两极板间的电势差为

$$U_{12} = \int_{R_1}^{R_2} \boldsymbol{E}_2 \cdot \mathrm{d}\boldsymbol{r} = \int_{R_1}^{R_2} \frac{Q}{4\pi\varepsilon r^2}\mathrm{d}r = \frac{Q}{4\pi\varepsilon}\left(\frac{1}{R_1} - \frac{1}{R_2}\right).$$

(2) 由 $P = (\varepsilon_r - 1)\varepsilon_0 E$ 及 $\sigma' = P_n = P$，得 $\sigma' = D - \varepsilon_0 E$，$\sigma'$的正、负由 $\sigma' = \boldsymbol{P} \cdot \boldsymbol{n}$ 得出.

$\sigma'_{内} = -(D_2 - \varepsilon_0 E_2)_{内} = \dfrac{-Q}{4\pi R_1^2}\left(1 - \dfrac{\varepsilon_0}{\varepsilon}\right) = \dfrac{Q}{4\pi R_1^2}\left(\dfrac{\varepsilon_0}{\varepsilon} - 1\right)$，介质内表面带负极化电荷.

$\sigma'_{外} = (D_2 - \varepsilon_0 E_2)_{外} = \dfrac{Q}{4\pi R_2^2}\left(1 - \dfrac{\varepsilon_0}{\varepsilon}\right)$，介质外表面带正极化电荷.

(3) $C = \dfrac{Q}{U_{12}} = \dfrac{Q}{Q/4\pi\varepsilon} \cdot \left(\dfrac{1}{R_1} - \dfrac{1}{R_2}\right)^{-1} = 4\pi\varepsilon \dfrac{R_1 R_2}{R_2 - R_1}$.

11-7. 一圆柱形电容器是由半径为 R_1 的直导线和与它同轴的导体圆筒构成. 圆筒的内半径为 R_2、长为 l，其间充满了介电常数为 ε 的介质(如图)，设沿轴线单位长度上导线带正电荷 λ_0，圆筒的电荷为 $-\lambda_0$，略去边缘效应，试求：

(1) 介质中的电场强度 $\boldsymbol{E}$、电位移 $\boldsymbol{D}$、极化强度 $\boldsymbol{P}$、极化电荷面密度 σ'；

(2) 两极板的电势差 U；

(3) 电容 C.

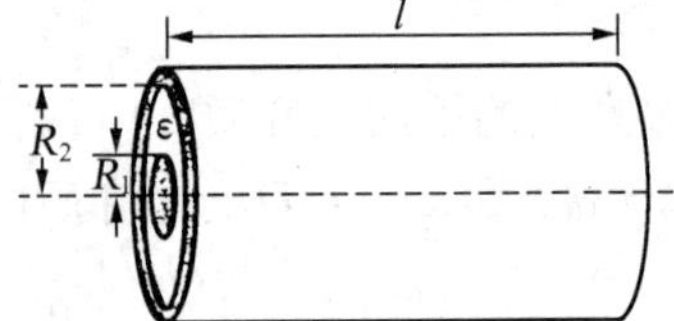

习题 11-7 图

解：(1) 在介质中作与圆筒同轴的单位长度圆柱面为高斯面，由介质中的高斯定理得

$\oint \boldsymbol{D} \cdot \mathrm{d}\boldsymbol{S} = q$，圆柱底面与轴线垂直，$\boldsymbol{D} \cdot \mathrm{d}\boldsymbol{S}_{底} = 0$，所以 $\oint \boldsymbol{D} \cdot \mathrm{d}\boldsymbol{S} = \int_{侧} \boldsymbol{D} \cdot \mathrm{d}\boldsymbol{S} = D \cdot 2\pi r \cdot 1 = \lambda_0$. 得

$$D = \frac{\lambda_0}{2\pi r}，方向沿半径向外.$$

$$E = \frac{D}{\varepsilon} = \frac{\lambda_0}{2\pi\varepsilon r}，方向沿半径向外.$$

$$P = D - \varepsilon_0 E = \frac{\lambda_0}{2\pi r}\left(1 - \frac{\varepsilon_0}{\varepsilon}\right)，方向沿径向向外.$$

由 $\sigma' = \boldsymbol{P} \cdot \boldsymbol{n}$ 得

介质内表面 $r = R_1$ 处，$\quad \sigma'_{内} = -P_{内} = \dfrac{-\lambda_0}{2\pi R_1}\left(1 - \dfrac{\varepsilon_0}{\varepsilon}\right)$.

介质外表面 $r = R_2$ 处，$\quad \sigma'_{外} = P_{外} = \dfrac{\lambda_0}{2\pi R_2}\left(1 - \dfrac{\varepsilon_0}{\varepsilon}\right)$.

(2) $U_{12} = \displaystyle\int_{R_1}^{R_2} \boldsymbol{E}\mathrm{d}\boldsymbol{r} = \int_{R_1}^{R_2} \frac{\lambda_0}{2\pi\varepsilon r}\mathrm{d}r = \frac{\lambda_0}{2\pi\varepsilon}\ln\frac{R_2}{R_1}$.

(3) $C = \dfrac{Q}{U} = \dfrac{\lambda_0 l}{U_{12}} = 2\pi\varepsilon l / \ln \dfrac{R_2}{R_1}$.

11-8. 一半径为 R 的无限长直螺线管，由表面绝缘的细导线密绕而成，单位长度的匝数为 n，内部充满磁导率为 $\mu > \mu_0$ 的均匀磁介质，当导线中通有电流 I 时. 试求：

(1) 磁介质中的磁场强度 $\boldsymbol{H}$，磁感应强度 $\boldsymbol{B}$ 和磁化强度 $\boldsymbol{M}$；

(2) 磁介质表面的分子电流线密度 i'.

解: (1) 由介质中的安培环路定理求解 $\boldsymbol{H}$. 图示为螺线管沿轴线的截面图,作一矩形环路,其两条边与轴线平行且分别在管内、外,长为 Δl,另两条边与轴线垂直,因管外 $B=0$,管内的 $\boldsymbol{H}$、$\boldsymbol{B}$ 均平行于管轴,由右手螺旋定则可判断其方向为水平指向左边. $\boldsymbol{H}$ 对环路的积分为 $\oint \boldsymbol{H}\cdot \mathrm{d}\boldsymbol{l}=\sum I$,

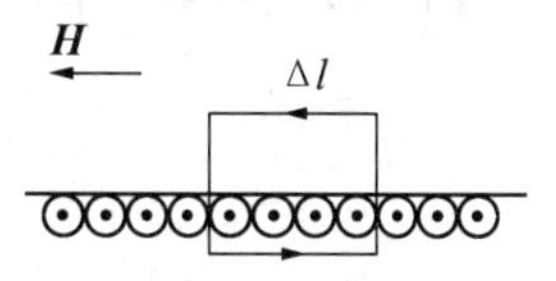

习题 11-8 图

$$\oint \boldsymbol{H}\cdot \mathrm{d}\boldsymbol{l}=\int H\cdot \mathrm{d}l=H\cdot \Delta l=n\Delta l\cdot I.$$

得 $H=nI$. 由 $\boldsymbol{B}=\mu\boldsymbol{H}$, 得 $B=\mu nI$.

由 $\boldsymbol{M}=\dfrac{\boldsymbol{B}}{\mu_0}-\boldsymbol{H}$, 得 $M=\dfrac{\mu}{\mu_0}nI-nI=nI\left(\dfrac{\mu}{\mu_0}-1\right)$.

(2) 由 $\boldsymbol{i}'=\boldsymbol{M}\times\boldsymbol{n}$ 可知,$\boldsymbol{i}'$的方向与传导电流 I 的方向相同,其值为 $i'=M=nI\left(\dfrac{\mu}{\mu_0}-1\right)$.

11-9. 一无限长圆柱形直铜线,横截面的半径为 R,线外包有一层相对磁导率为 $\mu_r>1$ 的均匀介质,层厚为 d,导线中通有电流 I,I 均匀地分布在导线的横截面上,试求:

(1) 离导线轴线为 r 处的 $\boldsymbol{H}$ 和 $\boldsymbol{B}$ 的大小(分别考虑 $r<R$, $R<r<R+d$ 和 $r>R+d$ 三种情况);

(2) 磁介质内表面和外表面上的分子电流.

解: (1) 以铜线的轴线上一点为圆心,半径为 r 作与轴线垂直的圆形环路,导线的电流密度为

$$j=I/\pi R^2.$$

由安培环路定理得
$$\oint \boldsymbol{H}\cdot \mathrm{d}\boldsymbol{l}=\Sigma I,\ \oint \boldsymbol{H}\cdot \mathrm{d}\boldsymbol{l}=H\cdot 2\pi r.$$

$$r<R,\ H_1\cdot 2\pi r=j\cdot \pi r^2=I\frac{r^2}{R^2},$$

得
$$H_1=\frac{Ir}{2\pi R^2},\ \text{由铜线的 } \mu_r\approx 1 \text{ 知}\quad B_1=\mu_0 H_1=\frac{\mu_0 Ir}{2\pi R^2}.$$

$$R<r<R+d,\ H_2\cdot 2\pi r=I,$$

得
$$H_2=\frac{I}{2\pi r},\ B_2=\mu_0\mu_r H_2=\frac{\mu_0\mu_r I}{2\pi r}.$$

$$r>R+d,\ H_3\cdot 2\pi r=I,$$

得
$$H_3=\frac{I}{2\pi r},\ B_3=\mu_0 H_3=\frac{\mu_0 I}{2\pi r}.$$

(2) 分子电流密度 $\boldsymbol{i}'=\boldsymbol{M}\times\boldsymbol{n}$. 在介质内表面上,$\boldsymbol{n}$ 沿径向指向轴线,在介质外表面上,$\boldsymbol{n}$ 沿径向指向外侧.

介质内
$$M=\frac{B_2}{\mu_0}-H_2=\frac{\mu_r I}{2\pi r}-\frac{I}{2\pi r}=\frac{I}{2\pi r}(\mu_r-1).$$

介质内表面,$r=R$, $I'_{内}=i'\cdot 2\pi R=\dfrac{I}{2\pi R}(\mu_r-1)\cdot 2\pi R=(\mu_r-1)I$, 分子电流与传导电流同向.

介质外表面,$r=R+d$, $I'_{外}=i'\cdot 2\pi(R+d)=(\mu_r-1)I$. 分子电流方向沿圆柱轴线方向,与传导电流方向相反.

11-10. 空气中当电场强度达到 $3\times10^6\ \mathrm{V\cdot m^{-1}}$ 时将会发生火花放电，一孤立的金属小球在空气中荷电后达到 4×10^6 V 的电压，问小球的半径至少应有多大才不至放电？它在放电前能在电场中储能多少？

解：孤立带电小球的电势和电场强度分别为

$$U=\frac{q}{4\pi\varepsilon_0 R},\ E=\frac{q}{4\pi\varepsilon_0 R^2}(\text{表面附近}).$$

由两式得
$$R=\frac{U}{E}=\frac{4\times10^6}{3\times10^6}=1.33(\mathrm{m}).$$

小球在放电前储存的能量为

$$W=\frac{1}{2}CU^2,\ C=4\pi\varepsilon_0 R,$$

得 $W=\frac{1}{2}\times4\pi\varepsilon_0 R\times U^2=2\pi\varepsilon_0 RU^2=2\times3.14\times8.85\times10^{-12}\times1.33\times(4\times10^6)^2$

$=1.18\times10^3(\mathrm{J}).$

11-11. 一平行板电容器有两层介质，$\varepsilon_{r_1}=4$，$\varepsilon_{r_2}=2$，厚度为 $d_1=2\,\mathrm{mm}$，$d_2=3\,\mathrm{mm}$，极板面积 $S=50\ \mathrm{cm}^2$，两极间电压为 $U_0=200$ V.

(1) 计算每层介质中的能量密度；

(2) 计算每层介质中的总能量；

(3) 用下列方式计算电容器的总能量：(a)用两层介质中能量之和计算，(b)用电容器能量公式计算.

解：(1) 先求出每层介质中的电场强度.由已知条件得

$$U_0=E_1d_1+E_2d_2, \quad ①$$

$$D_1=D_2,\ \text{故}\ E_1\varepsilon_1=E_2\varepsilon_2\ \text{或}\ E_1\varepsilon_{r_1}=E_2\varepsilon_{r_2}. \quad ②$$

由②式，代入数字，$4E_1=2E_2$，$E_2=2E_1$.

代入①式，$U_0=E_1d_1+2E_1d_2$，代入数字，$200=E_1(2+2\times3)\times10^{-3}$，

得
$$E_1=2.5\times10^4(\mathrm{V\cdot m^{-1}}),$$

$$E_2=2E_1=5.0\times10^4(\mathrm{V\cdot m^{-1}}).$$

两层介质的能量密度分别为

$$w_1=\frac{1}{2}\varepsilon_0\varepsilon_{r_1}E_1^2=\frac{1}{2}\times8.85\times10^{-12}\times4\times(2.5\times10^4)^2=1.11\times10^{-2}(\mathrm{J\cdot m^{-3}}).$$

$$w_2=\frac{1}{2}\varepsilon_0\varepsilon_{r_2}E_2^2=\frac{1}{2}\times8.85\times10^{-12}\times2\times(5\times10^4)^2=2.22\times10^{-2}(\mathrm{J\cdot m^{-3}}).$$

(2) 每层介质中的总能量分别为

$$W_1=w_1\cdot V_1=1.11\times10^{-2}\times50\times10^{-4}\times2\times10^{-3}=1.11\times10^{-7}(\mathrm{J}).$$

$$W_2=w_2\cdot V_2=2.22\times10^{-2}\times50\times10^{-4}\times3\times10^{-3}=3.33\times10^{-7}(\mathrm{J}).$$

(3) (a)电容器总能量等于两层介质中能量之和

$$W = W_1 + W_2 = (1.11 + 3.3) \times 10^{-7} \approx 4.4 \times 10^{-7}(\text{J}).$$

(b)电容器相当于两个分别充以介质 1、2 的电容串联 $C = \dfrac{C_1 C_2}{C_1 + C_2} = \dfrac{\varepsilon_1 \varepsilon_2 S^2 / d_1 d_2}{\dfrac{\varepsilon_1 S}{d_1} + \dfrac{\varepsilon_2 S}{d_2}}$

$$C = \frac{\varepsilon_1 \varepsilon_2 S}{\varepsilon_1 d_2 + \varepsilon_2 d_1} = \frac{\varepsilon_{r_1} \varepsilon_{r_2} \varepsilon_0 S}{\varepsilon_{r_1} d_2 + \varepsilon_{r_2} d_1} = \frac{4 \times 2 \times 8.85 \times 10^{-12} \times 50 \times 10^{-4}}{(4 \times 3 + 2 \times 2) \times 10^{-3}}$$
$$= 2.2 \times 10^{-11}(\text{F}).$$

$$W = \frac{1}{2} C U^2 = \frac{1}{2} \times 2.2 \times 10^{-11} \times 200^2 = 4.4 \times 10^{-7}(\text{J}).$$

11-12. 半径为 a 的长直导线,外面套有共轴导体圆筒,筒的内半径为 b,导线与圆筒间充满介电常数为 ε 的均匀介质,沿轴线的单位长度导线所带电量为 λ,圆筒所带电量为 $-\lambda$, 略去边缘效应,求沿轴线单位长度圆筒内的电场能量.

解: 在介质中,作一底面与轴线垂直的同轴单位长度圆柱高斯面,由介质中的高斯定理得

$$\oint \boldsymbol{D} \cdot \mathrm{d}\boldsymbol{S} = \lambda, \text{化为 } D \cdot 2\pi r = \lambda.$$

得
$$D = \frac{\lambda}{2\pi r}, E = \frac{D}{\varepsilon} = \frac{\lambda}{2\pi\varepsilon r}.$$

沿轴向的单位长度圆筒内的电场能量为

$$W = \int \frac{1}{2}\varepsilon E^2 \mathrm{d}V = \int_a^b \frac{1}{2}\varepsilon \cdot \left(\frac{\lambda}{2\pi\varepsilon r}\right)^2 \cdot 2\pi r \mathrm{d}r = \int_a^b \frac{\lambda^2}{4\pi\varepsilon r}\mathrm{d}r = \frac{\lambda^2}{4\pi\varepsilon}\ln\frac{b}{a}.$$

11-13. 一根很长的直导线载有电流 I,I 均匀分布在导线的横截面上,证明:导线内部每单位长度所储藏的磁场能量为$\dfrac{\mu_0 I^2}{16\pi}$.

解: 由介质中的安培环路定理求 H,作环绕导线轴线的同心圆环,得

$$\oint \boldsymbol{H} \cdot \mathrm{d}\boldsymbol{l} = j \cdot \pi r^2 = \frac{I r^2}{R^2}. \qquad H = \frac{I}{2\pi r} \cdot \frac{r^2}{R^2} = \frac{I r}{2\pi R^2},$$

式中 R 为导线半径,r 为导线中某点离轴的距离. 导线中 $\mu \simeq \mu_0$,导线中单位长度能量为

$$W = \int \frac{1}{2}\mu_0 H^2 \mathrm{d}V = \int_0^R \frac{1}{2}\mu_0 \left(\frac{I r}{2\pi R^2}\right)^2 \cdot 2\pi r \mathrm{d}r = \frac{\mu_0 I^2}{4\pi R^4}\int_0^R r^3 \mathrm{d}r = \frac{\mu_0 I^2}{16\pi}.$$

11-14. 如果真空均匀电场中的能量密度与一个 $B = 0.5\,\text{T}$ 的真空磁场中所具有的能量密度相同,则电场强度有多大?

解: 电场和磁场能量密度相等,即

$$\frac{1}{2}\varepsilon_0 E^2 = \frac{B^2}{2\mu_0},$$

得
$$E = \sqrt{\frac{1}{\varepsilon_0 \mu_0}} B = \sqrt{\frac{1}{8.85 \times 10^{-12} \times 4\pi \times 10^{-7}}} \times 0.5 = 1.5 \times 10^8 (\text{V} \cdot \text{m}^{-1}).$$

*11-15. 两块平行金属板间原为真空，使两板分别带有电荷面密度为 σ_0 的等量异号电荷，这时两板间电压 $V_0 = 300$ V. 保持两板上电量不变，将板间一半空间充以相对电容率为 $\varepsilon_r = 5$ 的电介质，如图所示. 试求：

(1) 金属板间有介质部分和无介质部分的 $\boldsymbol{D}$、$\boldsymbol{E}$ 和板上自由电荷面密度 σ；

(2) 金属板间电压变为多少？电介质上、下表面极化电荷面密度多大？

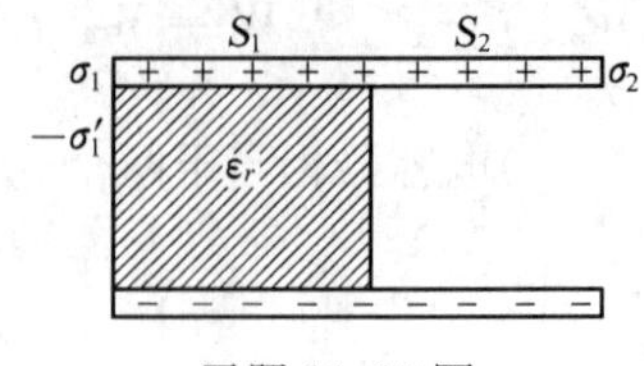

习题 11-15 图

解：(1) 设充入介质后，有介质部分和无介质部分自由电荷面密度分别为 $\pm\sigma_1$ 和 $\pm\sigma_2$，场强分别为 $\boldsymbol{E}_1$ 和 $\boldsymbol{E}_2$，电位移矢量分别为 $\boldsymbol{D}_1$ 和 $\boldsymbol{D}_2$. 由于导体是等势体，两部分电势差相等，即

$$E_1 d = E_2 d,$$

所以

$$E_1 = E_2.$$

即金属板间为匀强电场. 由电位移与场强的关系，得

$$\frac{D_1}{\varepsilon_0 \varepsilon_r} = \frac{D_2}{\varepsilon_0},$$

因 $D = \sigma$，所以

$$\frac{\sigma_1}{\varepsilon_0 \varepsilon_r} = \frac{\sigma_2}{\varepsilon_0}. \qquad ①$$

由电荷守恒定律得

$$\sigma_1 \times \frac{S}{2} + \sigma_2 \times \frac{S}{2} = \sigma_0 S,$$

即

$$\sigma_1 + \sigma_2 = 2\sigma_0. \qquad ②$$

由①和②两式可得

$$\sigma_1 = \frac{2\varepsilon_r}{1+\varepsilon_r}\sigma_0 = \frac{5}{3}\sigma_0, \quad D_1 = \sigma_1 = \frac{5}{3}\sigma_0.$$

$$\sigma_2 = \frac{2}{1+\varepsilon_r}\sigma_0 = \frac{1}{3}\sigma_0, \quad D_2 = \sigma_2 = \frac{1}{3}\sigma_0.$$

$$E_1 = \frac{D_1}{\varepsilon_0 \varepsilon_r} = \frac{5\sigma_0}{3\varepsilon_0 \varepsilon_r} = \frac{\sigma_0}{3\varepsilon_0}.$$

$$E_2 = \frac{D_2}{\varepsilon_0} = \frac{\sigma_0}{3\varepsilon_0}.$$

(2) 两板间的电压为

$$V = E_1 d = \frac{\sigma_0}{3\varepsilon_0} d = \frac{1}{3} V_0 = \frac{1}{3} \times 300 = 100(\text{V}).$$

设电介质表面极化电荷面密度分别为 $+\sigma'$ 和 $-\sigma'$，由场强叠加原理得

$$E_1 = \frac{\sigma_1}{\varepsilon_0} - \frac{\sigma'}{\varepsilon_0},$$

即
$$\frac{\sigma_0}{3\varepsilon_0}=\frac{5\sigma_0}{3\varepsilon_0}-\frac{\sigma'}{\varepsilon_0}.$$

得
$$\sigma'=\frac{4}{3}\sigma_0.$$

***11-16.** 一磁导率为 μ 的细长杆，处于与细杆轴向平行的均匀外磁场中，外磁场的磁感应强度为 $\boldsymbol{B}_0$，求杆内磁感应强度 $\boldsymbol{B}_{内}$ 和磁化强度 $\boldsymbol{M}$.

解： 如图所示，作矩形回路，其两边(边长为 l)与细杆的轴平行，细杆外磁场强度为

$$H_0=\frac{B_0}{\mu_0}.$$

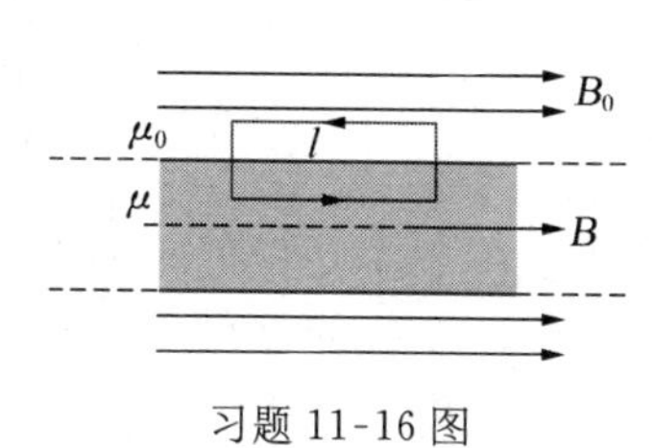

习题 11-16 图

运用安培环路定理，因环路所围传导电流为零，有

$$\oint \boldsymbol{H}\cdot d\boldsymbol{l}=0,$$

$$H_{内}=H_0.$$

$H_{内}$ 为杆内的磁场强度. 由上式可得

$$\frac{B_{内}}{\mu}=\frac{B_0}{\mu_0},$$

$$B_{内}=\frac{\mu}{\mu_0}B_0.$$

细杆内

$$M=\chi_m H_{内}=\frac{\chi_m B_0}{\mu_0}=\frac{(\mu_r-1)B_0}{\mu_0}=\frac{\left(\frac{\mu}{\mu_0}-1\right)B_0}{\mu_0};$$

写成矢量式：

$$\boldsymbol{B}_{内}=\frac{\mu}{\mu_0}\boldsymbol{B}_0.$$

$$\boldsymbol{M}=\frac{\mu-\mu_0}{\mu_0^2}\boldsymbol{B}_0.$$

***11-17.** 如图所示，一绝对磁导率为 μ_1 的无限长圆柱形直导线，半径为 R_1，其中均匀地通过电流 I_1，导线外包一层绝对磁导率为 μ_2 的圆筒形不导电顺磁介质，外半径为 R_2. 最外面包一层磁导率为 μ_0(真空磁导率)的导体薄圆筒，通以反向电流 I_2. 试求：

(1) 空间磁场强度和磁感应强度的分布；

(2) 半径为 R_1 和 R_2 的界面上面磁化电流密度是多少？

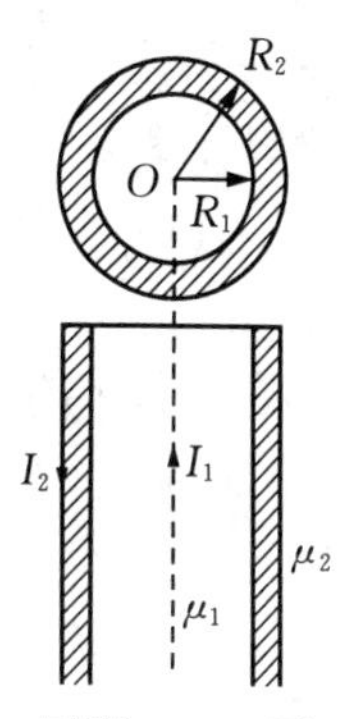

习题 11-17 图

解： 由对称性分析可知距中心轴线等距离处的 $\boldsymbol{H}$ 大小相等，方向沿切向，选与 I_1 成右手螺旋为正方向. 由 $\boldsymbol{B}=\mu\boldsymbol{H}$ 知，$\boldsymbol{B}$ 与 $\boldsymbol{H}$ 同方向.

(1) $r<R_1$，由安培环路定理 $\oint \boldsymbol{H}_1\cdot d\boldsymbol{l}=\frac{I_1}{\pi R_1^2}\cdot\pi r^2$：

$$H_1\cdot 2\pi r=\frac{I_1 r^2}{R_1^2},$$

得
$$H_1=\frac{I_1 r}{2\pi R_1^2},\ B_1=\mu_1 H_1=\frac{\mu_1 I_1 r}{2\pi R_1^2};$$

$R_1<r<R_2$，$\oint \boldsymbol{H}_2\cdot \mathrm{d}\boldsymbol{l}=I_1$，

得
$$H_2=\frac{I_1}{2\pi r},\ B_2=\mu_2 H_2=\frac{\mu_2 I_1}{2\pi r};$$

$r>R_2$（忽略导体圆筒厚度）：
$$\oint \boldsymbol{H}_3\cdot \mathrm{d}\boldsymbol{l}=I_1-I_2,$$

得
$$H_3=\frac{I_1-I_2}{2\pi r},\ B_3=\mu_0 H_3=\frac{\mu_0(I_1-I_2)}{2\pi r}.$$

(2) 以 I_1 的方向为磁化面电流的正方向，则
$$\boldsymbol{i}'_{R_1}=(\boldsymbol{M}_2-\boldsymbol{M}_1)\times\boldsymbol{n},$$
$$M_1=\frac{B_1}{\mu_0}-H_1,\ M_2=\frac{B_2}{\mu_0}-H_2,$$

在 $r=R_1$ 处，$H_1=H_2=\frac{I}{2\pi R_1}$，
$$i'_{R_1}=\frac{B_2}{\mu_0}-\frac{B_1}{\mu_0}=\frac{(\mu_2-\mu_1)I_1}{\mu_0\cdot 2\pi R_1},$$

当 $\mu_2>\mu_1$ 时，i'_{R_1} 与 I_1 同方向，$\mu_2<\mu_1$ 时，i'_{R_1} 与 I_1 反方向.

同理，在 $r=R_2$ 处
$$i'_{R_2}=-M_2=-\left(\frac{B_2}{\mu_0}-H_2\right)=-\left(\frac{\mu_2 I_1}{\mu_0\cdot 2\pi R_2}-\frac{I_1}{2\pi R_2}\right)$$
$$=-\frac{I_1(\mu_2-\mu_0)}{2\pi R_2\cdot\mu_0},$$

负号表示磁化电流方向与 I_1 相反.

*__11-18.__ 如图所示，一个长为 L 的圆筒形电容器由一半径为 a 的芯线和一半径为 b 的外部薄导体壳构成，内外层之间填以介电常数为 ε 的绝缘材料. 试求：

(1) 当电容器带电 Q 时的电场强度；

(2) 电容；

(3) 假定电容器上连接一个电压为 V 的蓄电池，同时将电介质无限缓慢地拉出电容器，如忽略摩擦力及边缘效应，在此过程中需要加多大的力？

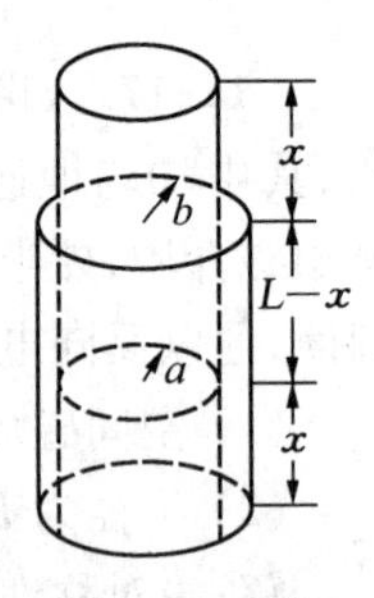

习题 11-18 图

解： (1) 由高斯定理可得筒外和芯线内部电场强度为零，在介质中($a<r<b$)电场强度方向为径向，大小为
$$E=\frac{\lambda}{2\pi\varepsilon r}=\frac{Q}{2\pi\varepsilon L r}.$$

(2) 电位差为

$$V=\int_a^b \boldsymbol{E}\cdot \mathrm{d}\boldsymbol{r}=\int_a^b \frac{Q}{2\pi\varepsilon L r}\mathrm{d}r=\frac{Q}{2\pi\varepsilon L}\ln\frac{b}{a}.$$

电容为

$$C=\frac{Q}{V}=\frac{2\pi\varepsilon L}{\ln\dfrac{b}{a}}.$$

(3) 设某一时刻电介质已拉出长度为 x,电容器中尚有电介质的长度为$(L-x)$,此时电容器的电容为有介质部分和无介质部分电容的并联.

$$C=\frac{2\pi\varepsilon_0 x}{\ln\dfrac{b}{a}}+\frac{2\pi\varepsilon(L-x)}{\ln\dfrac{b}{a}}.$$

根据能量守恒,外力拉介质所做之功加上电源的功应等于电容器储能的增量,即

$$F\mathrm{d}x+V\mathrm{d}Q=\frac{1}{2}V^2\mathrm{d}C,$$

而 $\mathrm{d}Q=V\mathrm{d}C$, 所以上式为

$$F\mathrm{d}x=\frac{1}{2}V^2\mathrm{d}C-V^2\mathrm{d}C=-\frac{1}{2}V^2\mathrm{d}C=-\frac{1}{2}V^2\frac{2\pi\varepsilon_0}{\ln\dfrac{b}{a}}\left(1-\frac{\varepsilon}{\varepsilon_0}\right)\mathrm{d}x,$$

得

$$F=\frac{\pi\varepsilon_0}{\ln\dfrac{b}{a}}\left(\frac{\varepsilon}{\varepsilon_0}-1\right)V^2,$$

方向沿轴线向上.

* **11-19.** 如图所示,球形电容器的两极板由半径为 R_1 的导体球和内半径为 $3R_1$ 的导体球壳构成,中间填满介电常数分别为 ε_1(内外半径为 R_1 和 $2R_1$)和 ε_2(内外半径为 $2R_1$ 和 $3R_1$)的两层介质球壳.导体球带正电荷 Q,导体球壳带电荷 $-Q$. 试求:

(1) 电容器的电容;

(2) 介质中 $\boldsymbol{D}$、$\boldsymbol{E}$ 和 $\boldsymbol{P}$ 的分布;

(3) 两层介质的交界面上的极化电荷面密度.

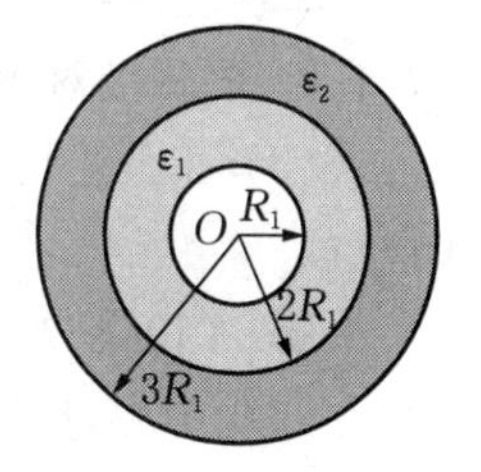

习题 11-19 图

解:(1) 整个电容器可看成两个电容器的串联

$$C_1=\frac{4\pi\varepsilon_1 R_1\cdot 2R_1}{2R_1-R_1}=8\pi\varepsilon_1 R_1,$$

$$C_2=\frac{4\pi\varepsilon_2\cdot 2R_1\cdot 3R_1}{3R_1-2R_1}=24\pi\varepsilon_2 R_1,$$

总电容为

$$C=\frac{C_1C_2}{C_1+C_2}=\frac{24\pi R_1\varepsilon_1\varepsilon_2}{\varepsilon_1+3\varepsilon_2}.$$

(2) 在介质中以半径 r 作一同心高斯球面:根据介质中的高斯定理得

$$\oint \boldsymbol{D}\cdot \mathrm{d}\boldsymbol{S} = 4\pi r^2 D = Q,\ D = \frac{Q}{4\pi r^2}.$$

在 $R_1 < r < 2R_1$ 范围内

$$E_1 = \frac{D}{\varepsilon_1} = \frac{Q}{4\pi\varepsilon_1 r^2},$$

$$P_1 = \varepsilon_0(\varepsilon_r - 1)E_1 = (\varepsilon_1 - \varepsilon_0)E_1 = \frac{(\varepsilon_1 - \varepsilon_0)Q}{4\pi\varepsilon_1 r^2}.$$

在 $2R_1 < r < 3R_1$ 范围内

$$E_2 = \frac{D}{\varepsilon_2} = \frac{Q}{4\pi\varepsilon_2 r^2},$$

$$P_2 = (\varepsilon_2 - \varepsilon_0)E_2 = \frac{(\varepsilon_2 - \varepsilon_0)Q}{4\pi\varepsilon_2 r^2}.$$

$\boldsymbol{D}$、$\boldsymbol{E}$、$\boldsymbol{P}$ 均沿半径方向向外.

(3) 两层介质交界面上的极化面电荷密度为

$$\begin{aligned}\sigma' &= \sigma'_1 + \sigma'_2 = \boldsymbol{P}_1\cdot\boldsymbol{n}_1 + \boldsymbol{P}_2\cdot\boldsymbol{n}_2 = P_1 - P_2\\ &= \frac{(\varepsilon_1 - \varepsilon_0)Q}{4\pi\varepsilon_1(2R_1)^2} - \frac{(\varepsilon_2 - \varepsilon_0)Q}{4\pi\varepsilon_2(2R_1)^2}\\ &= \frac{Q\varepsilon_0}{16\pi R_1^2}\left(\frac{1}{\varepsilon_2} - \frac{1}{\varepsilon_1}\right).\end{aligned}$$

若 $\varepsilon_1 > \varepsilon_2$，则 σ' 为正极化电荷. $\varepsilon_1 < \varepsilon_2$，$\sigma'$ 为负极化电荷.

* **11-20.** 两根半径为 a 的长直导线平行放置，相距为 $d(d \gg a)$，如图所示，试求：

(1) 单位长度的自感系数；

(2) 若两导线内通有等值反向的电流 I，现将导线间的距离由 d 增大到 $2d$，同时保持电流 I 不变，求磁场对单位长度导线所做的功；

(3) 在上述情况下，单位长度的磁能改变了多少？是增加还是减少？试说明能量的转化情况.

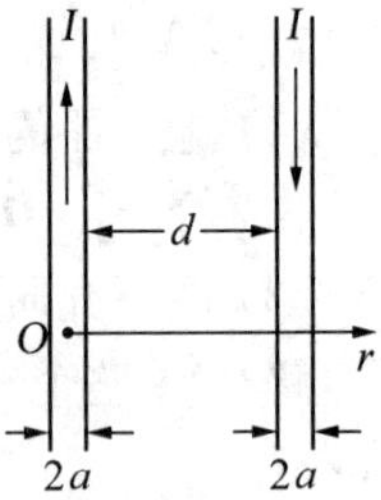

习题 11-20 图

解： (1) 取如图所示坐标轴 r，r 垂直于导线且在导线平面内，原点在左导线中心，取长为 l 的两导线，计算通过这段长度的两导线间的磁通量

$$\begin{aligned}\Phi &= \int \mathrm{d}\Phi = \int \boldsymbol{B}\cdot \mathrm{d}\boldsymbol{S} = \int_a^{d+a}\left[\frac{\mu_0 I}{2\pi r} + \frac{\mu_0 I}{2\pi(d + 2a - r)}\right]l\,\mathrm{d}r\\ &= \frac{\mu_0 Il}{\pi}\ln\frac{d+a}{a} \approx \frac{\mu_0 Il}{\pi}\ln\frac{d}{a}.\end{aligned}$$

由自感定义，得单位长度的自感系数为

$$L_1 = \frac{L}{l} = \frac{\Phi}{Il} = \frac{\mu_0}{\pi}\ln\frac{d}{a}.$$

(2) 两等值反向的直线电流间的作用力为斥力，当导线距离增加 $\mathrm{d}r$ 时，磁场力对单位长度导线所做的功为

$$dW = F_m dr = BI dr = \frac{\mu_0 I^2}{2\pi r} dr,$$

$$W = \int_{d+a}^{2d+a} \frac{\mu_0 I^2}{2\pi r} dr \approx \frac{\mu_0 I^2}{2\pi} \ln 2.$$

(3) 设磁场能量增量为 ΔW,有

$$\Delta W = W - W_0 = \frac{1}{2} L_1' I^2 - \frac{1}{2} L_1 I^2,$$

而
$$L' = \frac{\mu_0}{\pi} \ln \frac{2d+a}{a}.$$

所以
$$\Delta W = \frac{\mu_0}{2\pi} I^2 \left(\ln \frac{2d+a}{a} - \ln \frac{d+a}{a} \right) \approx \frac{\mu_0}{2\pi} I^2 \ln 2 > 0.$$

磁场能量增加,而磁场力又做了功,这些能量均来自电源,电源反抗导线中的感应电动势以维持电流不变要做功,电源额外输出的电能一部分转化为增加的磁场能量,另一部分通过磁力做功而转变成其他形式的能量,如导线的机械能等.

四、思考题解答

11-1. (1) 用电源对一空气电容器充电,并维持电压不变,然后将一厚度近似与极板距离相等的均匀介质板插入电容器两极板之间,试问:电容器的能量是增加还是减少?

(2) 如果对空气电容器充电后断开电源,再将介质插入,试问情况如何?

答: (1) 电容器的能量 $W = \frac{1}{2} C V^2$,V 不变,有介质时 $C = \varepsilon_r C_0$,故电容器的能量增加,$W_{介} = \varepsilon_r W_0$;

(2) 对空气电容器充电后断开电源,再插入介质,则 Q 不变,$W_0 = \frac{Q^2}{2C_0}$, $W = \frac{Q^2}{2C} = \frac{Q^2}{2\varepsilon_r C_0}$,电容器的能量减少,$W_{介} = \frac{W_0}{\varepsilon_r}$.

11-2. (1) 将一平板电容器接上电源,再将电容器两极板之间的距离拉开,试问:电容器所储藏的电能如何变化?

(2) 如果对电容器充电后断开电源,再将电容器两极板之间的距离拉开,试问:电容器储藏的电能如何变化?

答: (1) 这种情况电容器的电压 V 不变,两极板拉开则 d 增大,电容减小,设 $d_2 = \alpha d_1$,d_1、d_2 分别为拉开前、后两极板的间距,则 $C_1 = \frac{\varepsilon_0 S}{d_1}$, $C_2 = \frac{\varepsilon_0 S}{\alpha d_1} = \frac{1}{\alpha} C_1$,电容器储能的变化为

$$\Delta W = W_2 - W_1 = \frac{1}{2} C_2 V^2 - \frac{1}{2} C_1 V^2 = \frac{1}{2} (C_2 - C_1) V^2 = \frac{1}{2} C_1 V^2 \left(\frac{1}{\alpha} - 1 \right).$$

$\alpha > 1$, $\Delta W < 0$,储能减少.

讨论: 电源电压 V 不变,拉开过程中极板 Q 发生变化,电源做功为 $A_1 = \int_{Q_1}^{Q_2} V dQ =$

$V(Q_2-Q_1)=V(C_2V-C_1V)=V^2(C_2-C_1)=C_1V^2\left(\frac{1}{\alpha}-1\right)<0$，即电容器放电，设外力做功为 A_2（拉开极板需外力）. 由能量守恒，$A_2+A_1=\Delta W$，

$$A_2=\Delta W-A_1=\frac{1}{2}C_1V^2\left(\frac{1}{\alpha}-1\right)-C_1V^2\left(\frac{1}{\alpha}-1\right)$$
$$=\frac{1}{2}C_1V^2\left(1-\frac{1}{\alpha}\right)>0,$$

外力做正功.

外力所做的功又可用下面方法解出. 一块极板对外产生的场为 $E=\frac{\sigma}{2\varepsilon_0}=\frac{Q}{2\varepsilon_0 S}$，式中 Q 是变量，是外力拉开极板的过程中极板上任一瞬时的电量，另一块极板受到的作用力为吸引力 F：

$$F=-QE=\frac{-Q^2}{2\varepsilon_0 S}=\frac{-C^2V^2}{2\varepsilon_0 S}=\frac{-V^2}{2\varepsilon_0 S}\left(\frac{\varepsilon_0 S}{x}\right)^2,$$

式中 x 为两极板被拉开过程中某瞬时的距离.

$\boldsymbol{F}_{外}=-\boldsymbol{F}$，外力的功为 A_2，

$$A_2=\int_{d_1}^{\alpha d_1}F_{外}\,\mathrm{d}x=\int_{d_1}^{\alpha d_1}\frac{V^2\varepsilon_0 S}{2x^2}\mathrm{d}x=\frac{V^2\varepsilon_0 S}{2}\left(\frac{1}{d_1}-\frac{1}{\alpha d_1}\right)$$
$$=\frac{1}{2}C_1V^2\left(1-\frac{1}{\alpha}\right).$$

(2) 电容器充电后拉开电源，则 Q 不变，

$$\Delta W=W_2-W_1=\frac{Q^2}{2C_2}-\frac{Q^2}{2C_1}=\frac{Q^2}{2}\left(\frac{\alpha d_1}{\varepsilon_0 S}-\frac{d_1}{\varepsilon_0 S}\right)$$
$$=\frac{Q^2d_1}{2\varepsilon_0 S}(\alpha-1)=\frac{Q^2}{2C_1}(\alpha-1)>0,\ \text{储能增加.}$$

因电源已断开，电源不做功，ΔW 源自外力做功 $A_2=\Delta W$，

$$F=-QE=\frac{-Q^2}{2\varepsilon_0 S},\ A_2=\int_{d_1}^{\alpha d_1}F_{外}\,\mathrm{d}x=\int_{d_1}^{\alpha d_1}\frac{Q^2}{2\varepsilon_0 S}\mathrm{d}x$$
$$=\frac{Q^2d_1}{2\varepsilon_0 S}(\alpha-1)=\frac{Q^2}{2C_1}(\alpha-1),\ \text{与上面}\ \Delta W\ \text{相同.}$$

11-3. 已知一平板电容器两极板的面积均为 S，两极板之间的距离为 d，原来两极板之间为真空.

(1) 接上电源，然后在两极板之间充满均匀的、介电常数为 ε 的电介质，如图(a)所示，试问极板上的电量是原来的几倍？极板之间的场强是原来的几倍？

(2) 接上电源后，在电容器两极板之间平行地插入面积为 S，厚度为 $d/2$ 的均匀电介质 ε，如图(b)所示，求两极板所带电量为原来的几倍？介质中的场强与没有介质处的场强之比是多少？

(3) 接上电源后，在两极板之间插入厚度为 d，面积为 $S/2$ 的均匀介质 ε，如图(c)，求两极

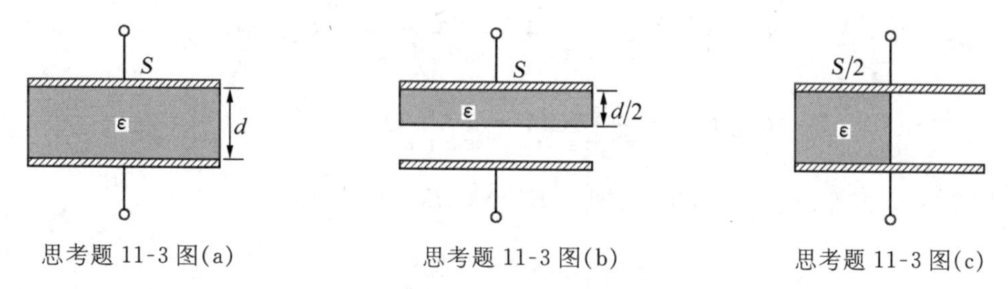

思考题 11-3 图(a)　　思考题 11-3 图(b)　　思考题 11-3 图(c)

板所带电量是原来的几倍？介质中的场强与没有介质处的场强之比是多少？

答：(1) 两极板间的电压 V 不变，设原来电量为 Q_0，场强为 E_0，则 $E_0=\dfrac{\sigma_0}{\varepsilon_0}=\dfrac{Q_0}{\varepsilon_0 S}$，插入介质后，因 V 不变，$E=\dfrac{V}{d}$ 不变，即 $E=E_0$，$C=\varepsilon_r C_0=\dfrac{\varepsilon}{\varepsilon_0}C_0$，由 $Q_0=C_0V$，$Q=CV=\dfrac{\varepsilon}{\varepsilon_0}C_0V$，得 $Q=\dfrac{\varepsilon}{\varepsilon_0}Q_0$.

(2) **解法一：**先证明在介质和空气中 $\boldsymbol{D}$ 相同，如图(d)作柱形高斯面，上底在金属极板内，下底在介质中，柱面法线与 $\boldsymbol{D}$ 垂直.

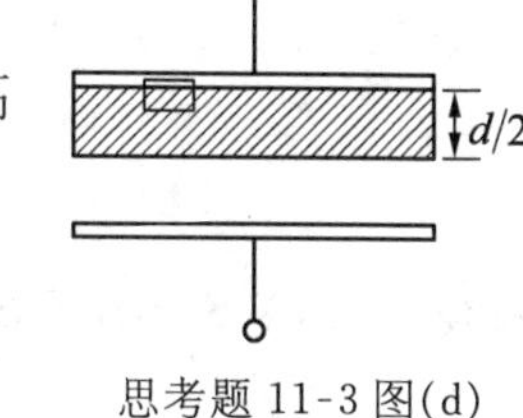

思考题 11-3 图(d)

$$\oint \boldsymbol{D}\cdot d\boldsymbol{S}=\int_{侧}\boldsymbol{D}\cdot d\boldsymbol{S}+\int_{上底}\boldsymbol{D}\cdot d\boldsymbol{S}+\int_{下底}\boldsymbol{D}\cdot d\boldsymbol{S},$$

金属板内 $\boldsymbol{E}=0$，$\boldsymbol{D}=\varepsilon\boldsymbol{E}=0$，侧面 $\boldsymbol{D}\perp d\boldsymbol{S}$，$\boldsymbol{D}\cdot d\boldsymbol{S}=0$，$\oint\boldsymbol{D}\cdot d\boldsymbol{S}=\int_{下底}\boldsymbol{D}\cdot d\boldsymbol{S}=D\cdot S=\sigma\cdot S$，$\sigma$ 为自由电荷面密度. 得 $D=\sigma$，若下底延伸到空气介质中，则结果相同，故在整个电容内任一处，均有 $D=\sigma$，设介质中和空气中的场强分别为 $\boldsymbol{E}_1$ 和 $\boldsymbol{E}_2$，则

$$E_1=\frac{D}{\varepsilon}=\frac{\sigma}{\varepsilon},\ E_2=\frac{D}{\varepsilon_0}=\frac{\sigma}{\varepsilon_0},\text{所以 }E_1=\frac{\varepsilon_0}{\varepsilon}E_2. \quad ①$$

未插入介质前 $V=E_0d$. ②

V 不变，插入介质后，有

$$V=E_1\cdot\frac{d}{2}+E_2\cdot\frac{d}{2}=\frac{d}{2}(E_1+E_2). \quad ③$$

由①、②、③三式解得 $E_1/E_0=\dfrac{2\varepsilon_0}{\varepsilon_0+\varepsilon}$，$E_2/E_0=\dfrac{2\varepsilon}{\varepsilon_0+\varepsilon}$，$E_1/E_2=\varepsilon_0/\varepsilon$.

原来 $Q_0=\sigma_0S=\varepsilon_0E_0S$. 插入厚度为 $d/2$ 的介质后，有

$$Q=\sigma S=DS=\varepsilon_0E_2S=\varepsilon_0S\cdot\frac{2\varepsilon}{\varepsilon_0+\varepsilon}E_0.$$

由上两式得 $Q=\dfrac{2\varepsilon}{\varepsilon_0+\varepsilon}Q_0$.

解法二：插入介质后的电容可看成两个电容串联，

$$C_1=\frac{\varepsilon S}{d/2},\ C_2=\frac{\varepsilon_0 S}{d/2},\ \frac{1}{C}=\frac{1}{C_1}+\frac{1}{C_2}.$$

$$C=\frac{C_1C_2}{C_1+C_2}=\frac{2\varepsilon}{\varepsilon_0+\varepsilon}\cdot\frac{\varepsilon_0 S}{d}=\frac{2\varepsilon}{\varepsilon_0+\varepsilon}C_0.$$

$$Q=CV=\frac{2\varepsilon}{\varepsilon_0+\varepsilon}C_0V=\frac{2\varepsilon}{\varepsilon_0+\varepsilon}Q_0.$$

又由串联电容 Q 相等，$C_1V_1=C_2V_2$，即 $C_1E_1=C_2E_2$. 所以

$$E_1/E_2=C_2/C_1=\frac{\varepsilon_0}{\varepsilon}.$$

(3) **解法一**：V 相同且不变，由 $V=E_0d$ 知 $E_1=E_2=E_0$，E_0 为原来场强.

$$Q_1=\frac{S}{2}\sigma_1=\frac{S}{2}D_1=\frac{S}{2}\varepsilon E_1=\frac{S}{2}\varepsilon E_0,$$

$$Q_2=\frac{S}{2}\sigma_2=\frac{S}{2}D_2=\frac{S}{2}\varepsilon_0E_2=\frac{S}{2}\varepsilon_0E_0,$$

所以

$$Q=Q_1+Q_2=\frac{SE_0}{2}(\varepsilon_0+\varepsilon).$$

原来 $Q_0=\sigma_0\cdot S=\varepsilon_0E_0S$，所以 $Q/Q_0=\dfrac{\varepsilon+\varepsilon_0}{2\varepsilon_0}$.

解法二：相当于两电容并联，

$$C=C_1+C_2=\frac{\varepsilon\cdot S/2}{d}+\frac{\varepsilon_0\cdot S/2}{d}=\frac{S(\varepsilon+\varepsilon_0)}{2d}.$$

原来

$$C_0=\frac{\varepsilon_0S}{d},Q_0=C_0V=\frac{\varepsilon_0SV}{d},$$

现在

$$Q=CV=\frac{(\varepsilon+\varepsilon_0)}{2d}SV=\frac{\varepsilon+\varepsilon_0}{2\varepsilon_0}\cdot\frac{\varepsilon_0SV}{d}=\frac{\varepsilon+\varepsilon_0}{2\varepsilon_0}Q_0.$$

11-4. 在环形螺线管中，能量密度较大的地方是在内半径附近处，还是在外半径附近处？

答：环形螺线管中，$B=\dfrac{\mu_0NI}{2\pi r}$，$r$ 越大则 B 越小，$W_m=\dfrac{B^2}{2\mu}$，故 r 大处 B 小，W_m 小，能量密度较大的地方是在内半径附近.

第十二章　电磁场和电磁波

一、内容提要

1. 位移电流　$I_d = \frac{\mathrm{d}\Phi_D}{\mathrm{d}t}$.

位移电流密度　$\boldsymbol{j}_d = \frac{\partial \boldsymbol{D}}{\partial t}$.

全电流　$I_{全} = I + \frac{\partial \Phi_D}{\partial t} = \int_S \boldsymbol{j} \cdot \mathrm{d}\boldsymbol{S} + \int_S \frac{\partial \boldsymbol{D}}{\partial t} \cdot \mathrm{d}\boldsymbol{S}$.

2. 全电流的安培环路定理

$$\oint_L \boldsymbol{H} \cdot \mathrm{d}\boldsymbol{l} = \int_S \boldsymbol{j} \cdot \mathrm{d}\boldsymbol{S} + \int_S \frac{\partial \boldsymbol{D}}{\partial t} \cdot \mathrm{d}\boldsymbol{S}.$$

3. 麦克斯韦方程组

$$\oint_S \boldsymbol{D} \cdot \mathrm{d}\boldsymbol{S} = \int_V \rho \mathrm{d}V,$$

$$\oint_L \boldsymbol{E} \cdot \mathrm{d}\boldsymbol{l} = -\int \frac{\partial \boldsymbol{B}}{\partial t} \cdot \mathrm{d}\boldsymbol{S},$$

$$\oint_S \boldsymbol{B} \cdot \mathrm{d}\boldsymbol{S} = 0,$$

$$\oint_L \boldsymbol{H} \cdot \mathrm{d}\boldsymbol{l} = \int_S \left(\boldsymbol{j} + \frac{\partial \boldsymbol{D}}{\partial t}\right) \cdot \mathrm{d}\boldsymbol{S}.$$

联系场矢量与介质常数的物态方程为

$$\boldsymbol{D} = \varepsilon_0 \boldsymbol{E} + \boldsymbol{P} = \varepsilon_0 \varepsilon_r \boldsymbol{E}.$$

$$\boldsymbol{H} = \frac{\boldsymbol{B}}{\mu_0} - \boldsymbol{M} = \frac{1}{\mu_0 \mu_r} \boldsymbol{B}.$$

$$\boldsymbol{j} = \sigma \boldsymbol{E}.$$

4. 真空中电磁场的能量密度　$w = \frac{1}{2}\varepsilon_0 E^2 + \frac{1}{2\mu_0} B^2$.

其中　$B = \sqrt{\varepsilon_0 \mu_0} E$.

5. 电磁波的能流密度——坡印廷矢量　$\boldsymbol{S} = w\boldsymbol{C}$.

$$\boldsymbol{S} = \frac{1}{\mu_0} \boldsymbol{E} \times \boldsymbol{B}.$$

6. 电磁波的动量密度 $\boldsymbol{G}=\frac{1}{c^{2}}\boldsymbol{S}.$

7. 电磁波的辐射：

(1) 辐射电磁波的条件：作加速运动的电荷才可能辐射电磁波.

(2) 电偶极子辐射的平均功率 $\overline{P}=\frac{P_{0}^{2}\omega^{4}}{12\pi\varepsilon_{0}c^{3}}.$

磁偶极子的平均辐射功率 $\overline{P_{m}}=\frac{\mu_{0}M_{0}^{2}\omega^{4}}{12\pi c^{3}}.$

(3) 韧致辐射的最短波长 $\lambda_{\min}=hc/eU.$

二、自学指导和例题解析

本章要点是掌握位移电流的本质，了解全电流的概念；掌握麦克斯韦方程组的物理意义；了解平面电磁波的性质；掌握坡印廷矢量的意义及计算方法；了解电磁波的动量和能量. 在本章学习中应注意以下几点：

(1) 位移电流激发磁场的实质是变化的电场激发磁场，真空中磁场的安培环路定理可写成

$$\oint_{C}\boldsymbol{B}\cdot\mathrm{d}\boldsymbol{l}=\mu_{0}\int_{S}\boldsymbol{j}\cdot\mathrm{d}\boldsymbol{S}+\mu_{0}\varepsilon_{0}\int_{S}\frac{\partial\boldsymbol{E}}{\partial t}\cdot\mathrm{d}\boldsymbol{S}.$$

注意上式中的积分回路 C 经过的某一点的 $\boldsymbol{B}$ 不能简单地理解为仅仅由被闭合路径 C 所围的传导电流和位移电流所激发，而应该理解为空间所有的传导电流和位移电流所激发的场在该处叠加的结果.

(2) 不管是传导电流激发的磁场还是由变化的电场激发的磁场，都是涡旋场；而电场则既有无旋场(静电场)又有涡旋场. 由静止电荷和低速运动电荷产生的电场是无旋场，由变化的磁场激发的电场则是涡旋电场. 脱离电流独立存在的磁场是由变化的涡旋电场所激发的.

(3) 麦克斯韦方程组在形式上不对称，如 $\boldsymbol{E}$ 对封闭曲面的通量不为零，但 $\boldsymbol{B}$ 对封闭曲面的通量恒为零；$\boldsymbol{E}$ 的环流只取决于 $\partial\boldsymbol{B}/\partial t$，$\boldsymbol{B}$ 的环流不仅与 $\partial\boldsymbol{E}/\partial t$ 有关，还与电流有关. 场方程式不对称的根本原因是自然界存在电荷，却不存在磁荷.

(3) 在电路中电源向负载提供的能量是通过空间的坡印廷矢量送来的，而不是由电路传来的，例如具有电阻的导线在电路中，坡印廷矢量沿半径方向指向导线中心，能量并不是沿电流方向传输过来的.

(4) 在真空中，只有当电荷作加速运动时，它才可能发射电磁波，即电磁波的产生与电荷的加速运动相联系，由于电荷作加速运动的方式不同，产生电磁波的方式亦不同.

例题

例 12-1 一空气圆平板电容器的极板半径为 a，电容为 C，带电量为 Q，现将一电阻 R 与两电极板连接，试求：

(1) 极板间的位移电流密度 j_{d}；

(2) 距中心轴为 r 处的磁感应强度 $\boldsymbol{B}$.

解： (1)这是电容器上的电荷通过电阻 R 放电的过程，设任一时刻流经电阻的电流为 i，极

板上电荷为 q,则回路方程为

$$Ri+\frac{q}{C}=0,$$

或
$$R\frac{\mathrm{d}q}{\mathrm{d}t}+\frac{q}{C}=0,$$

$$\frac{\mathrm{d}q}{q}=-\frac{1}{RC}\mathrm{d}t.$$

两边积分

$$\int_Q^q\frac{\mathrm{d}q}{q}=\int_0^t-\frac{1}{RC}\mathrm{d}t,$$

得
$$q=Q\mathrm{e}^{-t/RC}.$$

电阻上传导电流变化规律为

$$i=\frac{\mathrm{d}q}{\mathrm{d}t}=\frac{-Q}{RC}\mathrm{e}^{-\frac{t}{RC}}.$$

电容器内的电位移矢量由高斯定理可得

$$\boldsymbol{D}=\sigma\boldsymbol{n},$$

$\boldsymbol{n}$ 是从正极板指向负极板的单位矢量,$\sigma=\frac{q}{\pi a^2}$.

位移电流密度为

$$\boldsymbol{j}_\mathrm{d}=\frac{\mathrm{d}\boldsymbol{D}}{\mathrm{d}t}=\frac{1}{\pi a^2}\frac{\mathrm{d}q}{\mathrm{d}t}\boldsymbol{n}=-\frac{Q\mathrm{e}^{-\frac{t}{RC}}}{\pi a^2RC}\boldsymbol{n},$$

故位移电流为

$$i_d=-\frac{Q}{RC}\mathrm{e}^{-\frac{t}{RC}},$$

从负极板流向正极板. 可见,$i=i_d$,全电流总是闭合的.

(2) 距中心轴为 r 处取一同心圆环,由安培环路定理得

$$\oint\boldsymbol{H}\cdot\mathrm{d}\boldsymbol{l}=\int\boldsymbol{j}_d\cdot\mathrm{d}\boldsymbol{S},$$

$$H\cdot 2\pi r=j_d\cdot\pi r^2.$$

得
$$H=\frac{1}{2}j_dr.$$

故
$$B=\mu_0H=\frac{1}{2}\mu_0j_dr=\frac{\mu_0Qr\mathrm{e}^{-\frac{t}{RC}}}{2\pi a^2RC}.$$

$\boldsymbol{B}$ 线和位移电流的方向成右手螺旋.

例 12-2　在长为 l,半径为 $a\ (l\gg a)$ 的细长螺线管上绕有 N 匝线圈,如图(a)所示. 线圈的自感系数为 L,总电阻为 R,当线圈中通过电流为 $I=I_0\mathrm{e}^{-\frac{R}{L}t}$ 时,求螺线管内距离轴线为 r 的

P 点处的坡印廷矢量.

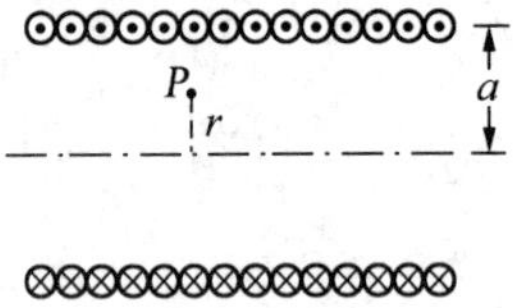

例 12-2 图(a) 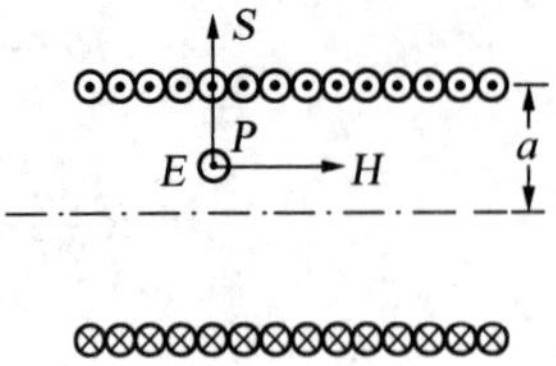　　例 12-2 图(b)

解: 长直螺线管内为均匀磁场,其磁感应强度为

$$B=\mu_0\frac{N}{l}I=\mu_0\frac{N}{l}I_0\mathrm{e}^{-\frac{R}{L}t}.$$

磁场强度为

$$H=\frac{B}{\mu_0}=\frac{N}{l}I_0\mathrm{e}^{-\frac{R}{L}t},$$

方向见图(b).

由于线圈中通过的电流随时间变化,螺线管内磁场也随时间变化,变化的磁场要产生涡旋电场,根据变化磁场的对称性可知,距螺线管轴线相等距离处,涡旋电场的大小相等,而且由于磁场强度随时间下降,涡旋电场的方向与线圈中电流的绕行方向相同,如图(b)所示.因此可以螺线管中心轴线上的点为圆心,r 为半径作一圆形闭合回路,并令该回路平面垂直于轴.由

$$\oint_L \boldsymbol{E}\cdot\mathrm{d}\boldsymbol{l}=-\int_S\frac{\partial\boldsymbol{B}}{\partial t}\cdot\mathrm{d}\boldsymbol{S},$$

有

$$E\cdot 2\pi r=-\pi r^2\frac{\partial B}{\partial t}=-\pi r^2\frac{\partial}{\partial t}\left(\mu_0\frac{N}{l}I_0\mathrm{e}^{-\frac{R}{L}t}\right).$$

得 P 点的感生电场大小为

$$E=\frac{\mu_0 NRr}{2lL}I_0\mathrm{e}^{-\frac{R}{L}t}.$$

P 点的坡印廷矢量为

$$\boldsymbol{S}=\boldsymbol{E}\times\boldsymbol{H},$$

其量值为

$$S=EH=\frac{\mu_0 N^2RrI_0^2}{2l^2L}\mathrm{e}^{-\frac{2R}{L}t}.$$

方向见图(b),$\boldsymbol{S}$ 垂直于 $\boldsymbol{H}$ 和 $\boldsymbol{E}$ 指向管外,表示管内电磁场的能量随时间下降.

例 12-3 由激光器发出的功率为 1.0 kW 的光束,照射在一个固态铝球的下部使其悬浮起来,已知铝的密度是 $2.7\times10^3\ \mathrm{kg\cdot m^{-3}}$,并假定铝球自由漂浮在光束中,试问:铝球的直径是多大?

解: 假定激光束范围和铝球直径相当,当铝球自由地漂浮在光束中时,光束对它的辐射压力应与其重力相等,设功率为 P,铝球直径为 D,功率 P 和辐射压力 F 的关系为

$$P = Fv,$$

这里激光光子的速度为 $v = c$，所以 $P = Fc$，

$$F = \frac{P}{c} = mg = \rho g \cdot \frac{4}{3}\pi\left(\frac{D}{2}\right)^3 = \frac{1}{6}\rho g \pi D^3.$$

得铝球直径为

$$D = \sqrt[3]{\frac{6P}{\pi c \rho g}} = \sqrt[3]{\frac{6 \times 1.0 \times 10^3}{3.14 \times 3.0 \times 10^8 \times 2.7 \times 10^3 \times 9.8}} = 0.62(\mathrm{mm}).$$

三、习题解答

12-1. 证明：略去边缘效应时，平板电容器中的位移电流为 $I_D = \varepsilon S \frac{\mathrm{d}E}{\mathrm{d}t}$，式中 ε 是两极板间介质的介电常数，S 是极板的面积，E 是极板间场强的大小.

解： 平板电容器中有

$$D = \sigma,\ q = S\sigma,\ 及\ D = \varepsilon E,$$

位移电流为
$$I_D = I = \frac{\mathrm{d}q}{\mathrm{d}t} = \frac{S\mathrm{d}\sigma}{\mathrm{d}t} = \frac{S\mathrm{d}D}{\mathrm{d}t} = S\varepsilon \frac{\mathrm{d}E}{\mathrm{d}t}.$$

12-2. 一空气平行板电容器的两极板都是半径为 5.0 cm 的圆导体片，在充电时，其中电场强度的变化率为 $\frac{\mathrm{d}E}{\mathrm{d}t} = 1.0 \times 10^{12}\ \mathrm{V \cdot m^{-1} \cdot s^{-1}}$，略去边缘效应，试求：

(1) 两极板间的位移电流 I_D；

(2) 极板边缘磁感应强度 $\boldsymbol{B}$ 的大小.

解： (1) $I_D = \frac{\mathrm{d}\Phi}{\mathrm{d}t} = S\frac{\mathrm{d}D}{\mathrm{d}t} = \varepsilon_0 S \frac{\mathrm{d}E}{\mathrm{d}t} = 8.85 \times 10^{-12} \times \pi(5 \times 10^{-2})^2 \times 1.0 \times 10^{12}$

$= 6.9 \times 10^{-2}(\mathrm{A})$.

(2) 由安培环路定理及对称性得

$$\oint \boldsymbol{H} \cdot \mathrm{d}\boldsymbol{l} = I_D, \quad H \cdot 2\pi R = I_D, \quad H = \frac{I_D}{2\pi R},$$

$$B = \mu_0 H = \frac{\mu_0 I_D}{2\pi R} = \frac{4\pi \times 10^{-7} \times 6.9 \times 10^{-2}}{2\pi \times 5 \times 10^{-2}} = 2.76 \times 10^{-7}(\mathrm{T}).$$

12-3. 在一圆柱形空间内，有一均匀的但是随时间 t 变化的磁场 $\boldsymbol{B} = B(t)\boldsymbol{k}$，$\boldsymbol{k}$ 是沿圆柱轴线方向上的单位矢量，取直角坐标如图(a)，证明：在此柱体内离轴线为

$$r = \sqrt{x^2 + y^2}$$

处的电场强度为

$$\boldsymbol{E} = \frac{1}{2}(y\boldsymbol{i} - x\boldsymbol{j})\frac{\mathrm{d}B}{\mathrm{d}t}.$$

解： 作图(a)的俯视图(b)，在圆柱内作一个半径为 r 的同心圆，由对称性，感应电场强度

必沿圆周切线，$\oint \boldsymbol{E}\cdot \mathrm{d}\boldsymbol{l}=-\dfrac{\mathrm{d}\Phi}{\mathrm{d}t}=-\pi r^2\dfrac{\mathrm{d}B}{\mathrm{d}t}$,

得
$$E=-\frac{r}{2}\frac{\mathrm{d}B}{\mathrm{d}t}.$$

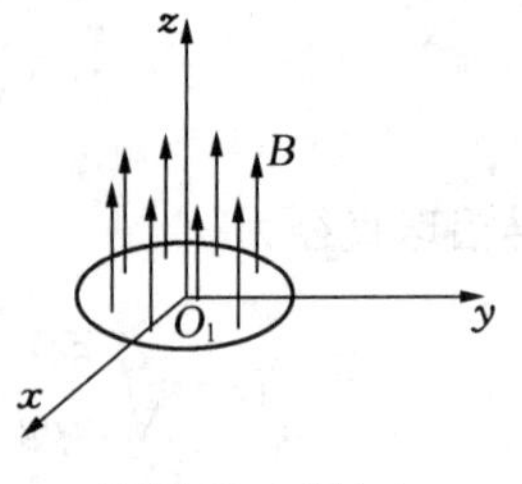

习题 12-3 图(a)

已知 $\boldsymbol{B}$ 为 $\boldsymbol{k}$ 方向，若 $\dfrac{\mathrm{d}B}{\mathrm{d}t}>0$，则 $\boldsymbol{E}$ 为如图所示的圆周切线方向，$\boldsymbol{E}$ 可分解成 x、y 的分量：

$$E_x=E\sin\alpha,\ E_y=-E\cos\alpha,\ \sin\alpha=\frac{y}{r},\ \cos\alpha=\frac{x}{r};$$

得 $E_x=|E|\cdot\dfrac{y}{r}=\dfrac{y}{2}\dfrac{\mathrm{d}B}{\mathrm{d}t},\quad E_y=-|E|\dfrac{x}{r}=-\dfrac{x}{2}\dfrac{\mathrm{d}B}{\mathrm{d}t}$,

$$\boldsymbol{E}=E_x\boldsymbol{i}+E_y\boldsymbol{j}=\frac{1}{2}(y\boldsymbol{i}-x\boldsymbol{j})\frac{\mathrm{d}B}{\mathrm{d}t}.$$

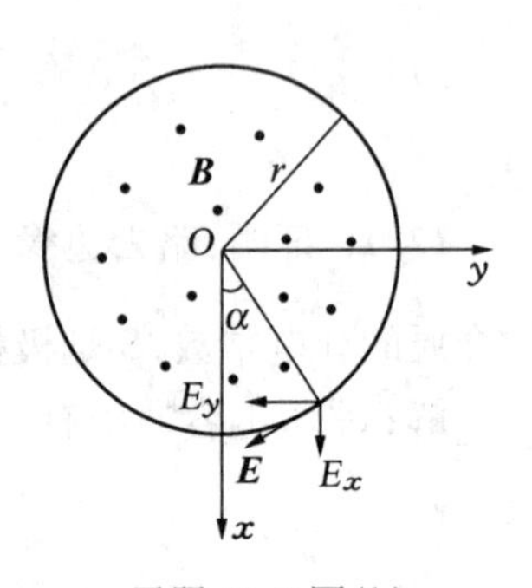

若 $\dfrac{\mathrm{d}B}{\mathrm{d}t}<0$，用同样方法分析，仍可得到上式，但此时$\dfrac{\mathrm{d}B}{\mathrm{d}t}$为负值，$\boldsymbol{E}$ 的方向与 $\dfrac{\mathrm{d}B}{\mathrm{d}t}>0$ 时相反.

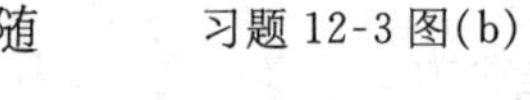
习题 12-3 图(b)

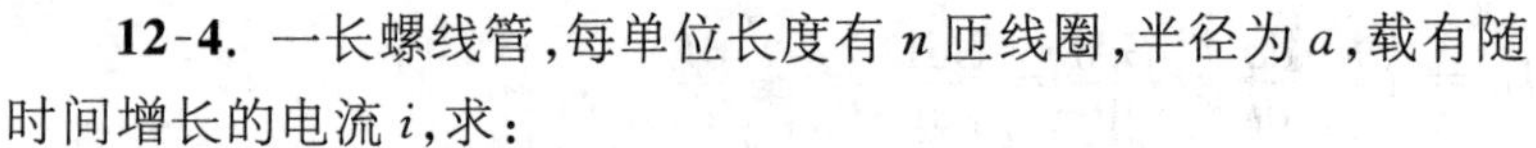
12-4. 一长螺线管，每单位长度有 n 匝线圈，半径为 a，载有随时间增长的电流 i，求：

(1) 在螺线管内距轴线为 r 处的感生电场；

(2) 该点的坡印廷矢量的大小和方向.

解：(1) 如图所示，当螺线管的电流 i 随时间增长时，螺线管中 $\boldsymbol{B}$ 的方向和$\dfrac{\mathrm{d}\boldsymbol{B}}{\mathrm{d}t}$的方向都垂直于纸面向里，即沿管轴方向，而感生电场的方向则如图所示，与半径 r 垂直，在 r 相同处 E 相等，由麦克斯韦方程

$$\oint \boldsymbol{E}\cdot\mathrm{d}\boldsymbol{l}=-\int_S\frac{\mathrm{d}\boldsymbol{B}}{\mathrm{d}t}\cdot\mathrm{d}\boldsymbol{S},$$

$$E\cdot 2\pi r=-\pi r^2\frac{\mathrm{d}B}{\mathrm{d}t}.$$

在长直螺线管内 $B=\mu_0 ni$，代入上式，得

$$E=-\frac{r}{2}\mu_0 n\frac{\mathrm{d}i}{\mathrm{d}t}.$$

习题 12-4 图

(2) 坡印廷矢量为

$\boldsymbol{S}=\dfrac{1}{\mu_0}\boldsymbol{E}\times\boldsymbol{B}$，以 $\boldsymbol{k}$ 表示垂直于纸面向里的方向，$\boldsymbol{\tau}$ 表示所取环路的切向.

$$\boldsymbol{B}=\mu_0 ni(\boldsymbol{k}),\quad \boldsymbol{E}=\frac{r}{2}\mu_0 n\frac{\mathrm{d}i}{\mathrm{d}t}(\boldsymbol{\tau}),$$

$$\boldsymbol{S}=\frac{r}{2}\mu_0 n^2 i\frac{\mathrm{d}i}{\mathrm{d}t}(-\boldsymbol{r}^0),$$

由 $\boldsymbol{S}$ 的方向可知能流是从螺线管的侧面流进来的.

12-5. 如图所示,一长直导线,半径为 10^{-2} m,每单位长度的电阻为 $3\times10^{-3}\ \Omega\cdot\mathrm{m}^{-1}$,载有电流 25 A,计算在距导线表面很近一点处的:

(1) $\boldsymbol{B}$ 的大小;

(2) $\boldsymbol{E}$ 在平行于导线方向上的分量;

(3) 通过导线的坡印廷矢量 $\boldsymbol{S}$.

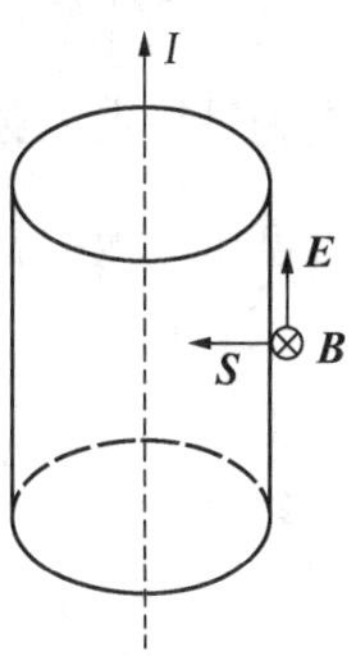

习题 12-5 图

解: (1) 由安培环路定理得

$$\oint \boldsymbol{B}\cdot \mathrm{d}\boldsymbol{l} = \mu_0 I.$$

在很靠近导线处(半径 R 处)选一环形回路,则

$$B\cdot 2\pi R = \mu_0 I,$$

$$B = \frac{\mu_0 I}{2\pi R} = \frac{4\pi\times10^{-7}\times25}{2\pi\times10^{-2}} = 5.0\times10^{-4}(\mathrm{T}).$$

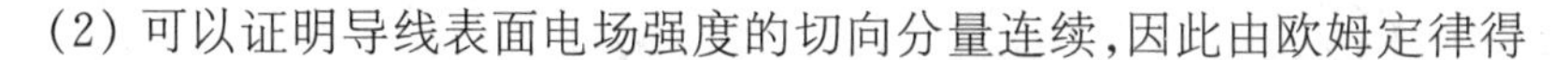

(2) 可以证明导线表面电场强度的切向分量连续,因此由欧姆定律得

$$E = \frac{U}{L} = \frac{IR}{L} = \frac{25\times3\times10^{-3}}{1} = 7.5\times10^{-2}(\mathrm{V}\cdot\mathrm{m}^{-1}),$$

$\boldsymbol{E}$ 和电流同方向.

(3) $\boldsymbol{S} = \dfrac{1}{\mu_0}\boldsymbol{E}\times\boldsymbol{B} = \dfrac{1}{\mu_0}\cdot E\cdot B(-\boldsymbol{r}^0) = \dfrac{7.5\times10^{-2}\times5.0\times10^{-4}}{4\pi\times10^{-7}}(-\boldsymbol{r}^0) = 30(-\boldsymbol{r}^0)(\mathrm{W}\cdot\mathrm{m}^{-2}).$

$\boldsymbol{r}^0$ 为径向单位矢量,即 $\boldsymbol{S}$ 沿半径指向轴线方向.

12-6. 有一圆柱形导体,半径为 R、电阻率为 ρ,载有电流 I,求:

(1) 导体内距轴线为 r 处某点的 $\boldsymbol{E}$;

(2) 该点的 $\boldsymbol{B}$;

(3) 该点的坡印廷矢量 $\boldsymbol{S}$.

解: (1) 由欧姆定律的微分形式有

$$E = \frac{j}{\sigma} = \rho\frac{I}{\pi R^2},$$ $\boldsymbol{E}$ 的方向与电流 I 的方向相同.

(2) 由安培环路定理有 $\oint \boldsymbol{B}\cdot\mathrm{d}\boldsymbol{l} = \mu_0 I' = \mu_0 j\cdot\pi r^2.$

$$B\cdot 2\pi r = \mu_0 I\cdot\frac{r^2}{R^2}.$$

得 $B = \dfrac{\mu_0 I r}{2\pi R^2}$,$\boldsymbol{B}$ 的方向与 I 成右手螺旋关系,垂直于 $\boldsymbol{E}$ 和 $\boldsymbol{r}$.

(3) $S = \dfrac{1}{\mu_0}E\cdot B = \dfrac{1}{\mu_0}\cdot\dfrac{\rho I}{\pi R^2}\cdot\dfrac{\mu_0 I r}{2\pi R^2} = \dfrac{\rho I^2 r}{2\pi^2 R^4},$

方向为 $-\boldsymbol{r}^0$,沿径向指向中心轴线.

12-7. 一个正在充电的圆形平板电容器,若不计边缘效应,试证:电磁场输入的功率 $P = \int_{侧}\boldsymbol{S}\cdot\mathrm{d}\boldsymbol{A} = \dfrac{\mathrm{d}}{\mathrm{d}t}\left(\dfrac{q^2}{2C}\right)$,式中 C 为电容器的电容,q 为极板上的电量,$\mathrm{d}\boldsymbol{A}$ 是圆形平板电容器侧面上取的面元,$\boldsymbol{S}$ 是坡印廷矢量.

解: 如图所示,设充电电流由上往下,则极板内电场强度 $\boldsymbol{E}$ 的方向也和 I 一致,从上极板垂直指向下极板,而磁感应线方向如图(b)所示,是以极板中心为圆心的同心圆,任一点 $\boldsymbol{B}$ 的方向为过该点的圆周的切线方向,由 $\boldsymbol{S}=\frac{1}{\mu_0}\boldsymbol{E}\times\boldsymbol{B}$ 可知坡印廷矢量方向沿径向指向圆心,即能流密度由极板的侧面流入,电磁场输入电容器的功率为

$$P=\int_{\text{柱侧面}}\boldsymbol{S}\cdot\mathrm{d}\boldsymbol{A}=\int_{\text{柱侧面}}\frac{1}{\mu_0}\cdot E\cdot B\mathrm{d}A, \quad ①$$

其中, $E=\frac{U}{d}=\frac{q}{Cd}$, d 为两极板间距离.

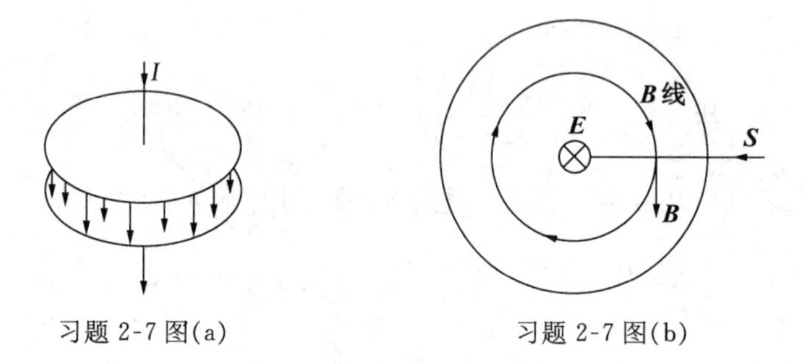

习题 2-7 图(a) 习题 2-7 图(b)

$B=\frac{\mu_0 i_D}{2\pi r}=\frac{\mu_0}{2\pi r}\cdot\frac{\mathrm{d}q}{\mathrm{d}t}$, r 为电容器半径, i_D 为位移电流,以上关系代入①式,得输入电容器的功率为

$$P=\int_{\text{侧面}}\frac{1}{\mu_0}\cdot\frac{q}{Cd}\cdot\frac{\mu_0}{2\pi r}\cdot\frac{\mathrm{d}q}{\mathrm{d}t}\cdot\mathrm{d}A=\int_{\text{侧}}\frac{q\mathrm{d}q}{Cd\cdot 2\pi r\mathrm{d}t}\mathrm{d}A=\frac{q\mathrm{d}q}{Cd\cdot 2\pi r\mathrm{d}t}\cdot 2\pi r\cdot d$$

$$=\frac{q\mathrm{d}q}{C\mathrm{d}t}=\frac{1}{2C}\left[\frac{\mathrm{d}(q^2)}{\mathrm{d}t}\right]=\frac{\mathrm{d}}{\mathrm{d}t}\left(\frac{q^2}{2C}\right).$$

即电磁场输入的功率 P 等于电容器静电能的增加率,由此可知能量是通过场从侧面流入的,而不是由导线流入的.

12-8. 光波的电场强度多大时,它对垂直于传播方向的表面产生的辐射压强等于一个大气压(设它被表面完全吸收).

解: 按题意辐射压强 $p=\frac{S}{c}=p_0$, p_0 为大气压, $\boldsymbol{S}$ 为坡印廷矢量, c 为光速,则 $S=p_0\cdot c$,

又由 $S=\frac{1}{\mu_0}E\cdot B=\frac{E^2}{\mu_0 c}$, 得

$$E=\sqrt{\mu_0 c\cdot S}=\sqrt{\mu_0 c^2 P_0}=\sqrt{4\pi\times 10^{-7}\times(3\times 10^8)^2\times 1.013\times 10^5}$$

$$=1.07\times 10^8(\mathrm{V}\cdot\mathrm{m}^{-1}).$$

12-9. 一光波的平均能流密度为 $2\times 10^5\ \mathrm{J}\cdot\mathrm{m}^{-2}\cdot\mathrm{s}^{-1}$, 设在某位置处光波的电场强度和磁感应强度分别为 $\boldsymbol{E}=\boldsymbol{E}_0\cos\omega t$, $\boldsymbol{B}=\boldsymbol{B}_0\cos\omega t$, 试计算其电场强度和磁感应强度的振幅,假定光波是 5×10^{-7} m 波长的单色光,求光子流密度.

解: 由 $\boldsymbol{E}=\boldsymbol{E}_0\cos\omega t$, $\boldsymbol{B}=\boldsymbol{B}_0\cos\omega t$ 知一周期平均能流密度为

$$S = \frac{1}{T}\int_0^T \frac{1}{\mu_0} E_0 B_0 \cos^2 \omega t\, dt = \frac{B_0 E_0}{2\mu_0},$$

把 $E_0 = cB_0$ 代入上式得 $$S = \frac{cB_0^2}{2\mu_0}.$$

$$B_0 = \sqrt{\frac{2\mu_0 S}{c}} = \sqrt{\frac{2 \times 4\pi \times 10^{-7} \times 2 \times 10^5}{3 \times 10^8}} = 4.09 \times 10^{-5} (\mathrm{W \cdot m^{-2}}).$$

$$E_0 = cB_0 = 3 \times 10^8 \times 4.09 \times 10^{-5} = 1.23 \times 10^4 (\mathrm{V \cdot m^{-1}}).$$

光波频率为 $$\nu = \frac{c}{\lambda} = \frac{3 \times 10^8}{5 \times 10^{-7}} = 6 \times 10^{14} (\mathrm{Hz}).$$

光子能量为 $$E_c = h\nu = 6.62 \times 10^{-34} \times 6 \times 10^{14} = 3.96 \times 10^{-19} (\mathrm{J}).$$

光子流密度为 $$j = \frac{S}{E_c} = \frac{2 \times 10^5}{3.96 \times 10^{-19}} = 5.03 \times 10^{23} \text{ 光子}/(\mathrm{m^2 \cdot s}).$$

12-10. 太阳光垂直射到地面上时，地面每平方米吸收到太阳光的功率为 1.35 kW.

(1) 已知日地距离为 1.5×10^8 km，求太阳发光所输出的功率；

(2) 已知地球半径为 6.4×10^3 km，求地球吸收到太阳光的总功率；

(3) 已知现在太阳的质量为 2.0×10^{30} kg，如果它的质量按照爱因斯坦的质能关系(能量 $E = mc^2$) 转化为太阳光的能量，并以目前的速率向外发出辐射，问太阳消耗目前质量的百分之一可以维持多少年？

解：(1) 太阳发光输出的总功率为

$$P_{\text{日总}} = P \cdot 4\pi r^2 = 1.35 \times 10^3 \times 4\pi \times (1.5 \times 10^8 \times 10^3)^2 = 3.8 \times 10^{26} (\mathrm{W}).$$

(2) 地球吸收到太阳光的总功率与地球对着太阳的总截面有关.

$$P_{\text{地}} = P \cdot \pi R_{\text{地}}^2 = 1.35 \times 10^3 \times \pi \times (6.4 \times 10^6)^2 = 1.73 \times 10^{17} (\mathrm{W}).$$

(3) $$t = \frac{E_{\text{总}} \times 1\%}{P_{\text{日总}}} = \frac{mc^2 \times 1\%}{P_{\text{日总}}} = \frac{2.0 \times 10^{30} \times (3 \times 10^8)^2 \times 1\%}{3.8 \times 10^{26}}$$

$$= 4.7 \times 10^{18} (\mathrm{s}) = 1.5 \times 10^{11} (\mathrm{y}).$$

***12-11.** 两个同轴长导体圆筒的半径分别为 r_0 和 R_0，两筒间填满介电常数为 ε、磁导率为 μ 的均匀各向同性介质. 在两圆筒的上端加电压 U，下端接电阻 R，如图所示. 设导体圆筒本身的电阻可忽略. 试求：

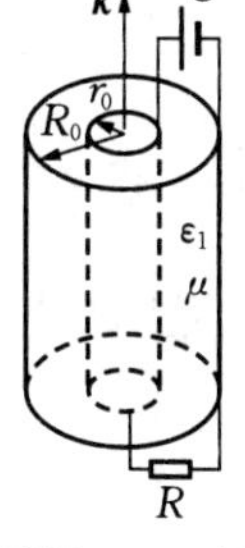

习题 12-11 图

(1) 两圆筒之间的坡印廷矢量.

(2) 单位时间内通过两圆筒间横截面的总能量.

解：(1) 当忽略导体圆筒的电阻时，由 $\boldsymbol{j} = \sigma \boldsymbol{E}_z$ 知沿轴向的电场分量 E_z 将很小，可忽略. 因此只需要考虑沿径向的电场强度. 当电流稳定流动时，在圆筒表面有电荷分布，设内圆筒单位长度上有电荷 λ，在 $r_0 < r < R_0$ 之间取一同轴单位长度圆筒形封闭曲面为高斯面，由介质中的高斯定理：

$$\oint \boldsymbol{D} \cdot d\boldsymbol{S} = \lambda,\ D \cdot 2\pi r = \lambda,\ D = \frac{\lambda}{2\pi r};$$

$$E = \frac{D}{\varepsilon} = \frac{\lambda}{2\pi\varepsilon r}. \quad ①$$

两筒之间电压为 U,则

$$U=\int_{r_0}^{R_0}\boldsymbol{E}\cdot\mathrm{d}\boldsymbol{r}=\int_{r_0}^{R_0}\frac{\lambda}{2\pi\varepsilon r}\mathrm{d}r=\frac{\lambda}{2\pi\varepsilon}\ln\frac{R_0}{r_0}. \quad ②$$

①、②两式相除,得

$$E=\frac{U}{r\ln\dfrac{R_0}{r_0}}. \quad ③$$

$\boldsymbol{E}$ 沿径向由内筒指向外筒,以圆筒中心轴上任一点为圆心,r 为半径作一垂直于轴线的平面圆回路包围内筒,由安培环路定理

$$\oint\boldsymbol{H}\cdot\mathrm{d}\boldsymbol{l}=I=\frac{U}{R},\ H\cdot 2\pi r=\frac{U}{R},\ H=\frac{U}{2\pi Rr}$$

$\boldsymbol{H}$ 沿回路切向,与内筒电流方向成右手螺旋关系.在两筒之间的坡印廷矢量为

$$\boldsymbol{S}=\boldsymbol{E}\times\boldsymbol{H}=\frac{U}{r\ln\dfrac{R_0}{r_0}}\cdot\frac{U}{2\pi Rr}(-\boldsymbol{k})=-\frac{U^2}{2\pi Rr^2\ln\dfrac{R_0}{r_0}}\boldsymbol{k},$$

$\boldsymbol{k}$ 是沿圆筒轴向的单位矢量.

(2) 单位时间内通过两圆筒间横截面的总能量即功率为

$$P=\int_{r_0}^{R_0}S\cdot 2\pi r\mathrm{d}r=\int_{r_0}^{R_0}\frac{U^2}{2\pi Rr^2\ln\dfrac{R_0}{r_0}}\cdot 2\pi r\mathrm{d}r=\frac{U^2}{R}.$$

这正是电源的输出功率.这表示电源向负载提供的能量是通过两圆筒间的介质由坡印廷矢量传递的.因为导体圆筒上有电荷和电流分布,使空间存在电场和磁场,因而通过场把能量传递给负载.

*__12-12.__ 如图所示,空气电容器接在恒定电压为 U 的电源两端,电源内阻忽略不计,现将电容器右极板以匀速率 v 拉开,当两板间的距离为 x 时,求电容器内位移电流密度的大小和方向.

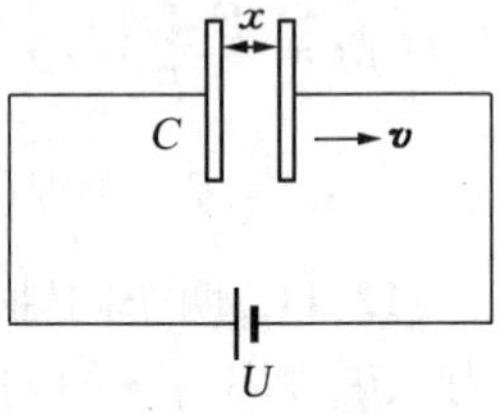

习题 12-12 图

解: 平板电容器两极板间距为 x 时,电容为

$$C=\frac{\varepsilon_0 S}{x},$$

而

$$C=\frac{q}{U}.$$

由以上两式可得电容器上电荷面密度为

$$\sigma=\frac{q}{S}=\frac{\varepsilon_0 U}{x}.$$

位移电流密度为

$$j_d=\frac{\mathrm{d}D}{\mathrm{d}t}=\frac{\mathrm{d}\sigma}{\mathrm{d}t}=\varepsilon_0 U\frac{\mathrm{d}}{\mathrm{d}t}\left(\frac{1}{x}\right)=-\frac{\varepsilon_0 U}{x^2}\frac{\mathrm{d}x}{\mathrm{d}t}=-\frac{\varepsilon_0 U}{x^2}\cdot v.$$

上式中负号表明 $\boldsymbol{j}_d$ 与 $\boldsymbol{D}$ 反向,而 $\boldsymbol{D}$ 与 $\boldsymbol{v}$ 同向,故 $\boldsymbol{j}$ 与 $\boldsymbol{v}$ 反向,可写成矢量式:

$$\boldsymbol{j}_d = -\frac{\varepsilon_0 U}{x^2}\boldsymbol{v}.$$

*12-13. 有一半径为 R、长为 L $(R \ll L)$ 的圆柱面均匀带电，电荷面密度为 σ，设圆柱以角速度 $\omega = At$ 绕中心轴转动(A 为常量). 试证明单位时间内从圆柱侧面输入的电磁能量正好等于圆柱内部磁场能量的增长率.

解: 带电圆柱旋转相当于载流螺线管，线电流密度为

$$j = \frac{\omega}{2\pi}\sigma \cdot 2\pi R \cdot 1 = \sigma R\omega = \sigma RAt.$$

因此柱内磁场为

$$H = \frac{B}{\mu_0} = \frac{\mu_0 nI}{\mu_0} = nI = j = R\sigma At.$$

柱内变化的磁场必激发涡旋电场，在柱面内侧附近，有

$$E_{涡} = \frac{\mu_0 r}{2} \cdot \frac{\mathrm{d}H}{\mathrm{d}t}\bigg|_{r=R} = \frac{\mu_0 R^2 \sigma A}{2}.$$

$\boldsymbol{H}$ 的方向平行于轴线，$\boldsymbol{E}_{涡}$ 的方向垂直于轴线并沿切向，故能流密度 $\boldsymbol{S} = \boldsymbol{E} \times \boldsymbol{H}$ 沿径向指向轴线，柱面内侧的能流密度为

$$S = E \cdot H = \frac{\mu_0 R^3 \sigma^2 A^2 t}{2}.$$

单位时间从圆柱侧面输入的能量为

$$\frac{\mathrm{d}w}{\mathrm{d}t} = -\oint(\boldsymbol{E} \times \boldsymbol{H}) \cdot \mathrm{d}\boldsymbol{S} = \int EH\,\mathrm{d}S = 2\pi RLEH = 2\pi RL \cdot \frac{\mu_0 R^3 \sigma^2 A^2 t}{2}$$

$$= \frac{\mathrm{d}}{\mathrm{d}t}\left[\pi R^2 L \cdot \frac{\mu_0}{2}(R\sigma At)^2\right] = \frac{\mathrm{d}}{\mathrm{d}t}\left[\pi R^2 L \cdot \frac{\mu_0}{2}H^2\right].$$

上式中 $\pi R^2 L$ 为圆柱体积，$\frac{\mu_0}{2}H^2$ 是 t 时刻的磁能密度，故上式右边恰为柱内磁能的增长率.

*12-14. 一平面电磁波沿着 z 轴方向垂直于湖面传播，在湖面 $(z = 0)$ 发生反射，已知在湖面上入射波的电场强度 $\boldsymbol{E}$ 沿 x 方向，并可表示为 $\boldsymbol{E} = E_x\boldsymbol{i} = E_m \cos \omega t\boldsymbol{i}$，反射波的磁感应强度沿 y 方向，可表示为 $\boldsymbol{B}' = B'_y\boldsymbol{j} = -\frac{E_m}{5c}\cos \omega t\boldsymbol{j}$，式中 c 为真空中的光速，试求：

(1) 反射电磁波的 E 的幅值 E'_m；

(2) 反射波的平均辐射强度 $\boldsymbol{S}'$ 与入射波的平均辐射强度 $\boldsymbol{S}$ 的比值.

解: (1) 由 $\sqrt{\varepsilon_0}E_0 = \sqrt{\mu_0}H_0$，得

$$E'_m = \sqrt{\frac{\mu_0}{\varepsilon_0}}H'_m = \sqrt{\frac{\mu_0}{\varepsilon_0}} \cdot \frac{B'_m}{\mu_0} = \sqrt{\frac{1}{\varepsilon_0\mu_0}} \cdot \frac{E_m}{5c} = \frac{E_m}{5}.$$

(2) $$\frac{\overline{S}'}{\overline{S}} = \frac{\frac{1}{2}E'_m H'_m}{\frac{1}{2}E_m H_m} = \frac{E'^2_m\sqrt{\frac{\varepsilon_0}{\mu_0}}}{E^2_m\sqrt{\frac{\varepsilon_0}{\mu_0}}} = \frac{E'^2_m}{E^2_m} = \frac{(E_m/5)^2}{E^2_m} = \frac{1}{25}.$$

四、思考题解答

12-1. 试比较位移电流和传导电流有何异同?

答: 位移电流和传导电流一样,在其周围要激发磁场,且位移电流所激发的磁场与位移电流之间的关系,也和传导电流所激发的磁场与传导电流之间的关系相同.但位移电流和传导电流在本质上不同,传导电流是自由电荷的流动,传导电流有热效应.位移电流不是电荷的流动,而是源于随时间变化的电场,故不会产生热效应.形成位移电流不需要导体,即使真空中也可有位移电流.

12-2. 在真空中,电磁波的电场强度和磁感应强度的大小有何比例关系,电能密度和磁能密度的大小有何关系?真空中电磁场的能量密度表达式如何?

答: 真空中,电磁波的 $E = cB$, c 为光速,电能密度和磁能密度大小相等, $w_e = w_m = \frac{1}{2}\varepsilon_0 E^2 = \frac{B^2}{2\mu_0}$, 电磁场的能量密度为 $w = \varepsilon_0 E^2 = \frac{B^2}{\mu_0}$.

12-3. 电磁振荡能够在空间传播的原因是什么?

答: 电磁波能在空间传播是基于变化的电场激发涡旋磁场,变化的磁场激发涡旋电场.

第十三章　振 动 与 波

一、内 容 提 要

1. 简谐振动、阻尼振动和受迫振动：

(1) 简谐振动：方程为 $\frac{d^2x}{dt^2}+\frac{k}{m}x=0$，振动表示式为 $x=A\cos(\omega t+\varphi_0)$，$\omega=\sqrt{\frac{k}{m}}$. 当初始值 x_0、v_0 已知时，$A=\sqrt{x_0^2+(v_0/\omega)^2}$，$\varphi_0=\arctan\left(\frac{-v_0}{x_0\omega}\right)$. 动能 $E_k=\frac{1}{2}mA^2\omega^2\sin^2(\omega t+\varphi_0)$，势能 $E_p=\frac{1}{2}kA^2\cos^2(\omega t+\varphi_0)$，简谐振动的机械能守恒，$E=E_k+E_p=\frac{1}{2}kA^2=\frac{1}{2}mA^2\omega^2$.

(2) 阻尼振动：若阻尼力 F 为常数，振动方程为 $\frac{d^2x}{dt^2}+\frac{k}{m}x-\frac{F}{m}=0$，在从右方最大位移到左方最大位移的半周期中，$x=A'\cos\omega t+\frac{F}{k}$，$\omega=\sqrt{\frac{k}{m}}$ 不变(设 $\varphi_0=0$). 若阻尼力与速度成正比，$F=-\gamma v$，$\beta=\frac{\gamma}{2m}$，$\omega_0=\sqrt{\frac{k}{m}}$，振动方程为 $\frac{d^2x}{dt^2}+2\beta\frac{dx}{dt}+\omega_0^2x=0$. β 很小时为欠阻尼，$x=Ae^{-\beta t}\cos(\omega t+\varphi_0)$，$\omega=\sqrt{\omega_0^2-\beta^2}$.

(3) 受迫振动方程为 $\frac{d^2x}{dt^2}+2\beta\frac{dx}{dt}+\omega_0^2x=C\cos(\omega_d t)$，外力 $f_D=D\cos(\omega_d t)$，$C=D/m$，$x=Ae^{-\beta t}\cos(\omega t+\varphi_0)+B\cos(\omega_d t+\varphi)$，$\varphi=\arctan\left(\frac{2\beta\omega_d}{\omega_d^2-\omega_0^2}\right)$，$B=C[(\omega_0^2-\omega_d^2)^2+4\beta^2\omega_d^2]^{-\frac{1}{2}}$，共振 时 $\omega_0=\omega_d$，$B_m=C/2\beta\omega_d$.

2. 振动的合成：

(1) 同方向、同频率简谐振动的合成

$$x_1=A_1\cos(\omega t+\varphi_1),\ x_2=A_2\cos(\omega t+\varphi_2).$$

$$x=x_1+x_2=A\cos(\omega t+\varphi).$$

$$A=[A_1^2+A_2^2+2A_1A_2\cos(\varphi_2-\varphi_1)]^{\frac{1}{2}}.$$

$$\varphi=\arctan\left(\frac{A_1\sin\varphi_1+A_2\sin\varphi_2}{A_1\cos\varphi_1+A_2\cos\varphi_2}\right).$$

当 $\Delta\varphi=\varphi_2-\varphi_1=0$ 时，$A=A_1+A_2$.

当 $\Delta\varphi=\varphi_2-\varphi_1=\pm\pi$ 时，$A=|A_1-A_2|$.

(2) 同方向、频率相近的谐振动的合成　$\omega_1\approx\omega_2=\omega$，

$$x_1=A\cos(\omega_1 t+\varphi),\ x_2=A\cos(\omega_2 t+\varphi),$$

$$x=2A\cos\left(\frac{\omega_1-\omega_2}{2}t\right)\cos\left(\frac{\omega_1+\omega_2}{2}t+\varphi\right).$$

可视为振幅按 $A(t)=2A\cos\left(\frac{\omega_1-\omega_2}{2}t\right)$ 随时间变化的振动.

拍频 $\Delta\nu=|\nu_1-\nu_2|=\left|\frac{\omega_1-\omega_2}{2}\Big/\pi\right|$.

(3) 同频率、互相垂直的两个简谐振动的合成

$$x=A_1\cos(\omega t+\varphi_1),\quad y=A_2\cos(\omega t+\varphi_2).$$

$$\frac{x^2}{A_1^2}+\frac{y^2}{A_2^2}-2\frac{xy}{A_1A_2}\cos(\varphi_2-\varphi_1)=\sin^2(\varphi_2-\varphi_1).$$

3. 波动表示式和波动方程:

一维简谐波 $y(x,t)=A\cos(\omega t+\varphi_0\pm kx)$,波矢 $k=\frac{2\pi}{\lambda}$.

负号对应于正向行波,正号对应于负向行波.

三维简谐波表达式 $\boldsymbol{u}=\boldsymbol{A}\cos(\omega t-\boldsymbol{k}\cdot\boldsymbol{r}+\varphi_0)$.

波动方程 $\frac{1}{v^2}\cdot\frac{\partial^2 y}{\partial t^2}=\frac{\partial^2 y}{\partial x^2}$.

动能和势能相等,$\Delta E_k=\Delta E_p=\frac{1}{2}\rho S\Delta x\omega^2A^2\sin^2\omega\left(t-\frac{x}{v}\right)$.

总能量密度 $\varepsilon=\rho\omega^2A^2\sin^2\omega\left(t-\frac{x}{v}\right)$,$\bar{\varepsilon}=\frac{1}{2}\rho\omega^2A^2$.

4. 波的强度:

能流密度 $\boldsymbol{S}=\varepsilon\boldsymbol{v}$.

平均能流密度——波的强度 $\boldsymbol{I}=\bar{\varepsilon}\boldsymbol{v}$.

5. 声波:

$y(r,t)=\frac{A}{r}\cos\left(\omega t-\frac{\omega}{v}r\right)$,空气中波速 $v=\sqrt{\frac{\gamma RT}{\mu}}$,$\gamma$ 为绝热比. 体变模量 $\kappa=\gamma p$,p 为压强.

6. 波的干涉、驻波、简正模式:

(1) 干涉

$$y_1=A_{1p}\cos(\omega t+\varphi_{10}-2\pi r_1/\lambda),$$

$$y_2=A_{2p}\cos(\omega t+\varphi_{20}-2\pi r_2/\lambda),$$

$$\Delta\varphi=\varphi_{20}-\varphi_{10}+2\pi(r_1-r_2)/\lambda,$$

$$\Delta\varphi=2n\pi\text{ 时},\quad A_p=A_{1p}+A_{2p}.$$

$$\Delta\varphi=(2n+1)\pi\text{ 时},\quad A_p=|A_{1p}-A_{2p}|.$$

(2) 驻波:$y_1=A\cos(\omega t+\varphi_1-kx)$,$y_2=A\cos(\omega t+\varphi_2+kx)$,

$$y=y_1+y_2=2A\cos\left(kx+\frac{\varphi_2-\varphi_1}{2}\right)\cos\left(\omega t+\frac{\varphi_2+\varphi_1}{2}\right).$$

$x=\frac{n\lambda}{2}-\frac{\lambda}{4\pi}(\varphi_2-\varphi_1)$ 处为波腹,振幅为 $2A$.

$x=\frac{2n+1}{4}\lambda-\frac{\lambda}{4\pi}(\varphi_2-\varphi_1)$ 处为波节,静止 $(n=0,\pm1,\pm2,\cdots)$.

(3) 对于两端固定长为 l 的弦,简正模式满足 $l=n\cdot\frac{\lambda}{2}$.

$\nu_n=\frac{nv}{2l}$, 波速 $v=\sqrt{\frac{T}{\eta}}$, η 为弦线的密度.

基频 $\nu_1=\frac{1}{2l}\sqrt{\frac{T}{\eta}}$.

7. 多普勒效应:

设波速为 v,波源发出频率为 ν_0 的波.

(1) 波源不动,观察者相对于介质的速度为 u_R,接收到的波的频率为 $\nu'=\frac{v+u_R}{v}\nu_0$. 观察者靠近波源, $u_R>0$; 远离波源, $u_R<0$.

(2) 观察者不动,波源相对于介质的速度为 u_S,则观察者接收到的频率为 $\nu'=\frac{v}{v-u_S}\nu_0$. 波源靠近, $u_S>0$; 波源远离, $u_S<0$.

二、自学指导和例题解析

本章要点是掌握描写简谐振动的微分方程和振动表示式,掌握振幅、频率和相位三个描述简谐振动的主要参量,掌握振动的合成;熟悉波动的表达式,掌握波的干涉和驻波的物理意义和计算方法;了解多普勒效应的应用. 在学习本章内容时要注意以下几点:

(1) 在讨论竖直悬挂的弹簧振子的振动时,若坐标原点的选取不同,则振动表示式不同,系统的总能量表示式也不同,当选择其平衡位置为坐标原点时,振动表示式形式最简单,为 $x=A\cos(\omega t+\varphi)$, 总能量的形式也最简单,为 $E=\frac{1}{2}mv^2+\frac{1}{2}kx^2$, 此时 $\frac{1}{2}kx^2$ 项并不完全代表其弹性势能,而是表示系统的弹性势能和重力势能的总和,即总势能.

(2) 波速决定于介质的性质,固体可以传播横波和纵波;液体和气体只有容变弹性而无切变弹性,只能传播弹性纵波. 柔绳和弦线中横波的传播速度为 $v=\sqrt{\frac{T}{\eta}}$, T 为弦线的张力,η 为其单位长度的质量. 固体中横波和纵波的传播速度可分别表示为 $v=\sqrt{\frac{G}{\rho}}$ (横波), $v=\sqrt{\frac{Y}{\rho}}$ (纵波),式中 G 和 Y 分别表示固体的切变弹性模量和杨氏弹性模量;液体或气体中纵波的波速为 $v=\sqrt{\frac{B}{\rho}}$, B 为其体变弹性模量,ρ 为介质密度. 由以上速度表示式中可见,波速与介质弹性和密度有关.

(3) 只有频率和振动方向相同,相位差保持恒定的波源所发出的波才是相干波,如两列相干波在空间任一相遇点的相位差

$$\Delta\varphi=\varphi_2-\varphi_1-\frac{2\pi}{\lambda}(r_2-r_1)$$

与时间无关,即可观察到干涉现象.

(4) 两列在同一直线上沿相反方向传播的波的干涉形成驻波. 注意驻波表示式和行波不同，实际上是一个振动表示式，在任何两相邻节点之间的所有质元位移同号，振动速度同号，相位总是相同的，而在节点两侧的质元的位移或振动速度总是反号的，因此驻波实际上是分段振动. 任何相邻波节之间的区域实际上构成一个独立的振动系统，与外界不交换能量，因而波的总能流为零.

例题

例 13-1 如图所示，弹簧下悬挂一质量为 m 的物体，弹簧伸长 10 cm. 若令物体在下列两种初始条件下作简谐振动，求振动表达式.(1) 物体由平衡位置往下拉 12 cm，由静止开始运动 (取 $g = 10\ \mathrm{m \cdot s^{-2}}$).

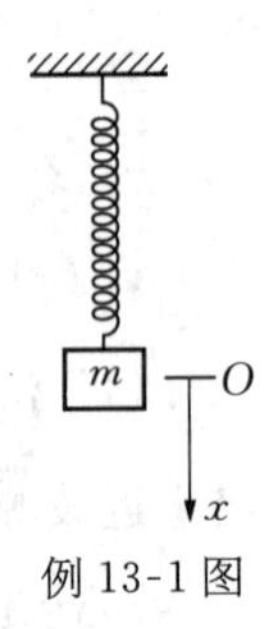

例 13-1 图

(2) 在平衡位置以 $50\ \mathrm{cm \cdot s^{-1}}$ 向上的初速度运动.

解：(1) 先求圆频率 ω. 设平衡时弹簧伸长 x，由力学平衡得

$$mg = kx, \quad \frac{k}{m} = \frac{g}{x}.$$

所以
$$\omega = \sqrt{\frac{k}{m}} = \sqrt{\frac{g}{x}} = \sqrt{\frac{10}{0.1}} = 10(\mathrm{rad \cdot s^{-1}}).$$

取竖直向下为 x 轴正方向，$t = 0$ 时 $x_0 = 0.12\ \mathrm{m}$，$v_0 = 0$.

振幅：
$$A = \sqrt{x_0^2 + \left(\frac{v_0}{\omega}\right)^2} = x_0 = 0.12(\mathrm{m});$$

初相：
$$x_0 = A\cos\varphi,\ 0.12 = 0.12\cos\varphi,\ \varphi = 0;$$

振动表示式为
$$x = 0.12\cos 10t(\mathrm{m}).$$

(2) $t = 0$ 时，$v_0 = -0.5\mathrm{m \cdot s^{-1}}$，$x_0 = 0$.

振幅：
$$A = \sqrt{x_0^2 + \left(\frac{v_0}{\omega}\right)^2} = \left|\frac{v_0}{\omega}\right| = \frac{0.5}{10} = 0.05(\mathrm{m}).$$

初相：
$$x_0 = A\cos\varphi,\ 0 = A\cos\varphi,\ \varphi = \pm\frac{\pi}{2}.$$

因 $v_0 = -A\omega\sin\varphi < 0$，故取 $\varphi = \frac{\pi}{2}$.

振动表达式为
$$x = 0.05\cos\left(10t + \frac{\pi}{2}\right).$$

例 13-2 如图所示为一平面波在 $t = 0$ 时刻的波形图，设此简谐波的频率为 50 Hz，振幅 $A = 0.1\ \mathrm{m}$，且此时质点 B 的运动方向向上，求该波的波动表达式.

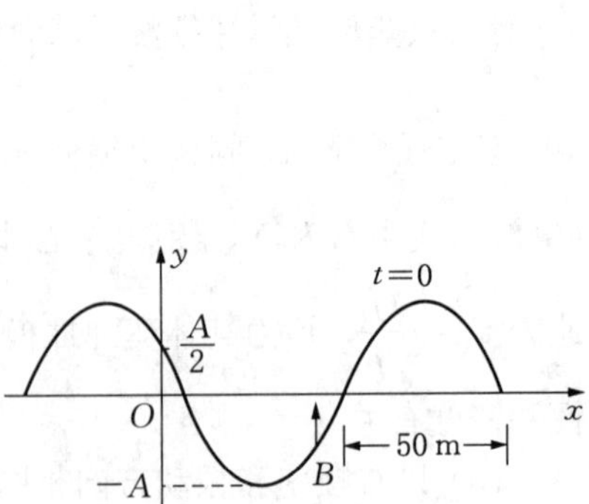

例 13-2 图

解：由图可知 $t = 0$ 时 B 点运动方向向上，因此波沿 x 轴负方向传播：且 $\lambda = 2 \times 50 = 100(\mathrm{m})$.

对 O 点，$x = 0$，$t = 0$ 时 $y = \frac{A}{2}$.

$$\frac{A}{2} = A\cos\left(\omega t + \frac{2\pi}{\lambda}x + \varphi\right) = A\cos\varphi,\ \varphi = \pm\frac{\pi}{3}.$$

因波向 x 负向传播,下一时刻 $x=0$ 点的位移减小,即 $t=0$ 时刻原点处速度: $v=-A\omega\sin\varphi<0$,所以取 $\varphi=\frac{\pi}{3}$.

根据波的表达式标准形式

$$y=A\cos\left[2\pi\left(\nu t+\frac{x}{\lambda}\right)+\varphi\right],$$

有
$$y=0.1\cos\left[2\pi\left(50t+\frac{x}{100}\right)+\frac{\pi}{3}\right](\mathrm{m}).$$

例 13-3 一平面波的表达式为 $y=0.01\cos\left(5\pi t+\frac{\pi}{2}x+\frac{\pi}{2}\right)(\mathrm{m})$, 式中各量均用国际单位. 试求:

(1) 波峰和波谷分别经过 $x=1\,\mathrm{m}$ 处的时刻.

(2) $t=2\,\mathrm{s}$ 时各波峰和波谷的坐标.

解:(1)设波峰经过 $x=1\,\mathrm{m}$ 处的时刻为 t_1,以 $x=1\,\mathrm{m}$, $y=0.01\,\mathrm{m}$ 代入波的表示式,有

$$\cos(5\pi t_1+\pi)=1,$$

则 $5\pi t_1+\pi=2k\pi$, 得 $t_1=\frac{2k-1}{5}$. $(k=1,2,3,\cdots)$

同理,由 $x=1\,\mathrm{m}$, $y=-0.01$ 可得波谷经过 $x=1\,\mathrm{m}$ 处的时刻 t_2

$$\cos(5\pi t_2+\pi)=-1,$$

则 $5\pi t_2+\pi=(2k+1)\pi$ 得 $t_2=0.4k$. $(k=0,1,2,\cdots)$

(2) 以 $t=2\,\mathrm{s}$, $y=0.01$ 代入波动表示式可得波峰坐标 x_1,

$$\cos(10\pi+\frac{\pi}{2}x_1+\frac{\pi}{2})=1,$$

$10.5\pi+\frac{\pi}{2}x_1=2k\pi$, 得 $x_1=4k-21$. $(k=0,\pm1,\pm2,\cdots)$

同理,波谷坐标 x_2 满足

$$\cos\left(10\pi+\frac{\pi}{2}x_2+\frac{\pi}{2}\right)=-1,$$

$$10.5\pi+\frac{\pi}{2}x_2=(2k+1)\pi;$$

得 $x_2=4k-19$. $(k=0,\pm1,\pm2,\cdots)$

例 13-4 如图所示,有两个相干波源 S_1 和 S_2,它们的振动表示式分别是 $y_{10}=0.2\cos4\pi t$ 和 $y_{20}=0.2\cos\left(4\pi t+\frac{\pi}{3}\right)$, 式中各量均用国际单位. S_1 和 S_2 到空间 P 点的距离分别为 $r_1=60\,\mathrm{m}$, $r_2=70\,\mathrm{m}$, 波速为 $v=20\,\mathrm{m\cdot s^{-1}}$. 试求:

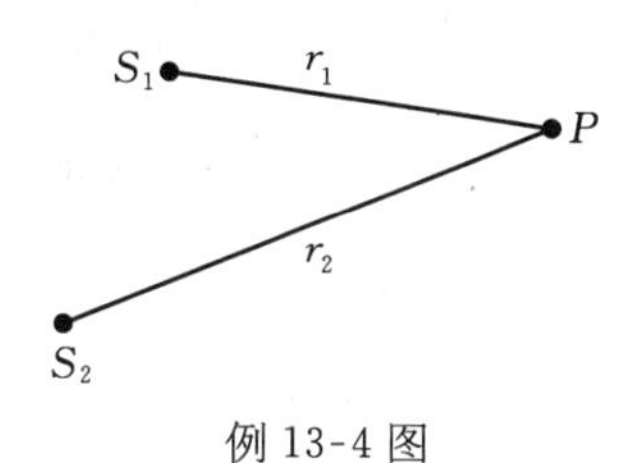

例 13-4 图

(1) 这两列波分别在 P 点处引起振动的振动表达式;

(2) P 点的合振动表达式.

解:(1) S_1 在 P 点引起振动的振动表达式为

$$y_1 = 0.2\cos 4\pi\left(t - \frac{r_1}{v}\right) = 0.2\cos 4\pi\left(t - \frac{60}{20}\right)$$
$$= 0.2\cos 4\pi t(\text{m}).$$

S_2 在 P 点引起的振动表示式为

$$y_2 = 0.2\cos\left[4\pi\left(t - \frac{r_2}{v}\right) + \frac{\pi}{3}\right] = 0.2\cos\left[4\pi\left(t - \frac{70}{20}\right) + \frac{\pi}{3}\right]$$
$$= 0.2\cos\left(4\pi t - 14\pi + \frac{\pi}{3}\right) = 0.2\cos\left(4\pi t + \frac{\pi}{3}\right)(\text{m}).$$

(2) 两波在 P 点的相位差　$\Delta\varphi = \varphi_2 - \varphi_1 = \frac{\pi}{3}$；

合振幅　$A = \sqrt{A_1^2 + A_2^2 + 2A_1A_2\cos\Delta\varphi} = A\sqrt{2(1+\cos\Delta\varphi)}$
$= 0.2\sqrt{2\left(1+\cos\frac{\pi}{3}\right)} \approx 0.35(\text{m})$；

初相　$\varphi = \arctan\left(\frac{A_1\sin\varphi_1 + A_2\sin\varphi_2}{A_1\cos\varphi_1 + A_2\cos\varphi_2}\right) = \arctan\left(\frac{0+\sin\frac{\pi}{3}}{1+\cos\frac{\pi}{3}}\right) = \frac{\pi}{6}.$

合振动表示式为

$$y_p = 0.35\cos\left(4\pi t + \frac{\pi}{6}\right)(\text{m}).$$

例 13-5　如图所示，O 处为波源，向左右两边发射振幅为 A、角频率为 ω 的简谐波，波速为 c，BB'为反射面，它到 O 点的距离 d 为 $5\lambda/4$，试在无半波相位突变和有半波相位突变的两种情况下，讨论 O 点两边合成波的性质.

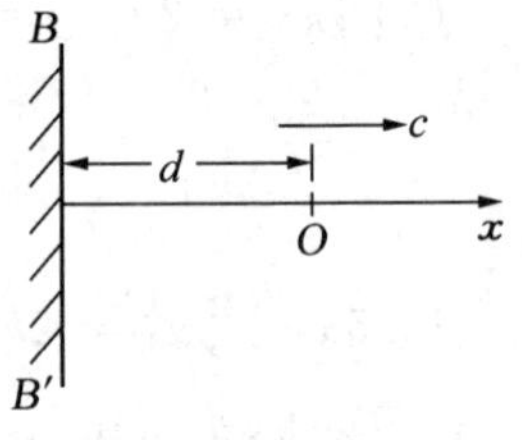

B B' d c O x

例 13-5 图

解：$d = \frac{5\lambda}{4}$，$\frac{\omega}{c}d = 2\pi\nu \cdot \frac{5\lambda/4}{c} = \frac{5}{2}\pi.$

其中 $\nu\lambda = c$. 设波源的振动为

$$y_0(x=0,\ t) = A\cos(\omega t + \varphi_0).$$

以 O 点为 x 轴原点，则向正向和反向传播的波动表示式分别为

$$y_+(x,\ t) = A\cos\left[\omega\left(t - \frac{x}{c}\right) + \varphi_0\right],$$
$$y_-(x,\ t) = A\cos\left[\omega\left(t + \frac{x}{c}\right) + \varphi_0\right].$$

(1) 无半波相位突变，则反射波为

$$y'_+ = A\cos\left[\omega\left(t - \frac{x}{c}\right) + \varphi_0 - 2\omega\frac{d}{c}\right] = A\cos\left[\omega\left(t - \frac{x}{c}\right) + \varphi_0 - \pi\right].$$

(a) O 点左边：

$$y_{左} = y'_+ + y_- = A\cos\left[\omega\left(t - \frac{x}{c}\right) + \varphi_0 - \pi\right] + A\cos\left[\omega\left(t + \frac{x}{c}\right) + \varphi_0\right]$$
$$= -2A\sin(\omega t + \varphi_0)\sin\left(\omega\frac{x}{c}\right).$$

上式是驻波形式,波腹位置在

$$\omega \cdot \frac{x}{c} = \frac{2\pi x}{\lambda} = -\left(n+\frac{1}{2}\right)\pi,\ n=0,\ 1,\ 2,\cdots$$

即

$$x = -\left(n+\frac{1}{2}\right)\cdot\frac{\lambda}{2}. \qquad n=0,\ 1,\ 2,\cdots$$

因 $x \geqslant -\frac{5}{4}\lambda$,所以

$$x = -\frac{\lambda}{4},\ -\frac{3}{4}\lambda,\ -\frac{5}{4}\lambda \text{ 为波腹位置.}$$

波节位置在

$$\frac{2\pi x}{\lambda} = -n\pi,\ x = -\frac{n\lambda}{2},\ n=0,\ 1,\ 2,\cdots$$

即

$$x = 0,\ -\frac{\lambda}{2},\ -\lambda \text{ 为波节位置.}$$

(b) O 点右边:

$$y_{右} = y'_{+} + y_{+} = A\cos\left[\omega\left(t-\frac{x}{c}\right)+\varphi_0-\pi\right] + A\cos\left[\omega\left(t-\frac{x}{c}\right)+\varphi_0\right]$$

$$= -2A\sin\left[\omega\left(t-\frac{x}{c}\right)+\varphi_0\right]\cos\frac{\pi}{2} = 0,$$

全部静止.

(2) 有半波相位突变,则反射波为

$$y''_{+} = A\cos\left[\omega\left(t-\frac{x}{c}\right)+\varphi_0-2\omega\frac{d}{c}+\pi\right] = A\cos\left[\omega\left(t-\frac{x}{c}\right)+\varphi_0\right] = y_{+}.$$

(a) O 点左边:

$$y_{左} = y''_{+} + y_{-} = A\cos\left[\omega\left(t-\frac{x}{c}\right)+\varphi_0\right] + A\cos\left[\omega\left(t+\frac{x}{c}\right)+\varphi_0\right]$$

$$= 2A\cos(\omega t+\varphi_0)\cos\left(\omega\frac{x}{c}\right),$$

这是驻波,波腹位置在

$$2\pi x/\lambda = -n\pi,\ x = -\frac{n\lambda}{2},\ n=0,\ 1,\ 2,\ \cdots$$

即

$$x = 0,\ -\frac{\lambda}{2},\ -\lambda \text{ 为波腹位置.}$$

波节位置在

$$2\pi x/\lambda = -\left(n+\frac{1}{2}\right)\pi,$$

$$x = -\left(n + \frac{1}{2}\right)\frac{\lambda}{2},\ n = 0,\ 1,\ 2,\ \cdots$$

即

$$x = -\frac{\lambda}{4},\ -\frac{3}{4}\lambda,\ -\frac{5}{4}\lambda \text{ 为波节位置.}$$

(b) O 点右边：

$$y_{右} = y''_{+} + y_{+} = A\cos\left[\omega\left(t - \frac{x}{c}\right) + \varphi_0\right] + A\cos\left[\omega\left(t - \frac{x}{c}\right) + \varphi_0\right]$$

$$= 2A\cos\left[\omega\left(t - \frac{x}{c}\right) + \varphi_0\right],$$

这是一个振幅加倍的行波.

例 13-6 距一点声源 10 m 的地方，声音的声强级是 20 dB，若不计声波的衰减，求：

(1) 距离声源 5 m 处的声强级；

(2) 距离声源多远，声音就听不见了？

解： (1) 设声波为简谐波，声强为

$$I = \frac{1}{2}\rho\omega^2 A^2 u,$$

声强级

$$L = 10\lg\frac{I}{I_0}(\text{dB}).$$

对球面波，有

$$A_1 r_1 = A_2 r_2.$$

设距声源 10 m 和 5 m 处的声强级分别为 L_1 和 L_2，则

$$L_1 = 10\lg\frac{\frac{1}{2}\rho\omega^2 A_1^2 u}{I_0}. \qquad ①$$

$$L_2 = 10\lg\frac{\frac{1}{2}\rho\omega^2 A_2^2 u}{I_0} = 10\lg\frac{\frac{1}{2}\rho\omega^2 A_1^2 r_1^2 u}{I_0 r_2^2}. \qquad ②$$

两式相减，得

$$L_2 = L_1 + 10\lg\frac{r_1^2}{r_2^2} = 20 + 20\lg\frac{10}{5} = 26(\text{dB}).$$

(2) 设距声源 r 处，声音就听不见了，依题意有

$$L = 10\lg\frac{\frac{1}{2}\rho\omega^2 A^2 u}{I_0} = 10\lg\frac{\frac{1}{2}\rho\omega^2 A_1^2 r_1^2 u}{I_0 r^2} = 0. \qquad ③$$

而在 10 m 处，已知

$$L_1 = 10\lg\frac{\frac{1}{2}\rho\omega^2 A_1^2 u}{I_0} = 20(\text{dB}). \qquad ④$$

④式减③式，得

$$L_1 = 10\lg\frac{r^2}{r_1^2} = 20.$$

得

$$r = 10r_1 = 100(\text{m}).$$

例 13-7　如图所示，一手电筒和屏幕的质量均为 m，且均被倔强系数为 k 的弹簧悬挂在同一个高度. 在平衡时，手电筒的光恰好照在屏幕的中心. 已知手电筒和屏幕相对于地面的上下振动表达式分别为

$$x_1 = A\cos(\omega t + \theta_1),$$
$$x_2 = A\cos(\omega t + \theta_2).$$

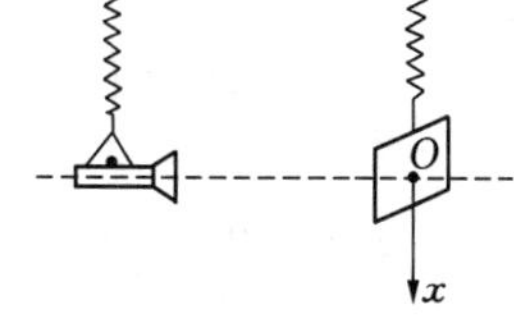

例 13-7 图

若要求：(1)在屏上的光点相对于屏静止不动；

(2)在屏上的光点相对于屏作振幅 $A' = 2A$ 的振动，则初相位 θ_1，θ_2 应满足什么条件？用何种方式启动，才能得到上述结果？

解： 根据相对运动关系，有

$$x_{\text{光对地}} = x_{\text{光对屏}} + x_{\text{屏对地}},$$

其中

$$x_{\text{光对地}} = x_1 = A\cos(\omega t + \theta_1),$$
$$x_{\text{屏对地}} = x_2 = A\cos(\omega t + \theta_2).$$

得

$$x_{\text{光对屏}} = x_1 - x_2 = A\cos(\omega t + \theta_1) - A\cos(\omega t + \theta_2)$$
$$= -2A\sin\left(\omega t + \frac{\theta_1 + \theta_2}{2}\right)\sin\frac{\theta_1 - \theta_2}{2}. \quad ①$$

(1) 要求光点相对屏不动，即 $x_{\text{光对屏}} = 0$，由①式得

$$\sin\frac{\theta_1 - \theta_2}{2} = 0,$$

得

$$\theta_1 = \theta_2.$$

把手电筒和屏均拉下 A 后同时释放即可.

(2) 光点相对于屏的振幅为 $2A$，由①式可得

$$\left|\sin\frac{\theta_1 - \theta_2}{2}\right| = 1,$$

得

$$\theta_1 - \theta_2 = \pm\pi.$$

即手电筒和屏幕相位必须相反，可让手电筒位于平衡点 O 的上方相距 A 处，屏位于 O 的下方相距 A 处，同时释放即可.

三、习题解答

13-1. 一个摆球的振动表示式是 $x = 2\cos\left(\pi t + \frac{\pi}{3}\right)$（$x$ 的单位为 cm，t 的单位为 s），试写出：

(1) 摆球振动的振幅、频率、角频率、周期和初相位；

(2) $t = 1$ s时的位移、速度和加速度.

解: (1)振动表示式为 $x = A\cos(\omega t + \varphi)$，由已知条件，得摆球振动的振幅为 $A = 2$ cm，角频率 $\omega = \pi\ \mathrm{s^{-1}}$，频率 $\nu = \frac{\omega}{2\pi} = 0.5$ Hz，周期 $T = \frac{1}{\nu} = 2$ s，初相位 $\varphi = \frac{\pi}{3}$.

(2) $t = 1$ s,

$$x = 2\cos\left(\pi + \frac{\pi}{3}\right) = -1,$$

$$v = -2\pi\sin\left(\pi + \frac{\pi}{3}\right) = \sqrt{3}\pi,$$

$$a = -2\pi^2\cos\left(\pi + \frac{\pi}{3}\right) = \pi^2.$$

13-2. 一弹簧振子放在光滑的水平面上，滑块的质量为 0.025 kg，弹簧的倔强系数 $k = 0.4\ \mathrm{N \cdot m^{-1}}$，在时刻 $t = 0$，滑块在平衡位置右方 0.1 m 处开始以速度 $0.4\ \mathrm{m \cdot s^{-1}}$ 向右运动.

(1) 试计算振子的角频率、振幅和初相位；

(2) 写出时刻 t 振子的位移、速度和加速度.

解: (1) $\omega = \sqrt{\frac{k}{m}} = \sqrt{\frac{0.4}{0.025}} = 4(\mathrm{rad \cdot s^{-1}})$,

$t = 0$ 时，$x_0 = 0.1$，$v_0 = 0.4$.

$$A = \sqrt{x_0^2 + \left(\frac{v_0}{\omega}\right)^2} = \sqrt{0.1^2 + \left(\frac{0.4}{4}\right)^2} = 0.14\ (\mathrm{m}).$$

$$\varphi = \arctan\left(\frac{-v_0}{\omega x_0}\right) = \arctan\left(\frac{-0.4}{4 \times 0.1}\right) = -\frac{\pi}{4}.$$

(2) $x = 0.14\cos\left(4t - \frac{\pi}{4}\right)$,

$$v = -0.56\sin\left(4t - \frac{\pi}{4}\right),$$

$$a = -2.24\cos\left(4t - \frac{\pi}{4}\right).$$

13-3. 设一分子中有一氢原子在作简谐振动，氢原子的质量为 1.68×10^{-27} kg，振动频率为 10^4 Hz，振幅为 10^{-11} m，试计算：

(1) 此氢原子的最大速度；

(2) 氢原子所受到的最大作用力；

(3) 与此振动相联系的振动能.

解: (1) 振动角频率 $\omega = 2\pi\nu = 2\pi \times 10^4\ \mathrm{s^{-1}}$,

振动的最大速度 $v_m = A\omega = 10^{-11} \times 2\pi \times 10^4 = 6.28 \times 10^{-7}\ (\mathrm{m \cdot s^{-1}})$.

(2) 最大作用力为

$$f_m = kA = m\omega^2 A = 1.68 \times 10^{-27} \times (2\pi \times 10^4)^2 \times 10^{-11} = 6.63 \times 10^{-29}\ (\mathrm{N}).$$

(3) $E = \frac{1}{2}kA^2 = \frac{1}{2} \times 6.63 \times 10^{-29} \times 10^{-11} = 3.32 \times 10^{-40}\ (\mathrm{J})$.

13-4. 如图所示，一单摆周期为 T，角振幅为 θ_0，摆球从 $\theta = -\theta_0$ 出发，在沿正方向摆动中

经过 A 点向 B 点摆动.

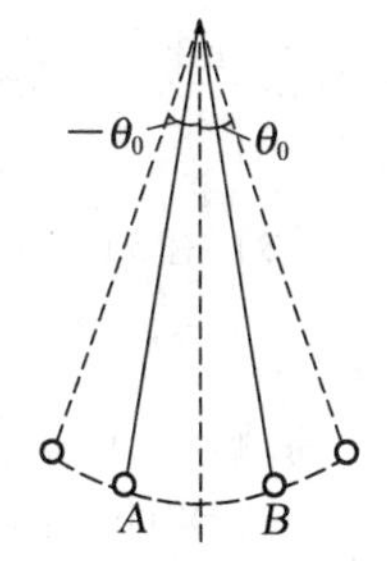

习题 13-4 图

(1) 设 A 点的摆角 $\theta=-\frac{\theta_0}{2}$, B 点的摆角 $\theta=\frac{\theta_0}{2}$, 问从 A 到 B 经历多少时间?

(2) 设摆球在 $t=\frac{T}{8}$ 经过 A,在 $t=\frac{3T}{8}$ 经过 B,问从 A 到 B 摆线角位移是多大?

(3) 设 A、B 两点的动能都等于总振动能量的 $\frac{1}{2}$,问从 A 到 B 经历多少时间? 摆线角位移是多大?

解: (1) 振动规律为 $\theta=\theta_0\cos\left(\frac{2\pi}{T}t+\varphi\right)$, $t=0$ 时, $-\theta_0=\theta_0\cos\varphi$, 因 $v_0>0$, 得 $\varphi=\pi$, 代入振动表示式得 $\theta=\theta_0\cos\left(\frac{2\pi}{T}t+\pi\right)$, 可得

A 点: $-\frac{\theta_0}{2}=\theta_0\cos\left(\frac{2\pi}{T}t_1+\pi\right)$, $\frac{2\pi}{T}t_1+\pi=\frac{4}{3}\pi$.

B 点: $\frac{\theta_0}{2}=\theta_0\cos\left(\frac{2\pi}{T}t_2+\pi\right)$, $\frac{2\pi}{T}t_2+\pi=\frac{5}{3}\pi$.

得 $t_2-t_1=\frac{\pi}{3}\times\frac{T}{2\pi}=\frac{T}{6}$.

(2) $\theta_1=\theta_0\cos\left(\frac{2\pi}{T}\times\frac{T}{8}+\pi\right)=\theta_0\cos\frac{5\pi}{4}=-\frac{\sqrt{2}}{2}\theta_0$.

$\theta_2=\theta_0\cos\left(\frac{2\pi}{T}\times\frac{3T}{8}+\pi\right)=\theta_0\cos\frac{7\pi}{4}=\frac{\sqrt{2}}{2}\theta_0$.

从 A 到 B 摆线的角位移 $\Delta\theta=\theta_2-\theta_1=\sqrt{2}\theta_0$.

(3) $E_k=E_0\sin^2\left(\frac{2\pi}{T}t+\pi\right)$, 由题意, $E_k=\frac{1}{2}E_0$.

$$\sin^2\left(\frac{2\pi}{T}t+\pi\right)=\frac{1}{2},\ \sin\left(\frac{2\pi}{T}t+\pi\right)=\pm\frac{\sqrt{2}}{2}.$$

A 点: $\theta<0$, $v>0$, 相位 φ 在第三象限, $\frac{2\pi}{T}t_1+\pi=\frac{5}{4}\pi$. B 点: $\theta>0$, $v>0$, 相位 φ 在第四象限, $\frac{2\pi}{T}t_2+\pi=\frac{7}{4}\pi$. 得 $\Delta t=\frac{2\pi}{4}\times\frac{T}{2\pi}=\frac{T}{4}$, $\Delta\theta=\theta_0\left(\cos\frac{7}{4}\pi-\cos\frac{5}{4}\pi\right)=\sqrt{2}\theta_0$.

13-5. 竖直悬挂的弹簧振子,倔强系数为 k,重物质量为 m,当弹簧伸长 x_0 时,系统达到平衡.

(1) 求此弹簧振子的振动频率;

(2) 已知 $x_0=1$ cm, 当把弹簧压缩到它原长时,从静止释放重物,求其振动周期和振幅;

(3) 在本题的情况下,是否仍可以把系统的总能量表示为 $E=\frac{1}{2}kx^2+\frac{1}{2}mv^2$?

解: (1) 当重物静止时,弹簧伸长 x_0,则 $kx_0=mg$, 以此位置为坐标原点,向下为 x 轴正向. 把重物拉下 x 时,重物受力为 $F=mg-k(x_0+x)=mg-kx_0-kx=-kx$, 重物运动方

程为 $m\frac{d^2x}{dt^2}=-kx$，振动角频率为 $\omega=\sqrt{\frac{k}{m}}$，振动频率 $\nu=\frac{\omega}{2\pi}=\frac{1}{2\pi}\sqrt{\frac{k}{m}}$.

(2) 由 $kx_0=mg$，$\frac{m}{k}=\frac{x_0}{g}$，振动周期 $T=\frac{1}{\nu}$，得 $T=2\pi\sqrt{\frac{m}{k}}=2\pi\sqrt{\frac{x_0}{g}}=2\pi\sqrt{\frac{0.01}{9.8}}=0.2\,(s)$.

振幅　$A=1$ cm.

(3) 若取重物在平衡位置(即本题的坐标原点)为零势能(包括重力势能与弹性势能)参考点，则在任一位置 x(x 竖直向下为正)：

弹性势能　$E_{p_1}=\int_x^0 -k(x_0+x)dx=\frac{1}{2}k(x_0+x)^2\Big|_0^x=\frac{1}{2}k(x_0+x)^2-\frac{1}{2}kx_0^2=kx_0x+\frac{1}{2}kx^2$.

重力势能　$E_{p_2}=-mgx=-kx_0x$.

系统总能量　$E=E_k+E_{p_1}+E_{p_2}=\frac{1}{2}mv^2+kx_0x+\frac{1}{2}kx^2-kx_0x=\frac{1}{2}mv^2+\frac{1}{2}kx^2$.

故当零势能参考点取在重物平衡位置时，系统总能量在形式上仍可表示为 $E=\frac{1}{2}mv^2+\frac{1}{2}kx^2$，但应注意，这里势能也包括了重力势能在内，不仅为弹性势能. $\frac{1}{2}kx^2$ 项并不代表体系的弹性势能，而是系统振动的总势能，其值在零和最大值 $\frac{1}{2}kA^2$ 之间变化.

当零势能参考点取在其他位置上时，系统总能量不可用上式表出.

13-6. 一个水平面上的弹簧振子，倔强系数为 k，振子的质量为 M，作无阻尼的简谐振动，当它到达平衡位置时，有一块粘土(质量为 m)从高度 h 处自由下落，正好落在物体 M 上，并随之一起运动. 问：

(1) 振动的周期变为多少？是原来的多少倍？

(2) 振幅有何变化？

解：(1) 粘土落在物体 M 上以前，振动周期为

$$T_1=2\pi\sqrt{\frac{M}{k}}.$$

粘土落在 M 上以后，$T_2=2\pi\sqrt{\frac{M+m}{k}}$，$T_2/T_1=\sqrt{\frac{M+m}{M}}$.

(2) 物体 M 在平衡位置有最大速度 $|v_1|=A\omega_1$.

粘土与物体 M 碰撞过程中，系统水平方向动量守恒，碰后两者共同速度为 v_2，则

$$(m+M)v_2=Mv_1,$$

得

$$v_2=\frac{M}{M+m}v_1=\frac{M}{M+m}A\omega_1.$$

以后最大振幅由 $v_2=A_2\omega_2$ 求得

$$A_2=\frac{v_2}{\omega_2}=\frac{M}{M+m}A\omega_1/\omega_2=\frac{MA\omega_1}{(M+m)\omega_2}.$$

把 $\omega_1=\sqrt{\dfrac{k}{M}}$，$\omega_2=\sqrt{\dfrac{k}{M+m}}$ 代入上式，得 $A_2=\sqrt{\dfrac{M}{M+m}}A$，振幅变小.

13-7. 如图所示，比重计的质量为 m，它的圆管直径为 D，浮在密度为 ρ 的液体中，沿竖直方向略推动一下，它就上下振动起来，求比重计的振动周期(不计液体阻力).

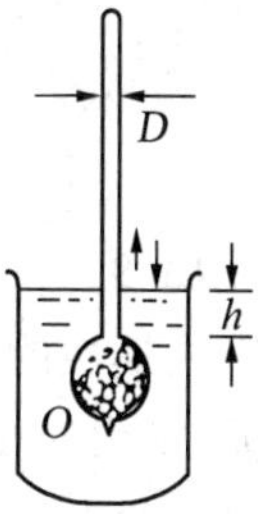

解： 比重计静止时，重力等于浮力，$mg=\rho g\cdot\pi\left(\dfrac{D}{2}\right)^2\cdot h+f_{球浮}$， ①

式中 $f_{球浮}$ 为比重计下端球形部分所受到的浮力，h 为圆管浸入液体的长度. 当比重计压下 x 时，所受力为

$$F=mg-\rho g\pi\left(\frac{D}{2}\right)^2(h+x)-f_{球浮}. \quad ②$$

习题 13-7 图

①式代入②式，得 $F=-\dfrac{1}{4}\rho g\pi D^2x$，比重计的运动方程为

$$m\frac{\mathrm{d}^2x}{\mathrm{d}t^2}=-\frac{1}{4}\rho g\pi D^2x，得\ \omega=\sqrt{\frac{\rho g\pi D^2}{4m}}.$$

周期 $T=\dfrac{2\pi}{\omega}=\dfrac{4}{D}\sqrt{\dfrac{\pi m}{\rho g}}$.

13-8. 两同方向简谐振动的表示式为

$$x_1=A_1\cos(10t+\varphi_1)，\ x_2=A_2\cos(10t+\varphi_2).$$

其中 $A_1=3\ \mathrm{cm}$，$\varphi_1=\dfrac{\pi}{6}$，

(1) 当 $A_2=4\ \mathrm{cm}$，$\varphi_2=\dfrac{2\pi}{3}$ 时，求 x_1 和 x_2 合成振动的振幅和初相位；

(2) φ_2 应取多大，才能使合成振幅取极大和极小值？

(3) 若合成振动振幅 $A=3\ \mathrm{cm}$，相位 φ 与 φ_1 之差 $\varphi-\varphi_1=\dfrac{\pi}{6}$，试求振动 x_2 的振幅和初相位.

解： (1) $A=\sqrt{A_1^2+A_2^2+2A_1A_2\cos(\varphi_2-\varphi_1)}$，代入数值，得

$$A=\sqrt{(3\times10^{-2})^2+(4\times10^{-2})^2+2\times3\times4\times10^{-4}\cos\left(\frac{2\pi}{3}-\frac{\pi}{6}\right)}=5\times10^{-2}(\mathrm{m}).$$

$$\varphi=\arctan\frac{A_1\sin\varphi_1+A_2\sin\varphi_2}{A_1\cos\varphi_1+A_2\cos\varphi_2}=\arctan\frac{3\sin\dfrac{\pi}{6}+4\sin\dfrac{2}{3}\pi}{3\cos\dfrac{\pi}{6}+4\cos\dfrac{2\pi}{3}}=83.13°.$$

(2) 当 $\varphi_2=\varphi_1$ 时，A 有极大值，即取 $\varphi_2=\varphi_1=\dfrac{\pi}{6}$，当 $\varphi_2-\varphi_1=\pi$，即 $\varphi_2=\pi+\dfrac{\pi}{6}=\dfrac{7\pi}{6}$ 时，A 有极小值.

(3) 由矢量图可得

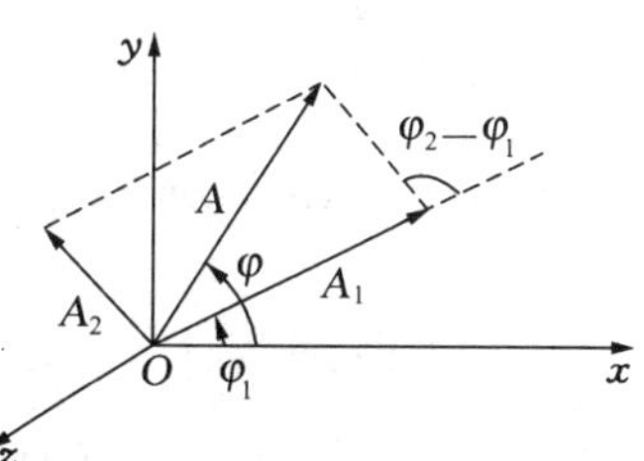

习题 13-8 图

$$A_2^2 = A^2 + A_1^2 - 2AA_1\cos(\varphi - \varphi_1) = 3^2 + 3^2 - 2\times 3^2\cos\frac{\pi}{6} = 2.4,\ 得\ A_2 = 1.55(\text{cm}).$$

$$\varphi_2 - \varphi_1 = \pi - \left[\frac{\pi - (\varphi - \varphi_1)}{2}\right] = \pi - \frac{\pi}{2} + \frac{\pi}{12} = \frac{7}{12}\pi,$$

得
$$\varphi_2 = \frac{7}{12}\pi + \frac{\pi}{6} = \frac{3}{4}\pi.$$

13-9. 一待测频率的音叉与一频率为 440 Hz 的标准音叉并排放着,并同时振动,声音响度有周期性的起伏,每隔 0.5 s 听到一次最大响度的音,在待测频率的音叉的一端粘上一块橡皮泥,最大响度之间的时间间隔便拉长一些,问这音叉的频率是多少?听到的响度起伏的频率又是多少?

解: 两个音叉一起振动,产生拍频,设待测频率为 ν_2,标准频率为 ν_1,则 $|\nu_2 - \nu_1| = \frac{1}{T} = \frac{1}{0.5} = 2(\text{Hz})$, 这就是听到的响度起伏的频率. 设标准音叉的频率为 ν_1, $\nu_1 = 440$ Hz, 由上可得 $\nu_2 = \nu_1 + 2$ 或 $\nu_1 = \nu_2 + 2$, 加橡皮泥后,音叉的频率 ν_2 要变小(m 变大,ω 变小),而这时听到的拍音之间的间隔拉长了,即$|\nu_2 - \nu_1|$减少了,故只可能是

$$\nu_2 - \nu_1 = 2,$$

$$\nu_2 = 2 + \nu_1 = 2 + 440 = 442(\text{Hz}),$$

此即待测音叉的频率.

13-10. 音叉以频率 $\nu = 440$ Hz 振动,求离音叉 2 m 处空气振动的表示式. 设该处振动的振幅为 1 mm,音叉振动的初相位为零,空气中的声速为 344 m · s^{-1}.

解: 由已知条件可得 $A = 1.0\times 10^{-3}\,\text{m}$, $x = 2\,\text{m}$, $\omega = 2\pi\nu = 2\pi\times 440 = 880\pi(\text{rad}\cdot\text{s}^{-1})$, $u = 344\ \text{m}\cdot\text{s}^{-1}$, 离音叉 2 m 处空气振动表示式为

$$y = 1.0\times 10^{-3}\cos\omega\left(t - \frac{x}{u}\right) = 1.0\times 10^{-3}\cos 880\pi\left(t - \frac{2}{344}\right),$$

即
$$y = 1.0\times 10^{-3}\cos 880\pi\left(t - \frac{1}{172}\right)(\text{m}).$$

13-11. 已知弦线上通过一列波,波源的振动周期 $T = 2.5$ s, 振幅 $A = 1.0\times 10^{-2}$ m, 波长 $\lambda = 1.0$ m, 设在波源沿正方向振动而经过平衡位置时开始计时,试写出波动的表示式.

解: 取弦线为 x 轴,波源位置为坐标原点. 由题意知 $t = 0$ 时, $x = 0$ 处的质点经过平衡位置,即 $y = 0$, 沿正方向振动,即 $v > 0$, 设波动表示式为

$y = A\cos\left[2\pi\left(\frac{t}{T} - \frac{x}{\lambda}\right) + \varphi\right]$, 将已知条件代入, $y = 1.0\times 10^{-2}\cos\left[2\pi\left(\frac{t}{2.5} - \frac{x}{1.0}\right) + \varphi\right]$.

由 $t = 0$ 时, $x = 0$ 及 $y = 0$ 代入,得

$0 = 1.0\times 10^{-2}\cos\varphi$, $\varphi = \frac{\pi}{2}$ 或 $-\frac{\pi}{2}$,

由 $v_0 > 0$, 有 $\left.\frac{\partial y}{\partial t}\right|_{t=0,\,x=0} = -A\omega\sin\varphi > 0$, 所以 φ 取 $-\frac{\pi}{2}$,

得 $y = 1.0\times 10^{-2}\cos\left[\frac{4\pi}{5}t - 2\pi x - \frac{\pi}{2}\right](\text{m}).$

13-12. 波源作谐振动,其振动的表示式为 $y=4\times10^{-3}\cos 240\pi t(\mathrm{m})$,它所形成的波以 $30\ \mathrm{m\cdot s^{-1}}$ 的速度沿 x 轴负方向传播:

(1) 求波的振幅、周期及波长;

(2) 写出波的表示式;

(3) 求离波源 10 m 处一点的振动表示式和振动速度的表示式.

解: (1) $A=4\times10^{-3}\ \mathrm{m}$, 频率 $\nu=\dfrac{\omega}{2\pi}=\dfrac{240\pi}{2\pi}=120(\mathrm{Hz})$,

周期 $T=\dfrac{1}{\nu}=\dfrac{1}{120}=8.3\times10^{-3}\ \mathrm{s}$, 波长 $\lambda=uT=30\times\dfrac{1}{120}=0.25\ \mathrm{m}$.

(2) $y=4\times10^{-3}\cos 240\pi\left(t+\dfrac{x}{30}\right)(\mathrm{m})$ (沿 x 轴负方向传播).

(3) 离波源 10 m 处,即 $x=-10$ m 处,

$$y=4\times10^{-3}\cos 240\pi\left(t+\frac{-10}{30}\right)=4\times10^{-3}\cos 240\pi\left(t-\frac{1}{3}\right)(\mathrm{m}).$$

振动速度 $v=\dfrac{\partial y}{\partial t}=-4\times10^{-3}\times240\pi\sin 240\pi\left(t-\dfrac{1}{3}\right)$

$$=-3.0\sin 240\pi\left(t-\frac{1}{3}\right)(\mathrm{m\cdot s^{-1}}).$$

13-13. 图中所示是一简谐波在时刻 $t=0$ 的波形,试根据标示的数据(单位为 m, s)写出这一简谐波的表示式.

解: 由图可知,波长 $\lambda=10\ \mathrm{m}$, 振幅 $A=0.02\ \mathrm{m}$, $v_{\max}=0.2\pi$, 由 $v_m=A\omega$, 得 $\omega=\dfrac{v_m}{A}=\dfrac{0.2\pi}{0.02}=10\pi$, 波速 $u=\lambda\nu=\lambda\cdot\dfrac{\omega}{2\pi}=10\cdot\dfrac{10\pi}{2\pi}=50\ \mathrm{m\cdot s^{-1}}$.

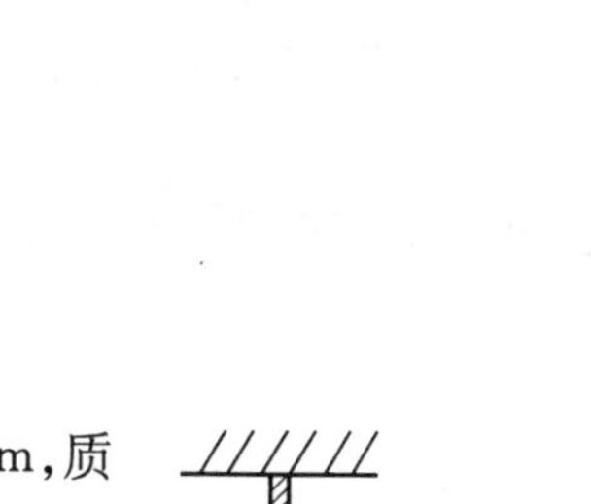

习题 13-13 图

初始 $t=0$ 时, $x=0$, $y=0$, $v>0$, 知波动向右方传播.

可由 $y=A\cos\left[\omega\left(t-\dfrac{x}{u}\right)+\varphi\right]$, 得 $\varphi=\pm\dfrac{\pi}{2}$.

而 $v=\dfrac{\partial y}{\partial t}\Big|_{x=0,\ t=0}=-A\omega\sin\varphi>0$, 故 $\varphi=-\dfrac{\pi}{2}$.

所以波的表示式为

$$y=0.02\cos\left[10\pi\left(t-\frac{x}{50}\right)-\frac{\pi}{2}\right].$$

13-14. 一根绳子的一端悬挂一质量为 10 kg 的重物,绳长 1 m,质量为 0.05 kg. 当绳的质量可忽略不计时,试计算绳端的振动沿绳传播的速度. 若绳的质量为 1 kg,不可忽略,试给出波速在绳上分布的规律.

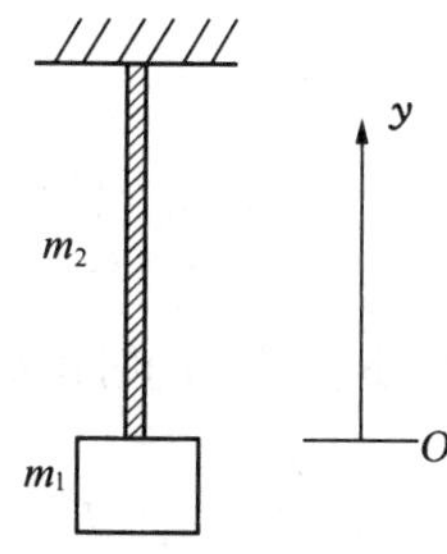

习题 13-14 图

解: 当绳的重量可忽略时,以 μ_1 表示绳的质量线密度.

波速 $u_1=\sqrt{\dfrac{F_1}{\mu_1}}=\sqrt{\dfrac{10\times9.8}{0.05/1}}=44.3\ (\mathrm{m\cdot s^{-1}})$.

若绳重量不可忽略,则张力 F 随绳长而变,如图所示,离绳下端为

y 处的张力为 $F_2 = m_1 g + \mu_2 y g$, $\mu_2 = \frac{m_2}{l} = \frac{1}{l} = 1\ \mathrm{kg \cdot m^{-1}}$, 代入上式,得

$$F_2 = 10g + yg = (10+y)g.$$

离绳下端 y 处的波速 $u_2 = \sqrt{\frac{F_2}{\mu_2}} = \sqrt{(10+y)g}(\mathrm{m \cdot s^{-1}})$.

13-15. 声波在空气中传播,波速为 $340\ \mathrm{m \cdot s^{-1}}$,一般人能听到的最弱声强(听觉阈)约为 $10^{-12}\ \mathrm{W \cdot m^{-2}}$,而会引起痛觉的最大声强(痛觉阈)为 $1\ \mathrm{W \cdot m^{-2}}$. 对频率为 $\nu = 440\ \mathrm{Hz}$ 的声波,它们分别相当于多大的振动位移振幅 (空气密度 $\rho = 1.3\ \mathrm{kg \cdot m^{-3}}$)?

解: 声强 $I = \frac{1}{2}\rho A^2 \omega^2 u$, $\omega = 2\pi\nu$.

$$I_{\min} = \frac{1}{2} \times 1.3 A_{\min}^2 \times (2\pi \times 440)^2 \times 340 = 10^{-12}(\mathrm{W \cdot m^{-2}}).$$

得
$$A_{\min} = 2.4 \times 10^{-11}(\mathrm{m}).$$

由 $\frac{A_{\max}}{A_{\min}} = \sqrt{\frac{I_{\max}}{I_{\min}}}$,得

$$A_{\max} = 2.4 \times 10^{-5}(\mathrm{m}).$$

13-16. 如图所示,在光滑的水平面上有两个完全相同的弹簧振子位于一直线上. 弹簧的倔强系数为 k,小球的质量为 m. 弹簧处于松弛状态时,两个小球之间的距离为 $\sqrt{2}L$. 现分别将两个小球压缩长度 L,然后同时放手. 两个小球的碰撞是完全弹性的,试求这种情况下每个小球的振动周期.

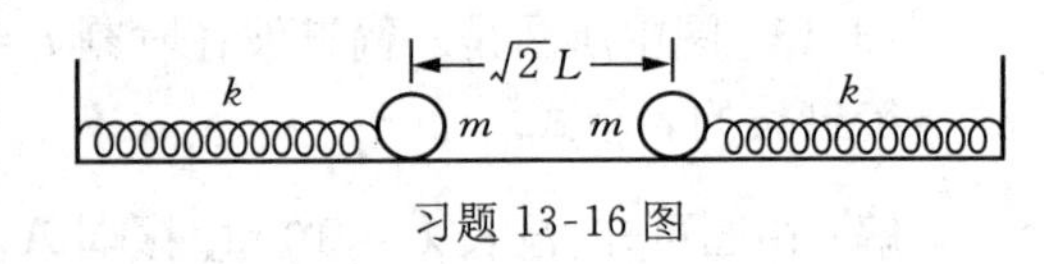

习题 13-16 图

解: 两个小球的运动具有对称性. 先分析左边小球的运动. 以小球的平衡位置为坐标原点,向右为 x 轴的正方向,以小球第一次经过平衡位置时为时间起点. 若不存在右边的弹簧振子,则左边小球的振动表示式为

$$x = L\cos(\omega t + \varphi),$$

其中 $\omega = \sqrt{\frac{k}{m}}$. $t = 0$ 时, $x = 0$, $v > 0$, 由初始条件, $0 = L\cos\varphi$, $\varphi = \pm\frac{\pi}{2}$, $v > 0$; 即 $-L\omega\sin\varphi > 0$ 故取 $\varphi = -\frac{\pi}{2}$. 左球的振动表达式为

$$x = L\cos\left(\omega t - \frac{\pi}{2}\right). \qquad ①$$

两小球将在其距离的中点,即在离左小球的平衡位置为 $\frac{\sqrt{2}}{2}L$ 处碰撞. 设左球从平衡位置运动到 $\frac{\sqrt{2}}{2}L$ 处所经历的时间为 t,由①式得

$$\frac{\sqrt{2}}{2}L = L\cos\left(\omega t - \frac{\pi}{2}\right)$$

$\omega t-\frac{\pi}{2}=\pm\frac{\pi}{4}$，因此时 $v>0$. 取 $\omega t-\frac{\pi}{2}=-\frac{\pi}{4}$，$\omega t=\frac{\pi}{2}-\frac{\pi}{4}=\frac{\pi}{4}$，以 $\omega=\frac{2\pi}{T_0}$代入上式，得 $\frac{2\pi}{T_0}t=\frac{\pi}{4}$，$t=\frac{T_0}{8}$. T_0 为每个弹簧振子的自由振动周期. 即 $t=0$ 时小球在平衡位置，$t=\frac{T_0}{8}$时和右球碰撞，碰后速度反向，大小不变，因而回到平衡位置也用了$\frac{T_0}{8}$时间，且速率与 $t=0$ 时相同. 在平衡位置左边，球的运动如同没有右边小球时一样. 忽略小球的碰撞时间，则左边小球的振动周期为

$$T=2t+\frac{T_0}{2}=2\times\frac{T_0}{8}+\frac{T_0}{2}=\frac{3}{4}T_0=\frac{3\pi}{2}\sqrt{\frac{m}{k}}.$$

右球的运动周期和左球相同.

13-17. 图 13-17 所示是测量液体阻尼因数的装置，将一质量为 m 的物体挂在弹簧上，在空气中测得振动的频率为 ν_1，置于液体中测得的频率为 ν_2，求此系统的阻尼因数 β.

解： 物体在空气中振动时，可近似视为无阻尼的自由振动，其振动频率为

$$\nu_1=\frac{\omega_0}{2\pi}.$$

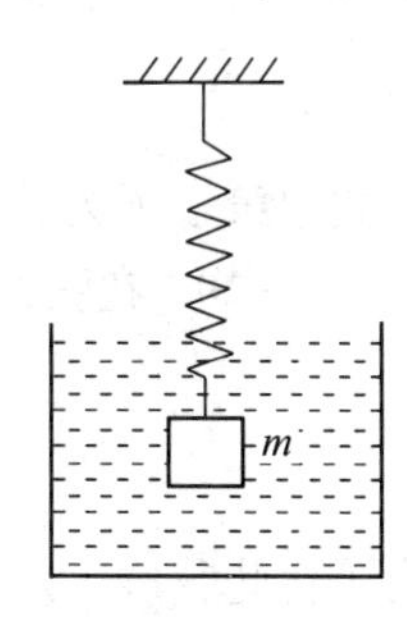

习题 13-17 图

式中 ω_0 为系统无阻尼时的圆频率. 物体在液体中受到阻尼作用，由题意知属阻尼较小的欠阻尼情况：

$$\omega=\sqrt{\omega_0^2-\beta^2}.$$

式中 ω 为有阻尼时系统的圆频率. 此时物体的振动频率为

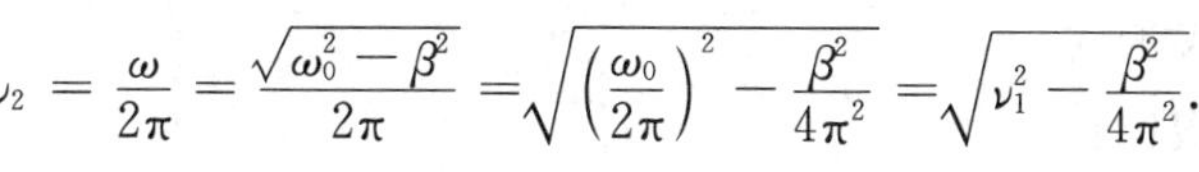

$$\nu_2=\frac{\omega}{2\pi}=\frac{\sqrt{\omega_0^2-\beta^2}}{2\pi}=\sqrt{\left(\frac{\omega_0}{2\pi}\right)^2-\frac{\beta^2}{4\pi^2}}=\sqrt{\nu_1^2-\frac{\beta^2}{4\pi^2}}.$$

由此得到阻尼因数为

$$\beta=\sqrt{4\pi^2(\nu_1^2-\nu_2^2)}.$$

13-18. 图所示为声学干涉仪，用以演示声波的干涉. S 是电磁铁作用下的振动膜片，D 是声波探测器，如耳朵或传声器. 路程 SBD 的长度可以改变，但路程 SAD 却是固定的. 干涉仪内充有空气. 实验中发现，当 B 在某一位置时声强有最小值(100 单位)，而从这个位置向后拉 1.65 cm 到第二个位置时声强就渐渐上升到最大值(900 单位). 试求：

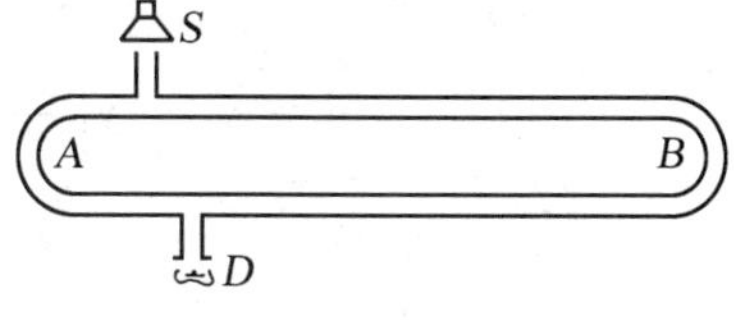

习题 13-18 图

(1) 由声源发出的声波的频率(声速为 340 $\mathrm{m\cdot s^{-1}}$)；

(2) 当 B 在上述两个位置时到达探测器的声波的相对振幅.

解法一：

(1) 用干涉法. 由于是同一个波源发出的两列波，初相位相同，所以两列波在 D 处干涉的极大或极小只取决于波程差 Δ，又由于相邻极大和极小波程仅差半个波长，即 $\Delta=\frac{\lambda}{2}=2\times 1.65\times10^{-2}=3.3\times10^{-2}$，得 $\lambda=6.60\times10^{-2}$ m，频率 $\nu=u/\lambda=340/6.6\times10^{-2}=5.15\times10^3$(Hz).

(2) $A_1^2 = I_1 \propto 100$, $A_2^2 = I_2 \propto 900$,

所以
$$\frac{A_1}{A_2} = \sqrt{\frac{I_1}{I_2}} = \sqrt{\frac{100}{900}} = \frac{1}{3}.$$

解法二: 用驻波法. 将 D 处干涉极小时看成该处为驻波的波节,极大时看成该处为驻波的波腹. 波节和波腹的距离为

$$\frac{\lambda}{4} = 1.65 \times 10^{-2}\ \mathrm{m},$$

同样得 $\lambda = 6.60 \times 10^{-2}$ m. 其余与解法一相同.

13-19. 试证明:两列频率相同、振动方向相同、传播方向相反而振幅不同的平面简谐波相叠加,可视为一驻波与一行波的叠加.

证: 设 $y_1 = A_1 \cos(\omega t - kx)$,

$$y_2 = A_2 \cos(\omega t + kx) = (A_1 + \Delta A)\cos(\omega t + kx).$$

合成波为
$$\begin{aligned} y = y_1 + y_2 &= A_1 \cos(\omega t - kx) + A_1 \cos(\omega t + kx) + \Delta A \cos(\omega t + kx) \\ &= 2A_1 \cos kx \cos \omega t + \Delta A \cos(\omega t + kx). \end{aligned}$$

上式中第一项为驻波,第二项为行波.

13-20. 在弦线上有一简谐波,其表达式为

$$y_1 = 2.0 \times 10^{-2} \cos\left[100\pi\left(t + \frac{x}{20}\right) - \frac{4\pi}{3}\right](\mathrm{m}).$$

为了在此弦线上形成驻波,并使 $x = 0$ 处为一波腹,试求:

(1) 此弦上另一简谐波的表达式;

(2) 驻波的波节位置和波腹位置的坐标.

解: (1) 由题可知,另一简谐波的表达式为正向传播的波,可表示为

$$y_2 = 2.0 \times 10^{-2} \cos\left[100\pi\left(t - \frac{x}{20}\right) - \frac{4\pi}{3}\right](\mathrm{m}).$$

(2) 驻波表达式为

$$y = y_1 + y_2 = 4.0 \times 10^{-2} \cos 5\pi x \cos\left(100\pi t - \frac{4\pi}{3}\right)(\mathrm{m}).$$

$$A_{合} = 4.0 \times 10^{-2} \cos 5\pi x(\mathrm{m}).$$

波节位置的坐标由 $\cos 5\pi x = 0$ 求出:

$$5\pi x = \pm (2k+1) \cdot \frac{\pi}{2},\ x = \pm (2k+1) \times \frac{1}{10}(\mathrm{m}),$$

得
$$x = \pm (0.2k + 0.1)(\mathrm{m}).$$

波腹位置由 $\cos 5\pi x = 1$ 求出:

$$5\pi x = \pm k\pi,\ x = \pm 0.2\mathrm{k}(\mathrm{m}) \qquad (k = 0, 1, 2, \cdots).$$

13-21. 两人各执长为 l 的绳的一端,以相同的角频率、振动方向和振幅在绳上激起振动,

右端的绳的振动比左端的绳的振动相位超前 φ,试以绳的中点为坐标原点描写合成驻波.假设绳很长,不考虑反射,绳上的波速为 v.

解法一: 设左端的振动为 $y_1 = A\cos\omega t$,则右端的振动为 $y_2 = A\cos(\omega t+\varphi)$. 左端发出的波为右行波,由此引起的绳中点 O 处的振动表示式为 $y_{10} = A\cos\omega\left(t-\frac{l}{2v}\right)$,因而以 O 为坐标原点时右行波的波动表达式为

$$y_1 = A\cos\left[\omega\left(t-\frac{x}{v}\right)-\frac{\omega l}{2v}\right].$$

右端振动激起 O 点的振动为 $y_{20} = A\cos\left[\omega\left(t+\frac{-l}{2v}\right)+\varphi\right]$,故左行波以 O 为坐标原点时的波动表达式为

$$y_2 = A\cos\left[\omega\left(t+\frac{x}{v}\right)-\frac{\omega l}{2v}+\varphi\right].$$

合成波 $y = y_1 + y_2 = 2A\cos\left(\frac{\omega x}{v}+\frac{\varphi}{2}\right)\cos\left(\omega t-\frac{\omega l}{2v}+\frac{\varphi}{2}\right)$,

当 $\varphi = 0$ 时,$x = 0$ 处为波腹;当 $\varphi = \pi$ 时,$x = 0$ 处为波节. φ 为任意值时,则

当 $\frac{\omega x}{v}+\frac{\varphi}{2} = \pm n\pi$,即 $x = \frac{v}{\omega}\left(\pm n\pi-\frac{\varphi}{2}\right)$ 处为波腹($n = 0, 1, 2, \cdots$);

当 $\frac{\omega x}{v}+\frac{\varphi}{2} = \pm(2n+1)\frac{\pi}{2}$,即 $x = \frac{v}{\omega}\left[\pm(2n+1)\frac{\pi}{2}-\frac{\varphi}{2}\right]$ 处为波节 ($n = 0, 1, 2, \cdots$).

解法二: 设左端振动为 $y_1 = A\cos\omega t$,右端为 $y_2 = A\cos(\omega t+\varphi)$,则以中点 O 为坐标原点时,右行波的波动表示式为

$$y_1 = A\cos\left[\omega\left(t-\frac{x}{v}\right)+\varphi_1\right].$$

左行波的波动表示式为

$$y_2 = A\cos\left[\omega\left(t+\frac{x}{v}\right)+\varphi_2\right].$$

根据题意,当 $x = -\frac{l}{2}$ 时,$y_1 = A\cos\omega t$,即

$$A\cos\left[\omega\left(t-\frac{-l}{2v}\right)+\varphi_1\right] = A\cos\omega t.$$

解得
$$\varphi_1 = -\frac{\omega l}{2v}.$$

当 $x = \frac{l}{2}$ 时,$y_2 = A\cos(\omega t+\varphi)$,即

$$A\cos\left[\omega\left(t+\frac{l}{2v}\right)+\varphi_2\right] = A\cos(\omega t+\varphi),$$

得
$$\varphi_2 = \varphi-\frac{\omega l}{2v}.$$

于是右行波和左行波在以绳中点为坐标原点时的表达式分别为

$$y_1 = A\cos\left[\omega\left(t - \frac{x}{v} - \frac{l}{2v}\right)\right],$$

$$y_2 = A\cos\left[\omega\left(t + \frac{x}{v} - \frac{l}{2v}\right) + \varphi\right].$$

合成波 $$y = y_1 + y_2 = 2A\cos\left(\frac{\omega x}{v} + \frac{\varphi}{2}\right)\cos\left(\omega t - \frac{\omega l}{2v} + \frac{\varphi}{2}\right),$$

以下讨论同前.

13-22. 如图(a)所示,同一介质中的两个相干波源 A 与 B,分别位于 $x_1 = -1.5$ m 和 $x_2 = 4.5$ m 处,振幅相等,频率都是 100 Hz,波速都是 $400\ \mathrm{m\cdot s^{-1}}$,当 A 质点位于正的最大位移时,B 质点恰好沿负向经平衡位置.求:

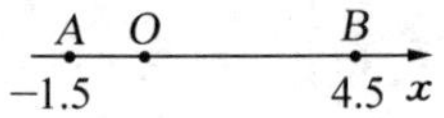

习题 13-22 图(a) 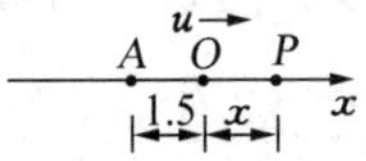　习题 13-22 图(b) 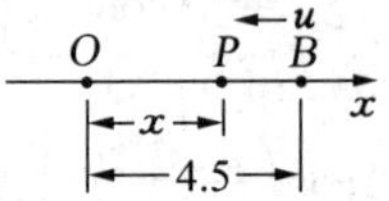　习题 13-22 图(c) 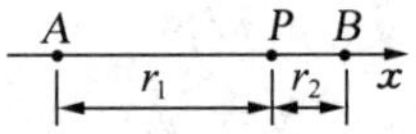　习题 13-22 图(d)

(1) A 波源的正向波的波动表示式和 B 波源的负向波的波动表示式;

(2) x 轴上 A、B 之间因两波干涉而静止的各点的位置.

解: (1) 已知 $\nu = 100$ Hz, $u = 400\ \mathrm{m\cdot s^{-1}}$,

$$\omega = 2\pi\nu = 200\pi(\mathrm{rad\cdot s^{-1}}),\ \lambda = \frac{u}{\nu} = 4\ (\mathrm{m}).$$

设 A 波源振动的表示式为

$$y_A = A\cos(\omega t + \varphi_1),$$

由初始条件 $t = 0$ 时, $y_A = A$,得 $\cos\varphi_1 = 1$, $\varphi_1 = 0$. 如图(b)所示,坐标为 x 的 P 点的振动比 A 点落后的时间为 $\frac{1.5 + x}{u}$,所以,A 波源的正向波波动表示式为

$$y_+ = A\cos 200\pi\left[t - \frac{1.5 + x}{400}\right] = A\cos\left(200\pi t - \frac{\pi}{2}x - \frac{3}{4}\pi\right)(\mathrm{m}).$$

设 B 波源振动表示式为 $y_B = A\cos(\omega t + \varphi_2)$, 由初始条件: $t = 0$ 时, $y_B = 0$ 且 $v_0 < 0$, v_0 为其振动速度,即 $y_B(t = 0) = 0$, φ_2 可取 $\pm\frac{\pi}{2}$, 但因 $v_0 < 0$, 故取 $\varphi_2 = \frac{\pi}{2}$. 如图(c)所示,坐标为 x 的 P 点的振动比 B 点振动落后的时间为 $\frac{4.5 - x}{u}$, 所以,B 波源的负向波波动表示式为

$$y_- = A\cos\left[200\pi\left(t - \frac{4.5 - x}{400}\right) + \frac{\pi}{2}\right].$$

写成标准形式为 $$y_- = A\cos\left[200\pi\left(t + \frac{x - 4.5}{400}\right) + \frac{\pi}{2}\right] = A\cos\left(200\pi t + \frac{\pi}{2}x - \frac{7\pi}{4}\right)(\mathrm{m}).$$

(2) **解法一:** 用干涉相消法.

$$\Delta\varphi=\left(\frac{\pi}{2}x-\frac{7}{4}\pi\right)-\left(-\frac{\pi}{2}x-\frac{3}{4}\pi\right)=\pi(x-1)$$

而 $\Delta\varphi=(2k+1)\pi$ 则相消,因此相消条件为

$$\pi(x-1)=(2k+1)\pi.$$

整理得 $$x=2k+2,\ (k=0,\ \pm1,\ \pm2,\cdots).$$

又两波源之间 x 满足 $-1.5<x<4.5$,所以 $k=0,\ \pm1$:

当 $k=-1$ 时, $x=0(\mathrm{m})$,

当 $k=0$ 时, $x=2(\mathrm{m})$,

当 $k=1$ 时, $x=4(\mathrm{m})$.

即 $x=0$, 2 m, 4 m 处因干涉而静止(即出现波节).

解法二:用驻波波节法.驻波表示式为

$$y=y_{+}+y_{-}=A\cos 200\pi\left(t-\frac{1.5+x}{400}\right)+A\cos\left[200\pi\left(t+\frac{x-4.5}{400}\right)+\frac{\pi}{2}\right]$$

$$=2A\cos\left(\frac{\pi}{2}x-\frac{\pi}{2}\right)\cos\left(200\pi t-\frac{5}{4}\pi\right),$$

当 $\frac{\pi}{2}x-\frac{\pi}{2}=(2k+1)\frac{\pi}{2}$ 时,为波节位置,亦得 $x=2k+2$.

13-23. 如图所示,绳的左端固定在音叉的一个臂上,其右端绕过一滑轮挂着一个重物,以提供绳子的张力.设音叉的频率为 120 Hz,绳长 $L=1.2$ m, 线密度 $\mu=1.6\times10^{-3}\ \mathrm{kg\cdot m^{-1}}$, 所产生的驻波如图所示,试求驻波的波长和绳子的张力.

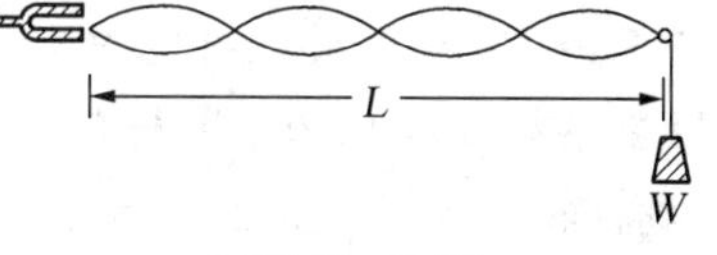

习题 13-23 图

解:由 $L=\frac{n\lambda_n}{2}$, $n=4$, 得

$$\lambda=\frac{2L}{4}=\frac{2\times1.2}{4}=0.6(\mathrm{m}).$$

因为 $\nu=\frac{u}{\lambda}$ 而 $u=\sqrt{\frac{F}{\mu}}$, 得

$$F=\mu u^2=\mu\lambda^2\nu^2=1.6\times10^{-3}\times(0.6)^2\times(120)^2=8.3(\mathrm{N}).$$

13-24. (1) 路旁观察者见一辆疾驶的车正鸣笛而过.已知声源的频率为 1 000 Hz,车速是 $30\ \mathrm{m\cdot s^{-1}}$,空气中声速为 $340\ \mathrm{m\cdot s^{-1}}$,求当车已远离时观察者听到的鸣声的频率;

(2) 如果该车停着鸣笛,试求,当观察者以 $30\ \mathrm{m\cdot s^{-1}}$ 远离这声源时,他所听到的鸣声的频率.设其他条件不变.

解:(1) 根据已知条件,声波速度为 $v=340\ \mathrm{m\cdot s^{-1}}$, 波源速度为 $u=30\ \mathrm{m\cdot s^{-1}}$, 频率 ν_0 为 1 000 Hz.如观察者不动,当波源远离时, $\nu'=\dfrac{\nu_0}{1+\dfrac{u}{v}}=\dfrac{v}{v+u}\nu_0=\dfrac{340}{340+30}\times10^3$, 得 $\nu'=919(\mathrm{Hz})$.

(2) 如声源静止,当观察者远离波源时听到的声音频率为

$$\nu_1=\nu_0\left(1-\frac{u}{v}\right)=10^3\times\left(1-\frac{30}{340}\right)=912\ (\mathrm{Hz}).$$

值得注意的是,在这两小题中,声源与观察者之间的相对速度是一样的,但频移不同,这是由于传播声波必须要有介质.在这两小题中,相对介质来说,声源和观察者的运动情况是不同的.

13-25. 如图所示,一个多普勒测速仪向正在朝它飞来的一个球发出频率为 $\nu_0 = 1.02 \times 10^5$ Hz 的声波,测速仪测得的拍频 $\Delta\nu = 0.30 \times 10^5$ Hz,求球飞行的速度.已知声速为340 $\text{m} \cdot \text{s}^{-1}$.

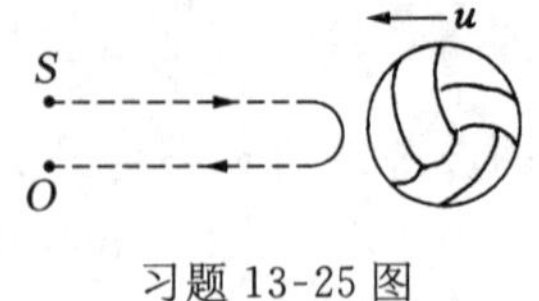

习题 13-25 图

解:设球飞行速度为 u,拍频是从球面反射回来的波和波源直接发出的波的频率差.运动着的球先接收到波源发来的波,球为接收器,随后,它又作为波源再将接收到的波反射出去.由于观察者和波源都静止不动,所以球接收到的频率为

$$\nu_1 = \frac{v+u}{v}\nu_0.$$

而测速仪接收到从球面反射的波的频率为

$$\nu_2 = \frac{v}{v-u}\nu_1 = \frac{v+u}{v-u}\nu_0.$$

拍频
$$\Delta\nu = \nu_2 - \nu_0 = \left(\frac{v+u}{v-u} - 1\right)\nu_0 = \frac{2u}{v-u}\nu_0.$$

得
$$u = \frac{v\Delta\nu}{2\nu_0 + \Delta\nu} = \frac{340 \times 0.30 \times 10^5}{2 \times 1.02 \times 10^5 + 0.30 \times 10^5} = 43.6\ (\text{m} \cdot \text{s}^{-1}).$$

***13-26.** 如图所示,一根质量为 m 的均匀杆,放在两个完全相同的轮子上,两轮轴平行,轴心相距 $2d = 20$ cm,并沿图示方向高速旋转,杆与轮子间的摩擦系数 $\mu = 0.25$,若杆的重心 C 在开始时接近某一滑轮,则杆将在轮子上来回运动,证明杆作简谐振动,并求其振动周期.

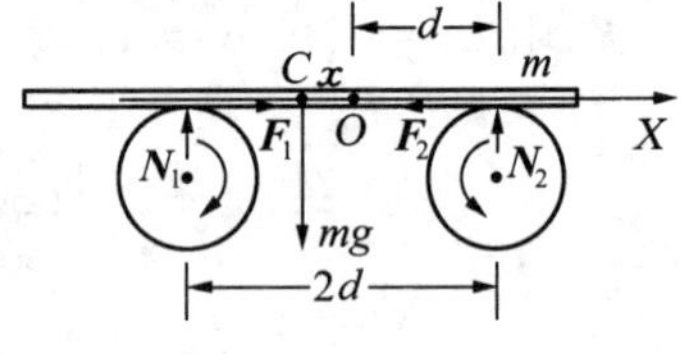

习题 13-26 图

解: 取两轮与杆接触点连线的中点 O 为坐标原点,当杆的重心 C 的坐标为 x 时,由杆在竖直方向的平衡条件可知

$$N_1 + N_2 = mg, \quad ①$$

$$N_1(d+x) = N_2(d-x). \quad ②$$

上式中 N_1 和 N_2 分别为左轮和右轮对杆的支承力.由①、②两式解得

$$N_1 = \frac{mg}{2}\left(1 - \frac{x}{d}\right),$$

$$N_2 = \frac{mg}{2}\left(1 + \frac{x}{d}\right).$$

在水平方向上,由牛顿第二定律,杆的运动方程为

$$F_1 - F_2 = m\frac{\mathrm{d}^2x}{\mathrm{d}t^2},$$

即

$$\mu N_1 - \mu N_2 = -\frac{\mu mg}{d}x = m\frac{d^2x}{dt^2}.$$

整理得

$$\frac{d^2x}{dt^2} + \frac{\mu g}{d}x = 0.$$

可知杆作简谐振动，振动周期为

$$T_0 = 2\pi\sqrt{\frac{d}{\mu g}} = 2\pi\sqrt{\frac{0.1}{0.25\times 9.8}} = 1.27\ (\text{s}).$$

* **13-27.** 如图所示，倔强系数为 k、质量为 M 的弹簧振子静止地放置在光滑的水平面上，一质量为 m 的子弹以水平速度 v_1 射入 M 中，并与之一起运动，以 m、M 开始共同运动的时刻为 $t=0$，求体系的固有角频率、振幅和初相位.

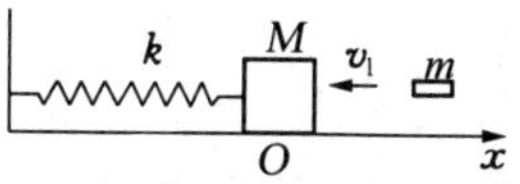

习题 13-27 图

解： 子弹射入 M 后，振子质量变为 $M+m$，故固有频率为

$$\omega_0 = \sqrt{\frac{k}{M+m}}. \qquad ①$$

取如图所示坐标系，在碰撞过程中动量守恒，由此可得子弹射入后 m 和 M 的共同初始速度为

$$v_0 = \frac{mv_1}{M+m}. \qquad ②$$

设振子的振幅为 A，由机械能守恒，有

$$\frac{1}{2}(M+m)v_0^2 = \frac{1}{2}kA^2,$$

得

$$A = \sqrt{\frac{M+m}{k}}v_0 = \sqrt{\frac{m^2}{k(M+m)}}v_1. \qquad ③$$

设振动表示式为

$$x = A\cos(\omega_0 t + \varphi_0), \qquad ④$$

由

$$v = \frac{dx}{dt} = -\omega_0 A\sin(\omega_0 t + \varphi_0), \qquad ⑤$$

得 $t=0$ 时，

$$x_0 = A\cos\varphi_0 = 0. \qquad ⑥$$

$$v_0 = -\omega_0 A\sin\varphi_0 < 0. \qquad ⑦$$

由⑥式得

$$\varphi_0 = \pm\frac{\pi}{2}.$$

由⑦式可判断，φ_0 应取正值，故初相位为

$$\varphi_0 = \frac{\pi}{2}.$$

*13-28. 如图所示,两相干点波源 S_1 和 S_2 在 x 轴上,其振动方向垂直于纸面(即沿 y 方向),波速 $u = 100\ \text{m} \cdot \text{s}^{-1}$, 波的频率为 25 Hz,两波源相位相反,振幅分别为 A_1 与 A_2. 试求:

(1) 在两波源连线的垂直平分线(即 z 轴)上,干涉极大和极小的位置;

(2) 在两波源连线上 S_1 右侧干涉极大和极小的位置;

(3) 在两波源连线上 S_1 和 S_2 之间因干涉而加强的位置.

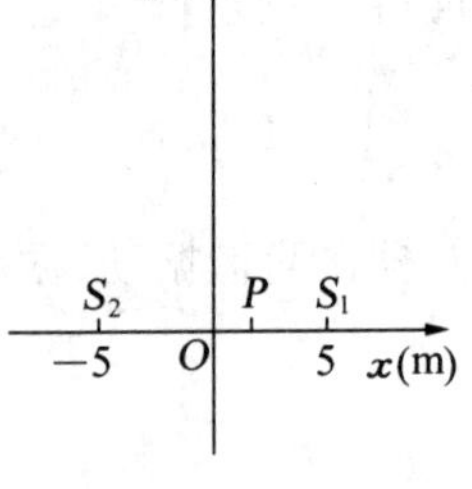

习题 13-28 图

解: 当两列相干波在同一均匀介质中传播时,对任一考察点 P,两波的相位差为

$$\Delta\varphi_{12} = (\varphi_1 - \varphi_2) + \frac{2\pi}{\lambda}(r_2 - r_1).$$

由题意, $\varphi_1 - \varphi_2 = \pi$, $\lambda = \dfrac{u}{\nu} = \dfrac{100}{25} = 4\ (\text{m})$.

(1) 对 z 轴上任一点, $r_1 = r_2$, $r_2 - r_1 = 0$, $\Delta\varphi_{12} = \pi$, 满足干涉极小条件,故在 z 轴上任一点,

$$A = |A_1 - A_2|.$$

(2) 对 x 轴上 S_1 右侧,有

$$r_1 = x - 5,\ r_2 = x + 5,\ r_2 - r_1 = 10,$$

$$\Delta\varphi_{12} = \pi + 2\pi\,\frac{10}{4} = 6\pi.$$

故 x 轴上 S_1 右侧到处干涉加强,

$$A = A_1 + A_2.$$

(3) 对 x 轴上 S_1 和 S_2 间任一点,如图中坐标为 x 的 P 点, $r_1 = 5 - x$, $r_2 = 5 + x$, $r_2 - r_1 = 2x$,

$$\Delta\varphi_{12} = \pi + 2\pi\,\frac{2x}{4} = \pi(1 + x).$$

当 $\Delta\varphi_{12} = 2k\pi$ 时,干涉加强,即

$$\pi(1 + x) = 2k\pi, \quad x = 2k - 1.$$

在区间 $-5 \leqslant x \leqslant 5$ 中, k 只能取 0, ±1, ±2, 3,干涉极大的点的位置为 $x = \pm 1,\ \pm 3,\ \pm 5$.

*13-29. 一平面余弦波,波线上各质元振动的振幅和角频率分别为 A 和 ω,波沿 x 轴正向传播,波速为 $\boldsymbol{u}$,设某一瞬时的波形如图所示,并取图示瞬时为计时零点.

(1) 在点 O 和 P 各有一观察者,试分别以两观察者所在地为坐标原点,写出该波的波动表示式;

(2) 确定在 $t = 0$ 时,平衡位置相对于 O 分别为 $x = \lambda/8$ 和 $x = 3\lambda/8$ 两处质元振动速度的大小和方向.

解: (1)取点 O 为坐标原点,设 O 点振动表示式为

$$y_0 = A\cos(\omega t + \varphi),$$

其中 A、ω 为已知，φ 可由初始条件确定，由图知，$t=0$ 时，

$$y_0 = A\cos\varphi = 0,\quad \varphi = \pm\frac{\pi}{2}.$$

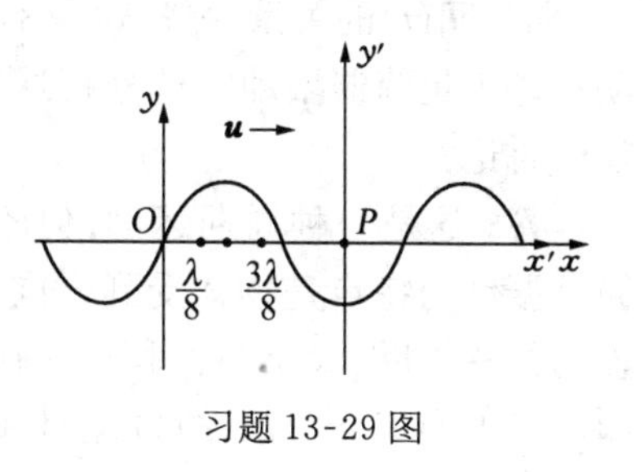

习题 13-29 图

由

$$v_0 = -A\omega\sin\varphi < 0,$$

可知 $$\varphi = \frac{\pi}{2},$$

于是得 $$y_0 = A\cos\left(\omega t + \frac{\pi}{2}\right).$$

以 O 为坐标原点的波的表示式为

$$y = A\cos\left[\omega\left(t - \frac{x}{u}\right) + \frac{\pi}{2}\right].$$

若取 P 点为坐标原点，$t=0$ 时，有

$$y_p = A\cos\varphi' = -A,\quad \varphi' = \pm\pi.$$

可取 $\varphi' = \pi$，则

$$y_p = A\cos(\omega t + \pi).$$

以点 P 为坐标原点的波动表示式为

$$y = A\cos\left[\omega\left(t - \frac{x'}{u}\right) + \pi\right].$$

(2) 以 O 为坐标原点，与 O 相距 x 处的质元的振动速度为

$$v = \frac{\partial y}{\partial t} = -A\omega\sin\left[\omega\left(t - \frac{x}{u}\right) + \frac{\pi}{2}\right] = -A\omega\sin\left[\omega t - \frac{2\pi}{\lambda}x + \frac{\pi}{2}\right].$$

以 $t=0$，$x=\lambda/8$ 代入上式，得质元振动速度为

$$v = -\frac{\sqrt{2}}{2}A\omega.$$

负号表示 v 的方向指向 y 轴的负方向. 以 $t=0$，$x=3\lambda/8$ 代入上式，可得该处质元的振动速度为

$$v = \frac{\sqrt{2}}{2}A\omega,$$

指向 y 轴正方向.

若以 P 为原点，所得结果相同，即质元振动速度与坐标原点的选择无关.

四、思考题解答

13-1. 若弹簧振子中弹簧本身的质量不可忽略，其振动周期是增加还是减少？

答： 这相当于增加了系统的惯性，振动周期将增加.

13-2. 下图是用闪光照片记录的皮球垂直落到桌面上，又接连弹跳的过程中，球心高度

(y)和时间(t)的关系曲线. 这是不是一种周期运动? 是不是简谐振动? 试分析球的受力情况并加以讨论?

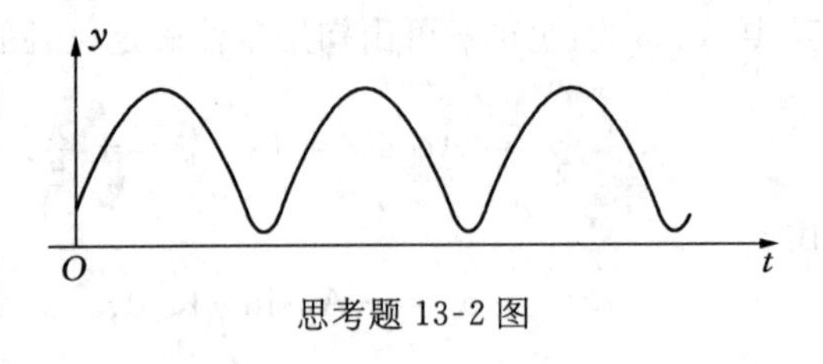

思考题 13-2 图

答: 这是一种周期运动,但不是简谐振动. 简谐振动的特点是物体受到方向与离开平衡位置的位移相反、大小与位移成正比的力的作用,即形式上为 $F=-kx$ 的力,称准弹性力. 本题中,球在空中时只受重力作用,是恒力,当碰到地面时再加上地面对球的冲力作用,不是准弹性力作用,所以不是简谐振动.

13-3. 将一个单摆的摆线拉至与铅垂线成 ϕ 角处释放,有人说,其振动的初相位就是 ϕ,角频率就是角速度$\frac{d\phi}{dt}$,你认为如何?

答: 这种说法是不对的. 在描写简谐振动时,振动位移 $x=A\cos(\omega t+\varphi)$, $(\omega t+\varphi)$ 为相位,φ 为 $t=0$ 时的相位,余弦函数 $\cos(\omega t+\varphi)=\frac{x}{A}$,在不同的振动体系中,只要它们的振动相位一致,$\frac{x}{A}$就有相同的值,所以相位是决定简谐振动状态的物理量,因而角频率 ω 也就是相位的变化速率. 而摆线拉到 ϕ 角时释放,这个 ϕ 是其振动时的最大角度,或角幅值,意义上是根本不同的. 这种情况下(即 $t=0$ 时有最大幅值)的初相位为零.

13-4. (1)图(a)中(i),(ii),(iii),(iv)分别表示一弹簧振子在不同初始条件下的简谐振动,写出这些振动的表达式,设振动的角频率为 ω,写出它们的初始位移和速度 x_0、v_0;

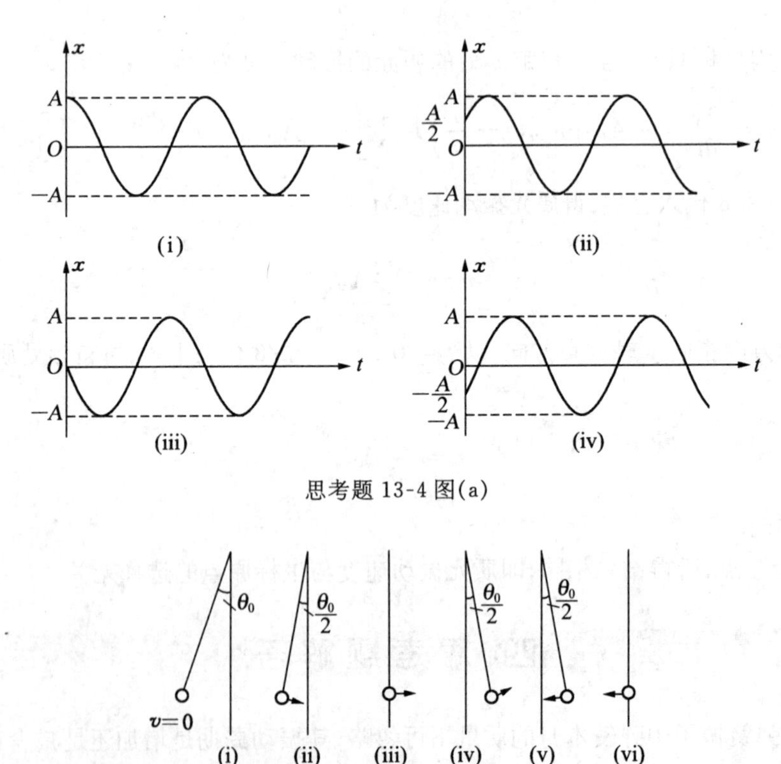

思考题 13-4 图(a)

思考题 13-4 图(b)

(2)图(b)画出单摆在不同时刻的位置和摆动方向,分别写出它们的相位.

答: (1) (i) 图中已知 $t=0$ 时 $x_0=A$, 振动规律为 $x=A\cos(\omega t+\varphi_0)$, $x_0=A\cos\varphi_0=A$, 则 $\varphi_0=0$, 故振动表示式为 $x=A\cos\omega t$, $v_0=\frac{\mathrm{d}x}{\mathrm{d}t}\Big|_{t=0}=-A\omega\sin\omega t\Big|_{t=0}=0$.

(ii) $t=0$ 时, $x_0=\frac{A}{2}$, $\frac{A}{2}=A\cos\varphi_0$, $\varphi_0=\pm\frac{\pi}{3}$, 而

$$v_0=\frac{\mathrm{d}x}{\mathrm{d}t}\Big|_{t=0}=-A\omega\sin(\omega t+\varphi_0)\Big|_{t=0}=-A\omega\sin\varphi_0.$$

图中可见曲线在这点的斜率大于0,故 $v_0>0$, φ_0 取 $-\frac{\pi}{3}$,所求振动表示式为

$$x=A\cos\left(\omega t-\frac{\pi}{3}\right),\ x_0=\frac{A}{2},\ v_0=\frac{\sqrt{3}}{2}A\omega.$$

(iii) $t=0$ 时, $x_0=0$,斜率为负,即 $v_0<0$, φ_0 应取正,由 $0=A\cos\varphi_0$, 得

$$\varphi_0=\frac{\pi}{2},\ v_0=-A\omega\sin\frac{\pi}{2}=-A\omega,\ x=A\cos\left(\omega t+\frac{\pi}{2}\right).$$

(iv) $t=0$ 时, $x_0=-\frac{A}{2}$, $v_0>0$, φ 取负值. 由 $-\frac{A}{2}=A\cos\varphi_0$, $\varphi_0=-\frac{2}{3}\pi$,得

$$v_0=-A\omega\sin\left(-\frac{2}{3}\pi\right)=\frac{\sqrt{3}}{2}A\omega,$$

即

$$x=A\cos\left(\omega t-\frac{2}{3}\pi\right).$$

(2) (i) $v_0=0$, θ_0 为最大角幅值,设该时刻为 $t=0$,$\theta=-\theta_0$, 即 $\theta_0\cos\varphi_0=-\theta_0$, 所以 $\varphi_0=\pi$, 振动表示式为 $\theta=\theta_0\cos(\omega t+\pi)$, 相位为 $\varphi=\omega t+\pi$.

(ii) 设周期为 T, $\theta=-\frac{\theta_0}{2}=\theta_0\cos\varphi$, 又 $v_0>0$, 故 $\varphi=-\frac{2\pi}{3}$, $t=\frac{T}{6}$.

(iii) $\theta=0$, $v_0>0$, 得 $\varphi=-\frac{\pi}{2}$, $t=\frac{T}{4}$.

(iv) $\theta=\frac{\theta_0}{2}$ 且 $v_0>0$, $\varphi=-\frac{\pi}{3}$, $t=\frac{T}{3}$.

(v) $\theta=\frac{\theta_0}{2}$ 且 $v_0<0$, $\varphi=\frac{\pi}{3}$, $t=\frac{2}{3}T$.

(vi) $\theta=0$, $v_0<0$, $\varphi=\frac{\pi}{2}$, $t=\frac{3}{4}T$.

13-5. 试说明下列几个系统都在平衡位置附近作简谐振动(或近似地作简谐振动):

(1) 均匀磁场中的磁针(磁针的磁矩为 μ,对质心的转动惯量为 I 见图(a));

(2) 小球在光滑曲面上来回移动(弧线是圆弧线见图(b));

(3) 在张紧的弦线正中系一质点,沿垂直方向拨动质点(θ 很小,重力可忽略,弦长 l 近似看成不变见图(c));

(4) 浮在水面上的轮船上下浮动见图(d).

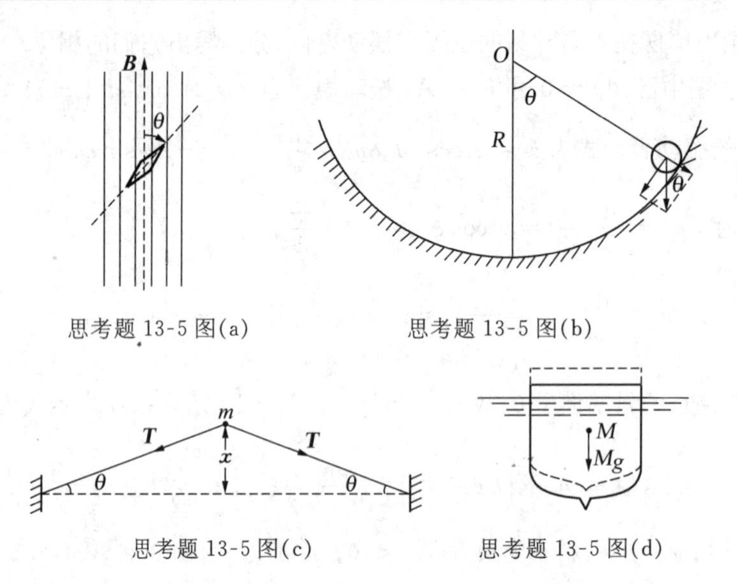

思考题 13-5 图(a)　　思考题 13-5 图(b)

思考题 13-5 图(c)　　思考题 13-5 图(d)

答: (1)磁针的磁矩 $\boldsymbol{\mu}$ 沿轴向,与磁场 $\boldsymbol{B}$ 夹角为 θ,磁力矩为 $\boldsymbol{M}=\boldsymbol{\mu}\times\boldsymbol{B}$, $M=\mu\cdot B\mid\sin\theta\mid$,当 θ 很小时, $M=\mu B\mid\theta\mid$,力矩 $\boldsymbol{M}$ 总是使 $\boldsymbol{\mu}$ 与 $\boldsymbol{B}$ 的夹角变小,即 $\theta>0$ 时, $\Delta\theta<0$; 而 $\theta<0$ 时, $\Delta\theta>0$. 因此可记为 $M=-\mu B\theta$. 磁针受到力矩 M 作用的转动方程为

$$I\frac{\mathrm{d}^2\theta}{\mathrm{d}t^2}=-\mu B\theta,\quad 即\ \frac{\mathrm{d}^2\theta}{\mathrm{d}t^2}+\frac{\mu B}{I}\theta=0.$$

这是一振动方程, $\omega=\sqrt{\dfrac{\mu B}{I}}$.

(2) 小球受到切向力为 $-mg\sin\theta$,当 θ 很小时, $F_t=-mg\theta$,切向运动方程为

$$ma_t=F_t,\ mR\frac{\mathrm{d}^2\theta}{\mathrm{d}t^2}=-mg\theta.$$

得 $\dfrac{\mathrm{d}^2\theta}{\mathrm{d}t^2}+\dfrac{g}{R}\theta=0$,式中 R 为曲率半径, $\omega=\sqrt{\dfrac{g}{R}}$.

(3) m 受到指向平衡位置的力 $F=-2T\sin\theta\approx-2T\theta$,

$$\theta\approx x\Big/\frac{l}{2}=\frac{2x}{l},\ 故\ F=-(4T/l)x.$$

$m\dfrac{\mathrm{d}^2x}{\mathrm{d}t^2}=-\dfrac{4T}{l}x$, $\quad\dfrac{\mathrm{d}^2x}{\mathrm{d}t^2}+\dfrac{4T}{ml}x=0$ 为振动方程, $\quad\omega=\sqrt{\dfrac{4T}{ml}}$.

(4) 设水密度为 ρ,平衡时船底到水面深度为 a,船的平均面积为 S,则平衡时, $Mg=F_{浮}=\rho gaS$. 设船受外界影响(扰动)下降了 x,则有

$$M\frac{\mathrm{d}^2x}{\mathrm{d}t^2}=Mg-\rho gS(a+x)=-\rho gSx,$$

得 $\dfrac{\mathrm{d}^2x}{\mathrm{d}t^2}+\dfrac{\rho gS}{M}x=0$ 为振动方程, $\quad\omega=\sqrt{\dfrac{\rho gS}{M}}$.

13-6. 图中的正弦曲线是一弦线上的波在某一时刻 t 的波形,其中 a 点正向下运动,问:

(1) 这时波向哪一方向传播?

(2) 图中(b)、(c)、(d)、(e)各点的运动方向如何?

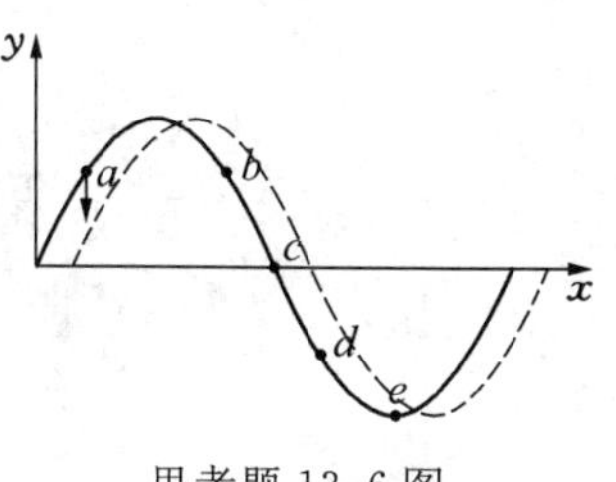

思考题 13-6 图

答: (1) 这时波向右传播,所以 a 点向下运动. 如图作一个下一瞬时的波形图(虚线),立即可以回答问题(2).

(2) (b)、(c)、(d)、(e)均向上运动.

13-7. 简谐振动的频率是由体系的动力学性质决定的,介质中的波的频率是否也由介质的动力学性质决定? 试再从其他方面比较简谐振子振动与介质中波动的异、同之点.

答: 介质中波的频率是由波源的频率决定的,与介质无关,简谐振子振动是在平衡位置附近的往复运动,其总能量守恒,振动速度为 $u = \frac{\mathrm{d}y}{\mathrm{d}t} = -A\omega\sin(\omega t + \varphi)$, 与振幅及频率有关;而波动是振动在空间的传播,总能量对某质元来说不守恒,动能和势能同相位、同大小,波速与介质有关,与所给的初始振幅无关. 平面波在介质中传播时介质中每个质元都在作同频率同振幅(设无损耗)的振动,只是相位不同,所以两者的表达式类似,只是在波动中相位比波源的振动有一定延迟,质元位置不同延迟的相位也不同.

第十四章　光的衍射与干涉

一、内 容 提 要

1. 非涅耳圆孔衍射为近场衍射.

(1) 对于圆孔中心轴上某点 P 而言,当圆孔包含有整数 k 个半波带时,P 点的振幅为 $E_p = \frac{a_1}{2} \pm \frac{a_k}{2}$, k 为奇数取正号,k 为偶数取负号.

(2) 当圆孔不包含整数个半波带时,E_p 处于上述两者之间.

(3) 当不存在圆孔时,光自由传播, $E_p = \frac{a_1}{2}$.

(4) 如为圆盘衍射,P 点为亮点.

2. 夫琅和费衍射为远场衍射.

(1) 单缝衍射:

设 b 为单缝宽度,θ 为衍射角.

暗纹中心　$b\sin\theta = \pm n\lambda \quad (n = 1, 2, \cdots)$,

明纹中心　$b\sin\theta = \pm(2n+1)\lambda/2 \quad (n = 1, 2, \cdots)$,

中央明条纹中心在 $\theta = 0$ 处.

光强分布 $I = I_0 \frac{\sin^2\beta}{\beta^2}$, $\beta = \frac{\pi b}{\lambda}\sin\theta = \frac{\pi b\,|\,z\,|}{\lambda f}$, z 为屏上离中央亮纹中心的距离.

(2) 圆孔衍射:艾里斑的半径为 $0.61 f\lambda/R$, f 为透镜焦距,R 为衍射孔半径.

角分辨本领 $r_\theta = 1/\Delta\theta$, 线分辨本领 $r_y = 1/\Delta y$, $\Delta\theta$ 为艾里斑的半角宽度.

望远镜的角分辨本领为$\frac{D}{1.22\lambda}$,D 为望远镜直径.

(3) 光栅衍射:

光栅方程 $d\sin\theta = n\lambda \quad (n = 0, \pm 1, \pm 2, \cdots)$.

缺级: $n = n'\frac{d}{b}$　所缺级次为$\frac{d}{b}$的整数倍.

光强分布: $I = I_0 \frac{\sin^2\beta}{\beta^2} \cdot \frac{\sin^2 N\frac{\delta}{2}}{\sin^2\frac{\delta}{2}}$.

光栅色散: $d\theta_n/d\lambda = n/(d\cos\theta_n)$.

(4) X 光衍射:

布拉格公式: $2d\sin\theta = n\lambda$, d 为相邻两晶面间距.

3. 薄膜干涉:

(1) 等厚和等倾干涉:

光程差 $\Delta = 2d\sqrt{n^2 - \sin^2 i} + \frac{\lambda}{2}$，$i$ 为入射角.

$\Delta = k\lambda$，明条纹　$(k = 1, 2, 3 \cdots)$.

$\Delta = \left(k + \frac{1}{2}\right)\lambda$，暗条纹　$(k = 0, 1, 2, \cdots)$.

(2) 劈尖干涉：暗纹位置 $x = \frac{k\lambda}{2n\theta}$，$x$ 为离开劈尖顶点的位置. 相邻条纹间距 $L = \frac{\lambda}{2n\theta}$.

(3) 牛顿环：$r^2 = 2Rd$，$r_k^2 - r_{k-1}^2 = R\lambda$，暗环半径 $r = \sqrt{kR\lambda}$，$k = 0, 1, 2, \cdots$

(4) 增透膜：$2n'd' = (2k+1)\frac{\lambda}{2}$，$k = 0, 1, 2, \cdots$

最小 $d' = \lambda/4n'$，$1 < n' < n$.

二、自学指导和例题解析

本章要点是理解光的衍射和干涉现象；理解光波所遵循的惠更斯—菲涅耳原理；掌握菲涅耳衍射和夫琅和费衍射的规律，学会运用这些规律去解决有关光的衍射问题；掌握各类干涉的光强分布规律及干涉条纹的特点. 在学习本章内容时，应注意以下几点：

(1) 干涉和衍射都是光波的叠加形成的，都是光的波动性的表现. “干涉”是指两束或两束以上的光波在相遇处电矢量相加，形成相长和相消的现象；“衍射”从字面上讲有“展布”的意思，指的是光传播不按直线进行的现象. 因此衍射和干涉分别概括了光波性质的两个方面. 实际上，在大多数显示光的波动性的实验中，都是既涉及衍射现象又涉及干涉现象. 例如双缝实验，投射到双缝上的光是平行光，但我们把每一个缝都看作向半无限空间发光的发散的光源，这实际上就是衍射现象. 如果没有衍射，平行光通过每一条缝，分别在屏上成一个边缘清晰与缝相同的图像，两束光根本不重叠，便无所谓干涉条纹可言. 从根本上讲，通常讨论的干涉和衍射都是波的相干叠加的结果；但在具体处理问题时，两者又有所不同. 当某个仪器将光波分割为有限几束或彼此离散的无限多束，而其中每束光又可近似地按几何光学的规律来描写时，通常称为干涉. 理论计算时，干涉的矢量图解是个折线，复振幅的叠加是个级数；“衍射”则指连续分布在波前上的无限多个次波中心发出的次波的相干叠加，这些次波线并不服从几何光学的定律，理论计算时，衍射的矢量图解是光滑曲线，复振幅的叠加需用积分. 实际装置中，两种效应往往同时存在，因此干涉条纹的光强分布要受到衍射因子的调制.

(2) 衍射现象有三个鲜明的特点：其一，衍射中光波不仅绕过了障碍物使物体的几何阴影失去清晰的轮廓，而且在边缘附近出现干涉条纹；其二，光束在衍射屏上的什么方位受到限制，则接收屏上的衍射图样就沿该方向扩展，限制越严，扩展越烈，衍射效应越强；其三，当障碍物的线度和光的波长数量级相近时表现出明显的衍射现象.

(3) 光的自由传播和衍射的区别在于：光波在传播时的波前是否受到改变或破坏，如果自由传播时的波前改变了(无论是遮住一部分波前或在波前处放一个透镜改变波前的相位分布)，就发生光的衍射，否则就是自由传播. 但无论如何，都遵循惠更斯—菲涅耳原理.

(4) 在单缝衍射中，零级衍射亮纹主极大的中心就是几何光学的像点，利用该特点，可容易地找到零级衍射条纹的位置，例如在单缝夫琅和费衍射装置中，如果光源的位置相对于缝位发生上移，由几何光学的知识可知，在接收屏幕上的像朝相反的方向移动. 因此，屏上的零级衍射纹将作同样的移动.

(5) 在薄膜干涉中,若来自薄膜上、下表面的两束反射光都有半波损失 ($n_1 < n_2 < n_3$) 或均无半波损失 ($n_1 > n_2 > n_3$), 则计算光程差时就不必附加$\frac{\lambda}{2}$.

(6) 在薄膜干涉中,当反射光相干加强时透射光为相干减弱,反之亦然.

(7) 用白光照射单缝时,屏上中央为白色亮纹,其他各级明纹均为彩色光谱,高级次谱带会重叠.

(8) 两束光波相干叠加时,整个干涉场的总光能与两束光波独立传播时光能之和相等. 这是能量守恒定律的表现,干涉只是将总光能重新分配而已.

例题

例 14-1 如图所示,在双缝干涉实验中,两缝间距 $d = 0.4$ mm, 屏与缝之间距离 $L = 2$ m. 不考虑衍射效应,试求:

(1) 以波长为 550 nm 的单色光垂直照射,求屏上第 4 级明纹离中心的距离 x.

(2) 相邻两条明条纹的间距 Δx 是多少?

(3) 用白光(波长为 400～760 nm)垂直照射时第一级光谱的宽度.

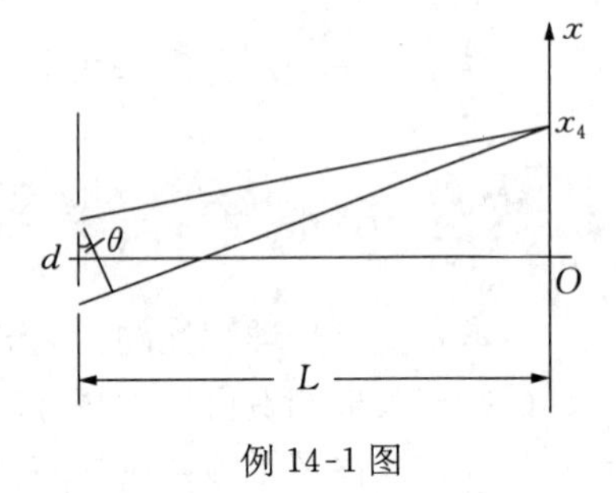

例 14-1 图

解:(1) 由方程 $d\sin\theta = k\lambda$ 及 $\sin\theta \approx \frac{x}{L}$ 可得明纹位置: $x = k\frac{L}{d}\lambda$;
第 4 级明纹为 $k = 4$, 代入上式

$$x_4 = 4 \times \frac{2 \times 550 \times 10^{-9}}{0.4 \times 10^{-3}} = 1.1 \times 10^{-2}(\text{m}).$$

(2) 相邻两条明纹间距为

$$\Delta x = \frac{L}{d}\lambda = \frac{2 \times 550 \times 10^{-9}}{0.4 \times 10^{-3}} = 2.75 \times 10^{-3}(\text{m}).$$

(3) 白光照射时,任一级光谱的宽度为

$$\Delta x_k = x_{红} - x_{紫} = k\frac{L}{d}(\lambda_{红} - \lambda_{紫});$$

对于 $k = 1$,

$$\Delta x = \frac{2(760 - 400) \times 10^{-9}}{0.4 \times 10^{-3}} = 1.8 \times 10^{-3}(\text{m}).$$

例 14-2 波长为 $\lambda = 576$ nm 的单色光,从远处光源发出,穿过一直径为 $D = 2.4$ mm 的小圆孔,与孔相距 $r_0 = 1$ m 处放一屏幕,求:

(1) 屏上正对孔中心的 P_0 点是亮还是暗?

(2) 要使它变暗,屏幕至少要移动多远?

解: (1) 用半波带法,光源距圆孔可视为无限远, $R = \infty$, 设孔边缘处对应的半波带数为 k,(参见习题 14-1)则

$$\rho_k^2 = (D/2)^2 = kr_0\lambda,$$

$$k = D^2/4r_0\lambda = (2.4\times10^{-3})^2/(4\times1\times5.76\times10^{-7}) = 2.5.$$

所以 P_0 点是亮的.

(2) 要 P_0 点为暗,可令 $k=2$, 则

$$r_0' = \rho^2/2\lambda = D^2/8\lambda = (2.4\times10^{-3})^2/(8\times5.76\times10^{-7}) = 1.25\,(\mathrm{m}).$$

所以

$$\Delta r = r_0' - r_0 = 1.25 - 1 = 0.25(\mathrm{m}).$$

即屏幕要远离孔移动 0.25 m 才可使 P_0 处变暗.

例 14-3　图示为杨氏双缝干涉装置,双缝 S_1、S_2 间距 $d=0.2\,\mathrm{mm}$, 单缝屏到双缝屏的距离 $D=20\,\mathrm{cm}$, 观察屏到双缝的距离 $L=2\,\mathrm{m}$, 照明单缝 S 的单色平行光波长为 $\lambda=500\,\mathrm{nm}$, 单缝 S 在中心轴线(图中虚线)上方,距轴 $b=0.6\,\mathrm{mm}$, 试求零级干涉主极大位置及条纹间距.

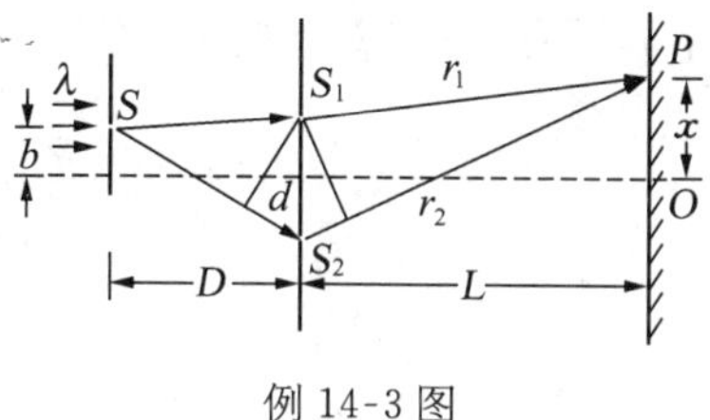

例 14-3 图

解: 由于单缝 S 不在中心轴线上,所以在观察屏上相遇的两相干光束的光程差不仅取决于双缝后的光程,而且与双缝前的光程有关,设 P 为屏上任意一点,在 P 点相遇的两相干光束光程差为

$$\Delta = (SS_2 - SS_1) + (r_2 - r_1),$$

注意　$SS_2 - SS_1 \ll SS_1$, $r_2 - r_1 \ll r_1$,

$$\Delta \approx \frac{db}{D} + \frac{xd}{L}.$$

观测屏上各级干涉极大的位置满足

$$\Delta = k\lambda \quad (k = 0, \pm1, \pm2, \cdots),$$

即

$$\frac{db}{D} + \frac{xd}{L} = k\lambda,$$

零级干涉条纹的位置满足

$$\frac{db}{D} + \frac{xd}{L} = 0,$$

得

$$x = -\frac{bL}{D} = -\frac{0.6\times10^{-3}\times2}{20\times10^{-2}} = -6.0\times10^{-3}(\mathrm{m}).$$

零级明条纹位置在观测屏上轴线下方 6 mm 处. 其他各级明条纹中心位置为

$$x = \left(k\lambda - \frac{db}{D}\right)\frac{L}{d}.$$

相邻条纹间距为

$$\Delta x=\frac{\lambda L}{d}=\frac{500\times10^{-9}\times2}{0.2\times10^{-3}}=5.0\times10^{-3}(\mathrm{m}).$$

可见单缝 S 上下移动不会造成条纹间距变化,只引起整个干涉图样的平移.

例 14-4 在双缝干涉装置中,单色光源的波长为 $\lambda=550\ \mathrm{nm}$,两缝间距为 $d=3\ \mathrm{mm}$,缝与屏相距 $L=3\ \mathrm{m}$. 在缝 S_1 前放一片厚度为 $h=0.01\ \mathrm{mm}$ 的透明介质,介质的折射率为 $n=1.5$. 求放上介质后第 k 级条纹在屏上移动的距离.

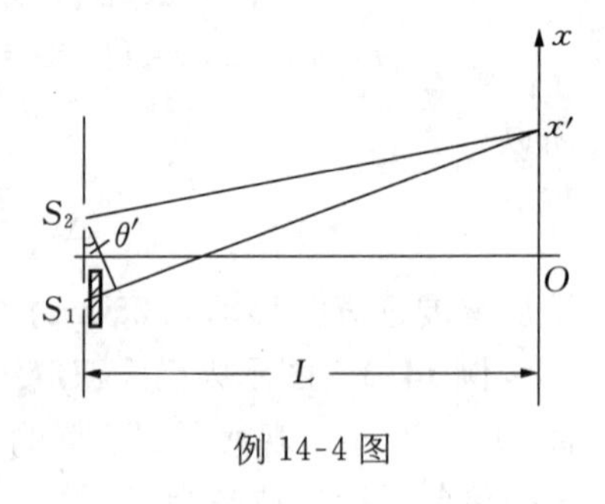

例 14-4 图

解: 无介质时,第 k 级条纹满足 $d\sin\theta=k\lambda$,即

$$d\cdot\frac{x}{L}=k\lambda,\ x=k\frac{\lambda L}{d}.$$

放上介质后,设第 k 级条纹移至 x' 处,此时明纹条件为

$$\Delta\approx d\sin\theta'+(n-1)h=d\frac{x'}{L}+(n-1)h=k\lambda,$$

得

$$x'=\frac{L}{d}[k\lambda-(n-1)h];$$

$$\Delta x=x'-x=-\frac{L}{d}(n-1)h;$$

代入数值,得第 k 级条纹移动的距离为

$$\Delta x=-\frac{3}{3\times10^{-3}}(1.5-1)\times0.01\times10^{-3}=-5\times10^{-3}(\mathrm{m}).$$

Δx 的表示式与 k 无关,表明加介质片后,全部干涉图样向下整体移动 5 mm.

例 14-5 如图所示,两个平凸透镜半径分别为 R_1 和 R_2,试导出图中空气膜形成的干涉条纹的明、暗环半径公式,假设平行光沿轴线方向正入射.

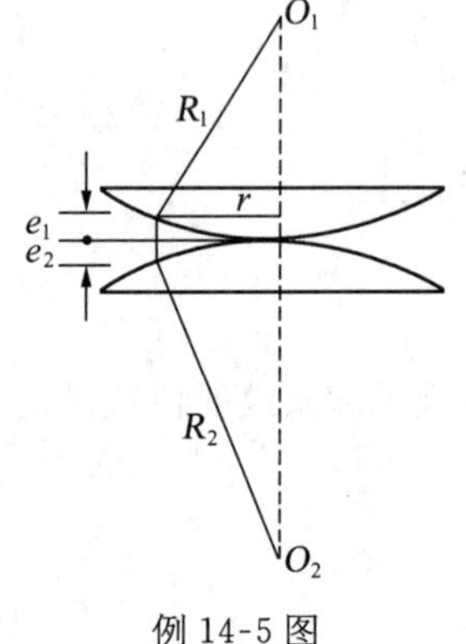

例 14-5 图

解: 由图中几何关系,对于半径为 r 的干涉条纹,有

$$r^2=R_1^2-(R_1-e_1)^2=R_2^2-(R_2-e_2)^2,$$

上式中 e_1 和 e_2 分别为两透镜切点到条纹的垂直距离. 因一般 e_1, $e_2\ll R_1$, R_2,略去 e_1^2 和 e_2^2 项,可得

$$e_1\approx\frac{r^2}{2R_1},\ e_2\approx\frac{r^2}{2R_2}.$$

空气膜厚度为

$$e=e_1+e_2=\frac{r^2}{2}\left(\frac{1}{R_1}+\frac{1}{R_2}\right).$$

由明纹条件

$$\Delta=2e+\frac{\lambda}{2}=r^2\left(\frac{R_1+R_2}{R_1R_2}\right)+\frac{\lambda}{2}=k\lambda,$$

得明纹半径为

$$r=\sqrt{\frac{(2k-1)R_1R_2\lambda}{2(R_1+R_2)}}\quad(k=1,\ 2,\ 3,\ \cdots).$$

由暗纹条件

$$2e+\frac{\lambda}{2}=r^2\left(\frac{R_1+R_2}{R_1\cdot R_2}\right)+\frac{\lambda}{2}=(2k+1)\frac{\lambda}{2},$$

得暗环半径

$$r=\sqrt{\frac{kR_1R_2\lambda}{R_1+R_2}}\quad(k=0,1,2,3,\cdots).$$

例 14-6　用白光(白光所含光波波长范围为 400～760 nm)照射一光栅,通过透镜将衍射光谱聚焦于屏幕上,透镜与屏幕距离为0.8 m,

(1) 试说明第一级光谱能否出现完整的不重叠的光谱;

(2) 第二级光谱从哪一个波长开始与第三级光谱发生重叠?

(3) 若第二级光谱被重叠的部分长度为 2.5 cm,求这光栅每 cm 有多少条刻痕?

解: (1) 已知 $\lambda=400$ nm, $\lambda'=760$ nm, 设光栅常数为 d,对第 k 级条纹有

$$d\sin\varphi_k=k\lambda,$$

$$d\sin\varphi_k'=k\lambda',$$

对第 $(k+1)$ 级条纹有

$$d\sin\varphi_{k+1}=(k+1)\lambda.$$

要求不重叠,则应

$$\sin\varphi_k'<\sin\varphi_{k+1},$$

即

$$\frac{k\lambda'}{d}<\frac{(k+1)\lambda}{d},$$

$$k\lambda'<(k+1)\lambda,$$

代入数值

$$760k<400(k+1).$$

只有 $k=1$ 时上式才成立.由上面推导可知,不论光栅常数如何,第一级,也只有第一级光谱完整不重叠.

(2) 设第二级光谱中波长为 λ_x 的谱线与第三级光谱中波长为 $\lambda=400$ nm 的谱线发生重叠,它们应满足对应同一位置处光程差相等,即

$$2\lambda_x=3\lambda,$$

得

$$\lambda_x=\frac{3}{2}\times400=600(\text{nm}).$$

即第二级光谱从 600 nm 波长开始与第三级光谱发生重叠.

(3) 第二级光谱被重叠的波长范围为 600～760 nm,设条纹在屏上离中心距离为 x,由光栅方程

$$d\sin\varphi_1 = 2\lambda_1,\ d\sin\varphi_2 = 2\lambda_2,$$

得

$$d\cdot\frac{x_1}{f} = 2\lambda_1,\ d\cdot\frac{x_2}{f} = 2\lambda_2,$$

上面两式相减,得

$$\frac{d}{f}(x_2 - x_1) = 2(\lambda_2 - \lambda_1).$$

由此得光栅每 1 cm 的刻痕数为

$$N = \frac{1}{d} = \frac{x_2 - x_1}{2f(\lambda_2 - \lambda_1)} = \frac{2.5}{2\times 80(7.6-6)\times 10^{-5}} = 1.0\times 10^3(\text{条}\cdot\text{cm}^{-1}).$$

三、习题解答

14-1. 如图所示,已知波长为 500 nm 的平面波通过半径为 2.5 mm 的小孔,小孔到观察点 P 的距离为 60 cm,求此波面相对于 P 点包含多少个菲涅耳半波带.

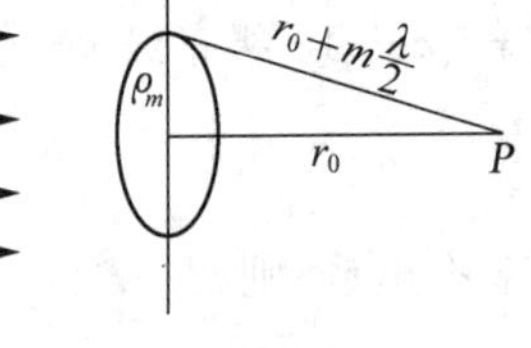

习题 14-1 图

解: 设小孔的波面相对于 P 点包含有 m 个半波带,由几何关系得

$$\left(r_0 + m\frac{\lambda}{2}\right)^2 = r_0^2 + \rho_m^2,$$

$$\rho_m^2 = mr_0\lambda + \frac{1}{4}m^2\lambda^2.$$

由于 $\lambda \ll r_0$, 上式改为 $\rho_m^2 \approx mr_0\lambda$, 得

$$m = \frac{\rho_m^2}{r_0\lambda} = \frac{2.5^2\times 10^{-6}}{60\times 10^{-2}\times 5\times 10^{-7}} = 20.8 \approx 21(\text{个}).$$

14-2. 平行单色光自左方垂直入射到一个有圆形小孔的屏上,设此孔可以像照相机光圈那样改变孔径,问:

(1) 小孔半径应满足什么关系才能使得此小孔右方轴线上距小孔中心 4 m 处的 P 点分别得到光强的极大值和极小值?

(2) P 点最亮时,小孔直径应为多大? 设此光的波长为 500 nm.

解: (1) 由上题知, $\rho_m^2 = mr_0\lambda$,

当 $m = 1, 3, 5, \cdots, (2n-1)$ 等奇数时, P 点光强为极大值.

当 $m = 2, 4, 6, \cdots, 2n$ 等偶数时, P 点光强为极小值.

(2) 当 $m = 1$ 时, P 点最亮,

$$\rho_1 = \sqrt{r_0\lambda} = \sqrt{4\times 5\times 10^{-7}} = 1.414\times 10^{-3}(\text{m}).$$

直径 $D = 2\rho_1 = 2.83$ mm.

14-3. 光源距波带片 3 m 时,波带片在距其 2 m 处给出光源的像,若将光源移向无穷远

处,像在何处?

解: 由于对波带片来说,物距 R、像距 r_0 和波带片的焦距 f 之间的关系满足

$$\frac{1}{R}+\frac{1}{r_0}=\frac{1}{f}.$$

所以

$$f=\frac{Rr_0}{R+r_0}=\frac{3\times 2}{3+2}=1.2(\text{m}).$$

当 $R\to\infty$ 时,像距 $r_0=f=1.2\ \text{m}$.

14-4. 在菲涅耳圆孔衍射实验中,圆孔半径为 2.0 mm,光源离圆孔 2.0 m,波长为 0.5 μm,当接收屏幕由很远的地方向圆孔靠近时,求:

(1) 前二次出现中心亮斑的位置;

(2) 前二次出现中心暗斑的位置.

解: 设圆孔半径为 ρ, $\rho=\sqrt{\dfrac{Rrm\lambda}{R+r}}$, 得 $m=\dfrac{\rho^2}{\lambda}\left(\dfrac{1}{r}+\dfrac{1}{R}\right)$.　①

上式说明在圆孔半径 ρ,光源离圆孔距离 R,光波长 λ 等量确定时,圆孔所露出的半波带数 m 与观察点离圆孔的距离 r 之间呈双曲线关系. m 随 r 减小而增加,当 $r=\infty$ 时,得

$$m=\frac{\rho^2}{\lambda R}=\frac{(2.0\times 10^{-3})^2}{0.5\times 10^{-6}\times 2.0}=4.$$

所以屏幕由很远处向圆孔靠近时, $m>4$, 当 $m=5,7$ 时出现前二次亮斑,除无穷远外,当 $m=6,8$ 时出现前二次暗斑,将①式改写为

$$r=\frac{R\rho^2}{mR\lambda-\rho^2},$$

以 $R=2.0\ \text{m}$, $\rho=2.0\ \text{mm}$, $\lambda=0.5\mu\text{m}$ 代入得

$$r=\frac{8.0}{m-4.0}(\text{m}).$$

(1) 分别取 $m=5,7$, 得前二次出现中心亮斑的位置分别为

$$r_5=\frac{8.0}{5-4.0}=8.0(\text{m}),$$

$$r_7=\frac{8.0}{7-4.0}=2.7(\text{m}).$$

(2) 分别取 $m=6,8$, 得前二次出现中心暗斑的位置分别为

$$r_6=\frac{8.0}{6-4.0}=4.0(\text{m}),$$

$$r_8=\frac{8.0}{8-4.0}=2.0(\text{m}).$$

14-5. 在宽度 $b=0.6\ \text{mm}$ 的单狭缝后有一薄透镜,其焦距 $f=40\ \text{cm}$, 在焦平面处有一个与狭缝平行的屏,以平行光垂直入射,在屏上形成衍射条纹. 如果在透镜主光轴与屏之交点 O 和距 O 点 1.4 mm 的 P 点看到的是亮纹,如图所示,求:

(1) 入射光的波长;

(2) P 点条纹的级次；

(3) 从 P 点看，对该光波而言，狭缝处的波面可分成的半波带的数目；

(4) 若 P 点看到的是暗纹，结果如何？

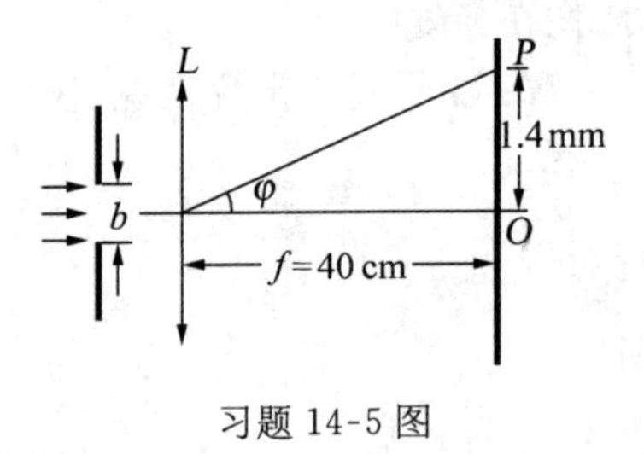

习题 14-5 图

解：(1) O 点为中央亮纹中心位置. 在屏幕上的其他位置若符合 $b\sin\varphi = k\lambda (k = \pm 1, \pm 2, \pm 3, \cdots)$ 时，为暗纹位置；若符合 $b\sin\varphi = (2k+1)\dfrac{\lambda}{2} (k = \pm 1, \pm 2, \pm 3, \cdots)$ 时，为亮纹位置. 依题意，P 点为亮纹所在，而

$$\sin\varphi = \frac{\overline{OP}}{f},$$

因此得 $$\lambda = \frac{2b\overline{OP}}{(2k+1)f} = \frac{2\times 0.6\times 10^{-3}\times 1.4\times 10^{-3}}{(2k+1)\times 0.4} = \frac{4.2\times 10^{-6}}{2k+1}(\text{m}).$$

在可见光范围内，只有 $k = 3$，$\lambda_1 = 600\ \text{nm}$ 和 $k = 4$，$\lambda_2 = 467\ \text{nm}$ 符合上式，所以，入射光的波长可能是 600 nm 或 467 nm.

(2) 从上面计算可知，对应于 600 nm 的光波，是第三级明条纹，对应于 467 nm 的光，是第四级明条纹.

(3) 由 $b\sin\varphi = (2k+1)\dfrac{\lambda}{2}$ 知，$(2k+1)$ 为所对应的半波带数，故对于 $\lambda_1 = 600\ \text{nm}$ 的光，$2k+1 = 7$，为 7 个半波带，对 $\lambda_2 = 467\ \text{nm}$ 的光，$2k+1 = 9$，为 9 个半波带.

(4) 由暗纹公式得

$$\lambda = \frac{b\overline{OP}}{kf} = \frac{0.6\times 10^{-3}\times 1.4\times 10^{-3}}{0.4k} = \frac{2.1\times 10^{-6}}{k}(\text{m}).$$

在可见光范围内，解得 $\lambda_1 = 700\ \text{nm}$（对应 $k = 3$），$\lambda_2 = 525\ \text{nm}$（对应 $k = 4$），$\lambda_3 = 420\ \text{nm}$（对应 $k = 5$）. P 点为暗条纹，所以狭缝处的波面可分为 $2k$ 个半波带，上述三个波长的光波分别对应于狭缝可分为 6、8 和 10 个半波带.

14-6. 今有白光形成的单缝夫琅和费衍射图样. 若其中某一光波的第三级明条纹中心和红光（$\lambda = 600\ \text{nm}$）的第二级明条纹中心重合，求该光波的波长.

解：对红光的第二级明条纹，观察点看到奇数个波带.

$$b\sin\varphi_2 = (2k+1)\frac{\lambda}{2} = 5\times\frac{\lambda}{2} \quad (k = 2),$$

对波长为 λ' 的第三级明条纹，$b\sin\varphi_3 = (2\times 3+1)\dfrac{\lambda'}{2} = \dfrac{7}{2}\lambda'$，两条条纹重合，即 $\varphi_2 = \varphi_3$，因此 $\dfrac{5}{2}\lambda = \dfrac{7}{2}\lambda'$，

$$\lambda' = \frac{5}{7}\lambda = \frac{5}{7}\times 600(\text{nm}) = 428.6(\text{nm}).$$

14-7. 一光栅宽 2.0 cm，共有 6 000 条缝，今用 λ 为 589.3 nm 的单色光垂直入射，问在哪些衍射角位置上出现主极大？

解：光栅常数 $d = \dfrac{2\times 10^{-2}}{6\,000} = 3.3\times 10^{-6}(\text{m})$，

由光栅公式 $d\sin\varphi = k\lambda$，$(k = 0, \pm 1, \pm 2, \cdots)$ 得

衍射角 $\varphi = \arcsin\frac{k\lambda}{d} = \arcsin\frac{589.3\times 10^{-9}k}{3.3\times 10^{-6}}$，$\varphi < 90°$，

在 φ 角的允许范围内，$k = 0, \pm 1, \pm 2, \cdots, \pm 5$，对应于主极大的衍射角 φ 为 $0, \pm 10.3°, \pm 20.9°, \pm 32.4°, \pm 45.6°, \pm 63.2°$.

14-8. 在夫琅和费双缝衍射中，入射光波长为 480 nm，两缝中心的距离 $d = 0.4$ mm，缝宽 $b = 0.08$ mm，在双缝后放一焦距 $f = 1.0$ m 的透镜，求：

(1) 在透镜焦平面处的屏上，双缝干涉条纹的间距 Δx；

(2) 在单缝衍射中央亮纹范围内的双缝干涉亮纹的数目.

解：(1) 双缝干涉亮纹公式为 $d\sin\varphi = k\lambda$，

$$\sin\varphi = \frac{x}{f},$$

x 为屏上离中央亮纹中心的距离，由两式得干涉条纹间距为

$$\Delta x = \frac{f}{d}\lambda = \frac{1\times 480\times 10^{-9}}{0.4\times 10^{-3}} = 1.2(\text{mm}).$$

(2) 单缝衍射暗纹位置满足　　$b\sin\varphi' = k'\lambda$.

衍射的中央亮纹宽度即第一暗纹（$k' = \pm 1$）所包含的宽度，对应的衍射角为

$$\sin\varphi' = \frac{\lambda}{b} = \frac{480\times 10^{-9}}{0.08\times 10^{-3}} = 6.0\times 10^{-3},$$

屏上对应的位置为　$x \approx f\sin\varphi' = 1.0\times 6.0\times 10^{-3} = 6.0\times 10^{-3}(\text{m})$.

$$\frac{x}{\Delta x} = \frac{6.0}{1.2} = 5,$$

这表示中央亮纹两边各包含 5 个干涉条纹，但由于 $\frac{d}{b} = \frac{0.4}{0.08} = 5$，缺第五级，故在单缝衍射中央亮纹范围内双缝干涉亮纹的级次为 $k = 0, \pm 1, \pm 2, \pm 3, \pm 4$，共计 9 条亮纹.

14-9. 一束 400～700 nm 的平行光垂直地射到光栅常数为 2 μm 的透射平面光栅上，在光栅后放一物镜，物镜的焦平面上放一屏，若在屏上得到该波段的第一级光谱的长度为 50 mm，问物镜的焦距为多少？

解：由光栅方程，$d\sin\theta = k\lambda$，对第一级光谱，$k = 1$，该波段最短和最长的波长分别为 $\lambda_1 = 400$ nm 和 $\lambda_2 = 700$ nm，分别对应于衍射角 θ_1 和 θ_2.

$$\sin\theta_1 = \frac{\lambda_1}{d} = \frac{400\times 10^{-9}}{2\times 10^{-6}} = 0.2,\ \theta_1 = 11.54°.$$

$$\sin\theta_2 = \frac{\lambda_2}{d} = \frac{700\times 10^{-9}}{2\times 10^{-6}} = 0.35,\ \theta_2 = 20.49°.$$

该波段的第一级光谱长度为　　$\Delta x = 50$ mm，$\Delta x = f(\tan\theta_2 - \tan\theta_1)$.

所求焦距为　　$f = \frac{\Delta x}{\tan\theta_2 - \tan\theta_1} = \frac{50\times 10^{-3}}{\tan 20.49° - \tan 11.54°} = \frac{50\times 10^{-3}}{0.37 - 0.20} = 0.29(\text{m})$.

14-10. 波长为 500 nm 的单色平行光束入射到直径为 10 cm 的望远镜物镜上，物镜的焦

距为 150 cm,问物镜焦平面上得到的衍射花样中央亮斑的半径等于多少?

解: $r = 1.22\dfrac{\lambda}{D}f = 1.22 \times \dfrac{500 \times 10^{-9}}{10 \times 10^{-2}} \times 1.5 = 9.15 \times 10^{-6}(\text{m})$.

14-11. 一个人看到远方一辆汽车上的两盏车灯恰好可以分辨,此人眼睛瞳孔的孔径是 5 mm,灯光波长 $\lambda = 550$ nm, 如果已知两灯相距 1.2 m,试估计汽车的位置与人相距多远?

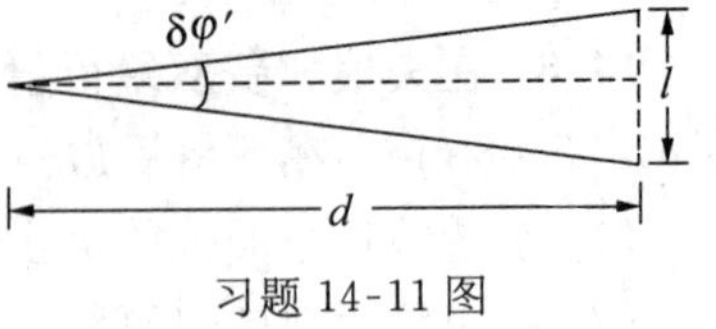

习题 14-11 图

解: 瞳孔直径 $D = 5$ mm, 人眼的最小分辨角为

$$\delta\varphi = 1.22\frac{\lambda}{D},$$

汽车两灯间距 $l = 1.2$ m, 当车与人相距为 d 时,两车灯对人眼的张角为 $\delta\varphi' = \dfrac{l}{d}$.

当 $\delta\varphi = \delta\varphi'$ 时,眼恰好可分辨这两盏灯,所以

$$1.22\frac{\lambda}{D} = \frac{l}{d},$$

得
$$d = \frac{Dl}{1.22\lambda} = \frac{5.0 \times 10^{-3} \times 1.2}{1.22 \times 550 \times 10^{-9}} = 8.94 \times 10^{3}(\text{m}).$$

14-12. X 射线入射到氯化钠晶体上,与晶体表面平行的晶面族的面间距为 0.3 nm,当光束从法线转过 60°时,在表面的反射光方向观察到第一级布拉格反射,问 X 射线波长是多少?

解: 由布拉格方式, $2d\sin\theta = m\lambda$, $\theta = 90° - 60° = 30°$, $m = 1$, 得

$$\lambda = 2 \times 0.3 \times \sin 30° = 0.3(\text{nm}).$$

14-13. 在双缝干涉装置中,若将一肥皂膜($n = 1.33$)放入双缝中一条缝的后面的光路中,当用波长为 589.3 nm 的光垂直照射双缝时,干涉条纹的中心极大(零级)移到不放肥皂膜时的第三级极大处,问:

(1) 放入肥皂膜后,条纹向哪个方向移动?

(2) 肥皂膜的厚度.

解: 设肥皂膜厚度为 t,在一狭缝后放置肥皂膜后,由该缝发出的光的光程将增加

$$nt - t = (n-1)t.$$

(1) 由于这一附加光程,条纹向有肥皂膜的一侧移动,即若肥皂膜在中心线下面,则条纹由屏的中心往下方移动.

(2) 由于中心极大移到不放膜时的第三级极大处, $(n-1)t = 3\lambda$, 得膜厚

$$t = \frac{3\lambda}{n-1} = \frac{3 \times 589.3 \times 10^{-9}}{1.33 - 1} = 5.4 \times 10^{-6}(\text{m}).$$

14-14. 如图所示,波长 $\lambda = 680$ nm 的光垂直照射到长 L 为 20 cm的两块平面玻璃上,这两块平面玻璃一边互相接触,另一边夹一直径 d 为 0.05 mm 的细丝. 两块玻璃片间形成了空气楔,问在整个玻璃片上可以看到多少条亮条纹? 相邻干涉条纹的距离是多少?

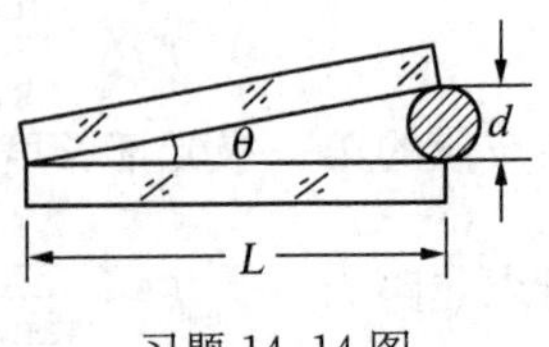

习题 14-14 图

解： 由图中几何关系得

$$d = L\tan\theta \approx L\sin\theta,$$

相邻两条明纹间距为

$$l = \frac{\lambda}{2\sin\theta} = \frac{\lambda L}{2d} = \frac{680\times10^{-9}\times20\times10^{-2}}{2\times0.05\times10^{-3}} = 1.36(\text{mm}).$$

总共可看到的条纹数为

$$K = \frac{L}{l} = \frac{20\times10^{-2}}{1.36\times10^{-3}} = 147(\text{条}).$$

14-15. 如图所示，对于波长为 632.8 nm 的光波，SiO_2 的折射率 n_1 为 1.5，Si 的折射率 n_2 为 3.42，如果在反射光中观察到 7 条暗条纹，而且在 B 处恰好为亮条纹，问：

(1) 在 A 处是亮纹还是暗纹？

(2) SiO_2 的厚度为多少？

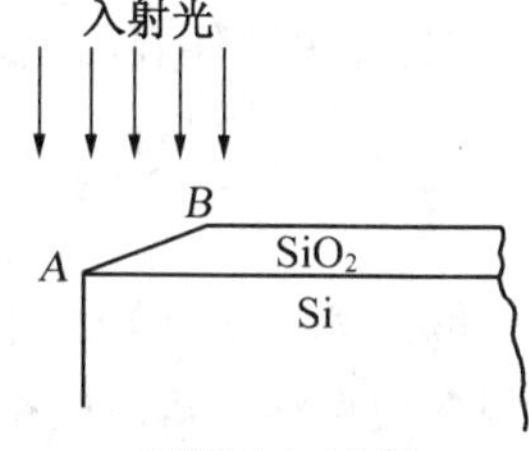

习题 14-15 图

解：(1) 设空气、SiO_2 和 Si 的折射率分别为 n_0、n_1、n_2，由于 $n_0 < n_1 < n_2$，即在 SiO_2 上、下两表面反射的波均有半波损失，因而在厚度为零处为亮纹，即 A 处为亮纹.

(2) 因观察到 7 条暗纹，B 处恰好是亮纹，故从 A 到 B 应有 7 个条纹宽度. 设劈尖夹角为 θ，两相邻条纹的间距为 l，SiO_2 厚度为 d，则有

$$\sin\theta = \frac{\lambda}{2n_1}\Big/ l \text{ 及 } \sin\theta = \frac{d}{L} = \frac{d}{7l}.$$

两式联立得

$$\frac{\lambda}{2n_1 l} = \frac{d}{7l},\ d = \frac{7\lambda}{2n_1}.$$

得 SiO_2 厚度为
$$d = \frac{7\times632.8\times10^{-9}}{2\times1.5} = 1.48\times10^{-6}(\text{m}).$$

14-16. 用单色光观察牛顿环，测得某一亮环的半径为 3 mm，在其外边第五个亮环的半径为 4.6 mm，所用平凸透镜的凸面曲率半径为 5 m，求光的波长.

解： 已知 $r_k = 3\text{ mm}$，$r_{k+5} = 4.6\text{ mm}$，$R = 5\text{ m}$，光的波长为

$$\lambda = \frac{r_{k+5}^2 - r_k^2}{5R} = \frac{(4.6^2 - 3^2)\times10^{-6}}{5\times5}(\text{m}) = 486.4(\text{nm}).$$

14-17. 块规是一种长度标准器，它是一块钢质长方体，两端面磨平抛光，且精确地互相平行，两端面间的距离即长度标准. 在图中，G_1 是一合格块规，G_2 是与 G_1 同规格待校准的块规. 校准装置如图所示，块规置于平台上，上面盖以平玻璃，平玻璃与块规端面间形成空气劈. 用波长 $\lambda = 589.3\text{ nm}$ 的光垂直照射时，观察到两端面上方各有一组干涉条纹.

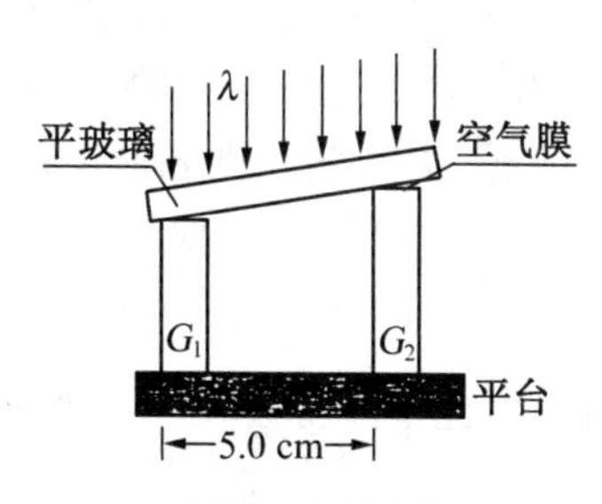

习题 14-17 图

(1) 两组条纹的间距都是 $l = 0.50\text{ mm}$，试求 G_1、G_2 的长度差；

(2) 如果两组条纹间距分别为 $l_1 = 0.50$ mm 和 $l_2 = 0.30$ mm，这表示 G_2 的加工除了长度有误差外还有什么不合格？

解：(1) 劈尖夹角 $\theta = \dfrac{\Delta}{l} = \dfrac{\lambda}{2l} = \dfrac{589.3 \times 10^{-9}}{2 \times 0.5 \times 10^{-3}} = 5.893 \times 10^{-4}(\text{rad})$.

上式中 Δ 为相邻两条纹对应的高度差. 设 G_1、G_2 高度差为 d，由图中已知 G_1、G_2 水平间距 L 为 5.0 cm，则

$$d = L\tan\theta \approx L\theta = 5.0 \times 10^{-2} \times 5.893 \times 10^{-4} = 2.947 \times 10^{-5}(\text{m}).$$

(2) 若 $l_1 \neq l_2$，则表明平面玻璃和 G_1、G_2 表面所形成的夹角不同，因此这两者除了存在长度差外，还表明 G_2 的两表面不平行.

14-18. 如图所示，在工件表面上放一平板玻璃，使其间形成空气劈，以单色光垂直照射玻璃表面，用显微镜观察干涉条纹，由于工件表面不平，观察到的条纹如图所示. 试根据条纹弯曲的方向，说明工件表面上纹路是凹的还是凸的？并证明纹路深度或高度可用下式表示：

$$H = \frac{a}{b} \cdot \frac{\lambda}{2}.$$

解：同一干涉条纹对应于劈尖中空气层的同一厚度. 条纹向劈尖尖端弯曲处的空气层厚度与条纹直线段对应的空气层厚度相同，故该处出现凹纹. 相邻二条明纹间隔为 b，则

$$b\sin\theta = \frac{\lambda}{2}.$$

图(b)中虚线代表凹纹底部所在，由图(b)可得纹路深度为

$$H = a\sin\theta = \frac{a}{b} \cdot \frac{\lambda}{2}.$$

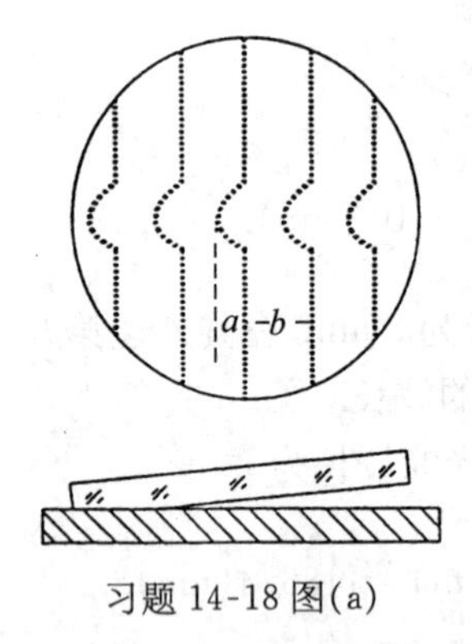

习题 14-18 图(a)

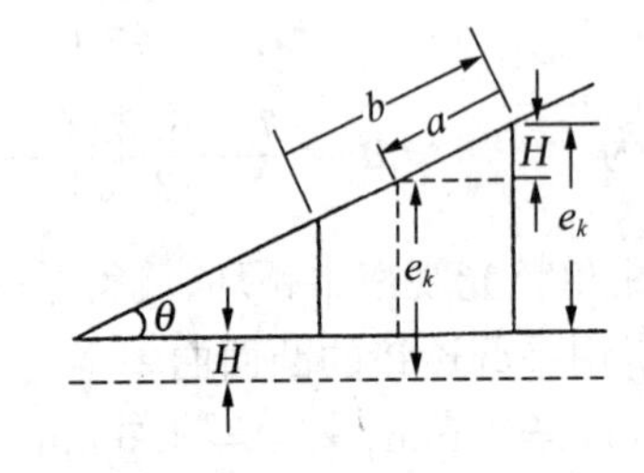

习题 14-18 图(b)

14-19. 白光垂直照射到空气中一厚度为 380 nm 的肥皂膜上，设肥皂膜的折射率为 1.33，试问该膜的正面哪些波长的光干涉极大？背面哪些波长的光干涉极大？

解：从肥皂膜两表面反射的两条光线的光程差为

$$2nd + \frac{\lambda}{2} = k\lambda \quad (k = 1,\ 2,\ 3,\ \cdots)$$

时反射光干涉得极大，由此解得相应波长为

$$\lambda = \frac{4nd}{2k-1}.$$

已知 $n = 1.33$, $d = 380$ nm, 在白光范围内, k 只能取 2 和 3 两个值, 相应的波长为

$$\lambda_1 = \frac{4 \times 1.33 \times 380}{2 \times 2 - 1} = 674(\text{nm}),$$

$$\lambda_2 = \frac{4 \times 1.33 \times 380}{2 \times 3 - 1} = 404(\text{nm}).$$

而当满足

$$2nd = k\lambda (k = 1, 2, 3, \cdots)$$

时，从背面透射出来的光干涉得极大，由此解得相应波长：

$$\lambda = \frac{2nd}{k}.$$

在白光范围内，k 只能取 2，所以

$$\lambda = \frac{2 \times 1.33 \times 380}{2}(\text{nm}) = 505(\text{nm}).$$

14-20. 用迈克耳逊干涉仪观察干涉条纹，可移动的反射镜 M_1 移动的距离为 0.233 mm，数得干涉条纹移动 792 条，问光的波长是多少？

解： 每移动一条条纹即 M_1 改变 $\frac{\lambda}{2}$ 的距离，因此 M_1 移动 d 距离时相应 k 条条纹移动

$$d = k \cdot \frac{\lambda}{2},$$

$$\lambda = 2 \times \frac{d}{k} = \frac{2 \times 0.233 \times 10^{-3}}{792} = 5.883 \times 10^{-7}(\text{m}) = 588.3(\text{nm}).$$

***14-21.** 在菲涅耳圆孔衍射中，求圆孔包含 1/2 个半波带时轴上的衍射强度. 已知光波在自由传播时的振幅为 A.

解： 当圆孔包含 1/2 个半波带时，来自孔边缘与中心的光波在轴上给定点的光程差为 $\lambda/4$，相位差为 $\pi/2$，用图中所示的振幅矢量图表示，给定点光矢量振幅应为 $\mathbf{A}'$.

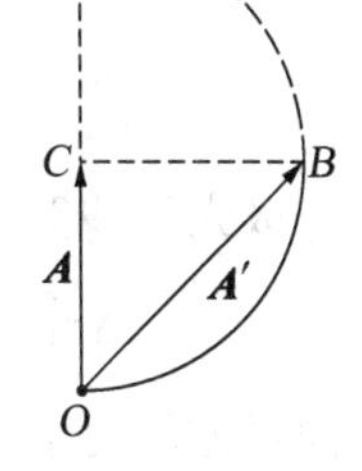

习题 14-21 图

$$\mathbf{A}' = \sqrt{2}A.$$

光强为

$$\frac{I'}{I_0} = \frac{A'^2}{A^2} = 2.$$

I_0 为自由传播的光强，即所求光强为自由传播时的两倍.

***14-22.** 有一平面透射光栅，每 cm 刻有 5 900 条刻痕，透镜焦距 $f = 0.5$ m.

(1) 用 $\lambda = 589$ nm 单色光垂直入射，最多能看到几级光谱？若用 30°角斜入射，最多能看到第几级光谱？

(2) 用波长范围在 400 nm 到 760 nm 白光垂直入射，求第一级光谱的线宽度为多少？讨论光谱的重叠现象.

(3) 要使第二级光谱全部形成，求光栅透光缝宽 b 的最大值为多少？

解: (1) 单色光垂直入射,由光栅方程

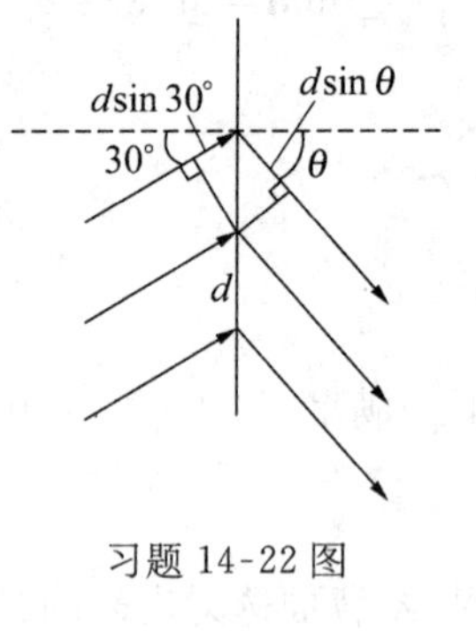

习题 14-22 图

$$d\sin\theta = k\lambda.$$

θ 最大只能取 $\pm\pi/2$,由于对称性,我们取 $\theta \leqslant \frac{\pi}{2}$ 计算.

$$k = \frac{d}{\lambda}\sin\theta \leqslant \frac{d}{\lambda} = \frac{1}{589\times 10^{-9}}\times\frac{10^{-2}}{5\,900} = 2.87,$$

取整数 $k=2$,即最多能看到二级光谱.

斜入射时,如图所示,相邻光缝间光程差为

$$d(\sin 30° + \sin\theta) = k\lambda,$$

当 $\theta = \pm 90°$ 时,有

$$d\left(\frac{1}{2}\pm 1\right) = k\lambda,$$

$$k_1 = \frac{d}{\lambda}\cdot\frac{3}{2} = 2.87\times\frac{3}{2} = 4.31,$$

$$k_2 = \frac{d}{\lambda}\cdot\left(-\frac{1}{2}\right) = -1.44.$$

此时一侧可看到第四级光谱,另一侧只能看见第一级光谱.

(2) 白光入射时,除中央零级明条纹外,其余级次的条纹会出现色散现象,同一级次的干涉纹组成光谱.设对第一级光谱,$\lambda_1 = 400$ nm,对应于 θ_1,$\lambda_2 = 760$ nm,对应于 θ_2,有

$$\sin\theta_1 = \frac{\lambda_1}{d} = \frac{400\times 10^{-9}\times 5\,900}{10^{-2}} = 0.236,$$

$$\theta_1 = 13.7°.$$

$$\sin\theta_2 = \frac{\lambda_2}{d} = \frac{760\times 10^{-9}\times 5\,900}{10^{-2}} = 0.448,$$

$$\theta_2 = 26.6°.$$

第一级光谱线宽度为

$$\Delta x_1 = f(\tan\theta_2 - \tan\theta_1) = 0.5(\tan 26.6° - \tan 13.7°) = 0.13(\text{m}).$$

用同样方法可求得第二级光谱中 $\lambda_2 = 760$ nm 的衍射角 θ_2' 为

$$\sin\theta_2' = \frac{2\lambda_2}{d} = 2\times 0.448 = 0.897,\ \theta_2' = 63.7°$$

第三级光谱中 $\lambda_1 = 400$ nm 的衍射角为

$$\sin\theta_3 = \frac{3\lambda_1}{d} = 3\times 0.236 = 0.708,\ \theta_3 = 45.1°,\ \theta_3 < \theta_2'.$$

可知从第二级光谱开始出现重叠现象.由例 14-4 知第一级光谱不重叠.

(3) 在光栅衍射中,由于单缝衍射效应,透射光的大部分能量集中在中央包络线范围内,要使第二级光谱全部形成,应具有足够的能量使之能观察到,因此要求单缝衍射中的中央明纹

的半角宽度至少等于第二级光谱中红光($\lambda = 760$ nm)的衍射角,即最大缝宽 b 应满足:

$$b\sin\theta_2' = \lambda\ ,$$

把 $\lambda = 760$ nm, $\theta_2' = 63.7°$ 代入,得

$$b = 8.47\times10^{-7}(\mathrm{m}).$$

*14-23. 图示装置称为洛埃镜,S 为单缝,$SP = 1$ mm,AB 为一水平放置的平面镜,$AB = PA = 5$ cm,$BO = 190$ cm ,S 由单色平行光照射,波长 $\lambda = 500$ nm.

(1) 试求屏上的干涉区,并计算干涉条纹数;

(2) 在光路上插入一块折射率 $n = 1.5$ 的透明云母片,使干涉区最下面的干涉条纹移到最上部,试问云母片应有多厚?

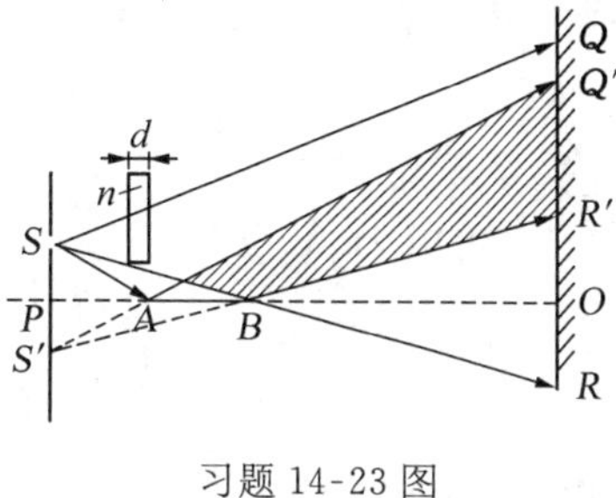

习题 14-23 图

解: (1) 光源 S 与其像 S' 等效为杨氏双缝,干涉区为 S 发射的光束与经平面镜反射的光束的重叠区. 如图可知,在屏幕上干涉区为 $Q'R'$. 由几何关系得

$$Q'O = AO\cdot\frac{SP}{PA} = 195\times\frac{0.1}{5} = 3.9(\mathrm{cm})\ ,$$

$$R'O = BO\cdot\frac{SP}{PB} = 190\times\frac{0.1}{10} = 1.9(\mathrm{cm})\ ,$$

$$Q'R' = Q'O - R'O = 3.9 - 1.9 = 2.0(\mathrm{cm})\ .$$

故干涉区在 O 点上方 1.9～3.9 cm 处,干涉条纹间距为

$$\Delta x = \frac{\lambda\cdot PO}{SS'} = \frac{\lambda(PA + AB + BO)}{2SP} = \frac{500\times10^{-7}\times(5.0 + 5.0 + 190)}{2\times0.1}$$

$$= 0.05(\mathrm{cm}) = 5.0\times10^{-4}(\mathrm{m}).$$

干涉条纹数为

$$n = \frac{Q'R'}{\Delta x} = \frac{2.0}{0.05} = 40(条).$$

(2) 若屏上干涉区最下面一条干涉条纹移到最上面,干涉区每点都有 40 个条纹向上移过,即要求由 S 直接照射的光束光程增加 40λ,将云母片插入这支光路中,增加的光程为 $(n-1)d$,因此有

$$(n-1)d = 40\lambda.$$

云母片厚度为

$$d = \frac{40\lambda}{n-1} = \frac{40\times500\times10^{-9}}{1.5-1} = 4.0\times10^{-5}(\mathrm{m})\ .$$

*14-24. 在一块光学平整的玻璃片 B 上,端正地放一锥顶角很大的圆锥形平凸透镜 A,在其间形成一劈尖角 φ 很小的空气薄层,如图所示,当波长为 λ 的单色平行光垂直地射向平凸

透镜时,从上方观察可以看到干涉条纹,求:

(1) 明暗条纹的形状和位置;

(2) 若平凸透镜稍向左倾斜,干涉条纹有何变化?

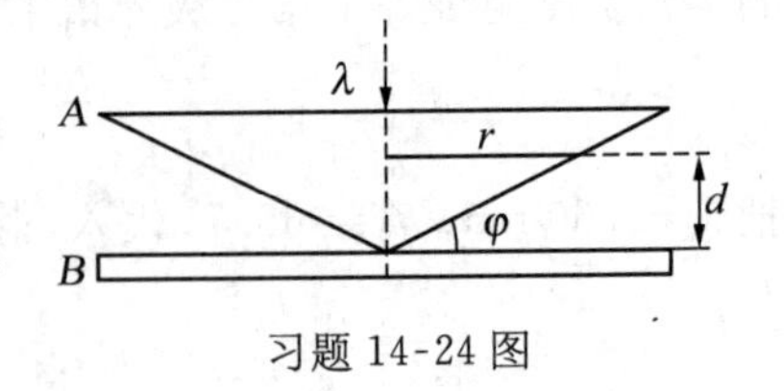

习题 14-24 图

解: (1) 由图示几何布局,干涉条纹当为同心圆状,设透镜在半径为 r 处的空气薄层厚度为 d,则

$$d = r\tan\varphi, \quad ①$$

因为 φ 很小,则

$$d \approx r\varphi. \quad ②$$

此处光程差为

$$\Delta=2d+\frac{\lambda}{2}=2r\varphi+\frac{\lambda}{2},$$

当

$$\Delta = k\lambda \qquad (k = 1, 2, 3, \cdots)$$

时,出现亮条纹,即

$$2r\varphi + \frac{\lambda}{2} = k\lambda, \quad ③$$

$$r = (2k-1)\lambda/4\varphi \quad (k = 1, 2, 3, \cdots). \quad ④$$

上式为出现亮条纹对应的半径,当

$$\Delta = 2r\varphi + \frac{\lambda}{2} = (2k+1)\frac{\lambda}{2}$$

时,出现暗条纹,即

$$r = k\lambda/2\varphi \qquad (k = 0, 1, 2, \cdots) \quad ⑤$$

为暗条纹半径.可见干涉图样的中心处为暗斑.

(2) 若平凸透镜稍向左侧倾斜,则左侧 φ_1 < 右侧 φ_2,由④和⑤两式可知,左侧明暗条纹变稀疏,右侧条纹变密.

* **14-25.** 如图所示,一半径很大的柱面凹透镜盖在一块平玻璃板上形成空气薄膜,今用波长 λ = 500 nm 的单色光垂直入射,中央空气膜的厚度为 $h_0 = 8.875 \times 10^{-6}$ m,求:

(1) 反射方向总共能看到几条亮纹?

(2) 若把柱面凹透镜向上作微小平移,干涉条纹有何变化;

(3) 若从透射方向看,能看到几条亮纹?

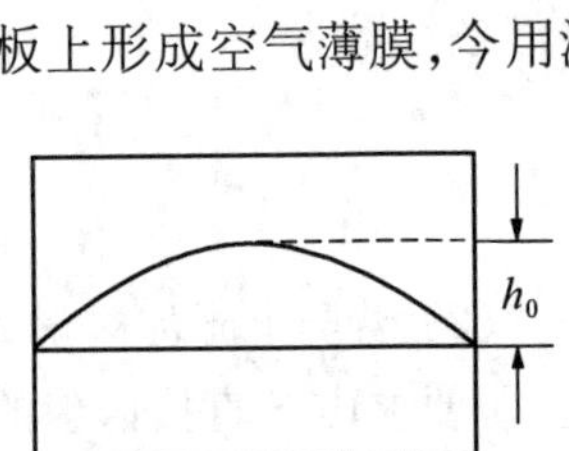

习题 14-25 图

解: (1) 从反射方向看,在空气膜的最大厚度 h_0 处,由空气膜上、下表面反射的光的光程差为

$$\Delta = 2h_0 + \frac{\lambda}{2}.$$

亮条纹满足 $\Delta = k\lambda \quad (k = 1, 2, 3, \cdots)$, 所以

$$2h_0 + \frac{\lambda}{2} = k\lambda,$$

$$k=\frac{2h_0}{\lambda}+\frac{1}{2}=\frac{2\times 8.875\times 10^{-6}}{500\times 10^{-9}}+\frac{1}{2}=36.$$

可看到的亮条纹数为

$$2k-1=2\times 36-1=71(\text{条}).$$

(2) 当凹透镜向上作微小平移时，和未平移前有相同厚度的空气膜位置向外扩展，因而所有条纹都向外移动.

(3) 从透射方向看，两束透射光的光程差最多为

$$\Delta=2h_0,$$

由亮纹条件

$$\Delta=2h_0=k'\lambda,$$

得

$$k'=\frac{2h_0}{\lambda}=\frac{2\times 8.875}{500\times 10^{-9}}=35.5.$$

能看到的最高级次为 $k'=35$，因 $k'=0$ 为边缘处，也是亮条纹，故共可看到亮条纹数为

$$2(k'+1)=2(35+1)=72(\text{条}).$$

四、思考题解答

14-1. 用半波带法讨论菲涅耳圆孔衍射时，已知第 m 个半波带在观察点 P 产生的振幅 $A_m\propto f(\theta_m)\dfrac{\Delta S_m}{r_m}$，其中 ΔS_m 是第 m 个半波带的面积，r_m 是它到 P 点的距离，试证明：$\Delta S_m/r_m$ 是与 m 无关的常量.

证： 考虑图中球冠的面积

$$S_{\text{面}}=2\pi Rh=2\pi R^2(1-\cos\alpha).$$

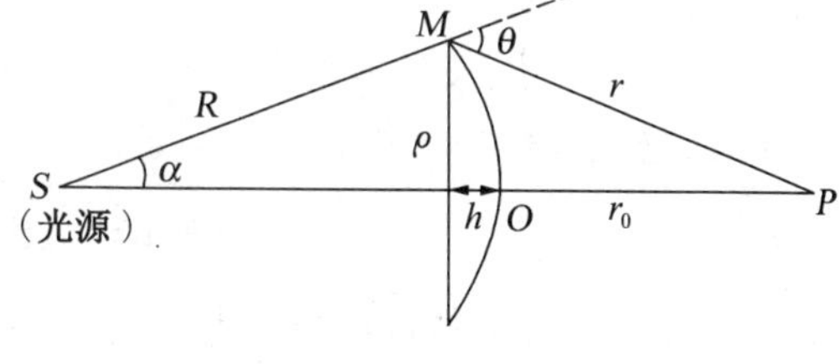

思考题 14-1 图

对 ΔMSP 应用余弦定理，得

$$\cos\alpha=\frac{R^2+(R+r_0)^2-r^2}{2R(R+r_0)}.$$

分别取以上两式的微分：

$$dS_{\text{面}}=2\pi R^2\sin\alpha d\alpha, \tag{①}$$

$$\sin\alpha d\alpha=\frac{rdr}{R(R+r_0)}. \tag{②}$$

②式代入①式，得

$$\frac{dS_{\text{面}}}{r}=\frac{2\pi Rdr}{R+r_0}. \tag{③}$$

因波长 $\lambda \ll r_m$，可把上式中的微分 dr 看成相邻半波带间 r 的差值 $\lambda/2$，$dS_{面}$ 看作半波带的面积 ΔS_m，于是得

$$\frac{\Delta S_m}{r_m} = \frac{2\pi R}{R + r_0} \cdot \frac{\lambda}{2} = \frac{\pi R\lambda}{R + r_0}. \tag{4}$$

可见，$\Delta S_m/r_m$ 与 m 无关，对每个半波带都一样，所以对于给定的波长及光源、圆孔和 P 点的位置，$\Delta S_m/r_m$ 是常量.

14-2. 如图(a)所示，在菲涅耳圆孔衍射中，如果观察点不在光源和圆孔的中心连线上，而是偏向一边，如图中的 P' 点，则从 P' 点观察，圆孔中露出的半波带是什么样子的，在观察屏上的衍射条纹是什么形状的？

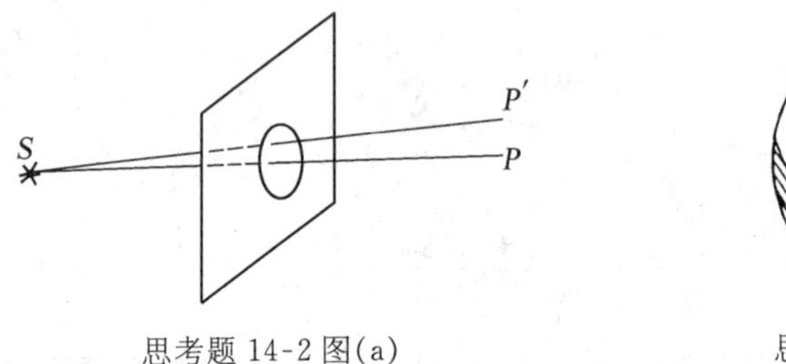

思考题 14-2 图(a)　　　　思考题 14-2 图(b)

答： 如图(b)所示，在 P' 点观察时，同样以 P' 为中心作菲涅耳半波带，这时半波带的中心应在 SP' 直线上，半波带中心和圆孔中心不重合. 随着 P' 点从 P 点横向移开，露出的波带逐渐偏离中心，P' 点的亮度视由其观察圆孔露出的半波带情况而定，由于衍射孔是圆形的，以 $\overline{PP'}$ 为半径的圆周上的任一点对于 P 点是中心对称的，结果在观察屏上形成以 P 为中心的环形衍射条纹.

14-3. 在菲涅耳圆孔衍射中，可以制造一种能遮挡住偶数半波带的部分透明板(波带片)，让奇数半波带透光，则 P 点的振幅：$U_p = a_1 + a_3 + a_5 + \cdots$

由于波带片挡住了一半光波，光能量的利用率就减低了一半，有什么方法可以提高光的利用率？

答： 在波带片原来不透光的环形面积处用一层透明的薄膜代替，适当控制其厚度，使通过膜的光波的相位增加 π，这样，对于式

$$U_p = a_1 - a_2 + a_3 - a_4 + a_5 + \cdots$$

中偶数波带在 P 点的振动的振幅都改为正号(这里正、负号是由于相邻半波带相位差 π 引起的，现带负号的这部分光的相位增加 π，符号遂与奇数半波带一致，为正)，结果 P 点光强大大增强，充分利用了入射光的能量，这种波带片称为相位波带片.

14-4. 菲涅耳衍射和夫琅和费衍射有何区别？

答： 菲涅耳衍射是近场衍射，光源、衍射物、屏三者之间距离较近. 夫琅和费衍射为远场衍射，光来自无限远，入射光为平行光，亦可用透镜装置缩短距离. 因此，两者衍射结果不同. 例如菲涅耳圆孔衍射，当观测屏的距离向圆孔不断靠近时，屏中心交替出现亮和暗；而夫琅和费圆孔衍射，在屏中心出现的总是亮斑——艾里斑.

14-5. 用单色光做单缝衍射实验时，为什么当缝的宽度比单色光的波长大很多或小很多时，都观察不到衍射条纹？

答： 由单缝衍射暗纹条件，$b\sin\theta = k\lambda$，

$$\sin\theta = k\cdot\frac{\lambda}{b}.$$

当 $b\gg\lambda$ 时,各级衍射条纹的衍射角都很小,所有条纹都几乎与零级条纹堆在一起,以致衍射图样根本分辨不清,从而显示出直线传播特征.

当 $b\ll\lambda$ 时,衍射角非常大,以致看不到第一个极小值,只能看到屏上近似均匀的照度.

14-6. 试详细讨论双缝衍射.当双缝间距 d 不变,单缝宽度 b 变粗时,图样有何变化?当 b 不变,d 变大时,又如何?

答: 双缝衍射的光强分布 $I=I_0\left(\frac{\sin\beta}{\beta}\right)^2\cos^2\frac{\delta}{2}$,式中 $\cos^2\frac{\delta}{2}$ 是光强相同的两束光产生的干涉图样的光强分布函数,$\left(\frac{\sin\beta}{\beta}\right)^2$ 表示宽为 b 的单缝衍射的光强分布函数,称为衍射因子,它对干涉条纹的强度分布起调制作用.

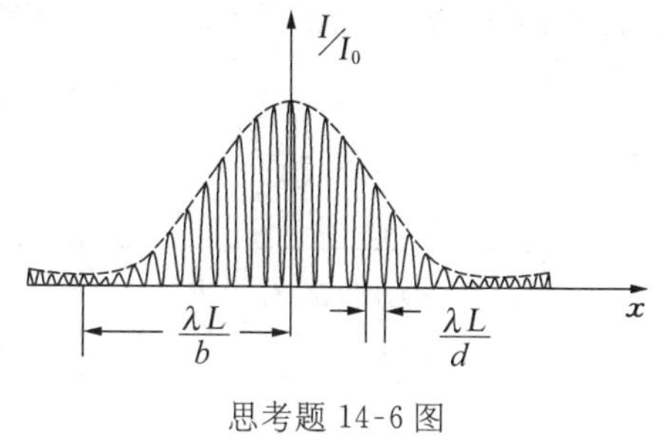

思考题 14-6 图

对衍射部分　$\beta=\frac{\pi b\sin\theta}{\lambda}=\pm\pi$ 时,为第一极小.　①

对干涉部分　$\frac{\delta}{2}=\frac{\pi d\sin\theta}{\lambda}=\pm\frac{\pi}{2}$ 时,为第一极小.　②

若 d 不变,b 变大,则由①式,$b\sin\theta=\pm\lambda$,$\sin\theta$ 变小,即第一极小的位置收缩,而第②式干涉条纹图样没变,因此在衍射的中央极大中所包含的干涉条纹数减少.若 d 变大而 b 不变,则由干涉引起的 $\sin\theta$ 变小,干涉条纹变窄,衍射的中央极大范围不变,则它所包含的干涉条纹增多.

如图,干涉条纹间距为 $\Delta x=\frac{\lambda L}{d}$,单缝衍射第一极小到中心的宽度为 $x=\frac{\lambda L}{b}$,其所包含的干涉条纹数为 $n=\frac{x}{\Delta x}=\frac{d}{b}$.

14-7. 若用两个细灯丝分别照射双狭缝,可否看到干涉条纹?为什么?

答: 两个灯丝发出的光不是相干光,因而不会产生干涉条纹.

14-8. 在牛顿环装置中,若在平凸透镜与平玻璃板间充满折射率为 $n=1.60$ 的油液,这时干涉条纹会发生什么变化?(玻璃折射率为 $n=1.5$)

答: 如图(a)所示,若平凸透镜与平板间为空气,则从凸透镜下表面反射的光无半波损失,而从平板玻璃上表面反射的光有半波损失,两反射光之间附加了半波长光程差,因而中心为暗点.若把 $n=1.6$ 的油液充满两透镜中间(图(b)),则因 $n=1.6>1.5$,凸透镜下表面反射的光有半波损失,而从玻璃平板上表面反射的光无半波损失,两束反射光仍附加半波长光程差,所以中心仍为暗点.

$n_1=1.5$　$n=1.0$　$n_1=1.5$

思考题 14-8 图(a)

$n_1=1.5$　$n=1.6$　$n_1=1.5$

思考题 14-8 图(b)

但由于两束光的光程差 $\Delta=2nd+\frac{\lambda}{2}=k\lambda$ 时得亮条纹,即 $2nd=(k-\frac{1}{2})\lambda$,而牛顿环半

径 $r^2 = 2Rd = (k-\frac{1}{2})\lambda R/n$，即

$$r=\sqrt{\frac{\lambda R\left(k-\frac{1}{2}\right)}{n}},$$

和原来 $n=1$ 相比，r 变小，条纹变密.

14-9. 在双缝干涉中，若把其中一个缝封闭，并将一平面反射镜放在两缝的垂直平分线上，如图所示，则屏上干涉条纹有何变化？（干涉条纹的间距、区域、亮纹和暗纹的位置）

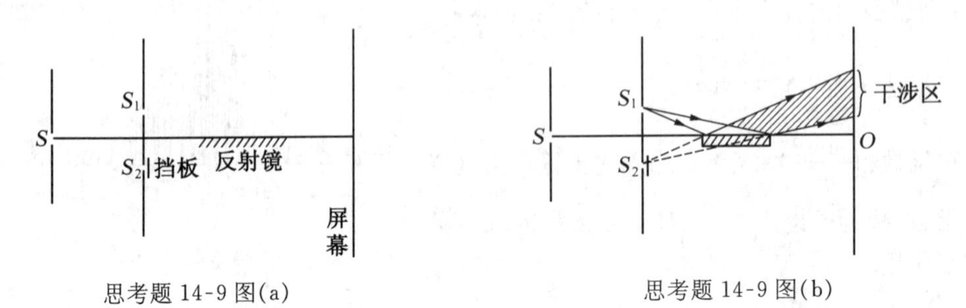

思考题 14-9 图(a)　　　　思考题 14-9 图(b)

答： 如图(b)所示，若遮住缝 S_2，则由几何对称关系知，从缝 S_1 发出的光经平面镜反射后的虚像位置正好在原来的 S_2 处，就好像另一束光是从 S_2 发出的. 这时屏上的光一部分是直接由 S_1 发出的，另一部分是从 S_1 发出后经平面镜反射后到达屏上的，这两束光来自同一光源，是相干光，但因反射光的区域只在上半部分，故干涉条纹区域比真正双缝干涉的情形减小. 从光路图看，虚光源的光程与实光源 S_2 一致，故干涉条纹间距不变，只是最小的干涉条纹级次不为零. 另外，由于反射镜上反射的光有半波损失，致使双缝干涉的亮条纹位置处变为暗纹，原来暗纹处变为亮条纹. 定量讨论见习题 * 14-23.

第十五章　光 的 偏 振

一、内 容 提 要

1. 光的偏振态：

(1) 自然光：光矢量的振动具有随机性，可分解为两个振幅相等、振动方向相互垂直、没有固定相位关系的光振动.

(2) 偏振光：光矢量可看成是两个同频率、互相垂直、有固定相位差的振动的合成. 当偏振光沿 z 轴方向传播时，电场强度矢量可写成

$$E_x = A_x \cos\left(\omega t - \frac{2\pi z}{\lambda}\right),$$

$$E_y = A_y \cos\left(\omega t - \frac{2\pi z}{\lambda} + \delta\right),$$

δ 为两个振动的相位差.

当 $\delta = k\pi$，$(k = 0, \pm 1, \pm 2, \cdots)$ 时，合成光为线偏振光.

当 $A_x = A_y$ 且 $\delta = (2k+1)\frac{\pi}{2}$ 时，合成光为圆偏振光，光矢量端点的轨迹为圆.

当 $A_x \neq A_y$，$\delta \neq k\pi$ 时，合成光为椭圆偏振光. 光矢量端点的轨迹为椭圆.

(3) 部分偏振光：是自然光和偏振光的混合.

2. 马吕斯定律　　$I = I_0 \cos^2\theta$.

偏振度　　$P = \dfrac{I_x - I_y}{I_x + I_y}$.

3. 布儒斯特定律　　$\tan i_0 = \dfrac{n_2}{n_1} = n_{21}$.

4. 单轴晶体的双折射：

光通过各向异性的单轴晶体后分为两束光，见下表.

寻常光(o)	非常光(e)
(a) 符合折射定律	一般情况下不符合折射定律
(b) 光矢量振动垂直于自己的主平面	光矢量振动方向平行于自己的主平面
(c) 折射率 n 和传播速率 v 沿各方向相同	沿光轴方向上，v、n 与 o 光相同，垂直于光轴方向上，n_e，v_e 与 o 光不同，n_e 称为主折射率，与 o 光的折射率相差最大
(d) 点光源在晶体中的 o 光波面为球面	e 光波面是在光轴方向外切(负晶体)或内切(正晶体)于 o 光波面的旋转椭球面

5. 偏振光的干涉：

设如图 15-1(a)所示,在两块偏振片 P_1、P_2 之间有一块厚为 d 的波片.

当 P_1、P_2 的透振方向垂直时,若满足 $\theta=45°$,且 $(n_o-n_e)d=(2k+1)\dfrac{\lambda}{2}$ ($k=0,\pm1,\pm2,\cdots$)得到干涉相长,视场最亮. θ 为 P_1 的透光方向与波晶片光轴之间的夹角,如图 15-1(b)所示.

$(n_o-n_e)d=k\lambda$ ($k=\pm1,\pm2,\cdots$),得干涉相消.

当 P_1、P_2 的透振方向平行时,若 $\theta=45°$,出射光强的干涉情况和上述情况互补. 如 $\theta\neq45°$, 则出射光强均不为零,如图 15-1(c)所示.

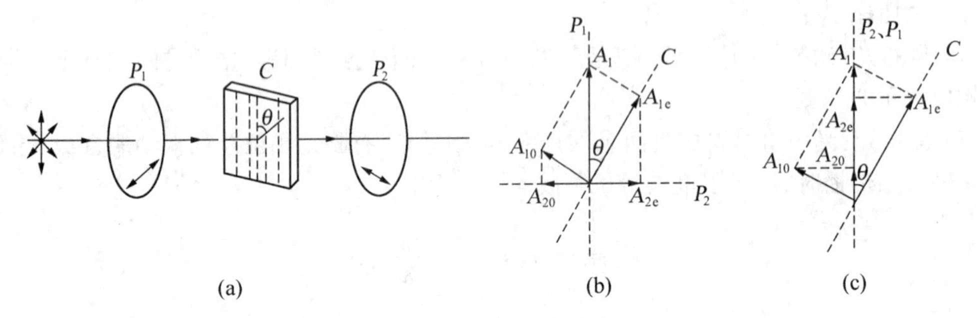

图 15-1 偏振光的干涉

6. 旋光性:

入射线偏振光沿光轴传播时偏振面旋转的角度 $\theta=\alpha d$, $\alpha=\pi(n_L-n_R)/\lambda$ 为旋光率,d 为材料厚度,$\alpha>0$ 为右旋,$\alpha<0$ 为左旋.

二、自学指导和例题解析

本章要求了解光的各种偏振状态和各种产生偏振光的方法,了解用偏振片和波晶片检验光的偏振态;掌握马吕斯定律和布儒斯特定律;了解光在单轴晶体中的双折射现象,掌握惠更斯作图法;了解偏振光的干涉现象及应用,了解旋光现象及应用. 在学习本章内容时,要注意以下几点:

(1) 自然光可分解为两个振幅相等、振动方向互相垂直、相互间没有固定相位关系的线偏振光. 让自然光通过一个透振方向垂直于光传播方向的起偏器和一个波晶片,出射光包含两列振动方向互相垂直、频率相同、有固定相位差的线偏振光,从而可以是椭圆偏振光、圆偏振光或线偏振光. 值得注意的是这两种线偏振光成分尽管沿相同方向传播,却并不会发生干涉,因其振动方向互相垂直. 如果在两块偏振片之间插入一块厚度为 d 的波晶片,三个元件表面彼此平行,这样出射光就是两列频率相同、有固定相位差而且振动方向平行的线偏振光,就会产生干涉.

(2) 关于布儒斯特定律,要注意的是,当自然光以布儒斯特角入射时,反射光是全偏振的,但折射光是部分偏振光,只是这时折射光的偏振度达最高.

(3) 晶体的"光轴"不是指一条直线,而是指晶体中的一个特定方向,当光线沿这个方向传播时 o 光和 e 光不分开,即它们的传播速度和方向都一样.

(4) 光线在晶体中传播时,只有入射面与主截面重合时,e 光和 o 光才都在入射面内,两者振动方向互相垂直,若入射面与主截面不重合,e 光一般不在入射面内.

(5) 主截面的定义是光线入射晶体表面时,此表面的法线与晶体的光轴组成的平面. 因此对同一晶体来说,光线入射不同的表面,主截面也不同.

例题

例 15-1 一束部分椭圆偏振光沿着 z 方向传播,通过一个完全线偏振的检偏器. 当检偏器的透光方向沿 y 轴时,透射光强度最小,其值为 I_0,当透光方向沿 x 轴时,透射光强度最大,其值为 $1.5I_0$. 试求:

(1) 偏振器透光方向与 x 轴成 θ 角时,透射光强度如何?

(2) 若使原来的光束先通过一个 1/4 波片,而后再通过检偏器,且使 $\frac{1}{4}$ 波片的光轴沿着 x 轴方向,则当检偏器的透光方向与 x 轴成 30°角时,透过的光的强度最大,试求出此最大强度,并求出入射光强中非偏振成分的比例.

解: (1) 部分椭圆偏振光即光束中包含椭圆偏振光与自然光两种成分,设自然光沿 x 轴和 y 轴的光强分别为 I_{ux} 和 I_{uy},则 $I_{ux}=I_{uy}=I_u$. 又设椭圆偏振光沿 x 和 y 轴的强度分别为 I_{ex} 和 I_{ey},据题意有

$$I_u+I_{ex}=1.5I_0, \quad ①$$

$$I_u+I_{ey}=I_0. \quad ②$$

如图(a)所示,当偏振器透光方向在任意方位时,根据马吕斯定律可得

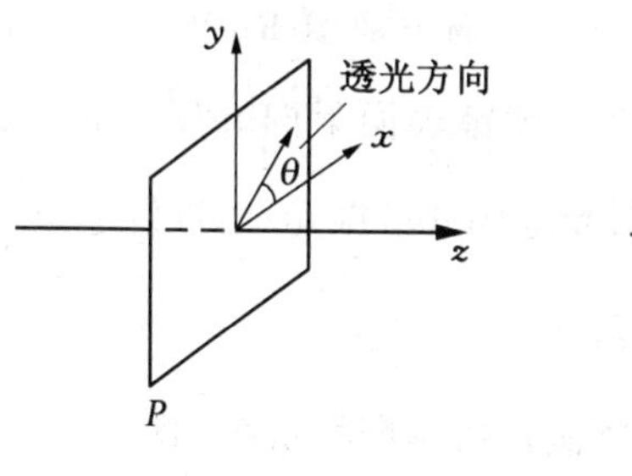

例 15-1 图(a)

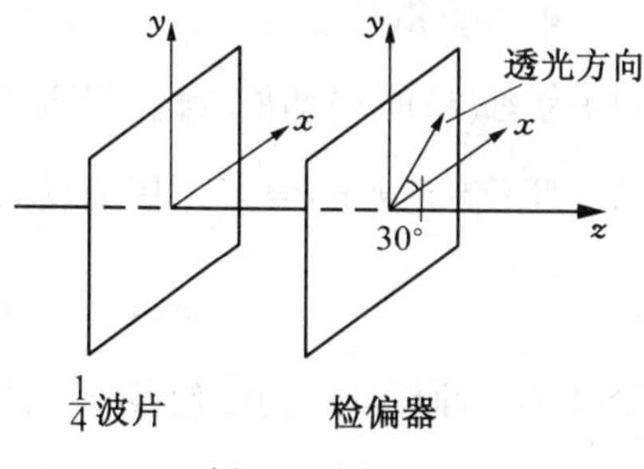

例 15-1 图(b)

$$I(\theta)=1.5I_0\cos^2\theta+I_0\sin^2\theta. \quad ③$$

(2) 按题意,x、y 轴分别为椭圆长、短轴. 现让光先通过 $\frac{1}{4}$ 波片,且 $\frac{1}{4}$ 波片光轴与椭圆的长轴重合,如图(b)所示,因而使椭圆偏振光转变为线偏振光. 已知当检偏器的透光方向与 x 轴成 30°角时,透过的光强最大,由图(c)可知,椭圆在 x、y 轴上的振幅 Ax、Ay 应满足下面关系:

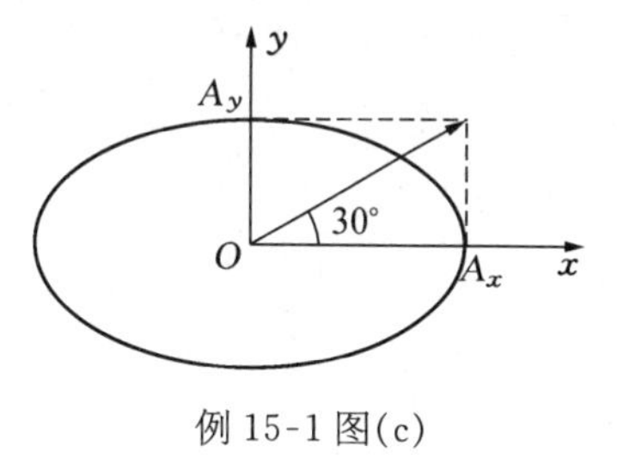

例 15-1 图(c)

$$\frac{A_y}{A_x}=\sqrt{\frac{I_{ey}}{I_{ex}}}=\tan 30^\circ=\frac{1}{\sqrt{3}},$$

得

$$I_{ex}=3I_{ey}. \quad ④$$

④式代入①和②两式,解得

$$I_{ex}=0.75I_0,\ I_{ey}=0.25I_0,\ I_u=0.75I_0.$$

于是可得透过检偏器的最大光强($\theta = 30°$ 角时)为

$$I_{\max} = I_{ex} + I_{ey} + I_u = 1.75 I_0.$$

因此入射光强中,自然光(非偏振光)成分的比例为

$$\frac{2I_u}{1.5I_0 + I_0} = \frac{1.5I_0}{2.5I_0} = 60\%.$$

例 15-2 如图所示,由折射率为 n 的两块相同的直角玻璃棱镜之间夹有折射率分别为 n_1 和 n_2 的两层介质,且有 $n_1 > n > n_2$,单色光波长为 λ,垂直于棱镜表面入射,试求:

(1) 要使两层介质的界面上反射的光为线偏振光,玻璃与介质折射率间应满足怎样的关系?

(2) 为使 A、B 两界面(见图(c))反射的光得到干涉加强,折射率为 n_1 的介质的厚度为多少?

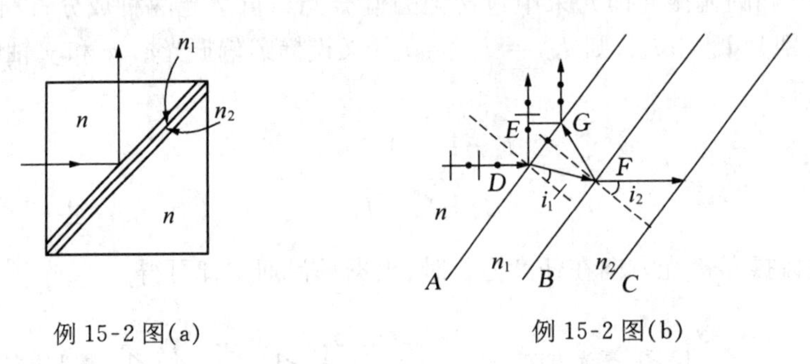

例 15-2 图(a)　　例 15-2 图(b)

解: (1)图(b)为图(a)的局部放大. 光线垂直于棱镜表面射向介质 1 时,入射角为 $i = 45°$,因 $n_1/n \neq 1$,即不满足 $\tan i = \frac{n_1}{n}$,因而反射光是部分偏振光. 由折射定律

$$n\sin i = n_1 \sin i_1, \tag{①}$$

为使第 1、2 层介质的界面反射光为线偏振光,必须满足布儒斯特定律,即

$$\tan i_1 = \frac{n_2}{n_1}, \tag{②}$$

即

$$\frac{\sin i_1}{\sqrt{1-\sin^2 i_1}} = \frac{n_2}{n_1},$$

得

$$\sin i_1 = \frac{n_2}{\sqrt{n_1^2 + n_2^2}}. \tag{③}$$

由①式有

$$n\sin\frac{\pi}{4} = n_1 \sin i_1,$$

即

$$\sin i_1 = \frac{n}{n_1}\sin\frac{\pi}{4} = \frac{\sqrt{2}}{2}\frac{n}{n_1}. \tag{④}$$

由③、④两式解得

$$n = n_1 n_2 \left(\frac{2}{n_1^2 + n_2^2}\right)^{1/2}.$$

(2) 设第一种介质的厚度为 d_1，当入射光以 $i=45°$ 入射 n_1 界面 A 时，A、B 两个界面反射光的光程差为

$$\Delta_1 = n_1(DF+FG)-n\cdot DE+\frac{\lambda}{2}=2n_1DF-n\cdot 2d_1\tan i_1\sin i+\frac{\lambda}{2}$$

$$=2n_1\cdot\frac{d_1}{\cos i_1}-n\cdot 2d_1\cdot\tan i_1\cdot\frac{n_1}{n}\sin i_1+\frac{\lambda}{2}$$

$$=\frac{2n_1d_1}{\cos i_1}(1-\sin^2 i_1)+\frac{\lambda}{2}=2n_1d_1\cos i_1+\frac{\lambda}{2}$$

$$=2d_1\sqrt{n_1^2-n^2\sin^2 45°}+\frac{\lambda}{2}=2d_1\sqrt{n_1^2-\frac{1}{2}n^2}+\frac{\lambda}{2}.$$

要使干涉加强，应满足

$$\Delta_1 = k\lambda \quad (k=1,\ 2,\ 3,\cdots),$$

由此得第一种介质的厚度为

$$d_1=\left(k-\frac{1}{2}\right)\lambda\Big/2\sqrt{n_1^2-\frac{1}{2}n^2}=\left(k-\frac{1}{2}\right)\lambda\Big/\sqrt{4n_1^2-2n^2}\quad (k=1,\ 2,\ 3,\cdots).$$

例 15-3 在双缝干涉实验装置的两狭缝后各放一个偏振片.

(1) 若两偏振片的偏振化方向相互垂直，单色自然光入射后在屏上是否有干涉条纹?

(2) 若两偏振片的偏振化方向相互平行，光强为 I_0 的单色自然光入射到每一条缝上，是否有干涉条纹产生，光强分布如何?

(3) 若在(1)中的一缝后，紧贴偏振片再放一片光轴与偏振片透光方向成 45°角的二分之一波片，如图所示，干涉条纹又有何变化?

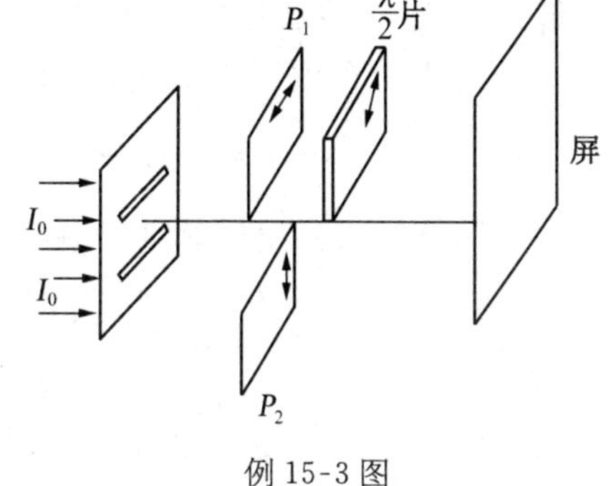

例 15-3 图

解: (1) 因通过两偏振片的线偏振光的振动方向互相垂直，两光束相遇对应于相互垂直的振动合成，不产生干涉条纹，叠加结果为椭圆偏振光.

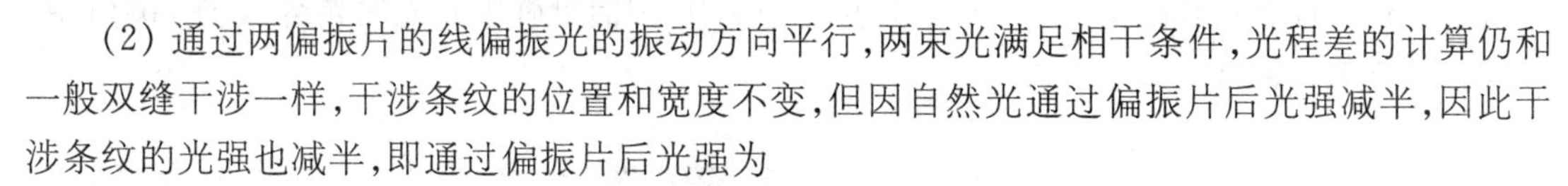
(2) 通过两偏振片的线偏振光的振动方向平行，两束光满足相干条件，光程差的计算仍和一般双缝干涉一样，干涉条纹的位置和宽度不变，但因自然光通过偏振片后光强减半，因此干涉条纹的光强也减半，即通过偏振片后光强为

$$I_1=\frac{1}{2}I_0.$$

亮纹中心光强为

$$I_{中心}=4I_1=2I_0.$$

干涉条纹光强分布为

$$I=2I_0\cos^2\frac{\delta}{2}.$$

其中

$$\delta = 2\pi d\sin\theta / \lambda$$

为两条出射光线间的相位差.

(3) 在(1)中的一缝后紧贴偏振片加一光轴与偏振片透光方向成 $\theta = 45^\circ$ 角的二分之一波片,出射光仍为线偏振光,但振动方向转过 $2\theta = \frac{\pi}{2}$ 角,这样出射线偏振光的振动方向又互相平行,在屏上产生干涉条纹,干涉情况与(2)相同.

例 15-4 用方解石割成一个正三角形棱镜,其光轴与棱镜的棱边平行,亦即与棱镜的正三角形横截面相垂直,如图(a)所示,今有一束自然光入射于棱镜,为使棱镜内的 e 光折射线平行于棱镜底边,该入射光的入射角 i 应为多少?另在图中画出 o 光的光路.已知 $n_e = 1.49$, $n_o = 1.66$.

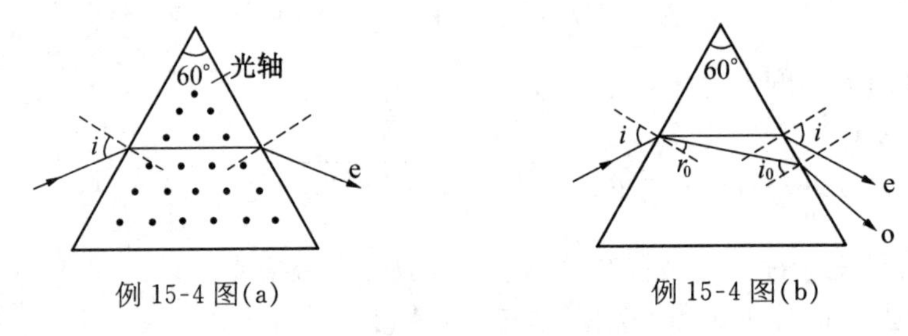

例 15-4 图(a)　　例 15-4 图(b)

解: 在正三角形棱镜内,e 光平行于棱镜底边,因此 e 光的折射角 $r = 30^\circ$,e 光传播的方向垂直于光轴,在纸平面上 e 光波面的截面为半圆,入射角满足条件:

$$\sin i = n_e \sin r = 1.49 \times \sin 30^\circ = 0.745,\ i = 48^\circ 10'.$$

对寻常光(o 光),可应用折射定律,有

$$\sin r_0 = \frac{\sin i}{n_o} = \frac{0.745}{1.66} = 0.449,\ r_0 = 26^\circ 40'.$$

设 o 光射到三角形棱镜另一侧面的入射角为 i_0,如图(b)所示,由图示几何关系可得

$$i_0 = 60^\circ - r_0 = 60^\circ - 26^\circ 40' = 33^\circ 20'.$$

此角小于 o 光的全反射临界角(37°),不会发生全反射,因而可画出 o 光的光路,如图(b)所示,其振动方向在纸面内.

三、习 题 解 答

15-1. 在两块偏振化方向相互垂直的偏振片 P_1 和 P_3 之间插入另一块偏振片 P_2,光强为 I_0 的自然光垂直入射于偏振片 P_1,试求:转动 P_2 时透过 P_3 的光强 I 与 P_1、P_2 透振方向之间的夹角 θ 的关系.

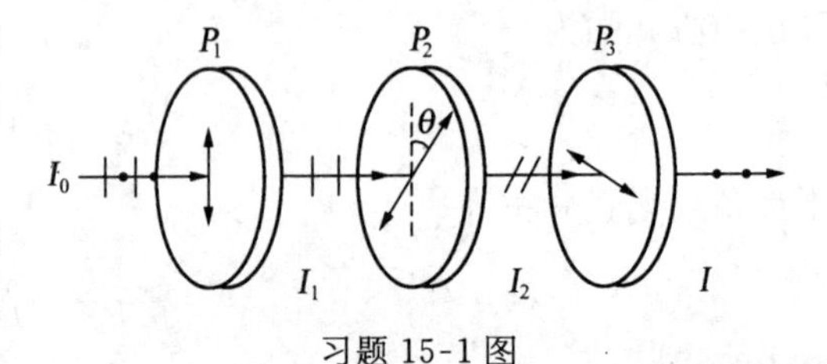

习题 15-1 图

解: 如图所示,各偏振片只允许和自己的偏振化方向相同的偏振光透过,设透过 P_1、P_2、

P_3 的光强分别为 I_1、I_2 和 I,自然光透过 P_1 时光强减半, $I_1=\frac{1}{2}I_0$.

当 P_2 和 P_1 的透振方向间的夹角为 θ 时,由马吕斯定律有

$$I_2=I_1\cos^2\theta=\frac{1}{2}I_0\cos^2\theta,$$

$$I=I_2\cos^2\left(\frac{\pi}{2}-\theta\right)=\frac{1}{2}I_0\cos^2\theta\cos^2\left(\frac{\pi}{2}-\theta\right)=\frac{1}{8}I_0\sin^2 2\theta.$$

15-2. 水和玻璃的折射率分别为 1.33 和 1.50. 当光由水中射向玻璃而反射时,布儒斯特角为多少? 当光由玻璃射向水中而反射时,布儒斯特角又为多少? 这两个布儒斯特角的数值之间是什么关系?

解: 光由水(n_1)中射向玻璃(n_2)时,

布儒斯特角为 $i_{01}=\arctan\left(\frac{n_2}{n_1}\right)=\arctan\left(\frac{1.50}{1.33}\right)=48.4°$.

光由玻璃射向水中时,

$$i_{02}=\arctan\left(\frac{n_1}{n_2}\right)=\arctan\left(\frac{1.33}{1.50}\right)=41.6°.$$

这两个布儒斯特角互为余角.

15-3. 一束由自然光和线偏振光混合的光垂直通过一块偏振片时,透射光的强度取决于偏振片的取向,已知最大光强是最小光强的 4 倍,求入射光束中两种光的强度与入射光总强度的比值各为多少?

解: 设入射光中自然光强度为 I_{01},线偏振光强度为 I_{02},无论偏振片取向如何,自然光通过偏振片后的光强都是

$$I_1=\frac{1}{2}I_{01}. \qquad ①$$

当线偏振光的光振动方向与偏振片的偏振化方向平行或垂直时,透射线偏振光强度分别为最大或最小,即

$$I_{2\max}=I_{02},\ I_{2\min}=0.$$

入射光强度为

$$I_0=I_{01}+I_{02}. \qquad ②$$

透射光的最大强度和最小强度分别为

$$I_{\max}=I_1+I_{2\max}=\frac{1}{2}I_{01}+I_{02}, \qquad ③$$

$$I_{\min}=I_1+I_{2\min}=\frac{1}{2}I_{01}. \qquad ④$$

按题意 $\frac{I_{\max}}{I_{\min}}=\frac{\frac{1}{2}I_{01}+I_{02}}{\frac{1}{2}I_{01}}=4$, 得

$$I_{02}=\frac{3}{2}I_{01}. \qquad ⑤$$

由②、⑤两式可解得

$$I_{01}/I_0 = \frac{2}{5},\ I_{02}/I_0 = \frac{3}{5}.$$

15-4. 一束钠黄光以 50°的入射角射到方解石平板上,设光轴与板表面平行而与入射面垂直,问两束出射光的夹角是多少?已知钠黄光波长 $\lambda = 589.3\ \text{nm}$,方解石的折射率为 $n_o = 1.658$, $n_e = 1.486$.

解: 如图所示,光轴为垂直于纸面的方向,与入射面垂直,o 光与 e 光的波面在垂直于光轴的平面上的截面是圆,因为方解石是负晶体, $n_e < n_o$, $v_e > v_o$, e 光波面在外,o 光波面在内. 设 e 光折射角为 r_e,波面的截面半径为 R_e,则

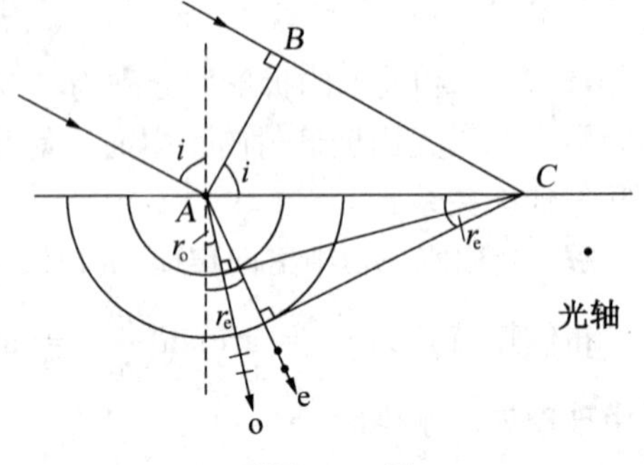

习题 15-4 图

$$\sin i = \frac{BC}{AC},\ \sin r_e = \frac{R_e}{AC},$$

由上面两式得 $\quad \dfrac{\sin i}{\sin r_e} = \dfrac{BC}{R_e} = \dfrac{c \cdot t}{v_e \cdot t} = n_e.$

可见,在此特定情况下,e 光也满足折射定律:

$$\sin r_e = \frac{\sin i}{n_e} = \frac{\sin 50^\circ}{1.486} = 0.52, \qquad r_e = 31.0^\circ.$$

对 o 光,由折射定律,有 $\dfrac{\sin i}{\sin r_o} = n_o$.

$$\sin r_o = \frac{\sin 50^\circ}{1.658} = 0.46, \qquad r_o = 27.5^\circ.$$

所以两束出射光的夹角为

$$\Delta r = r_e - r_o = 31.0^\circ - 27.5^\circ = 3.5^\circ.$$

15-5. 设方解石薄板的光轴平行于其表面,现在要用它制作钠黄光的半波片,问薄板的最小厚度应为多少?已知 $n_o = 1.658$, $n_e = 1.486$, $\lambda = 589.3\ \text{nm}$.

解: 设半波片最小厚度为 d, d 应满足下列条件 $\dfrac{\lambda}{2} = (n_o - n_e)d$,得

$$d = \frac{\lambda}{2(n_o - n_e)} = \frac{589.3 \times 10^{-9}}{2(1.658 - 1.486)} = 1.71 \times 10^{-6}(\text{m}).$$

15-6. 如果要使一波长 λ=600 nm 的线偏振光通过一光轴与晶体表面平行的石英晶片后,变为长、短轴之比为$\sqrt{3}$的正椭圆偏振光(石英晶体的折射率 $n_e = 1.552$, $n_o = 1.544$). 试求:

(1) 晶片的最小厚度;

(2) 入射偏振光的振动方向与晶片光轴方向的夹角.

解: (1) 线偏振光通过晶片后变为正椭圆偏振光,说明入射光通过晶片后 e 光与 o 光的相差为$\dfrac{\pi}{2}$,因此晶片是$\dfrac{1}{4}$波长片,晶片的最小厚度 d 为

$$d=\frac{\lambda}{4(n_e-n_o)}=\frac{600\times10^{-9}}{4(1.552-1.544)}=1.87\times10^{-5}(\mathrm{m}).$$

(2) 如图(a)所示,设入射线偏振光振动方向与光轴夹角为 θ,入射光振幅为 A,则椭圆的长、短轴之比为

$$\frac{A\cos\theta}{A\sin\theta}=\sqrt{3},\ 得\ \theta=30^\circ\quad(图(a)),$$

或

$$\frac{A\sin\theta}{A\cos\theta}=\sqrt{3},\ 得\ \theta=60^\circ\quad(图(b)).$$

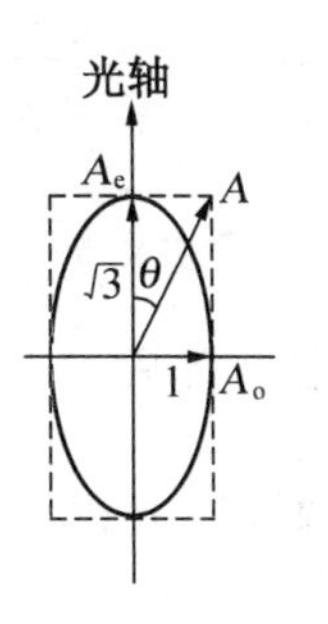

习题 15-6 图(a)

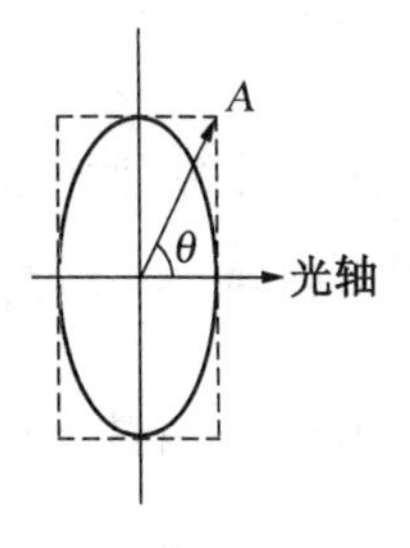

习题 15-6 图(b)

15-7. 将一片垂直于光轴切割的石英晶片放在两个偏振化方向平行的偏振片之间,如果要使波长 435.8 nm 的光不能通过,石英厚度应为多少?已知对应于该入射光的波长,石英的旋光率为 41.5°/mm.

解: 因两块偏振片的偏振化方向平行,要使光不能通过,光的振动面要转过 90°,设晶片厚度为 l,由晶体的旋光性可知

$$\theta=\alpha l,$$

$$l=\frac{\theta}{\alpha}=\frac{90^\circ}{41.5}=2.17(\mathrm{mm}).$$

15-8. 如图所示,厚为 2.5×10^{-2} mm 的方解石晶片的光轴平行于表面,晶片放在两片偏振化方向正交的偏振片之间,光轴与两个偏振片的偏振化方向各成 45°角. 如果射入第一片偏振片的光是波长在 400 nm～760 nm 的可见光. 问透出第二片偏振片的光中少了哪些波长的光?在其他条件不变的情况下,将偏振片 P_2 以光线传播方向为轴旋转 90°,使其偏振化方向与 P_1 平行,此时出射光中少了哪些波长的光. 已知方解石晶体的 $n_o=1.6584$, $n_e=1.4864$.

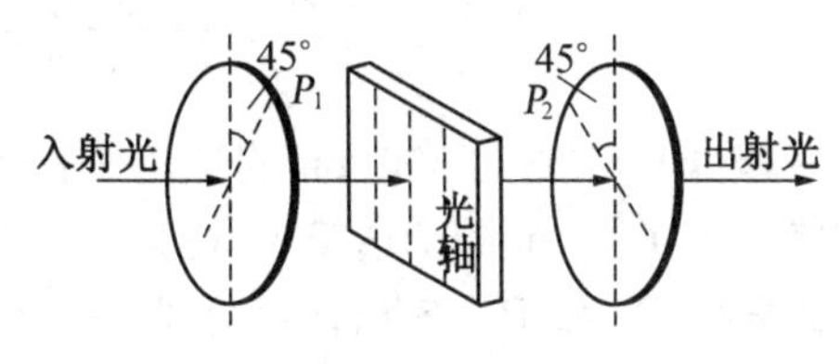

习题 15-8 图

解: 由偏振光干涉可知,当两个偏振片的偏振化方向正交放置时,透过偏振片 P_2 的出射光的相干条件是

$$(n_o-n_e)d+\frac{\lambda}{2}=\begin{cases}k\lambda & (k=1,2,3,\cdots)\ 干涉加强;\\(2k+1)\dfrac{\lambda}{2} & (k=1,2,3,\cdots)\ 干涉相消.\end{cases}$$

由干涉相消条件 $(n_o-n_e)d=k\lambda\ (k=1,2,3,\cdots)$,得

$$\lambda=\frac{(n_o-n_e)d}{k}=\frac{(1.6584-1.4864)\times0.025\times10^{-3}}{k}=\frac{4.3\times10^3}{k}(\mathrm{nm}).$$

由此得在 400～760 nm 波长范围内,干涉相消的光波长分别为 717 nm、614 nm、538 nm、478 nm 和 430 nm,即透出第二个偏振片的光中少了这 5 个波长的光.

当两个偏振片的偏振化方向平行放置时,透过 P_2 的出射光干涉相消条件为

$$(n_o - n_e)d = (2k+1)\frac{\lambda}{2} \quad (k = 0, 1, 2, \cdots),$$

$$\lambda = \frac{(n_o - n_e)d}{k + \frac{1}{2}} = \frac{4.3 \times 10^3}{k + \frac{1}{2}}(\text{nm}).$$

计算得出出射光中少了波长为 662 nm、573 nm、506 nm、453 nm 和 410 nm 的光.

15-9. 一束椭圆偏振光先后通过一块$\frac{1}{4}$波片和一块偏振片，转动偏振片 P 使其达到消光位置时，$\frac{\lambda}{4}$片的光轴与偏振片 P 的透振方向夹角 25°，求椭圆偏振光的长、短轴之比.

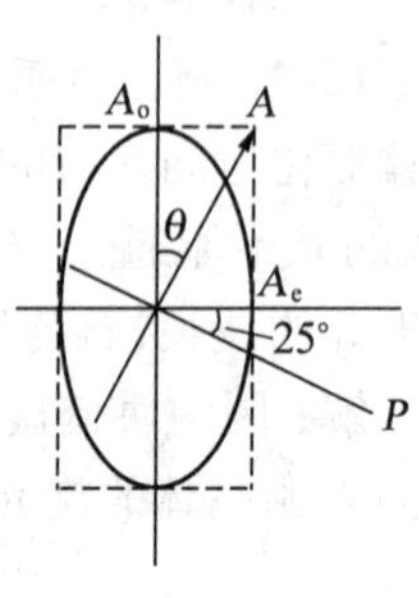

习题 15-9 图

解： 椭圆偏振光经$\frac{\lambda}{4}$片后再经过检偏器有消光位置，说明从$\frac{\lambda}{4}$片出来的光已变为线偏振光，这只可能是$\frac{\lambda}{4}$片的光轴方向对准入射椭圆偏振光的长轴或短轴方向. 如图所示，从$\frac{\lambda}{4}$片出来的线偏振光 A 的振动方向和椭圆的长轴方向有一夹角，当用偏振片 P 转动达到消光时，P 的透振方向与线偏振光 A 的方向正交，因此 A 和椭圆长轴的夹角 θ 亦为 25°，而 A 的方位取决于入射椭圆偏振光的长短轴之比，即

$$\frac{A_o}{A_e} = \frac{A\cos\theta}{A\sin\theta} = \cot\theta = \cot 25° = 2.14.$$

15-10. 波长为 600 nm 的单色平行光垂直入射到缝宽为 $d=0.08$ mm 的单缝上，在缝后放焦距为 $f=1$ m 的凸透镜 L，在其焦平面处的观察屏 P 上观察其衍射条纹. 现在缝前盖上两片偏振片 P_1 和 P_2，各挡住缝宽的一半($d/2$)，如图所示，若 P_1 的偏振化方向与缝平行，而 P_2 的偏振化方向与缝垂直，问：屏上有无衍射条纹？如有，求其条纹宽度.

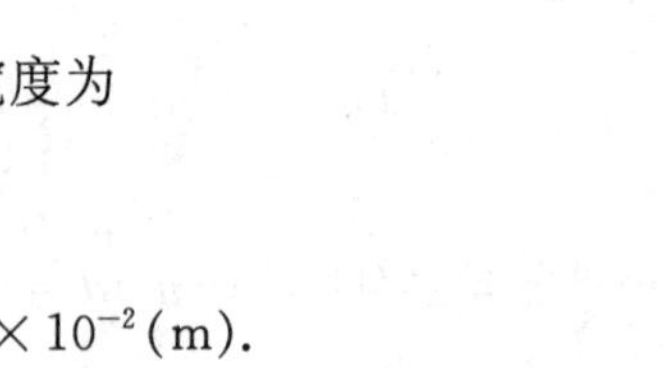

习题 15-10 图

解： 没有 P_1、P_2 时，屏上为单缝衍射图样，加上偏振片 P_1、P_2 后，单色入射光分为两束振动方向相垂直的单色平行光. 由于这两束光不相干，因此相当于宽为 $d/2$ 的两条狭缝的单缝衍射，各自在屏上形成单缝衍射条纹，且条纹的位置相同，因此屏上条纹的光强为它们条纹光强的叠加. 中央亮纹宽度为

$$\Delta x_0 = 2\lambda f/d',\ d' = d/2,$$

得

$$\Delta x_0 = 4\lambda f/d = \frac{4 \times 600 \times 10^{-9} \times 1}{0.08 \times 10^{-3}} = 3.0 \times 10^{-2}(\text{m}).$$

其他亮纹宽度为

$$\Delta x_m = \frac{1}{2}\Delta x_0 = 1.5 \times 10^{-2}(\text{m}).$$

这些衍射条纹谱线都比不加任何偏振片时宽度加倍.

***15-11.** 两个偏振化方向正交的偏振片 P_1 和 P_2 平行放置，以光强为 I_0 的单色自然光正

入射,若在其中平行插入第三块偏振片,求:

(1) 当最后透过的光强为 $I_0/16$ 时,插入的偏振片的方位角;

(2) 能否找到合适的方位,使最后透过的光强为 $I_0/2$;

(3) 若在两块偏振片中间平行地插入一块$\frac{1}{4}$波片,其光轴与第一块偏振片的偏振化方向成 30°角,出射光的强度为多少?

解: (1) 设插入的偏振片与第一块偏振片的偏振化方向成 θ 角,单色自然光透过第一块 P_1 后,强度为$\frac{1}{2}I_0$,再通过插入的偏振片,根据马吕斯定律,强度为$\frac{1}{2}I_0\cos^2\theta$,最后通过第二块偏振片,强度为

$$I=\frac{1}{2}I_0\cos^2\theta\cos^2\left(\frac{\pi}{2}-\theta\right)=\frac{1}{2}I_0\cos^2\theta\sin^2\theta=\frac{1}{8}I_0\sin^2 2\theta.$$

若 $I=I_0/16$,则

$$\sin^2 2\theta=\frac{1}{2},\ \theta=22.5°.$$

即插入的偏振片偏振化方向与 P_1 成 22.5°,与 P_2 成 67.5°.

(2) 令 $I=\frac{1}{2}I_0$,则

$$\sin^2 2\theta=4,\ \sin 2\theta=\pm 2.$$

故没有合适的方位使最后的出射光强为$\frac{1}{2}I_0$.

(3) 如图所示,通过 P_1 后的光强为$\frac{1}{2}I_0$,振幅为 A,则射入$\frac{1}{4}$波片的寻常光和非常光的振幅分别为

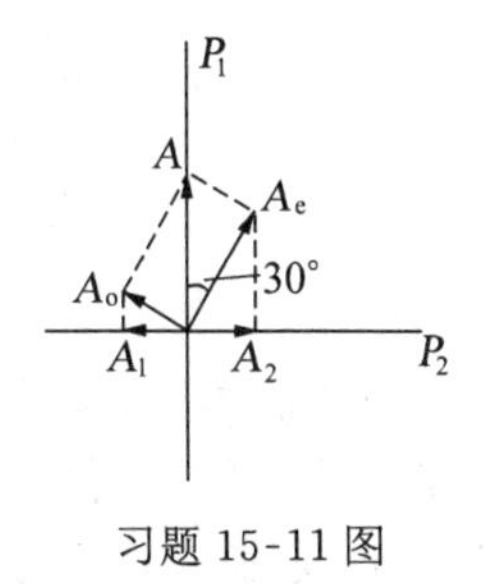

习题 15-11 图

$$A_o=A\sin 30°=\frac{1}{2}A,$$

$$A_e=A\cos 30°=\frac{\sqrt{3}}{2}A.$$

经$\frac{1}{4}$波片后,寻常光和非常光有 $\pi/2$ 的相位差(注意,图中未示出波片引入的相位差$\frac{\pi}{2}$). A_o、A_e 在第二块偏振片的透光轴上的分量 A_1、A_2 分别为

$$A_1=A_o\cos 30°=\frac{\sqrt{3}}{4}A,$$

$$A_2=A_e\sin 30°=\frac{\sqrt{3}}{4}A.$$

而且通过 P_2 后,因投影而产生附加相位差 π,故合振幅为

$$A'^2=A_1^2+A_2^2-2A_1A_2\cos\left(\frac{\pi}{2}\pm\pi\right)=A_1^2+A_2^2=\frac{3}{8}A^2.$$

出射光的强度为 I

$$I/\frac{1}{2}I_0 = A'^2/A^2 = \frac{3}{8}.$$

得
$$I = \frac{3}{16}I_0.$$

* **15-12.** 如图(a)所示，在两块正交的偏振片之间插入一块半波片. 强度为 I_0 的单色自然光正入射并通过这一系统. 如果将波片绕光的传播方向转一周，试问将看到几个光强极大和极小，并求各极大和极小值及波片光轴的方位.

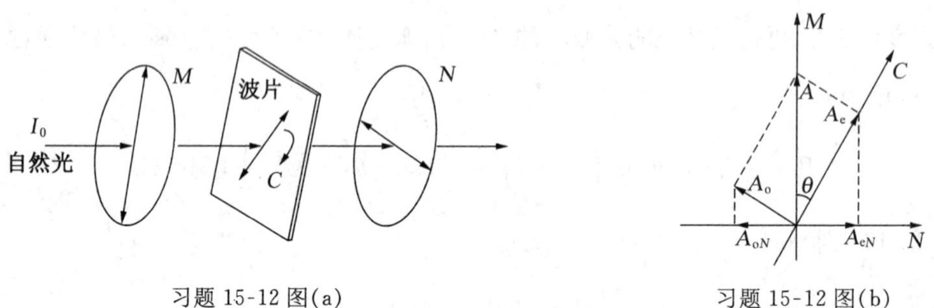

习题 15-12 图(a)　　习题 15-12 图(b)

解： 如图(b)所示，强度为 I_0 的自然光通过第一个偏振片 M 后，变为强度为 $I_0/2$ 的线偏振光. 设线偏振光的振幅为 A，则

$$A^2 \propto I_0/2.$$

设 1/2 波片的光轴 Z 与 M 的透光方向的夹角为 θ，在半波片的前表面，线偏振光分解为 o 光和 e 光，两者的振幅及它们之间的相位差分别为

$$A_o = A\sin\theta,$$

$$A_e = A\cos\theta,$$

$$\delta = 0.$$

在半波片后表面，由于两光在半波片中传播速度不同，引起 π 的相位差，使 o 光和 e 光反相位. 由半波片出射的两个互相垂直的线偏振光通过偏振片 N，由前两题讨论知，两者的振幅和相位差 δ_N 分别为

$$A_{oN} = A\sin\theta\cos\theta,$$

$$A_{eN} = A\cos\theta\sin\theta,$$

$$\delta_N = \pi + \pi = 2\pi.$$

第二项 π 为在 N 上投影后振动反向引起的相位差. 这两束光相干涉使透射光振幅 A'满足：

$$A'^2 = A_{oN}^2 + A_{eN}^2 + 2A_{oN}A_{eN}\cos\delta_N = (A_{oN} + A_{eN})^2$$
$$= (2A_{oN})^2 = 4A_{oN}^2 = 4A^2\sin^2\theta\cos^2\theta = A^2\sin^2 2\theta.$$

因此透射光强为

$$I_N = \frac{I_0}{2}\sin^2 2\theta.$$

当 $2\theta = 0,\ \pi,\ 2\pi,\ 3\pi$，即 $\theta = 0,\ \frac{\pi}{2},\ \pi,\ \frac{3\pi}{2}$ 时，出射光强最小，为 $I_{\min} = 0$.

当 $2\theta = \frac{\pi}{2},\ \frac{3\pi}{2},\ \frac{5\pi}{2},\ \frac{7\pi}{2}$，即 $\theta = \frac{\pi}{4},\ \frac{3\pi}{4},\ \frac{5\pi}{4},\ \frac{7\pi}{4}$ 时，出射光强最大为

$$I_{\max} = \frac{I_0}{2}.$$

因此，半波片旋转一周，将看到 4 次光强为零，4 次光强最大.

***15-13.** 有 $N+1$ 块偏振片叠在一起，N 很大，若相邻两片偏振片的偏振化方向都沿顺时针方向转过一个很小的角度 α，即第一块与最后一块的偏振化方向的夹角是 $\theta = N\alpha$，不计反射等其他损失，若入射线偏振光的振动方向与第一块偏振片的偏振化方向平行，光强为 I_0，求出射光强.

解： 由马吕斯定律，透过各偏振片的光强分别为

$$I_1 = I_0\cos^2 0° = I_0,$$

$$I_2 = I_1\cos^2\alpha = I_0\cos^2\alpha,$$

$$I_3 = I_2\cos^2\alpha = I_0\cos^4\alpha,$$

$$\cdots\cdots$$

$$I_{N+1} = I_N\cos^2\alpha = I_0(\cos\alpha)^{2N}.$$

由二项式展开，有

$$(\cos\alpha)^{2N} = (\cos^2\alpha)^N = (1-\sin^2\alpha)^N \approx (1-\alpha^2)^N,$$

$$\approx 1 - N\alpha^2 = 1 - \frac{N^2\alpha^2}{N} = 1 - \frac{\theta^2}{N}.$$

所以从最后一块偏振片出射的光强为

$$I_{N+1} = I_0(\cos\alpha)^{2N} \approx I_0\left(1 - \frac{\theta^2}{N}\right).$$

四、思考题解答

15-1. 两互相平行的偏振片，起先所放置的相对位置使通过的光强最大，现在把其中的一个偏振片绕光传播的方向转过 30°，问通过的光的振幅和强度各为原来的多少？

答： 若入射的是自然光，设光强为 I_0，则通过第一块偏振片光强减半，为 $\frac{1}{2}I_0$. 对于通过第二块偏振片的光波，由于起先通过的光强最大，则两片偏振片的透光方向应一致，出射光强仍为 $\frac{1}{2}I_0$. 若第二块偏振片旋转 30°，则 $I = \frac{1}{2}I_0 \cdot \cos^2 30° = \frac{3}{8}I_0$，$I/I_0 = \frac{3}{8}$，即 $A^2/A_0^2 = \frac{3}{8}$，$A = \sqrt{\frac{3}{8}}A_0$，$A_0$ 为入射光振幅. 若旋转第一块偏振片，则效果相同.

若入射光为线偏振光，则开始时其振动方向与两块偏振片的透光轴方向一致，光强最大为

I_0,这时若转动第二块偏振片,则出射光为 $I = I_0\cos^2 30° = \frac{3}{4}I_0$, $I/I_0 = \frac{3}{4}$, $A/A_0 = \frac{\sqrt{3}}{2}$. 但在此情形,若是转动第一块偏振片,则结果不同,由第一块偏振片出来的光强为 $I_1 = I_0\cos^2 30°$,再通过第二块片子,得 $I_2 = I_1\cos^2 30° = I_0\cos^4 30° = \frac{9}{16}I_0$, $A/A_0 = \frac{3}{4}$.

若入射光为部分偏振光和椭圆偏振光,则情况较复杂,必须根据具体情况才能解答.

15-2. 偏振片有什么特性？有什么用途？

答: 偏振片有一个确定的透光轴方向,只有在此方向振动的光才能通过偏振片. 因此,它能使通过的光变成线偏振光,做起偏振器用;又可以用来检验偏振光,做检偏器用.

15-3. 一束光入射到两种透明介质的分界面上,发现只有透射光而无反射光,试说明这束光是怎样入射的？其偏振状态如何？

答: 这束光必是以布儒斯特角入射,入射光为光矢量振动方向平行于入射面的线偏振光. 如图所示,i_0 为布儒斯特角,在反射光中只可能有垂直于入射面的光振动,而入射光中无此成分,故无反射光.

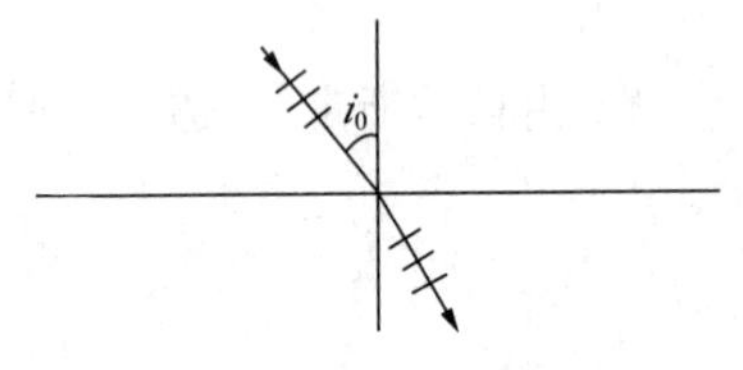

思考题 15-3 图

15-4. 什么是双折射现象？什么是光轴？什么是主截面？什么是寻常光？什么是非常光？o 光和 e 光是对什么而言的？

答: 由于晶体的原子、离子或分子的空间排列沿不同的方向具有不同的排列规则,其物理性质就会具有各向异性,光在其中的传播也表现出各向异性. 一束光入射到晶体上会产生两束折射光称为双折射,是一种光学各向异性. 晶体内存在一个特殊的方向,当光沿着该方向传播时并不表现出双折射现象,这一方向称为光轴. 晶体表面的法线与光轴组成的平面称为主截面. 晶体中光线传播的方向与光轴组成的平面为主平面. 在两束折射光中,一束光遵守折射定律,称为寻常光 o;另一束光不遵守折射定律,称为非常光 e. o 光和 e 光都是相对于晶体而言的,当两束光出射到晶体外时,就是两束偏振光,不再称 o 光或 e 光.

15-5. 已知一个 1/2 波片或 1/4 波片的光轴与起偏器的偏振化方向成 30°角,试问从 1/2 波片和 1/4 波片透射出来的光将是什么偏振态的光？

答: 1/2 波片使在其中传播的 o 光和 e 光产生相位差 π,故它们合成后仍为线偏振光. 1/4 波片使通过波片的 o 光和 e 光产生相位差$\frac{\pi}{2}$,因波片光轴与起偏器的偏振化方向成 30°,故 o 光与 e 光的振幅不相等, $A_o \neq A_e$, 透射出来的是椭圆偏振光.

15-6. 如何区别以下几种光:①线偏振光;②圆偏振光;③椭圆偏振光;④自然光;⑤部分偏振光(即线偏振光和自然光的混合);⑥圆偏振光和自然光的混合;⑦椭圆偏振光和自然光的混合.

答: 在光束行进的路径上垂直地插入一片偏振片 P,并且以光的传播方向为轴转动偏振片一周.

(1) 如果偏振片在某两个位置时完全消光,这束光就是线偏振光.

(2) 如果强度不变,则这束光是自然光或圆偏振光,也可能是圆偏振光和自然光的混合. 这时可以在偏振片之前放一个 1/4 波片,再转动偏振片观察(图(a)).

(a) 如果强度仍无变化,则入射光为自然光,因为自然光中垂直于波晶片传播的 o 光和 e

光之间无固定的相位关系,因而出射仍为自然光,转动 P 光强不变.

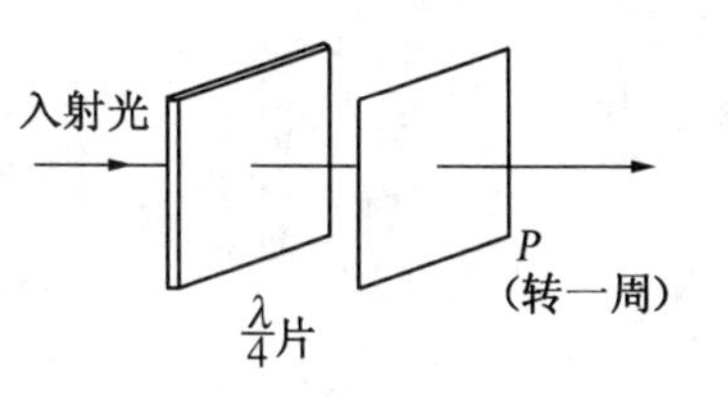

思考题 15-6 图(a)

(b) 如果 P 转动一周在两个位置上完全消光(两明两零),则入射为圆偏振光,因为 1/4 波片使圆偏振光变成线偏振光,所以转动 P 有两次消光(图(b)).

(c) 如果偏振片 P 转动一周光强有变化,但不能完全消光(两明两暗),则入射为自然光和圆偏振光的混合,即此光经 1/4 波片后变为自然光和线偏振光的混合(图(c)).

(3) 如果只加一块偏振片观察时,光强有变化但不能完全消光(两明两暗),则入射光可以是椭圆偏振光,或是线偏振光和自然光的混合(即部分偏振光),或者是椭圆偏振光和自然光的混合.这时可将偏振片先放在透射光强最大的位置,然后在偏振片前加 1/4 波片,使它的光轴与偏振片的偏振化方向相同,然后再旋转偏振片一周观察.

(a) 若入射为椭圆偏振光,因为 1/4 波片的光轴与椭圆长轴或短轴方向一致,椭圆偏振光经过 1/4 波片后变为线偏振光,因此转动后面的偏振片就有两次消光位置(两明两暗).

思考题 15-6 图(b)

(b) 如果不存在完全消光的位置(两明两暗),且光强极大的方位同原先一样,则入射的是自然光和线偏振光的混合(部分偏振光).因为这种情况下 1/4 波片的光轴与线偏振光振动同方向,使其从晶片透出后仍为线偏振光,故总的出射光仍为线偏振光和自然光的混合.

(c) 如果不存在完全消光的位置(两明两暗),但光强极大的位置与原先不同,则入射为椭圆偏振光与自然光的混合,因为 1/4 波片光轴与椭圆偏振光长轴或短轴方向一致,使其变为线偏振光,但线偏振光的振动方向与椭圆轴并不一致而使出射光强极大位置改变.

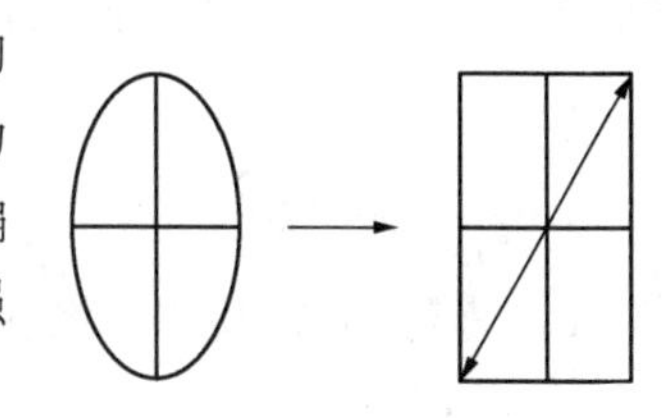

思考题 15-6 图(c)

第十六章　量子物理基础

一、内容提要

1. 德布罗意的波粒二象性的假设:

微观粒子的波(ν,λ 或 ω, k)粒(E, $\boldsymbol{p}$)二象性:

$$E = h\nu = \hbar\omega;\ \boldsymbol{p} = \hbar\boldsymbol{k},\ k = 2\pi/\lambda.$$

2. 不确定关系式:

$$\Delta E \cdot \Delta t \geqslant \hbar/2,\ \Delta p_x \cdot \Delta x \geqslant \hbar/2.$$

3. 描述微观粒子状态的波函数:

(1) 能量为 E,动量为 $\boldsymbol{p}$ 的自由粒子的波函数为

$$\Psi(\boldsymbol{r},\ t) = A\exp[-\mathrm{i}(Et - \boldsymbol{p}\cdot\boldsymbol{r})/\hbar].$$

(2) 波函数的统计解释:$\Psi\cdot\Psi^*$ 是粒子出现的概率密度,满足归一化条件 $\int\Psi\cdot\Psi^*\,\mathrm{d}V = 1$. 某时刻在($x$, y, z)处体积元 $\mathrm{d}V = \mathrm{d}x\mathrm{d}y\mathrm{d}z$ 内发现粒子的概率为

$$|\ \Psi(x,\ y,\ z,\ t)\ |^2\mathrm{d}V = \Psi\cdot\Psi^*\,\mathrm{d}V.$$

4. 薛定谔方程:

(1) 粒子能量 E 和动量 $\boldsymbol{p}$ 各有与之相应的算符,对应关系为

$$E \rightarrow \mathrm{i}\hbar\frac{\partial}{\partial t},\quad \boldsymbol{p} \rightarrow -\mathrm{i}\hbar\,\nabla,\quad \nabla = \boldsymbol{i}\frac{\partial}{\partial x} + \boldsymbol{j}\frac{\partial}{\partial y} + \boldsymbol{k}\frac{\partial}{\partial z}.$$

(注意:式中 $\mathrm{i} = \sqrt{-1}$, 而 $\boldsymbol{i}$ 则为 x 方向的单位矢量,意义完全不同.)

(2) 沿 x 方向运动、具有确定能量(E)和动量($\boldsymbol{p}$)、质量为 m 的自由粒子,其薛定谔方程为

$$-\frac{\hbar^2}{2m}\frac{\partial^2\Psi}{\partial x^2} = \boldsymbol{i}\hbar\frac{\partial\Psi}{\partial t} = E\Psi;$$

而在三维势函数为 $U(\boldsymbol{r})$的力场作用下运动粒子的定态薛定谔方程为

$$\left[-\frac{\hbar^2}{2m}\nabla^2 + U(\boldsymbol{r})\right]\Psi(\boldsymbol{r}) = E\Psi(\boldsymbol{r}).$$

5. 一维无限深势阱的势函数可表为

$$U(x) = \begin{cases} 0, & 0 < x < a, \\ \infty, & x < 0,\ x > a. \end{cases}$$

本征函数　　$\Psi_n = \sqrt{\dfrac{2}{a}}\sin\dfrac{n\pi}{a}x,\quad n = 1,\ 2,\ 3,\ \cdots$

本征值　　$E_n = \frac{\hbar^2}{2m}\left(\frac{n\pi}{a}\right)^2.$

6. 力学量 Q 的平均值为

$$\overline{Q} = \int \Psi^*(\boldsymbol{r})\,\hat{Q}\Psi(\boldsymbol{r})\,\mathrm{d}V.$$

$\hat{Q}$为与力学量 Q 对应的算符. 积分范围为粒子运动的全部空间.

7. 一维势垒

$$U(x) = \begin{cases} 0, & x < 0, \\ U_0, & 0 < x < a, \\ 0, & x > a. \end{cases}$$

当 $E < U_0$ 时,势垒贯穿系数为

$$D \approx \mathrm{e}^{-\frac{2}{\hbar}\sqrt{2m(U_0-E)}\cdot a} \quad (隧穿效应).$$

二、自学指导和例题解析

本章要点是理解波粒二象性的物理意义;理解德布罗意波的波函数的统计解释并掌握用波函数计算粒子出现的概率;掌握用算符求力学量的平均值的方法;理解薛定谔方程的物理意义,掌握一维无限深势阱中的电子能级和波函数;掌握不确定性原理及应用. 在学习本章内容时,要注意以下几点:

(1) 光的波粒二象性是同一客观物质——光在不同场合下表现出来的两种属性. 当光在空间传播时主要表现出其波动性,产生诸如干涉、衍射这类体现波动的现象;而当光与物质相互作用时,光的行为又表现出粒子性,即光子所呈现的不可分割性,光子只能作为单个整体被吸收或发射,不存在涉及"半个"或"几分之一"个光子的能量或动量的交换. 微观粒子也具有波粒二象性,如电子、质子、中子等都具有波动性,称为德布罗意波.

(2) 描述微观粒子状态的波函数与经典的波函数的意义完全不同. 德布罗意波是概率波,波函数的绝对值平方 $|\Psi(\boldsymbol{r}, t)|^2$ 正比于粒子在时刻 t、在空间 $\boldsymbol{r}$ 附近出现的概率. 因此波函数给出的是统计解释. 例如,用电子所作的双缝干涉实验中,无论电子束强度如何,单个电子出现在屏幕上的位置完全是随机的,干涉条纹的形成都是大量电子累积的结果. 干涉条纹反映了大量电子的统计分布,当用感光片作观测屏幕时,感光片上某点附近的干涉条纹强度正比于该点附近出现的电子数,因而某点的干涉条纹的相对强度越高,就说明电子在该处附近出现的概率越大.

(3) 不确定性原理是微观粒子具有波动性的本质表现,并不是由测量仪器的缺陷或测量方法的不完善造成的. 该原理在量子力学中有非常重要的作用. 为了进一步理解不确定关系,我们研究一个正弦波列,一个沿 x 轴传播的纯正正弦波是不定域的、没有约束的波,可一直从 $-\infty$ 延伸到 $+\infty$,而且对应一完全确定的波长 λ. 如果德布罗意波是这样的波,则对应的就是具有确定动量 $p = \frac{h}{\lambda}$ 的自由粒子,即 $\Delta p_x = 0$. 显然这样的粒子没有确定的位置,各处找到粒子的概率都相等, $\Delta x \to \infty$. 图(a)所示为一纯正弦波. 如果有许多不同波长的正弦波叠加起

来,就形成如图(b)所示的波包,对应的是动量有一定分散的粒子,而合成波的振幅局限于 Δx 范围内明显不为零,因而粒子的位置比较确定,动量就难以确定.这就是不确定关系.

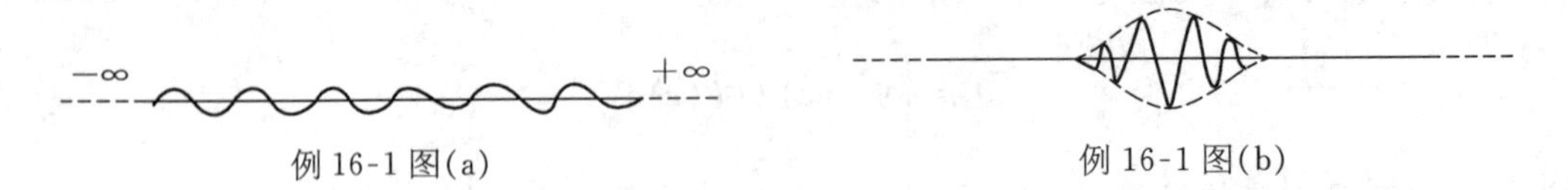

例 16-1 图(a)　　　　例 16-1 图(b)

例题

例 16-1 一维运动的粒子处于由波函数

$$\Psi(x)=\begin{cases}Ax\mathrm{e}^{-\lambda x}, & x\geqslant 0,\\ 0, & x<0\end{cases}$$

描写的状态,其中 $\lambda>0$, A 为待求的归一化常数,试求:

(1) 粒子坐标的概率分布函数;

(2) 粒子坐标的平均值 $\overline{x}$ 和粒子坐标平方的平均值 $\overline{x^2}$;

(3) 粒子动量的平均值 $\overline{p}$ 和粒子动量平方的平均值 $\overline{p^2}$.

解: 由波函数的归一化条件

$$\int_{-\infty}^{\infty}|\Psi(x)|^2\mathrm{d}x=1 \qquad ①$$

$$\int_0^{\infty}|A|^2x^2\mathrm{e}^{-2\lambda x}\mathrm{d}x=|A|^2\left(\frac{1}{2\lambda}\right)^3\cdot 2=\frac{|A|^2}{4\lambda^3}=1,$$

得

$$A=2\lambda^{3/2}. \qquad ②$$

于是

$$\Psi(x)=\begin{cases}2\lambda^{3/2}x\mathrm{e}^{-\lambda x}, & x\geqslant 0,\\ 0, & x<0.\end{cases} \qquad ③$$

(1) 粒子坐标的概率分布函数为

$$\rho(x)=|\Psi(x)|^2=\begin{cases}4\lambda^3x^2\mathrm{e}^{-2\lambda x}, & x\geqslant 0,\\ 0, & x<0.\end{cases} \qquad ④$$

(2) 坐标的平均值为

$$\overline{x}=\int_{-\infty}^{\infty}x\rho(x)\mathrm{d}x=\int_0^{\infty}4\lambda^3x^3\mathrm{e}^{-2\lambda x}\mathrm{d}x=\frac{3}{2\lambda}. \qquad ⑤$$

坐标平方的平均值为

$$\overline{x^2}=\int_{-\infty}^{\infty}x^2\rho(x)\mathrm{d}x=\int_0^{\infty}4\lambda^3x^4\mathrm{e}^{-2\lambda x}\mathrm{d}x=\frac{3}{\lambda^2}. \qquad ⑥$$

(3) 粒子动量的平均值为

$$\overline{p}=\int_{-\infty}^{\infty}\Psi^*(x)\left(-\mathrm{i}\hbar\frac{\mathrm{d}}{\mathrm{d}x}\right)\Psi(x)\mathrm{d}x=\int_0^{\infty}4\lambda^3(-\mathrm{i}\hbar)x\mathrm{e}^{-\lambda x}\left[\frac{\mathrm{d}}{\mathrm{d}x}(x\mathrm{e}^{-\lambda x})\right]\mathrm{d}x$$

$$=-4\mathrm{i}\hbar\lambda^3\int_0^{\infty}x\mathrm{e}^{-2\lambda x}(1-\lambda x)\mathrm{d}x=0.$$

动量平方的平均值为

$$\overline{p^2}=\int_{-\infty}^{\infty}\Psi^*(x)\left(-\hbar^2\frac{\mathrm{d}^2}{\mathrm{d}x^2}\right)\Psi(x)\mathrm{d}x=\int_0^{\infty}-4\hbar^2\lambda^3\cdot xe^{-\lambda x}\frac{\mathrm{d}^2}{\mathrm{d}x^2}(xe^{-\lambda x})\mathrm{d}x=\lambda^2\hbar^2.$$

例 16-2　如果一个电子处在原子某能级的时间为 10^{-8} s,试求原子的这个能级能量的最小不确定量是多少？设上述电子从这一能级跃迁到基态,对应的能量为 3·39 eV,试确定所辐射的光子的波长的最小不确定量.

解: 能量与时间的不确定关系为

$$\Delta E\cdot\Delta t\geqslant\frac{\hbar}{2},$$

$$\Delta E\geqslant\frac{h}{4\pi\Delta t}=\frac{6.63\times10^{-34}}{4\pi\times10^{-8}}=0.53\times10^{-26}(\mathrm{J})=3.3\times10^{-8}(\mathrm{eV}).$$

当 $E=3.39$ eV 时,相应的辐射波长为

$$\lambda=\frac{hc}{E}=\frac{6.63\times10^{-34}\times3\times10^8}{3.39\times1.6\times10^{-19}}=3.667\times10^{-7}(\mathrm{m})=366.7(\mathrm{nm}).$$

$$\Delta E=\Delta(h\nu)=\Delta\left(\frac{hc}{\lambda}\right)=-\frac{hc\Delta\lambda}{\lambda^2}.$$

故波长的最小不确定量为

$$|\Delta\lambda|=\frac{\lambda^2\Delta E}{hc}=\frac{(3.667\times10^{-7})^2\times0.53\times10^{-26}}{6.63\times10^{-34}\times3\times10^8}=0.36\times10^{-14}(\mathrm{m})=3.6\times10^{-6}(\mathrm{nm}).$$

例 16-3　试由不确定关系式估算氢原子可能具有的最低能量.

解: 当不计原子核运动时,氢原子的能量就是电子的能量.设电子质量为 m,则

$$E=\frac{p^2}{2m}+U=\frac{p^2}{2m}-\frac{e^2}{4\pi\varepsilon_0 r}.\qquad ①$$

设电子被束缚在半径为 r 的核周围的球内,则其位置不确定度 $\Delta x=r$, 由不确定关系式,其动量不确定量为

$$\Delta p\approx\frac{\hbar}{r}.$$

可以近似取电子的动量

$$p=\Delta p\approx\frac{\hbar}{r},$$

代入①式,得能量为

$$E=\frac{\hbar^2}{2mr^2}-\frac{e^2}{4\pi\varepsilon_0 r}.$$

由于稳定的原子能量最小,可令 $\frac{\mathrm{d}E}{\mathrm{d}r}=0$, 即

$$-\frac{\hbar^2}{mr^3}+\frac{e^2}{4\pi\varepsilon_0 r^2}=0,$$

$$r=\frac{4\pi\varepsilon_0\hbar^2}{me^2}=0.0529(\text{nm}).$$

把 r 值代入 E 中，得氢原子最低能量为

$$E_{\min}=\frac{\hbar^2}{2m}\left(\frac{e^2m}{4\pi\varepsilon_0\hbar^2}\right)^2-\frac{e^2}{4\pi\varepsilon_0}\cdot\frac{e^2m}{4\pi\varepsilon_0\hbar^2}=-\frac{me^4}{8\varepsilon_0^2h^2}=-13.6(\text{eV}).$$

此与准确计算的氢原子基态能量相同.

例 16-4 设体系的波函数为 $\Psi(x,t)=Ae^{-ax^2-i\omega t}$，式中 A, a 和 ω 均为正实数，为使此波函数满足含时间的薛定谔方程：

$$i\hbar\frac{\partial}{\partial t}\Psi(x,t)=-\frac{\hbar^2}{2m}\cdot\frac{\partial^2}{\partial x^2}\Psi(x,t)+U(x,t)\Psi(x,t),$$

试问：势函数 $U(x,t)$ 应是怎样的函数？

解： 将 $\Psi(x,t)=Ae^{-ax^2-i\omega t}$ 分别代入薛定谔方程的左、右两边，可得

$$i\hbar\frac{\partial}{\partial t}\Psi(x,t)=\hbar\omega\Psi(x,t),$$

$$-\frac{\hbar^2}{2m}\cdot\frac{\partial^2}{\partial x^2}\Psi(x,t)+U(x,t)\Psi(x,t)=-\frac{\hbar^2a}{m}(2ax^2-1)\Psi(x,t)+U(x,t)\Psi(x,t).$$

令以上两式相等，求得

$$U(x,t)=\frac{\hbar^2a}{m}(2ax^2-1)+\hbar\omega.$$

三、习题解答

16-1. 一个质量为 10 g、以速度 3 m·s^{-1}运动的物体的德布罗意波长是多少？

解： $\lambda=\dfrac{h}{p}=\dfrac{h}{mv}=\dfrac{6.63\times10^{-34}}{10^{-2}\times3}=2.2\times10^{-32}(\text{m}).$

由此可见为什么宏观物体表现不出其波动性.

16-2. 经过 $V_0=10\text{ V}$ 电压加速的电子的德布罗意波长是多少？已知电子质量为 m, $mc^2=0.511\times10^6\text{ eV}$.

解： $E=eV_0$, $p^2/2m=E$,

$$\lambda=\frac{h}{p}=\frac{hc}{pc}=\frac{hc}{(2mc^2eV_0)^{1/2}}.$$

利用 $hc=1.24\times10^3\text{ eV}\cdot\text{nm}$, $mc^2=0.511\times10^6\text{ eV}$，得

$$\lambda=\frac{1.226}{V_0^{1/2}}(\text{nm}).$$

当 $V_0=10\text{ V}$ 时，

$$\lambda=\frac{1.226}{\sqrt{10}}\approx0.39(\text{nm}).$$

这和原子的尺度及固体中原子间距同数量级.

16-3. 质量为 m 的粒子在长为 L 的一维“盒子”中运动,用不确定性原理估计盒中粒子的最小能量.

解: 一维“盒子”即一维势阱,粒子只能在盒内运动, $\Delta x \leqslant L$, 由不确定性原理 $\Delta p_x \cdot \Delta x \geqslant \hbar/2$, 若只考虑数量级,可取 $\Delta p_x \geqslant \hbar/L$. 取标准偏差 $p-\overline{p}$ 作为 Δp 的量度:

$$\Delta p = \sqrt{(p-\overline{p})^2} = p,$$

式中 $\overline{p}$ 为动量平均值. 由力学量平均值的定义及一维无限势阱的波函数可知 $\overline{p}=0$. 于是

$$p^2 = (\Delta p)^2 \geqslant \left(\frac{\hbar}{2L}\right)^2.$$

因此,动能

$$E=\frac{p^2}{2m}\geqslant\frac{\hbar^2}{8mL^2}.$$

“盒子”内势能为零,故最小能量状态为 $E=\frac{\hbar^2}{8mL^2}$.

16-4. 已知电子质量为 m、原子的尺度为 0.1 nm,用不确定性原理估计原子中电子动能的数量级.

解: 电子束缚在原子中运动,相当于关在三维“盒子”里的粒子,盒子线度为原子尺度 0.1 nm.

$$E_k = \frac{p^2}{2m} = \frac{1}{2m}(p_x^2 + p_y^2 + p_z^2).$$

由上题结果, E_k 的数量级为

$$\frac{3\hbar^2}{8mL^2} = \frac{3\hbar^2 c^2}{8mc^2L^2} = \frac{3\times(197.3\ \text{eV}\cdot\text{nm})^2}{8(0.511\times10^6\,\text{eV})(0.1\ \text{nm})^2} = 3\ \text{eV}.$$

此即原子中电子动能的数量级,可与氢原子基态能级对照.

16-5. 用驻波条件和德布罗意关系式求一维无限深势阱中粒子的总能量,并和薛定谔方程解的结果进行比较. 已知粒子的质量为 m,势阱宽度为 L.

解: 当粒子在宽为 L 的一维深势阱中运动时,其波函数为驻波. 由驻波条件,半波长的整数倍等于宽度 L,即

$$n\frac{\lambda}{2} = L,\ n = 1,\ 2,\ 3,\ \cdots$$

由德布罗意关系式,粒子的动量为

$$p = \frac{h}{\lambda} = \frac{nh}{2L}.$$

粒子的总能量　$E = \frac{p^2}{2m} = \frac{n^2h^2}{2m(2L)^2} = n^2\frac{h^2}{8mL^2} = \frac{n^2\hbar^2\pi^2}{2mL^2}$, 和求解一维无限深势阱的薛定谔方程所得的粒子总能量相同. 说明在这种情况下波函数和两端固定的弦振动的驻波函数有相同的形式. n 可取 1, 2, 3, …表明能量是量子化的.

16-6. 一个粒子在宽度为 L 的一维无限深势阱中运动,其能量处于基态. 分别求在 $x=$

$\frac{1}{2}L$、$\frac{3}{4}L$ 和 L 附近 $\Delta x = 0.01L$ 的范围内找到该粒子的概率(因为 $\Delta x \ll L$，不必做积分).

解: 在宽度为 L 的一维无限深势阱中粒子的基态波函数为

$$\Psi = \sqrt{\frac{2}{L}}\sin\frac{\pi x}{L}.$$

(1) $x = \frac{1}{2}L$，$\Delta x = 0.01L$.

概率为 $|\Psi|^2 \cdot \Delta x = \frac{2}{L}\cdot\sin^2\left(\frac{\pi}{L}\cdot\frac{1}{2}L\right)\times 0.01L = 0.02 = 2\%$.

(2) $x = \frac{3}{4}L$，$\Delta x = 0.01L$，

$|\Psi|^2 \cdot \Delta x = \frac{2}{L}\sin^2\left(\frac{\pi}{L}\cdot\frac{3}{4}L\right)\times 0.01L = 0.01 = 1\%$.

(3) $x = L$，$\Delta x = 0.01L$，

$|\Psi|^2 \cdot \Delta x = \frac{2}{L}\sin^2\left(\frac{\pi}{L}\times L\right)\times 0.01L = 0$，这表明粒子不会越出势阱.

16-7. 已知一维无限方势阱中运动的粒子的定态波函数为 $u_n(x) = \sqrt{\frac{2}{a}}\sin\frac{n\pi}{a}x \quad (0 \leqslant x \leqslant a)$，这是驻波函数，试将其分解为两个相反方向传播的行波的波函数. 证明：这两个波函数都是动量算符的本征函数，并求出相应的动量本征值.

解: 由公式 $\sin\alpha = \frac{e^{i\alpha} - e^{-i\alpha}}{2i}$，可将 $u_n(x)$ 分解为

$$u_n(x) = -i\sqrt{\frac{1}{2a}}e^{i\frac{n\pi}{a}x} + i\sqrt{\frac{1}{2a}}e^{-i\frac{n\pi}{a}x} = \Psi_{n+} + \Psi_{n-}.$$

$$\Psi_{n+} = -i\sqrt{\frac{1}{2a}}e^{i\frac{n\pi}{a}x} \text{ 与 } \Psi_{n-} = i\sqrt{\frac{1}{2a}}e^{-i\frac{n\pi}{a}x}$$

分别代表沿 x 正、负方向传播的行波.

一维动量算符为 $-i\hbar\frac{d}{dx}$，分别作用于 Ψ_{n+} 和 Ψ_{n-}：

$$-i\hbar\frac{d}{dx}\Psi_{n+} = -\hbar\sqrt{\frac{1}{2a}}\left(i\,\frac{n\pi}{a}\right)e^{i\frac{n\pi}{a}x} = \hbar\cdot\frac{n\pi}{a}\Psi_{n+}.$$

所以可知 Ψ_{n+} 是动量算符的本征函数，其本征值为

$$p_n = \hbar\cdot\frac{n\pi}{a} \quad n = 1, 2, 3, \cdots$$

同理，$$-i\hbar\frac{d}{dx}\Psi_{n-} = \hbar\sqrt{\frac{1}{2a}}\left(-i\,\frac{n\pi}{a}\right)e^{-i\frac{n\pi}{a}x} = -\hbar\cdot\frac{n\pi}{a}\Psi_{n-},$$

Ψ_{n-} 也是动量算符的本征函数，其本征值为 $p_n = -\hbar\cdot\frac{n\pi}{a}$，$n = 1, 2, 3, \cdots$

16-8. 已知质量为 m 的粒子处在一维无限深势阱中的基态，势阱宽度为 $0 \leqslant x \leqslant a$. 试求

在 $\frac{a}{4} \leqslant x \leqslant \frac{3}{4}a$ 区域内粒子出现的概率.

解: 已知粒子在无限深势阱中的基态波函数为 $\Psi(x)=\sqrt{\frac{2}{a}}\sin\frac{\pi x}{a}$，在 $\frac{a}{4} \leqslant x \leqslant \frac{3}{4}a$ 内的概率 P 为

$$P=\int_{\frac{a}{4}}^{\frac{3}{4}a}|\Psi(x)|^2\mathrm{d}x=\frac{2}{a}\int_{\frac{a}{4}}^{\frac{3}{4}a}\left(\sin\frac{\pi x}{a}\right)^2\mathrm{d}x=\frac{2}{a}\int_{\frac{a}{4}}^{\frac{3}{4}a}\frac{1-\cos\frac{2\pi x}{a}}{2}\mathrm{d}x$$

$$=\frac{1}{2}+\frac{1}{\pi}=0.818=81.8\%.$$

16-9. 设一粒子出现在 $0 \leqslant x \leqslant a$ 区间内任意一点的概率密度都相等，而在该区间外的概率处处为零，试求该粒子在此区域内的概率密度.

解: 已知粒子的概率密度为

$$\begin{cases}P(x)=C(\text{常数}), & 0 \leqslant x \leqslant a,\\ P(x)=0, & x<0,\ x>a,\end{cases}$$

则由归一化条件得

$$\int_{-\infty}^{\infty}P(x)\mathrm{d}x=\int_0^a P(x)\mathrm{d}x=\int_0^a C\mathrm{d}x=Ca=1.$$

$$C=\frac{1}{a}.$$

即此区域内粒子的概率密度 $P(x)=\frac{1}{a}$，只与区间宽度有关.

16-10. 已知一维线性谐振子的基态波函数为 $u_0(x)=\sqrt{\frac{a}{\sqrt{\pi}}}\mathrm{e}^{-m\omega x^2/2\hbar}$，能量算符为 $\hat{H}=-\frac{\hbar^2}{2m}\frac{\mathrm{d}^2}{\mathrm{d}x^2}+\frac{1}{2}m\omega^2x^2$，试由薛定谔方程求出其基态能量 E.

解: 薛定谔方程为 $\hat{H}u_0(x)=E_0u_0(x)$，

$$\hat{H}u_0(x)=\left(-\frac{\hbar^2}{2m}\cdot\frac{\mathrm{d}^2}{\mathrm{d}x^2}+\frac{1}{2}m\omega^2x^2\right)\cdot\sqrt{\frac{a}{\sqrt{\pi}}}\mathrm{e}^{-m\omega x^2/2\hbar},$$

其中 $\frac{\mathrm{d}^2}{\mathrm{d}x^2}\mathrm{e}^{-m\omega x^2/2\hbar}=\frac{\mathrm{d}}{\mathrm{d}x}\left(-\frac{m\omega}{\hbar}\cdot x\cdot\mathrm{e}^{-m\omega x^2/2\hbar}\right)=-\frac{m\omega}{\hbar}\left(1-\frac{m\omega}{\hbar}x^2\right)\mathrm{e}^{-m\omega x^2/2\hbar}.$

代回方程:

$$\hat{H}u_0(x)=\left[-\frac{\hbar^2}{2m}\left(-\frac{m\omega}{\hbar}\right)\left(1-\frac{m\omega}{\hbar}x^2\right)+\frac{1}{2}m\omega^2x^2\right]\cdot\sqrt{\frac{a}{\sqrt{\pi}}}\mathrm{e}^{-m\omega x^2/2\hbar}$$

$$=\frac{1}{2}\hbar\omega\cdot u_0(x)=E_0u_0(x).$$

得 $E_0=\frac{1}{2}\hbar\omega$，此即谐振子的零点振动能.

16-11. 试用求平均值的方法求一维线性谐振子处在基态时的位置平均值 $\overline{x}$ 和动量平均值$\overline{p}_x$. 已知一维线性谐振子的基态波函数为 $u_0=\sqrt{\frac{a}{\sqrt{\pi}}}e^{-m\omega x^2/2\hbar}$.

解: 由题知 $u_0(x)$是偶函数,所以 $\overline{x}$ 和$\overline{p}_x$ 必为零,具体计算如下:

$$\overline{x}=\int_{-\infty}^{\infty}|u_0|^2x\mathrm{d}x=\frac{a}{\sqrt{\pi}}\int_{-\infty}^{\infty}e^{-m\omega x^2/\hbar}\cdot x\mathrm{d}x=\frac{a}{\sqrt{\pi}}\left(-\frac{\hbar}{2m\omega}\right)\int_{-\infty}^{\infty}e^{-m\omega x^2/\hbar}\mathrm{d}\left(-\frac{m\omega x^2}{\hbar}\right)=0,$$

$$\begin{aligned}\overline{p}_x&=\int_{-\infty}^{\infty}u_0(x)\left(-i\hbar\frac{\mathrm{d}}{\mathrm{d}x}\right)u_0(x)\mathrm{d}x\\&=-i\hbar\cdot\frac{a}{\sqrt{\pi}}\int_{-\infty}^{\infty}e^{-m\omega x^2/2\hbar}\cdot\left(-\frac{m\omega}{\hbar}x\right)e^{-m\omega x^2/2\hbar}\mathrm{d}x\\&=A\int_{-\infty}^{\infty}\mathrm{d}e^{-m\omega x^2/\hbar}=Ae^{-m\omega x^2/\hbar}\Big|_{-\infty}^{\infty}=0.\end{aligned}$$

式中 $A=-\frac{ika}{2\sqrt{\pi}}$.

16-12. 求自由粒子动量的 x 分量 $\hat{p}_x=-i\hbar\frac{\partial}{\partial x}$ 的本征函数.

解: 自由粒子动量的 x 分量的本征方程为

$$-i\hbar\frac{\mathrm{d}}{\mathrm{d}x}\Psi=p_x\Psi.$$

式中 p_x 是动量的 x 分量的本征值,为常数. 将上式分离变量并写成 $\frac{1}{\Psi}\cdot\frac{\mathrm{d}}{\mathrm{d}x}\Psi=ip_x/\hbar$,

即
$$\frac{\mathrm{d}\ln\Psi}{\mathrm{d}x}=ip_x/\hbar,$$

$$\ln\Psi=ip_x\cdot x/\hbar+C'.$$

本征函数为 $\Psi=Ce^{ip_x\cdot x/\hbar}$, C 为积分常数. 上式即为平面波的表示式.

***16-13.** 一微观粒子沿 x 方向运动,其波函数为 $\Psi(x)=\frac{A}{2+ix}$.

(1) 将此波函数归一化;

(2) 求出粒子坐标的概率分布函数;

(3) 在何处找到粒子的概率最大?

解: (1) 由归一化条件得

$$\int_{-\infty}^{\infty}\Psi(x)\cdot\Psi^*(x)\mathrm{d}x=1,$$

即
$$\int_{-\infty}^{\infty}\frac{A^2\mathrm{d}x}{4+x^2}=\frac{A^2}{2}\pi=1.$$

得
$$A=\sqrt{\frac{2}{\pi}}.$$

归一化的波函数为

$$\Psi(x)=\sqrt{\frac{2}{\pi}}\cdot\frac{1}{2+ix}.$$

(2) 粒子坐标的概率密度分布为

$$\rho(x)=\Psi(x)\Psi^*(x)=\frac{2}{\pi(4+x^2)}.$$

(3) 由 $\rho(x)$ 的表达式知，$x=0$ 处找到粒子的概率密度 $\rho(0)$ 最大，$\rho(0)=\frac{1}{2\pi}$.

*16-14. 试证明自由粒子的不确定关系式可写成

$$\Delta x\cdot\Delta\lambda\geqslant\lambda^2/4\pi,$$

λ 为自由粒子的德布罗意波长.

证： 由德布罗意关系式

$$p=\frac{h}{\lambda},$$

两边取微分，得

$$\Delta p=\frac{h}{\lambda^2}\Delta\lambda,$$

$$\Delta x\cdot\Delta p=\Delta x\cdot\frac{h}{\lambda^2}\Delta\lambda,$$

代入不确定关系式，得

$$\Delta x\cdot\frac{h}{\lambda^2}\Delta\lambda\geqslant\frac{\hbar}{2},$$

即

$$\Delta x\cdot\Delta\lambda\geqslant\lambda^2/4\pi.$$

*16-15. 一细胞的线度为 10^{-5} m，其中有一质量为 $m=10^{-14}$ g 的粒子，按一维无限深势阱计算，这粒子的 $n_1=100$ 和 $n_2=101$ 的能级能量各为多少？两能级能量差为多少？

解： 无限深方势阱的能级公式为

$$E_n=n^2\frac{h^2}{8ma^2},$$

将 $m=10^{-17}$ kg，$a=10^{-5}$ m 代入上式，有

$$E_n=n^2\frac{(6.63\times10^{-34})^2}{8\times10^{-17}\times(10^{-5})^2}=n^2\times5.49\times10^{-41}(\text{J}).$$

将 $n_1=100$ 和 $n_2=101$ 代入上式，得

$$E_{100}=100^2\times5.49\times10^{-41}=5.49\times10^{-37}(\text{J}).$$

$$E_{101}=101^2\times5.49\times10^{-41}=5.60\times10^{-37}(\text{J}).$$

两能级的能量差为

$$\Delta E=E_{101}-E_{100}=1.1\times10^{-38}(\text{J}).$$

*16-16. 已知一维无限深势阱中粒子的波函数为 $\Psi_n=\sqrt{\frac{2}{a}}\sin\frac{n\pi}{a}x$，$a$ 为阱宽. 试求：

(1) 粒子处于 $n=2$ 的定态时，粒子出现概率密度最大的位置；

(2) 粒子处于 $n=2$ 的定态时,粒子出现概率密度最小的位置;

(3) 当 n 很大时,两相邻概率密度最小值之间的距离;

(4) 粒子出现在 $x=0$ 到 $x=\frac{a}{2}$ 之间的概率.

解: 粒子处于 $n=2$ 的定态时,波函数和概率密度分别为

$$\Psi_2(x)=\sqrt{\frac{2}{a}}\sin\frac{2\pi}{a}x, \quad ①$$

$$\rho_2(x)=|\Psi_2(x)|^2=\frac{2}{a}\sin^2\left(\frac{2\pi}{a}x\right). \quad ②$$

(1) 粒子出现概率密度最大的地方由②式可得

$$\sin^2\left(\frac{2\pi}{a}x\right)=1,$$

即

$$\frac{2\pi}{a}x=(2k+1)\frac{\pi}{2},$$

$$x=\frac{2k+1}{4}a.$$

考虑到 x 的范围在[0, a]的区间内,粒子出现概率最大的地方分别为

$$x_1=\frac{a}{4} \text{ 和 } x_2=\frac{3}{4}a.$$

(2) 概率密度最小,则 $\rho(x)=0$, 即

$$\sin^2\frac{2\pi}{a}x=0,$$

$$\frac{2\pi}{a}x=k\pi,$$

$$x=\frac{k}{2}a.$$

除了势阱边 $x=0$ 和 $x=a$ 处波函数为零外,只有阱中央 $x=\frac{a}{2}$ 处粒子出现的概率最小.

(3) 由 $\rho_n(x)=\frac{2}{a}\sin^2\left(\frac{n\pi}{a}x\right)=0$ 知粒子出现概率密度最小为

$$\frac{n\pi}{a}x=k\pi,$$

$$x=\frac{k}{n}a,$$

两相邻概率最小值之间的距离为

$$\Delta x=x_{k+1}-x_k=\frac{a}{n}.$$

当 n 很大时,Δx 很小.

(4) 粒子出现在 $x=0$ 到 $x=\frac{a}{2}$ 之间的概率为

$$W=\int_0^{\frac{a}{2}}\rho_n(x)\mathrm{d}x=\int_0^{\frac{a}{2}}\frac{2}{a}\sin^2\left(\frac{n\pi x}{a}\right)\mathrm{d}x=\frac{1}{2}.$$

***16-17.** 粒子在一维势场中运动,设其束缚定态波函数为

$$\Psi(x)=\begin{cases}\sqrt{\dfrac{15}{16a^5}}(a^2-x^2), & |x|\leqslant a,\\ 0, & |x|>a,\end{cases}$$

试求粒子相应的能量和势函数 $U(x)$,已知 $x=0$ 处 $U(x)=0$.

解: 由定态薛定谔方程得

$$\left[-\frac{\hbar^2}{2m}\frac{\mathrm{d}^2}{\mathrm{d}x^2}+U(x)\right]\Psi(x)=E\Psi(x). \quad ①$$

将 $\Psi(x)$代入方程:

$$-\frac{\hbar^2}{2m}\left\{\frac{\mathrm{d}^2}{\mathrm{d}x^2}\left[\sqrt{\frac{15}{16a^5}}(a^2-x^2)\right]\right\}+U(x)\Psi(x)=E\Psi(x),$$

$$\frac{\hbar^2}{m}\sqrt{\frac{15}{16a^5}}=(E-U(x))\sqrt{\frac{15}{16a^5}}(a^2-x^2),$$

得

$$U(x)=E+\frac{\hbar^2}{m(x^2-a^2)},\ |x|\leqslant a, \quad ②$$

由题意, $|x|>a$ 处 $\Psi(x)=0$, 故 $U(x)=\infty$. 因 $x=0$ 点 $U(0)=0$, 得到 ③

$$E=\frac{\hbar^2}{ma^2}. \quad ④$$

④式代入②式,得

$$U(x)=\frac{\hbar^2}{ma^2}\cdot\frac{x^2}{x^2-a^2},\qquad |x|\leqslant a.$$

由此得

$$U(x)=\begin{cases}\dfrac{\hbar^2}{ma^2}\cdot\dfrac{x^2}{x^2-a^2}, & |x|\leqslant a,\\ \infty, & |x|>a.\end{cases}$$

四、思考题解答

16-1. 为什么通常看不到宏观物体德布罗意波的干涉和衍射效应?

答: 对小孔、狭缝这类衍射物只有在小孔的尺度或狭缝的缝宽和波长量级相同时,才能观察到波的干涉和衍射现象. 普朗克常数是一个很小的数,由 $\lambda=\frac{h}{mv}$ 给出的波长对任何宏观物体来说都是极小的,因而一般情况下无法观察到衍射效应.

16-2. 德布罗意波一般是用复数表示的,是否可以只用其实部而舍去虚部?

答: 德布罗意波是概率波,概率密度即波函数的模的平方,即

$$P(x,\ t) = \Psi(x,\ t)^* \cdot \Psi(x,\ t).$$

概率是可以测量的量,所以概率密度必为实数. 如果设想波函数是由虚实两部分组成,即

$$\Psi(x,\ t) = u(x,\ t) + \mathrm{i}\, w(x,\ t),$$

则
$$P(x,\ t) = \Psi(x,\ t)^* \cdot \Psi(x,\ t) = [u(x,\ t)]^2 + [w(x,\ t)]^2.$$

可见,波函数的实部和虚部都是起作用的,不能舍去虚部.

16-3. 在电子衍射实验中,单个电子在屏幕上的落点是无规则的,而大量电子在屏幕上的分布构成衍射图样,这是否意味着单个粒子呈现粒子性,大量粒子的集合才呈波动性?

答: 微观粒子不是经典粒子,它的运动规律不再满足牛顿运动定律,而是要用德布罗意波描述. 在电子衍射实验中,单个电子在屏幕上的落点看上去是无规则的,但单个电子落在任意点附近的概率仍由波函数模的平方确定,这恰恰是其波动性的表现.

16-4. 波函数归一化的物理意义是什么?

答: 波函数的绝对值的平方表示某一时刻粒子在某一地点出现的概率密度,因为粒子总要出现在空间某处,即 $\int_{-\infty}^{\infty} |\Psi|^2 \mathrm{d}V = 1$. 此即波函数的归一化条件的意义.

16-5. 用定态波函数描写的粒子具有什么特征?

答: 用定态波函数描写的粒子在势场中的势能仅是坐标的函数,与时间无关,能量有确定值,粒子的概率密度与时间无关, $|\Psi(\boldsymbol{r},\ t)|^2 = |\Psi(\boldsymbol{r})|^2$, 即粒子在空间各处出现的概率是稳定值.

第十七章　原子与分子

一、内容提要

1. 氢原子的能量，包括电子与质子的相互作用势能与电子的动能，是量子化的，取决于主量子数 n，可记为 E_n，

$$E_n = -\frac{me^4}{8\varepsilon_0^2 h^2}\cdot\frac{1}{n^2}\quad (n = 1,\ 2,\ 3,\ \cdots)\quad n = 1\ \text{为基态.}$$

氢原子光谱频率满足 $h\nu = E_n - E_m$，$n > m$.

2. 四个量子数是描述原子中电子运动状态的四个数字参量：

主量子数 n：$n = 1,\ 2,\ 3,\ \cdots$

角量子数 l：$l = 0,\ 1,\ 2,\ \cdots,(n-1)$；

磁量子数 m_l：$m_l = 0,\ \pm 1,\ \pm 2,\ \cdots,\ \pm l$；

自旋磁量子数：$m_s = \pm\dfrac{1}{2}$，决定电子自旋角动量 $\boldsymbol{s}$ 的空间取向，$s_z = m_s\hbar$. $m_s = +\dfrac{1}{2}$ 时为自旋向上，$m_s = -\dfrac{1}{2}$ 为自旋向下.

角量子数决定电子轨道角动量 L，$L = \sqrt{l(l+1)}\,\hbar$.

3. 简并度：氢原子的每一个能级对应一个主量子数 n，如不计自旋，对一给定的主量子数 n 共计有 $\sum\limits_{l=0}^{n-1}(2l+1) = n^2$ 个具有不同角动量和角动量 z 分量的状态. 尽管这些状态不同，能量都一样，即这些不同状态是简并的，主量子数为 n 的能级的简并度为 n^2. 如计入自旋，但不计自旋—轨道耦合，则能级的简并度为 $2n^2$.

4. 轨道磁矩、自旋磁矩：

电子绕原子核转动产生轨道磁矩为 $\boldsymbol{\mu}_m = -\dfrac{e}{2m_e}\boldsymbol{L}$.

轨道旋磁比：$r_L = -\dfrac{e}{2m_e}$.

电子的自旋磁矩：$\boldsymbol{\mu}_s = -\dfrac{e}{m_e}\boldsymbol{s}$.

自旋旋磁比：$r_s = -\dfrac{e}{m_e} = 2r_L$.

自旋磁矩的 z 分量：

$$\mu_{sz} = -\left(\frac{e}{m_e}\right)m_s\hbar = \pm\frac{e\hbar}{2m_e} = \pm\mu_B,$$

$\mu_B = \dfrac{e\hbar}{2m_e}$ 为玻尔磁子.

5. 自旋—轨道耦合:

自旋—轨道相互作用引起能级分裂.电子的总角动量为

$$\boldsymbol{J}=\boldsymbol{L}+\boldsymbol{S},\ J=\sqrt{j(j+1)}\hbar,\ J_z=M\hbar,\ M=j,\ j-1,\ \cdots,\ 0,\ -1,\ \cdots,\ -j.$$

计入自旋—轨道耦合后,电子状态由 n, l, j 和 M 四个量子数描述;简并度下降为 $2j+1$.

电子总磁矩 $\boldsymbol{\mu}=-g\left(\frac{e}{2m_e}\right)\boldsymbol{J}$, g 称为兰德 g 因子.

$$g=1+\frac{j(j+1)+s(s+1)-l(l+1)}{2j(j+1)}.$$

6. 在外加恒定磁场 $\boldsymbol{B}$ 中,电子总磁矩获得附加势能为

$$\Delta E_p=-\mu_z\cdot B=g\mu_B MB.$$

磁共振的条件是 $h\nu=g\mu_B B$, ν 为交变场的频率.

7. 多电子原子:

核外电子在不同壳层上的分布要遵循以下原理:

(1) 泡利不相容原理:原子中不可能有两个电子处于相同的状态,即不可能有两个电子的四个量子数完全相同.

(2) 能量最小原理:原子系统处在正常状态下,电子总是尽可能占据能量最低的状态.

8. 分子光谱:

原子组成分子后,原子能级分裂.分子光谱为带状光谱.

二、自学指导和例题解析

本章要点是掌握氢原子光谱的实验规律;掌握氢原子光谱线系和氢原子的电子能级之间的关系;掌握描述原子中电子运动状态的四个量子数;了解自旋和轨道磁矩的相互耦合;了解在外加磁场中的磁共振现象;掌握多电子原子的核外电子在不同壳层上的分布规律;掌握泡利不相容原理和能量最小原理.在学习本章内容时要注意以下几点:

(1) 电子的自旋纯粹是量子力学的概念,没有经典的对应物.从经典物理的观点看,如果电子是个没有大小的质点,则不可能有角动量;如果把电子视为一个具有经典半径 $r=2.8\times10^{-15}$ m 的带电小球,若其旋转产生 $\hbar$ 数量级的角动量,其表面的线速度将比光速 c 大两个数量级.所以说电子的自旋绝不能理解为经典的带电小球的旋转.

(2) 单电子态填充的原则:

(a) 泡利不相容原理:如不计自旋—轨道耦合,每个轨道量子态最多容纳两个自旋相反的电子.

(b) 按能量从低到高的填充顺序一般为:$1s\to2s\to2p\to3s\to3p\to4s\to3d\to4p\to5s\to4d\to5p\to6s\to4f\to5d\to6p\to\cdots$,在每一支壳层里先在各量子态内填一个自旋向上的电子,填满后再填自旋向下的电子.

例题

例 17-1 在宽度 $a=5\times10^{-10}$ m 的一维无限深势阱中有 10 个电子,试求能级最高的电子

能量.

解: 一维无限深势阱的能量为 $E_n = n^2 \cdot \frac{\pi^2 \hbar^2}{2ma^2}$，电子在能级上填充服从泡利不相容原理和能量最小原理，每个能级上只能容纳两个自旋相反的电子，10 个电子填充到五个能级上，$n_{max} = 5$ 处于最高能级上，电子的能量为

$$E_{max} = n_{max}^2 \cdot \frac{\pi^2 \hbar^2}{2ma^2} = n_{max}^2 \cdot \frac{h^2}{8ma^2} = 25 \times \frac{(6.63 \times 10^{-34})^2}{8 \times 9.11 \times 10^{-31} \times (5 \times 10^{-10})^2}$$

$$= 6.03 \times 10^{-17}(\text{J}) \approx 3.77 \times 10^2(\text{eV}).$$

例 17-2 试求:

(1) 氢原子的电离能是多大?

(2) 当氢原子与自由电子发生碰撞时，只要电子能量足够高，氢原子光谱中所有各种谱线的激发都具有可能性，为使全部光谱得以产生，自由电子的最小速度应是多大?

解: (1) 电离能是指电子从基态激发到自由状态所需的能量. 对于氢原子，电离能为

$$E = h\nu = hcR\left(\frac{1}{k^2} - \frac{1}{n^2}\right),$$

$k = 1$, $n \to \infty$, R 为里德伯常数, $R = 1.097 \times 10^7\ \text{m}^{-1}$. 所以

$$E = hcR = 6.63 \times 10^{-34} \times 3 \times 10^8 \times 1.097 \times 10^7 = 2.182 \times 10^{-18}(\text{J}) = 13.6(\text{eV}).$$

(2) 从基态激发到 $n \to \infty$ 所需的能量比任何其他两能级间的激发所需能量都要大，自由电子与氢原子(可认为它是静止不动的)碰撞时可以只交出部分能量，也可以交出全部能量，使氢原子激发出某一条谱线. 只有当自由电子至少具有 13.6 eV 的动能时，氢光谱中所有各种谱线才都可能被激发. 由此得自由电子最小速率为

$$v = \sqrt{2E/m_e} = \sqrt{2 \times 13.6\ c^2/0.511 \times 10^6} = 2.2 \times 10^6(\text{m} \cdot \text{s}^{-1}).$$

(电子静质量为 9.1×10^{-31} kg 或 0.511 MeV/c^2, c 为光速).

三、习题解答

17-1. (1) 根据玻尔理论证明:氢原子基态的轨道半径为玻尔半径 $a_0 = \frac{\varepsilon_0 h^2}{\pi m e^2}$.

(2) 氢原子基态的径向波函数为 $\Psi = Ae^{-r/a_0}$，式中 A 为常数，求 r 为何值时电子出现的概率密度最大?

解: (1) 电子的运动方程为

$$\frac{mv^2}{r} = \frac{1}{4\pi\varepsilon_0} \cdot \frac{e^2}{r^2},$$

式中 m、v 与 e 分别为电子的质量、运动速度以及电量的绝对值. 按玻尔理论:

$$mvr = n\hbar = n \cdot \frac{h}{2\pi}\ (n=1, 2, 3, \cdots),$$

由以上两式得

$$r=\frac{n^2\varepsilon_0 h^2}{\pi m e^2}.$$

对于基态 $n=1$, $r=\frac{\varepsilon_0 h^2}{\pi m e^2}=a_0$.

(2) 由波函数具有球对称知电子在 $r\rightarrow r+\mathrm{d}r$ 范围内的概率 $\mathrm{d}\rho(r)$为

$$\mathrm{d}\rho(r)=|\Psi|^2\cdot 4\pi r^2\mathrm{d}r,$$

在 r 处的概率分布函数为

$$f(r)=\frac{\mathrm{d}\rho(r)}{\mathrm{d}r}=4\pi r^2|\Psi|^2=4\pi r^2\cdot A^2\cdot \mathrm{e}^{-2r/a_0}.$$

极值 $\frac{\mathrm{d}f(r)}{\mathrm{d}r}=0$ 的 r 值即为所求之值:

$$\frac{\mathrm{d}f(r)}{\mathrm{d}r}=4\pi A^2\left(2r-\frac{2r^2}{a_0}\right)\mathrm{e}^{-2r/a_0}=0.$$

得

$$r=a_0.$$

进一步验证知 $\frac{\mathrm{d}^2 f(r)}{\mathrm{d}r^2}<0$, 故 $r=a_0$ 时 $f(r)$达到极大值, $f(a_0)=4\pi A^2 a_0^2 e^{-2}$. 这正是玻尔半径的意义所在.

17-2. 在史特恩—盖拉赫实验中,氢原子温度在 400 K 时,让基态氢原子束通过长 1 cm、梯度为 10 $\mathrm{T\cdot m^{-1}}$的不均匀磁场,求原子束离开磁场时,原子束分量间的间隔. 为什么这一实验能说明电子自旋的存在?

解: 氢原子处于基态时 $n=1$, $l=0$, 兰德 g 因子为 2, $M=\pm j=\pm\frac{1}{2}$, 氢原子在非均匀磁场中的附加势能为

$$\Delta E_p=Mg\mu_B B=\pm\frac{1}{2}\times 2\times\mu_B B=\pm\mu_B B.$$

氢原子受作用力为 $$F_z=-\frac{\partial}{\partial z}(\Delta E_p)=\pm\mu_B\frac{\mathrm{d}B}{\mathrm{d}z}=F_{\pm}.$$

而 $$F=ma,\ a_{\pm}=\frac{F_{\pm}}{m}=\pm\frac{\mu_B}{m}\cdot\frac{\mathrm{d}B}{\mathrm{d}z}.$$

原子束离开磁场时两束分量之间的间隔为

$$S=\frac{1}{2}(a_+-a_-)t^2=\frac{\mu_B}{m}\cdot\frac{\mathrm{d}B}{\mathrm{d}z}\left(\frac{L}{v}\right)^2.$$

L 为准直长度,v 为原子速率,可用氢原子在 400 K 时的方均根速率 v:

$$v=\sqrt{\frac{3kT}{m}}$$

代入得

$$S=\frac{\mu_B L^2}{3kT}\cdot\frac{\mathrm{d}B}{\mathrm{d}z}=\frac{0.927\times10^{-23}\times0.01^2}{3\times1.38\times10^{-23}\times400}\times10=5.6\times10^{-7}(\mathrm{m}).$$

由于 $l=0$，无轨道磁矩，且由于核磁矩很小，可以忽略，所以氢原子的磁矩就是电子的自旋磁矩. 因此基态氢原子束在不均匀磁场中发生偏转正好说明电子自旋磁矩的存在.

17-3. 若使处于第一激发态的氢原子电离，外界至少需要提供多少能量？

解： 氢原子能量 $E_n=-\frac{me^4}{8\varepsilon_0^2h^2}\cdot\frac{1}{n^2}$. 第一激发态，$n=2$，欲使其电离，外界提供的能量为

$$\Delta E=E_\infty-E_n=E_\infty-E_2=\frac{me^4}{32\varepsilon_0^2h^2}=\frac{9.1\times10^{-31}\times(1.6\times10^{-19})^4}{32\times(8.85\times10^{-12})^2\times(6.63\times10^{-34})^2}$$

$$=5.4\times10^{-19}(\mathrm{J})\approx3.4(\mathrm{eV}).$$

亦可直接由基态电离能 13.6 eV 的 1/4 得出.

17-4. 设氢原子中的电子处于 $n=3,\ l=2,\ m_l=-2,\ m_s=-\frac{1}{2}$ 的状态，试求轨道角动量和自旋角动量的数值.

解： 轨道角动量 $L=\sqrt{l(l+1)}\,\hbar=\sqrt{2(2+1)}\,\hbar=\sqrt{6}\,\hbar$,

自旋角动量 $L_s=\sqrt{s(s+1)}\,\hbar=\sqrt{\frac{1}{2}\left(\frac{1}{2}+1\right)}\,\hbar=\sqrt{\frac{3}{4}}\,\hbar.$

17-5. 计算氢的赖曼系的最短波长和最长波长.

解： $E_n=-\frac{me^4}{8\varepsilon_0^2h^2}\cdot\frac{1}{n^2}$,

频率条件： $\nu_{kn}=\frac{E_n-E_k}{h}=\frac{me^4}{8\varepsilon_0^2h^3}\left(\frac{1}{k^2}-\frac{1}{n^2}\right).$

波数： $\frac{1}{\lambda_{kn}}=\frac{\nu_{kn}}{c}=\frac{me^4}{8\varepsilon_0^2h^3c}\left(\frac{1}{k^2}-\frac{1}{n^2}\right)=R\left(\frac{1}{k^2}-\frac{1}{n^2}\right),$

式中 $R=1.097\times10^7\ \mathrm{m}^{-1}$ 称为里德伯常数. 对赖曼系，

$$k=1,\ \lambda=\frac{1}{R}\left(\frac{n^2}{n^2-1}\right),$$

当 $n\to\infty$ 时，得赖曼系的最短波长：

$$\lambda_{\min}=\frac{1}{R}=\frac{1}{1.097\times10^7}=9.12\times10^{-8}(\mathrm{m}).$$

当 $n=2$ 时，得赖曼系的最大波长：

$$\lambda_{\max}=\frac{1}{R}\cdot\frac{2^2}{2^2-1}=\frac{4}{1.097\times10^7\times3}=1.215\times10^{-7}(\mathrm{m}).$$

17-6. 在气体放电管中用能量为 12.2 eV 的电子去轰击处于基态的氢原子，试确定此时氢原子所能发射的谱线的波长.

解： 已知氢原子基态能量为 $E_1=-13.6$ eV，能级公式为

$$E_n=-\frac{1}{n^2}\left(\frac{me^4}{8\varepsilon_0^2h^2}\right)=-\frac{1}{n^2}(Rch)=\frac{E_1}{n^2},$$

R 为里德伯常数,c 为光速,h 为普朗克常数.

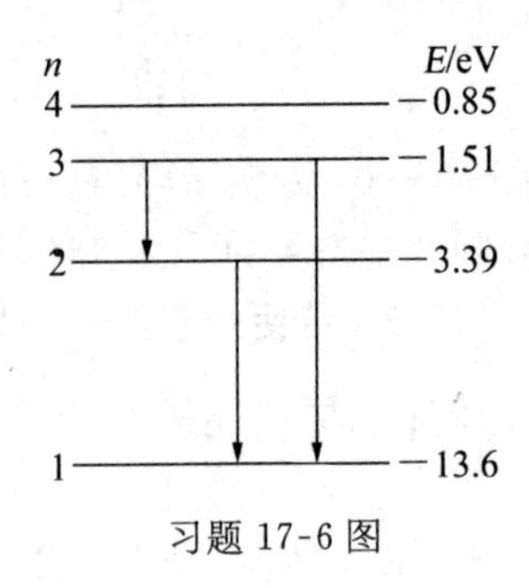

习题 17-6 图

第一激发态 ($n=2$) 能量为

$$E_2=\frac{E_1}{2^2}=-3.4\ \text{eV}.$$

第二激发态能量为

$$E_3=\frac{E_1}{3^2}=-1.51\ \text{eV}.$$

第三激发态能量为

$$E_4=\frac{E_1}{4^2}=-0.85\ \text{eV}.$$

因 $E_4-E_1=-0.85-(-13.6)=12.75(\text{eV})>12.2(\text{eV})$,

$E_3-E_1=-1.51-(-13.6)=12.1(\text{eV})<12.2(\text{eV})$.

所以能量为 12.2 eV 的电子最多只能使氢原子从基态跃迁到第二激发态 ($n=3$). 有三种可能的跃迁,如图所示.从 $n=3$ 到 $n=2$ 跃迁所发射的光子波长为

$$\lambda_1=\frac{c}{\nu_1}=\frac{hc}{h\nu_1}=\frac{hc}{E_3-E_2}=\frac{6.63\times10^{-34}\times3\times10^8}{5.45\times10^{-19}-2.4\times10^{-19}}$$

$$=6.52\times10^{-7}(\text{m})=652(\text{nm}).$$

从 $n=2$ 到 $n=1$ 的跃迁所发射的光子波长为

$$\lambda_2=\frac{hc}{E_2-E_1}=\frac{6.63\times10^{-34}\times3\times10^8}{13.6\times1.6\times10^{-19}-5.45\times10^{-19}}$$

$$=1.22\times10^{-7}(\text{m})=121(\text{nm}).$$

从 $n=3$ 到 $n=1$ 的跃迁所发射的光子波长为

$$\lambda_3=\frac{hc}{E_3-E_1}=\frac{6.63\times10^{-34}\times3\times10^8}{13.6\times1.6\times10^{-19}-2.40\times10^{-19}}$$

$$=1.03\times10^{-7}(\text{m})=103(\text{nm}).$$

17-7. 用可见光照射能否使基态氢原子受到激发?

解: 氢原子基态能量 $E_1=-13.6$ eV, 由上题得知第一激发态能量 $E_2=-3.4$ eV, 能使基态氢原子激发的光子的最小能量应为

$$\Delta E=E_2-E_1=10.2\ (\text{eV}),$$

而 $h\nu=\frac{hc}{\lambda}=\Delta E$, 得光子最大波长为

$$\lambda=\frac{hc}{\Delta E}=\frac{6.63\times10^{-34}\times3\times10^8}{10.2\times1.6\times10^{-19}}=1.22\times10^{-7}(\text{m})=121.8(\text{nm}).$$

此波长低于可见光的最短波长,故可见光不能使基态氢原子受到激发.

17-8. 已知氢原子光谱的巴耳末系中有一谱线的波长为 434 nm,求:

(1) 与这谱线相应的光子能量为多少?

(2) 该谱线是氢原子由能级 E_n 跃迁到能级 E_k 产生的,n 和 k 各是多少?

解：(1) 光子能量　$h\nu = \dfrac{hc}{\lambda} = \dfrac{6.63\times10^{-34}\times3\times10^{8}}{434\times10^{-9}\times1.6\times10^{-19}} = 2.86(\text{eV})$.

(2) 既为巴耳末系，则 $k=2$，$E_k = \dfrac{E_1}{2^2} = \dfrac{-13.6}{4} = -3.4(\text{eV})$.

由 $h\nu = E_n - E_k$，得 $E_n = h\nu + E_k = 2.86 + (-3.4) = -0.54(\text{eV})$.

由 $E_n = \dfrac{E_1}{n^2}$，得 $n = \sqrt{\dfrac{E_1}{E_n}} = \sqrt{\dfrac{13.6}{0.54}} = 5$.

17-9. 某原子在基态时，电子将 $n=1$ 和 $n=2$ 的 K、L 层填满，并将 $3s$ 分壳层填满，而 $3p$ 分壳层仅填了一半. 试问这是什么原子？

解：填满 $n=1$ 的 K 层须用 $2n^2=2$ 个电子，填满 $n=2$ 的 L 层需用 $2n^2=8$ 个电子，填满 $3s$ 分壳层需用 2 个电子. p 分壳层是 6 个电子，现仅填入一半，则为 3 个电子. 总电子数为 $2+8+2+3=15$ 个. 故原子序数为 $Z=15$，该元素是磷.

17-10. 如图所示，被激发的氢原子跃迁到低能态时，可能发出波长为 λ_1、λ_2 和 λ_3 的辐射，这三种波长满足什么关系？

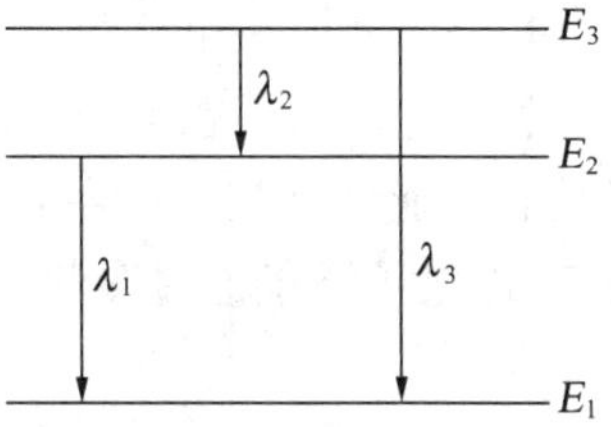

解：由能级图可知：

$$hc/\lambda_1 = E_2 - E_1,$$
$$hc/\lambda_2 = E_3 - E_2,$$
$$hc/\lambda_3 = E_3 - E_1,$$

习题 17-10 图

比较三式，可得　$hc\left(\dfrac{1}{\lambda_1}+\dfrac{1}{\lambda_2}\right) = hc\cdot\dfrac{1}{\lambda_3}$,

即三种波长满足下列关系：

$$\frac{1}{\lambda_1}+\frac{1}{\lambda_2}=\frac{1}{\lambda_3}.$$

***17-11.** 已知某次氢原子光谱实验中测得巴耳末系中有一最短波长的谱线，波长为 434 nm，试求：

(1) 此谱线是由哪一能级上的电子向低能级跃迁产生？

(2) 大量处于该能级的氢原子最多可以发射几个线系，共几条谱线？请在氢原子能级图中表示出来.

解：(1) 参见习题 17-8 知 $n=5$.

(2) 如图所示，可发射分属四个线系的光谱，共 10 条谱线，它们分别为

赖曼系：5→1，4→1，3→1，2→1；

巴耳末系：5→2，4→2，3→2；

帕邢系：5→3，4→3；

布拉开系：5→4.

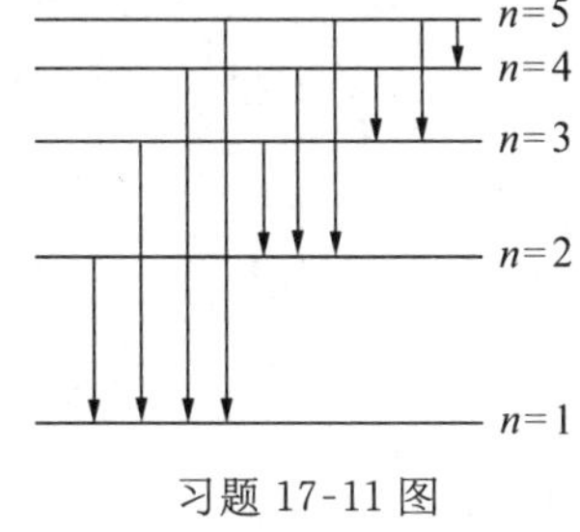

习题 17-11 图

四、思考题解答

17-1. 原子从一个能量为 E_n 的状态跃迁到另一能量为 $E_{n'}$ 的状态时，发射或吸收光子的频率满足什么条件？这种跃迁是否仅服从该条件即可实现？

答： 频率条件为 $\nu = |E_{n'} - E_n|/h$. 这种跃迁应遵从选择定则 $\Delta l = l' - l = \pm 1$, $\Delta m_l = m'_l - m_l = 0, \pm 1$.

17-2. 电子具有自旋磁矩，是否表示电子绕自身的中心轴转动？

答： 电子具有自旋是一种量子效应，并非绕自身的轴作旋转运动. 电子的自旋和电子的电量及质量一样，是电子本身固有的性质. 由于这种性质具有角动量的特征，因此称为自旋角动量，简称自旋.

17-3. 处于正常状态下的原子与处于受激状态的原子有何区别？

答： 在正常状态下原子通常处于能量最低的状态，即基态. 处于基态的原子最稳定. 当原子吸收了外来能量从基态跃迁到激发态时，处于激发态的原子是不稳定的，一般将通过发射光子或与其他粒子发生作用而回到基态.

17-4. 主量子数取何值时，原子中的电子只可能有两种运动状态？这两种运动状态又有何不同？

答： 当 $n = 1$ 时原子中电子只有两种状态，即自旋向上和自旋向下.

17-5. 为何在第六章中不考虑原子或分子中的电子对热容量的贡献？

答： 对处于气态中的大量原子或分子体系，其中的电子在正常状态下处于基态，而激发态与基态的能量差在 eV 量级. 由于热能为 kT 量级，一般温度下电子不能通过吸收热能而产生跃迁，即电子不能通过吸收热量来改变其自身的能量，也就对热容无贡献.

图书在版编目(CIP)数据

大学物理简明教程习题详解/梁励芬,蒋平编著.—上海：复旦大学出版社,2011.4(2022.8 重印)
ISBN 978-7-309-07879-4

Ⅰ.大… Ⅱ.①梁…②蒋… Ⅲ.物理学-高等学校-解题 Ⅳ.04-44

中国版本图书馆 CIP 数据核字(2011)第 012191 号

大学物理简明教程习题详解
梁励芬　蒋　平　编著
责任编辑/梁　玲

复旦大学出版社有限公司出版发行
上海市国权路 579 号　邮编：200433
网址：fupnet@fudanpress.com　http://www.fudanpress.com
门市零售：86-21-65102580　团体订购：86-21-65104505
出版部电话：86-21-65642845
盐城市大丰区科星印刷有限责任公司

开本 787×1092　1/16　印张 23.25　字数 565 千
2011 年 4 月第 1 版
2022 年 8 月第 1 版第 5 次印刷

ISBN 978-7-309-07879-4/O·464
定价：59.00 元